KB241443

방위사업학개론

방위사업학개론

정진태 지음

21세기북스

　　지난해 말 북한의 김정일 사망에 따라 남북한을 포함한 동북아 지역의 정세는 급격히 변화하고 있습니다. 북한의 권력전환기에 한반도를 둘러싼 미·일·중·러 주변 4강의 기본입장은 평화와 안정으로 요약되지만 각국이 추진하고 있는 안보 및 외교 정책은 자국의 입장에 따라 달리 추진되고 있습니다. 중국은 북한에 대해서는 군사적 협력관계뿐만 아니라 세계 2위의 경제력을 바탕으로 북한 경제 버티기의 최후 보루 역할을 담당하고 있습니다. 중국의 국제관계에 있어서 북한이 차지하는 비중은 미국과 직접 부딪치지 않도록 하는 완충지역 같은 순망치한(脣亡齒寒: 잇몸이 없으면 이가 시림)과도 같은 존재이기 때문에 정치적·군사적·정서적으로 북한과 밀접한 관계를 유지하는 한편 북한에 대한 영향력을 더욱 확대해가고 있습니다.

　　현재 한국과 미국의 관계는 과거 어느 정부보다도 밀접한 우호관계를 유지하고 있지만 미국 오바마 대통령은 2012년 초 연두교서에서 지난해와는 달리 이란의 핵 문제에 대해서만 언급했을 뿐 북핵 문제는 아무런 언급 없이 지나갔습니다. 현재 미국은 막대한 재정적자로 인해 재정감축 계획을 추진하고 있으며, 이 중 상당 부분을 국방비 절감을 통해 충당할 계획입니다. 이러한 재정적자 감축정책은 과거의 예를 보면 해외주둔 미군의 감축으로 나타났고 우리나라에도 많은 영향을 주어 자주국방을 추진하는 계기가 되었습니다. 북한과 러시아의 관계는 지난해 말 김정일과 메드베데프 대통령의 정상회담을 통해 과거의 우호단계 수준까지 향상되었고, 러시아도 북한에 대한 영향력을 지속시키기 위해 노력하고 있습니다. 또한 일본은 중국의 지속적인 전력증강 계획에 맞추어 전력을 증강하면서도 중국과의 우호적인 관계를 유지하기 위한 노력도 병행하고 있습니다. 이와 같은 동북아 정세 속에서 우리 정부는 우리나라의 국익이 침해당하지 않도록 노력하고 있지만 미·일·중·러 주변 4강이 자국의 이익만을 추구할 때 우리나라의 국익이 침해당할 가능성도 상존하고 있습니다.

우리 국방부는 2015년 전시작전권 반환에 따른 전력공백이 생기지 않도록 '국방개혁 307계획'(국방개혁 2020은 2011년 3월 8일 307계획으로 변경됨)을 추진하고 있고, 2006년 1월 1일 방위사업청의 창설과 함께 국방획득제도를 보완하여 많은 부문에서 괄목할 만한 성과를 보이고 있습니다. 방위사업청 창설 이후 주요 선진국의 사례를 심층 검토하여 많은 부분이 국방기획관리제도, 소요기획제도, 국방획득제도 등에 반영되었고, 전문화·계열화제도가 폐지되어 방위산업에 대한 진입장벽이 사라짐에 따라 우수한 민간분야의 기술이 국방부문으로의 유입이 용이하게 되었으며, 국방획득정책도 무기체계의 사용자인 군이나 고객인 방산업체 및 중소기업 위주로 전환됨과 함께 전 부처 차원의 지원이 가능토록 변화되었습니다. 그러나 이러한 제도변화와 함께 업무를 수행하는 담당자의 업무에 대한 관점이나 전문성 향상도 시급하다고 봅니다.

저는 국방부 재직 기간 35년 중 약 23년을 획득 및 방산 분야에서 일했습니다. 방

산정책 및 지원제도, 계약 및 원가제도, 방산물자 수출업무 및 국제협력 분야, 국방
과학기술관리, 예산편성 및 중기계획 분야 등 많은 분야를 경험하였습니다. 또한 "시
스템 나이내믹스를 이용한 군수지원 성과관리 모델 개발에 관한 연구"로 박사학위를
취득하였습니다. 제가 본서를 통해 의도하는 작은 바람은 각 분야 관계자들이 어느
분야에서 일하든지 전체를 조망하는 좀 더 높은 안목과 장기적 관점에서 바라보는
넓은 시야, 그리고 전문성과 사명감, 소신을 가지고 업무를 수행하는 데 본서가 도움
이 됐으면 하는 것입니다. 따라서 이러한 의도 하에 최신 관련 법규 및 통계자료를 활
용하여 본서를 저술하게 되었습니다. 제1장은 국가안보와 국방정책에 초점을 맞추어
국방획득정책을 이해할 수 있도록 하였으며, 제2장은 국가안보와 방위사업을 다룸
으로써 방위산업에 대한 이해와 함께 우리나라 방위산업의 시대별 발전과정과 성과
및 문제점, 그리고 우리나라 방위산업 육성 및 진흥정책, 계약 및 원가계산제도, 군
수관리, 분석평가 등을 개괄적으로 이해할 수 있도록 하였으며, 제3장은 방산물자
및 국방과학기술의 수출, 연구개발정책 등을 담았습니다. 각 절마다 독립성을 부여
하여 해당 절을 읽으면 선진국가의 정책을 이해하도록 한 결과 일부 절에서는 중복
이 될지라도 절의 목적에 맞도록 내용을 새로 작성하였습니다. 아무쪼록 이 책이 국
방획득정책 관계자 및 방위사업학을 연구하는 학생, 그리고 방산업체 관계자들에게
유익한 자료로 활용되기를 바랍니다.

이 책을 저술할 수 있도록 많은 영감과 조언을 해주신 건국대 신보현 교수님, 각종 자료와 아이디어를 제공해주신 방위사업청 김철수 방산진흥국장님, 차태환 과장님, 서혁 대령, 국방연구원의 최성빈 박사님과 이호석 박사님, 조남훈 박사님, 국방기술품질원의 송재용 박사님, 국방연구원의 박순학 실장님, 한국방위산업진흥회의 김병환 상무님과 정태화 부장님 등 많은 분께 감사의 말씀을 드립니다. 또한 원고를 워드 작업하고 각종 도표와 그림 작성 및 교정을 전담해준 국립서울현충원의 김정숙 님, 이효영 님, 권서현 님, 이경숙 님, 이영임 님, 이유진 님, 우난희 님께도 감사를 표합니다.

2012년 2월

정진태

CONTENTS

제2장 국가안보와 방위산업

제3장 국방과학기술 연구개발과 방산물자 수출

제 1 장

안보환경의 변화와 국방정책

안보위협의 변화와 동북아 정세[1]

1. 안보위협의 변화

오늘날 안보위협 변화의 특징은 전통적인 군사적 위협 외에 초국가적·비군사적 위협이 증대되면서 위협양상이 복잡하고 다양해졌다는 점이다. 대량살상무기(WMD: Weapons of Mass Destruction) 확산, 테러, 해적, 사이버 공격 등 초국가적 위협이 증대되고 전염성 질병, 자연재해, 지구온난화, 환경오염 등 비군사적 위협도 주요 안보현안으로 부상하고 있다.

탈냉전 이후 대규모 전쟁 가능성은 감소되었으나 세계 도처에서는 영토·자원 분쟁, 종교와 인종 갈등, 분리·독립 운동과 같은 복합적인 요인에 의한 다양한 형태의 국지분쟁이 지속되고 있다. 중동에서는 2006년 8월 이스라엘-레바논 전쟁이 종전되었으나 분쟁의 불씨는 그대로 남아 있다. 이스라엘과 팔레스타인 사이의 분쟁은 국제사회의 중재 노력에도 불구하고 양국의 입장 차이로 난항을 겪고 있다. 유럽에서

---

1 국방부, 『국방백서』, 서울: 국방부, 2010, pp.8-29의 내용을 요약정리하고 새로운 사항을 추가하였다.

는 2008년 8월 남오세티야와 압하지야의 분리독립 문제를 둘러싸고 러시아와 그루지야 사이에 전쟁이 발발하였다. 양국 간 전쟁은 유럽연합(EU)의 중재로 조기에 종식되었으나, 갈등은 지속되고 있다. 아프리카 지역에서는 수단, 소말리아, 차드 등지에서 분쟁이 지속되고 있다. 최초 튀니지에서 높은 실업률과 물가고 등 경제난으로 인해 발생한 한 청년의 분신자살로부터 야기된 '자스민 혁명'[2]에 의해 1987년부터 23년 동안 계속된 벤 알리 정권의 장기집권은 종말을 맞이했고, 이러한 자스민 혁명은 중동 및 아프리카 지역으로 확산되고 있다. 강권국가가 많은 중동, 아프리카 국가에서도 튀니지의 반정부 폭동이 번져나갔다. 이집트, 알제리, 모리타니 같은 일부 국가에서는 튀니지를 따라 분신자살을 기도하는 사람이 잇따르고 있다. 튀니지에 인접한 아랍 국가인 리비아의 경우 카다피 독재정권에 대한 리비아 인민들의 반기에 카다피는 차드와 나이지리아, 에리트리아 등 아프리카 용병을 이용하여 무력진압을 시도하였지만 결국 시민군에 의해 사살되었다.[3] 아랍 문명을 유지해온 중동권에 본격적인 서구식 민주주의 모델이 정착될지 아직은 미지수다.

핵·생물·화학무기 등 대량살상무기와 그 운반수단인 탄도미사일의 확산 문제는 오늘날 세계안보를 위협하는 주요 요인이다. 특히 일부 국가들이 핵무기와 장거리미사일 개발에 박차를 가하고 있고, 국제 암거래 등을 통해 관련 부품과 자재를 쉽게 획득할 수 있다는 점에서 안보위협이 고조되고 있다. 탄저균, 사린가스와 같은 물질도 생산비용이 저렴하고 제조가 용이하여 테러조직이 쉽게 확보할 수 있을 것으로 우려된다.

---

2 2010년 12월 17일, 튀니지의 수도 튀니스의 남쪽 300km에 위치한 중부 시디 부 지드에서 실직 중이던 26세 남성 모하메드 부아지지가 과일과 채소를 거리에서 판매하기 시작했는데 판매 허가가 없다고 경찰관이 상품과 저울을 몰수하였으며 손찌검을 당하기까지 했다. 경찰의 부당함에 항의하기 위해 모하메드 청년은 이날 오전 11시 30분 지방청사 앞에서 휘발유를 둘러쓰고 불을 붙여 분신자살을 시도했다. 이후 그의 가족들과 지인들이 이에 항의하는 시위를 벌였고 부아지지의 사촌이 휴대폰으로 촬영한 영상을 페이스북에 올리면서 전 세계로 확산되었다. 소요사태를 진정시키기 위해 2010년 12월 18일 벤 알리 대통령이 직접 병원을 방문하여 부아지지를 위문하였지만 2011년 1월 4일 결국 사망하고 만다(출처: http://ko.wikipedia.org/wiki/, 검색일: 2012.1.8).

3 위키백과(http://ko.wikipedia.org/wiki/, 검색일: 2012.1.8)

9·11테러 이후 테러는 세계 안보환경의 주요한 위협으로 작용하고 있다. 국제 테러 조직은 세계화와 정보화의 진전과 더불어 핵무기와 같은 공격수단을 보유할 가능성이 높아졌다. 이들은 정규군과는 달리 다양한 국적의 조직원들로 구성된 분산형 네트워크 조직을 갖추고 있어 효율적으로 대처하기가 매우 어렵다. 특히 테러단체들은 고정된 지역을 기반으로 하지 않고 보호해야 할 국민도 없다. 따라서 이들 테러단체들이 핵 기술을 획득할 경우 핵을 사용할 가능성이 커질 수 있어, 국제사회의 주요한 안보현안으로 대두되고 있다.

해적행위로 인해 해상교통로 안전확보 문제도 주요 안보현안이 되고 있다. 국제해사국(IMB: International Maritime Bureau) 통계에 따르면 2009년 한 해 동안 전 세계적으로 총 406건의 해적행위가 집계되었으며, 이는 2008년 발생 건수 293건에 비해 39%나 급증한 것이다. 이 중 소말리아 해역에서 발생한 해적행위는 217건으로 전체 건수의 53%를 차지하고 있다.

또한 정보통신기술의 발달에 따라 사이버 공간에서의 해킹과 테러 등이 날로 심화되고 있어 각국은 대책 마련에 부심하고 있다. 이러한 사이버 공격은 개인과 기업에 국한하지 않고 국가도 대상으로 하고 있어 국가안보 차원에서의 대응이 요구된다.

중증급성호흡기증후군(SARS), 신종플루와 같은 전염성 질병이 전 세계에서 발생하였고 2004년 12월 26일 인도네시아 수마트라 섬 인근 해저에서 규모 9.1 강진과 함께 발생한 쓰나미로 인해 인도네시아인 16만 8,000명을 비롯해 인도양 국가에서 22만 명이 사망하였다. 아이티, 칠레 등에서의 대규모 자연재해도 국제사회가 공동으로 대응해야 할 새로운 안보위협으로 부상하고 있다.

에너지 자원을 둘러싼 국가 간 경쟁도 국제질서의 새로운 변수로 등장하고 있다. 강대국들이 중동은 물론 중앙아시아, 남미, 아프리카, 카스피해 등지에서 새로운 에너지원을 찾아 각축을 벌이고 있어 해당 지역 정세의 유동성이 증대되고 있다.

2. 동북아 안보정세

동북아는 군사적·경제적 강대국들이 밀집해 있는 지역으로 현안에 따라 갈등과 대립, 협력 구도가 공존하고 있다. 이러한 안보상황 하에서 각국은 주도적 지위를 확보하기 위해 상호 협력과 견제를 병행하고 있다. 천안함 폭침사건으로 초래된 남북 간 군사적 긴장, 한·미와 북·중 대립의 신냉전 기류, 그리고 동북아 차원에서 미·중·일의 신냉전 기류는 당분간 지속될 것으로 전망된다. 또한 동북아 역내 국가들 간의 경제적 교류와 상호 의존관계에도 불구하고 유럽에서와 같은 공동체 구성의 가능성은 여전히 희박하다.[4]

현재 동북아 지역은 북핵 문제, 양안 문제, 역사 문제, 경제수역 문제 등 다양한 갈등요인이 잠재해 있으면서도 이러한 문제들을 토의하고 해결할 지역적인 협의체가 없다는 점과 지속적인 경쟁적 군사력 증강이 가장 큰 문제라 할 수 있다. 아시아지역포럼(ARF: Asia Region Forum)이나 상하이협력기구(SCO)[5]가 있지만 구성 국가나 성격 등을 감안할 때 이는 지역적인 협의체 성격이 강하여 각종 문제해결에 대한 대처능력이 떨어진다. 따라서 각종 현안 문제에 대한 관련 국가들의 국력과 이해관계에 따라 다양한 해결방법의 모색이 가능하고 여러 현안에 대해 타국과 일관성 있는 관계를 지속할 수 없다는 점이 더욱 문제해결을 어렵게 하고 있다.

이런 관점에서 동북아 지역 내 가장 두드러진 변화는 미일동맹 관계의 변화와 중국의 부상을 들 수 있다. 2011년 10월 7일 외교안보원이 주최한 '한반도 문제의 해법' 국제세미나에 참석한 존 미어샤이머 교수(미국 시카고대학)는 "앞으로 한국은 미·중 경쟁구도에서 냉전 당시와 비슷한 상황에 처할 가능성이 많으며, 중국은 옛 소련보다 훨씬 위험한 상대가 될 것"이라고 말했다.[6] 미국은 아·태 지역에서 한국·일본·호주 등 주요 동맹국가와 유대를 강화하면서 이를 토대로 보다 효과적인 다자안보체제를

---

4 구본락, "천안함 피폭 이후 한반도 안보전망"(세종연구소 제23차 세종 국가전략포럼, 「급변하는 동북아 안보환경과 한국의 대응방향」, 2010.10.27), p.20.

5 상하이협력기구(SCO: Shanghai Cooperation Organization)는 중국, 러시아, 카자흐스탄, 키르기스스탄, 타지키스탄, 우즈베키스탄 등 6개국이 상호협력과 역내 안보증진을 위해 2001년 6월 15일에 설립된 국제기구로 매년 정상회담을 실시하고 있다.

6 신보영, "한국, 냉전시대 비슷한 상황 처할 것", 문화일보, 2011.10.7.

구축하기 위해 노력하고 있다. 미국은 2007년 3월 '일·호 안보협력 공동선언'[7]을 계기로 같은 해 10월 최초로 미국·일본·호주 3국 연합해상훈련을 실시한 이래 2009년 9월과 2010년 6월 총 3회에 걸쳐 동일 훈련을 실시하였다. 미국·일본·호주 3국은 2008년 4월 외교·국방 국장급 실무회의를 개최하는 등 군사협력관계를 더욱 강화하고 있다. 특히 2011년 9월 일본의 신임 방위상인 이치카와 야스오는 "미국과의 공조체제를 유지하는 것이 안보정책의 핵심이긴 하지만 중국의 군사력 증강에 대처하기 위해 대중국 관계를 개선하고 싶다"는 뜻을 밝혔다.

중국과 러시아도 전략적 제휴관계를 강화하고 있다. 과거 적대관계였던 중국과 러시아는 경제·군사적으로 협력을 강화하고 있으며 두 나라를 중심으로 결성된 상하이협력기구는 2005년 최초로 연합훈련인 '평화사명'을 실시한 이래 2007년 8월, 2009년 7월, 2010년 9월까지 네 차례 훈련을 실시하였다.

2011년 10월 11일 블라드미르 푸틴 러시아 총리는 중국을 방문하여 러·중 간 경제협력 강화, 양국 협력을 통한 서방 견제, 그리고 양국 간 갈등해소에 노력할 것을 합의했다.[8]

동시에 역내 국가들은 동북아 지역의 안보 불확실성을 해소하기 위한 노력도 병행하고 있다. 특히 한·중·일 3국 정상들이 역내 안보현안을 논의할 수 있는 회의체가 정착된 것은 괄목할 만한 성과로 볼 수 있다. 1999년부터 ASEAN+3의 틀에서 개최되었던 한·중·일 3국 정상회의가 2008년 12월 ASEAN 정상회의와는 별도의 대화체로서 일본에서 처음 개최되었다. 한·중·일 3국 정상회의는 2009년 10월 중국에서 2차 회의를 거쳐, 2010년 5월 우리나라에서 3차 회의가 개최되었다.

제4차 한·중·일 3국 정상회의는 2011년 11월 19일 인도네시아 아요디아 호텔에서 이명박 대통령과 원자바오 중국 총리, 노사 요시히코 일본 총리 등 3국 정상은 북핵문제의 해결을 위해 긴밀히 협의해나가야 한다는 데에 인식을 같이하고 3국간 현안

---

7 일·호 안보협력 공동선언은 일본이 미국 이외의 국가와 체결한 안전보장협력 공동선언이다.

8 최익재, "푸틴·후진타오, 미국 견제 손잡는다", 중앙일보, 2011.10.12.

문제에 대해 협의했다.

이와 더불어 역내 국가 간 군사교류도 활발하게 진행되고 있다. 특히 중국과 일본은 고위급 인사와 함정이 상호 방문하는 등 군사교류의 폭을 넓혀가고 있다.

북핵 문제는 동북아는 물론 세계안보에 중대한 위협이자 도전요인이 되고 있다. 북핵 문제의 평화적 해결을 위해 진행돼온 6자회담은 2008년 12월 북핵검증 합의서 채택에 실패한 이후 교착상태에 빠졌다. 이러한 상황에서 북한은 2009년 4월 장거리 로켓을 발사하고 5월 2차 핵실험을 실시하는 등 핵보유 노력을 지속하고 있다. 북한의 장거리 로켓 발사에 대해 유엔 안전보장이사회가 의장성명을 채택하고, 북한이 이에 반발하며 6자회담을 전면 거부함에 따라 6자회담은 중단되었다. 이에 따라 우리나라를 비롯한 미·일·중·러 등 당사국들은 회담 재개를 위해 지속적으로 노력해왔으나, 2010년 3월 북한의 어뢰 공격에 의한 천안함 피격사건이 발생하면서 더 이상 진전되지 못하였다. 더욱이 북한이 2010년 11월 우라늄 농축설비를 공개한 데 이어서해상 연평도에 무차별 포격을 함으로써, 한반도 위기가 고조되어 북핵 문제 해결을 위한 6자회담 재개는 불투명한 상태이다. 그러나 2011년 12월 17일 김정일 국방위원장이 사망함에 따라 그동안 북핵 문제가 남북 관계 개선에 가장 큰 걸림돌이었던 만큼 6자회담의 향방이 큰 관심사가 되고 있다. 최근 미국의 대북 식량(영양)지원 재개와 북한의 우라늄 농축활동 중단이 발표되고 베이징에서 제3차 북미회담이 개최될 예정이었던 것에 비추어보면 더욱더 그러하다. 김정은 체제도 한반도 비핵화와 북미 관계 개선을 김일성·김정일의 유훈으로 부각시킬 가능성이 높다. 김정은 체제의 정통성 강화를 위해서도 식량난과 경제난 해결이 필수적이다. 그러나 김정은 후계체제가 정통성 강화와 후계체제의 조기안정을 위해 6자회담의 재개 및 개혁·개방을 통한 '정면돌파'를 시도할 가능성도 배제할 수 없다. 이런 맥락에서 보면 김정은 후계체제가 순조롭게 이행될 경우 6자회담이 재개될 가능성도 높다.[9]

---

9 엄상윤, "김정일의 사망과 6자회담의 향방", 「세종논평」 제237호(2011.12.30), p.1.

북한과 중국 관계에 있어서도 중국은 '조·중우호의 해'인 2009년 이후 북한 체제를 정치적으로 비호하고 경제적으로 부양하면서 북한 체제에 대한 후원자, 지지자로서의 역할을 담당해왔다. 북·중 간 긴밀한 밀월관계는 우리 정부의 대북정책에 큰 장애요인으로 작용해온 만큼 김정일 국방위원장의 사망이 앞으로의 북·중 관계에 어떠한 파급효과를 가져올 것인지 주목할 필요가 있다.[10]

단기적 측면에서 북·중 관계는 양자의 현실적 필요에 따라 극도로 긴밀해질 가능성이 있다. 이러한 전망은 양국이 '북한 체제의 안정'이라는 공동의 이해를 가지고 있다는 판단에 근거한다.

우선 북한의 입장에서는 김정은 후계제체가 안정화될 때까지 중국의 전면적인 지원이 필요한 상황이다. 국내 정치적인 측면에서 볼 때, 김정은의 리더십 확보를 위해서는 중국의 지지가 중요한 요인이 될 것이다. 김정은은 지도층의 반발을 초래할 수 있는 기존 노선의 급선회보다는 정치적 리스크가 상대적으로 적은 기존 정책의 유지에 초점을 둘 것으로 보인다. 김정은의 리더십을 안정화하기 위해서는 체제 지지자인 중국의 정치적 후원을 확보하는 것이 관건이 될 수 있다. 경제적인 측면에서도 중국의 경제적 지원과 협력이 필수적인 요인으로 작용할 것이다. 경제침체를 극복함으로써 경제적 강성대국으로서의 이미지를 제고시키고 주민들의 불만을 무마하기 위해서는 국내 경제성장에도 관심을 기울여야 할 것이다. 내적 성장의 동력이 고갈된 북한의 입장에서는 중국과의 경제적 협력만이 유일한 해결책이라고 해도 과언이 아니다. 대외적으로는 중국 정부의 외교적 중재자 역할이 강하게 요구될 것이다. 김정은 체제 하에서는 북한의 핵 문제해결을 위해 외부의 압력이 강하게 작용할 것으로 전망된다. 그러나 김정은의 외교적 경험과 능력을 고려할 때 6자회담·북미회담 등 대외적인 협상에 소극적인 태도를 취할 가능성이 있다. 이를 위해 중국 정부의 외교적 지원이 필요할 것이다. 중국 정부는 북한에 대한 정치적·경제적·외교적 지원을 통해 북한 체제의 안정을 도모함과 동시에 대북 영향력 확대의 기회로 활용할 가능성이 있다.

---

10 유현정, "김정일 위원장의 사망과 북중 관계 전망", 「세종논평」 제236호(2011.11.20), p.1-2.

그러나 중장기적인 측면에서 볼 때, 김정은 체제 하에서의 북·중 관계 역시 많은 불안요인을 내포하고 있다. 양국의 이해관계가 세부적으로는 차이점을 보이고 있으며, 양국 간 관계에서는 전략적인 측면이 강조되기 때문이다. 즉, 중국이 바라는 것은 김정은의 안위가 아니라 북한 체제의 안정이며 북한에 대한 영향력 확대가 중국의 중요한 이익이라는 점을 염두에 둘 필요가 있다.

중국과 대만 간 양안 문제도 동북아의 중요한 안보위협 요인 중 하나이다. 2008년 3월 실시된 대만 총통 선거에서 양안관계 개선을 핵심노선으로 제시한 마잉주(馬英九) 정권이 등장하여 양안의 긴장이 완화될 수 있는 전기가 마련되었다. 마잉주 총통 취임 직후인 2008년 6월과 11월 두 차례에 걸쳐 양안회담이 개최되었다. 그 결과 7월 중국–대만 간 주말 직항 항공노선이 신설되고 12월 중국과 대만 간 3통[11]이 전면적으로 실현되는 등 우호적 분위기가 형성되었다. 그럼에도 불구하고 양안 문제와 관련한 분쟁의 가능성은 상존하고 있는데 2011년 9월 21일 미국 정부는 대만이 요구한 F16 A/B형 전투기 성능개량 패키지(약 58억 5,000만 달러) 판매를 결정했으며, 중국 정부는 이에 대해 미국을 비난하고 군사·외교 관계에 대한 보복대응 가능성도 예고했다.[12]

역사 인식과 교과서 왜곡, 중·일과 일·러 사이의 도서 영유권 문제 등은 여전히 동북아의 잠재적 안보 불안요인이다. 이외에도 해양공간을 경제적으로 활용하기 위한 배타적 경제수역(EEZ: Exclusive Economic Zone) 설정 등 해양경계선 획정 문제와 관련하여 역내 국가들이 자국에 유리한 입장을 고수하고 있어 잠재적 분쟁요인이 되고 있다.

---

11 3통(三通)은 중국과 대만 간의 경제적 교역인 통상(通商), 인적·물적 교류인 통항(通航), 우편 교류인 통우(通郵)를 말한다.

12 김준형, "중, 대만 무기판매 미국에 보복 시사", 경향신문, 2011.9.22.

<table>
<tr><td colspan="5" align="center">〈표 1-1〉 한반도 주변 4국의 군사력</td></tr>
<tr><td>구분</td><td>중국</td><td>일본</td><td>러시아</td><td>미국</td></tr>
<tr><td>병력</td><td>약 2,285,000명</td><td>약 229,000명</td><td>약 1,027,000명</td><td>약 1,459,000명</td></tr>
<tr><td>주요무기</td><td>잠수함 65척,
전투(폭)기 1,755대</td><td>이지스 구축함 6척,
잠수함 16척,
헬기탑재호위함 1척,
전투기 359대</td><td>항공모함 1척,
잠수함 66척,
전투(폭)기 1,996대</td><td>항공모함 11척,
잠수함 71척,
전투(폭)기 4,058대</td></tr>
<tr><td>국방비</td><td>780억 달러</td><td>456억 달러</td><td>411억 달러</td><td>6,903억 달러</td></tr>
<tr><td>전력증강</td><td>신형 전략미사일,
전략핵잠수함,
우주 전력 강화</td><td>MD체계 구축,
신형 잠수함,
헬기탑재호위함,
공중급유기 도입</td><td>핵잠수함,
대륙간 탄도미사일,
5세대 전투기</td><td>MD체계 구축,
신형 전투기/함정
개발 및 배치</td></tr>
</table>

출처: 국방부, 「국방백서 2010」, p.14의 그림을 표로 재작성.

3. 동북아 군사동향

미·일·중·러 등 동북아 지역 내 주요 국가들은 전 세계 군사비의 절반이 넘을 정도로 군사력이 집중된 곳이다. 미국이 군사적 우위를 유지하고 있는 가운데 중국과 일본은 경쟁적으로 해·공군력을 증강하고 있다. 중국이 미국과 러시아에 있어 제3의 우주국가로 부상하면서 우주공간을 둘러싼 역내 국가들 간 경쟁도 가열되고 있다. 특히 중국이 개발한 바랴크 항공모함의 해상 시험운항과 J-20 스텔스기의 시험비행 성공에 따라 동북아 국가뿐만 아니라 주변 아시아 국가의 군비경쟁을 가속화하고 있다.[13] 현재 한반도 주변 4국의 군사력을 개관해보면 〈표 1-1〉과 같다.

가. 미국의 군사동향

미국은 9·11테러, 아프가니스탄 전쟁과 이라크 전쟁에서 얻은 교훈을 바탕으로 전통적 위협과 더불어 비정규전, 테러전 등 다양한 형태의 위협에 동시대응할 수 있는 군사력 건설을 추진하고 있다.

---

[13] http://www.hani.co.kr/arti/international/china/497323.html(검색일: 2011.9.29)

2010년 2월 오바마 행정부의 국방정책 구상을 밝힌 「4개년 국방검토보고서(QDR: Quadrennial Defense Review)」는 미래의 위협에 대처하는 능력뿐만 아니라 현재 수행하고 있는 전쟁에서 승리하기 위한 능력의 필요성을 적시하고 있다. 이에 따라 아프가니스탄 전쟁 등 현재 진행 중인 전쟁에 투입·운용하는 전력을 우선시하는 정책을 추진하고 있다.

육군은 아프가니스탄 전쟁과 이라크 전쟁에 따른 병력 부족을 해결하기 위해 병력을 증강하고 있다. 미 국방부는 2007년 육군 병력 6만 5,000명을 증강하여 2012년까지 총 54만 7,000명 규모를 유지하겠다고 발표한 데 이어 2009년 7월부터 3년 동안 2만 2,000명을 늘려 총 56만 9,000명을 확보하겠다고 밝혔다. 2010년 8월 이라크 주둔 미군의 전투임무 종료 선언에 따라 상당한 규모의 병력이 아프가니스탄으로 전환되어 작전을 수행하고 있다.

해·공군은 아·태 지역의 전략적 중요성을 고려하여 전력을 증강하고 있다.

해군은 2008년 8월 재래식 항공모함인 키티호크 함을 원자력 항공모함인 조지워싱턴 함으로 대체하였고, 2010년까지 잠수함 전력의 60%를 태평양 지역에 전개한다는 계획 하에 신형 버지니아급 전략핵잠수함을 우선배치하고 있다.

공군은 원거리 타격능력을 신장시키면서 전력의 무인화를 추진하고 있다. 아·태 지역의 전력투사 중추기지인 괌과 하와이에 최신예 전투기, 전략수송기, 공중급유기, 무인정찰기 등을 증강배치하고 있다.

미국은 전력증강과 더불어 동북아에 주둔한 군사력을 재배치하고 있다.

미·일 양국은 2006년 5월 합의된 '미군 재편을 위한 로드맵'에 따라 주일미군을 재편하고 있다. 주일미군은 2007년 12월 미 육군 1군단 전방사령부를 일본의 자마 기지에 창설하여 통합작전 임무 수행이 가능한 사령부로 개편하고 있다. 오키나와에 주둔하고 있는 미 해병대 병력 8,000명은 2014년까지 괌으로 전환배치될 예정이다.

이러한 계획에도 불구하고 오바마 행정부는 조기 재정적자 해소를 위해 2011회계연도 예산심의 과정에서 국방예산을 향후 10년 동안 4,000억 달러 삭감하겠다고 의회에 보고하였으며, 미 의회는 연방정부 부채상한 증액협상 과정에서 다시 국방예산을 감축대상에 포함하였다.

오바마 대통령이 서명한 연방정부 재정적자 감축협상 합의에 따르면 의회 특위가 2011년 연말까지 1조 5,000억 달러 규모의 추가 지출 삭감안을 마련해야 하며, 삭감안 마련에 실패하면 1조 2,000억 달러는 무조건 삭감하고 이 중 6,000억 달러를 국방비에서 줄이도록 했다.

미국의 국방비 삭감 조치는 동북아 지역 안보에 막대한 영향을 미칠 전망이다.

미 의회는 최근 주한 미군기지와 일본 후텐마 미군기지 이전계획 등 동북아 미군기지 재편 검토를 요구하고 있다. 의회는 동북아 지역의 미군기지 재편계획에 수반되는 국방비 증액에 반대하고 있다. 정치 전문매체인 폴리티코는 "국방예산이 크게 줄어들면 미군의 규모와 전력, 작전능력이 크게 제약을 받을 수밖에 없다"고 보도했다.[14]

국방비 삭감과 관련하여 2012년 1월 5일 오바마 행정부는 그동안 추진해온 2개 전쟁 동시 전쟁수행계획을 폐기하고 육군과 해병을 중심으로 한 군병력 규모의 감축과 해외주둔 미군전략의 우선순위를 아시아 지역으로 돌리는 '신(新) 국방전략 지침'을 발표해 그 세부적인 방향에 대해 한반도 주변국들의 관심이 쏠리고 있다.[15]

한미 양국은 주한미군의 안정적인 주둔 여건을 보장하기 위해 주한미군을 2개 권역으로 재배치할 것이다. 주한미군은 2008년 4월 한미 정상이 합의한 대로 2만 8,500명 규모가 유지될 예정이다. 한미 양국은 2010년 6월 정상회담에서 그동안의 안보환경 변화를 감안, 전시작전통제권 전환시기를 2012년 4월 17일에서 2015년 12월 1일로 조정하기로 합의하였다.

나. 일본의 군사동향

일본은 방위정책의 목표로 새로운 위협과 다양한 사태에 대한 효과적 대응, 외부의 침략에 대비, 안보환경 개선을 위해 국제평화협력활동 등을 설정하였다. 이에 따

---

14 http://www.segye.com/articles/components/func/print.asp?aid=20110805003631(검색일: 2011.10.11)

15 이주형, "美, 주한미군 전력 이상 없다", 국방일보, 2012.1.9, p.1, p.9.

라 자위대는 전력의 합동운용성 강화, 정보기능 강화, 과학기술 발전에 따른 효율적 체제 구축, 우수 인적자원 확보 등을 추구하고 있다.

육상자위대는 유사시 신속한 대처능력 강화와 사태확산 방지를 위해 2007년 3월 중앙즉응집단을 창설하였다. 국토의 좁고 긴 지형적 특성을 고려하여 탄력적인 부대 운용이 가능하도록 일부 사단과 여단을 임무 위주로 재편성하였다. 통합운용체제 하에서 지상작전부대의 효율적 지휘를 위해 육상총대 창설을 추진 중이며 신형 전차인 TK-X를 2010년 6월 개발 완료하여 2015년까지 총 68대를 배치할 예정이다.

해상자위대는 다양한 사태에 즉각적이고 지속적으로 대응할 수 있는 체제를 구축하고 있다. 2008년 3월 호위함대를 4개의 호위대군[16]으로 재편하고, 각 지방대 소속의 호위대를 호위대군 예하로 지휘체계를 일원화하였다. 2009년 3월 1만 3,500톤급 헬기탑재호위함을, 2번 함을 2011년 3월 전력화하였다. 해상자위대는 호위함을 전력화하는 과정에서 3, 4번 함을 중국의 항공모함 건조계획에 맞서 1만 9,500톤급으로 대형화하여 미국의 최신예 방공망을 설치하고 11기의 미사일을 탑재하여 2015년에 취역할 예정이다. 잠수함 부대도 6개에서 4개 부대로 재편하였다. P-1 해상초계기는 자체 개발하여 노후된 P-3C 대잠초계기를 대체할 예정이다.

항공자위대는 7개 항공단 체제를 유지하고 있다. 항공자위대는 전투기 수량을 감축하면서도 전투력 저하를 방지하기 위해 차기 전투기 사업(FX)을 추진하고 F-15와 F-2 전투기의 성능 개량작업을 병행하고 있다. 원거리 도서에 대한 위협에 능동적으로 대응하고 자위대의 국제평화협력활동을 지원하기 위해 2009년 3월 항공급유 수송부대를 신설하고 공중급유기(KC-767) 4대를 도입하여 2010년 4월부터 운용하고 있다. 아울러 노후된 C-1 수송기를 대체할 차기 수송기(XC-2)를 개발 중에 있다.

일본은 정보수집능력을 강화하기 위해 2007년 2월 정보위성 4기 체제를 완성하고, 2008년 5월 '우주기본법'을 제정하여 향후 우주의 군사적 이용과 고성능 정찰위

---

16 해상자위대 호위대군은 독자적인 대수상전, 대잠전, 대공전 수행능력을 보유한 수상 기동부대. 해상자위대는 2개 호위대(각 호위대는 호위함 4척으로 편성)로 구성된 4개 호위대군을 보유하고 있으며 각 호위대군의 기함으로 운용하기 위해 휴우가급 헬기탑재호위함을 추가 건조 중에 있다.

성 개발의 근거를 마련하였다.

북한의 탄도미사일 위협에 대비하기 위한 미·일 공동의 미사일방어(MD)체계 구축 노력도 지속하고 있다. 2007년 3월부터 2010년 4월까지 항공자위대 방공기지와 교육부대 등 16개소에 PAC-3 요격미사일을 배치하였고, 2007년부터 2009년까지 매년 1척씩 이지스함 3척에 요격미사일(SM-3)을 장착하였으며, 탄도미사일 감시와 추적을 위한 FPS-57 레이더를 설치하였다.

다. 중국의 군사동향

중국은 고도의 경제성장을 바탕으로 국방비[17]를 지속적으로 증액하면서 군사 현대화를 추진하고 있다. 중국군은 '정보화 조건 하 국지전 승리' 전략을 추구하고 있다. 이 전략은 정보화 조건 하에서 발생하는 국지전에 대비하여 첨단무기로 해·공군력을 강화하고, 적극방어로 승리하여 반침략·통일의 국방목표를 달성한다는 것이다. 이를 위해 육군은 신속대응능력, 해군은 원거리 투사능력, 공군은 원거리 작전능력을 향상시키는 데 주력하고 있다.

육군은 신속대응능력을 강화하기 위해 2007년 4월 광저우(廣州) 군구 후베이 성(湖北省)에서 신형 전차투하시스템을 이용한 공정부대의 전차 공중투하 실험에 성공하였다. 2008년 1월 신형 장갑차 VN-3를 개발하였고 같은 해 공격용 헬기 Z-10을 실전배치하였다.

해군은 원거리 투사능력 강화 목적으로 1995년부터 2007년 사이 소브레메니급 구축함(7,900t) 4척과 킬로급 잠수함(3,000t) 12척을 러시아로부터 도입하였다. 2007년 중국형 이지스급 구축함(6,500t) 2척을 작전배치하였고, 3척을 추가 건조 중이다. 2008년 사정거리가 8,000km 이상인 JL(巨浪)-Ⅱ탄도미사일을 탑재한 신형 진(Jin)급 전략핵잠수함 2척을 추가로 전력화하였다. 중국 해군은 2015년을 목표로 자체 개발

---

[17] 중국은 2010년 3월 제11기 3차 전인대(全人大)에서 2010년 국방비를 전년보다 14.9% 증가한 780억 달러(5,321억 위안)로 발표하였는데 이는 총예산의 6.3%, GDP의 1.4%에 해당된다. 미 국방부는 2010년 8월 발표한 '중국 군사력 평가 보고서'에서 중국의 실제 국방비 규모를 중국 공식 발표액의 2배로 추정하였다.

한 핵추진 항공모함 2척도 이미 건조 중에 있으며, 2012년까지 총 5척의 진급 전략핵 잠수함을 실전배치할 예정이다.

공군은 원거리 작전능력을 강화하기 위해 자체 개발한 J-10 전투기를 2007년 작전배치하였고, 이를 개량한 J-13과 J-14 스텔스형 전투기를 개발 중이다. 중국은 러시아로부터 Su-27/30을 비롯한 최신예 전투기를 도입하고 기술이전을 통한 면허생산과 항공기 자체 개발에도 주력하고 있다. 조기경보기인 대형 KJ(空警)-2000 4대와 소형 KJ(空警)-200 4대를 보유하고 있다. 또한 공중급유기 18대를 보유하고 있으며, 기존 전투기의 공중급유장치를 보완하여 전투기의 작전반경을 확대하고 있다.

중국의 국방예산은 2011년 현재 915억 달러(6,011억 위안)로 전해에 비해 12.7% 증가하는 등, 2010년을 제외하곤 1989년 이후 매년 두 자릿수 증가를 기록하고 있다. 특히 2011년 8월 15일 구소련에서 건조했던 바라크함을 개조한 중국 첫 항공모함의 해상 시운전에 나섰고, 스텔스 전투기 젠-20의 시험비행 등으로 중국의 작전반경이 점차 넓어지면서 아시아 국가들의 긴장도도 높아지고 있다.[18]

중국은 2007년 1월 탄도미사일로 위성을 파괴하는 실험에 성공하였고 10월 달 탐사위성을 발사하였다. 2010년 10월에는 두 번째 달 탐사위성을 발사하는 등 우주개발 노력을 가속화하고 있다.

라. 러시아의 군사동향

러시아는 2008년 10월부터 미래 안보위협에 신속하게 대응할 수 있는 새로운 군을 목표로 국방개혁을 강력하게 추진하고 있다. 러시아는 2009년 5월과 2010년 2월 중·장기 국방정책의 청사진을 담은 '국가안보전략 2020'[19]과 '군사 독트린'[20]을 개정

---

18 http://www.hani.co.kr/arti/international/china/497323.html(검색일: 2011.9.29)

19 국가안보전략 2020은 「러시아연방 국가안보 개념」(2000)을 대체한 정책 문서로, 국가안보 목표를 '러시아의 세계 강국위상 강화'로 설정, 세계 5위권 경제대국에 진입하고 다극화된 국제질서 속에서 안정적 경제발전 방향 등을 제시하고 있다.

20 국방에 대한 국가의 전략지침으로 1993년, 2000년에 이어 3번째 개정하였다. 최신 군사 독트린은 해외 거주 자국민 보호를 위한 해외파병 조항과 핵무기를 전쟁 억제의 수단으로 간주하면서 저강도 분쟁에 대비하여 첨

발표하였다.

국방개혁은 총병력을 100만 명 수준으로 유지하고 부대를 통·폐합하여 상비군 체제로 개편하는 것을 골자로 하고 있다. 군관구－군－사단－연대의 4단계 지휘구조를 군관구－작전사령부－여단의 3단계 지휘구조로 변경하고 6개의 군관구를 폐지하며 위협 방향에 따라 통합전력을 운용할 수 있도록 4개 지역사령부를 창설할 예정이다.

핵 억제력 유지와 저강도 분쟁에 대비한 재래식 전력의 현대화에 중점을 둔 전력 증강을 추진하고 있다. 매년 9~10%의 장비를 교체하여 2015년까지 30%, 2020년까지 70% 가량의 장비를 현대화할 예정이다.

러시아는 지상·해상·공중발사 대륙간탄도미사일을 보유하고 있다. 지상발사 대륙간탄도미사일(ICBM)로 Topol-M(SS-27)과 다탄두용 RS-24 유도탄을 배치하고 있다. 잠수함발사 대륙간탄도미사일(SLBM: Submarine Launched Ballistic Missile)은 시네바 유도탄(SS-N-23)을 운용하면서, 개발 중인 불라바 유도탄(SS-NX-30)을 보레이급 전략핵잠수함에 장착할 계획이다.

지상군은 부대구조 개선에 맞춰 구형 장비의 현대화를 추진하고 있으며, T-90 전차·신형 장갑차·대공방어체계를 배치하고 있다. 전투부대를 사단급 부대 중심에서 여단급 부대 중심으로 개편하였으며 신속대응군을 창설하였다.

해군은 노후된 연안작전 전력의 현대화에 주력하면서 점진적으로 원양투사능력을 향상시켜 나갈 예정이다. 다목적 수상전투함·라다급 재래식 잠수함·보레이급 전략핵잠수함·야센급 핵잠수함을 건조하고 있으며, 이지스 구축함과 신형 항공모함을 건조할 예정이다. 프랑스로부터 미스트랄급 대형 상륙함의 도입도 추진하고 있다. 모스크바에 위치한 해군사령부는 상트 페테르부르그로 이전될 예정이다.

공군은 장거리 정밀타격능력을 갖추고 방공능력을 향상시키고 있다. 이를 위해 Tu-95/160 전략폭격기의 성능을 개량하면서 스텔스 전략폭격기를 발주하고 있다. Su-35 전투기와 제5세대 전투기를 작전배치할 예정이며, S-400 지대공미사일을 모

단 재래식 무기의 중점적 증강 등을 수록하고 있다.

스크바 근교와 중요 지역에 배치 중이다.

러시아는 구소련 국가들을 중심으로 다자간 군사협력체제를 강화하고 있다. 2005년 이후 상하이협력기구 회원국과 '평화사명'이라는 대테러훈련을 실시하고 있으며, 2009년 6월 1만 명 규모의 집단안보조약기구(CSTO)[21] 신속대응군을 창설하였다. 러시아는 중국과의 협력관계를 군수·방산 협력 분야뿐만 아니라 작전·운용 분야까지 확대하고 있다.[22] 러시아는 사안에 따라 국제사회와 협력 및 견제를 병행하고 있다. 초국가적 위협에 대해 국제적 공조체제를 유지하는 한편 NATO의 동진정책과 미국의 동유럽 미사일방어망(MD) 구축 등에 대해서는 자국에 대한 위협으로 간주하여 견제하고 있다.

---

21 집단안보조약기구(CSTO: Collective Security Treaty Organization)는 러시아 주도로 벨라루스, 아르메니아, 카자흐스탄, 타지키스탄, 키르기스스탄, 우즈베키스탄 등 구소련 7개국이 결성한 집단안보 조직체이다.

22 이홍섭, "러·중 군사협력의 동향과 미래", 제주평화연구원: JPI 정책포럼, 2011, p.1.

제2절
북한 정세와 군사위협

1. 북한 정세

가. 대내

북한은 주체사상과 선군사상을 내세워 사회주의 국가를 표방하는 노동당 일당독재체제이다. 1990년대 이후 사회주의의 구조적 문제, 경제난 악화, 국제적 고립 등으로 체제 불안정이 가중됨에 따라 북한 정권은 선군정치 노선을 강화하고 총역량을 결집하여 2012년 '강성대국' 건설을 꾀하고 있다. 2008년부터 김정일 국방위원장의 건강이 악화된 후 후계체제의 안정적 구축을 위해 대규모 인사와 조직 개편을 단행하여 체제를 결속하는 데 주력해왔으며, 2010년 9월 28일 44년 만에 개최된 당대표자회의를 계기로 김정은 3대 세습체제를 공식화하였다.

북한은 2002년 7·1조치 이후 사회주의 경제체제를 고수하면서 제한적인 개혁·개방 정책을 추진하였으나 경제를 회생시키지 못하였다. 더욱이 2차 핵실험과 미사일 발사에 대한 국제사회의 대북제재조치로 경제난이 더욱 가중되고 국가 재정난이 심화되어 사회주의 계획경제 자체의 존속 위기에 직면하게 되었다. 이러한 위기를 극복하기 위해 2009년 시행한 '150일 전투'와 '100일 전투' 등 총동원 방식의 경제회생 노력도 실질적인 성과를 거두지 못하였다. 북한은 2009년 11월 화폐개혁[23]을 전격적으로 단행하였으나 급격한 물가상승, 경제활동 위축, 민심 이반 등으로 실패하여 오히려 사회적 불안을 가중시키는 결과를 초래했다. 또한 자본주의 등 외부 사조의 유입으로 주민들의 사상이 이완되고 정권에 대한 충성도가 약화되었으며 접경지역 탈북자가 늘어나는 등 체제 불만이 증가하고 있다. 2011년 12월 17일 김정일 국방위원장이 사망함에 따라 무엇보다도 김정은 후계체제의 안정화 여부가 가장 중요한 변수가 될 것으로 예상된다. 그러나 그동안 북한 당국이 안정적인 정치체제 구축을 위해 주민 동원과 사상학습 강화 등의 주민통제 조치를 강화해왔으므로 체제 불만세력이 김정은 체제에 저항할 만큼 조직화되기는 어려워 보인다. 북한의 경제는 시장의 역할이 제한적이고 계획경제의 실패로 국가가 제공하는 물자도 계속 감소하고 있어 단기적으로는 정치적 불안과 함께 환율과 물가도 큰 폭으로 상승될 것으로 전망된다.[24]

나. 대남

북한은 2000년 남북정상회담 이후 '6·15공동선언'과 '10·4선언'의 이행을 계속 주장하면서 '우리 민족끼리' 정신을 내세워 남한으로부터 경제적 실리를 취해왔다. 그러나 이명박 정부 출범 직후부터 북한은 우리의 대북정책을 적대정책으로 간주하고 일방적으로 남북대화를 중단하는 등 대남 강경정책을 지속하였다.

북한은 2008년 초반부터 개성공단 남북경제협력협의사무소 우리 측 당국자의 일방적인 추방(2008.3.27), 판문점 직통전화 단절(2008.11.12), 군사분계선 육로 통행차단(2008.12.1) 등 강경한 조치를 취하였다. 이어서 북한은 2차 핵실험을 실시했던 2009년 상반기까지 전면대결태세 선언(2009.1.17), 정치·군사 합의 무효화 선언(2009.1.30), 서울

---

[23] 2009년 11월 30일 북한이 실시한 구권과 신권을 100:1로 교환하는 것을 골자로 한 조치로, 이로 인해 경제난은 더욱 심화되었다.

[24] 양윤철, "김정일 사망 이후 북한 경제 전망", 「세종논평」 제238호(2011.12.21), p.1.

불바다 발언(2010.6.12 / 2011.2.28) 등 대남 위협과 강경조치를 지속하였다.

북한은 2009년 하반기에 국제사회의 대북제재로 인한 경제난을 해소하고 고립을 탈피하기 위해 유화적 태도를 보이기도 했으나 소기의 목적을 이루지 못하자 다시 대남 강경정책으로 선회하였다. 그 결과 대청해전(2009.11.10), 서해 NLL 항행금지구역 설정 및 해안포 사격(2010.1), 천안함 피폭사건(2010.3.26), 금강산 남측 자산 동결(2010.4.8) 등의 도발과 강경조치를 자행하였다.

특히 백령도 서남방 약 2.5km의 우리 영해에서 초계작전 중이던 천안함의 피폭으로 우리 해군 장병 46명이 전사한 북한의 도발로 인해 한반도와 동북아의 안보위기가 고조되었고, 같은 해 7월 9일 유엔 안전보장이사회는 천안함 공격을 규탄하는 의장성명을 채택하였다. 그러나 북한은 국제사회와 공조한 우리의 대북 조치에 대해 전면전, 3차 핵실험을 운운하면서 위협하였다. 또한 같은 해 11월 23일에는 연평도의 해병부대와 민간인 거주지에 무차별로 170여 발의 포격을 자행하여 이 도발로 해병 대원 2명이 전사하고 16명이 중경상을 입었으며, 민간인 2명이 사망하고 다수의 부상자가 발생하였다. 미국, 일본, 독일, 영국, 러시아 등 많은 나라들이 민간인까지 살상한 북한의 만행을 규탄하였다.

북한은 김정은 후계체제의 등장에 따라 김정일 국방위원장이 추진해왔던 2012년 강성대국 진입 목표를 강성국가 건설로 바꾸고, 김정일 유훈을 계승하면서 지배체제를 공고히 하는 한편 3대 세습체제를 완성하고 만성적인 경제난을 해결하기 위해 주력하고 있다. 이러한 노력에도 불구하고 북한의 체제 불안정성은 증대되고 있으며 경제난도 더욱 악화되고 있다.

북한은 최근 중국, 러시아와 경협 및 대외지원을 위한 협의를 추진하는 등 불안정성을 탈피하기 위해 노력해왔으나, 자신들의 목적 달성이 어렵다고 판단할 경우 천안함 공격이나 연평도 포격 등과 같은 방법으로 새로운 기습 도발을 할 가능성이 있다.

이와 같이 북한은 전 한반도 적화통일을 목표로 우리 내부의 국론 분열과 한미 동맹관계의 갈등을 조장하고, 핵 개발을 포함한 대남 군사적 위협을 지속하면서 한반도의 긴장 완화와 평화 정착을 위한 군사적 신뢰구축 노력은 보이지 않고 있다.

다. 대외

북한은 핵을 포함한 대량살상무기를 체제 생존수단으로 인식하고 있다. 2009년 5월 2차 핵실험에 따른 유엔 안전보장이사회 결의안 1874호[25] 채택과 대북 제재에도 불구하고 북한은 핵 카드를 최대한 활용하여 국제사회를 대상으로 벼랑 끝 전술을 구사하면서 체제 유지에 주력하고 있다. 그러나 국제사회의 경제지원 중단으로 북한의 경제난은 가중되었으며, 북핵 문제 해결을 위한 6자회담은 2008년 12월 이후 중단 상태에 있다. 최근 미국의 세계적인 핵물리학자인 시그프리드 헤커 박사를 통해 세상에 알려진 고농축 우라늄 제조는 동북아 및 한반도 평화와 안정에 막대한 위협요인이 되고 있다.[26]

북한은 중국의 지원에 의존하여 체제 생존과 경제회생의 기회를 마련하기 위해 부심하고 있다. 북한은 2009년 10월 원자바오 중국 총리의 방북, 2010년 5월과 8월 김정일 국방위원장의 방중 등을 통해 중국과의 전통적 동맹관계를 강화하고 있다. 2011년 12월 17일 김정일의 갑작스런 사망에 따라 김정은 후계체제를 조속히 안정화시키기 위해서는 유일한 지지자인 중국의 정치적·경제적 후원을 확보하는 데 노력할 것으로 판단된다. 왜냐하면 경제침체를 극복함으로써 김정일의 유훈인 2012년에 경제적 강성대국으로의 이미지를 제고시키고 주민들의 불만을 무마하기 위해서는 북한 내 경제성장에도 관심을 기울여야 하기 때문이다.

또한 북한은 러시아와의 관계에 있어서도 2011년 8월 24일 드미트리 메드베데프 러시아 대통령과 정상회담을 개최[27]하여 안보상의 전략적 이익 확보와 경제적 실리

---

25 유엔 안전보장이사회 결의안 1874호는 북한의 2차 핵실험에 대해 유엔 안전보장이사회가 2009년 6월 12일 만장일치로 채택한 결의안이다.

26 국방부, 「튼튼한 국방」, 국방부, 2011, p.5; 허문명, 동아닷컴(donga.com, 검색일: 2011.12.14) 북한이 고농축 우라늄을 제조하고 있다는 사실은 북한 당국의 초대로 영변 핵시설을 살펴본 미국의 세계적인 핵물리학자 시그프리드 헤커 박사를 통해 세상에 알려졌다.

27 http://news.kukinews.com/article/view.asp?page=1&gCode=int&arcid=0005285475&cp=nv(검색일: 2001.9.29) 메드베데프 러시아 대통령과 김정일 위원장 사이에 합의된 '남·북·러 간 가스관 설치 위원회'를 만들고 북한이 러시아의 가스전(田)에서 생산되는 가스를 한국에 공급할 수 있도록 연결하는 가스관의 북한 영내 통과를 허용했다는 것이 요점이다.

획득을 위해 상호관계를 유지하고 있다.

북한은 미국에게 핵보유국 지위 인정과 미·북 양자회담을 통한 체제 보장을 동시에 요구하고 있으나, 대화와 제재를 병행하면서 북핵 폐기를 요구하는 미국의 일관된 입장에 부딪혀 소기의 성과를 거두지 못하고 있다.

일본과의 관계는 북한이 일본인 납치 문제에 대해 불성실한 태도로 일관하고 핵실험을 강행함에 따라 일본의 더 강화된 대북제재를 초래하게 되었다.

북한은 역내 국가들 이외에도 아프리카·중남미 등 비서방권 국가들과의 교류협력을 모색해나가면서 유럽 국가들의 대북투자 확대를 위한 노력도 계속하고 있다.

2. 군사위협

가. 군사전략

북한은 주체사상을 명분으로 '국방에서의 자위' 원칙을 주장하면서 군사력 증강을 지속해왔다. 북한은 1962년 4대 군사노선[28]을 채택한 이후 군사우선정책을 유지해왔으며, 김정일의 사망 이후 김정은도 권력을 승계한 이후에는 선군정치를 내세워 대남 우위의 군사력 유지를 최우선 과제로 추진할 것으로 보인다. 한국경제연구원은 북한은 2011년 현재 102만 명에 이르는 육군을 비롯해 탱크와 방공포, 군함 등이 역대 최대 규모인 것으로 분석했다. 전투기수는 지난 1986년보다 적지만 1990년대 이후 최신예 미그 29기가 도입된 점을 고려하면 공군력도 최고 수준이며, 특히 잠수함의 증강을 주목해야 한다고 보고서는 강조했다. 보고서는 또 북한은 전면공격보다는 싸워서 이길 수 있는 유리한 전쟁방식을 강구할 것으로 보이며 미군이 개입할 수 있는 수준의 도발은 피하고 한국군의 우세한 무기체계가 작동하기 어려운 곳을 골라서 공격작전을 전개할 것으로 전망했다.[29]

---

28 '4대 군사노선'은 전군의 간부화, 전군의 현대화, 전인민의 무장화, 전국의 요새화를 말하며, 1970년대 초에 이를 달성하여 남한을 침략할 준비가 다 되었다고 주장하였다.

29 김현경, "북한 군사력 역대 최강", KBS뉴스(2012년 1월 4일자 보도내용)

북한의 기본목표는 대남 적화통일로서 김정일·김정은 체제가 유지되는 한 변화 가능성은 희박하다. 이를 구현하기 위해 북한군은 기습전, 배합전, 속전속결전을 요체로 하는 군사전략을 유지하면서 우리 군의 첨단전력과 현대전의 특성을 고려하여 다양한 전술의 변화를 모색하고 있다. 북한은 대량살상무기, 특수부대, 장사정포, 수중전력, 사이버전 능력을 포함한 비대칭 전력의 집중적인 증강과 재래식 전력의 선별적인 증강을 추구하고 있다. 특히 북한군의 비대칭 전력은 평시 국지도발은 물론 전시 핵심 공격수단으로서 우리 군에게 매우 심각한 위협이 되고 있다.

나. 군사능력

지상군은 총참모부 예하 9개의 정규 군단, 2개의 기계화 군단, 평양방어사령부, 국경경비사령부, 11군단(구 경보교도지도국), 미사일지도국 등 총 15개 군단급 부대로 편성되어 있다.

북한은 평양-원산선 이남 지역에 지상군 전력의 약 70%를 배치하고 있으며, 그 일부는 북방한계선 일대에 준비된 갱도진지에서 기습공격을 감행할 태세를 갖추고 있다. 특히 170밀리 자주포와 240밀리 방사포 전력은 지속적으로 유지되고 있으며, 현재 배치된 진지에서 수도권에 대한 기습 집중사격이 가능하다.

기갑·기계화 부대의 주축은 T-54/55 전차와 T-62 전차를 개량한 천마 전차이며, T-72 전차를 모방한 신형 전차(폭풍호)를 개발하여 작전배치하였다. 신형 전차 배치에 따라 교체된 노후 전차는 후방부대에서 운용하고 있다. 이처럼 주요 기동부대의 기동력과 타격력을 대폭 보강하여 작전적 융통성을 증가시키고 단기 속전속결 태세를 유지하고 있다.

북한은 이미 경보병사단[30]을 전방군단에 편성하였고 전방사단에 경보병연대를 추가편성하는 등 특수전 능력을 지속적으로 강화하고 있다. 이들 특수전 병력은 현재

---

30 경보병사단은 전방군단 예하에 편성되어 있으며 산악으로 침투하여 군단 작전에 기여하거나 대규모 배합작전 및 후방 교란 임무를 수행하는 특수전 부대이다.

<table>
<tr><td colspan="6" align="center"><표 2-1> 북한 지상군의 주요 장비현황</td></tr>
<tr><td align="center">구분</td><td align="center">전차</td><td align="center">장갑차</td><td align="center">야포</td><td align="center">방사포</td><td align="center">도하장비 K-61 / S형 부교</td></tr>
<tr><td align="center">보유현황</td><td align="center">4,100여 대</td><td align="center">2,100여 대</td><td align="center">8,500여 문</td><td align="center">5,100여 문</td><td align="center">3,000여 대</td></tr>
</table>

20만여 명에 달하는 것으로 평가된다. 이들은 땅굴, AN-2기 등을 이용하여 우리의 후방 지역으로 침투 후 주요 목표 타격, 요인 암살, 후방 교란 등의 배합작전을 수행할 것으로 판단된다. 북한 지상군이 보유하고 있는 주요 장비는 <표 2-1>과 같다.

해군은 해군사령부 예하에 2개 함대사와 13개 전대 40여 개 기지, 특수작전을 수행하는 2개의 해상저격여단으로 구성되어 있다. 북한 해군 전력의 큰 변화는 없으나, 잠수함 전력과 신형 어뢰 등의 개발이 지속되고 있는 것으로 추정된다. 해군 전력도 약 60%가 평양-원산선 이남에 전진배치되어 있어 기습공격이 가능하나 독립된 해군 작전보다는 지상군 작전과 연계하여 지상군의 진출 지원과 연안 방어 등의 임무를 수행할 것이다.

수상 전력은 유도탄정, 어뢰정, 소형경비정, 화력지원정으로 구성된 수상전투단 또는 단독 함정에 의한 대함 공격능력을 보유하고 있다. 그러나 대부분 소형 고속함정 위주로 구성되어 있어 기상악화 시 기동성이 약화되고 원해 작전능력이 제한된다.

수중 전력은 로미오급·상어급 잠수함과 연어급 잠수정 등 70여 척으로 구성되어 있으며, 기뢰 부설, 수상함 공격, 특수전 부대의 침투지원 임무 등을 수행한다. 천안함 피격사건에서 보듯이 북한은 무기체계가 월등히 앞서는 우리 군함을 신형 어뢰로 공격하는 등 비대칭 전력에 의한 전술을 계속 발전시킬 것이다.

상륙 전력은 1970년대 초반 이후 건조된 공기부양정, 고속상륙정 등 총 260척과 소해정 30척으로 구성되어 있다. 특히 러시아 기술로 새로 개발한 새 공기부양정은 기존의 시속 90km보다 속도가 20% 향상된 시속 110km까지 주행이 가능하고 탑승인원도 기존의 40·50명보다 많은 50·60명까지로 늘어났다.[31] 해상저격여단과 해군

---

31 http://www.nocutnews.co.kr/show.asp?idx=1894116(검색일: 2011.9.29)

〈표 2-2〉 북한 해군의 함정 현황					
구분	수상전투함정	잠수함정	상륙함정	소해정	기타
보유현황	420여 척	70여 척	260여 척	30여 척	30여 척

정찰대대는 은밀히 침투하여 레이더와 해군기지 등 중요 시설을 타격하고 상륙 해안의 중요 지역을 확보하여 대형 상륙함이 필요 없는 단거리 기습 상륙작전을 지원할 것이다. 북한 해군이 보유하고 있는 주요 함정은 〈표 2-2〉와 같다.

공군은 공군사령부 예하에 4개 비행사단, 2개 전술수송여단, 2개 공군저격여단, 방공부대 등으로 구성되어 있다. 1985년 이후 도입한 미그 29를 제외하면 대부분 항공기는 매우 노후되었으나, 신형 전투기 도입 등의 전력 변화는 없는 것으로 추정된다.

북한 공군은 북한 전역을 4개 권역으로 분할하여 전력을 배치하였으며, 이 중 약 40%를 평양-원산선 이남 기지에 전진배치하여 우리의 중요 시설에 대한 기습능력을 보유하고 있다. 북한 공군은 전쟁 초기에 기습공격을 감행하여 우리의 방공자산, 보급로, 산업 및 군사 시설, 국가 기반시설 등을 타격할 것이다. 특히 AN-2기와 헬기를 이용하여 아군 후방 깊숙이 특수전 부대를 침투시킬 수 있는 능력을 갖추고 있다.

북한의 방공체계는 공군사령부 예하에 항공기, 지대공미사일, 고사포, 레이더 탐지부대 등으로 통합 구성되어 있다. 북한 영공은 4개 구역으로 분할되어 있으며 1차적인 방공임무는 비행사단에 위임되어 있다. 평양 지역과 주요 군사시설 지역에는 SA-3, 휴전선 일대와 해안 지역에는 SA-2와 SA-5 지대공미사일을 다중으로 배치하였다. 전술 고사포는 지상군 기동부대를 방호하고, 전략 고사포는 주요 도시, 항만, 군수산업시설 등을 방호하기 위해 집중 배치되어 있다. 지상관제요격기지, 조기경보기지 등의 레이더 운용부대는 북한 전역에 분산 배치되어 있어 한반도는 물론 중국의 일부 지역까지 탐지할 수 있다. 또한 자동화방공통제체계를 구축하여 대응시간을 단축하고 정확도를 높였다. 북한 공군이 보유하고 있는 항공기는 〈표 2-3〉과 같다.

〈표 2-3〉 북한 공군의 항공기 현황

구분	헬기	정찰기	전투기	공중기동기 (AN-2 포함)	훈련기
보유현황	300여 대	30여 대	820여 대	330여 대	170여 대

〈표 2-4〉 북한 예비전력 현황

구분	병력	비고
교도부대	60만여 명	전투동원 대상 - 남자: 17~50세 - 여자: 17~30세
노농적위대	570만여 명	향토 예비군 성격
붉은청년근위대	100만여 명	중학교 군사조직
준군사부대	40만여 명	호위사령부, 인민보안성 군수동원지도국, 속도전 청년돌격대
계	770만여 명	

예비전력은 교도부대, 노농적위대, 붉은청년근위대, 준군사부대로 구성되어 있으며, 14세부터 60세까지 전 인구의 약 30%가 전시동원 대상으로 총 770만여 명에 달한다. 북한 예비전력 현황은 〈표 2-4〉와 같다.

이 중 교도부대는 핵심 예비전력으로 편성과 훈련 면에서 정규군에 준하는 수준이며, 정규군의 장비 현대화로 교체되는 주요 장비들을 인수하여 전력을 보강하고 있다. 유사시 정규전 부대의 전투력을 보강할 수 있도록 평소 강도 높은 훈련을 실시하고 있다.

전략무기를 확보하기 위해 북한은 핵, 탄도미사일, 화생무기를 지속적으로 개발하고 있다. 북한은 1960년대 영변에 핵시설을 건설하였으며, 1970년대에는 핵연료의 정련, 변환, 가공기술을 집중 연구하였다. 1980년대 이후 5MWe 원자로를 가동하여 얻은 폐연료봉을 2009년까지 4회에 걸쳐 재처리하여 약 40kg의 플루토늄을 확보한 것으로 추정되며, 2006년 10월과 2009년 5월 핵실험을 실시한 바 있다. 2009년 4월

〈표 2-5〉 북한의 미사일 종류별 사거리				
종류	스커드	노동	무수단	대포동
거리	500Km	1,300Km	3,000Km	6,700Km

외무성 대변인 성명을 통해 우라늄 농축 개발을 시사한 이후 2010년 11월 우라늄 농축을 위한 원심분리기 2,000여 개를 가동 중이라고 주장한 것으로 볼 때, 고농축우라늄(HEU) 프로그램도 추진 중인 것으로 추정된다.

북한은 1970년대부터 탄도미사일 개발에 착수하여 1980년대 중반 사정거리 300km의 SCUD-B와 500km의 SCUD-C를 생산하여 작전배치하였다. 1990년대에는 사정거리 1,300km인 노동미사일을 작전배치하였으며, 2007년에는 사거리 3,000km 이상의 중거리 탄도미사일(IRBM: Intermediate Range Ballistic Missile)인 무수단을 작전배치함으로써 한반도를 포함한 일본과 괌 등 주변국에 대한 직접적인 타격능력을 보유하고 있다. 1990년대부터 장거리 탄도미사일(ICBM) 개발에 착수하여 1998년 대포동 1호, 2006년에 대포동 2호를 시험 발사하였으며, 2009년 4월 장거리 로켓을 발사하였다. 미사일 종류별 사거리는 〈표 2-5〉와 같다.

북한의 사이버전 수행능력도 매우 탁월한 것으로 판단된다. 김정일은 "20세기 전쟁이 기름전쟁이고 알탄(탄환)전쟁이라면 21세기 전쟁은 정보전쟁"이라며 사이버전의 중요성을 강조했다. 김정일의 지시에 따라 북한은 1980년대 중반부터 사이버전과 관련한 핵심기술의 연구개발과 해킹 전문인력의 양성 등 사이버전 수행능력을 강화했다. 북한의 전문적인 해커 양성기관은 평양 외곽에 위치한 5년제 군사정보대학인 김일군사대학(지휘자동화대학, 구 미림대학)이다. 이 대학은 "군장비 현대화와 전자전에 대비하라"는 김정일의 지시에 따라 1986년에 설립되어 매년 바이러스 전문요원과 기술요원 10여 명, 해킹 전문가 80여 명을 배출하고 있다.

국가정보원은 2011년도에 일어난 국가전산망 해킹사건의 배후로 북한군 정찰국 산하 110호를 주목하였다. 이 연구소는 기존의 사이버전쟁 전담부서인 '기술정찰조'

와 '조선컴퓨터센터' 등을 확대 편성한 것으로 이들의 임무는 한국을 비롯한 미국과 일본 등 국가와 군 관련 주요 기관의 컴퓨터 망에 침투해 비밀자료를 훔치거나 바이러스를 유포하는 일이다. 당초 600여 명으로 알려졌으나 현재 1,000명이 넘는 것으로 추정된다.

북한의 해커들은 그동안 원격서버를 통해 공격명령을 내리던 기존 DDoS 방식에서 벗어나 공격 대상과 시간이 미리 입력된 악성코드를 이용해 동시다발적으로 테러를 자행하고 있다는 데 문제가 있다. 즉 과거에 비해 공격방식이 정교해지고 추적은 더 어려워졌다는 점이다. 이는 북한의 도발수단이 핵과 미사일에 이어 사이버 공간으로 확대됐다는 반증이라 할 수 있다. 이와 같은 북한의 사이버전 수행능력에 대비하기 위해 우리 국방부가 2012년 대통령에 대한 신년도 업무보고에서 기존 지상·해상·공중으로만 규정해 있는 통합방위 개념에 '사이버' 영역을 포함키로 한 것은 사이버 위협이 국가안보에 직접적이고도 노골적인 위협이 되고 있다는 판단에 따른 것이다.[32]

---

32 장석범, "치명적 사이버 위협에 민관군경 통합대응", 문화일보, 2012.1.4, 6면.

제3절

국가안보와 국방획득정책

1. 미래전쟁의 양상과 특징

가. 미래전쟁의 양상

복잡하고 다양한 미래전쟁의 양상을 몇 가지 특징만으로 단정 지어 언급하기는 매우 곤란하다. 그럼에도 불구하고 김종하 교수는 미래전쟁의 양상을 첨단기술전쟁, 사이버전쟁, 평화유지전쟁, 그리고 테러행위와 같은 더러운 전쟁이 될 것이라고 예측하였다.[33]

첨단기술전쟁은 정밀유도무기, 그리고 우주기반자산과 같은 첨단무기체계의 기술력으로 싸우는 매우 하드파워(Hard Power)적인 전쟁이다.

각종 학술지나 서적에 등장하는 개념들인 체계통합(SOS: System of System), 네트워크 중심전(NCW: Network Centric Warfare), 디지털 전장(Digital Battlefield), 병행전쟁

---

33 김종하, 『미래전, 국방개혁 그리고 획득전략』, 서울: 북코리아, 2008, pp.14-27의 내용을 요약하였다.

(Parallel War) 등은 첨단기술전쟁의 이미지를 축약하는 용어들이라 할 수 있다. 이러한 시각은 미국의 「합동비전 2020(Joint Vision 2020)」과 같은 보고서에 뚜렷하게 나타나고 있다.[34]

사이버전쟁(Cyber Warfare)은 인터넷 등을 비롯한 사이버 공간에서 일어나는 전쟁으로 첨단기술전쟁과 동등한 기술지향적인 이미지의 전쟁이다.

이것은 정보화 사회의 가장 큰 사회간접자본인 통신망에 해커들이 침입하여 컴퓨터 운용시설들을 파괴하는 것으로 아마도 그것은 미사일과 폭격기를 동원하여 적의 산업기반시설 및 전쟁수행시설 등을 박살내는 것과 같은 효과를 얻게 될 것이다.

사이버전쟁은 〈표 3-1〉과 같은 특징을 갖고 있다.

미국은 현재 전 세계에서 사이버전쟁을 대비하는 데 가장 적극적이고 활동적이다. 또한 북한은 1980년대 중반 이후 미림대학을 통해 매년 수백 명의 해커들을 양산하여 사이버 부대를 운용하고 있으며, 중국과 일본도 사이버 부대를 창설하여 운영하

〈표 3-1〉 사이버전쟁의 특징	
사이버전쟁의 특징	**결과 분석**
① 전쟁수행 비용이 저렴	잠재적인 적의 범위 확대
② 전쟁과 범죄의 범위가 불분명	공격자, 피공격자, 책임자의 식별 곤란
③ 사이버 공간에서 지각능력을 조작하기가 용이함	실제와 조작된 내용의 구별이 불가능
④ 새로운 정보의 수집과 분석방법이 필요	잠재적 위협과 적의 의도, 능력파악 곤란
⑤ 사이버 공간에서 사이버 공격을 다른 사건과 구별할 수 있는 적절한 정보체계 및 공격 평가방법이 없음	공격진행 여부, 공격자, 공격방법 식별 곤란
⑥ 별도의 전선(戰線)이 없음	전·후방이 동일하게 공격대상이 되고 시·공간 제한 없이 위험에 노출

출처: http://mybox.happycampus.com(검색일: 2011.10.9)

---

34 DoD, 「Joint Vision 2020」 (Washington D.C: U.S. Government Printing Office, 2000).

고 있다. 사이버전쟁의 예는 코소보 전쟁을 들 수 있다. 당시 유고는 인터넷망을 통해 북대서양조약기구(NATO)는 물론 미국과 영국의 전산망에 해커를 침투시켜 미국 백악관과 국방부를 해킹하였을 뿐만 아니라 영국 기상청의 인터넷망을 마비시켜 기상정보 전달을 방해함으로써 공습을 취소시키는 전과를 올리기도 했다.

평화유지전쟁은 주로 냉전 이후 세계화가 진행되면서 아프리카, 중동, 동남아시아 등 지역에서 벌어지고 있는 자원, 인종, 지역 갈등과 크고 작은 분쟁을 겪고 있는 나라들에서 나타난다. 그 예로 1991년에 발생한 보스니아 내전이나 1999년 유고슬라비아에서 발생한 코소보 분쟁 등을 들 수 있다.

더러운 전쟁은 소위 비대칭 전쟁, 즉 규범으로부터 일탈한 분쟁으로 상대방의 무력에 대한 역대응을 하기 위해 직접적인 접근보다는 테러행위와 같은 간접적인 접근을 취하는 모습을 보이는 전쟁이라 할 수 있다.[35] 최근에 아프가니스탄에서 벌어지고 있는 미국에 의한 대테러 보복전쟁을 그 예로 들 수 있다.

나. 미래전쟁의 특징

미래전쟁은 다음과 같은 특징을 지닌다.[36]

미래전쟁의 첫 번째 특징은 저강도(低强度) 분쟁의 증가와 전쟁 경고시기의 판단 곤란이다. 오늘날의 국제질서는 이미 앞에서 언급한 바와 같이 냉전의 종식으로 전면전의 가능성은 희박해졌지만 국지 분쟁의 발생가능성은 오히려 더 증대되고 있다는 분석이 지배적이다.

오늘날의 분쟁들은 정치, 외교, 경제, 민족, 종교, 자연자원 등 비군사적 요인들로부터 발생하여 지극히 완만한 위기화 과정을 거쳐 군사 분쟁으로 연결된다는 것이다. 이러한 상황 하에서는 위기의 심각성에 대한 인식이 매우 둔감해질 수밖에 없다. 어떤 분쟁이 발생하여 일정한 단계를 지나 군사적 대응이 필요하다고 판단하였을 때

---

35 David I. Grange, "Asymmetric Warfare: Old Method, New Concern", NSF Review (Winter 2000).

36 국방부, 『21세기를 지향하는 한국의 국방』, 서울: 고려서적, 1995, pp.57-59.

는 이미 고도의 위기상태가 조성된 이후이다. 이는 분쟁의 확대과정에서 경고가 거의 없기 때문에 국가적 차원의 대비가 조급해질 수밖에 없음을 의미한다. 따라서 평시에 위기관리체제를 확립하고 위기대응능력을 구비하는 등 종합적인 분쟁 대비책을 마련해놓는 것이 긴요한 정책과제가 된다.

두 번째는 작전 및 전술적 차원보다 전략적 수준의 대응이 더 중요시된다는 사실이다. 전쟁수단의 고도 과학화 및 대량파괴로 전쟁의 비용과 희생이 감당하기 어려울 정도로 대규모화되고 있기 때문에 과거처럼 작전적·전술적 차원의 전투 개념은 오늘날에 와서는 그 효율성이 떨어질 수밖에 없다. 고도의 첨단 지휘·통제·통신·정보·컴퓨터 체계와 원거리 타격 및 고속 기동능력에 바탕을 둔 단기 속결전이 시도될 경우 전쟁은 작전 및 전술적 차원의 전투를 수행할 여유도 없이 종결될 수 있다. 이는 전쟁 초기단계에서의 주도권 확보 및 전략적 승리가 작전 및 전술적 수준의 전투에서 승리를 보장해주게 될 뿐만 아니라 결국은 전쟁의 승패를 결정할 수 있음을 의미한다. 또한 단기 속전속결전에 의한 전쟁의 조기 종결화 추세는 억제에 기반을 둔 공세적 전략의 필요성을 높여주고 있다. 첨단과학기술 무기체계에 의한 전쟁은 초기단계에서 승패가 결정될 뿐만 아니라 대량파괴를 수반하기 때문에 방어전략은 의미가 적어지게 된다. 적극적 억제전략이 최선의 방어를 보장하게 되는 것이다. 따라서 미래전쟁에 대비하기 위해서는 공세적 억제전략 개념을 발전시킴과 아울러 요망하는 시기에 적의 중심을 타격할 수 있는 전력을 확보하는 것이 중요한 과제가 되고 있다. 적의 공격이 있은 후 공방전이 전개될 것을 전제로 한 전술 개념과 전력은 미래의 첨단무기전쟁에서는 더 이상 효과를 발휘할 수 없다. 이라크가 걸프전쟁에서 무기력하게 패배한 사례가 이를 잘 입증해주고 있다. 평상시 공세적 억제전략을 성공적으로 보장하고 전쟁 발발 시 적의 중심을 타격하여 전력적 주도권을 확보하기 위해서는 전략정보능력과 장거리 타격수단을 구비해야 한다.

셋째로 미래전쟁은 군사과학기술의 혁명적이고도 급속한 발전에 따라 전력운용체계가 지금과는 판이하게 다른 방향으로 바뀔 것이라는 사실이다. 고도 첨단정보체계의 발전에 따른 표적첩보 획득능력의 향상으로 현 작전 지휘소에서 원거리 군사목표를 공격하는 것이 가능해졌고, 우주에서의 방어체제 발전으로 공격해 오는 탄도미사일을 공중에서 방어할 수 있게 되었다.

또한 전쟁수행 개념 자체가 본질적으로 바뀌고 있다. 종전까지의 전쟁수행은 주로 막대한 병력과 무기체계의 집중적인 투입에 의존하였기 때문에 장기적인 소모전이었다. 그에 반해 현대의 과학전은 먼저 전자병기에 의해 적의 통신과 지휘중추 및 무기체계의 작동을 무력하게 만들어 상대의 전력을 완전히 마비시킨 후 뒷정리하는 개념으로 아군의 주전력을 집중 투입하게 되기 때문에 전쟁을 조기에 종결하는 것이 가능해지고 있을 뿐만 아니라, 인명과 자원의 손실도 최소화할 수 있게 되었다. 걸프전쟁에서 이라크는 모든 지휘중추와 통신체제의 마비로 막대한 전력을 제대로 사용해 보지도 못하고 전쟁에서 패배하였다. 이와 같은 전력운용체계가 최대한 효과를 발휘하기 위해서는 전략·전술 정보능력의 구비와 C^4I 체계의 발전이 필수적이다.

2. 국가안보와 국방정책

국가안보란 국가의 '안전'이라는 상태의 개념과 '보장'이라는 행위의 개념이 합성된 용어로, 이러한 용어가 국제정치 무대에 등장하게 된 것은 국제연맹 규약 전문에 'To Achieve International Peace and Security'라고 사용되면서부터이다. 1940년대부터 1970년대까지는 전통적 개념의 국가안보, 주로 군사중심의 개념을 견지해왔다. 그 이유는 군사적 위협이 국가안보 문제 발생의 주요 요인으로 인식됨에 따라 대응책도 군사중심의 사고가 지배적이었다. 물론 군사 이외의 비군사적인 요소가 전혀 무시된 것은 아니지만, 단지 부차적·보조적 관계로 인식되었던 것이다.

그러나 현대에 와서는 비군사적 위협 발생 가능성이 증대됨에 따라 안보위협도 복잡하고 다각적인 대응이 필요하게 되었다. 이에 따라 국가안보의 정의는 많은 변화를 가져왔다. 결국 국가안보는 "군사·비군사 분야에 걸쳐 국내외로부터 기인하는 각양각색의 위협으로부터 국가목표를 달성하는 데 있어 추구하는 제 가치를 보전·향상시키기 위해 정치, 외교, 사회, 문화, 경제, 과학기술 등의 여러 정책을 종합적으로 운용함으로써 기존의 위협을 효과적으로 배제하고 또한 일어날 수 있는 위협의 발생을 미연에 방지하며, 나아가 발생한 불시의 사태에 대처하는 것"으로 정의할 수 있다.[37] 국가안보는 달성(attainment)이 아닌 추구(pursuit)의 개념이기 때문에 완벽한 안보가 불가능할지라도 이를 위한 지속적인 노력이 필요하다.

국가안보정책은 안보위협의 평가와 국가목표에 따라 국가안보를 증진시키는 방향으로 결정된다. 이러한 결정의 행위자는 최고정책결정자인 대통령이다.

국가안보전략은 국내외 위협으로부터 국가를 보호하기 위하여 군사력뿐만 아니라 정치, 외교, 경제, 사회, 문화, 과학기술 등 모든 국력요소를 사용·개발하는 기술과 과학이다.[38] 따라서 국가안보정책은 하위의 개념인 국가안보전략 수행을 위한 광범위한 방책이나 지침을 제시하는 정책으로서 국가안보정책에는 대외정책, 국내정책, 국방정책 등이 있다.

국방정책은 위협에 대한 인식을 바탕으로 위협의 발생을 어떻게 억제하고, 발생된 위협에 대해 어떠한 수단을 사용하여 대처할 것인가를 결정하는 방책이다. 국방정책이 위협의 출처를 '외부의 군사적 위협과 침략'으로 한정하고 있지만 대응방식에 있어서는 포괄적인 의미의 국방력, 다시 말하면 정치, 경제, 사회 등의 국가총력을 동원해야 한다는 점에서 안보정책과 큰 차이가 없다.[39] 따라서 정책결정자의 안보위협에 대한 인식에 따라서 그 방향은 많은 변화를 가져올 수 있다. 인식은 객관적이기보다는 상당히 주관적이기 때문에 같은 상황에 대한 정책방향도 정책결정자의 인식에 따라 많은 변화가 나타난다.

국방획득정책은 국방정책의 하위정책으로 국방정책을 달성하기 위한 수준에서 결정되며, 국방부에서 배분한 투자비 재원규모, 투자방향, 국방과학기술 수준, 각 군·합참에서 정한 무기체계 우선순위 등의 영향을 받게 된다. 이러한 과정을 거쳐 국방목표를 달성하기 위해서(why), 어떤 무기체계를(What), 언제까지 확보해야 하는가

---

37 최경락·정준호·황병무, 『국가안전보장서론』, 서울: 법문사, 1989, pp.25-26.

38 『합동기준교리 요약집』, 합동참모본부, 1999; 『합동참고교범 10-5』, 합동참모본부, 1999.

39 차영구·황병무, 『국방정책의 이론과 실제』, 서울: 도서출판 오름, 2004, p.40.

(When)가 결정된다.

　이러한 획득정책목표를 달성하기 위한 계획이 사업계획이고, 사업계획을 달성하기 위한 수단이 방위사업이다. 방위사업, 즉 방위력개선사업은 선행 연구과정을 거쳐 누가 사업을 주관하고(Who), 어떻게 무기체계를 획득할 것인가(How)를 결정하며, 성공적인 사업추진을 통해 소요군에 획득한 무기체계를 배치하여 운용하게 된다.

　방위력개선사업은 통합사업관리팀(IPT)에 의하여 운용되며, 방위사업법과 동법 시행령, 동법 시행규칙, 방위사업관리규정, 그리고 이와 관련된 규정 및 지침에 따라 추진된다. 그리고 방위사업은 국방부, 방위사업청, 합동참모본부 및 육·해·공군이 모두 연관되어 있는 업무이기 때문에 효율적인 업무 연계 및 조정을 할 수 있도록 국방부에서는 별도의 국방전력발전업무훈령을 제정하여 운영하고 있다.

　국방획득정책에 있어 정책결정자의 안보인식은 국방획득 형태를 결정하는 중요한 요인이 된다. 국가의 안보환경이 절대적으로 위험한 상황이라 인식하고 자주국방이 최선의 대안이라 인식하게 된다면 경제적 효율성을 추구하기보다는 군사적 자주성을 추구하는 방향으로 획득정책이 결정된다. 즉 국내 방위산업의 육성을 통하여 군사력을 확보하고 위기 시 안정적 무기공급을 추구하는 방향으로 획득정책이 결정된다. 반면 안보상황에 대한 인식이 동맹과의 우호적 관계를 통하여 충분히 안정적으로 유지할 수 있다고 인식하게 된다면 군사적 자주성보다는 동맹관계를 증진하는 방향으로 획득방향을 결정하게 된다. 예를 들면 제5절에서 언급할 '우리나라 방위산업의 발전과정'에서도 알 수 있듯이 미국의 대한국 안보정책 변화와 끊임없는 북한의 도발에 대해 박정희 대통령은 자주국방을 주창하여 실행하였으며, 노태우 대통령도 미국의 냉전종식에 따른 해외주둔 미군의 감축, 즉 1990년 일명 「동아시아 전략구상」에 의한 주한미군의 3단계 조정안과 작전통제권 전환 논의 등으로 인해 '한국방위의 한국화'를 정책의 제1목표로 내세우게 되었다. 또한 김대중, 노무현 정권 하에서도 전시작전권 반환에 대비한 자주적 군사역량의 확보를 위해 노력하였다. 그러나 이와는 반대로 정권의 정당성이 미흡하여 미국과의 관계증진에 정책의 우선순위를 두었던 전두환 대통령과 북한의 핵개발과 서해안에서 발생한 연평해전, 그리고 천안함 폭침과 같은 북한의 의도적 도발에 대한 강경대응과 전시작전권 반환을 조기에 달성하기 위해 미국과의 공조강화 필요성이 절실하였던 이명박 대통령은 한미동맹 관계를 강화하게 되었다.

이러한 최고정책결정자인 대통령의 인식변화는 국방획득정책 면에서 볼 때 자주국방을 강조하면 국내 연구개발을 강조하게 되어 방위산업을 육성·발전시키는 반면 한미동맹 강조 시에는 해외무기 구매의 증가와 함께 국내 연구개발의 위축을 가져와 방위산업도 침체됨을 알 수 있다.

따라서 국방획득정책은 국가안보의 핵심적 수단인 군사력을 어떠한 방법으로 확보하느냐를 결정하는 정책이다. 국방획득정책은 정치, 경제, 과학기술, 동맹관계 등을 고려하여 다양한 행위자가 참가하여 획득의 방향을 결정한다. 그러나 결국 최종 정책결정자가 획득정책의 방향을 결정하는 데 중요한 역할을 하게 된다.

이와 같이 방위산업은 국가안보의 핵심인 군사력을 건설하는 사업으로 국가가 핵심적 수요자이기 때문에 국방획득정책에 따라 방위산업의 향방은 직접적인 영향을 받게 된다.

3. 국방정책과 국방획득정책[40]

현대적 국가안보 개념은 군사 분야뿐만 아니라 정치, 경제 등 국가 활동의 모든 부문을 포함하는 포괄적 개념으로 변화되었음을 앞에서 살펴보았다. 또한 국가이익[41]과 목표[42] 달성을 위한 국가안보전략, 즉 안보지침을 구현하기 위한 현 정부의 국방정책의 기조와 정책지침은 〈표 3-2〉와 같이 요약된다.

---

40 방위사업청, 『방위산업개론』, 서울: 대한정보인쇄, 2008, pp.58-71의 내용을 재구성하고 요약정리하였다.

41 ① 국가안전보장, ② 한반도의 평화적 통일, ③ 자유민주주의와 인권신장, ④ 세계평화와 인류공영에 기여 ⑤ 경제발전과 복리증진.

42 자유민주주의 이념 하에 국가를 보위하고, 조국을 평화적으로 통일하여 영구적인 독립을 보존한다.

출처: 방위사업청, 『방위사업개론』, 서울: 대한정보인쇄, 2008, p.58의 국방정책기조를 재정리함.

현재 국방부의 국방목표[43]는 ① 외부의 군사적 위협과 침략으로부터 국가를 보위하고, ② 평화통일을 뒷받침하며, ③ 지역안정과 세계평화에 기여하는 것이다. 국방부는 국방목표를 달성하기 위해 국방정책목표를 '국방 선진화를 통해 국가안정을 보장하고 성숙한 세계국가를 구현'하는 다기능·고효율의 정예강군을 육성하는 데

---

43 국방목표는 1972년 2월 8일 국무회의를 거쳐 새로운 국가목표가 제정됨에 따라 1972년 12월 29일 제정되었다. 현재의 국방목표는 탈냉전 이후 우리나라가 유엔회원국이 되고 중국 및 러시아와 수교함에 따라 1994년 3월 10일 개정된 것이다.

두고 있다. 또한 이러한 국방정책목표를 달성하기 위해 현 국방부는 8대 국방정책기조를 두고 있는데 8대 기조는 ① 포괄안보를 구현하는 국방태세 확립, ② 선진군사역량 구축, ③ 한미 군사동맹의 발전과 국방외교·협력의 외연 확대, ④ 남북관계 발전의 군사적 뒷받침, ⑤ 정예 국방인력 양성 및 교육훈련체계 개선, ⑥ 강도 높은 경영효율화, ⑦ 가고 싶은 군대, 보람찬 군대 육성, ⑧ 국민과 함께하는 국민의 군대 지향이다.

국방부는 국방정책 8대 기조 중 '강도 높은 경영효율화'를 위해 ① 국방자원관리의 효율성 추구, ② 국가, 민간자원 활용으로 국방자원 최적화, ③ 무기조달, 획득체계 개선, ④ 국방경제의 국가경제 성장 동력화를 추진하고 있다.

이 중 '무기조달·획득체계 개선'은 방위산업과 관련된 것으로 사용자가 요구하는 성능을 갖춘 무기·장비·물자를 최소의 비용으로 보다 적기에 공급할 수 있도록 무기조달 분야와 국방획득체계를 개선해나가고 있다. 이를 통해 군사력 건설과 국방경영의 효율성, 경제성, 투명성을 높이는 데 기여할 것이다.[44]

또한 '국방경제의 국가경제 성장 동력화'를 위해 방위산업이 신 경제성장을 위한 동력화가 될 수 있도록 ① 방산업체 육성여건 개선 및 참여 활성화, ② 방위산업 중소기업 육성을 통한 방위산업기반 강화, ③ 방위산업 수출 활성화를 추진하고 있다.[45]

국방정책은 국방부문의 노력을 통합할 뿐만 아니라 군사적으로 요구되는 노력을 국가 제 부문에 제기하고 이들을 국방업무 수행에 효과적으로 연결시키는 기능과 역할을 한다.[46]

특히 국가 제 부문의 노력을 군사적인 요구에 합치되도록 해야 하는 이유는 군사부문의 방대화와 무기 및 장비의 복잡화로 정부에서 군사부문을 정확하게 파악하기

---

44 국방부, 『국방백서 2010』, 서울: 국방부, 2010, pp.160–173의 내용을 요약정리하였다.

45 국방부, 전게서, pp.181–185.

46 방위사업청, 전게서, p.57.

<table>
<tr><th colspan="4">〈표 3-3〉 국방정책과 군사전략의 관계</th></tr>
<tr><th>구분</th><th colspan="2">결정자</th><th>영향범위</th></tr>
<tr><td>기본정책</td><td colspan="2">대통령, 국회, 국무회의</td><td rowspan="2">국가 전체</td></tr>
<tr><td>대전략</td><td colspan="2">정부 수준</td></tr>
<tr><td>일반정책(국방기본정책)</td><td colspan="2">국무회의, 관계 부처</td><td rowspan="2">국가 전체 또는 각 군</td></tr>
<tr><td>군사전략(합동군사전략)</td><td colspan="2">합참, 각 군</td></tr>
<tr><td>세부정책</td><td>각 군</td><td>국·부</td><td rowspan="2">특정 부문 및 각 군</td></tr>
<tr><td>전술</td><td>각 군</td><td>과(팀)</td></tr>
</table>

출처: 방위사업청, 전게서, p.57.

어렵게 되었고, 또한 장차전에서 승리하기 위해서는 평시부터 국가의 모든 부문이 통합되어 일관성 있게 준비해야 승리를 보장할 수 있기 때문이다.

예를 들면 전쟁에 대비한 외국과의 군사협력관계의 형성, 가상적국에 대한 군사정보 수집체계 형성, 전쟁지속능력 보존과 생존성 향상을 위한 경제, 산업 중심지의 분산, 작전단위의 독립적 병참 및 보급을 위한 산업지대 건설, 전시의 후방통제를 위한 민간방위의 조직 등에 관한 원칙이 군사전략에 의해 보다 상세하게 개발되고 국방정책에 통합되어 국가 제 부문과 협조하여 국가안보정책의 조정에 의해 장차전을 효과적으로 수행할 수 있도록 기능과 역할을 다해야 한다.

국방정책과 군사전략의 관계를 설명하면 〈표 3-3〉에서 보는 바와 같다.

국방부에서 '획득'이란 용어를 본격적으로 사용하게 된 것은 1988년 국방기획관리 (PPBEE 제도)[47] 규정과 무기체계획득관리규정(훈령 제382호)을 제정하면서부터이다.

〈그림 3-1〉에서 보듯이 이 당시부터 이미 기획관리제도에 의거한 체계적 무기체계 소요도출과 실질적 획득절차 및 제도가 정립되어 체계적인 국방획득이 이루어졌다

---

47 1961년 맥나라마 미 국방장관이 기획과 예산을 연결하는 고리로 계획(Programming)을 중간에 삽입함으로써 예산의 목표지향성을 확립하는 데 기여한 제도.

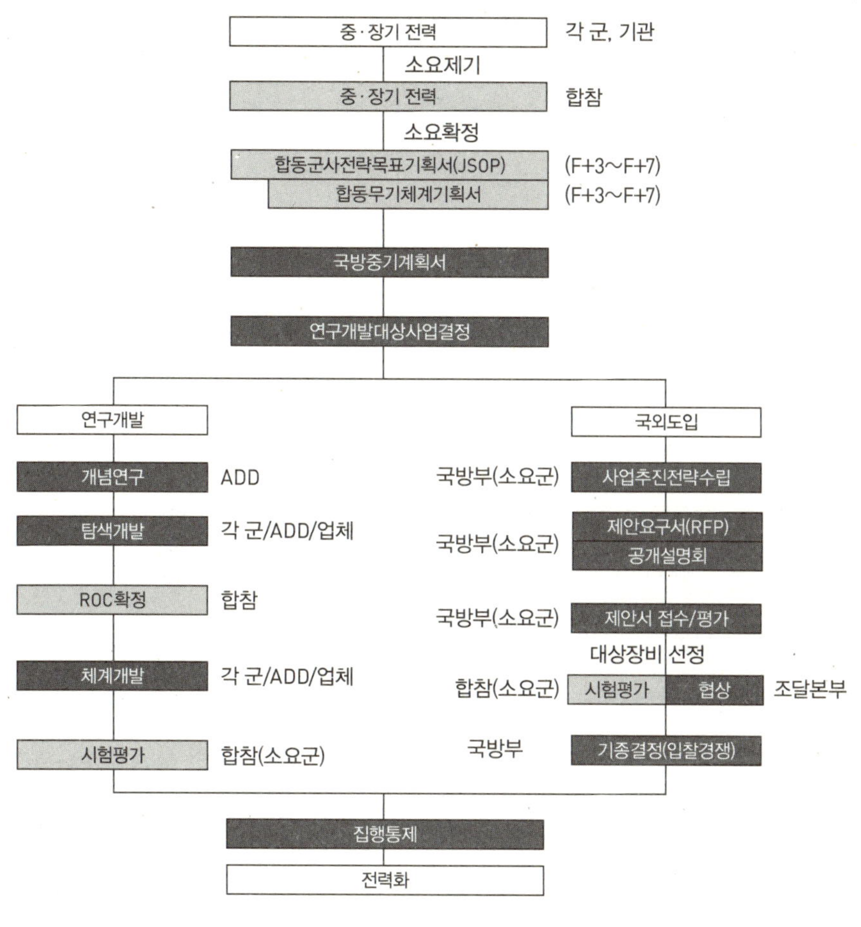

출처: 방위사업청, 전게서, p.60.

고 볼 수 있다.

역사적 측면에서 획득의 의미를 종합해보면, 크게 두 영역, 즉 광의의 획득과 협의의 획득으로 구분할 수 있다. 첫째, 광의의 측면, 즉 국방정책 및 군사전략 구현을 위한 수단 확보 차원에서 전력기획(전력소요 도출 및 소요결정)에서부터 개발 및 전력화(야전배치 및 운용)까지를 포함하는 넓은 개념으로, 이는 과거의 군수에 대한 개념 정의와 같다. 둘째, 협의의 측면은 소요결정 이후 단계부터 전력화 단계까지를 말한다. 왜냐하면 과거와는 달리 오늘날 무기체계가 첨단 및 고가화되고 기술발전 속도가 과거에 비해 훨씬 빨라졌고 이를 관리하기 위한 전문적 획득관리기법 등이 더욱 요구되는 시대가 되었기 때문이다. 오늘날 국방획득의 개념을 협의적으로 해석하는 것이 지배적이기는 하지만 시스템 획득 이전 단계에 대한 이해, 즉 국방정책으로부터 전력기획에 이르는 전체적인 프로세스를 이해하지 못한 상태에서는 결코 시스템을 효과적으로 확보할 수 없으며, 국가 차원의 자원 활용 효율성도 기대할 수 없게 된다.

따라서 오늘날 지배적인 협의의 획득 개념을 이해하는 데 도움이 되는 것을 살펴보면, 첫째 방위사업법에서 말하는 획득은 "군수품을 구매(임차 포함) 또는 연구개발, 생산하여 조달하는 것"이라 정의를 내리고 있다.[48]

둘째, 김종하 교수는 획득이란 '무기체계의 설계(design), 개발(development), 시험(test), 계약(contracting), 생산(production), 배치(deployment), 군수지원(logistics), 개량(modification), 그리고 폐기처분(disposal)까지를 포괄하는 개념으로 정의를 내리고 있다.[49] 김종하 교수는 방위사업법에서 한정하는 획득 개념보다는 광범위하게 정의를 내리고 있다.

셋째, 기타 국방획득에 관한 다양한 연구논문 중에서 이상엽[50]은 "획득이란 사용자(소요군)가 필요로 하는 무기·장비·물자를 필요한 시기에 필요한 만큼 공급하는 것으로 무기체계를 개발, 생산, 배치, 운용, 군수지원, 개량 및 폐기하는 일련의 수명주기 활동에 필요한 업무를 통틀어 말한다"라고 매우 광범위하게 정의한다. 즉 무기체계 전 수명주기(소요제기로부터 운용 및 폐기에 이르기까지) 간 획득사업이 효율적이고 체계적으로 이루어지도록 계획, 조직, 통제 및 조치하는 제반 활동으로 정의를 내리고 있다.

그러나 이렇게 정의할 경우 '군수품 관리법'에서 정의한 군수의 개념과 중복되는

---

48 법률 제7845호, '방위사업법' 제3조(정의).

49 김종하, 『획득전략 이론과 실제』, 서울: 북코리아, 2006, p.17.

50 이상엽, 『한국의 국방획득시스템 개선에 관한 연구』, 서울: 국방대학원, 2006, p.3.

경우가 생길 수 있다. 즉 무기체계라 할지라도 군수품에 속하고 있어 무기체계의 배치, 운용, 군수지원, 폐기 등은 군수 분야이기 때문이다.

결론적으로 국방획득은 사용자(소요군)에 필요한 무기, 장비 등의 시스템을 효과적으로 확보하는 역할도 있지만 기술수준, 연구개발능력, 경제규모 대비 가용재원, 외부의 위협, 전술, 필요시기, ILS 요소, 방위산업 진흥, 수출 그리고 정치상황 등을 고려하는 등 한정된 국가자원의 효율적 활용도 동시에 고려해야 하는 시대적 상황에 처해 있다. 따라서 제1절의 '안보위협의 변화와 동북아 정세', 그리고 우리와 직접 마주하고 있는 제2절의 '북한 정세와 군사위협' 등을 분석하고 미래전쟁의 양상과 이에 대한 국방과학기술의 변화추세 등을 감안하여 수립된 국방정책을 토대로 국방획득정책을 이해해야 한다.

4. 주요 선진 방위산업국가의 국방획득정책

주요 선진 방위산업국가의 국방획득제도는 각국별 정치·경제 및 국방문화와 국제적 환경변화에 의해 진화·발전되어 왔다. 특정 국가의 획득체제를 단순하게 장단점으로 표현할 수 없으며, 각 국가는 자국의 실정에 적합하게 지속적으로 환경변화에 적응하면서 획득정책 및 제도를 발전시켜 왔다.

냉전종식 후 전 세계적인 국방비 감축추세에 따라 주요 방위산업 선진국들은 강도 높은 구조조정 및 비용절감 노력을 강화해왔으며, 국방과학기술의 급격한 발전과 미래전쟁 개념에 대한 인식의 변화와 진화하는 무기체계 획득을 위한 비용 증대로 인해 방위사업 관리자의 전문성 증대 및 효율적이고 고도화된 사업관리 능력이 요구되고 있다. 특히 이러한 환경변화에 따라 우리나라와 같은 후발 방위산업국가는 선진국의 기술 패권주의의 일환으로 점차 증대되고 있는 첨단기술 이전에 대한 통제 강화에 적극적으로 대처하기 위한 국방획득제도 개선 및 연구개발 능력 확보를 위한 발전전략이 필요하다.

우리 국방부는 소요군이 필요로 하는 무기와 장비를 구매하기 위해 매년 다양한 형태의 획득사업을 추진하고 있는데 방위력개선사업으로 분류되는 획득사업의 예산

규모는 2006년부터 2010년까지 34조 2,465억 원으로 이는 전체 국방예산의 30%에 이르는 막대한 액수이다.[51]

그런데 이러한 획득사업은 보통 10년 이상의 기간이 소요되며 때로는 수조 원의 예산이 투입되기도 하는데 규모의 대형화와 오랜 획득기간으로 인하여 일관적이고 효율적인 사업추진이 쉽지 않은 실정이다. 특히 무기체계별 형상의 복잡성, 군사 규격의 정밀성 및 현대 무기체계의 전자화 등으로 말미암아 국방획득사업 수행 시에는 비용 및 일정만이 아니라 성능 및 기술에 대한 세심한 관리를 필요로 한다. 게다가 현대 무기체계의 획득은 실존 장비를 구매하는 방식 이외에 주문자 요구조건에 따라 연구개발을 수행하고 이를 바탕으로 체계를 통합하여 군이 원하는 무기체계를 공급하는 방식으로도 많이 이루어지고 있다. 즉 기존의 획득관리규정에 따른 국외 도입 또는 국내 연구개발보다는 이들 두 가지 방식을 혼합한 형태의 사업이 점차 증가하고 있으며, 이에 따라 수행절차가 복잡해지고 동시에 사업관리도 더욱 어려워지고 있는 추세이다. 따라서 정보화되고 복합화된 현대 무기체계를 효율적으로 획득하기 위해서는 단순한 사업관리 방식만으로는 무리가 있으며 무기체계, 정보체계 및 비무기체계 등의 개별 체계뿐만 아니라 이들 체계가 통합된 복합체계도 수용할 수 있는 전문적인 사업관리 방식이 요구된다고 할 수 있다.[52]

국방획득사업의 목적은 '저렴한 비용으로 성능이 우수한 장비를 적기에 배치'하는 것이다. 그런데 국방부는 이러한 목적의 달성을 위한 여러 실천방안을 시행해왔고, 2006년 1월 방위사업청을 개청하여 획득에 관한 업무를 전담토록 하고 있으나 여전히 많은 문제점을 갖고 있다. 따라서 우리나라 국방획득체계 정립을 위한 방안의 하나로 주요 군사 선진국의 국방획득관리체계를 살펴본다.

---

51 방위사업청, 『방위사업청 통계연보』, 서울: 대한기획인쇄, 2011, p.166.

52 조남훈·송병규·류지운, "국방획득체계 발전방향", 『국방정책연구』 통권 제58호(2002, 겨울), pp.65-66.

가. 미국의 국방획득관리체계[53]

(1) 획득개혁과 새로운 획득절차

미국은 오래전부터 획득개혁을 추진해왔으며 아직도 획득개혁 노력을 지속하고 있다. 획득개혁의 핵심을 이루는 주요 내용은 주계약업체(Prime Vendor)의 활용, 통합사업팀(IPT: Integrated Product Team)의 활성화, 상용품(COTS: Commercial Off The Shelf)의 사용, 성과보상계약제도(PBSC: Performance-based Service Contracting)의 확대 등이다.[54]

위의 개념을 살펴보면, 첫째 미국은 주계약업체 제도를 적극적으로 활용하고 있다. 정부는 최종 제품을 구성하는 하부체계 또는 부품을 공급하는 다수의 업체로 주계약업체가 모든 생산관리 및 부품관리를 하도록 하고 있다. 둘째, 획득조직의 효율성 증진을 위한 노력의 일환으로 통합사업팀(IPT) 개념을 도입하였다. 이는 무기체계와 같이 비용이 많이 들고 복잡한 형상을 가진 제품을 획득할 때 여러 관련 부서들을 통합 운영함으로써 합리적인 의사결정을 내릴 수 있도록 하기 위해서이다. 세 번째 획득개혁의 주안점은 상용품(COTS) 사용이다. 그 기본철학은 상용제품 및 서비스 사용을 가능한 한 확대하여 비용을 절감하려는 것이다. 그리고 마지막으로 성과보상계약제도는 사업성과를 바탕으로 보상을 함으로써 사업수행의 성과를 극대화하려는 것이다.

이러한 획득개혁의 실천을 위해 미국은 획득단계를 총 다섯 개 단계로 구분하였는데 의사결정 이전 단계, 사업정의 위험회피 단계, 설계·개발 단계 및 생산·전력화 단계 등이 그것이다. 또한 각 단계 사이에 네 번의 승인과정을 두어서 단계 이전 시마다 의사결정권자에게 의사결정 기회를 부여하고 비효율성이 발생할 경우 해당 획득사업 수행 자체를 재검토할 수 있도록 하였다. 이상의 획득단계별 구분과 그 내용, 그리고 단계이전에 필요한 승인절차는 〈그림 3-2〉와 같다.

---

53 조남훈·송병규·류지운, 전게서, pp.68-73.

54 Jose J. Fernandez, *Comparison of the Defense Acquisition Systems of Canada the United States of America*, Master's Thesis. Naval Postgraduate School, 1999, pp.56-59.

단계	내용		승인	내용
의사결정 이전 (0단계 이전)	• 주요 영역 평가 • 충족불가능소요 식별 • 주요 요구조건 검토	←	개념연구 승인 (MS 0)	• 개념연구수행 승인 • 0단계 이행기준 설정
개념탐색 (0단계)	• 대안별 사업실행 가능성 검증 • 기술 적용 가능성 검증 • 개략 사업비용 추정	←	신규사업 승인 (MS 1)	• 획득전략 • CAIV 목표 • 기본충족요건(APB) • 1단계 이행기준 설정

사업정의
및 위험회피
(1단계)
	• 획득전략 및 대안평가
	• 비용, 일정 및 기술
	  위험성 평가
	• 위험 평가를 위한 시
	  제품 제작
	• 상호 운용성 평가
		←	설계개발 승인
			(MS 2)
				• 획득전략
				• CAIV 목표/APB 업
				  데이트
				• 초도생산 결정
				• 2단계 이행기준 설정

설계/개발
(2단계)
	• 설계
	• 제조/생산과정 확인
	• 테스트 및 평가
		←	생산전력화
			승인
			(MS 3)
				• 획득전략/APB 업데
				  이트
				• 무기체계생산/정보
				  시스템 배치
				• 3단계 이행기준 설정
				• 배치 후 성과평가 기
				  준 설정

생산/전력화/ 운영유지 (3단계)	• 체계 생산/전력화 • 후속군수지원체계 • 수정/업그레이드 소요			

출처: 조남훈·송병규·류지운, 전게서, p.69.

(2) 획득조직

미국의 획득조직은 미 국방부장관(SECDEF: Secretary of Defence) 산하의 획득기술군수차관〔USD(AT&L)〕이 실질적으로 국방부(DoD)의 획득조직을 주도하고 있는데 획득기술군수차관은 R&D, 첨단 신기술의 검증 및 평가, 군수지원, 건설, 획득 및 원자력 등 국방획득체계상에서 발생하는 모든 문제를 실무적으로 총괄하고 획득 및 국방과학기술의 정책적·정치적 문제에 관하여 국방부장관을 보좌하는 역할을 담당한다. 또한 획득기술군수차관은 각 군의 획득조직을 관장하는데 각 군 획득조직의 하부에는 각 군 사업의 사업별 의사결정을 책임지는 사업별 의사결정자(PEO: Project

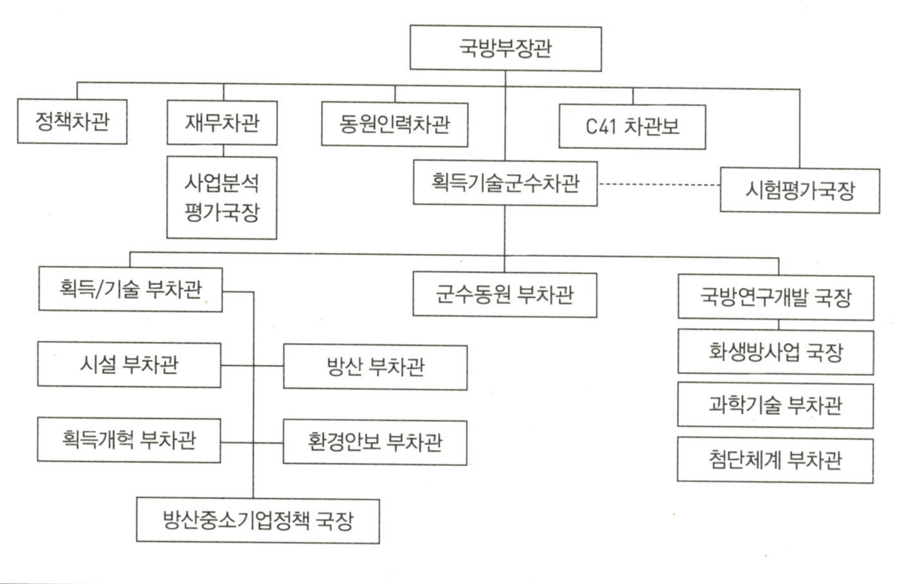

출처: 조남훈·송병규·류지운, 전게서, p.70

Executive Officer)와 사업을 실제로 수행하는 사업단 및 사업관리자(PM: Project Manager)가 위치하게 된다. 획득기술군수차관은 주요 의사결정 시 획득심의회(DAB: Defense Aquisition Board)의 주요무기체계 사업(ACT 1 사업)의 단계별 요구조건 충족 여부 및 계속 추진 여부 등 심의 의결사항에 따라 사업을 추진한다. 획득심의회의 의장은 획득기술군수차관이며, 위원은 합창차장, 각 군 고위 획득책임자, 총괄통합사업팀(OIPT) 책임자 및 사업관리자(PM) 등이다. 획득심의회는 총괄통합사업팀의 상위 의사결정기구로서 획득계획에 따라 가능한 한 모든 획득사업을 총괄통합사업팀 수준에서 결정할 수 있도록 그 권한과 책임을 위임하였다.

(3) 통합사업팀(IPT)

지난 10년간 해외 국가에서는 통합사업팀 개념이 효율적 경영의 한 가지 대안으로 깊은 관심을 받아왔다. 민간분야뿐만 아니라 정부분야에서도 앞다투어 통합사업팀

개념을 도입하였는데 여기에 국방 분야도 예외는 아니었다. 통합사업팀의 근본개념
은 관련 인원이 함께 모여서 팀을 이루고 사업을 수행하면 더 나은 성과를 창출할 수
있다는 생각에서 출발한다. 여기서 관련 인원이란 설계, 계약, 군수지원 및 소요군
등 다양한 입장과 기능을 가진, 다수의 조직으로부터 파견된 전문요원들을 의미하
는데 이들 전문요원은 사업현장에서 매일 발생하는 현안 문제에 즉각적인 대처를 하
게 된다. 또한 통합사업팀에는 업체로부터 파견된 인원이 포함되기도 한다. 최초에
통합사업팀은 사업현장의 문제를 신속하게 해결하기 위해 시작되었으나 그 효율성이
증명됨에 따라 이제는 획득 관련조직에 광범위하게 적용되고 있다.

통합사업팀에는 일반적으로 정부 및 계약 업체의 사업관리, 설계, 생산, 시험평가,
군수지원, 예산관리, 계약담당 및 계약 관리부서의 전문요원이 참여하여 여러 가지
안건에 대해 협의한다. 이때 사업의 많은 부분이 비용 측면에서 검토되는데 CAIV[55]
개념에 따라 연구개발 초기단계부터 소요군, 정부 및 개발자가 함께 참여하여 현실적
인 비용목표를 설정하고 사업진행 단계마다 비용절감을 위한 노력을 수행한다.

통합사업팀은 '대상체계의 사용자 인도'라는 특정 목적을 위해 구성된 다기능팀으
로 일단 팀원이 되면 주어진 전문 분야에 집중된 특정 기능조직의 일원에서 하나의
체계나 프로세스에 중점을 두는 사업팀의 일원으로 그 역할이 전환된다.

현재 주로 적용되는 통합사업팀은 크게 3가지로 구분된다.[56] 첫째는 '실무통합사업
팀(WIPT: Working Integrated Product Team)'이다. 실무사업통합팀은 기능단위의 통합사
업팀을 의미하는데 계약 및 시험평가 등 최소기능 측면의 한 분야에 중점을 두고 군
참모부나 국방성의 국·실 수준에서 구성되는 조직이다. 이 조직은 국·실 단위 또는
참모 단위에서 작성되는 개별사업관리계획서(SAMP: Single Acquisition Management

---

55 CAIV(Cost As An Independent Variable)란 과거에는 비용을 성능의 종속변수로 취급하였으나 국방자원의
　 제한으로 인해 비용의 중요성이 부각되면서 성능과 비용을 모두 독립변수로 고려하여 획득과정을 관리한다는
　 개념이다.

56 Tony Kausal, *A Comparison of the Defense Acquisition Systems of Australia, Hapan, South Korea,
　 Singapore and the United States* (Fort Belvoir: Defense Systems Management College Press, 2000),
　 pp.5-41~5-43.

Plan)와 같은 최소기능단위의 서류 작성을 목표로 한다.

둘째는 '종합통합사업팀(IIPT: Intergrating Integrated Product Team)'이다. 이 조직은 주로 실무통합사업팀(WIPT)을 대표하는 전문가들이 모여 구성되며 사업관리자가 조직을 이끌게 되는데 통상적으로 말하는 통합사업팀이란 종합통합사업팀을 의미한다. 보통 실무통합사업팀이 수행하는 업무를 조정·통제하게 되며 그 과정 중에 획득, 계약, 비용 추정, 성능–비용 조정, 대안분석 및 군수관리 등에 관한 획득전략 수립을 지원하게 된다.

셋째는 '총괄통합사업팀(OIPT: Overarching Integrated Product Team)'이다. 이 조직은 통합사업조직으로는 가장 상위조직이며 주요무기체계 사업 수행 시 구성된다. 국방부 본부에서 팀장을 임명하는데 주로 국장급이 팀장으로 임명된다. 전통적으로 총괄통합사업팀 조직은 필요시 수명주기 전 과정에 걸쳐 기능하며, 가능한 쟁점사항을 상위 의사결정자인 획득심의회에 안건으로 회부하지 않고 자체적으로 결정하는 것

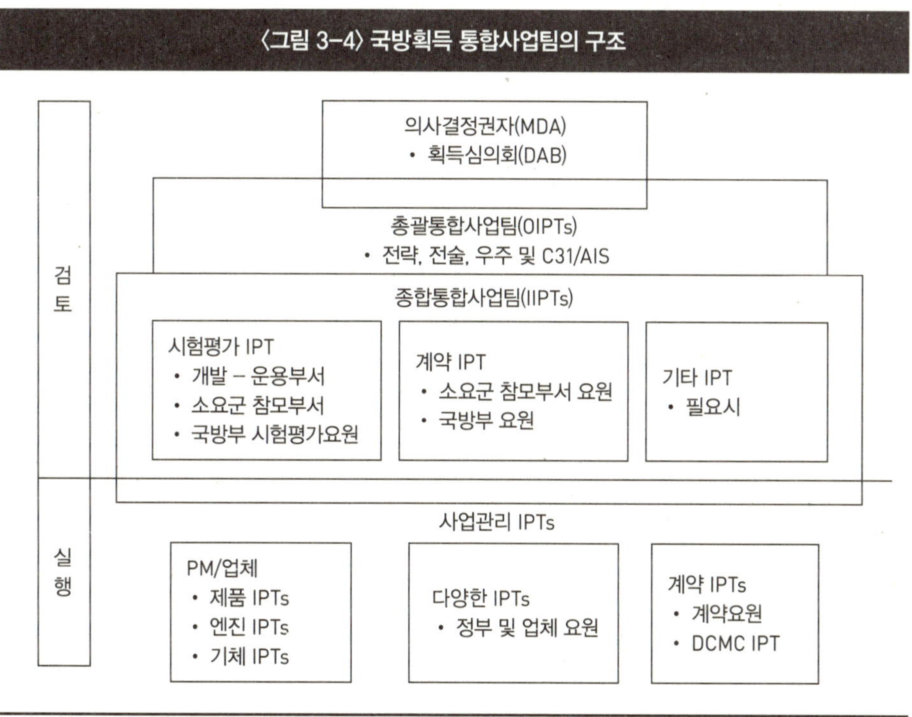

〈그림 3-4〉 국방획득 통합사업팀의 구조

출처: 조남훈·송병규·류지운, 전게서, p.73.

을 원칙으로 한다. 총괄통합사업팀은 획득전략 쟁점 및 차기 단계의 승인기준 등을 토의하며 의견의 일치를 이룰 경우 서류상으로 획득심의회에 보고한다.

이상에서 살펴본 통합사업팀의 종류와 전체 구조를 그림으로 표현하면 〈그림 3-4〉와 같다.

나. 영국의 국방획득관리체계[57]

(1) 획득개혁과 새로운 획득절차

1998년 2월 영국은 자국 국방획득 분야의 커다란 분수령이 될 '전략국방검토서(SDR: Strategic Defence Review)'를 발표하였다. 영국 국방부는 이 검토서에서 국방획득의 새로운 환경과 추세를 반영하여 획득개혁을 실시할 것을 제안하였으며, 이에 따라 Smart Acquisition[58]의 도입, ECC(Equipment Capability Customer)[59] 개념 정립, 기존 조달조직을 DPA(Defence Procurement Agency)로 개편, 각 군 군수사령부를 DLO(Defence Logistics Organization)로 통합, DES(Defence Estate Strategy)[60]의 정립 등 새로운 획득계획을 추진하였다.

이 중 획득개혁의 핵심이라 할 수 있는 'Smart Acquisition' 개념은 시간, 비용 및 성능의 측면에서 보다 효율적으로 장비획득을 지원하므로 국방 역량을 향상시키기 위해 도입되었는데 그 특징은 다음과 같다.[61]

---

57 조남훈·송병규·류지운, 전게서, pp.73-79.

58 최초의 SDR 발표 시에는 'Smart Acquisition' 대신 'Smart Procurement'란 용어로 사용되었으나 초기조달뿐 아니라 수명주기 전 기간의 지원 및 관리를 강조하기 위하여 2000년 10월 현재의 명칭으로 변경되었다.

59 ECC의 업무는 요구도를 정의하여 장비 성능 간의 투자 우선순위와 균형을 맞추고, 성능에 대한 승인을 획득하며, 마지막으로 공급된 시스템에 의해서 요구성능이 만족됨을 확인하고 이를 수락하는 것이다.

60 영국 국방부의 토지 전략인 'In Trust & On Trust: The Strategy for the Defence Estate'는 SDR의 제시내용을 가시화하며 2000년 6월 7일에 발표되었다. 여기에서는 최초로 토지에 대한 장기적 관점의 관리에 대한 전반적인 구도를 제공하고 있다.

61 Ministry of Defence Smart Procurement Implementation Team, The Acquisition Habdbook: An Introduction to a Better Way of Acquiring Equipment for the UK's Armed Forces, 1999, pp.12-28;

첫째는 수명주기 전 기간을 고려한 사업관리를 들 수 있다. 수명주기 전 기간을 고려한 사업관리란 무기체계의 배치 이후까지 고려하여 획득관리를 수행하는 것을 의미하며, 국방부 모든 사업의 수행 시 통합사업팀 설립 후 가장 먼저 수명주기 관리계획(Through Life Management Plan)을 작성하도록 함으로써 모든 업무가 수명주기 관점에서 추진되도록 하였다.

둘째는 목표에 따른 사업추진 및 성과측정 방법 개선을 들 수 있다. 획득사업의 수요자인 국방부와 획득사업의 공급자인 통합사업팀은 사업진행이 결정되면 상호 합의하여 사업목표를 설정한다. 국방부는 이를 고정목표(Steady State Target)와 발전목표(Breakthrough Process Objective)로 나누어 제시하고 통합사업팀이 기존에 설정된 목표에 안주하지 않고 목표를 추가 달성하도록 하였다. 여기서 고정목표란 사업 전 미리 합의된 목표를 의미하며 발전목표란 적극적인 사업관리를 바탕으로 추가 달성 가능한 목표를 의미한다.

셋째는 소요관리체계의 변경을 위한 'Smart Requirement' 제도의 도입을 들 수 있다. Smart Requirement란 체계공학의 관점에서 소요 및 요구조건을 제기·관리하려는 노력으로 관련 당사자 모두가 통합무기체계의 수명주기 측면에서 소요를 식별하고 관리하도록 유도하고 있다. 즉 소요란 개념설정단계의 소요제기 시에만 관련 있는 것이 아니라 사업의 전 과정과 관련이 있으며, 특히 각 단계별로 이루어지는 소요 또는 요구성능관리를 통해 얻은 지식을 환류(feedback)시킴으로써 형상 및 규격의 변경이 현장에서 효율적으로 이루어지도록 하고 있다.

네 번째는 수락시험(Acceptance) 절차의 개선을 들 수 있다. 이는 첨단무기체계 개발사업의 수락시험 위험성을 감소시키기 위한 조치로 전체 시스템의 수락성능 입증 자료가 부족할 경우 수락권자는 '초기수락(Initial Acceptance)'을 먼저 실시하고 향후 충분한 수량의 장비 및 지원장비가 야전에 배치된 후 수락시험을 수행하는 '점진적 수락(Progressive Acceptance) 절차'를 수행하도록 하였다.

Defence Acquisition, Ministry of Defence Policy Paper No.4, 2001, pp.7-20.

다섯 번째로 승인절차(Approvals)의 단순효율화를 들 수 있다. 즉 사업 규모별로 적극적 위임을 통한 승인절차의 단순화를 추진하여 획득일정의 적기달성 및 효율적인 의사결정 수행을 목표로 하였다. 승인관련 문서에 대한 성능관리자와 통합사업팀의 책임을 증가시킴과 동시에 승인에 대한 검토 강도 및 별도의 감독기준도 강화하되 감독기관이 통합사업팀과 밀접하게 연관되도록 하여 사업문제 해결에 적극 이바지하도록 절차를 변경하였다. 또한 사업순기 중 승인 필요단계를 기존의 3~4단계에서 '초기승인(Initial Gate)'과 '최종사업승인(Main Gate)'의 2단계로 축소하였다.

여섯 번째로 '점진적 획득(Incremental Acquisition)'을 들 수 있다. 점진적 획득이란 미리 정해진 전력화 시기로 말미암아 요구성능 미달이 예상될 때 수립된 계획을 바탕으로 운용 중에 단계적 성능 개량을 실시하여 최종적으로 원하는 요구성능을 확보하는 획득형태를 의미한다.

이러한 점진적 획득의 이점은 단기간의 무리한 성능향상 과정에서 발생되는 위험을 감소시킴과 동시에 기술확보 실패로 인한 장비의 실용화 지연을 방지할 뿐만 아니

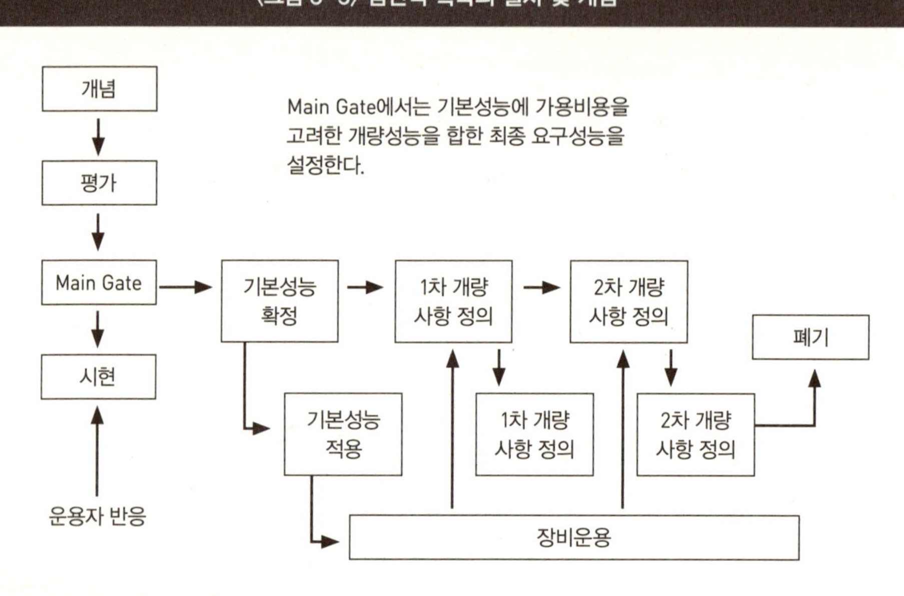

〈그림 3-5〉 점진적 획득의 절차 및 개념

출처: 조남훈·송병규·류지운, 전게서, p.76.

라 소요기술이 확보되는 대로 시스템 적용이 가능하도록 하며 장비운용 중 최신 개발기술의 적용으로 장비의 구형화를 방지하도록 한다는 것이다. 점진적 획득의 개념 및 절차를 도표화하면 〈그림 3-5〉와 같다.

마지막 획득개혁의 특성으로는 공공-민간 부문의 제휴(PPP: Public Private Partnership)를 들 수 있다. PPP 개념은 국방 분야 업무 추진에 민간업체의 전문능력을 최대한 활용하기 위하여 도입되었다.

이러한 군의 민간분야 활용은 여러 분야에서 발생하고 있는데 민간기업으로부터의 투자비 충당(PFI: Private Finance Initiative)이 대표적 형태이다. 즉 군은 사업 초기단계에 필요비용 중 일부 또는 전부를 민간 참여업체로부터 조달함으로써 사업추진을 용이하게 하였다. 이를 통해 국방부와 군은 핵심업무에만 집중하면서 업체의 전문적인 위험관리능력을 활용할 수 있게 되었다. 왜냐하면 계약방식이 사업성과에 따른 분담방식으로 이루어지기 때문에 업체 스스로 사업타당성 검토 및 성과 향상을 위한 노력을 게을리하지 않기 때문이다.

또한 군은 전시를 대비하여 소요를 확보하고 있으나 평시에는 사용하지 않는 장비를 민간이 사용하도록 함으로써 장비 활용도를 제고시키고 민간업체의 유지보수를 통한 비용절감이 가능하도록 한다. PPP 개념을 따라 추진된 사업의 좋은 예로 미래 전략급유기사업 및 스카이 넷 5 위성 사업을 들 수 있다.

또한 업체인력의 통합사업팀 참여는 PPP의 또 다른 형태인데 업체가 통합사업팀에 참여함으로써 군 요구사항에 대한 업체의 명확한 이해 및 의견 제시가 가능하고 사업팀 내에서 의견 조율절차의 단순화가 가능하며 업체의 전문성 활용으로 사업팀의 위험관리능력이 향상하게 된다. 이러한 형태의 협력은 사업 초기에 정부와 다수 업체 간의 공동 작업으로 업체 간 경쟁을 유도할 수 있는데 사업진행 중 발생된 추가이익이나 비용절감분은 업체에게 성과로 보상된다.

이러한 획득개혁의 특성을 바탕으로 정립된 Smart Acquisition의 절차를 살펴보면 〈그림 3-6〉과 같다.

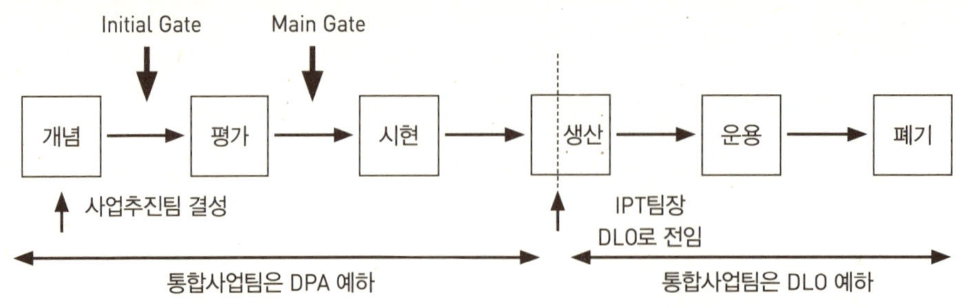

출처: 조남훈·송병규·류지운, 전게서, p.77.

〈표 3-4〉 획득단계별 수행업무 및 절차	
단계	수행업무 및 절차
개념단계 (Concept)	• 사용자소요문서(URD: User Requirement Document) 작성 • 초기 통합사업팀 결성 • 평가단계 진입을 위한 재원확보 • 전 수명주기 간 관리계획 초안 작성
평가단계 (Assessment)	• 체계소요문서(SRD: System Requirement Document) 작성 • 완전한 통합사업팀 편성 • 비용 대 효과가 우수한 대안 식별 • 일정 및 비용을 고려한 성능한계 설정 • Main Gate 통과
시현단계 (Demonstration)	• 생산을 위한 목표성능 확정 • URD, SRD과 연계된 최종대안 선정 • SRD를 충족하는 업체와 시제계약 체결
생산단계 (Manufacture)	• 일정, 비용계획 및 군 운용성능을 충족하는 대안 제작 • DPA에서 DLO로 통합사업팀 관리 이관
운용단계 (In-Service)	• 해당장비의 군운용 성능 검증 및 운용 개시 • 운용개시 시점을 ISD(In Service Date)로 표현 • 일선 운용부대에 대한 적절한 정비지원 제공 • 성능개량 혹은 개조 수행
폐기단계 (Disposal)	• 효율적이며 안전한 폐기작업 수행

출처: 조남훈·송병규·류지운, 전게서, p.77.

이때 획득단계는 개념, 평가, 시현, 생산, 운용 및 폐기의 여섯 단계로 구분되는데 개념단계에서 평가단계로 이전할 때 1차 승인이 이루어지며 다시 평가단계에서 시현 단계로 이전할 때 철저한 검증에 따른 최종사업승인이 이루어지게 된다. 각 단계별 수행업무 및 절차는 〈표 3-4〉와 같다.

(2) 통합사업팀(IPT: Integrated Project Team)[62]

획득개혁의 가장 중요한 요소 중 하나로 도입된 것이 바로 통합사업팀이라 할 수 있다. 통합사업팀은 사업 초기 개념 및 요구도 설정에서부터 장비운용 후 폐기에 이르는 사업순기 전반에 걸쳐 해당사업을 관리하는 임무를 수행한다. 이러한 임무는

<표 3-5> 통합사업팀 특징 및 수행업무

구분	특징	수행업무
팀장 (IPT Leader)	• 승인된 범위 내에서 독자적 사업수행 권한보유 • 전문능력 및 리더십 등의 기준에 의해 경쟁 선출	• 팀원을 총괄
핵심요원 (Core IPT Member)	• 통합사업팀의 주 업무를 수행 • 팀장의 인사관리 하에 운용	• 요구성능 관리 • 사업계획 및 위험도 관리 • 군수지원 관리, 회계 관리 • 기술, 품질 관리, 신뢰성 등 전문분야 업무
비상근요원 (Associated IPT Member)	• 통합사업팀의 기본업무분야 외의 전문 분야에 대한 업무지원 • 소속조직에서 비상근 파견 형식으로 통합사업팀 지원 • 팀장의 지휘 아래 팀 업무를 수행하지만 인사계통은 별도 분리	• 요구성능 관리 • 사업계획 및 위험도 관리 • 군수지원 관리, 회계 관리 • 기술, 품질 관리, 신뢰성 등 전문분야 업무
파견요원 (Attached IPT Member)	• 국방부 혹은 예하 검사기관에서 통합사업팀으로 파견된 인원	• 기술위험평가 및 관리지원 • 통합사업팀 외적인 관점에서의 사업 검토

출처: 조남훈·송병규·류지운, 전게서, p.78.

---

62 같은 개념의 통합사업팀(IPT)이라도 미국에서는 Integrated Product Team, 영국에서는 Integrated Project Team으로 표기한다.

획득절차상 국방부 내부의 공급자 역할에 해당되는데 통합사업팀은 소요, 설계, 회계, 계약 및 군수 전문가를 포함한 각 분야 전문인력인 공무원, 군 요원, 산업체 요원들로 구성되며, 최초 개념설정단계부터 생산단계까지는 조달본부(DPA: Defence Procurement Agency) 산하에 설치되지만 장비 운용시기를 기점으로 군수사령부(DLO: Defence Logisticd Organization) 예하로 이관된다. 통합사업팀 요원은 팀장, 핵심요원, 비상근요원 및 파견요원 등으로 구성된다.

통합사업팀의 특징 및 수행업무는 〈표 3–5〉와 같다.

사업과정을 두 개로 구분하여 통합사업팀의 관장부서를 변경하는 것은 사업의 진전에 따른 업무 성격의 변화 때문인데 사업 초기에는 통합사업팀의 주 업무가 대상품의 획득을 위한 연구개발 및 설계 등이고 사업 후기에는 주 업무가 획득된 무기체계의 후속 군수지원이기 때문이다.

통합사업관리 개념은 획득사업의 재무 분야에도 도입되었는데 중앙구매자(Central Customer)인 국방부는 사업예산을 설정하지만 통합사업팀은 예산기획 및 지출 권한을 가지도록 하여 사업 전체의 수명주기비용 예측을 바탕으로 통합사업팀의 재무 권한 및 책임을 강화하도록 하였다. 하지만 통합사업팀의 관리를 위해 사업 중 발생한 재무관리 사항을 통합사업팀이 국방부에 보고하도록 하여 조정 및 통제를 받도록 하였다.

다. 프랑스의 국방획득관리체계[63]

(1) 획득개혁과 새로운 획득절차

프랑스 군의 획득개혁을 바탕으로 프랑스 국방부는 비용과 일정 축소에 중점을 둔 사전준비단계, 설계단계(실현가능성 추정 및 개념설정단계), 실현단계(개발/상업화 및 양산 단계), 사용단계와 같은 네 단계의 새로운 획득절차를 도입하였다.

---

63 조남훈·송병규·류지운, 전게서, pp.79–83.

획득개혁에 의하여 개선된 사항은, 첫째 사전준비단계를 새로이 설정하여 개념설정연구 이전에 이를 실시토록 하여 사전분석 및 연구를 강화하였다는 점이다. 이때 사전분석단계에서 행하는 활동은 운영소요에 관한 개념 연구, 다양한 대안 연구, 관련 기술-운영 연구에 의한 무기체계 검증, 비용 대 효과 분석 및 기존에 계획된 무기체계 소요와의 상호양립성 검토 등이다. 둘째, 개발 및 상업화 단계의 통합으로 획득일정의 단축을 시도하였다는 것이다. 마지막으로 프랑스 국방부는 최근 엔지니어링 발전추세를 반영하여 생산품, 생산범위 및 생산방식을 동시에 결정하도록 함으로써 생산을 최적화하도록 획득절차를 개선하였다.

(2) 획득조직

프랑스 국방부장관은 작전을 총괄하는 합참의장과 국방행정 및 예산관리를 책임지는 행정차관, 그리고 무기체계 획득사업을 총괄하는 병기본부(DGA)장 3인의 보좌를 받고 있다.

프랑스군 획득관리체계의 대표적인 특성은 조달군 및 병기본부(DGA: Delegation General por l'Armement)의 존재라 할 수 있다.[64] 즉 프랑스는 육군, 해군 및 공군 이외에 조달군을 포함하여 제4군 체제를 유지하고 있으며 각 군의 획득조달을 위하여 조달군을 통합운영하고 있다. 프랑스군 획득조직의 구조를 살펴보면 〈그림 3-7〉과 같다.

병기본부는 프랑스 육·해·공군의 획득조달을 위하여 1961년 4월 5일에 설립되었으며 설립목적은 최저비용으로 필요장비를 적기에 프랑스군에 공급하는 것인데 주요 임무는 무기체계사업의 관리, 장비의 조달, 군의 활동에 관한 기술적이고 과학적인 전문지식 제공, 무기체계 시험 및 평가, 교육훈련 및 지원 등이다.

병기본부의 조직을 살펴보면 〈그림 3-8〉과 같다.

---

64 Tony Kausal, A Comparison of the Defense Acquisition Systems of France, Great Britain, Germany and the United States (Fort Belvoir: Defense Systems Managment College Press, 1999), pp.1-20~1-22.

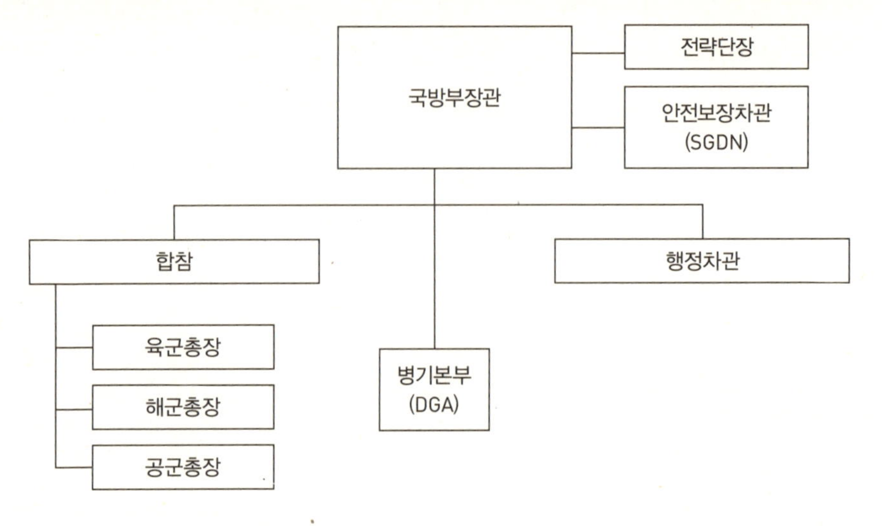

〈그림 3-7〉 프랑스 국방부의 획득조달조직

출처: 조남훈·송병규·류지운, 전게서, p.78.

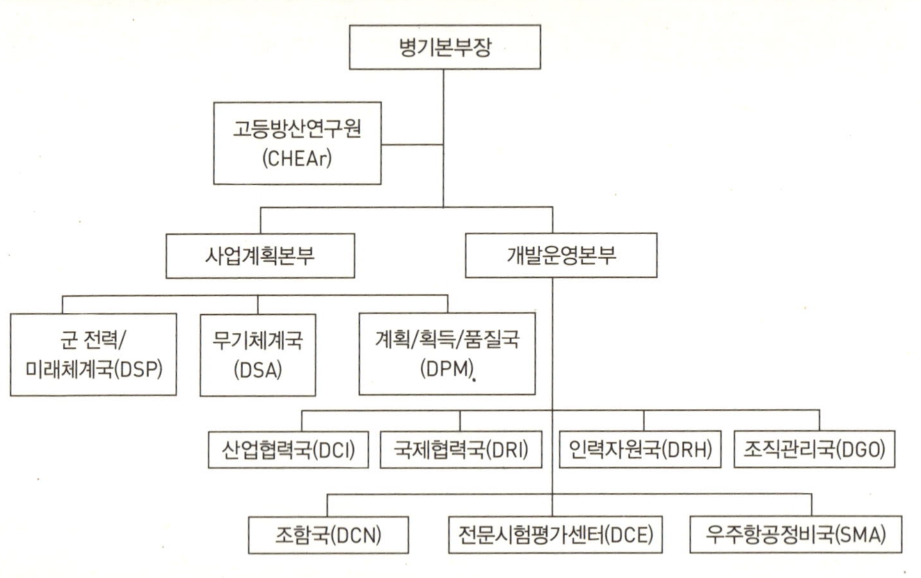

〈그림 3-8〉 병기본부((DGA)의 조직

출처: 황동준 외, 『방위산업 발전을 위한 국방연구개발 활성화 방안 연구』, 서울: 한국방위산업학회, 2001, p.47.

<표 3-6> 병기본부(DGA) 내부 부서의 임무

종류	부서명	임무
국내사업 부서	DSP	• 연구활동 관리 • 공통기술개발 수행 및 사업적용 • 군의 기술일관성 유지 • 감시, 정보, 통신 및 전략억제무기 관리
	DSA	• 지대해, 지대공 및 전술미사일사업의 개발 및 수행 • 관련 PM들이 소속: 사업통합팀이 지원
	DPM	• 예산 준비를 포함한 재원관리 • 조달, 품질보증 및 군수지원 임무
국제사업 부서	DCI	• 유럽 내 협력의 효율성 증진 및 현대화 임무 • 방산협력의 구체화 • 중소기업우선정책
	DRI	• 프랑스 무기수출 및 수출통제 임무 • 수출정책개발
조사평가 부서	DCE	• 장비 및 무기체계 시험평가에 필요한 기술적인 전문지식 및 방법을 PM, 산업체, 해외 정부 및 해외 업체에 제공 • 모든 기술 및 시험평가센터 운영
산업활동 부서	DCN	• 프랑스 해군 및 해외수출 선박/장비의 설계, 건조 및 유지보수
	SMA	• 항공기 운영유지, 산업체 시설 유지
관리 및 인력개발 부서	DGO	• 관리통제, 내부정보 활성화를 통한 내부 용역 촉진 • 투자정책 수행
	DRH	• DGA 임무에 맞는 인력을 배치하기 위한 경력관리정책 및 교육훈련 정책 수립
인력양성 기관	CHEAr	• 고위 무기체계 획득 전문가 양성 • 획득관련 특수정보 제공, 관리 및 정책수립 연구

출처: 조남훈·송병규·류지운, 전게서, p.81.

각 부서의 임무를 정리하면 <표3-6>과 같다. 병기본부 조직은 원래 지상, 해상, 공중 및 우주 등 군별 운영환경에 따라 구분되어 있었으나 1997년 1월의 획득개혁 시 활동 분야에 따른 조직구분(사업관리, 관리통제 등) 방식으로 변경되었다. 이러한 변경의 목적은, 첫째 군에 상관없이 최저비용으로 고성능 무기체계 개발에 필요한 신기술 및 정책을 쉽게 도입하고, 둘째 산업의 경쟁우위를 강화하기 위하여 관련 구매제도를 개선하며, 셋째 유럽 내의 협력 강화 및 나토군과의 상호운용성을 확보하기 위함이다.

(3) 통합사업팀

프랑스도 여타 선진국과 마찬가지로 획득사업조직의 책임과 권한을 강화함과 동시에 사업진행의 융통성 부여를 위하여 통합사업제도를 도입하였다. 즉 과거 순차적 원칙에 따라 합참의 소요결정 이후 병기본부의 무기체계 선정을 거쳐 업체가 기술방안

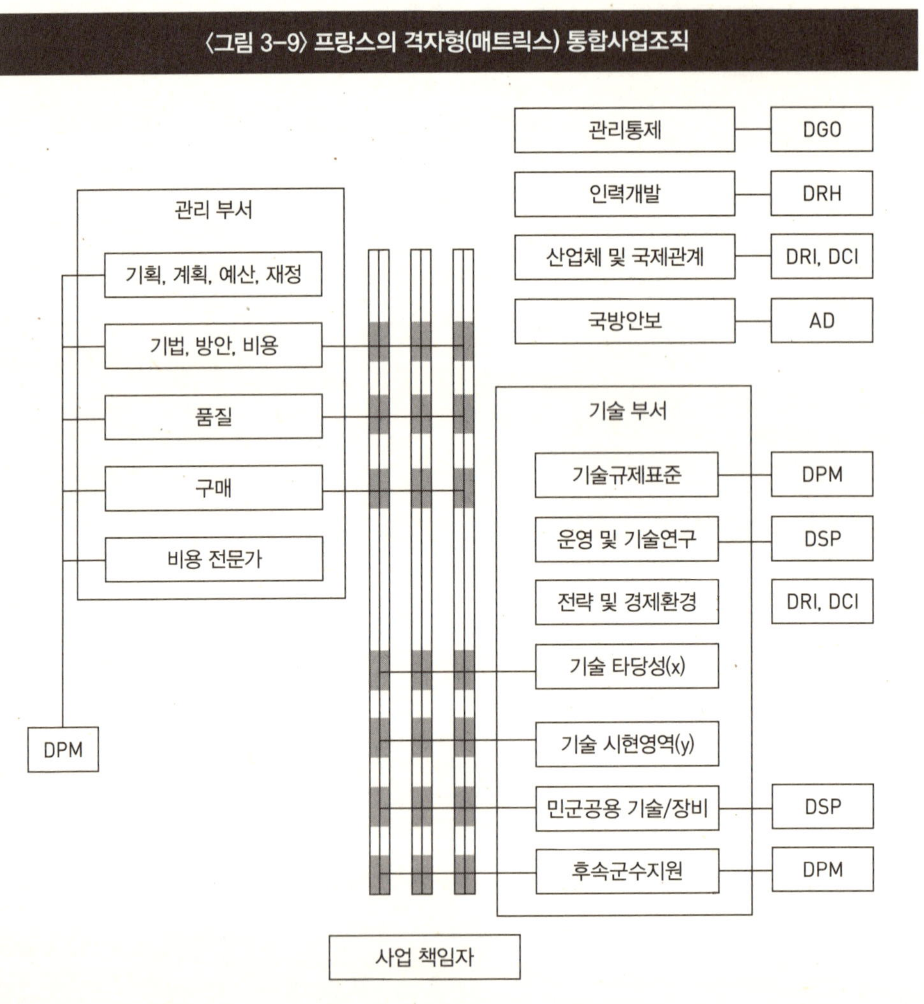

을 제시하고 장비를 제작하던 사업진행 방식을 획득의 최적화 달성을 위하여 통합사업팀 내에서 소요, 형상 및 기술대안을 동시에 결정하는 '동시진행원칙'을 획득조직에 적용하게 된 것이다.

이에 따라 프랑스 국방부는 사업추진 시 병기본부의 사업관리자와 전문가, 군 및 합참의 사업담당 장교와 전문가, 그리고 산업체 요원 등을 망라하여 통합사업팀을 구성한다. 통합사업팀의 영역을 살펴보면 사업관리자는 충분한 임기, 책임 및 권한을 보장받음과 동시에 비용, 기획, 사업관리기법, 품질보증, 구매, 위험관리 등의 전문 분야를 담당한 팀원들의 보좌를 받게 된다. 이때 사업팀은 성격에 따라 일정 단계에만 구성되는 한시조직 및 전 단계에 걸쳐 구성되는 상시조직으로 구분되는데 사업팀원은 원 소속 기관과의 관계를 유지하나 평가는 사업관리자로부터 주로 받게 된다. 사업의 중요도에 따라 사업요원의 전임 및 비전임 여부가 결정되며, 사업팀은 전문성 확보를 위하여 비용 대 효과 분석, 기술-운영 분석, 기능분석, 가치분석, 군수지원분석, 신뢰성예측분석, 사업분석, 위험분석 및 실패분석 등의 최신 사업관리기법을 교육받게 된다.

이때 사업팀원은 병기본부, 군 및 산업체의 여러 조직으로부터 참여하게 되는데 이에 따라 프랑스 통합사업팀은 매트릭스 조직의 형태를 띠게 된다.

이를 그림으로 살펴보면 〈그림 3-9〉와 같다.

5. 국방획득관리정책(의사)결정체계

가. 국방획득정책을 지원하는 정책(의사)결정체계

정책(의사)결정 과정은 정책의 전 과정에 있어서 가장 중요한 과정이다. 지금까지 의사결정 과정에서 가장 중요한 요소는 비용-효과의 비교를 통한 능률성 문제였다. 공공정책은 사기업과는 달리 능률성만을 강조할 수 없고 경우에 따라 효율 측면에서만 보면 손해를 보는 정책도 감수해야 하는 경우가 있다. 정책결정 과정에서 국민의 이익보다 특수계층의 이익을 반영하거나 확보에 치중한다면 정당성, 공공성 및 대표성을 잃게 되는 것이다. 따라서 공공정책 결정 시 능률성과 함께 윤리성 확보도 매우 중요한 요소로 다가온 것이다.[65]

무기체계 획득도 국가안보를 위한 공공재를 확보하기 위해 국가예산을 사용한다는 측면에서 볼 때 공공정책의 성격을 지니고 있다. 그래서 방위사업청에서는 획득이란 군이 필요로 하는 군수품을 연구개발, 생산 및 조달해야 하기 때문에 국방, 군사, 과학기술 및 방산업체 육성까지를 포함하고 있는 것으로 방위사업관리규정에서 규정하고 있다.[66] 이러한 이유로 무기체계 획득과 관련한 정책은 다수의 정책목표를 가지고 있다고 볼 수 있다. 또한 무기체계 획득은 국가안보에 직접적으로 연결되어 있고 군사 분야가 포함되어 있다는 점에서 여타 공공정책과는 차이가 있다. 따라서 무기체계 획득과 관련한 정책결정이나 의사결정을 할 경우에는 다음과 같은 원칙을 가지고 추진되어야만 업무혼선이 없을 뿐만 아니라 공정성과 더불어 윤리성도 확보 가능하다.

먼저 선택이 기준 및 순서가 명확하고 일관성이 있어야 한다.

무기체계를 획득한다는 것은 군사력 증강과 첨단기술의 획득·개발이라는 무기체계의 두 가지 핵심목표를 달성하고자 하는 것이며, 궁극적으로 국가안보와 영속적인 경제발전을 이룩하도록 하는 것이 무기획득의 핵심목적인 것이다.[67]

정책의 우선순위를 정할 때 그 무엇보다 중요한 것이 비용(money)이다. "Money is Policy."라는 말이 있듯이 군사력 증강과 첨단기술의 획득·개발이라는 2가지 핵심목표를 달성하기 위해서는 적절한 국방예산 확보가 매우 중요하다. 적절한 국방예산의 규모를 판단하기 위해서는 최소의 비용을 투자하여 적절한 효용성을 확보하고, 전쟁 억제력을 갖고, 전쟁이 발발할 경우 국가이익을 보호하는 데 지장이 없을 정도 수준의 무기를 확보하는 데 어느 정도 규모의 재원이 필요할 것인가가 핵심적인 과제이다. 따라서 이러한 과제를 해결하기 위해서는 선택의 기준 및 순서가 명확하게 설정되어

---

65 방위사업청, 『방위사업개론』, 서울: 대한정보인쇄, 2008, p.97.

66 방위사업청, 전게서, pp.97-99.

67 김종하, 『무기획득 의사결정』, 서울: 책이된나무, 2001, p.34.

야 한다는 것이다.

냉전 시에는 군의 전력증강을 최우선시하였으나 탈냉전 이후에는 국가들 간의 첨단기술전쟁이 심화되면서 과학기술의 중요성이 우선시되고 있다. 우리나라도 이러한 세계적 추세를 고려하여 앞서 언급한 2가지 핵심목표의 정책 우선순위를 ① 국방과학기술 획득, ② 전력증강(물량, 전력화 시기, 성능 등), ③ 민군겸용기술 개발능력 향상 순으로 방위사업법에 반영[68]된 것으로 추정된다.

그리고 무기체계 소요를 판단하고 수요[69]를 충족시키기 위한 절차는 ① 현재 및 미래의 군사적 위협이 예상되면 위협에 대처할 수 있는 무기체계를 획득해야 하고(군사전략적 판단), ② 그러한 무기체계의 기술적 성능을 어떻게 설정할 것인가(기술적 판단), ③ 그리고 무기체계를 어떠한 방법으로 확보할 것이고(기술적 판단), ④ 비용은 얼마나 필요한가(경제적 판단)와 같은 순서에 따라 업무가 추진된다. 여기서 ① 은 소요판단 순서이고, ②, ③과 ④는 수요를 충족시키기 위한 순서이다.

따라서 무기체계 획득과 관련한 의사결정을 할 경우 의사결정을 위한 판단순서는 ① 군사적 판단, ② 기술적 판단, ③ 경제적 판단 순으로 하되, 수요를 충족하기 위한 판단기준은 ① 국방과학기술 획득, ② 전력증강(물량, 전력화 시기, 성능 등), ③ 민군겸용기술 개발능력 향상 순으로 원칙의 패러다임을 정하는 것이 바람직하다.

둘째, 효율성과 책임성을 갖고 의사결정을 해야 한다.

효율성에는 두 가지 의미가 있다. 하나는 기회비용이고 다른 하나는 효과성이다. 기회비용은 무기획득에 많은 돈을 투자할 경우 사회복지 및 교육 등에 대한 투자비용이 줄어든다는 것이며, 효과성은 무기획득에 투자된 비용이 국가방위 향상에 최

---

68 방위사업법 제11조(방위력개선사업 수행의 기본원칙) ① 국방과학기술 발전을 통한 자주국방의 달성을 위한 무기체계의 연구개발 및 국산화 추진, ② 최적의 성능을 가진 무기체계를 적기에 획득함으로써 전투력 발휘의 극대화 추진, ③ 무기체계의 효율적인 운영을 위한 안정적인 종합군수지원책의 강구, ④ 방위력개선사업을 추진하는 전 과정의 투명성 및 전문성 강화, ⑤ 국가과학기술과 국방과학기술의 상호 유기적인 보완·발전 추진, ⑥ 연구개발의 효율성을 높이기 위한 국제적인 협조체제의 구축.

69 소요는 필요한 요구물량으로 가용재원이 고려되지 않는 개념이며, 수요는 소요량을 근거로 하여 가용한 재원을 고려하여 판단된 것을 의미한다.

대의 가치를 발휘하고 있느냐라는 질문을 제기할 때 등장한다.

기회비용은 정부예산 중에서 국방예산을 어떻게 배분할 것인가에 주로 적용되고, 효과성은 국방예산 중에서 무기획득비용을 어떻게 배분할 것인가, 그리고 배분된 무기획득비용을 육·해·공군별, 무기체계별로 공평하고 합리적으로 배분[70]하여 통합전투력 발휘를 극대화하는 것인가에 적용된다.

책임성은 해당 정책목표와 부합되게 의사결정을 하였는가를, 그리고 관련 법령, 규정 및 절차를 준수하여 예산 남용이나 부패를 방지하고자 하는 노력을 하였는가를 확인하고자 할 때 거론된다. 여기서 의사결정에 참여하는 정책행위자의 도덕이나 윤리, 기관·개인의 욕심 등 내적 기준은 의사결정의 투입물이 되기 때문에 중요한 요소가 된다. 왜냐하면 정책결정자들은 그들 스스로 특정 무기체계의 필요한 상황을 유도할 수도 있고, 문제를 야기하여 특정 무기체계 소요의 당위성을 미약하게 할 수도 있기 때문이다. 그리고 정책결정자들과 이해관계자들 간의 이익이 합치될 경우에는 담합할 가능성이 있기 때문에 의사결정 과정의 투명성은 책임성과 함께 매우 중요한 요소가 된다.

무기체계 획득에 있어 책임은 무겁고 선택은 어려운 것이 사실이다. 그렇다고 정책행위자가 무기체계 획득과정에서 의사결정 과정의 투명성, 책임감 그리고 효율성을 소홀히 다루었다면 국가안보에 치명적인 악영향을 줄 것이다.

셋째, 이해관계자들 간의 이해상충을 확인하여 이를 최소화하고 조율하기 위한 노력을 해야 한다. 그렇다고 흥정이나 타협의 산물을 만들라는 것은 아니다. 가장 합리적인 의사결정을 위해서는 많은 의견을 듣고 합리적인 결정을 해야 한다는 의미이다. 이 원칙은 정책결정을 하는 경우와 마찬가지로 사업을 관리할 때에도 적용된다는 점에 유의할 필요가 있다.

---

70 공평성(형평성)은 재원배분 등에 있어 각 군이 공평하고 합리적인 대우를 받고 있다고 느낄 때 달성된다. 이를 위해서는 의사결정 과정에 육·해·공군 균등참여 등의 다양한 정책적인 배려를 통해 효율성과 공평성의 상충관계를 조화롭게 해결하고자 하는 노력이 절대적으로 요구된다.

국방획득관리란 국가안보전략을 달성하고 군사력 건설을 지원하는 데 필요한 기술, 프로그램, 물자 등의 확보에 대한 국가적 투자를 관리하는 것을 의미한다. 이러한 국방획득관리의 목표는 적정 비용으로 임무수행능력을 계량적으로 향상시키려는 사용자 요구를 충족할 수 있는 우수한 성능의 제품을 신속하게 조달하는 것이다.

국방획득사업은 먼저 획득해야 할 무기체계의 소요가 있어야 하고, 이를 획득하기 위한 예산이 있어야 하며, 공정하고 합리적인 절차에 의거 획득할 수 있는 절차가 확립되어야 성공적으로 추진할 수 있다. 국방획득과 연관된 주요 활동들을 효율적으로 지원·관리하기 위한 프로세스 및 체계를 여기에서는 국방획득관리 의사결정체계라 칭한다. 이러한 국방획득관리 업무를 지원하기 위한 의사결정체계로는 소요기획체계, 국방기획관리체계, 국방획득관리체계가 있으며, 이들 업무체계 간에는 상호 유기적인 연계성이 있어야 한다.

김종하 교수는 〈그림 3-10〉의 벤다이어그램(Venn Diagram: 집합 상호 간의 관계를 나타내는 원)을 통해 소요기획체계, 국방기획관리체계, 그리고 국방획득체계가 상호 연계되어 교차하고 있는 것으로 묘사하고 있다. 그러나 경험적인 현실에서 볼 때, 이 세 가지 지원체계는 서로 교차하여 상호작용하기보다는 서로 충돌하고 대립하는 경우

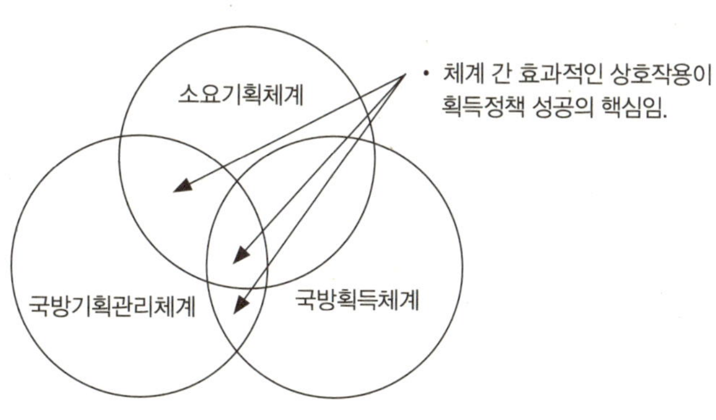

출처: 김종하, 『미래전, 국방개혁 그리고 획득전략』, 서울: 북코리아, 2008, p.190의 내용을 재구성함.

가 대부분이다.[71] 왜냐하면 그것은 그 본질상 전적으로 다른, 그리고 잠재적으로 양립할 수 없는 독자적인 힘에 의해서 작동하고 있기 때문이다. 그럼에도 불구하고 획득정책을 합리적으로 수립, 집행하여 최초에 설정한 목표를 성공적으로 달성하기 위해서는 이 세 가지 체계가 서로 유기적으로 상호작용할 수 있도록 해야 한다.

소요기획체계는 준비태세의 결함 및 기술적 기회와 같은 전투원의 요구가 무엇인지를 찾아내는 체계이다. 이것은 무엇을 획득할 것이며, 왜 그것을 획득해야 하는지를 결정하는 데 도움을 준다.

국방기획관리체계(PPBEE: Planning, Programming, Budgeting, Execution, Evaluation)는 시간과 재원배분을 하는 체계이다. 여기에서의 기획관리체계는 국방목표와 군사전략을 구현하는 데 필요한 국방자원 배분체계로서 예산운영체계를 말하는데 이는 국방기획관리제도에 대한 협의의 개념이다.[72] 이것은 언제 획득사업을 시작할 것인지, 그리고 얼마나 획득(생산)할 것인지를 결정하는 데 도움을 준다.

국방획득체계는 전투원의 요구를 신뢰할 수 있고, 가용성이 있고, 그리고 지속력이 있는 형태로 바꾸어주는 체계이다. 이것은 전투원이 요구하는 무기체계를 어떻게 개발·획득할 것인지, 그리고 이를 얼마나 효율적으로 집행할 것인지, 그리고 각 단계를 분석 평가하여 환류시킬 것인지를 결정하는 데 도움을 준다.

이론적으로 볼 때, 이 세 가지 지원체계 가운데 어느 한 가지라도 문제가 생길 경우, 혹은 그것이 서로 긴밀하게 협력하여 상호작용을 하지 못할 경우 획득정책을 수립, 집행하는 데 많은 어려움을 겪게 되거나, 아니면 획득정책 그 자체를 수립, 집행하는 것이 아예 불가능하게 된다.

(1) 소요기획체계

여기서는 획득업무의 시작이 되는 소요기획에 대하여 설명한다. 획득소요가 결정

---

71 김종하, 『미래전, 국방개혁 그리고 획득전략』, 서울: 북코리아, 2008, pp.190-191.

72 이필중, "방위산업의 활성화 방안연구(2)", 『국방과 기술』, 2008, p.41.

되는 절차는 소요를 제기하는 절차와 소요가 결정되는 절차로 나누어볼 수 있다.

소요(Requirements)에 대한 통상적인 개념은 요구조건 또는 필요한 것을 말하며, 군에서 사용하는 개념은 광의의 소요와 협의의 소요로 구분하여 사용한다.[73] 광의의 소요란 승인된 군사목표, 임무 또는 책임을 완수할 수 있는 능력을 갖출 수 있도록 하기 위해서 적절한 자원배분을 합법화하는 확실한 필요성이라 할 수 있다. 이는 기획이나 계획수립 과정에서 사용한다. 즉 국방목표를 달성하기 위하여 군사전략을 수립하고, 이러한 전략을 실천하기 위하여 군사조직을 편성하며, 편성된 조직체에 임무가 부여된다. 협의의 소요란 어떤 부대가 일정 기간 또는 시기에 어떤 임무를 수행하기 위하여 필요한 지정된 품목의 총수량을 뜻한다. 따라서 통상적으로 소요란 특정 시기 또는 특정 기간에 있어 인원, 장비, 보급, 자원, 시설 또는 근무지원이 특정 양만큼 필요하다는 것을 표시하는 계획을 말한다. 여기서는 다양한 군수물자의 집합체인 무기체계(Weapon System)를 위주로 기술한다. 소요는 통상적으로 군수물자의 소요를 의미하므로 군수물자의 사용자인 합동참모본부를 위시한 각 군이 업무를 수행하게 된다.

소요기획체계는 국방기획관리체계의 기획(Planning) 단계에 해당되며, 무기체계 획득을 위한 의사결정에 있어 아주 중요한 역할을 수행한다. 현재 소요기획체계는 국방전력발전업무규정이 그 중심을 이루고 있으며, 방위사업관리규정과 합동전투발전업무규정으로 보완하고 있다.

소요기획 절차는 소요요청과 소요제기 및 소요결정으로 구분된다.

우리의 소요요청 방식은 그동안 각 군이 필요한 소요를 제기하는 상향식(Bottom-up)을 채택하고 있었으나, 미래전의 양상이 합동성을 강조하고 있어 합동참모본부가 소요를 제기하는 하향식(Top-down) 방법도 도입하여 이들을 절충한 형태를 유지하고 있다. 하향식 체계는 냉전이 종식됨에 따라 전 세계적으로 국방예산이 감축되는

---

73 국방전력발전업무훈령 제2조에 의한 【별표 1】 용어의 정의.

경향을 보이면서, 국방예산을 효율적으로 집행하기 위하여 고안된 체계이며, 앞으로
는 국방과학기술의 발전에 따라 점차 하향식의 소요제기 추세가 대세로 자리 잡을
것으로 예상된다.

우리의 소요기획체계는 국방전략발전규정 제정 당시에 이전까지 유지되어 왔던 기
존의 소요기획체계(RGS)를 채택하였으며, 이후 합동참모본부에서 합동전투발전업무
규정을 제정하여 이를 보완하는 형태를 취하고 있다. 따라서 합동전투발전업무규정
에서 규정하고 있는 합동성이 요구되는 분야인 2개 군 이상에 공통으로 소요되는 전
투발전 분야와 지휘·통신·정보체계·정밀타격체계(C4ISR+PGMs)의 개발 관련 사업
분야에 해당되는 무기체계를 제외한 모든 무기체계는 국방전력발전규정의 소요기획
업무절차에 따라야 한다.

(가) 소요요청

소요요청은 각 군이 합동참모본부에 자기 군의 소요를 종합하여 요청하는 것을
통칭하며, 소요제기는 합동참모본부가 각 군의 소요를 종합하여 우선순위를 부여하
고 소요량을 조절하는 것을 의미한다. 이때 잊지 말아야 할 점은, 기존 소요제기체계
의 단점을 보완할 수 있도록 각 군은 소요요청을 할 때 반드시 합동성과 상호운용성
을 검토해야 하며, 합동참모본부는 이를 확인해야 한다는 것이다. 한편 소요제기에
는 합동전투발전업무규정에 따라 하향식으로 선정된 무기체계의 소요도 별도로 종
합되어야 한다.

소요제기 시 유념해야 할 사항은 소요제기한 내용에 시대 변천을 담아야 한다는
점과 소요제기한 내용을 어떻게 확인할 것인가 하는 점이다. 시대 변천을 고려하라
는 것은 무기체계의 운용기간이 대부분 10년 이상의 장기간이 되므로 과학기술의 발
전을 고려하여 성능개량을 염두에 두라는 것이며, 소요제기한 내용에 대한 확인을
고려하라는 것은 시험평가를 사전에 준비하라는 것이다.

우선 성능개량 관점에서는 관련 주체들이 기간 단축에 많은 노력을 하고 있지만
대부분의 무기체계가 장기간의 개발, 생산, 배치 및 운용기간을 가질 수밖에 없으므

로 최초 계획할 때는 신형 장비라 할지라도 운용·배치 시에는 노후화된다는 점을 인식하여야 한다. 이를 보완하기 위하여 성능개량 사업도 수행하도록 규정하고 있지만 보다 나은 방법은 소요제기를 할 때 같은 장비라도 수량을 나누어 성능개량 정도에 따라 단계별로 구분하여 소요제기를 하는 것이 좋다.

소요요청 및 제기기관은 국방전력발전업무규정에 규정되어 있다. 소요요청기관은 국방부, 합동참모본부, 각 군, 방위사업청, 국직기관 및 합동부대를 지정하고 있으며 다른 기관은 소요요청기관에 소요를 제안하여 소요제안을 받은 기관이 소요요청을 하도록 규정되어 있다.

(나) 소요[74]결정

소요제기절차를 걸쳐서 소요가 제기된 군수품은 소요확정의 절차를 거쳐 그 소요가 확정된다. 일반적으로 소요확정절차는 심의와 의결을 위하여 회의나 위원회를 거치게 된다. 회의나 위원회는 소요와 관련된 기관의 심의 및 의결권한을 가진 직위자들로 구성되며 국방전력발전규정에 임무, 구성 및 운영 절차가 규정되어 있다.

우리의 소요결정은 국방전력발전업무규정에 정의된 절차에 따라 해당 회의 및 위원회를 거쳐 최종 확정되게 된다. 현재 소요결정을 위해 거쳐야 하는 회의 및 위원회는 최고의 심의 및 의결 기구인 합동참모회의와 실무 협의를 위한 합동전략회의, 합동전략실무회의가 있으며, 사안에 따라 합동성위원회와 C4ISR-PGM 협의회를 거쳐야 하는 것도 있다. 각종 회의 및 위원회의 임무 및 기능은 국방전력발전업무규정에 의한다.

소요결정의 주된 고려사항은 합동개념에 따른 소요제기의 타당성, 전력화 시기 및 소요량의 적절성, 운영개념에 부합된 작전운용 성능의 적합성, 인력운영의 가능성 및

---

[74] 국방전력발전업무훈령 【별표 1】 용어의 정의: 소요는 ① 기획소요, ② 증강목표소요, ③ 목표소요로 나누어볼 수 있다. 기획소요는 군사전략 개념을 구현하기 위한 전력구조별, 전장기능별 순수 요망소요로서 전시동원·부대확장 등 각종 계획수립에 필요한 기준이며, 증강목표소요는 가용재원, 상비전력 운영수준, 작전운영성 등을 고려하여 실제적으로 요망되는 소요로서 중기계획 수립의 기준이 된다. 목표소요는 소요전력 우선순위에 입각하여 중기 대상기간 중에 반영한 군사력 건설소요를 말한다.

대체 무기체계·조정계획, 과학적 분석평가 결과 등이다.

위 고려사항 중 최근에 강조되는 것은 합동개념 구현과 과학적·계량적 분석평가 결과이다.

소요제기는 정량적 수치로 표현하며 수치의 근간을 제공하는 것은 일반적으로 알려진 모델링 및 시뮬레이션(M&S: Modeling and Simulation) 도구를 사용한다. 이 단계에서는 각종 전투를 모델링하여 전투효과를 계산하는 도구가 주를 이루는데, 예전에는 미군에서 도입한 도구를 사용하다가, 독자적인 연구개발에 의한 무기체계들이 늘어남에 따라 새로운 도구들이 필요하게 되어 국내에서 도구를 개발하기도 하고 도입한 도구의 개량도 추진하고 있지만 아직 원하는 정도의 성과를 제공하는 수준에는 이르지 못하고 있는 실정이다.

과학적 분석평가의 다른 한 부분은 비용추정 관련 부분으로, 이것은 최근 상용 비용분석 도구들이 많이 나와 있어 상대적으로 많은 정량적인 결과를 얻을 수 있다. 다만, 비용분석은 가정에 의한 추정 결과이므로 가정이 결과에 미치는 영향이 다소 클 수도 있다. 따라서 같은 도구를 사용하더라도 비용분석의 결과가 틀린 경우를 종종 접하게 되는데, 이는 가정을 서로 다르게 한 경우로 결과를 사용할 때는 가정을 잘 확인하여야 한다.

소요결정기관은 국방전력발전업무규정에 무기체계와 비무기체계를 포함한 모든 군수물자에 대해서는 국방부가 소요를 결정하는 것이 원칙이며 국방부가 위임한 비무기체계에 한하여 각 군 및 기관이 소요를 결정하도록 하고 있다. 다만, 무기체계의 핵심기술 소요에 대해서는 방위사업청에서 소요를 결정하도록 규정하고 있다.

(다) 합동전투발전체계(Joint Warfighting Development System)

그동안 우리 군은 미국이 과거에 전투발전을 이루기 위하여 사용하던 소요기획체계(RGS)의 영향을 받아, 각 군의 독자적인 전력발전 개념에 입각한 소요기획을 기초로 전략을 확보하여 전 군의 상향식 전투발전이 이루어지고 있었다.

그러나 냉전시대가 끝나면서 세계대전(World War)과 같은 대규모의 전면적인 전쟁의 가능성이 줄어들고 국지적인 분쟁 개입이라는 새로운 소요가 늘어나고, 다른 한편으로는 과학기술 발전에 힘입어 전자정보기술이 신속하게 발전함에 따라, 이런 과학기술을 전쟁에 접목한 새로운 형태의 전쟁양상이 나타나기 시작했다. 이의 대표적인 사례가 1991년 '사막의 여우 작전(Desert Fox Operation)'으로 시작된 이라크전이라 할 수 있다.

미국은 이라크전을 수행하면서 전 군의 합동성이 매우 필요하다는 점을 인식하게 되었으며, 전투발전 자체도 합동성에 기초하여 이루어져야 한다는 점을 깨닫게 되었다. 따라서 미국은 네트워크중심전(NCW: Network/Net Centric Warfare), 효과중심전(EBO or EBaO: Effects Based (approach) Operation), 동시통합전 등의 새로운 전쟁 개념을 발전시키면서, 합동성에 기초한 전력운용을 통하여 종국에는 수적 우세의 이라크군을 궤멸시키고 후세인(Hussain) 정부를 무너뜨리면서 이라크전을 승리로 이끌었다.

이런 결과를 본 세계 각국은 미국의 새로운 전쟁수행방식에 깊은 관심을 갖게 되었으며, 초강대국으로 부상한 미국의 전력발전 형태를 집중적으로 연구하게 되었다.

미국은 군사개혁(Military Reform)을 추진하면서 이에 부응하는 전투발전체계로 합동능력통합발전체계(CIDS)를 구축하여 기존의 소요기획체계를 대체하고 있으며, 세계 각국도 유사한 움직임을 보이고 있다. 우리 군은 그동안 합동 차원의 하향식 소요기획체계의 부재를 개선하고 과학적이며 합리적인 검증체계를 도입하여 전투발전체계를 발전시키고자 합동전투발전체계를 구축하게 되었다.

합동전투발전 개념은 합동 차원에서 미래전 준비를 위해 현존 전력을 극대화하고 미래전력 발전소요를 창출하는 과정으로, 합동실험 및 전투실험을 통하여 합동전투발전 분야(교리, 구조·편성, 무기·장비·물자, 교육훈련, 인적자원·시설)를 구체화하고 검증하는 체계이다. 합동전투발전 개념은 합동참모본부의 하향식 및 각 군의 상향식 전투발전소요를 통합 발전시키고 이를 소요기획체계에 연계시키기 위한 활동으로 정의된다(합동전투발전업무규정 제10조). 따라서 합동전투발전체계란 우리 군이 합동전투발전을 구현하기 위해 구축한 체계로, 구체적인 내용은 합동전투발전업무규정을 통하여 정립되어 있다.

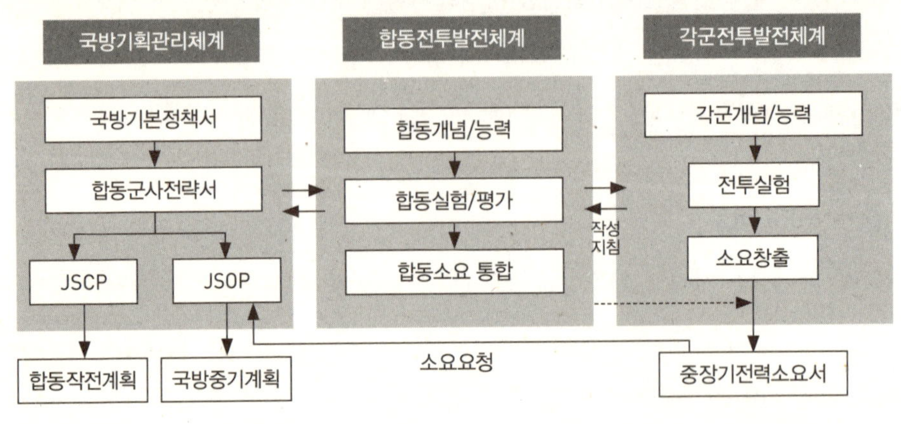

출처: 국방대학교, 『방위사업관리 기본과정』, 서울: 국방대학교, 2007, p.42.

따라서 우리의 합동전투발전체계는 합동성이 요구되는 분야를 별도로 규정하고, 이외의 분야는 각 군이 각각 전투발전을 하도록 되어 있다. 합동성이 요구되는 분야는 합동전투발전규정에 2개 군 이상에 공통으로 소요되는 전투발전 분야와 감시정찰·정밀타격을 총칭하는 이른바 C4ISR+PGM(Command, Control, Computer, Communication & Information + Precision Guidance Munition)의 개발 관련 사업 분야 중 합동성위원회에서 결정한 사업 분야로 한정하고 있다.

합동전투발전체계 업무는 합동개념을 토대로 합리적인 전투발전 방향을 정립하는 과정으로 ① 개념발전, ② 합동실험 및 평가, ③ 합동소요통합의 3단계로 구성된다. 〈그림 3-11〉에서 합동전투발전체계와 각 군 전투발전체계의 연관성과 함께 국방기획관리체계와의 상관관계를 도시하였다.

(2) 국방기획관리체계[75]

국방기획관리체계(Planning, Programming, Budgeting, Execution and Evaluation

---

[75] 방위사업청, 『방위 살림꾼이 꼭 알아야 할 기초지식 100가지』, 서울: 방위사업청, 2008, p.54. 국방기획관리체

System)는 효율적으로 우리의 국방목표를 설계하고 이를 달성할 수 있도록 최선의 방법을 선택하여 합리적으로 재원을 배분하고 운영하도록 구성된 체계이다. 시대가 바뀜에 따라 주변 국가 및 관련 국가의 정세도 변화하며, 이에 따라 국방목표도 변하게 마련이다. 국방목표를 달성하기 위한 방법 역시 여러 형태를 가질 수밖에 없으므로 한정된 자원을 합리적으로 배분하는 일은 결코 쉬운 일이 아니다. 따라서 국방목표를 달성하기 위하여 자원을 배분한 형태로 나타나는 사업은 목표의 특성과 시간의 제한에 따른 적시성, 기술적 변화 등 여러 가지 환경요소를 종합한 협업의 산물이기 때문에 종합적인 접근을 필요로 하게 된다.

한국은 박정희 정부 시절 자주국방 목표 달성을 위해 효율적 국방자원관리를 위한 기획관리제도의 도입을 최초로 검토하여 1980년 1월부터 이를 시행하였다. 기획관리제도는 1960년대 초반 존 F. 케네디 행정부의 로버트 맥나마라 국방장관이 도입한 국방예산제도(PPBS)에서 출발한 것으로, 미국이 당시 GNP의 9~10%에 달하는 거대한 국방예산을 어떻게 하면 효율적으로 사용할 수 있을 것인가 하는 문제를 해결하기 위해 펜타곤의 경영관리 혁신을 위한 방안의 하나로 채택한 제도였다.[76]

한국의 기획관리제도는 1980년 최초 시행 이후 지난 2009년 5월까지 총 15차례의 수정·보완을 거쳐 국방부 훈령 제1054호 국방기획관리기본훈령으로 발전되어 왔다.

국방기획관리기본훈령에서는 국방목표의 설계와 목표 달성을 위해 최선의 방법을 선택하고 합리적인 자원배분과 운영을 통해 국방기능을 극대화시키는 관리활동을 국방기획관리라 정의하면서, 이는 기획, 계획, 예산편성, 집행 그리고 분석평가 등 일련의 체계로 이루어진다고 규정하고 있다.[77]

계란 국방목표를 설계하고 설계된 국방목표를 달성할 수 있도록 최선의 방법을 선택하여 보다 합리적으로 자원을 배분·운영함으로써 국방의 기능을 극대화시키는 관리활동으로 기획으로부터 계획, 예산, 집행에 이르기까지 국방 관리기능을 유기적으로 연결하고 국방 각 조직의 다각적인 노력을 체계적으로 결집시킨 종합적인 자원관리체계를 말한다.

76 한용섭, "한국 국방기획관리제도의 혁신방안", 국방대학교 안보문제연구소, 2002, p.59.

77 국방부, 『국방기획관리기본규정』, 국방부, 2006, pp.4–5.

한편 『국방백서』에는 "국방부는 국방기획관리제도(기획–계획–예산–집행–평가시스템)를 통해 유기적으로 연계된 체계에서, 위협분석에 따라 결정된 군사력 소요를 지원하기 위하여 적정수준의 국방비를 확보하는 동시에 기용한 국방비를 최대한 합리적으로 배분하기 위해 노력하고 있다"라고 국방기획관리제도의 역할이 명시되어 있다.[78]

현재의 국방기획관리체계는 〈그림 3–12〉와 같이 기획체계, 계획체계, 예산편성체계, 집행체계 및 분석평가체계의 다섯 부분으로 나누어져 있으며, 국방목표를 달성하기 위하여 평시에 전쟁에 대비한 전시 국방정책 및 계획을 구체화하는 과정으로 전

〈그림 3–12〉 기획관리체계 절차 및 기능		
단계	업무체계	기능
기획(P)	위협분석 국방정책수립　　대응전략수립	정본 국방부　위협분석 군/기관　국방정책 수립 합참　군사력 소요제기 　전략수립, 군사력 국방부　소요제기 　소요결정
계획(P)	계획요구 및 조정 국방중기계획수립	군/기관　중기계획 요구 방사청　중기계획 요구/작성 국방부　중기계획 수립
예산(B)	인도예산편성 (편성, 조정, 확정)	군/기관　예산 요구 방사청　예산 요구/편성 국방부　예산 편성
집행(E)	예산집행 (획득유지)	군/기관 방사청　예산 편성 요구 및 집행 군/기관　예산 편성, 운영 및 결산 방사청
분석 평가(E)	문제점 도출 및 개선 발전(환류)	군/기관 방사청　단계별 분석평가, 감사 합참/국방부

출처: 국방대학교, 전게서, p.26.

---

78 국방부, 『국방백서 2006』 p.147; 국방부, 국방기획관리훈령 제1054호 제6조, 2009.5.8, p.7.

시체계를 따로 고려하고 있다. 전시체계는 기본체계를 이해하고 국방기획관리기본규정을 참고하면 쉽게 이해할 수 있으므로 여기서는 기본 체계만 간략히 기술한다.

(가) 기획(Planning)

국방기획관리기본규정(제4조)에 의하면, "기획체계라 함은 예상되는 위협을 분석하여 국방목표를 설정하고 국방정책과 군사전략을 수립하며, 군사력 소요를 제기하고 적정수준의 군사력을 건설·유지하기 위한 제반 정책을 수립하는 과정을 말한다." 기획체계에서 작성되는 문서로는 국방정보판단서(DIE: Defense Intelligence Estimates), 국방기본정책서(NDP: National Defense Policy), 국방개혁기본계획(DR2020: Defense Reform 2020), 합동군사전략서(JMS: Joint Military Stategy), 합동군사전략목표기획서(JSOP: Joint Strategy Objective Plan), 국방과학기술진흥정책서(DSTPP: Defense Science & Technology Promotion Policy), 합동군사전략능력기획서(JSCP: Joint Strategy Capability Plan) 등이 국방기획관리기본규정에 수록되어 있다.

이의 역할을 세부적으로 살펴보면, 첫째 예상되는 적의 위협을 분석하여 국방목표를 설정하고 이를 효과적으로 달성할 수 있는 국방정책과 군사전략을 수립하고, 둘째 군사전략에 따른 합동개념을 발전시키고 임무수행을 위한 최적의 군 구조를 결정하여 부대기획을 발전시키며, 셋째 수립된 군사전략과 합동개념을 구체화할 수 있도록 합리적인 군사력 건설 및 유지소요를 제기하고, 넷째 군사력 건설소요와 국방정책을 고려하여 국방과학기술진흥정책을 수립하고 중·장기 연구개발 소요를 발굴하며, 다섯째 제기된 군사력 건설소요를 효과적으로 뒷받침할 수 있는 중·장기 차원의 기본적인 임무 및 기능별 세부정책을 발전시키는 것이다.

국방부는 기획체계의 근간이 되는 국방목표를 설정하기 위하여 우선 주변 국가의 정보를 수집하여 국가안보에 미칠 영향과 군사위협을 판단한 국방정보판단서를 작성하고, 이와 함께 대통령의 안보전략 및 국방지침을 반영한 국가안보전략지침서에 기초하여 국방기본정책서를 작성한다. 여기서 유의해야 할 점은 국방정보판단서는 매 3년 주기로 작성되나 국방기본정책서는 대통령의 임기와 관련되어 매 5년 주기로 작성된다는 점이다.

합동참모본부는 국가안보전략지침서, 국방정보판단서, 국방기본정책서 및 국방개혁기본계획을 기초로 중·장기 대상기간 동안의 군사전략 목표, 개념 및 군사력 건설 방향이 제시된 합동군사전략서를 작성한다. 이렇게 군사전략이 마련되면 합동참모본부는 군사전략을 구현시킬 군사력 건설소요를 수록한 합동군사전략목표기획서를 작성하고, 국방부는 군사력 건설에 필요한 국방과학기술의 발전방향을 수록한 국방과학기술진흥정책서를 작성하는 것으로 국방목표의 설계가 완성된다.

현 기획체계는 여기에 다른 기획문서의 성격과는 다소 차이가 있지만 기획 내용이 가까운 미래에 어떻게 구현되는가 하는 상황을 파악할 수 있는 합동군사전략능력기획서를 작성하여 타 기획문서를 보완하도록 구성하고 있다.

(나) 계획(Programming)

국방기획관리기본규정(제4조)에 의하면, "계획체계라 함은 기본체계에서 설정된 국방목표를 달성하기 위하여 수립된 중·장기 정책을 실현하기 위해 소요재원 및 획득 가능한 재원을 예측·판단하고, 연도별, 사업별로 추진계획을 구체적으로 수집해가는 과정을 말한다."

계획체계의 역할을 세부적으로 살펴보면, 첫째 기획단계의 국방정책과 군사전략을 구체화하고, 각급 부대단위 및 사업단위로 연도별 목표량과 자원을 배분하여 임무별·기능별로 확인할 수 있도록 함으로써 기획과 예산을 연결시키며, 둘째 유·무형 전력이 균형 있게 발전될 수 있도록 군사력 건설 및 유지 사업을 동시에 반영하며, 셋째 연도 예산편성의 근거를 제공하며, 넷째 기준연도로부터 대상기간 동안의 국방기본계획과 종합적인 지침 및 국방활동 방향을 제시하고, 각 사업 관련 부서의 지속적인 업무연결을 원활하게 하며 국방자원관리의 효율성을 도모하는 것이다.[79]

계획체계에 관련된 주요 문서로는 국방중기계획서와 5년 단위 국방개혁추진계획,

---

79 국방부, 전게서, p.21.

성과관리전략계획 및 시행계획이 있다.

계획체계는 기획체계에서 설정된 국방목표를 달성하기 위하여 작성된 군사력 건설 소요 및 국방과학기술 발전방향에 따라 소요재원을 규모에 맞도록 조정하고 이에 대해 가용한 재원을 중기적으로 배분하는 국방중기계획서가 가장 중요한 문서가 된다.

국방중기계획은 예산 기준연도 이후 5년간을 대상으로 계획하고 있으며 매년 갱신한다. 한편 5년 단위 국방개혁추진계획과 성과관리전략계획 및 시행계획은 정부의 성과관리(BSC: Balanced Score Card)제도와 연관이 있는 문서로 이해하면 된다.

(다) 예산(Budgeting)

국방기획관리기본규정(제4조)에 의하면, "예산편성체계라 함은 회계연도에 소요되는 재원(예산을 말한다)의 사용을 국회로부터 승인받기 위한 절차로서 체계적이며 객관적인 검토·조정 과정을 통하여 국방중기계획서의 기준연도 사업과 예산소요를 구체화하는 과정을 말한다." 이의 역할을 세부적으로 살펴보면, 첫째 국방중기계획상의 기준연도 사업과 소요재원을 검토·조정하여 사업별, 비목별로 필요한 예산을 구체화시킴으로써 예산획득의 근거를 제공하고, 둘째 예산획득목표를 달성함으로써 계획의 실현성을 높이며, 셋째 예산의 효율적 집행을 위한 기준을 제공한다.[80] 예산편성체계에 해당하는 주요 문서로는 경상운영사업 예산요구서와 방위력개선사업 예산요구서 그리고 국방부 예산서와 방위사업청 예산서가 있다.

예산편성체계 문서 구성은 2006년에 제정된 '국가재정법'과 관련 규정에 의한 예산비목 분류에 따라 국방부가 집행하는 경상운영비 항목과 방위사업청이 집행하는 방위력개선사업비 항목으로 크게 구분되어 있으며, 기능상으로는 국회에 제출하기 위한 자료를 수집하는 예산요구서와 직접 국회에 제출하는 예산서로 구분되어 있다.

예산편성체계는 계획체계에서 작성한 국방중기계획서에 기초하여 중기계획에서 전환된 예산 당해연도 부분을 정부의 예산편성 지침에 따라 당해 전체 예산배정 규

---

80 국방부, 전게서, p.32.

모에 맞도록 조정하여 국회의 승인을 받는 과정이다.

(라) 집행(Execution)

"집행체계라 함은 예산편성 후 계획된 사업목표를 최소의 자원으로 달성하기 위하여 제반 조치를 시행하는 과정"[81]을 말한다. 집행체계는 예산편성 후 계획된 사업목표를 최소의 자원으로 달성하기 위하여 제반 조치를 시행하는 과정을 말하며, 이는 편성예산의 이·전용을 억제하고 이월액 발생을 최소화하는 역할을 한다. 집행체계에 관련된 주요 문서로는 국방예산배정계획서, 국방예산운영지침서, 월별 재정보고서, 이월명세서 및 세입·세출 예산결산보고서가 있다.

집행체계는 국회의 승인을 받은 예산의 집행을 위해 각 부서로 예산을 나누어주는 예산배정과 주기적으로 예산 사용을 보고하는 예산집행보고, 당해 집행 후 남은 잔액을 다음 해로 넘기는 예산이월 및 예산의 당해연도 집행분을 결산하는 결산으로 구성된다.

(마) 분석평가(Evaluation)

"분석평가체계라 함은 최초 기획단계로부터 집행 및 운용에 이르기까지 전 단계에 걸쳐 각종 의사결정을 지원하기 위하여 실시하는 분석지원 과정"[82]으로서 경상운영사업 분석평가체계는 계획단계 분석평가, 예산편성단계 분석평가, 집행단계 분석평가로 구분하며, 분석평가 부서에 의한 분석평가와 각 관련 부서에 의한 성과분석으로 이루어진다. 즉 분석평가체계는 최초 기획단계로부터 집행 및 운용에 이르기까지 전 단계에 걸쳐 각종 의사결정을 지원하기 위하여 실시하는 분석평가 과정으로서, 국방기획관리 모든 단계에서 문제점과 교훈을 도출해 차기 및 유사 사업을 지원, 그 효율성을 극대화시키는 역할을 하는 단계이다.

---

[81] 국방기획관리기본규정 제4조.

[82] 국방기획관리기본규정 제4조.

또한 국방기획관리기본규정에서 방위력개선사업 분석평가체계는 소요기획단계 분석평가, 획득단계(계획·예산편성·집행) 분석평가, 운영유지단계(전력화평가, 전력운영분석) 분석평가로 구분하고 있다. 분석평가체계의 주요 문서로는 분석평가 관련자들이 참고할 실무지침서로 경상운영사업 분석평가업무 실무참고서, 방위력개선사업 분석평가업무 실무참고서 및 국방주요정책 및 사업에 관한 성과분석지침이 있으며, 소요기획단계의 분석평가문서로 소요요청 분석평가, 소요요청 분석평가 내용타당성 검토 및 선행연구 결과 분석평가가 있고, 획득단계의 분석평가문서로 계획단계 분석평가, 예산단계 분석평가, 집행 중 평가 및 집행 성과분석 결과보고서가 있다.

끝으로 운영유지단계 분석평가문서로는 사업의 결과로 시험평가 후 배치된 무기체계의 성능을 확인하는 전력화평가 결과보고서와 전력화 1년 후 배치 전력운용을 종합적으로 평가하는 전력운영분석 결과보고서가 있다.

(3) 국방획득관리체계[83]

무기체계 획득은 국가안보에 직접적으로 연관이 되는 군사력 건설 및 유지에 지대한 영향을 미치고 있다. 따라서 무기체계 획득업무는, 첫째 국방정책, 군사전략 및 전술을 효과적으로 뒷받침하여야 하고, 둘째 국가재원이 한정되어 있으므로 한정된 국가재원을 효율적으로 투자 및 사용하여야 하며, 셋째 군의 예산 사용에 대한 국민의 지지를 얻을 수 있도록 국민의 신뢰성을 확보하여야 한다.

이러한 차원에서 우리나라는 최적의 무기체계 획득, 고객지향의 획득정책 구현, 국방획득 업무의 투명성 보장, 그리고 협력적 자주국방의 실현이라는 기본목표를 달성하기 위하여 국방획득정책을 수행하고 있다.

이러한 국방획득정책목표 및 획득 기본원칙을 달성하기 위해 우리나라는 미국과 유사한 개념으로 기획관리, 소요결정 및 획득관리 등 세 영역으로 구성하여 업무연계를 이루고 있다. 그리고 획득관리체계는 군이 필요로 하는 군수품(무기체계, 비무기

---

83 방위사업청, 『방위사업개론』, 서울: 대한정보인쇄, 2008, pp.154-159의 내용을 요약정리하였다.

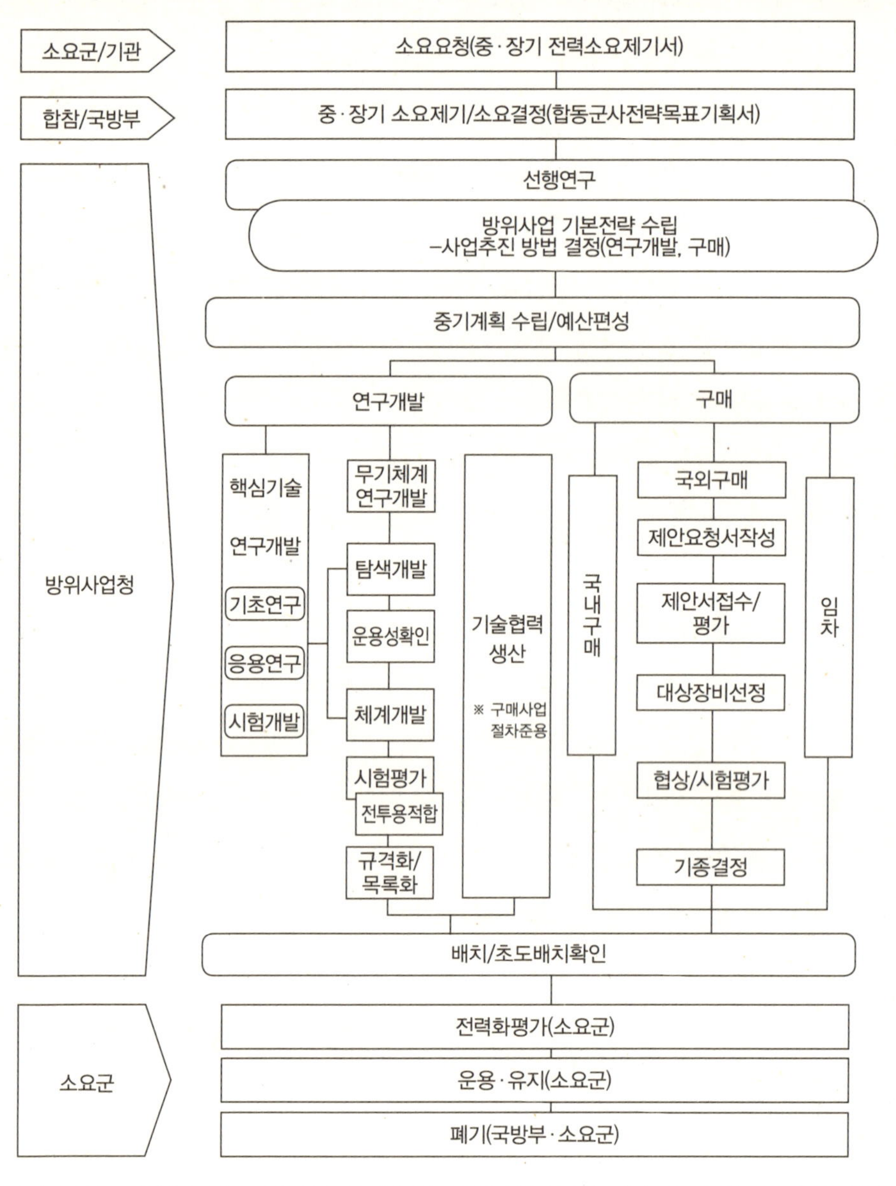

출처: 방위사업청, 전게서, p.160.

체계)을 개발(구매), 생산(도입), 전력화 및 운용유지하기 위해 규정한 일련의 업무수행

체계이므로 소요, 중기계획 예산과 획득과정의 각 단계별로 긴밀하게 연계되어 수행

되어야 하지만 현실은 그러하지 못하고 있다.

〈그림 3-13〉은 소요결정체계, 국방기획관리체계 그리고 국방획득체계가 반영된 방위사업수행체계를 그림으로 나타낸 것으로 방위사업과 관련한 국방부, 합참, 육·해·공군 그리고 방위사업청이 수행하여야 할 업무를 체계적으로 도식화하고 있다.

미국의 경우 2006년도 국방획득업무수행평가보고서에 의하면 획득과 관련한 문제점을 다음과 같이 지적하고 있다.[84]

미국의 획득체계는 〈그림 3-14〉와 같이 고도의 복합적인 메커니즘을 가진 구조이나 단편적으로 분리되어 운영되고 있다. 이론과 실제 간의 괴리, 획득집단 내 참여자들의 서로 다른 가치관, 안보환경의 변화 등으로 인해 소요, 예산, 획득과정의 격차

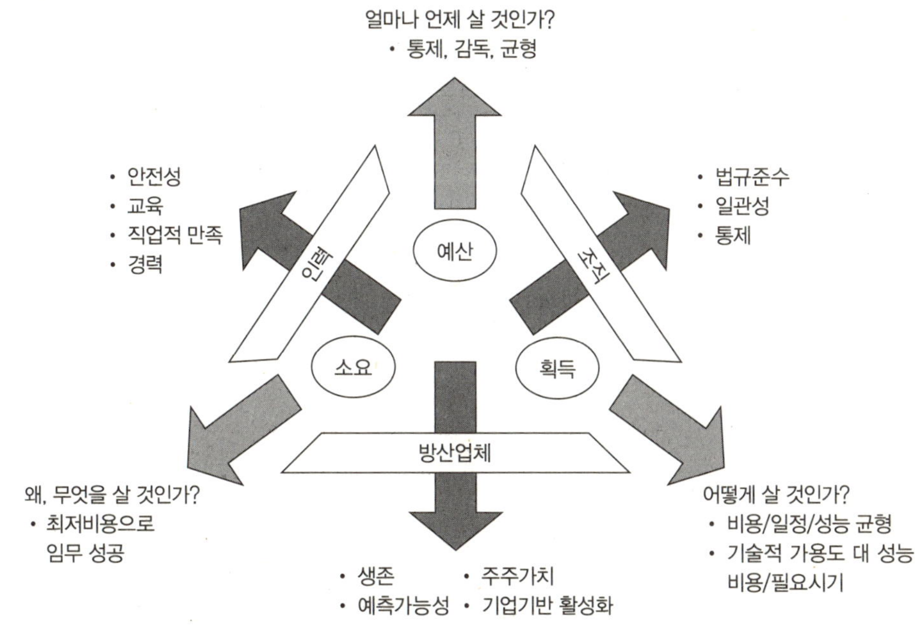

출처: 미 국방부, 국방획득업무수행평가보고서, 2006.1, p.4.

---

[84] 미 국방부, 국방획득업무수행평가보고서, 2006.1.

가 더욱 심화되고 있었으며, 이러한 것들은 획득체계의 불안정을 가중시켰다.

이론상 새로운 무기체계는 이들 세 개의 과정들이 조직과 인력, 방산업체와의 공동 협력 노력을 통해 상호 유기적으로 통합 작용하여 산출물이 생성되어야 한다. 그러나 실제로 이들 과정과 실제 업무 종사자들은 상호 독립적으로 운용되고 있고, 그 결과 각 과정 내의 절차 변경은 상호 조정 없이 이루어짐으로써 결과적으로 어느 한 분야의 혼란이 다른 분야의 혼란으로 확대되는 예기치 않은 결과를 초래하고 있다.

이러한 미국 획득체계의 문제점은 우리나라에 시사하는 점이 많다. 획득조직이 분산되어 있을 경우 이러한 현상은 더욱 강화될 가능성이 있으나 지금은 방위사업청으로 통합되어 있어 어느 정도 이를 해소할 수 있는 장점을 보유하고 있는 반면 업무의

〈표 3-7〉 우리나라 국방획득 의사결정지원체계 업무

구분	기획관리체계	소요관리체계	회득관리체계
단계	• 기획 • 계획 • 예산 • 집행/평가	• 소요요청 • 소요제기 • 소요결정 • 전력분석	• 예산 • 획득(선행연구 등)
활동	• 국방정책과 군사전략수립 • 군사력건설 소요결정 • 부대/사업단위 자원배분 • 개년 중기계획 수립 • 예산편성 • 예산의 효율적 집행기준 제공 • 사업추진 분석평가 등	• 각 군/기관 소요요청 • 중장기 전력소요제기 • 합참 사전분석 • 관련기관 검토 • 전력소요 결정 등	• 사업추진전략 • 개발계획 등 개발전략 • 개발방법론/절차 • 상호운용성 확보/절차 • 형상관리 • 시험평가 • 감리, 정보보호 등
제도/ 규정	• 국방기획관리기본규정	• 국방전력발전업무규정 • 방위사업관리규정	• 방위사업관리규정
주요 문서	• 국방정보판단서 • 국방기본정책서 • 합동군사전략서 • 합동군사전략목표기획서 • 국방과학기술진흥정책서 • 합동군사전략능력기획서 • 국방중기계획서 • 예산각목명세서 등	• 기획관리체계의 주요문서 지원 • 합동군사전략서, 합동군사전략목표기획서, 합동군사전략능력기획서 등	• 사업추진기본전략서 • 시험평가기본계획서 • 탐색개발기본계획서/ 탐색개발실행계획서/ 탐색개발관리계획서 • 체계개발기본계획서/ 체계개발실행계획서/ 체계개발관리계획서 등
관점	자원 획득 및 할당	소요결정	사업관리

출처: 권용수, 「국방획득단계 분석평가기법 발전방안」, 서울: 21세기연구소, 2007, p.59.

통합으로 인한 새로운 문제점도 발생하고 있다. 획득정책기능인 계획, 예산 및 획득 과정이 긴밀하게 연계되어 추진되고 소요와 획득과정 간의 목표와 가치의 차이가 발생할 경우 이를 효과적으로 조정할 수 있어야 그 효율성이 더욱 증대될 수 있다. 먼저 우리나라의 획득과정에 있어서 의사결정을 지원하는 소요관리체계, 기획관리체계, 획득관리체계의 주요 업무와 문서는 〈표 3-7〉과 같다.

우리나라의 획득과정은 미국의 획득과정을 많이 참고하여 발전시켜 왔으며, 2006년도 국방획득제도 개선 시에도 통합사업관리팀(IPT: Integrated Project Team) 개념을 도입하고, 과학적 사업관리기법(시스템 엔지니어링, EVMS 등)과 진화적 개발전략을 적용하여 획득환경 변화에 최대한 적용하고자 노력하였다.

그러나 〈표 3-7〉에서 살펴본 바와 같이 우리나라 획득과정의 주요 업무는 단계화되어 문서중심으로 추진되고 있음을 알 수 있다. 이는 개발자 중심보다는 관리자 중심으로 업무가 추진됨으로써 문서량이 과다하고 관료형태의 경직된 업무를 수행하고 있다고 할 수 있다.

소요와 획득과정의 가치 차이를 조정하기 위해서는 앞으로 개발단계에 따라 소요군이 참여하고, 단계가 진행되면서 개발내용을 구체화하며 각 단계마다 관련 문서를 다시 작성하는 것이 아니라 문서의 내용을 발전·보완하는 개념으로 절차를 발전시킬 필요가 있다.

나. 국방획득정책 결정[85]

정책결정이란 '정책 문제가 정부로 유입되어 정책의제로 설정된 후, 정부 스스로가 이 문제를 해결할 수 있는 대안을 개발하는 것과 관련된 모든 활동'을 말한다.

우리의 경우 획득정책은 '무기체계 국내개발 활성화 정책', '방위산업 육성' 등이라고 할 수 있으며, 과거 국방획득관리규정과 방위력개선사업관리규정에서 국방획득정책의 목표와 유사한 원칙적 방향을 제시하고 있다.

---

85 방위사업청, 전게서, 2008. 4, pp.65-67의 내용을 요약정리하였다.

<table>
<tr><td colspan="2" align="center">〈표 3-8〉 구 획득관리규정의 국방획득 원칙</td></tr>
</table>

1. 성능보장: 작전운용성능을 충족시킬 수 있는 장비 획득

2. 적기전력화: 요구되는 시기에 전력화 가능

3. 국산화 촉진: 국가과학기술에 의해 자주국방 달성이 가능하도록 연구개발 및 국내생산 우선 추진

4. 경제적 획득: 성능이 보장될 수 있는 장비·물자를 경제적으로 획득하여 투자효율 극대화

5. 운용유지 보장: 수명주기 간 효율적인 운영유지 보장

<table>
<tr><td colspan="2" align="center">〈표 3-9〉 방위사업관리규정의 국방획득 원칙</td></tr>
<tr><td align="center">구분</td><td align="center">세부 항목</td></tr>
<tr><td>제16조 통합사업관리</td><td>사업의 효율적 수행, 과학적/합리적 의사결정
선행연구 강화, 소요군 및 관련기관 의견수렴 강화</td></tr>
<tr><td>제17조 연구개발 확대 및 방산육성</td><td>연구개발 활성화로 국산화 및 민군겸용기술 활용도 증대 M&S 확대적
  용으로 비용절감 및 기간 단축 노력
방산육성을 위한 제반정책 수립시행, 국제협력 유지 강화</td></tr>
<tr><td>제18조 국방과학기술 증진</td><td>국가/국방과학기술 종합발전 고려한 사업추진, 핵심기술 개발 장려, 국
  방 관련 기술자료 관리/보호 대책 강구</td></tr>
<tr><td>제19조 통합전력발휘 극대화</td><td>중기계획편성 시 통합전력발휘 극대화 차원의 자원 배분</td></tr>
<tr><td>제20조 안정적/경제적 군수품 획득</td><td>무기체계 적기, 경제적 획득 추진, 신속한 의사결정
군수품 획득 간 국방목표 달성 및 국가경제 기여
효율적 운영을 위한 안정적 ILS 체제 구축</td></tr>
</table>

〈표 3-8〉과 〈표 3-9〉를 비교하면 과거 국방획득관리규정에서는 성능, 순기, 비용 측면에서 5가지 원칙을 제시한 반면, 현재의 원칙은 과거 원칙에 4개의 원칙, 즉 ① 통합사업관리 수행, ② 과학적 기법 적용 강화, ③ 기술관리 강화, ④ 통합전력 발휘 차원의 예산편성 강화가 추가되었음을 알 수 있다.

이외에도 최근에는 국가 총체적인 역량을 집결하려는 의도에서 국가과학기술체계와의 연계, 민·군 협력을 통한 범국가적 연구역량 강화, 기초기술 역량 강화를 위한 특화연구센터 활성화 등이 획득정책으로 채택되고 있다.

다. 국방획득정책 집행[86]

국방획득정책은 앞에서 설명한 바와 같이 소요결정체계, 국방기획관리체계 그리고 국방획득체계가 유기적으로 연계되어 집행될 때 성공적으로 수행될 수 있다.

국방획득정책이 효율적으로 집행될 수 있도록 하기 위해 고려할 사항은 크게 두 가지로, 첫째는 정책결정기능과 정책집행기능의 연계 문제이고, 둘째는 획득정책 집행을 위해 시행하여야 할 구체적 세부 프로그램 수행의 문제이다. 이를 세부적으로 설명하면 다음과 같다.

첫째, 국방획득정책기능과 집행기능이 유기적으로 연계되어 추진되어야 한다.

정책의 성공 여부는 집행과의 연계 여부에 따라 결정된다. 계획과 집행, 평가가 유기적으로 연계되고 환류되어야 성공할 수 있으며, 정책결정자와 집행자들 상호 간의 관계가 사업의 핵심 성공요소라고 할 수 있다. 이를 위해서는 담당자들의 업무에 대한 전문성이 절실히 요구된다고 하겠다. 예를 들어 전문성을 가지지 못한 경우에도 불구하고 정책결정기능을 가지게 될 경우, 정책결정의 영역은 하위수준인 집행자들에게 또 다른 형태의 위임을 초래할 수 있다.

결국 집행은 정책 과정의 한 부분이며 다른 과정들과 복잡하게 연결되어 있기 때문에 정책과 분리된 상태 혹은 집행에 대한 충분한 이해가 부족한 상태에서 정책결정을 하거나 분리된 상태에서 집행과정만 수행할 경우 원활한 정책 집행이 곤란하다.

둘째, 획득정책의 올바른 추진을 위해서는 군사전략적·경제적·기술적 판단뿐만 아니라 최소의 비용으로 최적의 성능을 가진 무기체계를 주어진 일정 내에 획득하여야 하며, 효율적인 사업목표 달성을 위한 사업추진전략이 필요하다. 과거 국방획득관리규정과 현 방위사업관리규정에서 변함없이 강조하고 있는 획득의 기본원칙은 사용자(소요군) 중심의 군사력 건설에 있다. 특히 냉전시대 국방정책의 최고 우선순위는 적의 침략에 대비한 군의 준비태세를 확립, 강화시키기 위한 주요 수단으로서 무기체계 획득에 주어져 있었다. 그러나 탈냉전시대에 들어서면서 단지 군사력 증강 그

---

86 방위사업청, 전게서, 2008, pp.67-71.

자체에만 치중하였던 획득목표 및 전략에 대한 인식이 변화하고 있다. 이것이 의미하는 바는 무기획득을 군사전략적 측면에서만 고려하는 것이 아니라 국가의 과학기술 발전, 더 나아가 총체적인 경제발전에 도움이 되는 방향으로 획득정책이 추진되어야 한다는 것이다. 최근 수년간 나타난 현상처럼 국민들은 국민들의 복지향상을 위해 군이 사용하고 있는 국방비를 점점 더 줄여야 한다는 생각을 하기 시작했고, 또 한편으로는 그것이 당연한 것처럼 받아들이고 있다. 예를 들어 국민들이 삶의 질 향상에 직접적으로 관련이 있는 복지에 더 많은 관심을 가지고 있고, 정부예산이 그러한 분야에 더 많이 투자되기를 희망한다는 것이다. 또 다른 측면은 고가의 장비, 증가하는 획득비용, 그리고 삭감되어 가는 국방예산의 시대에서 이들 국가의 대부분은 변화된 안보환경 하에서의 위험판단, 예산관리, 범용기술 개발, 가격변화 등에 관련된 이슈들에 관심을 표명하게 됨으로써 이제 더 이상 군 소요만 충족시키는 무기획득은 사실상 진행하기가 어렵게 되었다는 것이다.

결국 무기획득 시 국방목표 달성을 경시한 채 경제성 및 기술적 효과만을 고려할 수도 없다. 따라서 이에 대한 기본원칙을 세워야 할 필요성이 있다. 즉 사용자(소요군) 중심의 안보위험 판단 및 군사적 측면을 가장 우선적으로 고려하여야 할 것이며, 이러한 군사적 목표 달성을 효율적으로 수행하기 위한 기술적 대안 혹은 기술적 파급효과를 고려해야 한다는 것이다. 마지막으로 검토한 대안들 가운데서 가장 비용-효과적인 방안을 선택하는 일련의 군사전략적→기술적→경제적 판단의 순으로 고려해야 할 것이다. 또한 국방획득목표 달성을 위해 사업을 추진하고 있는 사업관리자의 국방획득의 목표는 획득목적에 부합되는 최소의 비용으로 최적의 성능을 가진 무기체계를 계획된 일정 안에 적시에 조달하는 것이다. 따라서 사업관리자는 획득의 목표가 되는 사용자(소요군)의 요구성능, 일정 요구도, 그리고 주어진 예산범위 내에서 총 사업비에 대한 최선의 예측이 선행되어야 획득목표 달성을 위한 사업추진전략 수립이 가능해진다. 따라서 사업관리자는 성능, 비용, 일정 상호 간의 상쇄(Trade off) 가능한 범위(Trade Space) 확보를 위해 사용자(소요군)와 함께 요구성능 목표값 및 한계값 설정을 위한 노력을 해야 한다. 현재의 획득환경을 고려해보면 중기소요로 전환된 소요에 대해서 결정된 작전운용 성능과 기술적 부수적 성능에 대한 검토를 통해 사업관리자는 기술적 부수적 성능에 대한 결정 및 보완이 가능하도록 규정[87]되어 있다. 미국의 경우는 상기의 획득목표, 즉 성능, 비용, 일정에 대한 구체화를 통해 획득사업 기준선(Acquisition Program Baseline)을 작성하여 Category IA 사업까지 확대하여 적용하고 있다. 물론 성능 파라미터들의 수와 특성은 시간이 가면서 융통성 있게 추가 및 보완을 해나가고 있다. 일정요소는 최소한의 사업시작 시점, 주요 의사결정 시점 및 최초 운영능력 시기를 포함하고 있다. 비용요소는 수명주기비용 요소들을 포함하여 총 비용한계에 대해서는 철저하게 초과금지 통제를 하고 있다.

셋째, 비용목표 달성을 위해 필히 수반되어야 할 것이 바로 비용과 성능의 상호 상쇄이다. 사업관리자는 사용자(소요군)가 동의한 하나의 목표값과 이에 수반된 한계값의 차이, 즉 상쇄 가능한 여유 공간(Trade Space)을 확보할 수 있도록 노력하여야 한다. 비록 작전운용 성능은 조정이 제한된다 할지라도 기술적 부수적 성능은 보완 노력 여부에 따라 비용의 증감에 많은 영향을 줄 수 있다. 총 획득비용과 사업일정 단축을 위한 최적의 시기는 획득과정의 초기단계이다. 지속적인 비용, 일정, 성능 간의 상쇄 분석은 비용과 일정 단축에 상당한 도움을 줄 것이다. 즉 목표값과 한계값 사이의 '상쇄 가능한 여유 공간' 범위 내에서 조정될 수 있는 소지는 매우 많다. 물론 획득사업 전체에 영향을 미치는 요소, 즉 여유 공간을 벗어나는 항목 변경은 사용자(국방부, 합참, 소요군)의 결심과 사업관리자의 결심을 동시에 필요로 한다.

넷째, 사업목표 달성을 위한 사업추진전략을 수립하여 시행하여야 한다.

사업추진전략은 광범위한 기획 및 준비 그리고 해당 사업의 특수성 및 일반성에 대한 충분한 이해를 통해 수립 가능하다. 따라서 잘 수립된 사업추진전략은 사용자(소요군)의 요구능력 만족을 위해 필요한 시간과 비용을 최소화하고, 무기체계 수명주기 전체 기간 동안 효율성을 담보하게 한다. 물론 사업추진전략도 모든 주요 의사결

정 시점, 사업추진전략의 변화가 승인될 때마다 지속적으로 최신화·구체화되어야 할 것이다.

우리의 경우는 선행연구를 통해 사업추진 기본전략을 탐색개발 및 체계개발 단계 진입 이전에 각각의 기본계획서 및 실행계획서를 수립하는 것으로 규정되어 있다. 여기에 공통적으로 포함되는 사항들이 체계 개념부터 성능, 비용, 일정에 관한 사항이다. 이에 반해 미국의 경우는 〈그림 3-15〉와 같이 시스템 사전획득단계(개념 정의 및 기술개발)와 시스템 획득단계(시스템 개발 및 시범) 및 유지단계(운영 및 지원)로 구분하여 관리하고 있다. 따라서 사전획득단계에서 기술개발의 과정을 거쳐 다음 단계로의 진입 가용 여부를 판단한 후 시스템 획득단계로 갈 수 있게 되는 것이다.

우리의 경우에도 제고해야 할 부분이 체계개발 이전에 사전 기술확보 수준에 관한 사항을 반드시 검토해야 할 것이다. 물론 체계개발단계에서도 기술개발 관련 업무가 수행되기도 한다.

이러한 기술확보 수준 확인은 선행연구에서 정립된 체계운용 개념에 대한 심층분석을 통해서 주어진 임무를 충족하는 여러 방안들에 대한 비교연구를 수행하여 무기체계에 대한 체계운용 개념과 기술수준을 확정하는 것으로 이해하면 된다.

〈그림 3-15〉에서는 성능/비용/순기를 고려한 기술기획 시기를 도식화하고 있다.

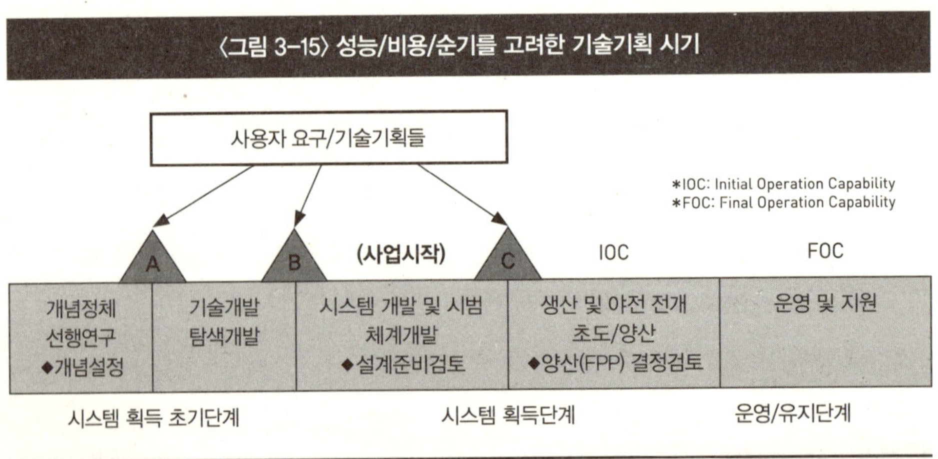

〈그림 3-15〉 성능/비용/순기를 고려한 기술기획 시기

출처: 방위사업청, 전게서, p.71.

예를 들어 기술적 수준이 성숙되지 않은 상태에서 체계개발이 수행될 경우 불필요한 시간, 비용 등이 낭비될 뿐만 아니라 극단적인 경우에는 개발 실패로까지 이어질 가능성을 가지는 것이다. 결국 이러한 기술확보 수준 측정이라는 것은 무기체계 획득을 위한 기술 성숙도를 확인하고, 그 기술수준을 높여서 본격적인 체계개발이 가능해질 수 있도록 하는 데 있다. 물론 여기서 반드시 검토되어야 할 사항이 진화적 기술개발 및 획득 계획이 포함되어야 한다는 것이다.

상기의 전제조건이 성숙되면 본격적인 체계개발이 이루어지는데, 이러한 사업착수 시점에서는 승인된 획득전략을 탐색개발을 거치면서, 위험요소가 일부 제거된 상태에서 개발이 이루어진다.

라. 국방획득정책결정체계의 문제점과 발전방향

우리 군이 무기체계를 효율적으로 획득하기 위해 채택한 국방획득관리의사결정체계는 미군이 운용하고 있는 체계를 우리 군에 맞게 수정하여 적용하고 있으나 많은 부분이 도입 의도와는 상관없이 문제점을 야기시키고 있다. 즉 우리 군이 선진국의 제도를 참조하여 제정한 획득관리규정은 그 외형은 미군의 획득관리제도와 유사하나 그 세부절차 규정은 각 획득단계 간 연계가 불완전하고 절차적 논리성이 보장되지 않는 형태로 제정되어 활용해왔으며, 이를 기초로 제정한 방위사업관리규정 역시 체계공학 절차 등의 적용 면에서 미흡한 점이 있다. 따라서 국방획득관리정책(의사)결정체계의 문제점과 발전방향을 아래와 같이 제시한다.[88]

(1) 현행 국방획득관리의사결정체계의 문제점

(가) 소요기획체계의 문제점

우리 군은 2000년대 초반 이후 군사력 건설소요 중 무기체계 소요는 합동전투발

---

88 최광묵·김대석, "과학적 획득관리 선진화 방안", 「국방과 기술」 제371호(2001), pp.39-44.

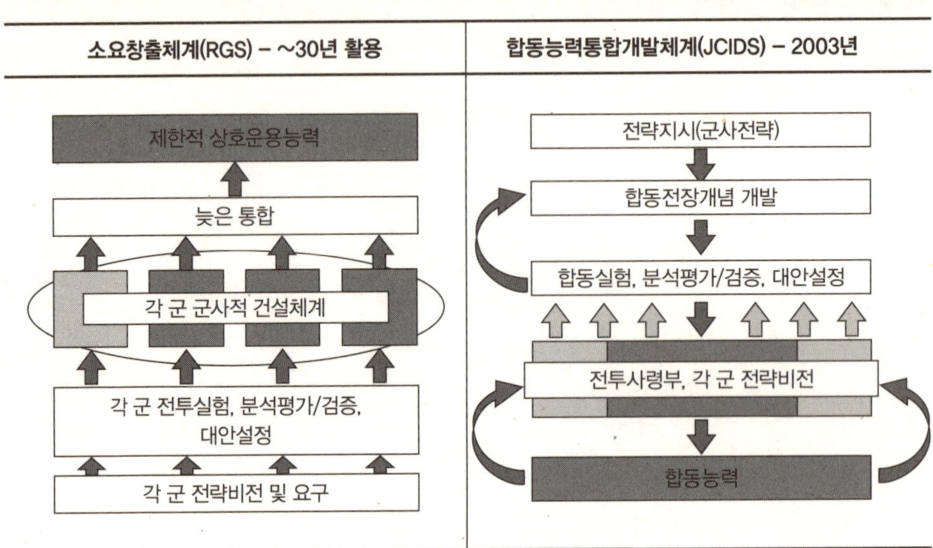

전규정에 의거한 능력기반 소요결정체계 개념을 적용하고 있다. 미군의 능력기반 소요결정체계 개념을 도입한 한국군의 소요결정체계는 합동 차원에서 미래 전장운용 개념을 구현하기 위해 기능별 부족 능력을 해소하는 데 필요한 무기체계 소요를 도출하는 하향식(Top-down)과 합동개념 구현에 직접적인 영향이 적은 각 군 전장운용 개념수행을 위한 단위기능별 무기체계 소요를 도출하는 상향식(Buttom-up) 전투발전 요소를 통합·발전시키는 형태의 합동전투 발전개념을 적용하고 있다.

〈그림 3-16〉은 미군의 위협기반과 능력기반 소요기획체계를 그림으로 나타낸 것이다.

그러나 합동전투 발전개념에서 출발한 한국군의 소요기획체계는 개념발전단계, 합동실험 및 평가단계, 합동소요통합단계로만 구분하고 있다. 이는 〈그림 3-17〉 미군의 신 획득관리체계 중 초기능력서를 작성하는 과정까지의 단계만으로 소요기획 업무가 종결되어 의사결정점 Ⓐ에서의 물자적 대안분석 및 기술개발의 기준을 제공하는 데 그치며, 체계개발 진입 이후 체계획득단계에서의 의사결정점 Ⓑ, Ⓒ에서의

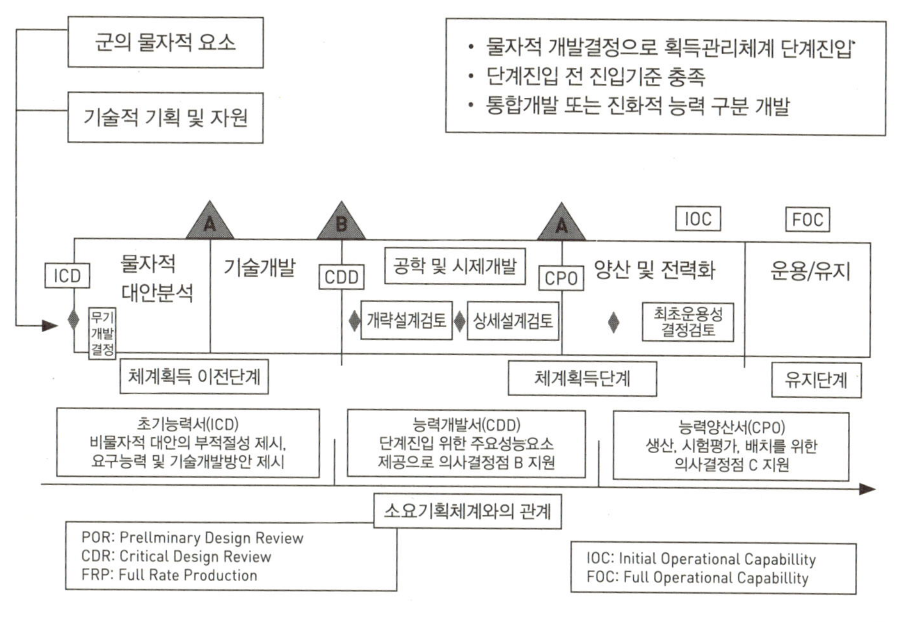

소요기획상의 의사결정 기준을 제공하지 못하고 있다.

현재 한국군의 무기체계 소요기획절차는 방위사업법에 의거 합참의장이 소요요청기관으로부터 소요를 받아 합동참모회의 심의를 거쳐 소요를 제기하면 국방부장관이 결정하도록 되어 있다. 이러한 소요기획업무는 국방전력발전업무규정에 무기체계의 분류, 소요요청·제기·결정에 관한 관련기관 정의, 소요 관련 문서에 포함할 사항 및 작성 절차 등에 관한 내용만 포함하고 있어 합동전투발전규정상의 합동개념 요구능력서 작성 이외에는 실질적이고 체계적인 소요기획 프로세스가 매우 미흡한 실정이다.

이는 소요기획이 무기체계 획득단계로 진입하는 시점에서 종료하게 되므로 획득단계에 소요기획 활동이 미수행되어 소요와 획득업무의 연계를 보장하지 못하게 된다. 이는 획득단계의 각 의사결정점에서 획득 관련 위원회가 다음 단계로의 진입을 결정하기 위한 소요 측면의 명확한 기준을 활용하지 못해 제한적 수준의 의사결정을 함으로써 시험평가단계나 전력화 이후 체계의 결함이나 오류를 증가시켜 획득비용과 기간의 연장 문제 등을 발생시키는 근원적인 구조적 문제를 갖고 있다.

(나) 국방기획관리체계의 문제점

무기체계획득관리는 기획관리체계상의 기획–계획–예산편성–집행–분석평가의 전 단계에 걸쳐 논리적 프로세스에 의해 수행되도록 정하고 있다.

따라서 군사력 건설소요는 적의 위협 유형에 대한 효과적인 군사전략을 수립하고 이를 구현하는 데 필요한 구체화된 합동전장 및 기능별 전장운용 개념을 발전시켜 그 개념을 실현하는 데 필요한 물자적 또는 비물자적 대안을 모색하는 과정에서 식별되어야 한다. 이렇게 식별된 물자적 대안 중 무기체계 소요는 미래 요구능력을 충족시키기 위한 현재의 부족 능력을 해소하는 역할을 담당하게 된다.

그러나 우리의 현실은 이러한 논리적인 기획관리체계에도 불구하고 적 위협에 대한 군사전략을 수립하고, 합동전장 운용개념을 발전시키는 데 전문적이고 지속적인 조직 및 제도가 미흡한 실정이다. 즉 현행 국방기획관리체계는 국방부와 방위사업청으로 분할되어 통합에 어려움을 겪고 있으며, 무기체계 소요결정과 획득관리단계가 기계적으로 분리되어 여러 가지 문제점을 노출시키고 있다. 즉 무기체계획득에 관한 기획업무는 국방부가, 분석평가 업무는 방위사업청이 전담하고 계획 및 예산편성 업무는 국방부의 지침에 따라 방위사업청이 담당하고 있다. 이렇게 분리되고 중첩된 기획관리 업무 수행체계로 말미암아 각 단계 간 연계성이 부족하고, 관련 기관 간 협력소요는 증가하여 갈등이 증폭되고 있는 것이 현재의 모습이다.

뿐만 아니라 미래 합동전장 운용개념을 구현하기 위한 요구능력과 현 능력을 분석하여 그 차이인 부족 능력을 식별하고 이를 해소하기 위한 전문화된 과학적 무기체계 소요식별 역량 또한 미흡한 실정이다. 과거 확연히 눈으로 드러나는 남북한 무기체계별 수량 비교에 따른 소요결정 시기에는 아무런 문제가 되지 않았지만 지금은 첨단무기체계의 종류별, 형태별 복합소요에 대한 과학적 분석결과를 이용한 타당성 입증 없이는 국회나 국민들의 지지를 얻기가 쉽지 않다.

따라서 이러한 기획관리 업무 체계상의 제반 문제점을 해결하고 국방획득의사결정의 대외적 신인도 확보 및 객관성을 보장하기 위한 대책수립이 더욱 절실하다고 하겠다.

(다) 국방획득체계의 문제점

현행 방위사업법령 및 방위사업관리규정에서 정한 국방획득수행체계는 〈그림 3-18〉과 같이 소요군이 요청하고 합참/국방부에서 결정한 소요를 방위사업청에서는 선행연구를 통해 사업추진 방법을 결정하여 구매 또는 연구개발 과정을 통해 획득하고 시험평가단계를 거쳐 양산 및 전력화하는 절차로 수행된다.

그동안 전력화 시기에 매달려 대부분 국외구매 위주의 무기체계획득정책을 수립해왔으나 방위사업청 개청과 함께 국가경제 활성화와 방산수출을 통한 국부를 창출하고 국외구매 대비 무기체계 전 순기 수명주기비용을 절감하기 위한 국내 연구개발 중심의 획득체계로 전환하고 있다.

현재의 방위사업관리규정에서 정하고 있는 무기체계 연구개발 과정은 미국의 획득관리규정을 기초로 하였으나 여러 가지 면에서 보완이 필요한 것으로 판단된다. 현재 방위사업관리규정에서 정한 무기체계 연구개발 과정은 〈그림 3-19〉와 같이 선행연구-탐색개발-체계개발-양산 및 전력화로 그 단계를 구분하고 있다.

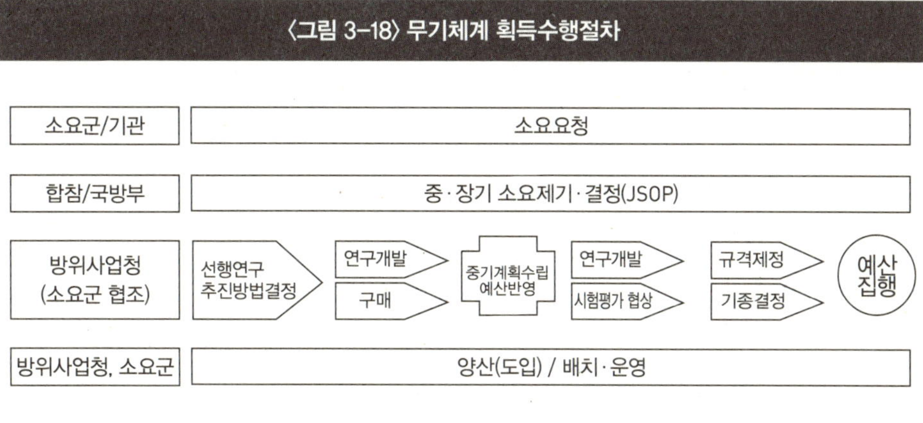

〈그림 3-18〉 무기체계 획득수행절차

출처: 최광묵·김대석, "과학적 획득관리 선진화 방안 연구", 「국방과 기술」 제371호(2010.1), p.42.

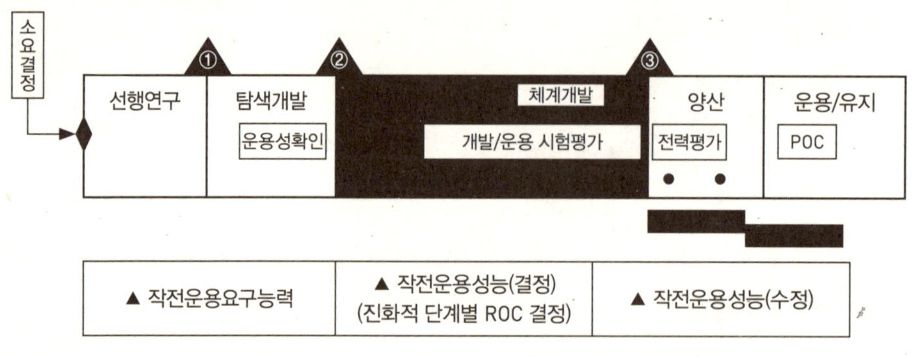

미국의 획득관리제도는 1994년 발표된 MIL-STD-499B 시스템 엔지니어링 절차를 기반으로 한 EIA/IS 632와 IEEE 1220 시스템 엔지니어링 표준을 기반을 정하였으며, 지금은 국방획득시스템에 관한 국방부 훈련 DoDD 5000.01과 그 운용지침인

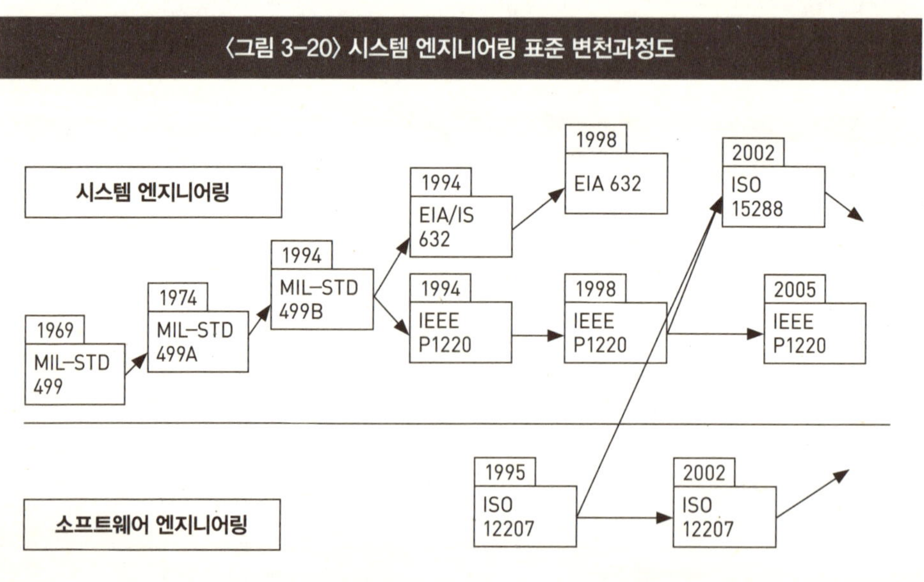

DoDI 5000.02를 제정하여 〈그림 3-20〉과 같이 적용하고 있다.

또한 국방획득지침서(DAG: Defense Acquisition Guidebook)에 시스템 엔지니어링 등을 포함하여 세부지침들을 제공하고 있으며 국제표준 ISO 15288, EIA 632, IEEE 1220 세 가지 표준을 모두 적용할 수 있도록 권고하고 있다. 국방획득지침서에 규정된 시스템 엔지니어링 표준 변천과정은 〈그림 3-20〉과 같다.

〈그림 3-17〉 미군의 신 획득관리체계와 〈그림 3-19〉 우리나라 무기체계 연구개발 획득관리체계를 활용하여 한미 획득관리절차를 세부적으로 대비하여 분석해보면 다음과 같은 차이와 문제를 식별할 수 있다.

첫째, 획득관리단계와 의사결정점이 동일하게 5단계, 3개 의사결정점으로 구성되어 있으나 소요기획체계와의 연계성 면에서 차이가 있다. 즉 미국의 경우 각 의사결정점의 의사결정 기준이 소요기관에서 발전시킨 초기능력서(ICD), 능력개발서(CDD), 능력양산서(ICD)로 제시되나 한국의 경우 단지 의사결정점만 있어 의사결정의 기준을 제공하지 못하고 있다.

둘째, 미국의 경우 체계획득준비단계(Pre-Systems Acquisition)에서 사용자의 요구와 기술적 가용성 및 자원을 기초로 초기능력서에 따른 물자적 해결방안을 대안분석으로 식별하여 의사결정점 ▲에서 체계개발을 위한 기술개발단계 진입을 결정하고 있으나, 우리나라의 경우 확정된 소요를 구매할 것인지 연구개발할 것인지를 결정하는 선행연구단계를 수행하여 의사결정점 ①에서 사업추진 방법을 결정하는 절차를 거쳐 기술입증 및 개발, 작전요구 성능구체화 등의 탐색개발단계로 진입하도록 하고 있다.

즉 미국의 경우 모든 획득사업 추진방법은 연구개발을 전제로 하고 있어 우리나라와 같은 선행연구단계가 없다. 그러나 우리나라의 경우 그들이 수행하는 물자적 해결책을 분석하는 개념연구단계 없이 탐색개발단계에서 이들을 통합하여 수행하는 체계로 구성되어 있다고 보아야 할 것이다.

또한 미국의 기술개발단계가 순수하게 체계개발을 위한 관련기술을 개발하고 개략설계를 수행하는 단계라면 우리나라의 경우에는 체계개발을 위한 관련 기술 개발은 국과연이 수행하는 핵심기술 개발과정을 거쳐 확보하고 탐색개발단계에서는 체계개발에 필요한 기술수준과 체계운용 개념을 확정하는 단계로 구성한다.

따라서 우리나라의 획득관리체계에서는 획득사업의 진입단계인 의사결정점 ①에서 체계운용 개념, 체계운용 요구능력, 업무 분할구조 등이 구체화된 작전운용 성능의 결정 없이 중기소요로 전환하는 의사결정을 함으로써 탐색개발 과정에서 변경 등을 빈번하게 유발하는 요인이 되고 있다.

셋째, 미국은 기술개발단계를 통해 체계개발에 필요한 기술을 직접 획득하는 과정을 거치도록 되어 있으나 우리나라의 경우 획득관리체계와 분리된 국과연 관리 하의 핵심기술 개발체계를 별도로 운용하고 있어 국과연이 획득한 기술개발 결과를 업체주관 무기체계 연구개발에 적용하기에는 곤란한 제한된 구조이다.

(2) 국방획득관리의사결정체계에 대한 발전방향

우리가 선진국의 제도를 참조하여 제정한 획득관리규정은 그 외형은 미군의 획득관리제도와 유사하나 그 세부절차 규정은 각 획득단계 간 연계가 불완전하고 절차적 논리성이 보장되지 않는 형태로 제정되어 활용해왔으며, 이를 기초로 제정된 방위사업관리규정은 체계공학 절차 등의 적용 면에서 미흡한 점이 있다고 하겠다.

획득관리체계 발전을 위해 미국의 경우 많은 전문조직과 인력을 활용하여 지속적인 연구를 통해 발전시키고 있으나 우리의 경우 방위사업 수행에 관한 최소한의 절차를 담고 있는 방위사업법령과 방위사업관리규정에만 의존하고 있어 획득관리 업무의 세부적인 지침이나 표준 등의 적절한 기준선을 제공하지 못하고 있는 실정이다.

과거 모든 무기체계 개발을 국과연이 전담하여 개발하던 시기에는 기술개발과 체계개발을 모두 동일한 기관에서 수행하여 이와 같은 문제가 야기되지 않았으나 일반 무기체계를 업체주관 연구개발로 수행되는 현재의 제도에서는 체계개발에 활용되는 기술개발 과정이 미국의 경우와 같이 획득관리체계 내에 포함되어야 한다.

지금까지 살펴본 우리나라 획득관리체계상의 구조적 문제점을 해결하기 위해서는 먼저 합참 및 소요군이 담당하는 소요기획체계의 개선을 통해 획득단계 전 수명주기에 걸쳐 소요를 관리하는 절차의 발전이 요구된다.

아울러 사업추진 방법을 결정하는 선행연구는 획득단계 진입 이전에 정책적 판단을 하는 절차로 정책부서에서 수행하고 선행연구 결과 연구개발로 결정된 사업의 경우 개념개발을 수행하는 개념연구단계를 추가하여 현재 탐색개발단계에서 수행하고 있는 운용성 확인이나 작전운용 성능 구체화 및 확정 등을 수행하여 의사결정점 ①을 통해 사업추진 여부를 판단하고 중기소요 전환을 결정하도록 개선할 필요가 있을 것으로 본다.

개념연구단계의 도입은 무기체계 총 수명주기 비용의 대부분이 초기 요구사항 분석단계에서 결정된다는 시스템 엔지니어링 개념이나 총수명주기체계관리(TLCSM: Total Life Cycle System Management) 개념과도 일치한다.

개념연구단계 없이 선행연구만으로는 추정비용에 따른 중기소요 반영으로 비용절감 기회를 상실할 우려가 크며 또한 사업성과 관리 및 총비용 관리, M&S 활용을 통한 위험관리, 총수명주기체계관리 등의 활동을 원활히 수행하기 어려울 것으로 보인다.

이처럼 개념연구 단계를 새로이 도입한다면 탐색개발은 체계개발에 필요한 기술개발 및 기술입증이 필요한 사업에 한정하여 수행하도록 조정하여 전체 사업주기를 원활하게 관리할 수 있을 것이다.

이와 같은 문제점 외에도 방위사업청이 획득정책 수립, 방위력 개선 분야 중기계획 작성 및 예산편성, 시험평가 결과 판정 등 국방부와 합참이 수행하는 고유 기능까지 전담하는 문제를 개선해야 한다는 지적이 꾸준히 제기되어 왔다.[89] 즉 국방정책의 한 부분으로서 다른 정책들과 유기적으로 연계되어야 할 획득정책이 방위사업청에 의해 독립적으로 시행되고 있고, 방위사업청 개청 후 방위력 개선비와 경상운영비를 분리 편성하고 집행하면서 효율적인 국방예산 운용이 제한되고 국방 연구개발과 방산 수출을 위해 국가 역량을 집중하기 어려운 제도적 문제 등이 드러나고 있으며, 방위

---

89 국방부, 『국방백서 2010』, p.174.

사업청이 국방부 차원에서 조정·통제해야 할 연구개발·방위산업 정책을 주관함으로써 부처 간 협력 및 국제협력 등에 국가적 역량을 결집하는 데 한계가 있다는 점 등이다. 국방부는 이러한 문제점 해결을 위해 『국방백서 2010』에 방위사업청 개청 이후 효율적으로 운영되고 있는 제도는 지속적으로 발전시키되, 국방부·합참·각 군·방위사업청 등 획득조직들이 고유 기능을 원활히 수행하면서 협력체계를 유지할 수 있도록 개선해나가며, 앞으로 국방부는 중기계획 수립, 연구개발·방위산업 정책 등을 수행하면서 획득정책을 다른 국방정책과 연계하여 조정·통제하고, 합참은 싸우는 방법에 기초하여 소요를 결정하고 시험평가에 대한 최종 판정기능을 수행하며, 방위사업청은 사업관리와 계약관리 등의 집행을 전담하는 체제로 발전시킬 예정이라고 밝히고 있다.[90]

이와 같은 국방부의 해결방안과는 별도로 김종하 교수는 다음과 같이 해결방향을 제시하고 있다.[91]

첫째, 국방부와 방위사업청 간 중기계획 및 예산편성에 관한 기능을 재정립해야 한다.

둘째, 소요·획득·운영유지를 통해 경제적 획득관리 및 전력발휘를 도모할 수 있도록 제도를 개선해야 한다. 이를 위해서는 과학화된 소요창출 및 소요검증체계 구축이 반드시 이루어져야 한다.

셋째, 개발시험 및 운용시험평가 시 소요군의 의견이 적극 반영되어야 한다. 특히 운용시험평가의 경우 공급자인 방위사업청의 사업관리자가 시험평가 준비 및 계획을 수립하고 최종 판정까지 전담하고 있으나, 이는 사용자가 운용할 무기체계를 획득기관에서 판정하는 모순이 발생하고 있고, 시험평가에 대한 객관성을 저하시킬 우려가 있다.

넷째, 소요와 획득 분야 상호 간의 인력순환이 필요하고, 전문성을 강화하기 위해

---

90 국방부, 전게서, p.176.

91 김종하, "합리적 국방획득체계 구축을 위한 방안", 「한국국방경영분석학회지」 제35권 제2호(2009.8.31), p.16.

미국의 국방획득인력관리법(DAWIA: Defense Acquisition Workforce Improvement Act)과 같은 획득인력관리에 관한 법률 제정 및 교육체계 구축이 필요하다.

다섯째, 무기체계 총수명주기체계관리를 통한 전력발휘 보장 및 총비용 최적화로 경제적 국방운영을 구현하여야 한다. 그 이유는 국방개혁에 따른 신무기 집중 전력화로 향후 급격한 운용유지비용 증대가 예상되기 때문이다.

국가안보와 방위산업

제4절

방위산업에 대한 이해

1. 방위산업의 개념과 특성

가. 방위산업의 개념

방위산업(Defense Industry)의 개념은 학자에 따라서 다양하게 정의되고 있다. 방위산업과 유사한 용어로는 전쟁산업(War Industry), 군수산업(Armaments Industry or Ammunition), 병기산업(Weapons Industry or Arms Industry) 등이 있다.[92]

방위산업이란 '국가행위의 목적의식'에 기준을 두고서 한 나라가 외부로부터의 위협 내지는 침략에 대비하는 개념인 이른바 안전보장을 추구하려는 데 목표를 두고 있다. 그리고 전쟁산업은 평화산업에 대칭하여 사용되는 용어로 볼 수 있으며 군수산업은 '재화의 수요 측면'에 기준을 두고 있는데, 군수는 재화에 대한 국가수요의

---

92 김철환, 『방위산업의 이론과 실제』, 서울: 국방대학교, 2003, p.7; 박만택, 『방위산업 육성 및 발전에 관한 연구』, 육군교육사령부, 2002, p.2-1.

하나로서 군사상의 요구충족을 위한 수요를 의미한다. 병기산업은 재화 그 자체가 지니는 '고유의 성질'에 기초를 두고 많은 군수재 가운데에서도 적에 대하여 직접 또는 간접으로 가해력을 발휘할 수 있는 기기, 즉 병기를 제조하는 산업을 의미한다. 위와 같은 정의를 상호 간 연계관계로 나타내면 '방위산업(국가안보의 추구), 군수산업(군사요구의 충족), 병기산업(전쟁수단의 확보)'으로 나타낼 수 있다.[93]

미국의 경우 방위산업을 "정부 및 민간 소유 시설을 운용하여 육·해·공군의 시스템을 공급하는 주계약업자, 하청업자, 부품 공급업자로 구성되며, 특히 군수품을 확실하게 자급자족하기 위하여 전시 및 비상시 급속한 확장능력이 요구되는 산업"으로, 유럽연합에서는 방위산업을 "군사용 물자에 대한 연구, 개발, 생산, 분석, 정비에 관여하는 모든 기업체 및 기관"으로 정의하고 있다.[94]

일본에서는 "국가방위를 위하여 필요한 무기, 장비품, 기타 물자를 생산하는 사업"을 '방위생산'이라고 하고, 방위생산에 관여하는 업체를 총칭하여 방위산업이라고 정의하고 있다.[95]

한편 위에서 언급한 방위산업에 대한 정의보다 더 광범위한 의미로 '방위산업기반(DIB: Defense Industrial Base)'과 '방위기술과 산업기반(DTIB: Defense Technology and Industrial Base)'이 사용되고 있다.

'방위산업기반(DIB)'[96]은 군에서 필요로 하는 모든 장비와 서비스를 공급하는 다양한 업체로 이루어진다. 즉 무기체계(전투기, 화포, 미사일 등)를 생산하는 업체뿐만 아니라 일반 민간물자(컴퓨터, 자동차, 식료품)를 포함하여 군에 제공되는 모든 물품과 서비스를 포함한다. 방위산업기반은 주계약자, 하청업체, 부품을 공급하는 모든 업체를 포함하며, 평시에 공급을 충분히 할 수 있어야 하고 전시와 같은 비상시에는 신속하

---

93 국방대학교, 『안보관계용어집』, 서울: 국방대학교, 2006, p.327.

94 삐에르 뒤쏘로, 김석순 역, 『프랑스 방위산업』, 서울: 21세기군사연구소, 2000, p.35.

95 일본국서간행회 병학연구회 편, 『일본 국방용어사전』, 서울: 병학사, 2002, p.203.

96 Todd Sandler and Keith Hartley, *The economics of defense* (NY: Cambridge University Press, 1995), pp.182–183.

게 확대할 수 있는 능력을 보유하고 있어야 한다.

'방위산업기술과 산업기반(DTIB)[97]은 국가안보의 목적을 달성하기 위한 무기체계를 개발하고 생산하며 지원할 수 있는 인적자원, 제도, 기술적 노하우(Know-how), 생산능력의 조합으로 정의할 수 있다. '방위산업기술과 산업기반'은 기술적 기반, 생산 기반, 운용유지 기반의 3가지 기능적 요소로 이루어져 있다.

기술적 기반은 개인연구소를 포함하여 대학연구소, 정부연구소와 실험센터 및 연구지원을 포함한다. 생산 기반은 사기업뿐만 아니라 국영기업을 포함한 모든 생산업체이다. 운영유지 기반은 장비의 유지보수를 위한 정부기구나 사기업을 포함한다. 즉 '방위기술과 산업기반'은 '방위산업기반'에 연구개발과 유지보수를 포함함으로써 국가안보를 위하여 필요한 모든 장비의 연구개발, 생산, 유지보수의 전 과정을 아우르는 가장 광범위한 방위산업과 관련된 정의라 할 수 있다. 이러한 의미에서 본다면 거의 모든 산업과 연구개발이 방위산업에 포함된다고 할 수 있다.

한국에서 방위산업이라는 용어는 1970년대 초부터 사용되기 시작하였는데, 당시에는 방위산업을 정의[98]함에 있어 광의로는 "적의 직접 또는 간접적인 침략에 대하여 국가방위를 목적으로 직접·간접으로 사용되는 기기(무기, 장비, 물자) 및 소재의 생산에 종사하는 산업"이라고 하여 군에서 조달하는 전 품목의 생산에 종사하는 산업을 일컬었고, 협의로는 "방위에 직접 사용되고 군사력 형성에 중요한 요인이 되는 기기(무기, 장비)의 생산 또는 개발에 종사하는 산업(총포, 탄약, 차량, 선박, 항공기, 유도무기, 통신전자장비)"을 방위산업이라 하였다.

현재 한국의 방위산업은 2006년 1월 2일부로 제정된 방위사업법 제3조 8항에 따라 "방산물자를 생산하거나 연구개발하는 업"으로 규정되어 있다.[99] 여기서 '방산물

---

97 U.S. Congress, Office of Technology Assessment, *Adjusting to a New Security Environment: The Defense Technology and industrial Base Challenger-Background Paper*. OTA-BP-ISC-79 (Washington DC: U.S. Government Printing Office, February 1991), p.2.

98 국방부, 『방위산업육성보고서』, 서울: 동양문화인쇄 Co, 1970, p.5.

99 방위사업청 신설(2006.1.1)에 따라 기존의 방위산업에 관한 특별조치법(법률 제3699호)이 폐지되고 방위사업법(법률 제7845호)이 공포되었다.

자'라 함은 "동법 제3조 2항에 정의된, 국방부 및 그 직할부대, 직할기관과 육·해·공군이 사용·관리하기 위하여 획득하는 물품인 군수품 중 동법 제34조에 명시된, 방위사업청장이 산업부장관과 협의하여 지정하거나 대통령령으로 지정한 물자"를 말한다.[100] 그런데 '물자'의 범위를 어떻게 보느냐에 따라 방위산업은 다시 협의와 광의로 해석할 수 있다. 협의의 물자는 군사적 소요물자 가운데서도 국방력 형성의 중요한 요인이 되는 무기만을 포함시킨 의미이며, 광의의 물자는 물자의 범위에 군사적으로 소요되는 모든 것, 즉 무기·탄약 등 직접적인 전투병기뿐 아니라 피복·군량 등 일반병영물자까지도 포함시킨 의미로 이해된다.

결국 방위산업이란 자주국방을 실현하기 위해 그에 필요한 군의 수요, 즉 직접 무기로서의 병기류를 연구, 개발하거나 생산하는 데 종사하는 산업이라는 협의의 개념과 간접적·보조적으로 군에서 사용될 수 있는 물자를 연구, 개발하거나 생산하는 데 종사하는 광의의 개념으로 구분할 수 있다. 따라서 방위산업은 군사적으로 소요되는 물자 가운데서도 재화 그 자체가 지니는 고유의 성질상 적에 대해서 직접 또는 간접으로 어떤 가해력을 발휘할 수 있는 기기를 생산하는 산업, 구체적으로는 총포, 탄약류, 선박, 항공기, 전차, 통신기기 및 미사일 등을 개발, 생산하는 산업의 총칭으로 이해하는 것이 바람직하다.[101]

나. 방위산업의 특성

(1) 방위산업에 대한 정부의 역할

앞에서 살펴본 것처럼 방위산업에 대한 정의는 다양하지만 방위산업의 대표적 특

---

[100] 방위사업법 제35조에서는 방산업체를 "방산물자를 생산하는 업체로서 대통령령이 정하는 시설기준과 보안요건을 갖추어 지식경제부장관으로부터 방산업체의 지정을 받은 업체"로 정의하고 있으며, 주요 방산업체와 일반 방산업체로 구분하고 있다. 주요 방산업체는 화력장비, 유도무기, 항공기, 함정 및 잠수함 등과 같이 방위사업청장이 군사전략 또는 전술운용에 있어 중요하다고 인정하는 물자를 생산하는 업체를 말하며, 그 외의 방산물자를 생산하는 업체를 일반 방산업체라고 정의한다.

[101] 국방대학교, 『안보관계용어집』, 서울: 국방대학교, 2004, p.279.

120

징은 무기를 공급하는 방산업체와 생산된 무기를 사용하는 사용자인 군, 즉 공급자와 수요자의 관점에서 방위산업의 특징을 살펴볼 수 있다.

방산물자를 구매하는 정부는 수요자로서 업체를 선정하고 계약방법과 가격, 품질 등을 결정한다는 점에서 중요한 역할을 수행하고 있다. 또한 해외에서 무기를 수입하는 정부와 국내에서 생산된 방위산업 물자나 부품을 수입하는 해외 방산업체도 중요한 수요자라 할 수 있다. 왜냐하면 무기수출이 중요시되고 있는 탈냉전 이후의 국제 환경에서는 해외의 수요자를 고려하지 않고서는 무기체계의 개발이 성공적으로 이루어질 수 없기 때문이다. 따라서 정부나 군을 유일한 수요자라고 정의하는 것은 협의의 정의라 할 수 있다.

민수와 군수의 측면에서 현대 방위산업의 기술과 생산능력은 민간 산업기술 및 생산기반과 유기적으로 연결되어 긴밀하게 상호작용하고 있다. 무기생산을 위한 부품의 거래도 민간기업과 군수기업 간에, 그리고 국내뿐만 아니라 해외까지도 활발하게 이루어지고 있다. 이러한 방위산업의 개념을 이전의 개념 정의로 나타내기에는 한계가 있다.

또한 정부는 방산업체의 이익률이나 수출과 같은 부분을 규제를 통하여 통제할 수 있기 때문에 방위산업시장에서 핵심적인 위치에 있다.

정부는 국방획득에 있어 다음과 같은 결정을 한다.[102]

첫째, 제품의 요구도, 즉 무엇을 구매할 것인가를 결정한다. 이는 무기체계의 요구 성능을 결정하는 것이다. 이러한 선택에 따라서 기술의 발전, 그리고 개발계획의 위험성과 불확실성도 결정된다. 하나의 선택은 무기시장에서 이미 만들어져 거래되고 있는 무기체계를 적절한 가격에 구매하는 것이다. 또 다른 선택은 아직까지 개발되지 않은 무기체계의 개발을 선택하는 것이다. 이 선택은 생산업체의 기술과 생산능력에 따라 실패할 위험성이 높다. 정부가 생산능력을 명확히 파악하지 못하고, 또한 업체

---

102 Keith Hartley, "The Arms Industry, Procurement and Industrial Policies", *Handbook of Defense Economics*, Vol.2.No1. Todd Sandler and Keith Hartley ed. (Amsterdam: North-Holland, 2007), pp.1161-1166.

에서도 개발가능성에 대한 정확한 정보를 제공받지 못한다면 잘못된 선택으로 인하여 무기체계의 개발은 지연되거나 실패하여 엄청난 비용의 손실을 보게 된다. 따라서 정부는 방산업체의 능력과 여건을 판단하여 국내 연구개발을 선택할지 해외 직구매를 선택할지를 결정하게 된다.

둘째, 계약자의 선택, 즉 어느 업체로부터 구매를 할 것인가를 결정한다. 선호업체와 직접적인 협상을 하거나 경쟁입찰 방식을 사용할 수도 있다. 경쟁방식은 여러 경쟁업체들의 기술, 재정, 생산능력을 평가하여 업체를 선정하는 것이다. 또한 경쟁은 국내업체로 한정할 수도 있고 해외업체까지 확대할 수도 있다.

셋째, 대금지불 방식의 선택, 즉 구매하는 업체에 비용을 지불하는 방식으로 계약방법을 말한다. 원가가산(Cost-plus) 방식, 고정가격(Fixed price) 방식, 목표가격(Target cost) 방식 등을 선택함으로써 생산업자들의 인센티브에 변화가 생기게 된다.

넷째, 구매시기의 선택으로 무기체계의 생산주기, 즉 초기설계단계, 개발단계, 시제단계, 양산직전단계의 어느 단계에서 구매를 결정하느냐에 관한 선택이다. 각 단계에 따라서 비용과 개발위험성에 차이가 나타나기 때문이다.

다섯째, 사업과 계약자의 선택이다. 정부는 군사적 요구 관점에서 무기체계의 가격, 성능, 작전화 시기를 고려할 것이며, 또한 경제적·산업적인 고려(일자리, 기술력, 수출)를 통하여 사업의 지속 여부와 계약자를 선택하게 된다. 이러한 결정에는 상당한 정치적인 고려가 포함된다.

이와 같이 정부는 획득정책을 통하여 국내 무기체계의 수요량을 조절할 수도 있으며, 국내 연구개발과 해외 직도입의 방향을 선택할 수도 있고, 기술개발을 위한 정부 차원의 지원 노력을 추진할 수도 있다. 그리고 국방비를 감소시키거나 군비축소정책을 추구하게 되면 정부가 구매하는 무기체계의 소요가 감소하게 되므로 방위산업의 성장과 연구개발에 직접적인 영향을 미치게 된다. 따라서 획득정책을 통하여 방위산업을 조정, 통제하는 데 있어 정부의 역할은 절대적이라 할 수 있다.

지금까지의 방위산업에 대한 정의와 정부와의 관계에서 볼 수 있듯이 방위산업은 국가안보를 위하여 필수 불가결하게 국가에서 비용을 투자하여 비생산적임에도 불구하고 유지할 수밖에 없는 산업인 반면 이를 통하여 국가의 기술발전과 산업기반을 형성함으로써 경제적인 발전을 도모할 수도 있는 양면성을 가지고 있다.

정부가 방위산업 육성을 통하여 얻을 수 있는 이익은 다양한데 구체적으로 나타내면 다음과 같다. 첫째, 전시나 비상시 무기체계의 자주적 공급능력을 확보함으로써 자주성과 국가안보를 확보할 수 있다. 둘째, 미래에 요구되는 능력을 지속적으로 확보할 수 있다. 첨단무기체계를 해외에서 도입하게 되면 첨단기술력을 확보하지 못함에 따라 미래의 무기체계 개발을 위해서는 더 많은 비용과 시간을 투자해야만 한다. 즉 국내 기술개발을 통하여 무기를 생산한다면 지속적인 기술축적이 가능하다는 의미이다. 셋째, 해외공급에 의한 독과점적 가격의 위험에서 벗어날 수 있다. 가격이 싼 해외공급에 의존함으로써 해외 공급자가 독과점적 위치에 오르게 되면 부품 공급이나 지원에 대하여 독과점적 가격을 부과할 수 있다. 넷째, 국내의 요구조건에 맞는 장비를 구매할 수 있다. 해외 공급업자로 하여금 국내 요구조건을 충족시키기 위해서는 추가비용을 지불해야만 가능하다. 그렇다고 해서 국내 공급자가 항상 적절한 가격으로 요구되는 기간 내에 필요한 장비를 공급할 수 있다는 것은 아니다. 그 국가의 경제력과 기술력에 따라 오히려 공급기간이 길어질 수도 있고 비용이 더 많이 들 수도 있다. 다섯째, 방위산업은 국가경제에 기여한다. 방위산업은 일자리 공급, 기술의 파급효과, 해외 직도입 비용의 절감, 국가 세입증대 등에 기여한다. 여섯째, 해외 무기구매 협상 시 국가적 역량으로 작용한다. 국가가 무기체계에 대한 기술력을 확보하고 있는 것은 협상에서 유리한 지위를 확보할 수 있도록 해준다.

(2) 방위산업의 경제적 특성

이와 같이 방위산업을 통하여 얻을 수 있는 이익이 많음에도 불구하고 방위산업의 육성을 위해서는 상당한 비용을 지불해야 한다. 세계 최대 규모의 방위산업을 보유하고 있으며, 세계 무기거래량의 50% 이상을 차지하는 미국도 군산복합체의 과대성장이 산업부문에서의 대외경쟁력을 저하시키며, 연방정부 재정적자의 가장 주된 요인으로 작용한다고 평가하고 있다. 즉 군수산업의 팽창이 결국 비생산적인 부문에 대한 국가의 투자 확대를 통해 이루어지기 때문에 장기적으로는 국가경제를 쇠퇴시키는 중요한 원인이 되었다고 지적한다.[103] 방위산업이 일반산업과는 달리 많은 비용을 지불해야 하는 가장 큰 이유는 판매가 한정됨에 따라 규모의 경제를 이룰 수 없는 반면 무기체계의 첨단화에 따라 엄청난 개발비용이 요구되고 있기 때문이다. 민간기업의 경우 자동차나 전자제품은 개발비용을 많이 투자하더라도 대규모의 판매와 생산이 가능하고 투자 대비 높은 경제적 효율성을 달성할 수 있다. 그러나 무기체계의 경우 이러한 규모의 경제를 이루기가 무척 어렵다. 투자 대비 적절한 이윤의 창출이 어렵기 때문에 결국 정부가 많은 비용을 지불할 수밖에 없는 구조를 이루고 있다. 이러한 경제적 고려는 미국이나 유럽과 같은 선진 방위산업국가보다는 후발 방위산업국가에서 더욱 잘 나타나게 된다.

(3) 방위산업 육성비용의 특징

방위산업을 육성하기 위한 비용의 특징을 구체적으로 나타내면 다음과 같다.[104]

첫째, 무기체계 개발비용이 많이 든다. 특히 전투기와 같이 복잡한 첨단기술을 필요로 하는 무기체계는 개발비용이 전체 생산비용의 많은 부분을 차지함으로써 초기에 엄청난 투자를 해야 한다. 더구나 소규모 시장으로 인하여 생산량이 제한된다면 높은 개발비용은 생산비용을 더욱 증가시키는 요인으로 작용한다.

둘째, 개발비용과 개발기간은 계획했던 것보다 대부분 초과되는 경우가 많다. 그럼에도 불구하고 무기체계의 개발기간과 비용을 초기 계획 당시에는 소홀히 하는 경우가 많다.

셋째, 획득해야 할 무기체계는 고가화 되지만 이를 구매할 국방비는 점차 감소되는 경향이 있다. 무기체계가 고가화 되고 차세대 무기체계를 생산하는 비용은 증가

---

103 Mosley Hugh, *The Arms Race: Economic and Social Consequences* (Lexington: Lexington Books, 1985).

104 Todd Sandler and Keith Hartley, 전게서, pp.194-195.

하였지만 오히려 국방비는 감소됨으로써 새로운 소요비용을 감당하지 못하는 경우가 많다. 결국 국방비의 축소는 군 규모를 감축하게 되고 이는 방위산업의 규모와 구조를 변경시키는 결과로 나타나게 된다.

넷째, 규모의 경제와 숙련도에 따라 생산비용이 변화된다. 즉 생산규모가 많으면 많을수록 학습효과에 따라 생산비용을 절감할 수 있으며, 반대의 경우에는 생산비용이 증가하게 된다.

다섯째, 획득계획의 지연에 따라 비용이 증가하게 된다. 국방비가 감소되면 획득기간을 원래 계획보다 장기간으로 지연시키게 되는데, 이는 결국 점차적으로 생산량을 감소시키는 결과를 초래한다. 미국의 경우 필요한 장비를 1년에 50%의 생산량을 감소시킴으로써 생산단가가 약 20% 상승하게 되는 결과를 초래하기도 하였다.

이상에서 살펴본 바와 같이 방위산업은 정부의 역할과 시장의 규모, 방위산업 육성을 위한 비용의 특성, 방위산업의 경제적 특성 등을 통하여 일반산업과는 다른 특징적인 모습을 보여준다. 이러한 특징적 모습을 통하여 방위산업은 탈냉전과 같은 국제 정치적 변화와 국내 정치적 선택에 따라 큰 영향을 받을 수밖에 없는 구조를 가지고 있다는 점을 예측할 수 있다.

2. 세계 방위산업 환경의 변화[105]

가. 무기수출 규모 측면

스톡홀름국제평화연구소(SIPRI)의 통계를 토대로 작성한 다음의 〈그림 4-1〉에서 볼 수 있듯이, 2007년까지 재래식 무기의 수출은 대체로 증가하는 추세이다. 하지만 2008년 재래식 무기의 수출은 2000년대 들어 가장 큰 폭으로 감소하였으며, 2009년

---

[105] 이호석·한남성·박준수·양영철·정성·유천수·남기헌, 『방위산업 선진화 전략』, 서울: 한국국방연구원, 2010, pp.141-146.

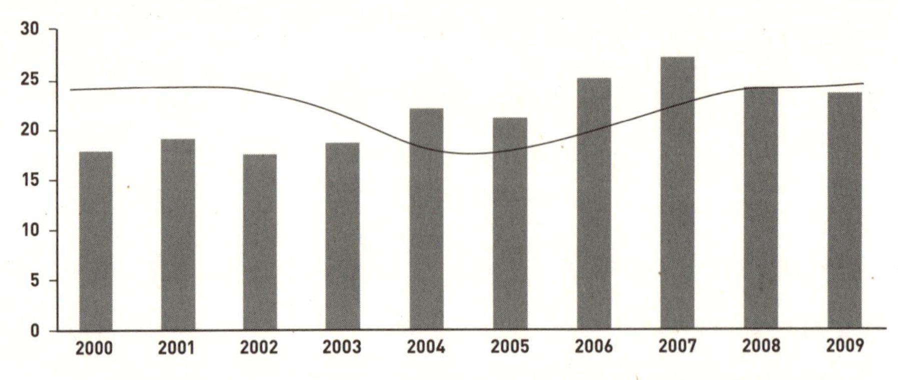

출처: 이호석 외, 『방위산업선진화전략』, 서울: 한국국방연구원, 2010, p.141.

에도 소폭 감소하는 모습을 보이고 있다.

〈그림 4-1〉에서 도시된 데이터는 실제 금액 가치가 아니라 무기 거래 규모의 동향을 파악하기 위해 SIPRI에서 1990년도 불변가 기준으로 추정한 가치(TV: trend indicator value)이다. 그림에서 막대그래프는 연간 거래된 재래식 무기의 총 규모이며, 실선은 시계열적인 추세를 살펴보기 위해 5년 단위의 이동평균을 나타낸다. 연도별 추세를 보면, 2000년대 중반을 기점으로 이후에는 증가하고 있지만, 점차 증가추세가 완만해지는 것을 알 수 있다.

2005년부터 2009년까지의 재래식 무기수출 비중 상위 5개국을 살펴보면, 미국 30%, 러시아 23%, 독일 11%, 프랑스 8%, 영국 4%이며, 이들 5개국이 차지하는 비중은 전체 수출 규모의 76%이다. 우리나라의 경우에는 약 0.5%의 비중을 차지하며, 59개의 분석 대상국 가운데 17위에 위치하고 있다.

2000년대의 무기수출 비중 자료를 정리한 위의 그림에서 보는 바와 같이, 상위 5개국이 차지하는 비중은 조금씩 감소하고 있으며, 6위에서 15위까지 국가의 비중은 증가하고 있고, 나머지 국가들의 비중은 큰 변화가 없다. 이러한 양상은 상위권 국가만이 독식하던 세계 무기수출시장이 점차 다원화되고 있다는 것과 함께, 국가 간의

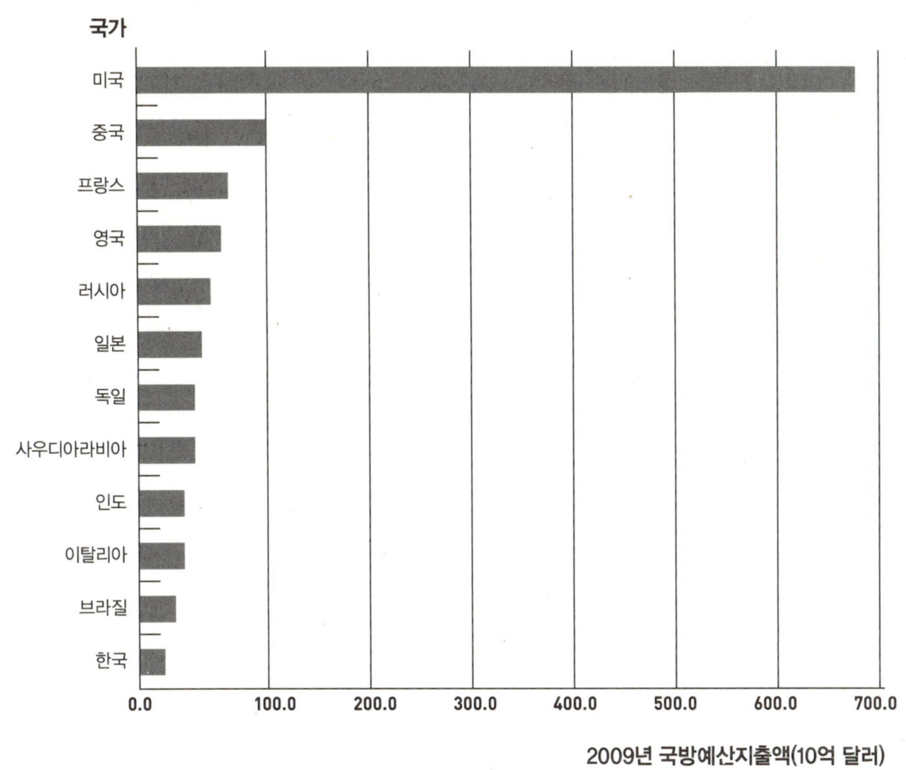

출처: 이호석 외, 전게서, p.143.

경쟁이 날로 심화되고 있음을 보여준다. 〈그림 4-2〉는 주요 국가들의 2009년도 국방예산 지출액을 나타내고 있다.

나. 금융위기와 방위산업

2008년 미국발 금융위기로 인해 대다수의 산업은 전 세계적인 경제침체를 겪었다. 하지만 방위산업의 경우에는 이러한 금융위기로 인한 경제침체에도 불구하고 그 규모를 확대해나가고 있다.

SIPRI에서는 방위산업이 이렇게 경제침체 속에서도 그 규모를 확대해나갈 수 있는

이유를 다음과 같이 분석하였다.[106]

첫 번째는 방위산업이 정부의 국방예산 지출에 직접적인 영향을 받는다는 것이다. 실제로 〈그림 4-2〉에서 보는 바와 같이 2009년 전 세계 국방예산 지출액은 1조 5,310억 달러로 전년에 비해 5.9%증가하였고, 그에 따라 방위산업은 안정적인 성장을 기록할 수 있었다.

두 번째는 핵심 무기체계의 리드타임이 매우 길다는 것이다. 리드타임이 상대적으로 길기 때문에 잔존 주문량(backlogs of orders)이 많고, 그에 따라 예측가능성과 안정성이 높다는 것이다.

그러나 2011년 현재 미국은 14조 4,000억 달러라는 사상 최대의 부채를 안고 있으며 민주·공화 양당은 향후 10년간 2조 4,000억 달러로 줄이는 법안을 지난 8월 1일 극적으로 통과시키면서 최소 1조 2,000억 달러 규모의 구체적인 재정적자 감축안을 마련하기 위해 양당 의원 12명으로 구성된 '슈퍼위원회'를 만들었다.[107] 미국 정치 전문매체인 폴리티코는 슈퍼위원회가 추가 삭감방안을 마련하지 못할 경우 국방비는 자동적으로 6,000억 달러가 삭감될 예정이며, 자동 삭감이 이루어질 경우 15만 명의 병력 외에 해군은 2개 항공모함 전대, 공군은 보유 전투기의 1/3가량을 줄여야 할 것으로 추정하고 있다.[108] 장기적인 관점에서 보면 미국에서 발생한 금융위기는 방위산업의 성장을 더디게 할 가능성이 매우 크다고 할 수 있다. 수많은 전문가들 역시 방위산업의 지속적이고 안정적인 성장에 대해서 비관적인 전망을 내놓고 있다.

SIPRI에서도 경기침체에 따른 세수입 감소가 국방예산에 악영향을 줄 수 있다는 점, 그리고 현금을 충분히 보유하지 못한 공급사슬 하부의 업체들이 신용도 확보에 어려움을 겪고 있는 점 등을 들어 방위산업의 장기적인 발전에 대해 비관적으로 전망하고 있다.[109]

---

106 SIPRI, *SIPRI Yearbook 2009*, p.270-271.

107 http://biz.chosun.com/site/data/html_dir/2011/10/30/2011103000810.html(검색일: 2011.11.16)

108 2011년 9월 27일자 문화일보 18면.

109 SIPRI, 상게서, pp.270-271.

다. 기업 간 통합추세

냉전이 종식된 1990년대 이후에 세계 방위산업은 급격한 변화를 겪었다. 특히 1990년대에는 방위산업의 구조적인 측면에서 방위산업의 인수합병을 포함한 집중화 현상을 보여왔다.

특히 이러한 집중화 현상은 1990년대 중반을 기준으로 그 특징을 나누어볼 수 있다. 1990년대 초중반의 경우, 냉전체제 종식에 따른 전 세계 방산 수요의 급격한 감소가 방위산업의 집중화 현상을 야기하였다. 이러한 수요의 급감에 대응하기 위해 상당수의 기업이 퇴출되거나 거대 기업으로 통합되었다. 1990년대 후반의 경우에는 방위산업의 글로벌화가 진전됨에 따라 경제적인 생산 및 안정적인 시장 확보가 집중화 현상의 원동력이었다.

하지만 방위산업의 집중화 현상이 두드러졌던 지난 2000년대 초반과는 달리, 2000년대 후반의 방위산업은 집중화 현상의 완화와 더불어 유럽 업체들의 미국 업체 인수합병을 통한 미국 시장 진출 확대를 그 특징으로 한다.

(1) 방위산업의 집중화 현상 완화

1990년대의 급격한 집중화 현상이 발생한 원인은 전술한 바와 같이 세계적인 방산 수요의 감소나 경제적인 생산 및 안정적인 시장의 확보였다. 하지만 2000년대 후반 들어 미국, 영국 등과 같은 방위산업 선진국의 국방비 지출 상승에 따라 안정적인 매출기반을 확보하여 집중화 현상이 약화되었다. 뿐만 아니라 외주 서비스, 전자통신 분야 등과 같은 새로운 분야의 성장으로 점유율이 평준화됨에 따라 집중화 현상은 더욱 약화되었다.[110]

이와 같은 추세에 따라 10억 달러 이상의 대규모 인수합병은 2008년 총 4건으로, 2007년의 7건에 비해 상대적으로 감소하였다.[111]

---

110 SIPRI, 전게서, pp.268-270.

111 SIPRI, 전게서, pp.273-274.

(2) 유럽업체들의 미국 업체 인수합병 확대[112]

2008년 1억 달러 규모 이상의 인수합병은 총 16건이며, 이 중에서 8건이 유럽 업체에 의한 미국 업체 인수합병이었다. 그리고 8건의 인수 중에서 6건이 영국 업체에 의한 것이며, 다른 2건은 이탈리아 업체에 의한 것으로, 유럽 업체의 미국 업체 인수합병, 그중에서도 영국에 의한 인수합병이 활발함을 알 수 있다.

- 1995년, 롤스로이스(Rolls-Royce)의 앨리슨엔진(Allison Engine Company) 인수.
- 코햄(Cobham)의 총 11억 달러 이상에 달하는 5건의 인수.
- 2008년, BAE 시스템스(BAE Systems)의 MTC 테크놀러지(MTC Technologies) 인수.
- 서코(Serco)의 SI 인터내셔널(SI International) 인수.
- 그 외에도 키네티크(QinetiQ), 쳄링(Chemring), 울트라일렉트로닉스(Ultra Electronics), VT 그룹(VT Group) 등의 인수가 있었음.

유럽 업체들이 미국 업체 인수합병을 추진하고 있는 가장 큰 이유는 미국 시장에 진출하기 위해서이다. 미국은 2008년도 국방예산 지출액이 전 세계 국방예산 지출액의 41%에 달할 정도로 압도적인 시장을 가지고 있다. 하지만 미국은 DoD의 1차 계약업체 가운데 외국 업체가 세 곳(BAE 시스템스, 롤스로이스, 탈레스)에 불과할 정도로 수입을 기피한다. 이러한 이유로 유럽 업체들이 미국 시장에 진출하기 위해서는 인수합병이나 미국 내 자회사 설립 등을 추진해야 하는 것이다.

라. 국제협력의 강화

각국 정부와 방산업체들은 다양한 형태의 협력을 강화하고 있다. 주요 무기나 소요량은 소수인 점을 감안하여 공동 개발/생산을 통한 획득을 도모하고 있다. 특히 유럽 국가들은 이미 유럽연합(EU)의 결성으로 국가 차원의 협력기반이 조성되었을

---

112 SIPRI, 전게서, pp.273-275.

뿐만 아니라, 다수의 합작투자기업과 업체 간 상호 출자된 방산업체들이 존재하므로 무기획득사업 추진 시 이들을 활용하여 협력하는 것은 당연한 현상이라 볼 수 있다.

프랑스, 영국, 독일, 이탈리아 등 4대 유럽 무기생산국 고위 국방연구협력 담당관들은 무기 시험평가시설의 상호 이용을 통하여 군 시험시설의 투자를 합리화하려고 시도하고 있다. 즉 각국의 강점을 고려하여 장기적으로 유럽 4개국 내 시험시설의 합리화를 도모하려는 논의가 진행되고 있다.[113]

방산업체 차원에서도 다양한 협력들이 모색되고 있다. EADS와 미국의 노스롭그루먼(Northrop Grumman)사는 유럽과 미국 시장의 정보, 정찰 및 감시 분야에서의 긴밀한 협력관계 구축을 시도하고 있다.[114] 이들 분야의 사업을 강화하려는 노스롭그루먼과 미국의 거대 방산업체인 보잉(Boeing)과 맞서기에는 아직 규모가 작은 EADS가 미국 시장에 진출하려는 의지[115]가 들어맞는 협력 시도의 사례로서 성사될 경우 상당한 시너지 효과가 있을 것으로 생각된다.

이 밖에도 이스라엘의 IAI와 EADS는 이스라엘 군과 프랑스 군을 위한 무인항공기(UAR) 생산사업을 계획하고 있으며,[116] 또한 EADS는 영국의 핀메카니카(Finmeccanica)와 새로운 군용기 합작업체인 EMAC(European Military Aircraft Co)의 설립을 위한 협상을 진행하고 있다.[117]

마. 방위산업의 글로벌화 진전

방산업체들 간의 투자협력은 국가와 지역을 넘어서 이루어지고 있다. 특히 대규모 방산업체들은 자신들의 지역뿐만 아니라 다른 지역에 대한 시장접근과 영향력을 행

---

113 Defense News, February 19, 2001, p.1.

114 Defense News, February 12, 2001, p.1.

115 EADS 공동대표 중 한 사람인 필립 카무스(Philipe Camus)는 최근 Defense News(June 11-17, 2001)와의 인터뷰에서, "EADS는 비록 유럽에 근거지를 두고 있지만, 세계시장을 지향하며 특히 미국 방산시장에서의 지위개선을 표명"하였다.

116 Defense News, May 7, 2001, p.1.

117 Defense News, May 21, 2001, p.1.

사하기 위하여 광범위한 네트워크를 구축해가고 있다. 특히 미국과 유럽의 거대 방산기업들과 방산이 덜 발달된 여타 지역 국가들의 방산업체들 간의 투자협력이 진전되고 있다. 여타 후발 방산국가들은 방산구조 재편에 필요한 자금과 고도 기술획득 기회를 확보하기 위하여 선진 방산기업들과의 협력을 필요로 하기 때문에 방산부문의 외국 기업 소유권 인정을 확대하는 현상이 나타나고 있다.

이와 같은 기업소유권의 글로벌화와 정보통신기술의 발달에 따른 세계적인 경영의 용이화는 방산부문 생산기반과 무기시장의 글로벌화 현상을 촉진시키고 있다. 생산기반의 글로벌화는 방위산업의 민수화 전환과 방위산업과 민수산업의 결합에 따른 매수합병에 의하여 진전되었고, 기업소유권의 글로벌화는 기업의 매수합병에 의한 자본투입에 의하여 진전되었으며, 무기시장의 글로벌화는 냉전종식 후 각국의 수출 증대 요구가 커지면서 무기시장이 경제 원칙에 따라 각국의 무기이전에 대한 규제가 완화되고 수출 대상품목도 민군겸용기술 활용 제품으로 확대됨으로써 수출통제의 효과도 감소되었기 때문에 진전되었다.

방위산업 생산기반 및 기업소유권 글로벌화의 잠재적인 이점으로는 외국의 앞선 기술, 자본, 숙련 노동력의 획득에 의한 합리화, 부족 기술의 획득에 의한 사업범위의 확대, 민수분야에서의 앞선 서비스 기술의 이용 및 경영기법의 도입에 의한 경영의 효율화 등을 들 수 있다. 특히 글로벌화의 진전은 체계업체로 하여금 세계적인 관점에서 무기체계의 부품을 조달하는 글로벌소싱(Global Sourcing)을 용이하게 함으로써 기업의 경쟁력을 강화시키고 있다. 항공기 체계 조립업체를 중심으로 품질인증이 가능한 부품/소재업체 가운데 세계에서 가장 경제적으로 생산하는 업체의 부품을 조달하는 추세의 확대는 이러한 전략을 가장 잘 보여주는 현상이라 할 수 있다.

반면 방위산업 생산기반 및 소유권 글로벌화의 위험으로는 생산시스템의 분산으로 연구, 제품기획, 설계, 제조, 판매 등의 기능을 효율성과 혁신을 희생시키지 않고 유기적으로 연결하는 데 따른 위험부담이 증대되고 있고, 글로벌화 과정의 치열한 경쟁에서 이겨야 하며, 생산거점의 다국적화, 국제조달, 다국적 인원의 관리, 다국적 통화의 관리, 다국적 법률의 준수 등이 요구된다는 점을 들 수 있다.

3. 후발 방위산업국가의 방위산업 육성 필요성

방위산업은 고도의 복합된 기술과 정밀성이 요구되며 수요가 한정되어 있는 산업이다. 또한 막대한 투자에 비하여 회임기간이 장기간 소요되는 반면, 선진국의 급속한 기술 발전으로 진부화가 빠른 산업이다. 따라서 기술력과 자본력이 부족한 제3세계 국가들이 한정된 재화를 확대재생산이 용이한 다른 산업이나 국민 복지의 증진에 투자하지 않고 방위산업에 투자한다는 것은 쉽지 않은 결정이다. 그럼에도 불구하고 제3세계 국가들이 방위산업을 시작하게 된 배경을 살펴보면 군사적 자율성을 확보하는 이유와 함께 정치적·경제적 관점 등을 들 수 있다.

첫째, 군사적 자율성을 확신하기 위해 방위산업을 육성한다. 제3세계 국가들은 국가 위기 시 안정적인 무기수급을 위한 방안으로 방위산업을 육성한다. 냉전 초기 미·소 양 진영의 극심한 이데올로기 대립으로 인하여 약소국들은 강대국에 자국의 안보를 의존하는 경우가 많았으며, 강대국의 요구에 따라 무기체계를 구입하였으나 약소국이 국가안보에 위협을 느끼고 전력을 증강하고자 할 경우 안정적인 공급이 원활히 이행되지 않자 이를 해소할 목적으로 자국 내에서 방위산업을 육성하고자 하였다. 국제사회에서 동맹국의 입지 변화는 언제라도 가능한 것이며, 이러한 변화는 무기공급의 일시적 혹은 장기적 중단을 가져온다.[118]

예를 들면 스웨덴은 제2차 세계대전 기간에 무기공급의 어려움을 겪었던 과거의 경험을 토대로 독자적인 방위산업능력을 육성하여 1980년대 후반에는 잠수함, 탱크, 장갑차, 전투기, 미사일 등을 포함한 모든 무기의 70% 이상의 자급자족을 이루었고 상당한 수출의 성과도 이루었다.

한국도 1960년대 말 청와대 기습사건, 푸에블로호 납치사건, 울진·삼척 무장공비 침투사건과 같은 일련의 북한의 무력도발의 증가와 더불어 이른바 '닉슨 독트린'[119]에

---

118 G, M Steinberg, "Israel: High Technology Roulette", In Michael Brzoska and Thomas Ohlson, ed. *Arms Production in the Third World* (London: SIPRI, 1986), pp.163–165.

119 닉슨 독트린(Nixon Doctrine)은 일명 '괌 독트린'이라고도 하며, 1969년 7월 25일 미국의 닉슨 대통령이 괌에서 발표한 대외안전보장정책의 하나로 베트남전의 개입 실패와 국제적 데탕트 무드에 따라 가능한 한 국제분

의한 주한미군의 철수는 미국의 안전보장 공약에 대한 심각한 불신을 초래하였다. 이러한 일련의 안보환경의 변화는 박정희 대통령에게 방위산업을 육성함으로써 자주국방을 달성하겠다는 강력한 의지를 불러일으킨 중요한 원인이 되었다.

둘째, 제3세계 국가들이 방위산업을 육성하는 이유는 정치적 자율성을 확보하기 위해서이다. 미국은 1950년대와 1960년대에 제3세계 국가들에게 무기지원프로그램(Military Assistance Program)을 통해 많은 무기를 제공함으로써 독보적인 무기수출국의 지위를 확보할 수 있었다. 미국과 같은 강대국에게 대부분의 무기체계를 의존하고 있는 제3세계 국가들은 강대국의 정치적 관여에 절대적으로 자유로울 수 없었다. 특히 강대국의 무기금수나 수출제한 등과 같은 조치는 제3세계 국가들에게는 치명적인 취약성으로 노정되었다.[120] 이러한 취약성에서 벗어나 정치적 자율성을 확보하기 위한 노력은 주요 무기체계의 자체생산능력을 신장시키기 위한 방위산업육성정책으로 나타났다.

남아프리카공화국의 경우 1963년과 1977년에 UN으로부터 무기금수조치를 당하자 이를 해결하기 위한 방안으로 자국의 방위산업을 육성하였고, 그 결과 1980년대에 항공기, 장갑차, 화포, 전투함을 포함하여 95%의 자급자족을 이루었다.

이스라엘도 1967년 프랑스의 무기금수조치와 1969년 영국의 수출중지를 포함하여 1960년대와 1970년대에 무기공급 중단에 의한 위기를 경험함으로써 자립적 무기생산을 통한 안보확보 필요성을 절감하고 집중적으로 방위산업을 육성하였다. 그 결과 1980년대 후반 군용항공기와 탱크, 공대공 미사일을 포함하여 세계적 수준의 UAV를 생산하게 되었고, 현재는 무기생산량의 70%를 수출하고 있다.

대만의 경우 1970년대 초에 미국과 중국이 국교를 수립함으로써 외교적으로 고립되었고, 이러한 외교적 고립감은 해외에서의 무기공급 중단에 대한 두려움을 가중시

쟁에 개입하지 않고 미국의 군사적 부담을 경감하기 위해 '아시아의 방위는 아시아인의 힘으로 한다'는 내용을 담고 있다.

120 Robert M. Rosh, "Third World Arms Production and Evolving Interstate System", *The Joural of Conflict Resolution*, Vol.34, No.1 (Mar., 1990), p.58.

켰으며, 1980년대 초반 미국이 F-20 타이거샤크(Tiger Shark)의 판매를 거부하고, AMRAAM과 하푼(Harpoon)의 판매를 꺼려하는 일련의 사건 발생은 방위산업을 시작하는 직접적인 원인이 되었다.

셋째, 경제적인 요인을 들 수 있다. 경제적인 요인은 직접적 요인과 간접적 요인으로 구분할 수 있다. 직접적 요인으로는 장기적으로 도입해야 하는 무기체계를 국내 생산함으로써 도입비용과 유지보수비용을 절감할 수 있다.[121] 무기도입에 따른 경제적 부담은 무기체계 자체의 획득뿐만 아니라 정비지원과 교육에 관한 비용 또한 포함한다. 일반적으로 어떤 무기를 한 번 채택하게 되면 최소 10년에서 20년은 사용해야 되므로 일부 무기체계의 경우 정비지원과 교육비 등 운영유지비용이 무기체계 원가를 초과하기도 한다.[122] 간접적 요인으로는 무기생산을 통하여 도입된 기술을 민수분야에 이전함으로써 유발되는 경제적 파급효과를 기대할 수 있다. 그러나 기술도입에 의한 무기체계 생산은 이익뿐만 아니라 손실도 동반한다. 후발 방위산업국가들은 과학기술적 기반이 취약하기 때문에 초기에는 선진국으로부터 기술을 도입하여 무기체계를 생산함으로써 도입비용이 절감되지만 기술력 부족으로 인해 기술도입에 따른 비용과 기반 설비비용이 추가되어 직도입보다 더 많은 비용이 발생하게 된다. 그러나 도입된 기술의 체득화를 통하여 기술자립도가 증가하게 되면 손실은 점차 감소하게 되고 경제적 이익이 증가하게 된다.

넷째, 경제적으로 발전한 국가적 지위에 걸맞은 방위산업능력을 보유함으로써 국제사회에서 정치적으로 적절한 위상을 확보할 수 있다. 이 경우 독자적인 무기생산능력을 보유함으로써 주변국을 비롯한 국제사회에서 독립적인 지위를 확보하고 위상을 제고하는 데 목적을 두고 있다.[123] 일본은 제2차 세계대전이 발발되기 전에도 방위산

---

121 Geoffrey Kemp, "Arms Transfers and the 'Back-End' Problems in Developing Countries", in Stephanie G. Neuman and Ribert E. Harkavy ed. *Arms Transfer in the Modern World* (New York: Praeger, 1979). p.303; Robert E. Loony, *Third World Military Expenditure and Arms Production* (New York: St. Martins Press, 1988). p.20.

122 Robert M. Rosh, 전게서, p.58.

123 Richard A. Bitizinger and Mikyoung Kim, 전게서, p.184.

업이 세계적 수준에 도달하였지만 패망 후에도 세계 제2위의 경제력을 토대로 세계적 수준의 방위산업을 육성하고 있다.

이러한 요인으로 인하여 많은 제3세계 국가들이 방위산업의 후발 국가로 참여하여 수십 년간 방위산업을 육성해왔지만 실제로 자국의 방위산업 육성을 통하여 경제적·기술적 합리성을 확보하는 것은 상당히 어렵다. 스웨덴, 이스라엘, 한국과 같은 후발 방위산업국가들은 선진국의 무기공급에서 완전히 벗어나지 못했고, 선진 방위산업국가에 대한 의존성을 크게 줄이지도 못했다. 또한 자국에서 무기를 생산하고는 있다 하더라도 실제로는 시스템 엔지니어링, 핵심부품과 같은 부분에 있어서는 상당 부분 선진국에 의존하고 있다.[124] 이렇게 후발 방위산업국가들이 지속적으로 선진국의 무기체계에 의존하게 되는 것은, 첫째 선진국이 후발 방위산업국가에게 첨단기술을 이전하게 되면 선진국의 잠재시장이 잠식될 수 있기 때문에 선진국들은 기술규제와 제3국 수출통제 등의 조치를 통하여 기술이전을 제한하는 데 있다.[125] 따라서 후발국가가 선진국의 경험을 통한 후발주자의 이점을 확보한다는 것은 쉽지 않다. 둘째, 일부 무기체계, 특히 첨단무기체계는 국내의 기술적 요인과 생산의 비효율성으로 인하여 해외도입보다 국내 획득비용이 더 많이 드는 경우가 많다. 이러한 무기체계에 있어서는 국내 방위산업의 육성이 국가방위를 위한 효율적 수단이라는 주장을 정당화하기 어렵다. 셋째, 사용군의 첨단무기체계에 대한 작전적 요구이다. 최근 무기체계의 첨단화로 인하여 전쟁양상이 변화됨에 따라 후발 국가의 군대도 군사적 목적을 달성하기 위한 첨단무기체계를 요구하는 것은 당연한 귀착이다.

그러나 선진 방위산업국가들도 자국 내에 전력배치가 완료되지 않은 상태에서 첨단무기체계의 수출이나 첨단기술의 이전은 의회나 정부가 반대하고 있는 실정이다. 또한 후발 방산업체의 기술적·경제적 여건으로는 개발의 신뢰성, 기간, 비용 및 경제적 효율성 등의 문제가 발생할 수 있기 때문에 군사적 목적을 달성하기 위한 선진국

---

124 Richard A. Bitizinger and Mikyoung Kim, 전게서, pp.185-186.

125 미국의 기술규제 정책에 관해서는 백광일·문정인·박경서·박병원·김의곤, "과학기술 민족주의와 새로운 국제정치경제 질서", 「국제정치논총」 제34집 1호(1994); Chung In Moon and Kwang Il Baek, 전게서 참조.

에서의 무기획득은 불가피하게 된다.

4. 후발 방위산업국가의 방위산업 발전전략

가. 후발 방위산업국가들의 방위산업 발전단계

후발 방위산업국가들은 정치적·군사적·경제적 목적을 달성하기 위하여 방위산업을 육성하지만 경제적·기술적 요인으로 인하여 순차적으로 발전단계를 거치게 된다. 이러한 과정은 보통 점진적으로 좀 더 복잡한 단계로 발전함으로써 최종적으로 무기체계의 설계, 개발과 생산을 자급자족하는 형태로 발전하게 된다. 학자들에 따라 방위산업의 단계와 순서에는 차이가 있지만 순차적으로 그리고 진화적으로 발전한다는 데는 대부분 동의하고 있다.[126]

앤드류 L. 로스(Andrew L. Ross)는 무기체계 획득형태를 순수한 수입 형태, 순수한 국내 형태, 국내생산/수입 혼합 형태로 구분하고 있다.[127] 여기서 순수한 수입 형태는 단일국가에서의 수입과 다양한 국가에서의 수입으로 구분하고 있다. 이 두 가지 방법은 모두 수입국에게 문제점을 유발하는 방안이다. 단일국가에 편중된 무기획득은 군사적 의존을 심화시킴으로써 국가의 자율성을 해칠 수 있으며, 다양한 국가로부터의 획득은 의존성은 감소시키지만 무기체계 간 상호운용성, 훈련과 유지, 후속 군수지원에 있어 문제점을 증가시킨다.

수입원을 다양화할 수 없는 국가는 자율성을 확보하기 위한 방안으로 반 의존(Counter dependency) 전략인 수입대체방안(Military Import Substitution)을 선택하게 된다. 이 방안은 다음의 다섯 단계를 거치게 된다. 첫 번째 단계는 수입무기의 조립(assemble)단계로 이 방법은 외부 공급국으로부터 기술적인 훈련과 무기조립을 위해

---

126 Richard A Bitzinger and Mikyung Kim, 전게서, p.16.

127 Andrew L. Ross, "Arms Acquisition and National Security: The Irony of Military Strength", Edward E. Azar and Chung-in Moon ed. *National Security in the Third World: The Management of Internal and External Therats* (Cambridge: Great Britain at the University Press, 1988) pp.153–166.

필요한 시설을 설립하는 데 도움을 준다. 두 번째 단계인 부분품의 면허생산 단계는 일부 부분품을 국내에서 면허생산하고 조립하는 형태로 완성품은 여전히 해외에서 수입하여 국내에서 조립하는 수준이지만 부분품의 국내생산이 증가하는 단계이다.

세 번째 단계는 면허생산을 통하여 국내에서 완성품을 생산하는 단계이다. 면허생산을 허용하는 공급국가의 경우 대부분 면허생산은 국내용에 한정하고 있으며 해외수출은 제한하고 있다.

네 번째 단계는 이전 단계에서 축적된 기술을 통하여 기존에 도입된 무기체계들의 개량, 디자인 변경 또는 역설계를 통하여 재생산하는 단계이다. 이 단계는 체계설계나 역설계를 통한 국내 연구개발의 초기단계라 할 수 있다. 마지막 다섯 번째 단계는 두 가지로 구분되는데, 하나는 국내 연구개발이지만 외국에서 생산되거나 설계된 핵심부품을 사용하는 형태이고, 다른 하나는 완전히 독자적인 국내 연구개발로 무기체계를 생산하는 단계이다. 국내생산/수입 혼합단계는 모든 무기체계를 국내에서 자급자족하는 것은 불가능하기 때문에 자국에서 생산할 수 있는 무기체계는 국내에서 생산하고 나머지 무기체계는 해외에서 도입하는 방식이다. 이 단계에서 각각의 국가들은 국내생산 무기와 해외도입 무기의 비율에 따라 다양한 스펙트럼 내에 위치하게 되는데 안보환경, 자율성에 대한 욕구, 국내 산업기반과 기술력 등에 따라 결정된다. 대부분의 후발 방위산업국가들이 국내 방위산업을 육성하기 위해 예산과 세제정책 등을 통하여 자국의 방위산업을 지원하고 획득정책에 있어서도 국내무기의 획득비율을 증대하려고 하지만 최근에는 기술적 진보 및 최첨단 무기 사용에 의한 전쟁 패러다임의 변화로 인해 오히려 선진국 무기체계에 대한 의존성을 증대시키는 결과를 초래하고 있다.

이외에도 후발 방위산업국가들의 무기획득 및 생산단계를 소개하면 다음과 같다.

제임스 에브렛 카츠(James Everett Katz)는 무기생산의 단계를 5단계로 구분하고 있다.[128] 첫째 수입된 무기체계를 국내에서 분해수리하거나 정비하는 단계, 둘째 해외에

---

128 James Everett Katz, *Arms Production in Developing Countries* (Lexington, MA: Lexington Books,

서 생산부품을 도입하여 조립하는 단계, 셋째 국내업체가 간단한 일부 부품을 생산하고 제한적으로 최종 조립을 국내에서 하는 단계, 넷째 부품의 국내설계와 생산을 증가하여 국내에서 최종 조립하는 단계, 다섯째 독자적으로 연구개발과 생산을 하는 단계이다.

잔 E. 놀란(Janne E. Nolan)은 8단계의 무기획득/생산 과정을 제시하고 있다.[129] 첫째 해외로부터의 무기수입 단계, 둘째 수리부속을 생산하여 수입된 무기체계에 대한 정비와 분해수리 단계, 셋째 수입된 부품에 의한 조립생산 단계, 넷째 제한된 부품의 국내생산과 면허조립 단계, 다섯째 핵심부품은 도입하고 간단한 부품에 대해서는 독자 설계하여 생산하는 단계, 여섯째 첨단무기를 제외한 무기에 대해서는 국내 연구개발에 의하여 생산하는 단계, 일곱째 대부분의 무기에 대하여 국내에서 면허생산하고, 첨단무기를 제외한 무기에 대해서는 국내 연구개발에 의하여 생산하는 단계, 여덟째 모든 무기체계를 국내에서 설계, 개발, 생산하는 단계이다.

키이스 크라우제(Keith Krause)는 11단계로 설명하고 있다.[130] 첫째 간단한 정비를 수행할 수 있는 단계, 둘째 분해수리나 기본적인 개조를 하는 단계, 셋째 간단한 면허생산과 수입된 무기의 조립단계, 넷째 부품의 국내생산단계, 다섯째 첨단무기를 제외한 무기체계의 최종 조립과 일부 부품의 국내생산단계, 여섯째 첨단무기를 제외한 무기의 공동생산 혹은 면허생산단계, 일곱째 국내 면허생산된 무기를 개량하기 위한 제한된 연구개발능력의 보유단계, 여덟째 첨단무기를 제외한 무기체계의 독자적 연구개발과 생산단계, 열 번째 핵심부품의 수입을 통한 첨단무기의 독자적 연구개발과 생산, 열한 번째 완전한 독자적 연구개발과 생산단계이다.

마이클 J. 그린(Machael J. Green)은 8단계로 구분하고 있다.[131] 첫째 해외도입 무기체

1984), p.9.

129 Janne E. Nolan, *Military Industry in Taiwan and South Korea* (New York: St. Martin's Press, 1986), pp.45–46.

130 Janne E. Nolan, 상게서, pp.45–46.

131 Michael J. Green, *Arming Japan: Defense Production, Alliance Politics, and the Postwar Search for*

계에 대한 정비단계, 둘째 해외도입 무기체계에 대한 분해수리단계, 셋째 해외에서 생산된 부품의 조립단계, 넷째 제한된 면허생산 단계로 일부 국내에서 생산된 부품의 조립 혹은 면허생산 부품의 판매단계, 다섯째 핵심부품을 수입하여 생산하는 제한된 면허생산단계, 여섯째 첨단무기를 제외한 면허생산 단계로 개량을 위한 연구개발이 가능한 단계, 일곱째 대부분의 무기를 면허생산할 수 있는 단계로 첨단무기에 대한 제한된 연구개발과 첨단무기를 제외한 무기의 연구개발과 생산이 가능한 단계, 여덟째 완전한 독자적 연구개발과 생산이 가능한 단계이다.

위에서 살펴본 바와 같이 대부분의 후발 방위산업국가들의 방위산업 단계는 초기의 해외도입 단계에서 최종의 완전한 독자적 연구개발과 생산 단계까지 단계적 과정을 거치면서 발전해나가는 모습을 보여주고 있다. 그러나 이러한 대부분의 모델이 모두 현실적 제한을 나타내주지 못하는 이상적 모델에 그치는 오류를 범하고 있다. 즉 방위산업을 시작하게 되면 당위론적으로 최종 단계의 완전한 연구개발과 생산 단계로 발전될 수 있다는 착각에 빠지게 되는 오류를 범하고 있다. 이들 국가 중 빠른 국가는 1950년대에 무기생산을 시작하였고, 대부분의 국가들은 1960년대와 1970년대에 무기생산을 시작하여 현재 많게는 50년, 적어도 30년 이상의 무기생산 역사를 가지고 있음에도 불구하고 아직까지 어느 국가도 완전한 독자적인 연구개발과 생산 단계에 이르지 못하고 있다. 뿐만 아니라 대부분의 국가들이 '첨단무기를 제외한 무기체계의 연구개발과 생산 단계'에 있으면서도 '핵심부품을 선진국에 의존하는 수준'에 머무르고 있다.

그러나 몇몇 후발 방위산업국가들은 첨단무기체계를 포함하여 일부 무기체계의 부품이나 기술의 일부분은 해외에서 도입하지만 대부분의 부품과 기술은 국내개발에 의하여 세계적 수준의 무기체계를 생산하고 선진국을 비롯한 해외에 다량 수출하는 단계에 이른 국가들도 있다.[132] 해외에 무기체계를 수출한다는 것은 무기체계의

Autonomy (New York: Columbia University Press, 1995), p.15.

132 이스라엘의 무인기나 브라질의 Tucano와 같은 훈련기, 한국의 K-9 자주포와 같은 경우이다.

140

수준을 세계적으로 인정받았다는 것과 함께 일부의 기술과 부품을 도입하였다고 하더라도 수출에 문제점이 없다는 것이다. 선진 방위산업국가는 자국 방위산업의 잠재시장을 잠식하면서까지 후발 방위산업국가의 수출을 허가하지 않기 때문이다. 국가별로 무기체계의 생산에 차이가 있고 또한 동일 국가 내에서도 무기체계별로 수준의 차이가 있는 것은 각 연구에서 제시한 단계별 과정이 일정한 기간과 투자를 통하여 달성될 수 있는 게 아니고 각 단계별로 발전하는 수준에 차이가 있음을 나타낸다. 즉 각 무기체계별로 수준이 다른 단계가 후발 방위산업국가에 공존하고 있다는 점이다. 또한 초기 단계에서 면허생산 단계까지는 비교적 단기간에 적은 투자로 달성이 가능하지만 제한적이라도 독자적인 연구개발과 생산에 도달하기까지는 많은 투자와 시간이 필요하다. 핵심부품의 개발과 첨단무기의 독자적 연구개발에는 훨씬 더 많은 투자와 시간이 필요하며, 기술적·경제적으로 후발 방위산업국가들이 완전한 독자적 연구개발과 생산 단계에 이르지 못하고 일정 수준의 단계에서 머무르고 있다. 또한 선진국의 무기개발 속도가 가속화됨에 따라 오히려 현 단계보다 더 후퇴하는 상황이 될 수도 있는 것이다.[133]

이진영은 〈표 4-1〉과 같이 방위산업국가를 후발 방위산업국가, 변환단계 국가, 선

〈표 4-1〉 방위산업 변환단계에 따른 방위산업국가 구분	
구분	방위산업 변환단계
후발 방위산업국가	1단계, 부품도입에 의한 조립생산단계 2단계, 기본무기체계의 기술도입 및 역설계에 의한 국내생산단계 3단계, 복잡한 무기체계의 면허생산단계 4단계, 기본무기체계의 국내개발 및 생산수출단계 5단계, 첨단무기체계의 면허생산단계
변환단계	6단계, 복잡한 무기체계의 국내개발 및 생산수출단계
선진 방위산업국가	7단계, 첨단무기체계의 국내개발 및 생산수출단계 8단계, 모든 무기체계의 국내개발 및 생산수출단계

출처: 이진영, 전게서, p.30.

---

[133] Richard A. Bitzinger, 전게서, pp.33-38.

진 방위산업국가로 구분하고 생산 및 연구개발, 수출에 따라 8단계로 구분하였다.[134]

첫째, 부품도입에 의한 조립생산단계로 해외에서 모든 부품을 도입하여 국내에서 조립하는 단계이다.

둘째, 기본무기체계의 기술도입 및 역설계에 의한 국내생산 단계로 부품의 일부는 해외에서 도입하고, 일부는 국내에서 면허생산이나 역설계에 의하여 생산하는 단계이다.

셋째, 복잡한 무기체계의 면허생산단계로 대부분의 부품을 해외에서 도입하고 일부 부품은 국내에서 면허생산하며, 절충교역을 통하여 부품을 수출하는 단계이다.

넷째, 기본무기체계의 국내개발 및 생산수출 단계로 기본무기체계의 모든 기술과 부품을 국내에서 개발하고 생산하여 수출하는 단계이다.

다섯째, 첨단무기체계 면허생산 단계로 대부분의 부품을 해외에서 도입하고 일부 부품에 대하여 면허생산하며, 절충교역을 통한 부품의 수출 단계이다.

여섯째, 복잡한 무기체계의 국내개발 및 생산수출 단계로 일부 핵심기술과 부품을 해외에서 도입하지만 대부분의 부품과 기술은 국내에서 개발하여 완제품을 수출하는 단계이다.

일곱째, 첨단무기체계 국내개발 및 생산수출 단계로 일부 핵심기술과 부품을 해외에서 도입하지만 대부분의 부품과 기술은 국내에서 개발하여 완제품을 수출하는 단계이다.

여덟째, 모든 무기체계의 국내개발 및 생산수출 단계로 모든 기술과 부품을 국내에서 생산하여 수출하는 단계이다. 사실 이 단계는 부분적으로는 가능하지만 모든 무기체계를 국내에서 자급자족한다는 것은 기술적으로도 어렵고 경제적으로도 비합리적이기 때문에 선진 방위산업국가에서도 찾아보기 어렵다.

위에서 제시한 방위산업 변환단계는 순차적으로 발생할 수도 있다. 보통은 대부분의 국가에서 서로 다른 단계의 과정이 공존하고 있다. 또한 각 단계의 변환과정이 동

---

134 이진영, 「한국 방위산업의 변환과 국가의 역할」, 연세대학교 대학원 박사학위논문, 2009, pp.29-30.

일한 기간과 비용, 기술력을 요구하는 것이 아니라, 단계별 차이가 심하게 나타난다. 즉 기술도입에 의한 국내생산단계는 쉽게 달성할 수 있지만 복잡한 무기체계를 국내에서 기술 개발하여 독자적으로 생산하기 위해서는 엄청난 투자와 기술의 축적이 요구되기 때문에 독자개발 단계로의 변환은 쉽지 않다.

나. 우리나라 방위산업의 발전단계

앞에서 언급한 바와 같이 이진영은 방위산업 발전단계를 8단계로 구분하고 우리나라의 방위산업 발전단계를 〈표 4-1〉의 8가지 단계 중 기술도입 생산 및 국내 연구개발을 통해 획득한 첨단무기체계 기술로 2000년대에 이르러 KT-1, T-50, KDX-Ⅱ 등을 양산, 수출함으로써 한국은 구체적으로 방위산업국가의 변환단계인 6단계, '복잡한 무기체계의 국내개발 및 생산수출 단계'에 오르게 되어 후발 방위산업국가에서 변환단계로 발전했다고 하였다.[135] 예를 들면 K-9 자주포는 현존하는 자주포 중 최고라는 평가를 받고 있는 독일의 Pzh-2000에 비하여 발사속도와 탄 적재량에서 다소 떨어지지만 가격 대비 세계적인 경쟁력을 보유하고 있다. 또한 우리나라는 XK-2 흑표와 같은 세계 최고의 전차를 연구개발하여 양산 전에 이미 터키와 기술수출 계약을 체결하였으며, KDX-Ⅲ AEGIS함을 국내개발함으로써 7단계, '첨단무기체계의 국내개발 및 생산수출 단계'에 오르게 되었다. 물론 KDX-Ⅲ는 레이더나 사격통제시스템과 같은 핵심장비를 해외에서 도입하였지만 체계종합을 국내기술로 이루게 됨으로써 첨단해상무기체계 개발에 새로운 도약의 발판을 마련하였다.

방위산업의 기술수준은 각 무기체계별로 상이하게 나타난다. 한국의 경우 무기체계별 기술수준을 각각의 단계에 적용하면 해상무기체계에 있어서는 KDX-Ⅲ를 개발함으로써 첨단무기체계의 국내개발 단계에 올라 있고, 지상무기체계에 있어서도 첨단기동무기체계를 국내개발하여 해외수출하는 단계에 올라 있다. 반면 정밀유도무기나 공중무기체계의 경우는 T-50과 같은 훈련기를 공동생산하는 단계에 머무르고

---

135 이진영, 전게서, 2009, pp.122-123.

구분	무기체계	후발방위산업국가의 변환단계	구분
지상	K-9, XK-2	6단계, 복잡한 무기체계의 국내개발 및 생산수출단계	변환단계
해상	KSS-II	5단계, 첨단무기체계의 기술도입생산단계	후발국가
	KDX-II	6단계, 복잡한 무기체계의 국내개발 및 생산수출단계	변환단계
	KDX-III	7단계, 첨단무기체계의 국내개발단계	선진국가
공중	KT-1	6단계, 복잡한 무기체계의 국내개발 및 생산수출단계	변환단계
	T-50	5단계, 첨단무기체계의 기술도입생산단계(공동생산)	후발국가

출처: 이진영, 전게서, p.123.

있다. 이를 요약하여 정리하면 〈표 4-2〉와 같다.

이와 같이 후진 방위산업국가의 방위산업 육성전략 또는 육성단계를 구체적으로 소개하는 것은 이것을 통해 우리나라 방위산업의 육성·발전 단계를 쉽게 이해할 수 있을 뿐만 아니라 우리 방산업체가 생산한 방산물자를 제3국에 수출하고자 하는 경우 수출대상국에 대한 분석을 통해 해당 국가에 맞는 단계를 활용할 수 있기 때문이다.

우리나라 방위산업의 발전과정

1. 우리나라 방위산업 추진배경

1960년대 후반까지 우리나라의 안보는 미국에 의해 주도되었으며, 사실상 방위산업은 전무하였다. 그러나 우리나라는 1970년을 전후한 국내외 정세의 변화에 따라 자주국방의 필요성[136]을 절감하였고 이에 따라 방위산업을 육성하게 되었다. 우리나라에서 방위산업 건설의 필요성이 제기된 배경에는 크게 다음과 같은 두 가지를 들 수 있다.[137] 첫째는 북한의 지속적인 군비확장과 무력도발 증가이고, 둘째는 미국의 대한국 정책변화에 따른 안보지원태세의 약화이다.

---

136 윤응렬, "자주국방의 개념과 한국적 적용 연구", 「국방연구」 제30호(1971), pp.8–11. 윤응렬은 우리나라에서 자주국방론이 제기된 배경으로 ① 국제정세의 변동, ② 미국의 정책변화, ③ 북한의 정책과 태도 및 그 능력 축적, ④ 우리나라의 환경조건의 변화(우리의 국력 신장과 국민들의 정신개조 필요성)를 언급하였다.

137 박만택, 「방위산업 육성 및 발전에 관한 연구」, 대전: 육군교육사령부, 2002, pp.2–11~12.

가. 북한의 군비확장과 무력도발 증가

북한은 8·15해방 이후부터 꾸준히 군비확장을 계속해왔으며, 1966년부터는 그들의 인민경제계획을 대폭 수정하여 4대 군사노선이라는 슬로건 하에 북한 전역을 요새화하고 군장비의 현대화에 박차를 가하여 1970년대 초에는 전쟁준비 완성단계에 이르렀다.

이러한 북한의 군비확장사업을 시대별로 살펴보면 1950년대에는 개인화기 생산단계, 1960년대에는 중화기 생산단계, 1970년대에는 대형장비 생산단계로 이행되었으며 1970년대 초에는 사실상 전쟁준비를 완료하였다. 북한은 이와 같은 절대적인 군사력 우위 상태에서 1968년 1월 21일 무장공비에 의한 청와대 기습사건, 1969년 3월 16일 주문진 무장공비 침투사건, 같은 해 6월 22일 국립현충원 현충문 오폭사건,[138] 6월 25일 북한 함정에 의한 해군 방송선 피랍사건[139]을 일으켰다. 이러한 도발은 미국에 대해서도 자행하였는데 1968년 1월 23일 동해상에서의 미국 정보함 푸에블로호 나포사건, 1969년 4월 15일 미 정찰기 EC-121기가 북한기에 격추된 사건 등 일련의 북한의 무력도발에 대해 미국 정부는 소극적인 반응으로 일관하였고 이에 대해 한국 정부와 국민들은 많은 실망을 하였다.

나. 미국의 대한국 정책변화

미국은 1950년대 초부터 6·25전쟁을 계기로 우리나라에 적극적인 군사지원정책을 펴왔으나, 1950년대 후반에 미국의 국제수지가 악화되면서 대한군사원조가 점차 줄어오다가, 1971년에는 대한대충자금원조(對韓對充資金援助)가 단절되고, 1974년부

---

138 국립현충원 현충문 오폭사건은 1970년 6월 22일 새벽 3시경에 특수훈련을 받은 북한 무장공비 3명이 국립서울현충원에 잠입, 현충문 지붕 위에 폭발물을 설치하려다 실수로 폭발한 사건이다. 6·25기념식에 참석하는 박정희 대통령을 비롯한 정부요인을 암살할 목적으로 현충문에 폭약장치를 한 뒤 현장에서 200∼300m 떨어진 곳에서 무전식(無電式) 기폭장치로 폭파하려고 했다.

139 해군 방송선 피랍사건은 1970년 6월 5일, 북한 함정이 우리 영토인 연평도 부근 공해상에서 어선보호활동을 하고 있던 해군 방송선(120톤급 군함)과 15분간 교전을 한 뒤 승무원 20명 대부분을 사살한 채 납치한 사건이다. 국민들은 우리 해군이 약해서 피랍을 당한 것이라고 하면서 방위성금을 기탁하기 시작했고 정부를 질타했다.

터는 대한군사원조가 무상원조(無償援助)에서 유상원조로 전환됨과 동시에 실질적인 군사원조는 급속히 감소되어 갔다.

또한 1969년 7월 25일 미국의 닉슨 대통령이 괌도(Guam島)에서 선언한 '닉슨 독트린'이 주한미군의 감축을 촉진하였다. 이 선언은 아시아 지역에서 재래식 전쟁이 발발하는 경우에 그 방위의 일차 책임은 당사국 자신이 져야 하며, 미국은 동맹국가와 맺은 상호방위조약의 테두리 안에서 원조에 대한 공약을 이행할 것이라는 내용이었다.

이러한 미국의 새로운 아시아 정책은 일차적으로 우리나라에 적용되어 1971년 3월 주한미군 제7사단 2만 명이 철수하였다. 이로써 주한미군은 6만 명에서 4만 명으로 감축되어 일선 방위에 불만을 가져왔다.

이러한 미국의 대한 정책의 급격한 변화와 북한의 계속적인 도발은 우리나라로 하여금 대미 의존 일변도의 국방에 대한 기존 관념에서 탈피하여 자주국방의 필요성을 절감하게 하였다. 이와 함께 이전의 국방조달원(國防調達原)이었던 일반 수입, 유상·무상 원조를 국내 조달원으로 조속히 전환시켜야 할 필요성이 대두되었다.

2. 우리나라 방위산업 발전과정

가. 방위산업 기반조성기(1970~1980년)

한국이 방위산업을 시작하기로 결정한 이유는 정책결정자의 안보위협 인식변화에 기인한다. 박정희 대통령의 방위산업에 대한 인식은 단순한 군사적·정치적 자주성을 확보하기 위한 대안적 결정이 아니었다. 국가의 생존을 위해서는 방위산업 육성을 통한 자주국방 달성 외에는 다른 방안이 없다는 절실한 심정에서 내린 결정이었다. 당시 박정희 대통령이 인식한 안보상황은 북한이 정세를 오판하고 또다시 6·25와 같은 전쟁을 일으킬 수 있다고 판단하였고 앞으로 2~3년이 국가안보상 중대한 시기가 될 것이라고 판단하고 있었다.[140] 이는 주한미군의 철수와 함께 지속적인 북한의 도발행

---

140 오원철, 『한국형 경제건설: 엔지니어링 어프로치』 제4권, 서울: 기아경제연구소, 1996, p.358.

위에 대한 미군의 미온적인 반응과 닉슨의 중공 방문으로 미군의 대한국 안전보장에 대한 신뢰가 무너졌기 때문이다.

박정희 대통령은 닉슨 행정부의 주한미군 조기철수 및 북한의 도발에 대한 미온적 대응에 대해 심한 배신감을 느꼈을 것이다. 이 당시 국가의 안전보장은 미군이 한국에 주둔한다는 사실을 바탕으로 형성되어 있었다. 특히 박정희 대통령은 6·25전쟁의 발발이 이승만 대통령의 간곡한 권유에도 불구하고 한반도에서 철수한 미군의 오판에 기인했다고 판단하였기 때문에 주한미군의 감군이나 철수는 국가안보상 치명적인 것으로 인식하고 있었다.

이 당시 북한은 1961년 중공 및 소련과 '우호협조 및 상호원조 조약'을 통하여 한반도에서의 전쟁 발발 시 자동개입을 보장받고 있는 상황이었고, 반면 한국은 미국의 자동개입에 대한 보장이 없는 '상호방위조약'만을 맺고 있는 상황이었다. 1968년 1·21사태와 연이은 푸에블로호 납치사건 이후에도 미국은 자동개입에 대한 안전보장보다는 오히려 남한의 북한에 대한 보복행위를 제한하려고만 하였다. 박 대통령은 이러한 상황 하에서 미 7사단의 철수를 6·25전쟁 직전과 같은 안보위기 상황으로 판단할 수밖에 없었다. 박 대통령이 1971년 신년사에서 "1971년은 국운을 좌우하는 중차대한 해이며, 앞으로 2~3년간이 국가안보상 중대한 시기이다"라고 한 것은 북한 침략행위의 심상치 않은 동향과 주한미군의 추가감축 방침에 비추어 2~3년 안에 방위산업을 육성하고 국군의 현대화를 달성함으로써 자위적 방위능력을 확보하기를 희망할 만큼 시급함과 절실함을 나타낸 것이라 볼 수 있다.[141]

이러한 국가안보에 대한 위협인식은 박 대통령으로 하여금 경제우선정책에서 경제와 안보의 공동 달성이라는 방향으로 정책변환을 이끌어내게 된다. 박 대통령은 자주국방 달성에 대한 강력한 의지를 가지고 방위산업을 육성함에 있어 자신이 방위산업에 대한 총책임자로서 매월 '방위산업 확대 진흥회의'를 개최하여 직접 진두지휘하였고, 실무기구로는 청와대 비서실에 경제 제2수석 비서관실을 새로 설치하였다. 또

---

141 오원철, 전게서, pp.362-363.

한 총리 직속으로 '기획단'을 설치하여 여러 관련 부처와 협조체계를 구성하였다.

정부는 뒤늦게 출발한 방위산업을 보다 적극적으로 육성함으로써 조속한 시일 내에 자주국방태세를 확립하기 위해 다음과 같은 방위산업 육성지원에 관한 기본정책을 수립하였다. 그 내용은 다음과 같다.

① 자주국방의 조기 실현을 위한 병기·장비 등에 대한 국산화 사업의 적극 추진, ② 방위산업을 효율적으로 추진하기 위하여 경제개발 5개년 계획 및 중화학공업과의 병행 육성, ③ 현재의 가용 자원과 국내 공업의 잠재력을 활용하기 위하여 가급적 민간주도형으로 추진하되 현재 보유하고 있는 병기 및 장비 유지에 대한 우선순위 부여, ④ 민간기업 또는 연구기관의 자본 부족을 해소하고 관계 업체의 주도적인 참여의식을 고취시키기 위하여 각종 자금의 융자, 세제상의 특혜, 기술자 및 기능사에 대한 병역특례조치 등에 대한 지원, ⑤ 평시 군수업체를 유사시 신속하게 전시체제로 전환시켜 활용할 수 있는 전시동원체제의 연구발전, ⑥ 방위산업 업체의 적정 이윤 보장과 기존 시설의 유휴화(遊休化)를 방지하기 위하여 국내의 수요충족 여력에 대해서는 기타 민수품을 최대한 생산한다는 것 등이었다.

이와 같은 방위산업의 육성 기본정책에 입각한 구체적인 추진목표는 1981년까지 북한보다 우위의 방위산업을 육성한다는 데 두고, 그 육성에 착수한 1972년부터 1976년까지는 기본 병기 및 탄약의 국산화를 위한 연구개발과 양산체제를 확립하기 위하여 방위산업의 기반을 조성하고, 1977년부터 1981년까지는 기본 병기 및 탄약과 기타 장비를 양산하여 전력화(戰力化)하는 동시에 고도의 전략무기 생산을 위한 기반을 구축하는 기간으로 설정하였다.

그리고 1982년부터 1986년까지는 우리나라 사람의 신체적인 특징과 지리적인 조건에 적합한 독자적인 무기체계를 확립하여 우리의 전략·전술에 가장 적합한 자주적인 병기를 개발, 전력화함으로써 명실 공히 자주국방을 완성하는 단계로 설정하였다.

그러나 방위산업 고유의 문제점으로 지적되는 막대한 자금의 소요, 또한 기술 인력의 확보 및 수요와 공급 면에서 독자적인 시장 형태를 개척해야 하는 등의 어려움을 극복할 수 있도록 기업의 적정 이윤을 보장해주고, 고도의 정밀을 요하는 병기의 개발생산에 대한 신뢰성을 보장하는 면에서도 정부의 집중적인 지원을 필요로 하였다.

그래서 정부는 1973년 2월 '군수조달에 관한 특별조치법'을 제정하여 방위산업의 육성지원을 위한 제도적 장치를 마련하여 그 지원체제를 보강하였다. 그 주요 내용은 다음과 같다.

① 세제 면에서 소득세 및 법인세의 감면 등 특례 적용, 국내생산이 불가능한 군수물자의 원자재에 대한 관세 및 특별소비세의 면제, 그리고 부가가치세의 영세율(零稅率) 적용 등 각종 특혜의 부여, ② 금융지원 면에서도 국민투자기금을 재원으로 한 각종 융자 및 외화 대부와 방위산업 육성기금을 설치, 운용, ③ 군수업체 또는 연구기관에 대해서는 관계 법령의 규정에도 불구하고 필요한 기기 및 물품을 유상 또는 무상으로 대여하거나 양여한다는 것, ④ 장기계약 제도를 도입, 군수업체에 대해서는 착수금 및 중도금을 지급할 수 있도록 함으로써 국내생산은 물론 외국기술을 도입·생산하는 경우에도 소요 경비의 거의 전액을 선급(先給)받아 자금의 영세성으로 인한 사업 중단 등이 발생하지 않도록 조치, ⑤ 군수물자 원가계산을 현실화함으로써 군수업체의 적정 이윤이 보장될 수 있도록 조치, ⑥ 우수한 기술 인력을 확보하기 위하여 기술자 및 기능사에 대한 병역특례조치와 장려금을 지급한다는 것 등이었다.

이 당시 정부는 업체의 산업능력을 국가에서 직접 판단하여 방산업체를 지정하였으며 1970년 8월 국방과학연구소(ADD)를 설립하여 광범위한 연구개발의 기반을 마련하였다.[142] 초기 기술력과 산업기반이 부족한 현실에서 연구개발은 주로 미국 무기체계의 역설계에 치중하였고, '한미 일반 비밀 보호협정'(1962)과 '한미 기술자료 교환에 관한 협정'(1965)에 따라 미국에 기술적인 지원을 요청하여 〈표 5-1〉과 같이 기술자료(TDP: Technical Data Package)를 확보하여 연구개발을 하였다.

이 당시 미국으로부터 받은 TDP는 총포, 탄약, 통신, 물자 분야 등 주로 재래식 기본병기 개발생산을 위한 기술자료로서 전체 제공받은 자료 중 91.8%[143]를 차지

---

142 국방부, 『방위산업 육성보고서』, 서울: 동양문화인쇄 Co, 1970, p.10.

143 김덕중 외, 『한미 관계의 재조명』, 경남대학교 극동문제연구소, 1988, p.233.

<표 5-1> 연도별 TDP 도입현황

연도	1971	1972	1973	1974	1975	1976	1977	1978	1979	1980	계
건수	1	18	12	122	89	24	61	69	138	143	677

출처: 황동준 외, 『미국의 대한 안보지원 평가와 한미 방위협력 전망』, 서울: 민영사, 1990.

<표 5-2> 1980년대 국내 주요 무기생산 현황

구분	주요 생산무기
화포	M101A1(105mm 곡사포), M114A2(155mm 곡사포), M67(90mm 무반동총), M40A2(106mm 무반동총), M19(60mm 박격포), M29A1(81mm 박격포), M30(4.2" 박격포), 210mm 발칸, M-16소총, M60기관총, K1, K2(소총), K5권총, K3자동소총
탄약	총탄(20mm, 60mm, 81mm, 4.2", 90mm, 105mm, 106mm, 155mm) 연막탄(60, 81mm), 수류탄, 지뢰, 신관
전자·통신	TA-312-PT, AN/PRC-77, AN/GRC-122/142, AN/VRC-12, AN/URC-87, TCC-15K
항공기	H500MD 헬기, F-5E/F 전투기, F-16엔진
함정	미사일 고속정, 초계함, 호위함, 잠수정, 상륙함
미사일	Nike Hercules 지대지미사일, Honest John 미사일, Hawk 미사일, 현무중거리유도미사일
기동	M-48탱크, M-113탱크, 88탱크, K-2000APC, K900APC
기타	방탄헬멧, 방탄조끼, 방독면, 구명대, 개인비상전투식량, 이동취사차량

출처: Chung-in Moon and Jin-Young Lee, "Revolution in Military Affairs and the Defence Industry in South Korea", *Security Challenges*, Vol 4, No.4 (Summer 2008), p.124.

하였다.

박 대통령이 초기 방위산업을 시작할 때의 목표는 예비군 20개 사단 이상을 경장비화하는 데 필요한 기본화기 및 장비와 전쟁 초기를 대비한 긴요 비축탄약의 생산과 공급이었다. 이러한 계획 하에 시작된 '번개사업'으로 ADD는 60mm 박격포, 로켓, 대전차지뢰, 기관총, 소총류 등을 성공적으로 개발하였고, 여기서 자신감을 갖게 된 박 대통령은 "1976년까지 최소한 이스라엘 수준의 자주국방태세를 갖출 수 있도록 총포, 탄약, 통신기기, 차량 등의 기본병기를 국산화하고, 1980년 초까지는 전차, 항공기, 유도탄, 함정 등 정밀병기를 생산할 수 있는 기술을 확보하라"고 지시했다.[144] 이러한 의지는 1980년대 초에 대부분의 보병병기를 국내에서 생산하여 공급할 수 있게 하였다. 이 당시 생산된 무기체계는 〈표 5-2〉와 같다.

국산화 무기의 범위 확대는 기존의 무기체계를 새로운 무기체계로 대체하고 동시에 군사력을 증강한다는 의미로 확실한 수요창출이 되었다. 이 시기에 한국군은 미군 병기로 장비하고 있었는데 모두 제2차 세계대전 당시의 구식 장비였다. 이러한 구식 병기는 미국에서도 더 이상 제작하고 있지 않았기 때문에 부품을 구할 수 없어 유지가 불가능하였고 조속한 교체가 요구되고 있었다. 그 당시 미약한 방위산업 기반에도 불구하고 방위산업이 단기간에 성공할 수 있었던 원인 중 가장 큰 요인은 바로 이러한 수요를 통하여 방산업체들의 일정한 생산량을 보장받았다는 점이다. 이러한 구식 무기의 현대화는 막대한 수요를 창출하였고 방산업체의 가동률을 90%까지 끌어올리게 되었다. 더구나 기본병기 부문에 대한 엄격한 수입규제는 수요 면에서의 안정성을 구조적으로 보장해주었고, 특히 계약액의 90% 상당을 선수금으로 지급함으로써 방산업체의 사기를 크게 진작하였다. 이러한 특혜조치가 국가의 방위산업 육성을 위한 강력한 의지라고도 할 수 있지만 당시의 수요가 명백했기 때문에 국가에서도 이러한 육성정책이 가능한 것이었다.

1970년대 한국의 방위산업은 총기 하나 국내기술로 생산할 수 없던 수준에서 10년 만에 대구경 화포를 비롯한 함정과 대부분의 기본병기를 국내에서 생산하고 수출하는 단계까지 도달하였다. 많은 무기체계가 미국이 지원한 TDP를 통하여 국내에서 개발생산하거나 기술도입으로 면허생산하는 수준이었지만 국내 방위산업의 수준은 단기간 내 급격히 발전하였다.

나. 방위산업의 정체기(1981~1988년)

1980년 취임한 전두환 정부의 한미 관계는 박정희 정부와는 완전히 다른 모습을 보

---

144 이은영, "ADD 무기개발 3총사의 핵미사일 개발 비화", 「신동아」 통권 제567호(2006년 12월호), pp.276-287.

여주었다. 취임 초 레이건 미 대통령과의 정상회담을 통하여 '한미 상호방위조약'의 준수를 약속함과 동시에 주한 미 지상군 전투병력의 추가철수 계획이 없음을 확약하였고, 한국 방위에 필요한 무기체계의 판매와 방위산업 기술의 제공을 확인하였다.[145] 또한 1983년 미얀마 아웅산 폭파사건과 같은 북한의 침략행위에 대해서도 미국은 즉각적인 외교적 지원과 강력한 한국 방위보장결의를 천명함으로써 미국의 대한국 안전보장에 대한 신뢰를 확신시켜 주었다. 1982년은 한미 수교 100주년이 되던 해로 3월 서울에서 열린 '제14차 한미 연례안보협의회의' 결과를 보면 양국이 11개 항의 공동성명을 통하여 "한국의 안전보장이 동북아의 평화와 안보에 주축이 됨은 물론, 미국의 안전보장에도 필수적임"을 재확인하였다. 또한 "한미 상호방위조약에 따라 대한민국에 대한 무력침공은 양국에 대한 공동의 위해로 인정, 이를 격퇴하기 위하여 미국은 신속하고 효과적인 지원을 제공하고, 핵우산으로 한국의 안보를 계속 보장할 것임"을 확인하였다. 1986년 아시안 게임과 1988년 서울 올림픽의 두 국제경기 행사를 안전하게 치르기 위한 안보대응책도 협의하였다. 1987년에는 군사판매차관(FMS)이 종료되는 데 따른 한국군 전력 강화를 위해 미국 장비 구입을 위한 1억 6,300만 달러에 대한 군사판매차관 공여와 한미 연합방위능력을 높이는 데 합의하였다.

특히 1988년 6월에 가진 제20차 한미 연례안보협의회의에서는 태평양 국가로서는 처음으로 한국이 미국과 '상호군수지원협정'을 체결하였다.[146] 이러한 일련의 사례들은 1970년대의 불안한 관계와는 완전히 다른 미국의 한국에 대한 안전보장 환경을 제공함으로써 자주국방에 대한 지도자의 인식 자체를 약화시키게 하였다.

국내 정치적 측면에서 전두환 정권은 쿠데타를 통해 집권한 정권의 정당성을 확보하기 위하여 박정희 정부의 '국가안보'와 '경제발전'의 국가목표를 '경제안정화'와 '사회복지'로 변환시키면서 모든 재정정책의 우선순위를 긴축재정정책에 두게 되었다.[147]

---

145 외교통상부, 『한국 외교 50년: 1948~1998』, 서울: 외교통상부, 1999, p.139.

146 외교통상부, 전게서, pp.141-143.

147 현인택, 『한국의 방위비』, 서울: 도서출판 한울, 1991, p.94.

〈표 5-3〉 1972년과 1981년의 국방목표 비교

■ 1972년 국방목표
 1. 국방력을 정비 강화하여 평화통일을 뒷받침하고 국토와 민족을 수호한다.
 2. 적정 군사력을 유지하고 군의 정예화를 기한다.
 3. 방위산업을 육성하여 자주국방체제를 확립한다.

■ 1981년의 국방목표
 적의 무력침공으로부터 국가를 보위하고, 평화통일을 뒷받침하며, 지역적인 안정과 평화에 기여한다.

이로 인하여 국방비의 GNP 6% 지출 관행은 깨지게 되었고 재정 대비 국방비의 비중도 1980년의 36.9%에서 1989년 31.3% 정도로 감소하였다.[148] GNP 대비 국방비의 지속적인 감소는 방산물자 생산과 관련하여 방산업체들 간에 과당경쟁을 유발시켰고 방산정책의 원만한 추진을 구조적으로 저해했다.

자주국방태세에 대한 전두환 정부의 변화된 모습은 〈표 5-3〉 국방목표에서도 확인할 수 있다.[149]

전두환 정부의 국방목표 변화는 국방 분야의 영역이 국내에서 동북아 지역으로 확대되는 포괄적인 의미를 내포하게 되었지만 자주국방의 달성을 위한 굳건한 의지의 표명은 완화되었다고 볼 수 있다.

한미동맹의 강화와 국내 정치적 상황이 자주국방을 위한 막대한 투자와 노력보다는 미국에 대한 의존을 더욱 강화하는 방향으로 정책적 기조를 만들었다. 이는 무기체계 개발의 핵심인 국방연구소의 축소로 가장 먼저 나타나게 된다. 박정희 정부 시절 핵무기 개발과 미사일 개발 노력은 미국과 갈등을 증폭시켰기 때문에 한미 관계의 증진을 위해서는 이러한 갈등의 불씨를 완전히 제거해야만 하였다. 전두환 대통령은 1981년과

---

148 김형균, 『군수산업의 사회학』, 서울: 세종출판사, 1997, p.190.

149 국방목표는 박정희 정부 시기에 자주국방이 절실해지면서 국가목표 달성을 효율적으로 뒷받침하고 한국군 현대화 5개년 계획(1971~1975)을 일관성 있게 추진할 수 있도록 하기 위해 1972년 12월 19일 처음 재정하였는데 전두환 정부에서 1981년 11월 20일에 처음 개정하였다. 국방군사연구소, 『1945~1994 국방정책변천사』, 서울: 국방부, 1996, p.196, p.245.

1982년 두 차례에 걸쳐 국방과학연구소 소속 과학자 800여 명을 감축하였고 조직과 예산도 대폭 축소하였다. 이러한 조치로 1985년 말까지 국방과학연구소의 연구 인력은 872명에 불과하였고 다른 정부출연연구기관에 비해 인원은 물론 석·박사 학위 소지자도 적었다. 당연히 무기체계 개발은 침체되었고 이 시기 개발된 무기체계는 최초의 잠수정 '돌고래', 함대함유도탄 '해룡', 지대지유도탄 '현무'를 제외하고는 1980년대 중반 이후 한동안 주목할 만한 무기체계를 개발하지 못하였다.[150]

제도적 측면에서 대통령 주재 '방위산업 확대 진흥회의'가 중단되고 방위산업에 관한 업무도 청와대에서 상공부로 이양되었다. 또한 방산업체에 주어졌던 금융특혜도 대폭 철회되었고, 병역특례도 기타 산업체까지 확대되어 우수인력의 확보도 어렵게 되었으며, 공장부지의 무상공여 조항도 폐지되는 등 방위산업에 대한 인센티브가 사라짐에 따라 방위산업 육성을 위한 시설투자 지원도 중단되었다. 연구개발비도 1970년대에는 국방비 대비 약 3.5% 이상이 투자되었으나, 1980년대에 들어와서는 이 비율이 1.3~1.5% 수준으로 낮아졌다.[151]

〈표 5-4〉는 전두환 정부 기간 동안 투자된 연구개발비를 국방비와 비교하여 제시한 것이다.

1970년대 무기개발의 핵심적인 역할을 하였던 미국의 기술자료(TDP) 제공은

〈표 5-4〉 1980~1989년 국방비 대비 연구개발비 규모(단위: 억 원, %)

연도	1980	1981	1982	1983	1984	1985	1986	1987	1988	1989
국방비	20,865	26,779	31,778	32,741	33,061	36,892	41,580	47,454	55,202	60,148
R&D	642	394	718	419	646	734	908	979	810	1,146
비율	3	1.4	2.2	1.2	1.9	1.98	2.1	2	1.4	1.9

출처: 국방부, 『국방백서』, 1990.

---

150 신인호, 『무내미에는 기적이 없다: 국방과학연구소와 한국형 신무기 개발』, 서울: 책으로만나는세상, 2003, p.22.

151 구상회, 『한국의 방위산업: 전망과 대책』, 서울: 세종연구소, 1998, p.46.

〈표 5-5〉 미국의 분야별 기술자료(TDP) 지원현황

	화포	탄약	전자통신	기동	일반장비	공군	해군	계
80	25	83	2	13	12			144
81	13	44	4	2	25		1	87
82	2	39	7	3	8			56
83	7	6	1	2	7			29
84	1	5			6		4	17
85		4		2	4	1		7
86		3			2	1		7
93			1					1
95			1	1	1			3
96			1					1

출처: 구상회, 『한국의 방위산업: 전망과 대책』, 서울: 세종연구소, 1998, p.53

1981년을 기점으로 하여 대폭 축소되기 시작하였으며, 1980년대 중반 이후로는 지적소유권의 보호를 이유로 〈표 5-5〉와 같이 거의 중단되기에 이르렀다.

1970년대 미국이 제공한 TDP는 대부분이 미국 내에서 생산이 중단된 구식 무기체계였기 때문에 미 의회나 방산업체의 별다른 반대 없이 공급이 가능하였다. 1970년대 후반에 들어 한국의 방위산업은 기본무기체계에서 벗어나 첨단의 미사일 개발을 시도하기 위하여 미국에 점차적으로 첨단기술의 지원을 요청하게 되었다. 그러나 미국 방산업체는 한국이 개발하고자 하는 첨단무기에 대해서는 미국의 무기체계를 구매하거나, 공동생산을 통하여 한국의 무기생산을 통제하기를 원했기 때문에 한국의 독자적인 무기개발에 대하여 동조하지 않았으며, 미국 정부도 막대한 자금과 기간을 투자하여 개발한 첨단기술을 한국에 이전하는 것을 원하지 않았다. 또한 한국의 방위산업이 예상외로 빠른 속도로 성장하자 미국의 방산업체들은 한국이 세계 방위산업시장을 잠식하는 것으로 인식하여 미국의 이익과 크게 상충될 것으로 판단

하였다.[152]

이 당시 한국에서 개발된 무기체계 중 일부는 순수 국내기술로 개발되었지만 대부분의 무기체계는 미국에서 제공한 TDP에 의존하여 개발되었다. 방위산업의 첫 시작부터 내재되어 있던 기술적 의존은 무기생산의 종속성을 배태하고 있었으며, 이러한 종속성은 무기수출에 크나큰 장애로 나타나게 되었다. 한국이 생산한 무기를 제3국에 수출하고자 하는 경우 미국의 무기수출통제법(AECA), 해외원조법(FAA), 그리고 국제무기거래규정(ITAR)에 의해 규제를 받았으며, 이러한 수출규제는 국내 수요의 포화로 인한 과잉공급을 해결하지 못하고 결국 방위산업의 침체를 가져왔다. 1980년대 초반 우리나라의 제3국 수출허가 요청에 대하여 미국의 허가율이 평균 5% 미만으로 수출의 급격한 감소를 유발하였다.[153] 예를 들면 방산물자 수출은 1981년 1억 2,480만 달러, 1982년 1억 5,770만 달러, 1983년 3어 130만 달러로 급성장하다가 1984년 1억 1,630만 달러, 1985년 1억 630만 달러로 급격히 감소하는 원인이 되었다. 수출허가 시에도 부담해야 하는 8%의 높은 로열티는 가격경쟁력을 악화시키는 주요 요인으로 작용하였다.

1984년 이후로 수출량이 급격히 줄어들게 되는데 이는 미국의 수출규제 강화가 큰 원인이라 볼 수 있다. 한국이 개발한 무기체계가 많은 부분 미국의 기술도입이나 공동생산 또는 핵심부품의 도입으로 생산된 무기체계였기 때문에 제3국으로 수출하기 위해서는 미국의 허가가 필수적으로 요구되었다. 특히 1980년대 초반 전두환 정부는 미국의 규제에 대한 반발은 오히려 한국의 안전보장에 불이익을 가져올 수 있다는 인식이 크게 지배하고 있는 상황이었기 때문에 미국의 규제에 대해서는 별다른

---

152 구상회, 전게서, pp.53-54.

153 Kwang-Il Baek and Chung-in Moon, "Technological Defense, Supplier Control and Strategies for Recipient Autonomy: The Case of South Korea", *Pacific Focus*, Vol. No.1 (Spring 1989), pp.107-137; Kwang-Il Baek and, Romald De. McLaurin, "The Dilema of Third World Defense Industries" (Inchon: CIS-Inha University and Westview Press, 1989), p.172. 1981~1982년 5540만 달러의 수출허가 요청에 170만 달러(3%) 허가, 1983년에는 4,900달러 요청에 400만 달러(8%) 허가, 1984년 3,100만 달러 요청에 87만 달러(2.8%)의 허가만을 받을 수 있었다.

대응을 하지 못하였다.[154] 그러나 이러한 문제점이 점차 증대되고 방산업체의 불만이 증가됨에 따라 1980년대 말에 개최된 '한미 연례안보협의회의'에서 수출규제에 대한 의제를 다루기 시작하여 한국 국방부는 제3국 수출규제 완화와 첨단기술의 이전을 요구함으로써 수출증대와 기술도입을 위한 노력을 시도하였다.

1980년대 방위산업이 1970년대 태동기 및 기반조성기에 비하여 급격히 발전하지 못하고 거의 동일한 수준에 머무를 수밖에 없었던 이유는 지도자의 정책적 의지가 자주국방의 확립보다는 미국과의 동맹관계에 중점을 두고서 방위산업에 대해서는 '자유주의적 방임형'의 형태로 방위산업육성정책을 시행하지 않았기 때문이다. 또한 국방비가 감소하고 방위산업정책 결정구조가 여러 부처로 분권화됨에 따라 국방부, 기획원, 상공부, ADD, 방위산업자들 간에 갈등을 유발시킴으로써 방산정책의 원만한 추진을 구조적으로 저해하였다. 수요의 측면에서는 기본병기에 대한 국내시장의 포화현상이 일부에서 발생하기 시작하였고, 새로운 수요창출을 위한 연구개발이 이루어지지 않았기 때문에 구식 병기의 포화현상을 대체할 새로운 수요를 창출하지 못하였다. 1980년대 이후 요구된 무기체계는 기본병기가 아니라 복잡한 첨단무기체계이기 때문에 단기간 내 개발이 불가능하였다. 대부분의 무기체계가 최소 5년에서 10년의 개발기간을 필요로 하기 때문에 한 세대를 앞선 무기체계의 개발계획이 필요하였다.[155] 연구개발비의 감소와 함께 연구개발도 ADD에 집중됨으로써 결국은 새로운 이윤을 창출하기 위한 민간의 연구개발을 차단하는 결과를 가져왔다. 1980년대의 연구개발 침체는 1990년대 전력증강사업 추진에 많은 문제점을 야기시켰다.

다. 방위산업의 재도약기(1989~1998년)

1988년 2월 제13대 대통령으로 당선된 노태우 대통령은 '민족자존'을 국정목표의

---

154 Kwang-Il Baek and Chung-in Moon, 전게서, pp.174–175.

155 1990년대와 2000년대 생산된 대표적 무기체계의 개발기간은 다음과 같다. K-9: 6년, KT-1: 12년, Y-50: 15년, UAE: 10년, LPX(대형수송함): 8년, KDX-I: 6년, KDX-II, KDX-III 6년, KIAI: 9년 등이다. 이는 개발이 결정된 이후부터의 기간으로 소요제기부터 기간을 계산하면 이보다 더 많은 기간이 소요되었다.

하나로 제시하고 제6공화국을 출범시켰다. 노태우 대통령은 정권 초기 제5공화국과의 연결고리를 끊고 민주정부의 정치적인 정통성을 확보하기 위해서 '민주화', '민족자존', '한국 방위의 한국화'를 정권의 제1목표로 내세우게 되었다. 또한 민족자존과 민주화합의 시대정신에 부응하는 군의 모습으로 변모하기 위하여 '국방의 자주화', '군대의 선진화', '군사의 과학화'를 3대 지표로 설정하여 전두환 정부의 정책기조와는 달리 국방의 자주화를 절실히 추구하게 된다.[156] 노태우 정부가 취임 초기부터 이러한 '한국 방위의 한국화'를 주장한 데는 국제안보 환경적 측면에서의 미군의 철수 문제 제기가 또다시 하나의 변수로 작용한다. 닉슨과 카터 시기의 미군 철수와 유사하게 한국군과 사전협의 없는 미군의 철수 논의와 40여 년 이상 미군에 의존하고 있던 작전통제권의 전환 논의는 또다시 자주국방을 강조하지 않을 수 없는 안보환경을 제공하였다.

이 당시 미국 내에서는 의회를 중심으로 냉전종식에 따른 해외주둔 미군 규모의 축소 요구, 안보환경의 급변에 따른 동아시아 및 한반도에 주둔하는 미군 전력의 임무를 재평가하고, 한국에게 경제력에 걸맞은 한국 안보의 책임과 비용을 부담시켜야 한다는 요구가 일어나게 되었다. 이는 1989년 7월 '넌-워너 법안'으로 표출되었다. 그 결과 1990년 4월 미 국방부는 「아시아태평양 지역에 대한 전략 구상: 21세기를 향하여」라는 이름의 보고서를 발행했다. 일명 「동아시아 전략 구상(EASI: East Asia Strategic Initiative)」으로 주한미군 재조정안을 3단계로 제시하였다.[157] 여기에는 주한미군의 단계적 철수뿐만 아니라 작전통제권 전환에 관한 내용도 포함하고 있다. 그러나 한미

---

156 국방부, 「국방백서」 1989, pp.20-21.

157 U.S. Department of Defense, *A Strategic Framework for the Asia-Pacific Rim: Looking Toward the 21st Centry* (Washington DC: Government Printing Office, April, 1990) 1단계는 1992년까지 주한미군 7,000명을 감축하며, 군사정전위원회 UN군 측 수석대표를 한국군 장성으로 임명하고, JSA에 한국군의 경비병을 증가시키며, 연합지휘체제는 한미야전사를 해체하고 연합사의 지상구성군사령관에 한국군 장성을 임명하고, 작전통제권 환원을 검토한다. 2단계는 1993년부터 1995년까지 주한미군을 미 2사단의 2개 여단, 7공군 1개 전투비행단 규모로 감축재편하고, JSA의 경비를 한국군이 인수하며, 한미연합사를 해체하고 작전통제권의 환원을 검토한다. 3단계는 1996년 이후로 북한의 위협 정도와 억제개념, 미군의 지역적 역할에 따라 미군의 규모를 최소로 하며, 미 2사단의 책임지역을 한국군이 인수하고, 전시작통권을 한국군에게 환원하며, 한미기획사령부를 정착시키고 지휘체계는 한미 간 병렬적 체제로 발전시킨다.

양국 간의 협상과정에서 성급한 작전통제권의 이양은 북한에 대한 전쟁억제와 억제 실패 시 전승을 보장할 수 없다는 현실론이 대두되었고, 우선 평시작전통제권만 전환하기로 합의하여 1994년 12월 1일, 평시작전통제권이 한국군에 이양되었다.

이에 따라 국방부는 자주국방태세를 확립하기 위하여 두 가지의 정책을 추진한다.

첫째는 주한미군의 감축과 작전통제권 전환에 따른 전력을 확보하고 걸프전에서 나타난 바와 같이 미래의 전쟁양상에 대비하는 첨단무기체계에 의한 전장감시능력, 장거리 정밀타격능력, 지휘통제능력을 확보하는 전력을 구비하는 것이다. 둘째는 국방과학기술 개발의 중요성에 대한 인식을 바탕으로 국방과학기술의 현대화를 위해 '국산무기 우선사용'을 기본원칙으로 삼아 연구개발 및 국내생산을 우선적으로 추진하는 것이다.[158]

정부는 국내 연구개발의 활성화를 위하여 1991년 2월 연구개발 기본정책 방향을 재수립하고 '무기체계획득관리규정'을 새로이 제정함으로써 차세대 무기체계 및 핵심 기술·부품을 개발할 수 있는 제도적 여건을 마련하였다. 주요 내용은 획득방법 결정에 있어 우선순위를 국내개발에 두고 그동안 외국에 전적으로 의존해온 핵심기술 및 부품도 집중 개발토록 하였으며, 개발방식으로는 대학·정부출연연구기관, 기업연구소 등이 상호 연계하여 기초 및 응용 연구를 수행하고 방산업체의 시험개발을 거쳐 실용화하도록 하였다. 개발 형태에 있어서도 지금까지 정부주도 개발 형태에서 탈피하여 몇 가지의 전문적이고 비경제적인 무기를 제외한 대부분을 업체주도 개발로 추진하고, 계약방식도 최초 사업 착수 시 주계약업체가 기술개발의 전문성을 가진 협력업체를 일괄 선정하는 주계약제도로 전환하도록 하였다. 또한 해외 구매 및 기술도입 생산 시 핵심 기술이전 위주로 절충교역을 추진하고 해외 기술도입선 다변화를 추진하는 한편 국제 방산·군수협력 협정체결을 확대하기로 하였다.[159]

산·학·연 협력연구체계의 확립을 위하여 1994년 이후 대학 및 정부출연연구소에

---

158 한용섭, "한미연합지휘체제의 평가 및 개선방향", 서울: 국방대학교, 2003, p.15.

159 국방부, 『국방백서 1992~1993』, pp.111-112. 실제로 1980년대 절충교역은 무기나 부품의 물품수출이 주를 이루었지만 1990년대의 절충교역은 기술도입이 주를 이루고 있다.

<표 5-6> 특화연구센터 설치현황

구분	설치 대학	설치 연도	수행과제 수
자동제어	서울대학교	1994. 12	14개
전자광학	한국과학기술원	1994. 12	9개
전자파	포항공과대학	1994. 12	13개
체계개념	군사과학대학원	1997. 1	12개
수중음향	서울대학교	1997. 2	13개

출처: 국방부, 『국방백서』, 1999, p.113.

<표 5-7> 국방비 및 국방연구개발비 증가율(1989~1999)

구분	1989	1990	1991	1992	1993	1994	1995	1996	1997	1998	1999
국방비증가율	9.0	10.4	12.6	12.5	9.8	9.3	9.9	10.6	12.6	0.1	−0.4
국방비 대비 연구개발비 비율	1.2	2.09	2.44	2.78	3.02	2.97	3.01	3.06	3.12	3.47	5.34

출처: 국방부, 『국방백서』, 1999, p.264.

5개의 특화연구센터[160]를 지정하기 시작하였다. 센터별로 매년 10억 원 정도의 연구비를 지원하여 핵심기술의 신속한 개발을 도모하도록 하였다. <표 5-6>은 특화연구센터 설치현황과 수행과제 수를 나타낸다.

또한 국방비 대비 국방연구개발비 비율은 <표 5-7>과 같이 1990년대에는 국방비 총액과 전력투자비의 증가율이 감소하고, 특히 IMF로 인하여 급격히 감소하는 시기였음에도 불구하고 꾸준한 상승세를 지속하였다.

그러나 노태우 정부의 자주국방을 위한 방위산업의 변환적 시도에도 불구하고 1990년의 탈냉전의 도래는 한국의 방위산업에 또다시 큰 시련을 안겨주는 한편 국제무기시장에도 커다란 변화를 초래하였다. 그럼에도 불구하고 1990년대 한국 방위산

---

160 1994년부터 추진되고 있는 국방특화연구센터 사업은 핵심기술의 응용연구 분야로 활용가능성이 높은 기초기술 분야를 집중적으로 지원하기 위해 추진하고 있는 사업이다.

업이 활성화될 수 있었던 것은, 첫째 지도자의 자주국방에 대한 인식변화로 인하여 국내 연구개발을 확대할 수 있는 정책적 기반이 마련되었다는 것이다.[161] 대통령이 직접적으로 개입하여 방위산업육성정책을 시행한 것은 아니지만 산·학·연 중심의 연구개발정책 시행과 방산업체가 무기체계 개발의 주도적인 역할을 할 수 있도록 하였고, 연구개발비를 지속적으로 증가하도록 함으로써 국내 연구개발을 통한 방위산업의 육성기반을 마련하였다고 평가할 수 있다. 둘째, 1980년대 방위산업의 연구개발이 침체된 기간에 민수산업은 자동차, 선박, 철강, IT 등의 분야에서 세계적인 경쟁력을 확보하는 수준으로 발전함으로써 첨단무기체계 개발의 기반을 마련하게 되었다. 셋째, 1980년대 선진 국방과학기술을 도입하여 1990년대 생산된 무기체계가 대부분 수출하는 데 있어 제한을 받게 됨에 따라 새롭게 개발된 무기체계는 자유롭게 수출을 할 수 있도록 독자적 기술개발에 집중하여 세계적 수준의 무기체계를 개발할 수 있는 기반을 마련하게 되었다. 이러한 기술개발 노력은 1990년대에 개발된 무기체계가 2000년대 한국 방위산업의 활황기를 맞이하는 계기가 되었다. 넷째, 1990년대 전차, 장갑차, 화포, 함정 등 구식 무기체계의 수명주기에 따른 교체소요의 발생은 해외수출을 하지 못한 무기체계에 대해서도 국내시장만으로 규모의 경제를 달성할 수 있도록 하였다. 국내시장 규모는 탈냉전으로 인한 국제 무기시장의 경색에도 불구하고 교체소요의 발생으로 국내 방위산업을 지속적으로 유지함으로써 새로운 무기체계를 개발할 수 있는 기반을 제공하였다.

그러나 1990년대의 전장환경에서 요구하는 첨단무기체계에 대한 연구개발이 신속히 이루어지지 않았기 때문에 재래식 무기체계의 교체수요는 국내에서 충족하였지만, 첨단무기체계에 대한 수요는 많은 부분 해외의 직도입에 의존하였다. 탈냉전으로 인한 세계 무기거래 및 국방비의 감소와 걸프전으로 인한 군사혁신의 패러다임은 전 세계적으로 무기소요를 첨단무기체계로 변화시키게 되었다.

---

161 이진영, "한국 방위산업의 변환과 국가의 역할: 김대중, 노무현 정부를 중심으로", 연세대학교 대학원 박사학위논문, 2009, pp.97-100의 내용을 요약정리하였다.

라. 고도정밀 방위산업 육성기(1999~2008년)[162]

김대중, 노무현 정부의 국방획득정책의 특징은 방위산업정책이 국방개혁과 같은 국방정책의 큰 틀에서 전반적으로 조정되고 통제되었다는 점이다. 따라서 특정 방위산업을 발전시키는 정책이 아니라 국가 차원의 산업개발과 과학기술개발의 측면에서 통합적으로 국내 방위산업육성정책이 통제되었다고 평가된다.

1990년대 걸프전 이후 미국을 중심으로 치러진 일련의 전쟁들은 첨단무기를 중심으로 한 미래전의 새로운 모습을 보여주었다. 미래전장은 우주감시능력과 정밀유도무기에 의한 효과기반작전을 수행할 수 있는 전장의 네트워크화를 요구하였다. 이에 따라 2000년대 한국도 미래전장 환경에 대응하기 위하여 병력 위주의 양적 군 구조를 정보·지식 중심의 기술집약형 군 구조로 변환하는 국방개혁을 시도하였다. 한국의 국방개혁은 1988년 노태우 정부가 '장기 국방태세 발전방향 연구(일명 818계획)' 계획을 마련하게 되면서 시작되었다.[163] 김영삼 정부에서도 '21세기 위원회'를 통하여 국방개혁을 시도하였으나 실질적으로 첨단과학기술을 기반으로 전략과 교리를 변환하고 이를 위하여 조직을 개편하는 군사혁신은 아니었다.

김대중 정부에 들어서부터 우리 군은 과학기술군을 목적으로 본격적으로 군사혁신을 시작하였다. 정부는 '작지만 강한 군대' 건설을 목표로 '군사혁신추진위원회'를 중심으로 본격적인 조직변화와 무기체계획득을 추진하였다. 이 시기부터 국방부는 급속히 발전하고 있는 군사기술을 이용하여 새로운 군사체계를 개발하고 그에 상응하여 작전운용 개념과 조직편성의 혁신을 추진하였다.[164]

노무현 정부에서는 국방개혁의 효과적인 시행을 위하여 '국방개혁 2020'의 개혁안을 법제화함으로써 국방개혁의 강력한 의지를 표명하였다. 또한 국가안보전략 지침과 안보환경 변화에 능동적·탄력적으로 대처하기 위해 매 3년 단위로 안보환경과 국

---

162 이진영, 전게서, pp.101-107의 내용을 요약정리하였다.

163 국방군사연구소, 전게서, pp.312-313.

164 국방부, 『국방백서』, 1999, p.155.

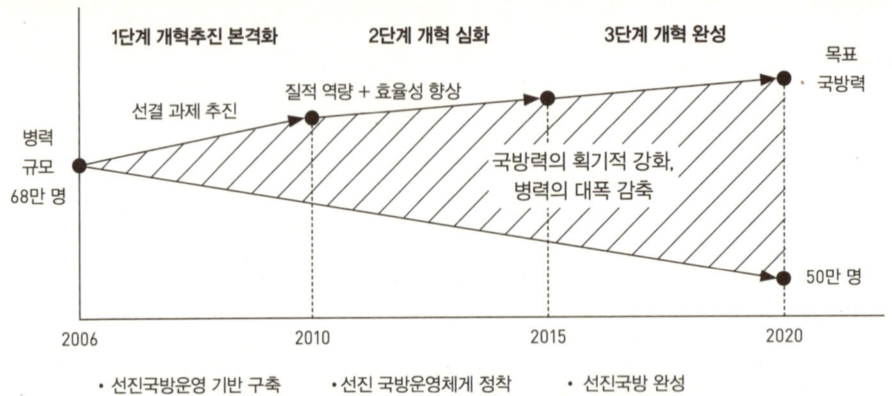

출처: 국방부 홈페이지(2008.9), 이진영, 전게서, p.102 재인용.

방개혁 추진상황을 평가할 수 있도록 국방개혁안을 발전시켰다. 특히 구체적인 개혁과제를 선정하여 명확한 달성목표를 제시하고, 또 그것을 효과적으로 달성하기 위한 전략을 제시하였다. 19개 대과제, 77개 소과제를 제시하고, 국방개혁의 단계도 3단계로 구분하여 1단계는 2010년까지 대북 전쟁억제능력을 확충하고, 2단계는 2015년까지 대북 전쟁억제능력을 확보하며, 3단계는 2020년까지 불특정 위험에 대비한 방위충분성 전력을 확보할 수 있도록 하여 이에 따른 전력증강을 추진해나가는 데 목표를 두었다.

〈그림 5-1〉은 '국방개혁 2020'을 단계화하고 이에 따른 사업추진 방향을 나타낸 것이다.

특히 2012년 작전통제권 반환을 대비한 정보능력을 확보하기 위하여 조기경보기, 무인항공정찰기, 정찰위성 등 조기경보 및 표적획득 능력을 강화하여 실시간 전장관리 및 지휘가 가능한 지휘통제능력을 확보하고 차기전차, 다목적 헬기, 최신예 전투기, 이지스함 및 잠수함과 정밀유도무기를 확보함으로써 기동성과 정밀타격능력을 증대하려는 데 목표를 두었다.

노무현 대통령은 2005년부터 본격적으로 수차례에 걸쳐 전시작전통제권에 대한 문제를 구체적으로 언급[165]하였으며, 제37차 SCM(2005년)과 제38차 SCM(2006년)을 통하여 2007년 2월 22일 워싱턴 국방장관회의에서 전시작전통제권을 2012년 4월 17일에 한국에 이양하기로 합의하였다. 전시작전통제권 전환에 대비한 자주적 전력 확보를 위한 증강은 2005년 '국방개혁 2020'의 시행과 함께 본격적으로 시작되었다고 볼 수 있다. 노무현 대통령은 2003년 8월 15일 광복절 경축사에서 "10년 이내 자주국방 역량기반을 구축하겠다"고 공식적으로 천명하였다.[166] 이와 같이 노무현 정부가 자주국방에 대한 의지를 더욱 확고하게 한 대외적 환경은 2004년 6월 초 '미래 한미동맹 정책구상(FOTA)' 회의 참석차 방한한 미 정부 고위관계자들이 한국 정부에 2005년 말까지 주한미군 전체 병력의 1/3에 달하는 1만 2,500여 명을 감축하겠다는 계획을 공식 통보함으로써 예기치 못한 전력공백이 예상되었기 때문이다.[167] 특히 2004년 7월 미 국방부와 주한미군은 핵심 대북 억제전력부대인 아파치 공격용 헬기 1개 대대와 다연장로켓(MLRS) 1개 대대, M-109A6(Paladin) 자주포 1개 대대 등을 2005년까지 철수하겠다는 계획을 한국 국방부와 합참에 공식 통보함으로써 전력공백에 대한 위기감을 더욱 가중시켰다. 이후 '협력적 자주국방'의 추진은 가속화되기 시작하였다.[168]

국방획득사업도 2000년대의 변화된 목적을 달성하기 위하여 중장기 계획을 작성하였고 특히 2012년 전시작전통제권 전환을 앞두고 자주적 전쟁억제능력의 확충과 방위충분성 전력기반 구축을 목표로 독자적 작전 계획과 수행이 가능하도록 C4ISR 능력과 정밀타격능력을 확보하는 방향으로 추진하게 되었다.

---

165 청와대 보도자료, "전시작전통제권 환수 문제의 이해", 전시작전통제권 T/F 대통령 보고문(2006.8.17), p.7.

166 2003년 8·15경축사.

167 정항석, "주한미군 감축배경과 의미", 「통일정책연구」 제13권 2호(2004), p.1.

168 한용섭 편, 『자주냐 동맹이냐: 21세기 한국 안보외교의 진로』, 서울: 오름, 2004, p.97.

<table>
<tr><td colspan="2" align="center">〈표 5-8〉 국방획득 5대 정책방향</td></tr>
<tr><td>○ 국방과학기술개발 역량 발전
○ 무기체제 성능 및 통합체제의 전력발휘 보강
○ 획득업무의 효율성·전문성·투명성 추천</td><td>○ 경제적인 획득사업 추진
○ 국가산업발전과 연계한 획득사업추진</td></tr>
</table>

출처: 국방부, 『국방백서』, 서울: 국방부, 1999, p.108.

2000년대 방위산업의 특징은 방위산업정책이 경제적 효율성의 관점을 중시한다는 점이다. 이는 1990년대 중반에서부터 이미 논의되어 오던 내용이지만 김대중 정부에서는 보다 명확하게 국방획득정책 방향을 제시하고 있다. 1999년 『국방백서』에는 군이 요구하는 성능의 무기·장비·물자를 경제적 비용으로 적기에 전력화하고 주요 핵심체제에 대하여 독자개발능력을 확보함은 물론 기술 분야의 기술혁신을 추구한다는 목표 아래 국방획득 5대 정책방향을 〈표 5-8〉과 같이 제시하고 있다.

여기서 국방획득정책 방향을 구체적 사안으로 살펴보면 이전과는 달리 방위산업 정책방향이 상당히 구체적으로 변화되는 모습을 확인할 수 있다. 특징을 살펴보면 첫째는 국내 방위산업의 기술개발능력 및 경쟁력 강화를 위해 방산업체의 구조조정 유도, 지원제도 발전 등 다양한 방안을 추진해나가는 것이다. 국제 방위산업시장에서의 경쟁력 강화를 위한 M&A와 국내 방위산업의 중복투자에 의한 불필요한 경쟁을 제거함으로써 자생적 경쟁력을 확보할 수 있도록 방위산업 구조조정을 유도한다는 것이다. 이러한 구조조정을 이룬 대표적 기업이 한국항공우주산업(KAI)이다. KAI는 대우중공업㈜, 삼성항공산업㈜의 항공기 사업부문과 대한항공㈜ 3사의 현물출자에 의한 법인설립 및 인력승계로 만들어진 국내 유일의 항공기 체계종합업체이다. 방위산업계의 구조조정은 탈냉전 이후 전 세계 방위산업시장의 추세로서 국내의 소모적인 불필요한 경쟁을 제거하고 국제적 경쟁력을 확보하기 위한 대안이라 할 수 있다.

둘째는 국가산업 발전과 연계된 획득사업을 추진하기 위하여 민군겸용기술 개발 등 국방과학기술과 국가과학기술이 연계된 획득사업을 적극 진행해나가고, 국가 기

간산업 발전계획과 연계하여 국방획득사업 추진도 강화해간다는 것이다. 민군겸용
기술 개발을 발전시키기 위하여 정부는 1998년 4월 '민·군겸용기술사업촉진법'을 제
정함과 함께 국방부, 과학기술부, 산업자원부, 정보통신부의 공동사업으로 민군겸용
기술 개발을 위한 토대를 마련하였다.[169] 민군겸용기술의 중요성에 대한 인식은 이미
1997년 국가과학 기술력을 한 단계 도약시키기 위한 '과학기술 혁신을 위한 5개년 계
획'에 포함되었다. 이는 국방과학기술의 개발을 국가적 차원에서 진행하겠다는 의지
를 나타내고 있음을 알 수 있다.

　민군겸용기술은 군사부문과 비군사부문에서 공통으로 활용되는 기술을 연구개발
하는 사업이다.[170] 민군겸용기술의 개발은 1990년대 구소련의 붕괴에 따른 안보환경
의 변화, 세계화에 의한 각국의 경제개방 요구, 첨단기술 보유 국가들의 기술 패권화
등의 환경변화에 능동적으로 대처하기 위하여 추진되었다. 탈냉전으로 인한 국방비
의 삭감 압력은 군사력을 양적 구조에서 질적 구조로 변화하게 하였다. 세계화에 따
른 국제적 개방 압력에서 국가의 경쟁력을 확보하는 방안은 굳건한 과학기술력을 바
탕으로 한 고부가가치의 창출이라는 데 의견이 일치되었다. 이미 미국, 일본, 러시아,
중국과 같은 국가들도 이러한 인식을 바탕으로 민군겸용기술의 개발에 역점을 두었
다. 이와 같은 환경변화와 주변국의 과학기술정책의 변환은 한국에게도 많은 시사점
과 함께 변화를 요구하게 되었다. 〈표 5-9〉는 1999년부터 2007년까지 수행한 민군
겸용기술 개발사업 현황이다.

　〈표 5-9〉의 민군겸용기술 개발사업의 현황에서 알 수 있듯이 정부가 야심차게 추
진한 것과는 달리 아직 가시적인 성과를 이루고 있지는 못하고 있다.

　2000년대에 들어 국방과학기술을 국가적 과학기술의 발전과 함께 개발하는 제도적
기반이 더욱 공고해지고 있으며 점차 체계화되어 가고 있다. 산·학·연 연구체계의 확립
을 위하여 국방부는 1994년부터 특화연구센터를 운영하고 있다. 특화연구센터는 민간

---

[169] '민·군겸용기술사업촉진법'(제정 1998.4.10, 법률 제5535호)은 2008.2.29(법률 8852호) 개정을 통하여 '민·
　　군협력사업촉진법'으로 개칭되고 관련 행정부서가 방위사업청, 지식경제부로 변경되었다.

[170] 민·군겸용기술사업촉진법 제2호 1항.

<표 5-9> 민군겸용기술 개발사업 현황(1999~2007)

구분	투자(억 원)	과제현황				실용화(개/%)
		계	진행	중단	완료	
계	2,621	134	28	17	89	25/24.3
방위사업청	608	44	13	5	26	16/51.6
산자부/정통부	1,800	86	11	12	63	9/12.5
부처협력	213	4	4			

출처: 방위사업청, 「방위산업육성 기본계획(2008~2012)」, 서울: 방위사업청, 2008.

분야의 우수한 기술잠재력을 무기체계 핵심기술·부품개발에 접목시키고, 민간분야 우수인력의 국방기술 개발참여를 유도하기 위하여 특정 기술 분야를 중점적으로 연구하도록 위촉된 연구기관이다. 특화연구센터는 초기 1994년의 경우 연구수행기관이 서울대, KAIST, 포항공대의 3개 대학만 지정되었으나, 2004년에는 서울대, KAIST, 인하대, 해양대의 4개 대학에 연구센터가 추가 설립되었고, 2008년 6월에는 연세대에 '국방나노응용 특화연구센터'와 KAIST에 '국방 M&A 기술 특화연구센터'의 2개 연구소가 추가됨에 따라 총 11개의 특화연구센터가 운영되고 있다.[171] 그러나 연구수행 범위가 대학 중심의 기초연구 분야로 한정되고 예산규모가 적어 향후 정부출연연구소 내에 특화연구를 설립하여 국방전문 연구기관으로 발전시킬 계획이다.[172]

셋째는 방위산업의 매출이 증가하고 수출도 급격히 증가하고 있다. 이는 1990년대를 통하여 연구개발된 비교적 큰 규모의 무기체계 판매가 호조를 보였고 또한 F-15K의 절충교역에 의한 수출이 증가하였기 때문이다. 국내수요는 국방개혁소요의 증가와 특히 2012년 작전통제권 반환에 따른 요구전력의 증가로 인하여 국내수요가 증가하였다.

---

[171] 국방부 연구개발관실, "국방과학기술 특화연구센터 자료", 2005; 「디지털 타임즈」 http://www.dt.co.kr/contents.html(검색일: 2008.6.18); 방위사업청, 「방위사업청 소식지」 제22호(2008.7), p.7.

[172] 방위사업청, 전게서, p.86.

전시작전통제권의 반환에 대비하고 미래전장의 NCW 작전개념을 구현하기 위한 정보화 시스템의 구축이 국방부로부터 각 군 본부, 작전사령부, 군단, 대대급까지 폭넓게 요구하게 되었다. 한국은 독자적으로 운용할 수 있는 지휘통제시스템(KJCCS: Korea Joint Command and Control System)을 2005~2007년에 체계개발하였다. 지휘통제시스템은 정보시스템과 더불어 C4I의 핵심요소라 할 수 있다.

넷째는 1988년에 도입되어 한국 방위산업의 특징적 구조로 안정적인 방위산업의 근간을 형성하는 데 기여해온 전문화·계열화 제도의 폐지이다. 전문화·계열화 제도는 ADD 중심의 연구개발제도와 마찬가지로 국내 방산업체 연구개발을 저해하는 역효과를 나타내었다. 즉 이 제도는 연구개발을 촉진하기보다는 기존 업체의 기득권을 유지 또는 강화시킴으로써 오히려 방산업체의 창의력 있는 연구개발을 저해하고 기술력이 있는 신규업체의 진입을 제한하여 오히려 방산업체의 경쟁력을 약화시키는 결과를 초래하여 2009년에 폐지하였다. 전문화·계열화 제도가 폐지됨에 따라 중소 방산업체를 활성화시키고 부품의 원활한 공급과 연구개발을 증진하기 위한 방산업체의 구조조정과 함께 대규모 방산업체와 중소 방산업체의 상생발전을 도모하는 정책수립이 요망되었다. 예를 들어 미국의 '중소기업혁신개발사업(SBIR: Small Business Innovation Research)' 및 '중소기업기술이전제도(STTR: Small Business Technology Transfer Program)'와 유사한 연구지원 프로그램을 개발, 중소업체들에 대한 연구개발자금을 단계적으로 지원해줌으로써 방위산업에 대한 진입장벽을 낮추는 한편 혁신적인 중소기업들을 육성 발전시키고자 하고 있다.

마. 방위산업의 신성장 동력기(2008년~현재)

이명박 정부는 외환위기 이후 성장잠재력에 대한 우려가 커지자, 2008년 3월 지식경제부를 중심으로 한국 경제를 이끌어갈 새로운 성장동력을 발굴하기 위한 작업에 착수하였다. 민간의 '신성장동력 기획단'이 제안한 '6대 분야 22개 신성장동력 산업'을 '범부처 신성장동력 산업(3대 분야 17개 산업)'으로 전환하고 추진전략을 단기 및 중장기로 나누어서 제시하였다. 이 과정에서 방위산업도 신성장동력 산업으로 인정되었는

데 이는 방위산업이 국가의 가치와 이익을 보장하는 중요한 안보자산으로서 우리 산업기반의 건설과 맥을 같이해왔으며, 국방연구개발과 첨단기술이 결합되어 타 산업으로의 기술파급효과가 크다는 점에 기인한다.[173] 국방부는 방위산업의 신 경제성장 동력화를 위해 방산업체가 대내외 경쟁력을 갖추고 체계적으로 발전할 수 있도록 연구개발투자를 2010년 국방비 대비 6.1%, 2012년 7% 수준으로 점차 확대해나가는 한편 국방과학연구소는 전략·첨단무기와 핵심·원천기술 개발에 집중하고, 민군협력 강화로 기술이전(spin-on/off/up)을 활성화하도록 하였다. 또한 방산업체가 자체 연구개발에 노력하는 한편 방산업체의 생산능력을 향상시킬 수 있도록 부품 국산화 추진을 확대해나가고 있다.

방위사업청은 방위산업이 안보자산의 확충과 더불어 타 산업으로의 기술파급 확대를 통해 국가경제 산업기반을 강화하고, 국가경제 성장의 새로운 견인차 역할을 수행할 수 있도록 국방 R&D 활성화를 통한 방위산업 성장기반 확충과 방산업체 경영여건 개선 및 방산수출지원체계의 구축을 위해 노력하고 있다. 지식경제부와 협조하여 '민·군겸용기술사업촉진법'을 '민·군협력사업촉진법'으로 개정하여 주관부처를 지식경제부에서 방위사업청으로 이관하고, 참여부처를 보건복지가족부, 국토해양부, 농림수산식품부 등으로 확대하여[174] 국방중심의 범부처 협력체계를 구축하고 있다. 따라서 국내 과학기술 개발 관련 정책에 있어 민군 기술협력은 빼놓을 수 없는 과제가 되었다.[175]

또한 미국에서 1994년부터 시행하던 '신개념 기술시범제도(ACTD: Advanced Concept Technology Demonstration)'를 방위사업청에서도 2008년 3개 과제를 선정하여 시범적으로 실시하였다. ACTD는 민간분야의 성숙된 첨단기술을 신속하게 무기체계에 적용하기 위한 제도로 소규모 사업을 대상으로 하고 있어 우수 중소기업의 개발

---

173 국방부, 『국방백서 2010』, pp.181-185.

174 방위사업청, 『방위산업육성 기본계획(2008~2012)』, 서울: 방위사업청, 2008, pp.89-91.

175 국가과학기술자문회의, 『국내외 과학기술 현안과제 도출에 관한 연구』, 서울: 한국과학기술기획평가원, 2007, pp.59-71.

기술 사업화 촉진이 기대되는 사업이다.[176]

방위산업은 과거 군수물자의 안정적인 생산을 위한 방산업체 육성보호 차원에서 방산업체의 질적 향상과 국제경쟁력을 확보하기 위한 경쟁 위주의 방위산업정책으로 정책의 무게중심이 옮겨가고 있는데, 이를 위한 선행조건이 바로 방산업체 경영여건의 개선이다.

그중에서도 가장 주목할 것은 방위산업 분야의 경쟁체제 도입이다. 그동안 방산업체의 독과점 체제를 보장해왔던 전문화·계열화 제도가 2009년 폐지됨에 따라 기술력 있는 신규업체의 진입을 막아왔던 장벽이 거둬지게 되었다. 방위사업청은 전문화·계열화 제도 폐지에 따른 혼선과 부작용을 최소화하기 위해 방위사업법을 개정하여 사업조정제도를 마련하였으며, 업체선정평가제도 개선에 대한 지침 등 종합적인 후속조치를 마련하였다.

또한 기술력 있는 중소기업의 높은 참여욕구에 비해 정보제한이 문제로 지적되고 있었으므로 이를 개선하기 위한 부품 국산화 종합정보체계의 기본설계를 2008년 6월 완료하였다. 같은 해 7월에는 국가 차원의 '방산관리 종합정보체계 구축' 사업이 행정안전부 전자정부 지원 대상사업으로 선정되어 정부부처와 방산업체 간 방산정보 공유 인프라가 구축되고 방산수출 지원기능도 강화될 것으로 기대된다.

한편 방산육성정책자금 지원 강화를 위해 2008년 5월 말에 이차보전사업의 일환으로 256억 원이 융자 추천되었고 향후 방산수출 분야 등 지원 분야가 더욱 확대될 전망이다. 그리고 원가절감 유인을 위한 유인부계약제도, 연구개발 활성화를 위한 원가보상 방안 등을 골자로 한 방산원가·계약 관련 법령개정도 추진되었다. 국방부는 방위산업 수출 활성화를 위해 정부 차원의 각종 자원을 활성화하고 방위산업 수출지원 인프라를 확대하는 등 체계적으로 확대하기 위한 전략을 추진하고 있다. 이와 같은 방산수출지원정책에 따라 방산물자 수출에 있어서는 2011년 5월 인도네시

---

176 방위사업청, "제3회 신기술소개회", 서울: 방위사업청, 2008, 소개회 자료.

아에 T-50 고등훈련기 16대의 수출계약을 체결하였고,[177] 대우조선해양은 인도네시아 정부의 잠수함사업에 입찰서를 제출하여 2011년 9월 9일 인도네시아 정부로부터 우선협상 대상자로 선정됨에 따라 잠수함 3척 약 1조 4,000억 원 규모의 수출이 가능할 것으로 보인다. 또한 대우조선해양은 350억 달러에 이르는 캐나다 군함 프로젝트에서도 조만간 사업 일부를 수주할 것으로 보인다.[178]

방위산업 수출실적은 매년 증가하고 있으며 수출대상 국가도 2008년 59개국에서 74개 국가로 확대되고 있는 추세이다. 수출품목도 기존의 탄약과 기동 분야 위주에서 통신전자와 함정·항공기 등으로 다양화되고 있다.

그리고 방산업체의 약 70%를 차지하고 있는 중소기업에는 중소기업청의 연구개발 자금을 우선 배정하여 부품 국산화와 무기체계 개발을 지원하고, 연구개발 단계에서는 중소기업자 우선 선정 품목을 지정함으로써 방산물자 지정방식을 '1물자:1업체'에서 '1물자:다수업체'로 개선하여 경쟁을 통한 기술력 향상을 도모하고 있다.

이와 같이 신 경제성장을 위한 정부의 노력이 가시화되고 있는 현재, 방위산업을 비롯한 국방부문과 민간부문에서 신 경제성장을 위해 각기 새로운 산업 분야와 영역을 발견하기 위해 방위산업과 민간산업을 상호 연계시켜 경제성장의 견인차 역할을 할 수 있도록 하는 다양한 정책을 시행 중에 있다. 경제성장이 전통적 산업 분야에 대한 생산요소의 투입증대에 의존했다는 점을 감안할 때, 현재와 미래의 새로운 경제성장은 요소투입의 증대가 아닌 생산기술의 발전에 기초해야 한다. 따라서 방위산업육성정책은 민간부문과 방위산업의 협력을 통한 시너지 효과 확대에 정책의 역점을 두어야 할 것이다.

한편 참여정부에서 수립된 '국방개혁 2020'은 이명박 정부의 새로운 국방개혁 추진 계획인 '국방개혁 307계획'으로 변경되었다. 국방부가 2011년 3월 8일 발표한 '국방개혁 307계획'은 20년 만에 군의 상부 지휘구조를 개편하는 것이 핵심내용이며, 앞으

---

177 http://blog.naver.com/ych9729(검색일: 2011.9.9)

178 전범주, "대우조선 인니 잠수정 우선협상자 유력", 매일경제, 2011.9.18, p.22.

로 73개 과제를 단기(2011~2012년), 중기(2013~2015년), 장기(2016~2030년)로 나눠 추진되는 이 계획은 오는 2030년을 최종 목표로 하고 있다.

목표기간의 변경에 따라 참여정부 당시 2020년을 목표로 수립된 '국방개혁 2020'은 상비군 50만 명 유지 등 일부 개혁과제만 계승하고 전체적인 개념은 완전히 바뀌었다. 방위력개선사업도 '국방개혁 2020'이 미래 잠재적 위협에 중점을 두었지만, '국방개혁 307계획'에서는 현존하는 북한의 국지도발과 비대칭위협에 중점을 두어 전력증강 우선순위를 조정하고 적 잠수함 도발에 대응하는 신규전력 및 240mm, 122mm 장사정포 대응능력 구비, 대량살상무기 대응체계 구축, 차세대 전투기(F-X) 및 글로벌호크 조기확보 추진 등을 주요 내용으로 하고 있다.

3. 지난 40여 년간의 방위산업 성과

우리나라 방위산업은 지난 40여 년간 내적으로나 외적으로 상당한 발전을 하였다. 방위산업 매출 및 수출 규모, 그리고 방산기술 수준을 통하여 우리나라 방위산업의 성과를 살펴본다.

가. 방산업체 경영실태

최근 10년간 방산업체 경영실태를 살펴보면 〈표 5-10〉과 같다.

〈표 5-10〉의 내용을 분석하면 방산부문은 2002년부터 시작된 흑자 기조를 유지하고 있으며, 방산 매출액은 지난해에 비해 21.3% 증가한 8조 7,691억 원의 신장세를 보이고 있다. 방산부문 매출이 증가한 주요 원인으로는 신규사업 착수, 국내사업의 수요증가, 수출물량 증대 및 환율변동 등에 의하여 증가한 것으로 보인다. 〈그림 5-2〉에 의한 방산업체 영업이익률은 제조업 평균과 비교할 때 2004년을 기점으로 증가하다가 2010년에는 동일한 실적을 실현했다. 방산부문은 최근 흑자를 지속하고 있는 가운데 영업이익이 전년에 비해 증가한 것으로 나타났으며, 영업이익 증가원인은 매출 증가와 매출액 증가에 따른 고정비 감소, 환율변동, 지분법 평가손익 등에

〈표 5-10〉 최근 10년간 방산업체 경영실태										
구분		'00	'01	'02	'03	'04	'05	'06	'07	'08	'09
매출액		33,359	37,013	43,447	42,681	46,440	53,165	54,517	61,955	72,351	87,692
영업이익		2,130	1,617	1,545	1,543	1,413	2,500	2,673	2,629	3,625	5,338
영업이익률 (%)	방산	6.4	4.4	3.6	3.6	3.0	4.7	4.9	4.2	5.0	6.1
	제조평균	6.8	5.4	6.2	6.7	7.2	6.1	5.3	5.8	5.9	6.1
가동률 (%)	방산	48.5	50.3	54.5	57.3	56.1	57.8	61.0	59.8	60.3	61.8
	제조평균	78.3	75.3	78.3	78.3	80.3	79.8	81.0	80.3	77.2	74.6

출처: 방위사업청, 『방위사업청 통계연보』, 서울: 대한기획인쇄, 2011, p.44.

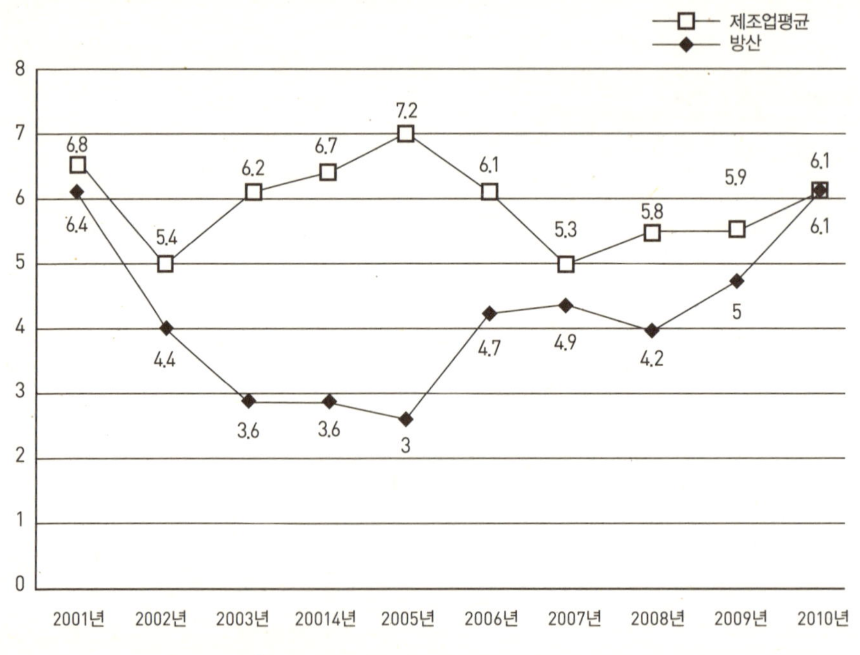

〈그림 5-2〉최근 10여 년간 방산업체 영업이익률(단위: 억 원)

출처: 방위사업청, 전게서, p.114.

기인한 것으로 보이며,[179] 방산부문 가동률은 2000년 이래 꾸준히 증가하고 있으나 제조업 평균과 비교하면 아직도 현저히 낮은 실정이다.

나. 방산물자 및 국방과학기술 수출[180]

2000년부터 2010년까지 방산물자 수출실적을 살펴보면 〈그림 5-3〉과 같다.

2003년 이전까지 2억 달러 내외를 유지하던 방산수출이 2004년 인도네시아에 대한 상륙정(1.5억 달러) 수출계약이 체결된 것에 힘입어 4.2억 달러로 대폭 증가하였다. 2007년도는 터키에 기본훈련기(3.5억 달러), 파키스탄에 155mm 화포 탄약류(1억 달러) 등의 수출계약으로 2004년도 대비 2배인 8.4억 달러 수준에 이르고 있다. 2008년도에

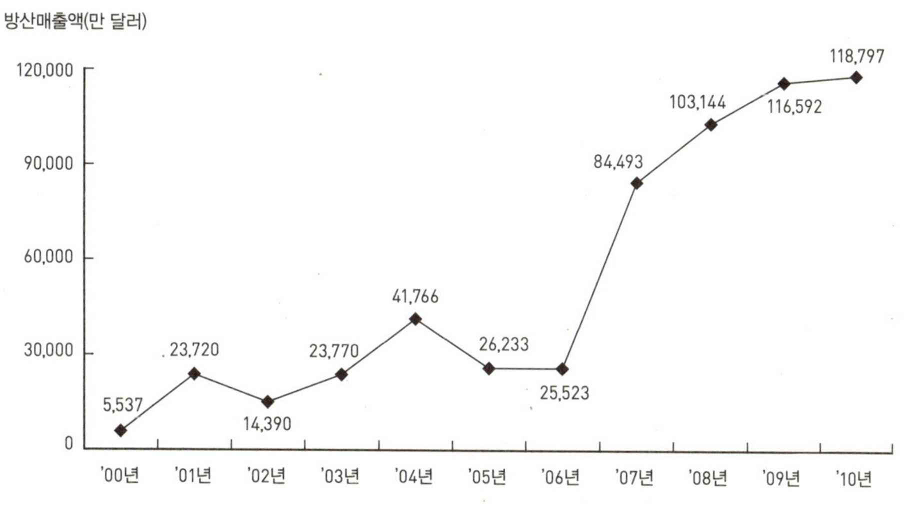

〈그림 5-3〉 최근 10년간 방산물자 및 국방과학기술 수출현황

출처: 방위사업청 홈페이지 통계자료(검색일: 2011.11.11)

---

179 방위사업청, 『방위사업청 통계연보 2011』, 서울: 대한기획인쇄, 2011, p.115.

180 최성빈·고명섭·이호석, "한국방위산업의 40년 발전과정과 성과", 「국방정책연구」 제26권 제1호(2010년 봄), pp.90-95. 2010년 수출실적을 추가하였다.

는 최초로 10억 달러를 돌파하였다. 특히 2008년 7월 28일에 3.3억 달러 규모의 '한·터키 전차개발기술협력' 수출계약을 체결한 것은 우리 방산 분야의 첨단기술력을 세계시장에서 인정받는 계기가 되었다. 2009년도에는 약 11억 7,000만 달러, 2010년에는 방산수출 실적이 사상 최대치인 11억 9,000만 달러를 기록한 것으로 집계되었다.

이는 세계적인 경제불황 여파 및 UAE의 T-50 수출실패 등 잇단 악재에도 불구하고 이룬 큰 성과이다. 2009년 주요 수출품목으로는 잠수함 전투체계 및 창정비, 장갑차, 통신장비, 견인포 등 다양한 분야로 꾸준히 확대되고 있으며, 수출대상 국가도 2006년 44개국에서 2009년에는 74개국으로 계속적으로 늘어나고 있는 추세이다. 2010년 주요 수출품목으로는 잠수함 전투체계와 잠수함 창정비, 차륜형 장갑차, 견인포 등 첨단기술이 필요한 제품이 증가했으며, 최대 수출대상국은 미국으로 탄약류와 항공기 엔진 부품, 전자통신 부품 등 3.6억 달러를 수출했다.[181]

분야별로 방산품목에 대한 수출추세와 특징을 살펴보면 다음과 같다. 탄약 분야는 전통적인 수출 주력분야의 하나로 안정적인 수출시장을 이미 확보하고 있으며, 총포 분야는 기본 총기류뿐만 아니라 2001년 터키에 K-9자주포 부품의 수출을 계기로 분야를 점차 확대시키고 있다. 기동 분야는 1993년도에 체계장비 최초로 말레이시아에 수출된 장갑차를 포함하여 5톤 차량, 2.5톤 차량 등이 20여 개국에 수출을 하고 있다. 함정 분야는 1990년대 후반부터 대형 건조사업을 수주하기 시작하였는데, 2000년대에 들어서 인도네시아에 병력수송선, 다목적 병원선 등을 수출하였다. 통신 분야는 소형 통신기기 위주이기 때문에 타 분야에 비해 상대적으로 소규모이지만 꾸준히 수출되고 있고 항공 분야는 최근 5년간 본격적인 수출이 추진되고 있는 분야로서 대표적인 수출품목은 KT-1 기본훈련기, F-15K 부품 등이다. 용역 및 기타 분야의 수출대상 국가는 전 세계 30여 개에 이르고 있는데, 특히 2008년도에 터키에 대한 흑표 전차 생산기술 수출은 주목할 만하다. 2011년 5월 인도네시아 T50 항공기 16대 수출, 그리고 인도네시아 정부로부터 2011년 9월 잠수정 3척(1조 4,000억 원)에 대한 우선

---

181 진성훈, "방산수출 11억 7천만 달러 사상 최고", 한국일보, 2010.1.5.

176

협상 대상자[182]로 선정되어 수출이 가능할 것으로 보인다.

〈표 5-11〉은 무기체계 분야별·연도별 수출실적을 나타낸 것이다.

최근 몇 년간 우리나라 방산수출 품목의 특징은 과거 항공기 부품 및 엔진정비, K-9자주포 부품, 탄약류 및 군용차량 위주에서 탈피하여 KT-1 기본훈련기, K-9자주포, K2 전차 기술이전, T50 등 우리나라가 독자적으로 개발한 체계장비의 수출이 많은 비중을 차지하게 된 점이다. 독자적인 체계장비의 수출은 수리부품, 교육훈련 및 기술지원 등이 수반되어 지속적인 수출이 이루어진다는 점에서 큰 의미를 지닌다. 지난 10여 년간 방산물자 수출추세를 분야별로 분석하면, 항공 분야는 훈련기, 항공기 엔진 등이 수출 중이며, T-50 훈련기는 수출 추진 중에 있다. 탄약 분야는 전통적인 수출 주력분야로서 미국 중심의 안정적인 수출시장 확보로 증가하고 있고, 기동 분야

<table>
<tr><td colspan="7">〈표 5-11〉 무기체계 분야별 수출실적</td></tr>
<tr><td>연도
구분</td><td>'05</td><td>'06</td><td>'07</td><td>'08</td><td>'09</td><td>'10</td></tr>
<tr><td>총수출액</td><td>26,234</td><td>25,323</td><td>84,493</td><td>103,144</td><td>116,592</td><td>118,797</td></tr>
<tr><td>항공</td><td>16,413</td><td>10,169</td><td>44,028</td><td>25,895</td><td>9,893</td><td>23,780</td></tr>
<tr><td>탄약</td><td>2,611</td><td>5,017</td><td>28,805</td><td>25,796</td><td>23,142</td><td>33,376</td></tr>
<tr><td>기동</td><td>2,362</td><td>1,849</td><td>3,783</td><td>36,066</td><td>32,458</td><td>8,491</td></tr>
<tr><td>총포/화력</td><td>2,482</td><td>6,581</td><td>2,672</td><td>10,190</td><td>15,907</td><td>11,490</td></tr>
<tr><td>함정</td><td>358</td><td>–</td><td>2</td><td>92</td><td>13,698</td><td>36,548</td></tr>
<tr><td>통신전자</td><td>66</td><td>275</td><td>776</td><td>1,792</td><td>17,073</td><td>2,591</td></tr>
<tr><td>개인장비</td><td>659</td><td>185</td><td>3,994</td><td>951</td><td>4,242</td><td>583</td></tr>
<tr><td>기타</td><td>1,287</td><td>1,246</td><td>433</td><td>2,360</td><td>178</td><td>1,939</td></tr>
</table>

출처: 방위사업청, 전게서, p.105.

---

182 전범주, "대우조선 인니 잠수정 우선협상자 유력", 매일경제, 2011.9.18, p.22.

는 전차, 장갑차, 군용차량 등 20여 개 국가에 수출이 지속되고 있으나 전년에 비해 크게 감소하였다. 총포/화력 분야는 자주포, 견인포, 화기류 등 다양한 품목으로 수출이 지속적으로 추진되고 있으며, 함정 분야는 함정 및 잠수함 등의 제작·정비사업 등 수출영역이 점차 확대되고 있다. 통신전자는 통신장비 및 전자장비에 대한 부품 수출이 2009년에 급격히 증가하였다가 감소하고 있으며, 개인장비는 화생방 장비, 낙하산, 방탄장비 등 소형장비의 수출이 증가되다가 감소하는 추세를 반복하고 있다. 2010년에는 함정, 항공, 탄약 부문에서 뚜렷한 수출증가 실적을 나타냈다.

전반적으로 방위사업청 출범 이후 방산수출지원정책 및 방산수출기업의 시장개척 활동에 힘입어 2008년 이후 10억 달러를 달성하였으며, 2009년 이후 약 12억 달러 수준을 유지하고 있다.

다. 무기체계별 국내 기술수준[183]

(1) 개요

국방기술품질원은 『2010 국방과학기술조사서』를 통해 대표 무기체계별 우리나라의 국방과학기술 수준이 최고 선진국 대비 평균 78% 수준이라고 발표했다.[184]

지휘통신체계, 지상무인체계, 수상함체계 등 29개 대표 무기체계를 기준으로 기술수준을 조사한 결과 우리나라의 국방과학기술 수준은 화력 분야가 선진국 대비 82%로 가장 높고 항공 분야가 74%로 가장 낮으며, 국방과학기술 순위는 세계 주요 16개국 중 11위인 것으로 나타났다.

특히 우리나라는 화포와 지상무기체계 등이 우수한 편이지만 항공·우주와 감시·정찰 무기체계 등이 취약하며, 국방 분야의 1485개의 요소기술 중 선진국 대비 5년 이상의 격차를 갖는 기술이 628개로 43%에 달하는 것으로 조사되었다.

---

183 국방기술품질원 홈페이지, 『국방과학기술조사서』, 2011, pp.53-64(검색일: 2011.11.14)를 요약정리하였다.

184 국방기술품질원, "2010 국방과학기술조사서 발간", 「국방과 기술」 제371호(2010년 1월호), p.10.

<table>
<tr><td colspan="4" align="center">〈표 5-12〉 대표 무기체계별 기술수준</td></tr>
<tr><th>8대 무기체계 분야</th><th>8대 무기체계 분야 기술수준(%)</th><th>대표무기체계</th><th>대표무기체계 기술수준(%)</th></tr>
<tr><td rowspan="2">지휘통제·통신</td><td rowspan="2">78</td><td>지휘통제체계</td><td>76</td></tr>
<tr><td>전술통신체계</td><td>79</td></tr>
<tr><td rowspan="6">감시·정찰</td><td rowspan="6">76</td><td>레이더체계</td><td>75</td></tr>
<tr><td>SAR체계</td><td>73</td></tr>
<tr><td>전자광학장비체계</td><td>77</td></tr>
<tr><td>수중감시체계</td><td>76</td></tr>
<tr><td>전자전체계</td><td>79</td></tr>
<tr><td rowspan="1"></td></tr>
<tr><td rowspan="4">기동</td><td rowspan="4">81</td><td>지상무인체계</td><td>80</td></tr>
<tr><td>개인전투체계</td><td>78</td></tr>
<tr><td>기동전투체계</td><td>83</td></tr>
<tr><td>기동지원체계</td><td>–</td></tr>
<tr><td rowspan="3">함정</td><td rowspan="3">80</td><td>수상함체계</td><td>85</td></tr>
<tr><td>잠수함체계</td><td>76</td></tr>
<tr><td>해양무인체계</td><td>79</td></tr>
<tr><td rowspan="4">항공·우주</td><td rowspan="4">74</td><td>고정익기체계</td><td>72</td></tr>
<tr><td>회전익기체계</td><td>74</td></tr>
<tr><td>무인기체계</td><td>76</td></tr>
<tr><td>우주무기체계</td><td>74</td></tr>
<tr><td rowspan="7">화력</td><td rowspan="7">82</td><td>화포체계</td><td>90</td></tr>
<tr><td>화력지원체계</td><td>–</td></tr>
<tr><td>탄약체계</td><td>77</td></tr>
<tr><td>기뢰/지뢰체계</td><td>–</td></tr>
<tr><td>유도무기체계</td><td>80</td></tr>
<tr><td>수중유도무기체계</td><td>82</td></tr>
<tr><td>특수무기체계</td><td>–</td></tr>
<tr><td rowspan="2">방호</td><td rowspan="2">81</td><td>방공무기체계</td><td>83</td></tr>
<tr><td>화생방체계</td><td>79</td></tr>
<tr><td rowspan="2">기타(M&S, SW)</td><td rowspan="2">78</td><td>국방M&S체계</td><td>79</td></tr>
<tr><td>국방SW체계</td><td>76</td></tr>
</table>

출처: 국방기술품질원 홈페이지, 『국방과학기술조사서』, p.53(검색일: 2011.11.14)

국방기술품질원이 조사한 우리나라의 8대 분야 29개 대표 무기체계에 대한 기술수준은 〈표 5-12〉와 같다.

우리나라는 8대 무기체계 분야 중 화력, 기동, 방호, 함정 4개 분야 기술수준은 선진권 수준이나, 지휘통제·통신, 감시·정찰, 항공·우주 및 기타(M&S, SW) 4개 분야는 중진권 수준에 머무르고 있다. 우리나라의 25개 무기체계를 수준별로 분류하여 살펴보면 다음과 같다.

화포체계(90)는 선진권(우수) 수준으로 매우 우수하며, 수상함체계(85), 기동전투체계, 방공체계(이상 83), 수중유도무기체계(82), 지상무인체계, 유도무기체계(이상 80) 등도 선진권(우수) 수준의 우수한 기술을 보유하고 있는 것으로 조사되었다. 또한 중진권(보통) 수준으로는 전술통신체계, 전자전체계, 해양무인체계, 화생방체계, 국방 M&S체계(이상 79), 개인전투체계(78)이며, 이들 체계는 선진권에 근접한 기술수준을 보유하고 있고 우주무기체계, 회전익기체계(이상 74), SAR체계(73), 고정익기체계(72) 등은 상대적으로 취약하여 앞으로 육성이 필요한 분야이다.

(2) 선진국 대비 국내 기술수준

국방기술품질원은 국방무기체계와 같이 지휘통제·통신, 감시·정찰, 기동, 함정, 항공·우주, 화력, 방호, 기타(M&S, SW)의 8대 분야를 구성하고 있는 29개 대표 무기체계, 1485개의 요소기술을 식별하여 선진국 대비 국내 기술수준을 조사하였다. 이 중에서 선진국 대비 상대적 국내 기술수준이 조사된 요소기술은 1441개로 현재 한국의 요소기술 수준은 선진국 대비 보통(70~80) 수준이 583개(전체 중 40%)로 제일 많았으며, 우수하거나 매우 우수한 기술은 564개로 전체 중 39%이다. 이는 한국의 기술수준이 중상위권임을 의미한다.[185]

선진국 대비 국내 기술수준별 요소기술 수는 〈표 5-13〉과 같고, 요소기술별 국내 기술수준 분포는 〈그림 5-4〉와 같다.

선진국 대비 기술수준이 미흡한 곳을 분야별로 살펴보면, 취약기술은 항공·우주,

---

185 국방기술품질원, 『국방과학기술조사서』, p.56.

〈표 5-13〉 선진국 대비 국내 기술수준

선진국 대비 국내 기술수준	의미	요소기술 수	비율
60 미만	최하위권 – 매우 미흡	102개	7%
60~70	하위권 – 미흡	192개	13%
70~80	중진권 – 보통	583개	41%
80~90	선진권 – 우수	476개	33%
90~100	최고 선진권 – 매우 우수	88개	6%
계		1,441개	100%

출처: 국방기술품질원 홈페이지, 『국방과학기술조사서』, p.56(검색일: 2011.11.14)

함정, 화력, 감시·정찰 분야에 많이 분포되어 있다.[186]

항공·우주 분야는 36건으로 무인기체계 13건, 회전익기체계 12건, 고정익기체계 11건이고, 함정 분야는 29건으로 잠수함체계 16건, 수상함체계 13건이며, 화력 분야는 14건으로 특수무기체계 7건, 유도무기체계 4건, 수중유도무기체계 2건, 탄약체계 1건이다. 감시·정찰 분야는 12건으로 전자광학장비체계 5건, 수중감시체계 4건, SAR체계/전자전체계/레이더체계 각 1건이다.

〈그림 5-4〉는 선진국과 비교한 국내 기술수준을 원그래프로 분포도를 나타낸 것이다.

우리나라의 국방과학기술 수준을 총괄적으로 평가해보면 〈그림 5-4〉에서 보듯이 미국, 영국, 프랑스 등 선진국 능력 대비 시 78% 수준으로 세계 11위권으로 추정된다. 기동 및 화력 분야는 80%를 상회하여 국내 독자기술로 개발이 가능한 수준에 도달한 것으로 판단된다. 지휘통제·통신 분야는 C4I전력 등 일부 정보통신 기반기술이 선진국 수준이지만 전투체계 구축 등 체계통합기술은 기반 확보를 위해 노력 중

---

186 국방기술품질원 홈페이지(e magazine), 『국방과학기술조사서』, p.60(검색일: 2011.11.14)

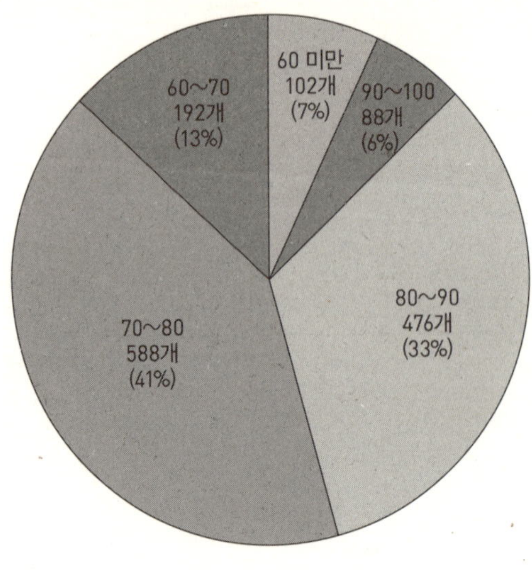

출처: 국방기술품질원 홈페이지, 『국방과학기술조사서』 p.56(검색일: 2011.11.14)

이다. 감시·정찰 분야의 경우 전자광학 센서를 위한 검출기 등 핵심기술이 아직 미흡하고, 레이더를 위한 구성품 기술은 보유하고 있으나 능동위상배열레이더 개발기술 등은 다소 미흡한 실정이다. 또한 유도 및 방공 분야는 정밀타격무기의 체계종합, 유도·제어 기술 등은 기반확보 단계이며, 초음속 엔진, 광섬유 이용 센서, 스텔스 형상 구조 능동제어·자율유도 등 주요 핵심기술 개발을 추진 중에 있다.

따라서 중기(2010~2014년)적으로는 첨단무기체계 개발 기술이 선진국 수준에 도달하도록 연구개발비를 지속 투자하고 관련 노력의 통합과 효율적인 정책을 추진하는 동시에 분야별 중점개발 핵심기술을 식별하여 지속적인 투자를 통해 국방기술 수준 10위권 진입을 목표로 하고 있다. 장기(2015~2024년)적으로는 중점추진 핵심무기체계를 독자적으로 개발할 수 있는 능력을 확보하여 국방과학기술 및 첨단무기 개발의 자주성을 확보하며 이를 통해 현재(2004~2008년 누계 기준) 세계 18위권인 방산수출국에서 수출 10위권 수준의 국제경쟁력을 확보한다는 계획을 가지고 있다.

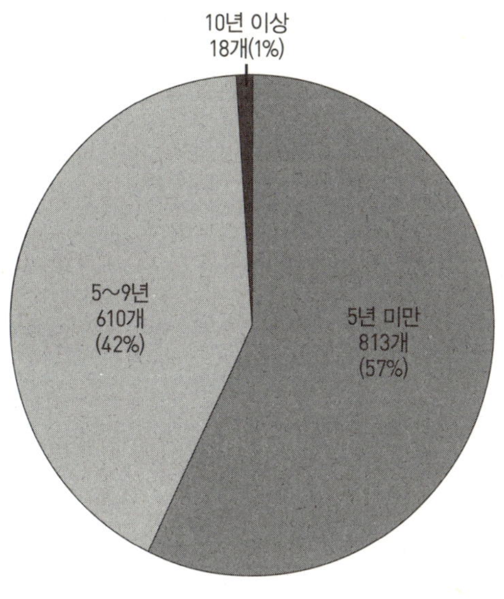

출처: 국방기술품질원 홈페이지, 『국방과학기술조사서』, p.56(검색일: 2011.11.11)

(3) 기술격차

국방무기체계를 이루고 있는 8대 분야 1,485개의 요소기술 중에서 선진국 대비 기술격차 수준이 조사된 요소기술은 1,441개로 현재 한국의 요소기술격차 수준은 5년 미만 수준이 813개(전체 중 57%)로 제일 많았으며, 5~9년은 610개로 전체 중 42%이다. 이는 한국의 기술수준이 중상위권임을 의미한다.

〈그림 5-5〉는 선진국과 비교한 기술격차 수준을 기간별 요소기술 수를 원그래프로 나타낸 것이다.

선진국 대비 10년 이상의 기술격차가 있는 18개의 요소기술은 〈표 5-14〉와 같다.

함정 분야와 항공·우주 분야가 기술격차가 큰 기술들이 가장 많은 분야로 나타났다. 기술격차가 큰 요소기술들은 함정 분야 9건, 항공·우주 분야 5건이다.

<표 5-14> 선진국 대비 10년 이상의 기술격차가 있는 요소기술

대표무기체계	요소 기술	기술격차(년)
전자광학장비체계	소형화, 경량화, 고집적 설계기술	10
수중감시체계	전기장신호 탐지기술	10
수상함체계	원자력 추진기술	11
	가시광선 감소기술	10
	전기/자기장 감소기술	11
	Wake 감소기술	10
잠수함체계	원자력 추진기술	11
	전기/자기장 감소기술	11
	Wake 감소기술	10
	방호 구조기술	10
	위협무기효과 분석기술	10
고정익기체계	전기식 구동기술	11
회전익기체계	전기식 구동기술	11
	기어 설계기술	11
무인기체계	전기식 구동기술	11
	기어 설계기술	11
유도무기체계	하이브리드 로켓 추진기술	10
특수무기체계	자유전자 레이저 기술	11

출처: 국방기술품질원 홈페이지, 『국방과학기술조사서』, p.62(검색일: 2011.11.11)

(4) 민/군 기술수준

국방무기체계를 이루고 있는 8대 분야의 1485개의 요소기술 중에서 민/군 우위수준이 조사된 기술은 1441개로 현재 한국의 요소기술 중 국방기술 수준이 민간기술 수준보다 앞서는 요소기술은 909개(전체 중 63%)로 제일 많았으며, 서로 비슷한 수준은 399개로 28%로 나타났다. 이는 요소기술이 국방중심적인 기술이기 때문인 것

〈표 5-15〉 민/군 분야의 수준별 요소기술 수

민/군 기술수준	요소기술 수	비율
민간 매우 앞섬	12개	1%
민간 다소 앞섬	121개	8%
비슷	399개	28%
국방 다소 앞섬	639개	44%
국방 매우 앞섬	270개	19%
계	1,441개	100%

출처: 국방기술품질원 홈페이지, 『국방과학기술조사서』, p.63(검색일: 2011.11.11)

으로 보인다.

〈표 5-15〉에 민/군 분야의 수준별 요소기술 수를 나타내었다.

함정, 지휘통제·통신, 감시·정찰, 기동 분야의 순으로 민간이 군보다 앞서는 요소기술들이 많다. 군에 취약한 감시·정찰, 지휘통제·통신 분야에서 민간이 앞서고 있는 기술들이 있으므로 민간의 기술을 받아들이는 것을 고려해볼 필요성이 있다. 함정 분야는 38건으로 잠수함체계 17건, 수상함체계 17건, 해양무인체계 4건이고, 지휘통제·통신 분야는 35건으로 전술통신체계 20건, 지휘통제체계 15건이다. 감시·정찰 분야는 25건으로 수중감시체계 18건, 전자광학장비체계 7건이고, 기동 분야는 12건으로 기동전투체계/개인전투체계 각 5건, 지상무인체계 2건이다.

4. 우리나라 방위산업의 문제점

우리나라 방위산업은 지난 40여 년 동안 어려운 여건 하에서도 국가안보를 위한 기반구축을 위해 많은 발전을 이룩하였다. 그럼에도 불구하고 여전히 많은 문제점이 내재하고 있다.

우리나라 방위산업의 대표적인 문제점은 방산업체의 경영악화, 군의 요구수준에 미치지 못하는 공급(기술)능력, 취약한 방위산업 기반, 과도한 내수의존 등 네 가지로

요약할 수 있다.[187]

　첫째, 방산업체의 경영악화 문제이다. 한국의 방위산업(방산부문)은 한국방위산업진흥회가 발간한 『2008 방산업체 경영분석』에 의하면 회사 전체 대비 매출액 비율이 평균 7.5%에 불과하고 수출실적도 미미한 수준이며, 일반 제조업에 비해 매출액 영업이익률, 종업원 1인당 부가가치 및 1인당 매출액, 가동률 등 경영성과 지표로 나타나는 대부분의 분야에서 매우 열악한 상황을 보이고 있다. 또한 방산물자의 국산화율은 65.6%에 불과하여 첨단무기의 해외 구매 및 기술도입 생산을 불가피하게 하는 악순환을 반복하고 있다.

　2004년부터 지금까지 한국방위산업진흥회 회장을 맡고 있는 한진그룹 조양호 회장은 조선비즈닷컴과의 인터뷰에서 국내 방위산업의 가장 큰 문제점으로 '물량 부족'을 꼽았다. "정부가 최소한 생산라인을 유지할 정도의 물량은 줘야 하는데 이게 안 되기 때문에 업체 입장에서는 생산원가가 올라가는 문제가 있다. 방산업체들에 대한 정부 지원을 특혜로 봐서는 곤란하다. 좀 극단적인 표현이 될지 모르겠지만 우리나라 방위산업은 이대로 가면 망하게 돼 있다. 국내시장이 작고 국방부 물량이 적을 뿐만 아니라 지속적으로 물량을 주지도 않고 계약도 1년 단위로 한다. 생산시설이나 인력을 계속 유지해야 하는데 같은 양도 찔끔찔끔 준다. 이렇게 되면 생산원가는 높아질 수밖에 없다"고 하면서 "미국의 경우 정부가 장기계약으로 물량을 유지하게 해주니까 총비용을 계산할 때 원가가 낮아진다. 이에 비해 우리나라는 소규모 물량으로 인해 기술축적이 안 되고 원가는 원가대로 높은 게 근본적인 문제다. 우리는 자주국방을 위해 우리가 모든 것을 만들어야 한다고 생각하지만 국내업체는 관련 있는 국내업체끼리 또는 해외업체와도 공동개발, 공동생산, 공동판매체제로 가야 한다"고 강조했다.[188]

---

187 임치규, "방위산업육성정책이 방산업체의 경영성과에 미치는 영향에 관한 연구", 경희대학교 대학원 박사학위논문, 2010, pp.81-86.

188 유용원, "한국 방위산업 이대론 망한다", 조선비즈닷컴, http://blog.naver.com/posalsim/10095839456(검색일: 2010.10.30)

방산업체의 경영악화는 국가재정 투자의 시각에서 볼 때 '방위산업 재정운용의 고비용화' 문제를 낳게 된다. 국가가 방위산업을 육성하는 일차적인 목적은 '군사력 건설 지원'과 '전시 대비 전투지속능력 보장'이므로, 방위산업정책의 목표는 '자주적 군사력 건설 지원'과 '경제적 방위산업 유지'가 될 것이다. 따라서 국가의 방위산업 재정 지출의 목적은 '자주적 군사력 건설 지원'과 '경제적 방위산업 육성'이라고 규정할 수 있다. 결국 국가는 자주적 군사력 건설 및 전시를 대비하여 일정 수준의 방위산업을 유지하고 육성해야 하는데, 방산업체의 경영상태가 악화되면 정부가 방위산업 유지를 위해 공적으로 재정을 투입해야 하는 상황으로 발전될 가능성도 배제할 수 없다. 또한 방산업체의 경영악화는 연구개발 투자, 국방과학기술 개발, 자주적 군사력 건설, 방위산업 국제경쟁력 등에 부정적인 영향을 미치고, 무기체계와 핵심 구성품의 해외 직구매 및 재정의 해외지출 증가를 초래하게 되어 결과적으로 방위산업에 대한 비용증가와 효율성 저하로 연결될 수밖에 없다.

둘째, 방산업체의 공급(기술)능력이 첨단무기를 획득하고자 하는 군의 요구수준에 미치지 못하고 있다.[189] 이는 저조한 국방과학기술능력, 군의 첨단무기 조기 전력화 요구로 인한 과다한 해외 직구매 등의 원인이 복합적으로 작용한 결과로 보인다. 현재 국내 국방과학기술능력은 〈표 5-12〉에서 보는 바와 같이 선진국 대비 78% 수준이다.[190] 따라서 재래식 무기에 대한 국방과학기술 수준은 군의 소요를 적기에 충족할 수 있는 수준이지만, 첨단무기 분야는 군의 소요를 충족할 수 없는 수준이라고 할 수 있다.

이렇게 방위산업의 기술력이 군의 요구수준을 충족시키지 못하게 되면 무기체계 및 핵심 구성품의 해외 직구매를 초래하게 된다. 이는 결과적으로 자주적 군사력 건설을 저해하고 국가재정의 해외유출을 지속시키며, 방위산업 경영역량과 연구개발 투자에 역기능적으로 작용하게 되고, 국방 전력투자 지출의 효율성 저하 및 국방 재

---

189 한남성 외 3인, "방위산업의 당면환경과 발전전략", 「국방정책연구」 제24권 4호(2008년 겨울), p.223.

190 국방기술품질원 홈페이지, 「국방과학기술조사서」(2011), pp.53-64(검색일: 2011.11.14)

〈표 5-16〉 선진국 대비 국방과학연구소와 방산업체 기술수준 비교(단위: %)

분야(장비수)		ADD 수준	방산업체 수준
기동(1개)		95.5	86.6
유도(5개)		84.6	61.3
통신전자	감시정찰(10개)	79.9	61.4
	정보전자(4개)	93.2	70.0
	지휘통제(4개)	89.5	80.6
	기타(2개)	72.0	55.5
항공(1개)		71.6	59.2
화생방(3개)		86.9	77.7
총합계(30개)		84.2	67.1
평균		84.2	68.8

출처: 조남훈 외 4인, 『방위산업기반 조사분석을 통한 방위산업 경쟁력 강화 전략 수립』, 한국국방연구원, 2007, p.98.

정운용 비용의 증가로 이어지게 된다.[191]

　〈표 5-16〉은 선진국 기술수준과 비교한 국방과학연구소와 방산업체의 기술수준을 나타낸 것이다. 또한 국방과학연구소와 방산업체의 기술수준을 비교할 때 방산업체가 국방과학연구소의 기술수준을 초과한 분야는 하나도 없는데 이는 그동안 국방과학연구소 주도로 연구개발사업을 추진해왔기 때문이다.

　국방연구원의 분석 결과에 의하면, 2002년 이전까지 25년간 완성품 기준으로 볼 때 해외로부터 도입하여 사용하는 무기·장비가 71%에 달하는 것으로 나타났다.[192] 또한 무기·장비의 해외도입과 관련하여 지난 5년간(2006~2010년) 국내외 계약집행 내용을 분석한 결과는 〈표 5-17〉에서 보듯이 해외도입비용이 전체 방위력개선비

---

191 문종열, 전게서, p.93.

192 권태영, "국방연구개발체제 혁신", 국방연구개발 포럼, 2003; 한남성 외 3인 전게서, p.223에서 재인용하였다.

<table>
<tr><td colspan="7">〈표 5-17〉 국내외 계약집행(단위: 억 원)</td></tr>
<tr><td>구분</td><td>2006</td><td>2007</td><td>2008</td><td>2009</td><td>2010</td><td>평균(%)</td></tr>
<tr><td>국내획득</td><td>96,522</td><td>49,694</td><td>74,920</td><td>55,592</td><td>80,102</td><td>71</td></tr>
<tr><td>해외도입</td><td>24,132</td><td>22,825</td><td>58,482</td><td>19,682</td><td>19,316</td><td>29</td></tr>
<tr><td>계</td><td>120,625</td><td>72,519</td><td>133,402</td><td>75,274</td><td>99,418</td><td>100</td></tr>
</table>

출처: 방위사업청, 『방위사업청 통계연보』, 서울: 대한기획인쇄, 2011, p.163.

<table>
<tr><td colspan="7">〈표 5-18〉 방위력개선비 중 순수 무기체계 획득비용(단위: 억 원)</td></tr>
<tr><td>구분</td><td>2003</td><td>2004</td><td>2005</td><td>2006</td><td>2007</td><td>평 균</td></tr>
<tr><td>무기획득비용</td><td>28,760</td><td>31,076</td><td>35,937</td><td>42,211</td><td>47,981</td><td>185,965</td></tr>
<tr><td>국내획득</td><td>18,544</td><td>19,082</td><td>21,419</td><td>29,744</td><td>36,641</td><td>124,430</td></tr>
<tr><td>해외도입</td><td>10,216</td><td>11,994</td><td>14,518</td><td>12,467</td><td>12,340</td><td>61,535</td></tr>
<tr><td>해외도입비율</td><td>35.6%</td><td>38.6%</td><td>40.4%</td><td>29.5%</td><td>25.7%</td><td>33.1%</td></tr>
</table>

출처: 문종열, 전게서, p.23.

중 약 29%를 차지하고 있으며, 방위력개선비 중 순수 무기획득비용을 분석한 결과는 〈표 5-18〉과 같이 해외도입비율이 평균 33%를 점유하고 있는 상황을 보여주고 있다.[193]

이러한 분석 결과는 한국군의 방위력개선사업은 북한 위협에 대한 단기적 대응소요의 긴급성으로 조기 전력화를 필요로 하였으며, 따라서 완성품 위주의 해외도입이 무기획득의 주류를 이루었음을 보여주고 있는데, 그 배후에는 방위산업의 기술력이 군의 요구수준을 충족시키지 못하고 있는 현실적 이유가 작동하고 있다고 볼 수 있다.[194]

'국방개혁 기본계획'에서도 향후 획득할 예정인 첨단무기체계와 장비 및 핵심 구성

---

[193] 문종열, 전게서, p.23, p.83.

[194] 일반적으로 무기·장비를 해외도입하는 이유는 ① 국내 기술력 부족으로 연구개발 불가능, ② 긴급소요전력으로 조기 전력화, ③ 비용과다 등의 사유로 연구개발 효율성 저조, ④ 국제협력을 위한 제품구매 등이다.

<table>
<tr><td colspan="7">〈표 5-19〉 2008~2012년 투자계획(단위: 억 원)</td></tr>
<tr><td>구분</td><td>2008</td><td>2009</td><td>2010</td><td>2011</td><td>2012</td><td>계</td></tr>
<tr><td>국내획득</td><td>39,397</td><td>42,774</td><td>51,023</td><td>60,077</td><td>73,361</td><td>266,632</td></tr>
<tr><td>해외도입</td><td>17,460</td><td>20,594</td><td>25,401</td><td>31,620</td><td>29,950</td><td>125,025</td></tr>
<tr><td>해외도입비율</td><td>44%</td><td>48%</td><td>50%</td><td>53%</td><td>41%</td><td>47%</td></tr>
</table>

출처: 문종열, 전게서, p.31.

품의 대부분은 해외에서 도입될 예정이다.[195] 실제로 2006~2020년까지 621조 원이 투자되는 '국방개혁 기본계획'상 방위력개선비는 272조 원인데,[196] 2008~2012년까지의 방위력개선비 투자계획을 보면 〈표 5-19〉와 같이 국내획득 대비 해외도입비율이 47%를 점유하고 있다.[197] 이렇게 높은 해외도입비율이 문제가 되는 것은 도입단가가 높을 뿐만 아니라 향후 정비·유지비용의 급증과 함께 장기적으로는 국내 연구개발 기회를 원천적으로 차단하여 방산기반을 악화시키기 때문이다.

셋째, 취약한 방위산업 기반에 관한 문제이다. 우리 방위산업은 지난 1970년대 이후 제조능력 성장에도 불구하고 종합 생산기반은 아직도 미흡한 상태에 있다. 또한 조립생산 중심의 생산체제를 유지하고 있고, 주요 핵심부품을 해외도입에 의존함에 따라 중소기업은 침체를 벗어나지 못하고 있다. 이렇듯 취약한 하부 공급기반의 문제점은 한국의 방위산업이 소수 대기업과 1차 협력업체에 의해 체계조립 위주로 운영되게 하는 결과를 초래했다. 전문기술을 보유한 구성품 공급업체가 부재하여 외국의 기술도입에 의존하는 경향은 비지정 하부부품 공급업체가 취약한 구조를 벗어나지

---

195 권태영, "국방 연구개발과 방산산업 패러다임의 재정립", 「한국방위산업학회지」, 제11권 2호(2004.12) 첩보위성(정찰위성), 공중조기경보통제기, 3,000톤급 잠수함, 이지스함구축함, 장거리 지대지미사일, 공중급유기, 대형상륙함 등의 대부분은 해외기술 도입 국내생산 방식 혹은 해외 직구매 방식으로 추진될 예정이다.

196 국방부, 「국방개혁 2020과 국방비」, 2006, p.34.

197 문종열, 전개서, p.31.

못하게 하고 있다.[198] 결국 이렇게 취약한 하부 공급기반은 부가가치 창출 및 기술혁신을 저해하는 요인으로 작용하고 있다.

방위산업 기반을 취약하게 하는 또 하나의 요인은 방위산업의 독점적·폐쇄적 구조에 있다. 지난 1983년부터 2008년까지 유지되어 왔던 전문화·계열화 제도로 인한 분야별 독점체제와 이로 인한 다른 신규업체에 대한 높은 진입장벽은 방위산업의 경쟁기반을 취약하게 만들었다.

넷째, 내수의존 방위산업의 한계를 노출하고 있다는 점이다. 2007년 기준 방산매출액 대비 수출실적은 5% 미만이다. 또한 국제 공동개발 및 합작 등 국제적인 전략적 제휴가 부진한 상태에 있다. 이는 근본적으로 한국의 방위산업이 정부의 방산수요 창출에만 의존하고 있기 때문이며, 핵심부품에 대한 높은 해외 의존도로 인하여 수출에 제약이 발생하기 때문이다.

이외에도 방산물자 계약제도 및 원가계산제도의 문제점을 들 수 있다. 예를 들면 무기체계 최종 조립업체의 경우 중소 방산업체가 부품 국산화에 성공한다 하더라도 최종 조립업체 입장에서는 반가워할 만한 일이 아니다. 왜냐하면 현행 원가계산제도는 제조원가에 일반관리비율과 이윤을 곱하여 총원가를 산정하기 때문에 부품 국산화로 인해 제조원가가 적어지고 결국 총원가가 적어지게 되어 수입하는 경우보다 손해가 발생한다.

또한 품질보증에 있어서는 수입부품은 해외에서 사용되고 있다는 점을 전제로 절차가 용이한 데 비해 국산화한 부품에 대해서는 엄격한 절차를 거친다는 점도 국산화를 통한 기술축적을 저해하는 한 요인이 되고 있다.

2010년 10월 19일 이명박 대통령이 청와대에서 '국방산업 관련 관계부처 장관회의'를 직접 주재한 자리에서 대통령 직속 미래기획위원회 곽승준 위원장은 우리나라 방위산업의 문제점에 대해 국방 R&D 측면, 방위산업구조 및 민간자원 활용 등의 측면에서

---

198 조남훈 외 4인, 전게서, p.15. 2005년 현재 업체당 비지정 하부부품 공급업체는 평균 94개로 추정되며, 총 하부부품 공급업체는 약 8,200개 수준이다.

다양한 문제점을 제기하였다.[199] 먼저 국방 R&D 측면에서는 기존의 국방 R&D는 군이 제시하는 필요에 의해 국방과학연구소(ADD)가 연구개발한 내용을 방산업체가 생산하는 ADD 주도 방식임을 지적하고, 선진국은 민간중심으로 국방 R&D를 추진하고 있으나 우리나라는 민간분야 R&D 시스템과의 연계가 부족하며 ADD의 비중이 너무 과도하다고 하였다.

또한 군소요제기 등 무기체계획득 제반 과정에서 최첨단 무기체계 개발에만 주력함으로써 개발 및 양산 비용의 상승 등으로 수출경쟁력을 확보하기 위한 노력은 미흡하다고 하였다. 특히 ADD 주도 사업의 경우 연구개발에서 시험평가까지 전 과정을 ADD가 주관함으로써 방산업체는 자체 연구개발이나 생산능력을 축적할 수 있는 기회가 제한적이었다고 하였다.

또한 방위산업 측면에 있어서는 다수의 방산업체가 소규모 내수시장(2008년의 경우 7.2조 원)을 중심으로 경쟁하는 영세한 산업구조이고, 이에 따라 M&A로 대형화되고 있는 세계 방위산업계의 추세와는 달리 국내 방산업체는 대부분 민수분야를 겸용하고 있어 군수산업의 전업도가 낮으며(세계 60%, 우리나라 10% 내외), 국방산업의 하부기반인 중소 방산업체는 독자적인 수요처 없이 단순 하청관계에 그치거나, 획득과정에서 기술력이 우수한 중소기업이 탈락하는 사례가 자주 발생하였고, 방산물자 수출의 경우에도 최근 들어 증가하고는 있으나 2008년의 경우 세계 무기시장에서의 비중이 0.5%에 불과하다는 점을 보고하였다.

결론적으로 앞에서 언급한 문제점은 우리의 방위산업시장 구조가 비경쟁적 시장의 모습을 보이고 있고, 연구개발정책이 국방과학연구소에 과도하게 의존되어 방산업체 자체의 기술개발 활성화가 미흡한 데에서 일차적인 원인을 찾을 수 있다. 또한 정부의 무기체계획득정책이 첨단무기의 조기 전력화 위주로 진행되어 핵심 무기체계가 해외도입 위주로 획득되고 있는 것도 주요한 원인이라고 할 수 있다. 이러한 원인에 따라 방산업체가 전략적 투자를 회피하고 수동적 경영형태를 답습하여 기술개발

---

199 청와대, "국방선진화를 위한 산업발전 전략과 일자리 창출"(청와대 보도자료, 2010.10.19), pp.1-3.

과 원가절감 및 부품 국산화 등에 소홀하여 결과적으로 첨단무기와 핵심부품의 해외 의존이 지속되고 방산물자를 해외에 수출하는 데 있어 국제경쟁력이 취약하게 되는 악순환 현상이 나타나고 있는 것이다.

제6절

우리나라 방위산업 육성·진흥정책

1. 우리나라 방위산업 육성·진흥정책 방향

이명박 대통령이 2010년 10월 19일 청와대에서 주재한 '국방산업 관련 관계부처 장관회의'에서 곽승준 미래기획위원회 위원장은 그동안 내수 위주로 운영해온 국내 방위산업을 〈표 6-1〉과 같이 민간의 우수한 기술이 접목되는 신성장동력 산업으로 육성하면서 수출산업으로 전환하는 전략을 보고하였다. 전략의 주요 내용은, 첫째 국방 R&D 체제를 개혁하기 위한 국방 R&D 패러다임 변화, 둘째 방위산업의 수출전 략화, 셋째 국방경영에 민간자원 활용 등 3개 분야로 구성되어 있다.[200]

국방선진화를 위한 산업발전 전략을 보다 구체적으로 설명하면, 첫째 국방 R&D 패 러다임의 변화로, 우선 국방 R&D 추진체계 개편을 위하여 그동안 ADD에서 핵심전 략무기 개발과 동시에 수행해왔던 일반 무기체계 개발 및 성능개량사업은 점진적으

---

[200] 청와대, "국방선진화를 위한 산업발전 전략과 일자리 창출"(청와대 보도자료, 2010.10.19), pp.1-8의 내용을 재정리하였다.

〈표 6-1〉 국방선진화를 위한 산업발전 전략		
전략분야	전략목표	핵심내용
국방 R&D 패러다임 변화	① R&D 추진체계 개편	• ADD의 국방연구 전문기관 위상 정립 • 민간업체 및 관련기관 R&D 역량 강화
	② 융합형 국방 R&D 추진	• 국방산업 발전을 고려한 무기획득체계 구축 • 민군겸용 R&D 등을 통한 민간기술력 활용 확대
	③ 국방 R&D 예산제도 개선	• 국방 R&D 확대 및 성능개량예산 우선 배분 • R&D 성과제고 및 활용도 향상
방위산업 수출 산업화	④ 방산 전문기업 육성 및 생태계 조성	• 자율적 M&A 유도 등을 통한 방산 전문기업 육성 • 중소기업의 선순환적 성장기반 마련
	⑤ 효율적인 정부지원체제 구축	• 범부처 차원의 국방산업 지원체계 구축
	⑥ 수출지원을 위한 제도 개선	• 파이낸싱·기술료·옵셋·국제협력·기업투자 촉진을 수출중심으로 전환
민간자원 활용	⑦ 민군 파트너십 지원체제로 개편	• 전투지원기능에 대한 과감한 아웃소싱 적용 • 민간위탁 추진체계 및 법적 근거 마련
	⑧ 우수 민간기술 활용	• 우수한 민간기술의 국방분야 적용 활성화

〈표 6-2〉 ADD 역할 개선방향		
현 ADD 주요 기능		개선방향
• 전략무기개발	⇒	• ADD 지속 수행
• 비닉무기개발		
• 기초핵심기술		
• 민군겸용기술센터	⇒	• 민군기술협력지원단으로 확대개편
• 무기성능 시험장비/시설	⇒	• 효율적 운영방안 강구
• 일반무기개발	⇒	• 업체중심으로 이관

로 업체중심으로 전환하되 2011년부터 본격화하여 2015년까지 완료하며, ADD는 앞으로 전략·비닉무기 개발과 미래·기초 핵심기술 개발에 주력하고 무기성능 시험장비시설을 업체가 원활히 이용할 수 있도록 다양한 개선방안을 강구한다. 그리고 국

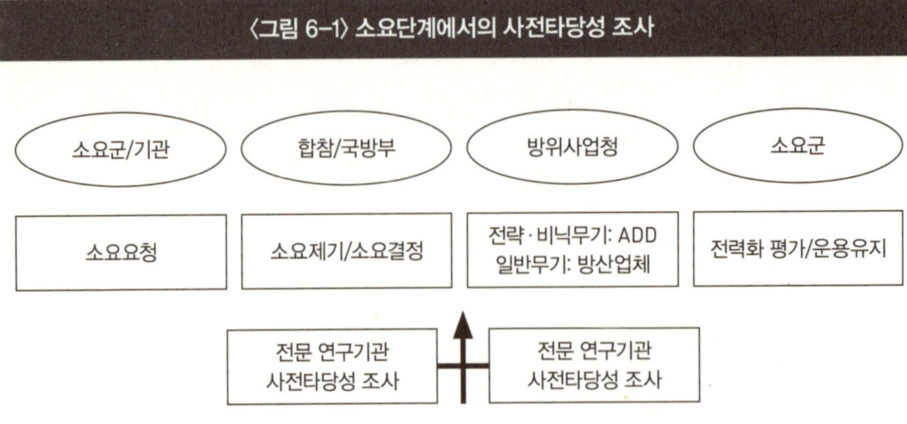

방 R&D 참여기관인 ADD와 국방기술품질원 등의 상호 견제와 균형 역할을 강화하여 기획·연구·평가의 효율성을 제고시킨다. 〈표 6-2〉는 ADD의 역할 개선방향을 나타낸 것이다.

또한 〈그림 6-1〉에서 보는 바와 같이 군에서 소요제기단계부터 산업과 연계된 무기체계 개발이 이루어질 수 있도록 민·관·군 합동개념팀을 운영하고, 군의 요구성능에 대해서는 국방 및 산업 관련 연구기관에 의한 사전타당성 조사를 실시한다.

이런 방식으로 무기획득 절차가 개선되면 영국의 사례와 같이 군이 요구하는 무기체계를 전략·전술적 측면, 기술적 측면, 산업적 측면, 경제적 측면 등 다양한 시각에서 검토할 수 있게 되어 우리 군(軍) 및 산업의 실정에 가장 부합한 무기를 획득할 수 있게 될 것이다.

아울러 방산업체가 업체 자체 연구개발 역량을 확충하고 수출시장에서 경쟁력 있는 제품을 개발할 수 있도록 조세감면 등 지원방안을 강구하며, 선진국형 국방 R&D 예산관리제도 구축을 위하여 국방 R&D 예산은 점차 확대하되, 미래 선도형 기술 및 핵심부품·소재 개발 촉진을 위한 기초/원천기술 투자와 시장성장이 예상되는 비무기 분야에 대한 투자를 확대한다.

또한 기존에 운영되는 무기에 최신의 기술을 탑재하여 성능을 개량하는 성능개량

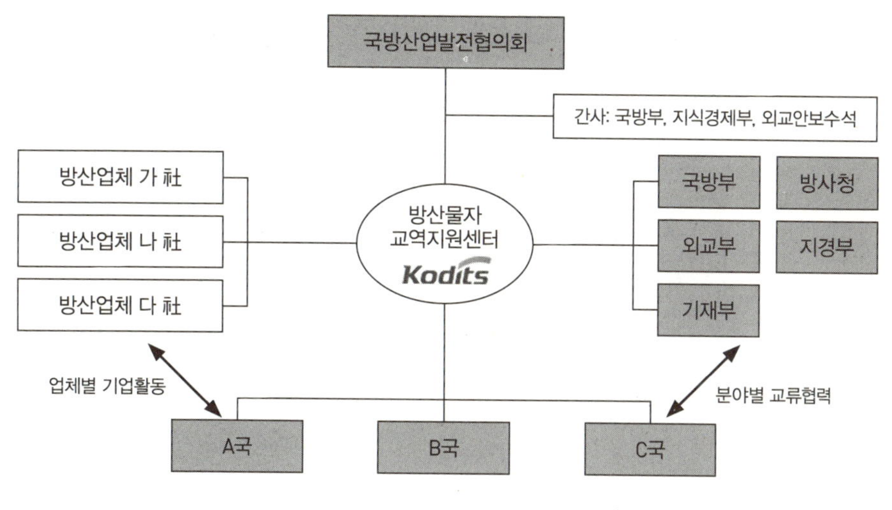

사업을 확대할 수 있도록 R&D 예산 중 일정 부분을 성능개량 예산에 우선 할당하고 기술기획에서 과제집행까지 복잡하고 장기간이 소요되는 각종 절차들을 통합·간소화하는 한편, 도전적 R&D 수행이 활성화될 수 있도록 성실실패제도 정착 등 R&D 성과 제고방안을 강구하며 R&D 성과물에 대한 산업적 활용(spill over)이 활성화되도록 명확한 기술보안·활용 가이드라인을 제시할 예정이다.

둘째, 그동안 내수중심으로 운영해오던 방위산업을 수출산업으로 육성하기 위하여 무기수입국의 종합적인 패키지 요구에 효과적으로 대응하고 범국가적 수출지원을 할 수 있도록 〈그림 6-2〉와 같이 국방부·지식경제부 장관이 '국방산업발전협의회'를 구성하여 공동운영하고, 민·관·군 합동의 방산물자교역지원센터를 확대하여 수출기업에 대한 마케팅지원 등을 포함한 종합지원을 강화(Single Window 역할)한다.

또한 방위산업 전문기업 육성 및 선순환적 산업생태계 조성을 위하여 국내 방위산업체가 글로벌 경쟁력을 확보하고 규모의 경제를 실현할 수 있도록 M&A 유도 등을 통한 방산 전문기업 육성방안을 마련하며, 대기업이 특화기술을 보유하고 있는 중소기업과의 공동 기술개발과 중소기업에 대한 수출지원도 할 수 있는 인센티브 방안을 강구하고, 중소기업 특성화 장비·품류·품목 및 영역 지정 등을 통하여 방위산업 관련 대기업과 중소기업 간 동반성장 체제를 정착시킨다.

아울러 중견기업 육성을 통해 첨단기술 기반의 매력적인 청년 일자리 창출이 가능한 산업구조로 전환할 수 있도록 '세계적 전문기업 300개 육성전략'과 연계하여 방위산업 분야 중견기업을 육성하고, 중소기업의 우수 신기술·신제품을 우선 구매하는 제도가 국방 공공사업에서 실행되도록 하는 방안을 강구하며, 성과가 우수한 국방산업 종사자에 대하여 훈·포장, 대통령 표창 등을 통하여 격려한다.

방산업체의 수출을 촉진하기 위한 인프라를 조성하고 지원제도를 실시한다. 즉 대외 수출여건 조성을 위하여 비전투 지역인 수출대상국에 대하여 우리 군의 파병, 개도국에 대한 우리나라의 국방기술 개발경험 전수, 국방대학원의 후발국 장교교육 확대 등의 군사교류를 활성화하며, 주요 방산수출 대상국이 요구하는 판매자금융을 제공할 수 있는 새로운 공적 수출신용기법을 개발하고, 국방기술료제도·절충교역제도 등 기존의 제도를 수출경쟁력 확보에 도움이 되도록 개선한다. 또한 방산수출업체의 적극적인 해외마케팅을 지원하기 위해서 수출용 마케팅비용을 원가에 반영할 수 있도록 방산원가제도 반영범위를 확대하는 한편 해외전시회 참가지원도 확대하며, 지식경제부의 해외규격인증 지원 등 기존의 수출지원제도를 최대한 활용하도록 한다.

셋째, 우수한 민간의 기술과 자원을 국방에서 적극 활용할 수 있도록 전투지원 기능을 중심으로 민군 파트너십 지원체제로 개편하기 위한 체계적인 추진방안을 강구하고 정비, 수송, 군사자문 등 전투지원 기능을 수행하는 민간 군사기업 활성화를 추진할 예정이다. 이러한 군사기업은 국방 민간위탁 과정에서의 절감인력에 대한 직업안정 문제를 해결하고 전역군인, 청년 등에 대한 일자리 창출효과를 제고하게 될 것이다. 그리고 민간의 우수한 기술력을 국방 분야에서 상시로 도입·활용할 수 있는 체제를 정착시키고, 전투복, 군화 등 일반 방산물자에서도 세계 일류상품이 나올 수 있도록 국책 공동 R&D사업을 확대해나갈 예정이다.

이와 같은 국방선진화를 위한 산업발전 전략을 통해 정부는 〈표 6-3〉과 같이

<table>
<tr><td colspan="6" align="center">〈표 6-3〉 방위산업 생산·수출·고용 전망(비무기체계 분야 제외)</td></tr>
<tr><td>구분</td><td>생산
(억 달러)</td><td>수출
(억 달러)</td><td>일자리
(만 명)</td><td>세계 100대
수출기업</td><td>생산대비
수출비중</td></tr>
<tr><td>2008년</td><td>65.8</td><td>2.53</td><td>2.4</td><td>5개(모두 50위권 밖)</td><td>4%</td></tr>
<tr><td>2020년</td><td>100</td><td>40</td><td>5</td><td>10개(5개 50위권 내)</td><td>40%</td></tr>
</table>

2020년까지 방산물자 수출 및 국방기술 분야 세계 7대 국가 수준 달성을 목표로 방위산업(전투복, 군화 등 비무기 분야 제외) 연간생산 100억 달러, 연간수출 40억 달러와 고용 5만 명을 추진할 예정이다.

방위사업청장은 방위산업을 합리적으로 지원·육성하기 위하여 5년마다 방위산업육성기본계획을 수립하고, 수정이나 보완이 필요할 경우에는 1년 단위로 수정·보완하고 있다.[201] 방위사업청장이 방위산업육성기본계획을 수립하거나 수정·보완할 경우 방위산업설비의 합리화, 방위산업물자의 국산화 추진, 방위산업물자의 생산능력 판단, 방위산업의 국제협력 및 수출에 관한 사항에 대하여는 지식경제부장관과 협의하도록 규정하고 있다.[202]

또한 국방부는 국방부장관 소속 하에 방위사업의 추진을 위한 주요 정책과 재원의 운용 등을 심의·조정하기 위하여 방위사업추진위를 두고 있으며, 방위사업에 관한 투명성·책임성을 제고시키기 위해 정책실명제를 실시하고 있다.[203]

2. 방위산업물자 및 방위산업체 지정제도

방산물자지정제도는 1973년 (㈜)군수조달에관한특별조치법 제정과 함께 도입된 이래 현행 방위사업법에 이르기까지 무기체계 또는 군수물자 획득의 핵심적 개념으로

---

201 방위사업법 제33조, 동법 시행령 제38조.

202 방위사업법 시행령 제38조 제2항.

203 방위사업법 제9조 및 동법 시행령 제3조.

기능해왔다. 방산물자지정제도를 바탕으로 하여 계약금액 계산에 있어서는 방산원가제도, 계약체결에 있어서는 방산계약특례제도, 계약금액 지급에 있어서는 방산착·중도금제도가 3대 축을 이루면서 방산계약이 다른 국가계약과 차별성을 띠는 중요한 요인이 되어왔다.

가. 방산물자와 방산업체의 지정

(1) 방산물자의 지정

방산물자는 군수품, 즉 무기체계로 분류된 물자 중에서 안정적인 조달원 확보 및 엄격한 품질보증 등을 위하여 정부가 지정한 물자를 의미한다.[204] 방산물자의 지정대상인 군수품이라 함은 국방부 및 그 직할부대·직할기관과 육·해·공군이 사용·관리하기 위하여 획득하는 물품으로서 무기체계 및 비무기체계로 구분한다.[205]

또한 무기체계로 분류되지 아니한 물자일지라도 군용으로 연구개발 중인 물자는 개발이 완료된 후 무기체계로 채택될 것이 예상되는 물자와 〈표 6-4〉와 같이 국방부령이 정하는 기준에 해당되는 물자도 방산물자로 지정 가능하다.[206]

여기서 무기체계라 함은 유도무기·항공기·함정 등 전장에서 전투력을 발휘하기 위한 무기와 이를 운영하는 데 필요한 장비·부품·시설·소프트웨어 등 제반요소를 통합한 것으로서 대통령령이 정하는 것을 말한다.[207] 한편 군수품관리법에 따르면 군수품이란, "물품관리법 제2조 제1항의 규정에 의한 물품 중 국방부 및 그 직할기관과 육·해·공군에서 관리하는 물품을 말한다"라고 규정하고 있고, 물품관리법 제2조 제1항에서 물품이란, "국가가 소유하는 동산과 국가가 사용하기 위하여 보유하

---

204 방위사업법 제3조 제7호.

205 방위사업법 제3조 제2호.

206 방위사업법 시행령 제39조 및 방위사업법 시행규칙 제27조.

207 방위사업법 제3조 제3호.

1. 군사전략상 긴요한 소량·다종의 품목 또는 군전용 암호장비로서 경제성이 낮아 방산업체 등이 생산을 기피하는 물자

2. 무기체계로 분류되지 아니한 것으로서 사람의 생명에 직접 관련되어 엄격한 품질보증이 요구되는 물자

3. 무기체계로 분류된 물자의 주요부품 또는 방산물자의 주요부품으로서 연구개발이 진행 중이거나 완료된 물자

4. 생산·조달의 중단이 예정되는 장비로서 그 수리부속품이 장기간 계속 필요한 물자

5. 연구개발하여 생산한 물자에 해당되지 아니하나 군사전략상 주요물자로서 정비·재생·개량 또는 개조 등이 필요한 물자

출처: 방위사업법 시행규칙 제27조

1. 총포류 및 그 밖의 화력장비	8. 야간투시경 그 박의 광학·열상장비
2. 유도무기	9. 전투공병장비
3. 항공기	10. 화생방장비
4. 함정	11. 지휘 및 통제장비
5. 탄약	12. 그 밖의 방위사업청장이 군사전략 또는 전술운용에서 중요하다고 인정하여 지정하는 물자
6. 전차·장갑차 그 밖의 전투기동장비	
7. 레이더·피아식별기 그 밖의 통신·전자장비	

는 동산"을 말한다.[208]

방산물자는 주요 방산물자와 일반 방산물자로 구분된다.[209] 주요 방산물자 종류는 〈표 6-5〉와 같다.

방위사업청장이 주요 방산물자 중 군사전략 또는 전술운용상 중요하다고 인정하여 주요 방산물자로 지정하고자 하는 경우에는 ① 민수분야와의 호환성이 적고 그 개발

---

208 방위사업법상의 군수품이 군수품관리법상의 군수품보다 개념적으로 더 포괄적이다. 즉 방위사업법상의 군수품이 물품(동산)뿐만 아니라 시설이나 무체재산까지 포함하는 것이어서, 물품(동산)에 국한되는 군수품관리법상의 군수품보다 더 넓은 개념이다. 방위사업법이 시설과 소프트웨어를 포함하는 체계라는 개념을 가지고 있기 때문이다.

209 방위사업법 시행령 제39조 제2항 및 동법 시행규칙 제29조.

및 생산에 대규모의 설비투자가 필요하거나, 군의 수요만으로는 경제적인 생산규모에 미치지 못하는 품목과 군사전략상 외부에 노출되어서는 아니 되는 품목, ② 외국에서의 수입이 제한되어 그 획득이 어려운 품목 또는 국가 정책적으로 국내에서의 개발 및 보호육성이 필요한 품목을 대상으로 하되 무기체계 중 완성장비의 주요 부품으로서 그 개발 및 생산에 전문적인 기술이 요구되고, 그 생산의 보호육성이 필요한 품목으로 한다.[210]

방위사업청장은 완제품이나 주요 구성품(두 개 이상의 결합체가 연결되어 한 개로 구성된 부품을 말함)의 단위로 방산물자를 지정할 수 있으며, 방산물자에 사용되는 부품과 방산물자의 운용에 필요한 방산업체가 자체 제조·정비하는 시험측정장비·검사장비·교정장비를 그 방산물자에 포함되어 지정된 것으로 본다.[211] 방위사업청장이 방산물자를 지정할 때에는 물자의 형식을 구체적으로 명시하여야 하지만 형식을 명시하지 못하는 경우에는 그러하지 아니하다.[212]

방산물자 지정 시기[213]는 무기체계 및 비무기체계 연구개발의 경우 체계개발단계부터 방산물자로 지정할 수 있으며 핵심기술 연구개발의 경우, 적용 무기체계가 결정되고 방위사업법 시행규칙 제10조 제5항의 시험개발단계에서 지정의 적합성을 검토하여 방산물자로 지정할 수 있다. 또한 2006년 1월 1일 이전 국방부가 업체 자체 연구개발로 승인한 물자와 방위사업청에서 ㈜방위력개선사업관리규정(2007년 10월 30일 방위사업청 훈령 제65호 방위사업관리규정으로 개정되기 이전의 규정)에 의해서 업체 자체 연구개발로 승인한 물자의 경우에는 규격화 및 목록화가 완료된 후에 방산물자로 지정함을 원칙으로 한다. 다만 사업 일정상 필요한 경우에는 운용시험평가 결과 '전투용 적합' 또는 '군사용 적합' 판정 후에도 지정할 수 있다. 기술협력생산의 경우, 선정된 국내업체가 제출한 기술협력생산 계획서를 확정한 이후에 방산물자를 지정할 수 있다.

---

[210] 방위사업법 시행규칙 제28조.

[211] 방위사업법 시행령 제40조.

[212] 방위사업법 시행규칙 제29조.

[213] 방위산업물자 및 방위산업체 지정규정(지식경제부 훈령 제28호, 방위사업청훈령 제89호, 2009.1.9) 제8조.

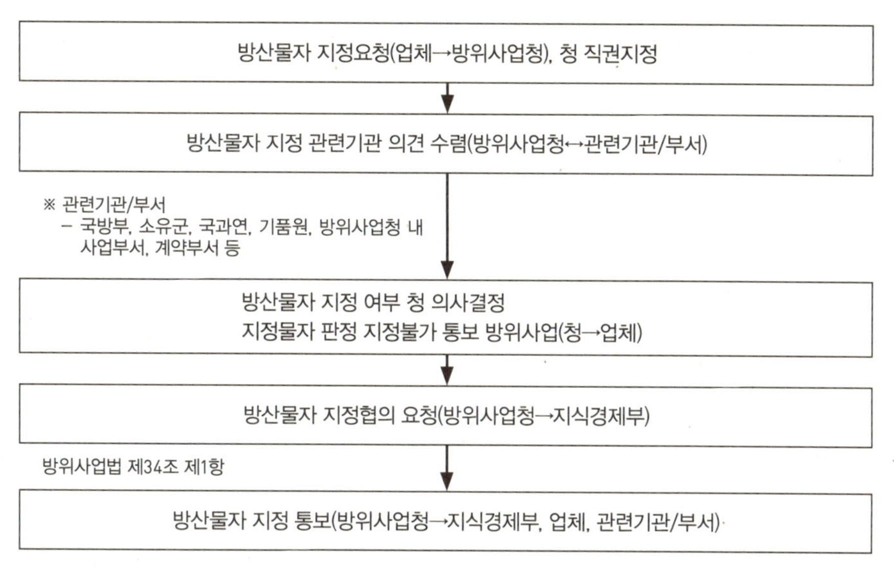

〈그림 6-3〉 방산물자 지정절차

출처: 방위사업법 제39조

방산물자 지정은 방위사업청에 요청한다. 방산물자 신청 시에는 지정요청 업체의 일반사항(업체명, 대표자 성명, 전화번호, 업종 및 주 생산품)과 함께 지정요청 품목에 대한 세부사항(지정요청 품목의 운용개념, 제원과 특성, 개발현황, 중기계획상 소요량, 국산화 실적 또는 계획, 유사 장비와 비교한 경제성, 생산실적 또는 능력, 지정 필요성), 그리고 필요시 외국인 투자기업등록증을 기재한 '방산물자 지정요청서'를 방위사업청에 제출하여야 한다.[214] '방산물자 지정요청서'는 방위사업청의 내부 절차에 따라 검토되고, 지정의 필요성이 인정된 방산물자는 방위사업청장이 지식경제부장관과 협의하여 지정한다.

방위사업청장은 국내 기술수준을 고려하여 2개 이상의 업체에서 생산이 가능할 것으로 판단되는 물자에 대해서는 방산물자 지정을 하지 않을 수 있다.[215]

---

214 방위사업법 시행규칙 제 29조.

215 방위사업법시행령 제40조 제3항.

방산물자 지정절차는 〈그림 6-3〉과 같다.

(2) 방산업체의 지정

방산물자를 생산하고자 하는 자는 방산물자의 생산에 필요한 일반시설 및 특수시설, 방산물자의 품질검사시설, 방산물자 생산에 필요한 기술인력 등 시설기준과 보안요건 등을 갖추어 지식경제부로부터 방산업체 지정을 받아야 한다.[216] 지식경제부장관에게 제출하는 서류는 신청서·정관, 대차대조표 및 손익계산서, 생산시설 및 그 부속시설의 명세와 능력설명서, 원료의 사용실적 및 조달계획서, 생산제품의 종류·규격과 그 생산·판매의 실적 및 계획서, 사업계획서, 기술자 및 기능사의 양성계획서와 기술능력

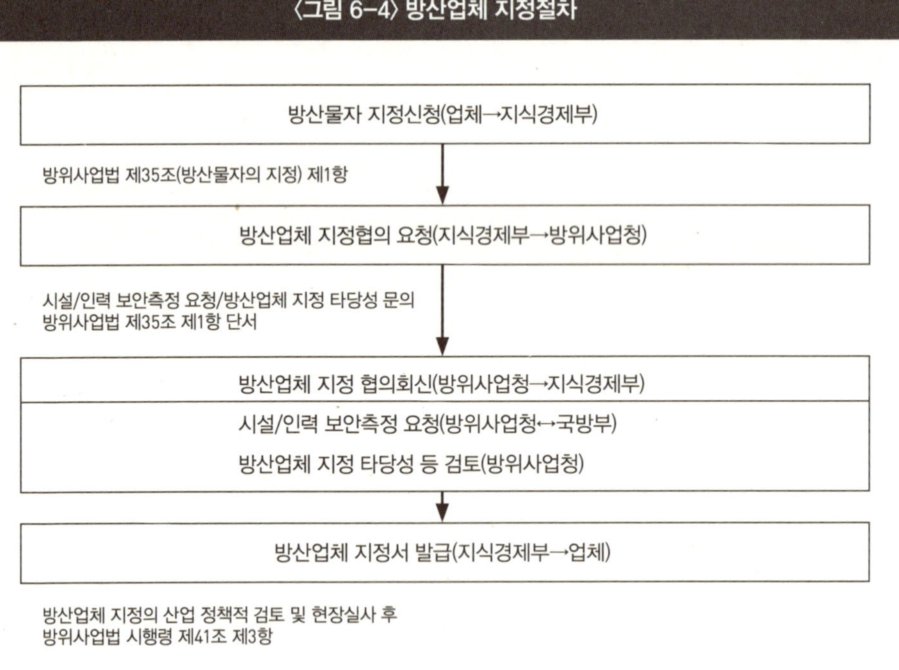

---

[216] 방위사업법 제35조 및 동법 시행령 제41조, 제42조.

<table>
<tr><th colspan="2" rowspan="1"><표 6-6> 방산물자 및 업체 지정현황(단위: 품목수, 업체수)</th></tr>
</table>

구 분		2002	2003	2004	2005	2006	2007	2008	2009	2010
계	방산물자	1,194	1,235	1,324	1,405	1,391	1,423	1,476	1,528	1,543
	방산업체	83	82	86	88	85	88	90	91	92
화력	방산물자	204	192	197	197	175	176	184	187	189
	방산업체	12	12	12	13	12	13	13	13	12
탄약	방산물자	351	353	358	359	324	327	331	311	315
	방산업체	9	8	8	8	8	8	9	8	8
기동	방산물자	157	168	171	173	137	138	154	164	154
	방산업체	13	13	13	13	12	12	12	14	14
항공 유도	방산물자	201	237	291	342	432	439	455	486	486
	방산업체	9	10	12	11	13	15	15	15	17
함정	방산물자	99	80	87	110	104	120	135	152	152
	방산업체	7	7	6	8	8	9	9	9	9
통신 전자	방산물자	128	144	148	122	125	127	117	124	124
	방산업체	14	13	16	16	15	14	14	14	16
화생방	방산물자	20	26	36	36	34	24	34	35	35
	방산업체	2	2	2	2	2	2	3	3	3
기타	방산물자	34	35	36	66	60	62	66	69	69
	방산업체	17	17	17	17	15	15	15	15	13

출처: 방위사업청, 『방위사업청 통계연보』, 서울: 대한기획인쇄, 2011, p.112.

설명서, 그리고 안전대책에 관한 계획서 및 설명서이다. 지식경제부장관은 방산업체의 지정신청서를 받은 경우에는 신청인의 생산시설 등을 측정하고, 보안요건의 측정을 방위사업청장에 통보하고, 지정신청을 받은 날로부터 6월 이내에 방산업체 지정 여부를 결정하여 신청인 및 방위사업청장에 통보하고, 지정하는 경우에는 신청업체에 방산업체 지정서를 교부한다.[217] 방위사업청장은 경영능력과 생산기술이 우수한 업체가 방산업체를 지정될 수 있도록 지식경제부장관에게 추천할 수 있다.[218]

방산업체 지정절차는 〈그림 6-4〉와 같다.

지식경제부장관이 방산업체를 지정하는 경우에는 주요 방산업체와 일반 방산업체를 구분하여 지정하며, 〈표 6-5〉의 어느 하나에 해당되는 물자를 생산하는 업체는 주요 방산업체로, 그 이외의 방산물자를 생산하는 업체를 일반 방산업체로 지정한다.[219]

〈표 6-6〉을 살펴보면 방산물자의 경우 주요 구성품 등 하위부품의 방산물자 지정건수가 증가함에 따라 지속적으로 증가하는 추세를 보이고 있으나 방산업체 수는 방위산업에 참여할 수 있는 대상업체 층이 제한되어 있어 완만한 증가세를 보이고 있다.

2010년 말 현재 방산물자는 1,543개 품목이 방산물자로 지정되어 있으며 방산업체는 92개 업체이다.

(3) 방산물자 및 방산업체 지정 취소

방위사업청장은 3년마다 정기적으로 전체 방산물자에 대하여 방산물자 지정의 존속 또는 취소 여부를 검토하고 그에 따른 조치를 취하여야 한다. 또한 방위사업청장은 수시로 방산물자 지정 취소 여부를 검토할 수 있는데, 첫째 2개 이상의 업체에서 조달이 가능하고 품질을 보증할 수 있다고 인정된 때, 둘째 군의 소요가 없거나 편제 장비가 삭제된 때, 셋째 비밀등급이 저하되어 군사기밀보호법 제2조[220]의 규정에 의하여 군사기밀이 요구되지 아니하게 된 때, 넷째 연구개발 또는 구매의 계획변경 취소 등으로 방산물자 지정의 취소가 필요하거나 방산물자 지정을 계속 유지할 필요가

---

217 방위사업법 시행규칙 제30조 제1항.

218 방위사업법 제35조.

219 방위사업법 제35조.

220 군사기밀보호법 제2조는 '군사기밀'에 대한 용어의 정의에 관한 조항으로 '군사기밀'이란 일반에게 알려지지 아니한 것으로서 그 내용이 누설되면 국가안전보장에 명백한 위험을 초래할 우려가 있는 군 관련 문서·도화(圖畵), 전자기록 등 특수매체 기록 또는 물건으로서 군사기밀이라는 뜻이 고지되거나 보호에 필요한 조치가 이루어진 것과 그 내용을 말한다.

1. 방산업체의 대표 및 임원이 제6조의 규정에 의한 청렴서약서의 내용을 위반한 때

2. 방산업체 시설기준 및 보안요건에 미달하게 된 때

3. 방산업체가 매매·경매, 또는 인수·합병 등 경영지배권을 실질적으로 취득하고자 하였으나 지식경제부장관의 승인을 얻지 못한 때

4. 정당한 사유 없이 정부에 대한 방산물자의 공급계약을 거부 또는 기피하거나 이행하지 아니한 때

5. 방위사업청장이 사업조정을 권고하였으나 이에 대한 이행명령을 이행하지 아니한 때

6. 사위(詐僞) 또는 부정한 방법으로 방위산업육성자금 융자를 받거나 융자받은 자금을 그 용도 외에 사용한 때

7. 사위 또는 부정한 방법으로 방위산업 육성을 위한 보조금을 지급받거나 지급받은 보조금을 그 용도 외에 사용한 때

8. 방위산업 육성 보조금에 의해 취득하거나 그 효용이 증가된 자산을 방위사업청장의 승인을 얻지 아니하고 재산을 처분한 때

9. 유상 또는 무상으로 양도·대부 또는 사용허가를 받은 국유재산이나 물품을 용도 외에 사용한 때

10. 전시·사변 또는 이에 준하는 비상시에 있어서 국방상 긴요한 필요가 있는 때에 방산시설의 개체·보완·확장 또는 이전에 필요한 조치명령을 이행하지 아니한 때

11. 군용 총표·도검·화약류 등에 특례 규정에 의한 명령에 위반한 때

12. 허위 그 밖에 부정한 내용의 원가자료를 정부에 제출하여 공급계약을 체결한 때

13. 방산업체가 부도·파산 그 밖의 불가피한 경영상의 사유로 정상적인 영업이 불가능한 경우에 관련 서류를 첨부하여 지식경제부장관에게 방산업체 지정의 취소를 요청한 때

출처: 방위사업법 제48조(지정의 취소 등)

없을 때에는 지식경제부장관과 협의하여 방산물자 지정을 취소할 수 있다.[221] 방위사업청장이 방산물자의 지정을 취소하고자 할 때에는 그 사유를 명시하여 지식경제부장관과 당해 방산업체에 통보하여야 한다.[222] 그리고 지식경제부장관과 방위사업청장은 방산업체가 〈표 6-7〉의 어느 하나에 해당된 때에는 서로 협의하여 그 지정을 취소할 수 있다.

나. 방산물자 또는 방산업체 지정에 따른 혜택과 의무

업체에서 생산하고 있는 물자가 방산물자로 지정되거나 업체가 방산업체로 지정될

---

[221] 방위사업법 제48조.

[222] 방위사업법시행령 제64조.

경우 국가로부터 다음과 같은 많은 혜택이 주어진다.

첫째, 계약에 대한 특례로서 국가와 수의계약을 체결할 수 있다.[223]

국가를 당사자로 하는 계약의 경우 일반경쟁을 원칙으로 하고 있으나 방산물자의 성격상 독점 또는 과점이 인정되어 수의계약을 체결할 수 있다.

둘째, 착수금 및 중도금을 받음으로써 회사를 안정적으로 경영할 수 있다.[224]

국가를 당사자로 하는 일반계약의 경우 선금급을 계약금의 50%까지 받을 수 있으나, 방산물자의 경우 단기계약은 70%, 장기계약은 78%까지 착수금을 지급받을 수 있으며, 계약기간 중에는 90% 이내에서 착수금을 제외한 금액을 중도금으로 받을 수 있다.

셋째, 방산물자 원가계산 규정의 적용을 받음으로써 실 발생비용을 보전받을 수 있다.[225]

예를 들면 노무비 단가는 원가계산 시점에서 계약 상대자(방산업체)가 지급하는 실 지급 노임을 기준하고 있다. 직접경비의 경우에도 실제 발생하는 금액을 기준으로 산정한다.

넷째, 각종 필요한 자금을 장기 저리로 융자받을 수 있으며, 각종 보조금도 교부받을 수 있다.[226]

방산시설의 설치·이전·개체·보완 또는 확장에 필요한 자금, 원자재 구매 및 비축에 필요한 자금, 국산화 등에 필요한 자금을 장기 저리(1%)로 융자받을 수 있도록 시중은행과의 금리차이를 보전해주고 있다. 또한 방위산업 전용기기의 구매비용, 연구개발 또는 기술도입에 소요되는 비용 등에 대해 보조금을 교부받을 수 있다.

다섯째, 방산물자 수출 등과 관련하여 구매국에 관한 정보제공이나 전시회 참가

---

223 국가를 당사자로 하는 계약에 관한 법률시행령(제26조 제1항 '다'호 및 제5항 '라'호).

224 방위산업에 관한 착수금 및 중도금 지급규칙(국방부령 제674호, 2009.3.25), 제5조.

225 방산원가대상물자의 원가계산에 관한 규칙(국방부령 제737호, 2011.5.9) 제6조, 제7조.

226 방위사업법 제38조 및 제39조.

비 등을 지원받을 수 있다.[227]

여섯째, 국유재산법에 관한 규정에도 불구하고 방산물자 생산 및 연구개발을 위해 국유재산을 유상 또는 무상으로 양도받거나 대부받을 수 있다.[228] 또한 방산업체가 수출을 목적으로 국가가 보유하고 있는 방산시설을 사용하거나 군 작전에 지장이 없는 범위 내에서 납기를 맞추기 위해 군이 보유하고 있는 방산물자를 양도·대부할 수 있다.

일곱째, 부가가치세를 면제받을 수 있다.[229]

부가가치세법에서는 방위산업에 소요되는 시설기계류 및 기초설비품에 대해서는 면세를 하고 있다.

한편 방산업체로 지정됨에 따라 다음과 같은 의무도 있다.

첫째, 방산업체의 매매·경매 또는 인수·합병, 그 밖의 사유로 경영지배권의 실질적인 변화가 예상되는 경우 당해 방산업체와 경영상 지배권을 실질적으로 취득하고자 하는 자는 지식경제부장관의 승인을 얻어야 한다.[230]

둘째, 전쟁 등 유사시를 대비하여 생산시설을 유지하여야 하며 방산물자를 우선적으로 군에 공급하여야 한다.

셋째, 방산물자 또는 방위산업을 수출하고자 할 경우에는 정부의 수출허가를 받아야 한다.[231]

넷째, 방위사업청장은 방산업체가 보유하여야 할 원자재를 비축하도록 명령할 수 있으며, 방산업체는 비축명령을 받은 날로부터 1년 이내에 원자재를 비축하여야 한다.[232]

---

227 방위사업법 제44조.

228 방위사업법 제45조.

229 부가가치세법시행령 제46조 제17호.

230 방위사업법 제35조 제3항.

231 방위사업법시행령 제68조 제4항.

232 방위사업법시행령 제67조.

3. 방위산업육성기금지원제도

　방위산업육성기금은 '방위산업에 관한 특별조치법'에 근거하여 1980년 정부출연금(300억 원)을 자산으로 방산업체에 대한 자금융자사업을 개시하였으며, 2006년 말 융자액은 1,417억 원에 달하였다. 그러나 '정부혁신지방분권위원회'의 정부기금통폐합[233] 방침과 방위사업법 제정으로 2007년부터 폐지되었으며, 방위산업육성기금 관련사업은 방위사업청 일반회계의 이차보전사업으로 전환되었다.

　방위산업육성자금 이차보전사업제도란 정부가 방위산업 육성을 위하여 방산업체 및 일반업체에 장기 저리(5~7년)로 자금을 융자해주는 제도를 말한다. 정부가 시중금융기관의 자금을 유치하여 연구개발 등을 수행하는 방산업체 및 일반업체에 필요한 자금을 융자하는 것으로서 이자는 시중이자와 방위사업청장이 정하는 이자(1%)의 차액을 정부가 보전한다.[234]

　방위산업육성기금의 자금융자 조건 및 이차보전 금리는 〈표 6-8〉과 같다.

〈표 6-8〉 자금융자 조건 및 이차보전 금리				
분야	적용 금리 구분			대출기간	한도액 및 우대사항
	금융기관 대출금리	업체 부담 금리	방위사업청 보전금리		
연구개발, 부품국산화, 원자재비축	4.32% ('09.4분기 협약금리)	1% (고정금리)	3.32% (협약금리 −1%)	5년 (2년 거치 3년 분할상환)	• 1개 업체당 한도액: 융자 총액의 30% 이내로 제한 • 융자 총액의 최소 30%를 중소기업에 우선 지원
방산유휴 설비 유지				7년 (2년 거치 5년 분할상환)	
방산물자 등 수출				5년	

출처: 방위사업청, 『방위산업 진흥정책』, 서울: 대한기획인쇄, 2010.1, p.15.

---

233 방위산업육성기금은 일반회계 재원에 의존하고 사업의 신축성이 필요하지 않은 기금으로 분류되어 문화산업진흥기금, 응급의료기금, 여성발전기금 등과 함께 폐지 권고되었다.

234 방위사업법 제38조.

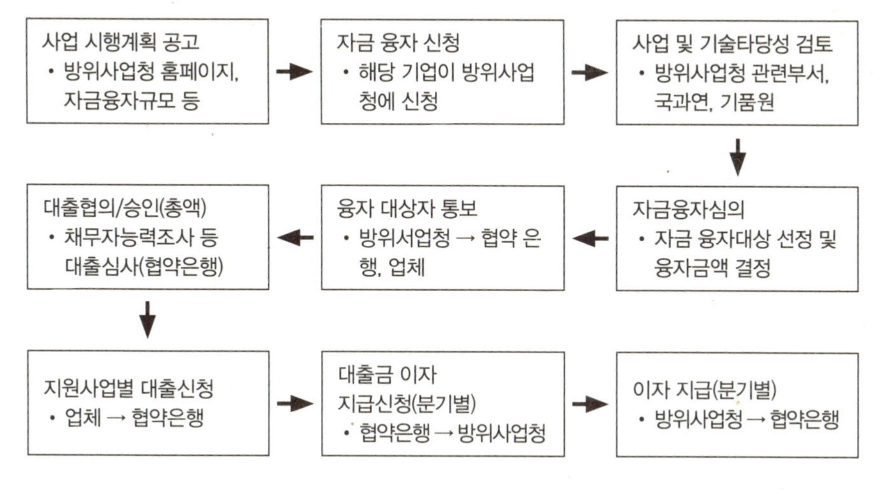

출처: 방위사업청, 전게서, p.15.

자금융자 대상사업은 방위산업 연구개발, 원자재 비축 및 방산유휴설비 유지, 방산물자 등 수출, 부품 국산화 등이다.

방위산업 연구개발을 위한 자금융자는 정부투자 확대를 통해 방산업체의 기술개발능력을 증진시키는 한편 기업의 고용창출 및 내수경제 활성화를 위해 지원하고 있고, 원자재 비축 및 방산유휴설비 유지를 위한 자금은 전시 대비 원활한 방상물자 확보 및 방산업체 경영여건을 개선하기 위한 것이다.

방산물자 등 수출의 경우에도 방위산업육성자금을 지원하고 있다. 그 이유는 군수품 수출지원을 통해 방산업체의 국제경쟁력을 제고시키기 위함이다. 부품 국산화를 위한 자금지원은 방산물자를 부품 공급의 주축인 중소기업의 참여를 확대시키고 부품 국산화 사업을 지원함으로써 방산기반을 강화하는 데 주안점을 둔다.

방위산업 육성기금 자금융자 신청 및 이자지급 절차는 〈그림 6-5〉와 같다.

방산육성자금 이차보전(자금융자) 현황은 〈표 6-9〉와 같다.

방위산업육성자금은 자금이 풍부한 금융기관의 자금을 유치하여 방위산업 육성

<表 6-9> 방산육성자금 이차보전 현황(단위: 억 원)

구분 \ 연도		'07	'08	'09	'10	'07~'10 누계(평균)
이차보전(방위사업청 예산)		14	31	43	53	141
융자규모 (금융기관 자금)	합계	267	321	777	151	1,515
	연구개발	205	283	262	65	814
	원자재비축	46	30	53	36	166
	유휴설비	15	8	12	8	43
	방산수출	–	–	418	–	418
	부품국산화	–	–	33	42	75
이차보전금리 (평균)	방위사업청 부담 (변동금리)	5.14%	5.66%	4.20%	4.30%	(4.83%)
	기업부담	1%	1%	1%	1%	(1%)
협약 금융기관		농협	농협	산업은행	농협	

출처: 방위사업청, 전게서, p.116.

을 위해 연구개발 등 분야에 투자하는 자금이므로 방위산업 분야에 참여하고 있는 기업 및 방위산업 분야에 신규참여를 희망하는 기업을 지원대상으로 한다. 방위산업 육성기금 신청절차는 자금 융자를 받고자 하는 기업에서는 사업계획 공고 확인 후 해당 사업에 대한 자금신청서를 방위사업청에 직접 방문하거나 우편으로 제출하며, 방산업체는 방위산업진흥청으로 제출한다. 원활한 사업추진을 위해 접수기간 중 방위사업청 고객지원센터에 소요자금 접수창구를 개설하여 운용 중에 있다.

4. 부품 국산화 개발지원제도

가. 부품 국산화 개발제도의 내용 및 절차

부품 국산화란 군수품의 부품 중에서 외국으로부터 구매한 부품을 국내에서 개발 또는 생산하는 제반과정을 말한다.[235] 〈그림 6-6〉은 일반부품에 대한 국산화 개발 관리 절차를 나타낸 것이다.

부품 국산화는 방위사업청 주관으로 추진하는 체계개발단계 및 양산단계의 부품 국산화와 국방부 주관으로 추진하는 운용유지단계의 부품 국산화가 있다. 또한 중소기업청과 연계하여 추진하고 있는 '구매조건부 신개발사업'이 있다. 정부와 공공기관이나 민간기업이 구매할 것을 조건으로 중소기업이 수행하는 국산화 제품개발 및 신기술 제품개발비용을 중소기업이 지원하는 사업으로서 2006년 방위사업청과 중소기업청은 이에 관한 MOU를 체결하여 매년 확대·시행 중에 있다. 부품 국산화 개발대상품목의 선정기준으로는 수입대체효과/기술파급효과가 높거나 성능개량이 필요한 품목, 부품의 단종이 예상되어 개발이 긴급한 품목, 군에서의 운용유지에 국산화가 불가피한 품목, 원천기술이 필요한 부품 및 소재, 그리고 기타 정책적으로 개발이 필요하다고 판단되는 품목이다.

부품 국산화 개발신청 방법 및 시기는 정부에서는 매년 개발이 필요한 품목을 인터넷을 통하여 공고, 신청업체는 공고품목 또는 개발이 필요하다고 판단되는 품목을 선정하여 국산화정보체계(MPDIS: Military Parts Development Information System)[236]를 통해 수시로 신청 가능하다. 개발신청에 필요한 자료로는 개발소요제기품목목록과 개발계획서가 있다. 개발업체 선정은 국방기술품질원이 업체선정 기준에 따라 심사하여 선정한다. 또한 정부는 부품 국산화 개발 추진을 위해 주요 부품그룹별 부품 국산화 전략을 설정하여 부품 조사·분석 실시 결과에 기초한 실태분석과 SWOT 분석을 통해 부품그룹별 대상부품, 개발전략 및 로드맵을 제시한다.

SWOT 분석이란 환경변화와 내부 능력을 기준으로 하여 강점(Strength), 약점

---

235 방위사업법 시행규칙 제10조 및 국방부 훈령 제1185호 국방전력발전업무훈령 제5장 제3절 부품 국산화 개발. 방위사업청 훈령 제101호 방위사업관리규정 제V편 제3장 국산화. 방위사업청 지침 제2008-13호 무기체계 양산단계의 부품 국산화 지침, 방위사업청 지침 제2008-14호 구매조건부 신제품개발사업의 부품 국산화 지침.

236 국산화정보체계(MPDIS)는 인터넷 홈페이지(http://mpdis.dtaq.re.kr)를 참조하라.

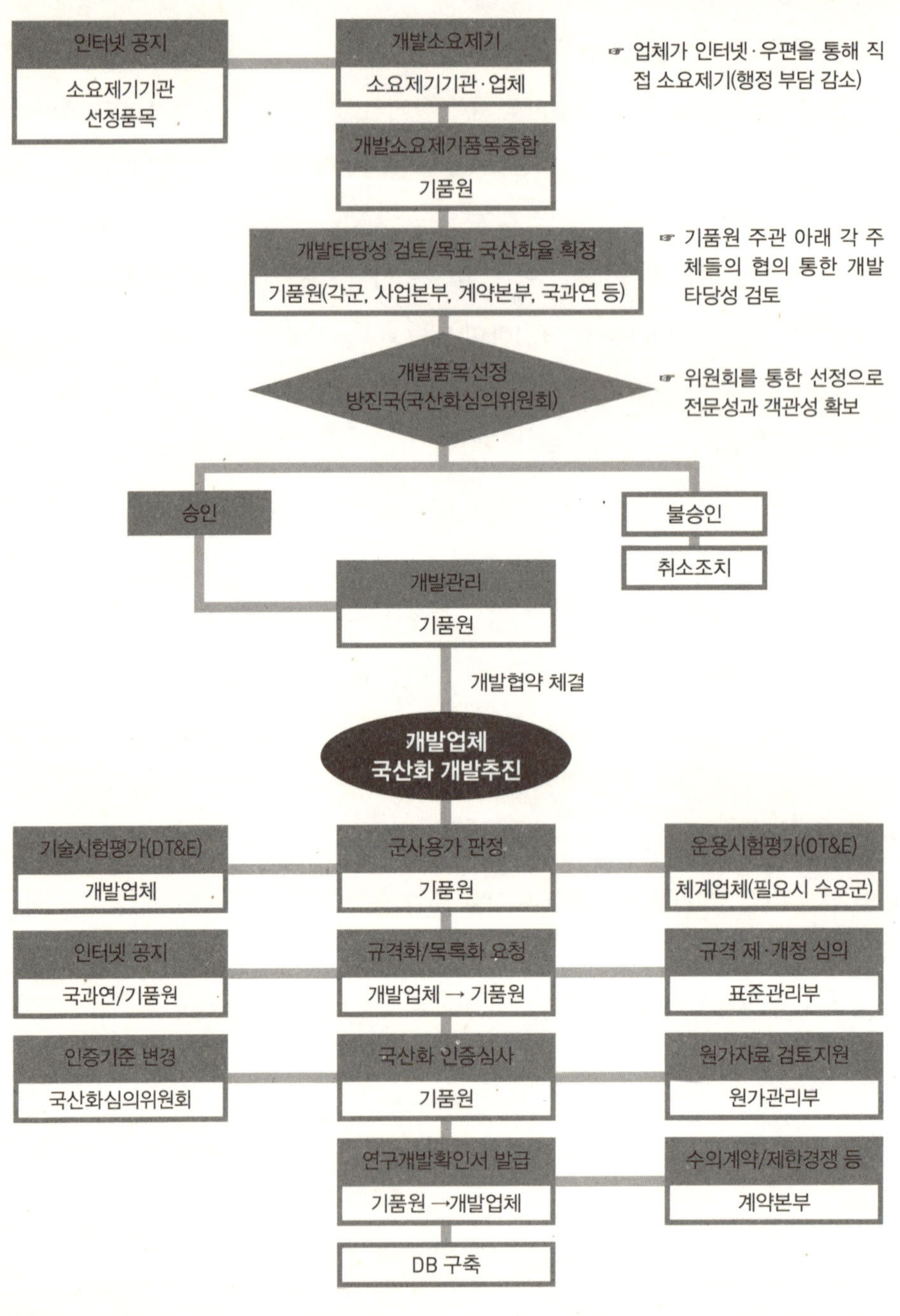

출처: 방위사업청, 『방위산업 진흥정책』, 서울: 대한기획인쇄, 2010.1, p.21.

(Weakness), 기회(Opportunity), 위협(Threat)의 4가지 특징별로 부품별 분석을 시행하는 것이다.

부품 국산화 추진을 위해 방위사업청은 주요 부품그룹을 ① 사격통제장비, ② 유도탄, ③ 항공기 구성품 및 부수품, ④ 차량장비 구성품, ⑤ 통신·탐지 및 방사능 간접장비, ⑥ 전기 및 전사장비 구성품, ⑦ 전선·전력 및 배선장비, ⑧ 계기류 및 실험실 장비 등 8개 분야로 구분하여 장기적으로 이를 추진하고, 단기부품 국산화 개발 대상품목은 부품 조사·분석 결과 2009년 개발 대상품목(29개)을 선정하여 공고하였고, 업체를 선정하여 개발협약 후 개발 진행 중에 있으며, 2010년 개발 대상품목은 100여 개로 확대하여 추진 중에 있다.

나. 국산화인증제도

국산화인증제도란 국산화 개발성공 품목에 대해('군사용 적합' 판정을 받은 경우) 개발 신청 당시 정한 기준을 달성하면 개발의 성과를 인정하고 혜택을 부여하는 제도로 국산화인증제도 도입을 통해 국내기업의 국산화 부품개발 사업을 유인하고 있다. 군사용 적합은 부품의 시험평가 실시 결과에 대한 합격판정을 의미하며 현재의 인증기준은 국내 기술수준이 낮은 분야의 국산화 참여를 제한하는 부작용으로 인해 〈표

<table>
<tr><th colspan="2">〈표 6-10〉 인증기준의 주요 내용</th></tr>
<tr><th>종전 기준</th><th>변화된 기준</th></tr>
<tr><td rowspan="2">가격기준
국산화율(70%) 이상</td><td>① 일반품목 국산화시(국산화율 70% 이상)
　※ 자체제조비율은 단위부품 금액기준 30% 이상
② 국산화율 70% 미만인 재개발 품목 국산화시
　(국산화율 추가 30% 이상)
③ 단종예상 품목 국산화시(국산화율 60% 이상)
④ 국외도입단가 대비 10% 이상 원가절감 국산화시
　(국산화율 50% 이상)
⑤ 기술파급효과가 큰 핵심부품 국산화시
　(국산화율 50% 이상)</td></tr>
<tr><td>자체제조비율 30% 달성(공통적용)</td></tr>
</table>

출처: 방위사업청, 『방위산업 진흥정책』, 서울: 대한기획인쇄, 2010.1, p.25.

6-10)과 같은 새로운 인증기준을 적용하고 있다.

새로운 국산화인증제도는 무기체계 부품의 분야별 기술수준 및 개발난이도를 반영하여 업계의 개발의욕을 높이고 핵심부품의 국산화 활성화를 목표로 인증기준을 다양화하였다.

방위사업청은 부품의 국산화 인증을 받은 업체에 대해, 첫째 15년 이내 5년의 범위 내에서 수의계약을 보장하고, 둘째 최초 계약일로부터 5년간 국외도입 가격으로 구매하며, 셋째 국산화 개발품목을 국외 제품보다 우선적으로 구매하고, 넷째 개발 성공업체가 신규사업 참여 시 가산점을 부여하는 등의 혜택을 부여하고 있다.

5. 방위산업 분야 중소기업 지원제도

가. 중소기업자 우선선정 제도

중소기업자 우선선정 품목지정제도란 방위사업청에서 수행하는 무기체계 및 핵심기술 연구개발 시 기술력을 갖춘 중소기업을 육성하기 위해 방위사업청장이 정한 품목에 대해서는 중소기업자를 우선선정하는 제도이다.[237] 이 제도를 통해 방위사업청은 무기체계 및 핵심기술 연구개발단계부터 우수한 중소기업에게 직접 참여할 수 있는 우선기회를 제공하여 기술혁신 촉진과 무기체계 부품·소재의 진화적 기술향상 추진이 가능하다. 이 제도의 적용대상 사업은 2010년 이후 착수되는 신규 무기체계 및 핵심기술 연구개발사업이다. 따라서 기술력을 갖춘 중소기업은 정부기관에서 우수 기술/제품을 인증받은 중소기업으로서 방산업체 중 중소기업 63개 업체, 중소기업청이 인증한 기술혁신형 중소기업 및 벤처기업 2만 5,000여 업체, 지식경제부가 인증한 신기술(NET)·신제품(NEP) 인증 중소기업 4,500여 업체와 전력 신기술 인증 중소기업 56개이다.

중소기업자 우선선정 품목지정제도는 방위사업청이 품목지정 후보군인 '우선선정

---

237 방위사업법 제18조(연구개발) 제7항.

216

품류'를 지정하게 되는데 중소기업, 방위사업청 사업/계약부서, 국과연 및 국방기술품질원이 품류를 추천하고 품류 지정기준은 중소기업의 참여실적이 높고 체계장비와 별도로 개발가능성이 충분한 장비 또는 체계장비의 부품으로 관련기관이나 관련부서와 실무적 협의를 거친 후 지정하며, 2년 단위로 보완한다.

방위사업청 사업부서는 우선선정 품목지정 검토대상을 선별하는 작업을 추진한다. 핵심기술에 대해서는 차기년도 착수예정인 응용연구 및 시험개발단계 과제 중 기업을 주관기관으로 선정할 수 있는 과제를 대상으로 하고 무기체계에 대해서는 우선선정 품류에 포함되었거나 각 사업부서에서 중소기업 지원을 위해 발굴한 장비 또는 체계장비의 부품이 대상이 된다.

방위사업청은 품목지정 타당성을 검토하고 고시한다. 방위사업청은 국과연, 기술품질원, 방산협회, 중소기업 관련법인 또는 단체 등의 의견을 종합하여 품목지정 여부를 결정한다. 검토내용은 연구개발 필요 기술/인력 기준, 경제적/기술적 파급효과, 중소기업의 유사품목 개발실적 여부 등이며, 지정기준은 품목의 적용 분야가 상용분야를 포괄하고 개발난이도가 적정하거나 일정 수준의 시설/인력 등을 갖춘 경우 연구개발 주관 중소기업 선정은 방위사업청 사업부서나 계약부서가 담당하며 대상기업은 '기술력을 갖춘 중소기업'으로 한정한다.

나. 대·중소기업 간 상생협력 조성사업

방위사업청은 방산 분야 중소기업을 지원하기 위해 대·중소기업 간 상생협력 조성사업과 핵심부품 국산화 지원사업을 추진하고 있다. 대·중소기업 간 상생협력 조성사업이란 협력 중소기업에 기술·경영 컨설팅 등을 지원하여 협력기업의 역량을 발전시키는 데 목적을 두고 있다.

먼저, 협력 중소기업 기술·경영 컨설팅 지원계획을 보면 방위산업 분야에 협력 형태로 참여하는 모든 중소기업은 그 지원대상이 될 수 있고, 협력 중소기업 보유기술의 성능개량 및 공정개선과 수출마케팅, 법률자문, 행정절차 상담 등에 대해 컨설팅을 받을 수 있으며, 대기업의 전문인력 또는 퇴직자, 전문 연구기관 퇴직인력 중 방위사업과 관련한 기준 이상의 지식수준을 충족하는 인원을 컨설팅 자문인력으로 선발하여 컨설팅 활동을 지원하고 있으며, 컨설팅에 필요한 비용의 75%까지 최대 500만 원을 지원하고 있다. 또한 상생협력 촉진대회를 개최하여 기업의 상생경영 전략을 공유하도록 매년 상반기에 상생협력 우수기업을 선정하여 정부 포상을 실시하고 상생경영전략 소개 및 발전방안을 논의하며 글로벌 중소기업 성공전략 특별강연 등 친기업, 현장중심으로 추진하고 있다.

다. 핵심부품 국산화 개발지원사업

방위사업청은 기술력을 갖춘 중소기업이 무기체계 핵심부품 국산화 개발사업에 참여할 수 있도록 '핵심부품 국산화 개발지원사업'을 추진하고 있다. 핵심부품 국산화 개발지원사업이란 정부가 핵심부품을 개발하는 중소기업을 선정하여 개발자금을 지원하는 사업으로 그동안 업체 주도로 이루어지던 핵심부품 개발을 적극 지원할 수 있도록 예산(2010년 사업예산은 14.86억 원)을 확보하여 추진하고 있다. 이와 같이 핵심부품의 국산화 개발을 추진하게 된 필요성을 보면 부품·소재는 무기체계의 신뢰성과 운영유지의 안정성을 담보하는 핵심요소로 핵심부품을 해외에만 의존할 경우 적기조달 애로, 단가 인상, 수출 장애 등의 문제점이 상존하기 때문에 부품 국산화는 일반 중소기업이 보유한 부품·소재 분야의 우수한 역량을 국가 방위력에 효율적으로 활용하기에 가장 적합한 분야이다.

핵심부품 국산화 개발지원사업은 기술적·경제적 파급효과가 높지만 개발난이도가 높아 기업이 적극 투자를 어려워하는 양산 초기단계의 핵심부품이 지원대상이 된다.

핵심부품은 무기체계의 생산직업 명세(WBS: Work Breakdown Structure)의 5단계 이상 또는 무기체계 단가의 0.05% 이상을 차지하는 부품 중 무기체계가 원활한 성능을 발휘하는 데 반드시 필요한 부품을 말한다.

지원대상 업체는 제조업으로 분류된 중소기업 및 벤처기업이 되며, 개발과제 발굴단계부터 체계기업의 적극 참여를 유도하기 위해 시험평가 및 기술지원비용 일부를

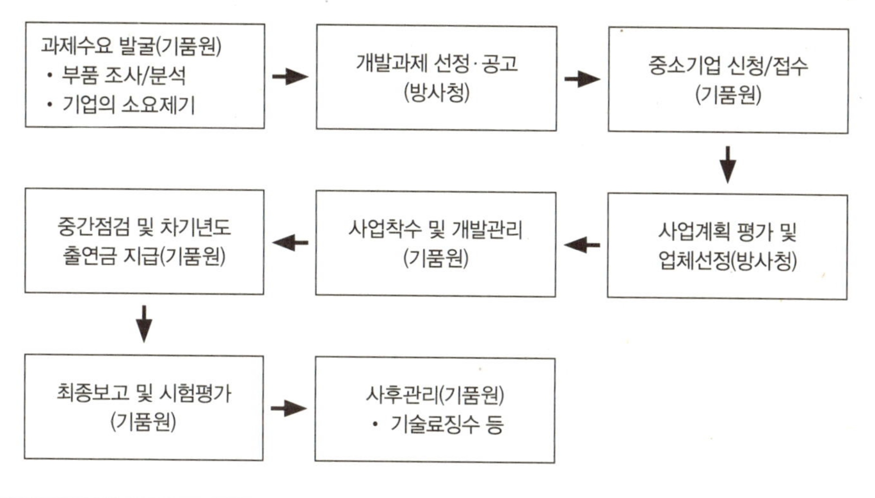

출처: 방위사업청, 『방위산업 진흥정책』, 서울: 대한기획인쇄, 2010.1, p.32.

체계기업에 최대 1,000만 원 한도 내에서 지원한다. 매년 개발과제를 선정하여 과제별로 3년 이내의 기간 동안 최대 6억 원까지(총 개발비용의 75%까지)를 지원하며, 개발성공 시 기술료로 출연금의 20%를 회수하여 5년 분할 상환한다.

핵심부품 국산화 지원사업은 국방기술품질원 국산화개발센터가 수행기관으로서 업무를 담당한다. 핵심부품 국산화 사업은 〈그림 6-7〉과 같은 절차로 진행한다.

핵심부품 국산화 개발지원사업은 미래에 개발할 무기체계에 필요한 부품을 국내 개발·생산할 수 있는 기반을 구축할 수 있는 무기체계 부품 공급기반을 강화시키고 중소기업의 수요창출, 역량 발전 및 생산·부가가치·고용 창출 등 경제적 파급효과를 가져오는 한편 국방 분야를 통해 확보된 기술은 민간분야로 파급되어 기술혁신을 선도할 것으로 기대된다.

국방과학기술이 민간분야에 파급된 사례로는 전자레인지용 마이크로웨이브 발생장치(군용 레이더 고주파 발생장치), 자동차용 노킹센서(압전센서), 방송용 카메라 영상 안정화 기술 등을 들 수 있다.

6. 절충교역제도

가. 절충교역의 개념 및 특성

절충교역(折衷交易, Offset)이란 용어는 제2차 세계대전 이후 미국이 서유럽을 비롯한 우방국가의 군사력을 지원하기 위하여 소요물자와 장비 등을 무상으로 원조하면서 국제수지 적자가 늘어나자 이를 해소하기 위한 방편으로 등장하게 되었다. 즉 1961년 미국은 독일을 시작으로 군사력을 원조하기 위해 지원한 비용만큼 미국 무기를 구매하게 함으로써 현금지불이 서로 '상쇄(Offset)'되도록 하기 위해 절충교역을 시행하였다. 현재 전 세계적으로 절충교역을 추진하는 국가는 100여 개 국가에 이르고 있다.[238] 우리나라는 1983년부터 무기체계획득사업 추진 시 의무적으로 절충교역을 적용하고 있으며, 고가의 군사장비들을 해외로부터 도입하는 데 소요되는 막대한 외화를 절감하고 향후 독자적인 방위산업 체제를 수립하는 데 필수적인 기술을 획득하기 위한 하나의 방안으로 절충교역을 시행하고 있다. 성공적인 절충교역의 대표적인 사례로 우리 공군의 KF-16 전투기를 도입하면서 핵심기술을 확보하여 개발한 T-50 고등훈련기 개발사업을 들 수 있다.[239]

절충교역에 대한 정의는 국가별, 연구자 또는 국제협약 등에 따라 다양하다.

WTO협정에 의하면 "절충교역은 자국 내 가치창출, 기술획득, 투자요구, 역수출 혹은 유사한 요구를 통해 자국 개발을 촉진하거나 혹은 대금거래에 대한 균형을 개선시키기 위한 수단"이라 정의하고 있다.[240]

미국 정부는 절충교역에 대한 정의로 무기수출통제법(AECA: Arins Export Control Act) 및 국제무기교역규정(ITAR: International Traffic in Arms Regulation)에서 "군수품과 군수 관련용역의 정부 간 또는 정부와 민간업체 간의 무기조달계약을 조건으로 이행

---

238 방위사업청, 『방위산업개론』, 서울: 대한정보인쇄, 2008, p.344.

239 송창훈, "군사절충교역으로 방산경쟁력 강화", 국방일보, 2011.10.27.

240 박기순, "방산육성 및 방산물자 수출 활성화를 위한 절충교역제도 개선방안", 『방산정책연구』, 한국방위산업진흥회, 2010, p.362.

되는 산업 및 교역에 관련된 반대급부를 의미한다"라고 하고 있으며, 또한 미 국방부에서는 "절충교역이란 선택된 국방부 조달소요에 대한 보상으로 미국이 선정한 기준이나 사례별로 외국 정부에 보상의 기회를 제공하는 데 사용되는 조건부 교역을 말한다"라고 정의하고 있다. 이러한 정의는 세계 최대의 무기수출국가임과 동시에 절충교역 제공국가인 미국의 입장에서 내린 것이다.

반면 무기구매국 입장에 있는 우리나라는 절충교역에 대한 정의를 "절충교역이라 함은 국외로부터 무기 또는 장비 등을 구매할 때 국외의 계약상대방으로부터 관련 지식 또는 기술 등을 이전받거나 국외로 국산 무기·장비 또는 부품 등을 수출하는 등 일정한 반대급부를 제공받을 것을 조건으로 하는 교역을 말한다"라고 규정하고 있다.[241] 또한 방위사업청장은 국외로부터 군수품을 구매하는 경우에 군수품의 단위사업별 금액은 1천만 미합중국달러 이상으로 절충교역을 추진하는 것을 원칙으로 하며, 절충교역을 통하여 확보할 수 있는 기술 등을 선정하고자 하는 경우에는 국방과학기술진흥에 관한 중·장기정책 및 실행계획과 연계되도록 하고 있다. 그리고 방위사업청장이 절충교역을 추진하고자 하는 경우에는 ① 방위력개선사업에 필요한 기술의 확보, ② 구매하는 무기체계에 대한 군수지원능력의 확보, ③ 계약상대국에서 생산하는 무기체계의 개발 및 생산에의 참여, ④ 방산물자 등 군수품의 수출, ⑤ 계약상대국의 무기체계에 대한 정비물량의 확보 등 어느 하나에 해당하는 조건을 충족하고 있다.[242]

방위사업법에 의한 절충교역의 정의를 자세히 살펴보면 우리나라가 국외로부터 방산물자를 수입할 때 발생하는 절충교역('수입절충교역'이라 함)과 이와는 반대로 우리나라 방산업체가 생산한 방산물자를 수출할 때 발생하는 절충교역('수출절충교역'이라 함) 모두를 규정하고 있음을 알 수 있다. 이는 최근 우리나라 방산물자 수출의 증가와 함께 구매국 정부가 절충교역을 요청하는 경우가 많기 때문에 이를 반영한 것이라 할

---

241 방위사업법 제3조(정의).

242 방위사업법 제20조 및 동법 시행령 제26조.

수 있다. 그러나 절충교역에 관한 세부지침이라 할 수 있는 방위사업관리규정에서는 "절충교역이란 외국으로부터 군사장비, 물자 및 용역을 획득할 때 외국 계약자에게 기술이전 및 부품 역수출 등 일정한 반대급부를 요구하는 조건부 교역을 말한다"[243] 라고 규정하고 있어 방위사업법에 의한 절충교역의 정의를 충분히 반영하지 못하고 있다. 현재 국방부에서 운영하고 있는 절충교역제도는 국방과학기술 개발 및 방산물자 제작에 필요한 기술을 해외로부터 획득하는 중요한 창구 역할을 하고 있다. 절충교역은 고가의 무기체계를 해외에서 구매할 때 구매계약과 연계하여 해외업체로부터 기술이전 및 부품제작 역수출, 대응구매를 요구하거나 관련 산업 분야에 필요한 기술이전을 요구하는 일종의 보상무역 거래 형태이다.

절충교역은 일반적으로 외국으로부터 군용물자 및 용역 등을 획득하는 기본계약을 체결할 때 계약상대국으로부터 기술이전 및 부품제작 수출 등의 일정한 반대급부를 제공받는 조건부 교역으로서 대응구매, 하청생산, 수출물량 제공, 기술 및 노하우 이전 등의 현금지불이 아닌 경제적인 보상가치(Offset credit)로 인정된 것을 말한다. 다만, 연구개발사업 추진방법의 하나인 기술협력생산은 외국의 원제작사의 기술이전, 생산권한의 양도 및 대여 또는 지원을 받아 무기를 생산하는 것이므로 이에 대한 절충교역을 추진해야 하는가에 대한 논의가 있지만, 기술도입을 위해서 계약을 통해 일정 비용을 로열티로 지불하고 있으므로 이에 대한 별도의 절충교역 추진도 가능하다고 할 수 있다. 다만 이 경우 계약상대자인 외국 공급업체의 사전 동의가 있어야 한다. 결국 절충교역은 자국 방위산업 기반에 대한 지원 자원을 확보하는 중요한 수단이자 군사무역의 관례로 작용하고 있다.

절충교역은 다음과 같은 특징을 갖고 있다.

절충교역은 고가의 방산제품을 구매할 경우 상대방에게 관련 부품 또는 관련재 등의 대응구매를 요구하거나 기술이전을 요구하기 위한 거래방식으로 수입과 수출이 연계되어 추진된다는 점에서 연계무역(Countertrade)의 한 형태로 취급되고 있다. 연계

---

[243] 국방전력발전업무훈령 제2조의 규정에 의한 【별표 1】 용어의 정의.

무역이란 수출업체가 기술이나 노하우, 상품, 장비 등을 수출하고, 이와 연계하여 수입업체에게 수출가격의 일정한 비율에 해당되는 대응상품을 구매할 것을 약정하는 무역거래 형태라고 할 수 있다. 따라서 둘 이상의 무역당사자 간의 제반 의무가 부과되면서 상품, 용역 및 기술의 이전이 현금거래를 대신하거나 대금의 전부 또는 일부가 현금 이외의 형태로 지불되는 무역 형태라고 할 수 있다.

그러나 연계무역은 수출업체와 수입업체의 관점에 따라 각각 상이하게 불리고 있으며, 절충교역에 대해 각국이 사용하는 용어도 상이하다. 프랑스는 공정한 보답(Juste Retour: i.e. Fair Return)으로, 벨기에는 보상(Compensation)으로, 캐나다에서는 응분의 대상(Quid Progue)으로 다양하게 표현하고 있다. 이렇듯 절충교역을 일종의 연계무역의 특수한 형태로 볼 것인가, 아니면 일반적인 국제무역의 방식과 차별된 군사 분야의 고유한 무역 형태로 볼 것인가라는 질문에 대해서는 어떤 견해가 옳다고 하는 명확한 답변을 내리기가 어렵고, 각 나라마다 국제무역을 관장하는 기관의 성격에 따라서 보는 관점이 다르다.

절충교역과 연계무역은 구매 측과 판매 측이 쌍방 간 교역을 서로 연계시킨다는 점에서 서로 비슷한 개념에 바탕을 두고 있지만, 그 적용대상과 거래방식에서 차이가 있다. 즉 절충교역은 쌍방 간 거래라기보다는 군사교역의 관행상 무기를 구매하는 측이 무기를 수입하는 대가로서 판매 측에게 일방적인 지원을 요구하는 것으로 통용되고 있기 때문에 절충교역과 연계무역의 관계는 적용대상에 따라 군사교역과 민간교역의 특성으로 구분하는 것이 바람직하다고 할 수 있다.

나. 절충교역의 형태 및 적용범위

절충교역은 획득하고자 하는 군용물자와 관련된 기술이전 및 부품수출에 관한 직접절충교역과 획득하고자 하는 군용물자와 직접 관련이 없는 간접절충교역의 두 가지 형태로 구분한다.[244]

---

244 방위사업관리규정(방위사업청 훈령 제158호, 2011.8.9 개정) 제230조 제2항.

직접절충교역은 획득하고자 하는 장비, 물자 및 용역과 직접 관련하여 방산능력 향상을 위한 기회를 획득하는 조건부 교역을 뜻하는 것으로 주로 수출국에서 사용하는 부품을 수입국 내에서 생산한다는 계약을 통해 이루어진다. 수출국의 부품을 수입국에서 생산함에 따라 얻는 효과는 다음과 같다.

① 장비 구성품 및 부품 등을 생산할 수 있는 기술 전수
② 운영유지를 위한 수리부속 생산능력 및 정비능력 획득
③ 타국 정비물량의 국내 유치
④ 생산에 필요한 시설, 장비 및 치공구 획득

또한 직접절충교역은 부품구매에 대한 합의 외에도 수출국은 거래의 일부로서 기술지원을 제공할 수도 있다.

간접절충교역은 수출국이 수출품과 직접 관련되지 아니한 장비, 물자 및 용역과 관련하여 방산능력의 향상이나, 기타 경제적 측면에서 국익을 도모하는 조건부 무역으로서 수출국이 수입국으로부터 수출품과 직접 관련이 없는 재화를 수입하기로 하였을 경우에 이루어진다. 일반적으로 간접절충교역을 통해 얻는 이익을 포함하여 다음과 같은 내용으로 이루어진다.

① 방산장비, 물자의 판매
② 해외 고용기회 창출
③ 해외 작업물량 획득
④ 정부권장 일반상품 판매
⑤ 기타 국익이 될 수 있는 사항

방위사업관리규정에서 규정하고 있는 절충교역에 대한 구분, 기본지침 및 대상범위는 〈표 6-11〉과 같다.

〈표 6-11〉 절충교역 기본지침 및 대상범위

구분		
구분	직접절충교역	획득하고자 하는 군용물자와 직접 관련된 기술이전 및 부품수출 등에 관한 절충교역
	간접절충교역	획득하고자 하는 군용물자와 직접 관련이 없는 기술이전 및 부품수출 등에 관한 절충교역
기본지침	대상	미화 1,000만 달러 이상 사업 원칙
	목표	기본계약(예상) 금액의 50% 이상 원칙(경쟁 국외업체가 없을 경우 30% 이상)
	제한	• 절충교역이 기본계약금액의 가격 상승요인이 되어서는 안 됨 • 무역거래가 진행 중인 품목은 절충교역으로 인정하지 않음
	중점	국방핵심기술 획득/부품 제작 수출 등
	계약서 성격	기본 계약의 일부
대상범위	적용	국외(상업·FMS) 구매, 연구개발 등에서 국외 구매분 발생시
	결정	방위사업추진위원회 또는 분과위원회의 심의를 통해 결정
	협상방안	• 핵심기술, 핵심부품, 개발을 위한 소요기술 확보 • 주장비 관련 부분품, 결합체, 구성품 등의 제작 수출 • 군소요 창정비 기술 및 시설, 장비, 물자, 공구의 확보 • 기존 장비의 성능개량 • 국방 절충교역 추천 품목의 연계 수출 • 외국인 투자 등
	국내참여 업체선정	협상방안 수립 후 획득기획국(절충교역과)에서 주관하여 절충교역 참여 계획서를 근거로 아래 사항을 고려하여 선정 – 업체의 이행능력 – 방위산업 전문성 – 절충교역 참여도 – 업체의 절충교역 성실도 및 계약 이행 성실도

출처: 방위사업청 홈페이지(http://www.dapa.go.kr/internet/business/helper/comtract_manapement24.jsp, 검색일: 2011. 11. 30)

다. 절충교역 추진절차 및 현황

(1) 절충교역 추진절차[245]

절충교역 추진은 기본계약의 외자 지출 예상액이 1천만 미합중국달러 이상일 경

---

[245] 방위사업청, 전게서, p.345–346.

우에는 절충교역을 추진하는 것을 원칙으로 한다. 다만, 기본계약의 외자 지출 예상액이 1천만 미합중국달러 미만일 경우라도 국익에 도움이 된다고 판단될 경우에는 절충교역심의회의 심의를 거쳐 절충교역을 추진할 수 있다. 그러나 수리부속품을 구매하는 사업이나 유류 등 기초원자재를 구매하는 경우, 그 밖에 국가안보·경제적 효율성 등을 고려하여 위원회에서 심의를 거친 경우에는 절충교역을 추진하지 아니할 수 있다.[246]

절충교역은 무기체계의 기술 확보, 국내산업과 국제수지의 일정 부분 지원효과 등 구매자 입장에서의 효익이 반드시 증대하도록 추진되어야 한다. 수요과점 형태인 국제 무기시장의 특성상 구매국의 협상력 강화를 위해서, 또는 산업정책의 일환으로서 절충교역은 추진되어야 한다. 무기시장은 자유시장이 아니라 몇몇 판매자가 하나의 무기시장을 놓고 경쟁하게 되는 구매자 중심의 시장이므로 구매자가 절충교역을 원하는 경우에는 구매자 의도에 따라 제공하여야 한다. 따라서 무기구매는 국가안보와 직결되어 있기 때문에 정부 차원에서 국가적 이익을 위해 절충교역을 해야 한다. 그럼에도 불구하고 무기의 구매는 정치적 이해관계 등의 비가격적인 경제 외적 요소에 의해 이루어지기도 한다. 다시 말해, 군수품 획득을 위해 추진하는 계약과정과 수반하여 발생하는 절충교역은 지출해야 될 외화를 절약하면서 첨단기술을 이전받고 수출을 증대하며, 군수지원능력을 향상하고, 국제경쟁력 제고와 자국 산업에 대한 투자 유치 등의 연계된 파급효과를 높이도록 추진되어야 하는 절차와 기준이 변형된 하나의 계약형태라 할 수 있다.

절충교역의 기본적인 추진절차는 방위사업관리규정에 따라 절충교역 대상사업 선정 및 통보, 절충교역 종합추진계획서 작성, 협상방안 마련, 절충교역 협상방안 종합 및 추진지침 작성, 제안요구서 발부 및 제안서 접수, 절충교역 제안내용 평가 및 절충교역 참여 국내업체 선정, 절충교역 계약 및 이행, 절충교역 이행실적 보고 및 성과관

---

[246] 방위사업관리규정 제232조.

리, 절충교역으로 확보한 자산관리 등이 있다.[247] 특히 절충교역 협상방안을 수립할 경우 방위사업청장(획득기획국장)은 다음의 사항을 고려하여 절충교역 협상방안을 수립하여야 하며, ① 내지 ⑫와 관련되는 사항이 전체 절충교역 가치의 60% 이상이 되도록 하여야 한다.[248] 절충교역 협상방안 수립 시 고려하여야 할 사항은 ① 국방과학기술진흥에 관한 실행계획과 연계한 핵심기술의 확보, ② 부품 국산화 종합계획에 의한 핵심부품 개발을 위한 소요기술의 확보, ③ 무기체계 시험평가 및 인증관련 기술·시설·장비의 확보, ④ 주장비 관련 부분품·결합체·구성품 등의 제작·수출, ⑤ 군소요 창정비 기술 및 시설, 장비, 물자, 공구의 확보, ⑥ 기존장비의 성능개량, ⑦ 방산물자를 포함한 군수품(수출용 개조·개발품을 포함한다)의 수출, ⑧ 외국 정비물량 확보, ⑨ 핵심기술을 제외한 방산기술의 확보, ⑩ 주요 개발사업 공동참여, ⑪ 국방과학기술 발전과 관련한 연구개발 요원의 기술교육, ⑫ 그 밖에 방위력 개선과 관련하여 국익에 기여할 수 있는 사항, ⑬ 군수품 외의 물자로서 중소기업청장이 중소기업 생산품목 중 방위사업청장에 추천하는 국방 절충교역 추천품목의 연계 수출, ⑭ 외국인투자촉진법에 의한 외국인투자 중 국방과학기술 의 연구, 개발 또는 시험 및 무기체계 등의 생산·제작 및 수출을 위한 공장 및 시설 등의 설치 등을 목적으로 국외업체 단독으로 또는 국내업체(외국인투자기업을 제외한다)와 합작하여 새로운 법인을 설립하는 외국인투자의 절충교역 유치 등이다.

(2) 절충교역 추진현황

지난 5년간 절충교역 유형별 추진실적은 〈표 6–12〉와 같다.

2006년부터 2010년까지 5년간 추진한 절충교역 가치는 약 29억 달러이며, 유형별로는 기술획득이 약 12억 달러로 41%, 부품제작 및 상품 등 수출이 10억 달러로 33%, 장비·치공구 등 획득이 약 7억 달러로 26%를 차지하였다. 2008년과 2010년에

---

247 방위사업관리규정 제234–252조.

248 방위사업관리규정 제234조.

<表 6-12> 절충교역 유형별 추진실적(단위: $백만)

구분		계	기술획득	수출	장비 등 획득
연도	사업 수				
2006	10	138	107	11	20
2007	8	230	110	32	88
2008	15	1,947	812	792	343
2009	11	266	90	78	98
2010	11	345	73	70	202

출처: 방위사업청, 『방위사업청 통계연보』, 서울: 대한기획인쇄, 2011, p.183.

<표 6-13> 국가별 절충교역 추진실적

국가	사업 수(건 수)	건수 비율(%)	절충교역 가치($백만)	가치비율(%)
미국	34	61.8	1,717	58.7
프랑스	1	1.8	8	0.3
영국	2	3.6	15	0.5
이스라엘	7	12.7	154	5.3
독일	8	14.5	930	31.8
스웨덴	2	3.6	92	3.1
러시아	1	1.8	10	0.3

출처: 방위사업청, 『방위사업청 통계연보』, 서울: 대한기획인쇄, 2011, p.183.

는 절충교역이 급격히 증가하였는데 2008년의 경우 장보고Ⅱ급 잠수함(8억 달러) 및 F-15K급 전투기(7억 달러), 2010년의 경우에는 대형수송기(1.2억 달러) 등 추진에 기인한 것이다. 지난 5년간 국가별 절충교역 추진실적은 <표 6-13>과 같다.

미국은 전체 사업 건수의 약 62%, 가치로는 59%(17억 달러)를 차지하였고, 독일과 이스라엘이 그 다음 순위를 차지하였다. 그 이유는 F-15K 전투기, 장보고Ⅱ급 잠수함 및 첨단유도무기 등과 관련된 핵심 연구개발 및 제작·정비 기술을 절충교역으로 획득함에 따른 것으로 절충교역을 통해 국가경쟁력 제고와 부품제작 수출 등을 통한 방위사업 발전에 기여하였다.

라. 외국의 절충교역추진정책[249] 및 제도

(1) 미국

세계 무기시장을 주도하고 있는 미국은 주로 무기공급자로서 절충교역을 제공하는 입장이다. 따라서 미국은 절충교역을 무기획득사업과 연계하여 어떻게 전략적으로 활용할 것인가에 대한 공식적인 정책을 수립하고 있지는 않다. 다만, 무기공급자로서 절충교역이 자국에 얼마만큼의 경제적 불이익을 유발하는지에 대해 더 많은 관심을 기울이고 있다.

미국은 원칙적으로 자유무역주의를 표방하는 국가로서, 국방부문에서도 자유무역의 원칙을 적용해야 하고, 절충교역과 같은 비효율적 거래관습은 사라져야 한다고 주장하고 있다. 국제무역에 있어서 제품의 가격과 품질을 놓고 효율적인 경쟁과 공정한 거래가 이루어져야 하는데, 절충교역으로 인해 시장의 자유경쟁 질서가 왜곡되고 있다는 것이다.

실질적으로 미국의 무기생산업체들이 국제 무기시장에서의 판매경쟁에 이기기 위해서는 구매국의 절충교역 요구에 응하지 않을 수 없는 것이 현실이다. 절충교역제도에 대한 미국의 정책은 미국 상무성 산업안전국(BIS : Bureau of Industry and Security)이 2004년 7월에 발간한 「절충교역보고서」[250]에 잘 나타나 있다. 이 보고서에서는, "국제 무기거래에 있어 절충교역의 적용을 감시하고, 국제 무기거래의 공정성을 제고하며, 미국의 무기체계의 생산에 외국의 참여가 미국 경제에 해를 끼치지 않도록 모니터하는 것이 미국의 정책이다(It is the policy of the United States to monitor the use of

---

249 방위사업청, 전게서, p.345-346.

250 미국 상무부, "Offset in Defense Trade 8th Report to Congress", 2004.7.

offsets in international defense trade, to promote fairness in such trade, and to ensure that foreign participation in the production of United States weapons systems does not harm the economy of the United States)"라고 선언하는 미국 '국방절충교역명세법'의 규정을 적고 있다. 이러한 절충교역제도에 관한 정책은 Defense Offsets Disclosure Act 1999년법에 수록된 규정들에 의해 수정·보강되었다. 미국 상무부 수출국(BXA: Bureau of Export Administration)은 개정된 국가방위사업기반규정(National Security Industrial Base Regulation)에 따라 절충교역 가치가 500만 달러 이상인 절충교역 계약과 관련된 제반 자료를 수출국(BXA)에 보고하도록 하는 한편 수출국은 매년 6월 15일까지 절충교역에 관한 연례보고서를 의회에 제출해야 한다. 이 연례보고서는 미국 방산업체들이 제출한 자료를 바탕으로 종합된 통계자료를 포함하고 있으며, 절충교역이 미국의 국방준비태세, 산업경쟁력, 고용, 무역에 미치는 영향을 분석하도록 하고 있다. 연례보고서는 1996년 5월에 첫 보고서가 작성된 이래 매년 작성되어 보고되고 있다.

위 보고서는 미국 정부와 의회가 부정적인 시각으로 바라보는 절충교역을 미국 기업이 수용할 수밖에 없는 이유를 국제 무기시장의 냉정한 현실에서 찾고 있다. 즉 보고서는 냉전종식 이후의 냉엄한 국제 무기시장의 현실을 정책당국자들은 감안해야 한다고 조언하고 있다. 냉전 이후 무기시장의 글로벌화와 민간 상업기술에 현격히 의존하게 된 사실이 미국 기업과 외국 정부(구매자) 사이의 전통적인 관계에 근본적인 변화를 초래하였고, 이러한 변화와 함께 미 국방부의 국방획득 예산 감소는 미국 방위산업체들이 좀 더 공격적으로 세계시장을 상대로 마케팅을 하도록 하는 결과를 가져왔다는 것이다. 특히 지난 1990년대 이후 전 세계적으로 국방비 지출은 감소되었고 그에 반해 무기체계 공급자들은 급격히 증가하여 무기체계 공급자가 수요자들을 현격히 초과하게 됨에 따라 해외에 수출할 기회는 줄어들고 대신 무기체계 공급업체 간 경쟁은 보다 격화되었다. 반면 무기 구매국들은 자국의 방위산업능력을 제고해야 한다는 압력을 받고 있었고 자주국방을 요구받았다. 이러한 상황은 무기 구매국들이 보다 더 절충교역을 요구하는 배경이 되었다.

(2) 이스라엘

이스라엘 절충교역정책의 특징은 절충교역을 국가 간 산업협력 증진을 위한 수단으로 인식하고, 해외 기업들과의 공동생산 등을 통해서 장기적인 협력관계를 발전시키는 데 주안점을 두고 있다는 점이다. 이스라엘은 자국 내 IAI 등 몇몇 기업을 제외한 대부분의 기업들이 독자적으로 갖는 국제경쟁력은 그다지 크지 않다. 따라서 이스라엘의 전략은 절충교역을 통해서 다수의 이스라엘 기업들이 장기적으로 해외의 유수 기업들과 협력관계를 유지하고 기술을 이전받을 수 있는 여건을 조성하는 데 중점을 두고 있다. 이스라엘의 절충교역 정책기조는 자국의 기업과 외국 공급업체 상호 간에 이익을 달성할 수 있다는 믿음에 바탕을 두고 있다. 실제로 이스라엘은 절충교역을 통해서 상대국가에게 많은 것을 요구하기도 하지만, 대신에 절충교역을 제공하는 외국의 업체가 이스라엘과의 계약을 통해서 이익을 얻을 수 있도록 기회를 제공한다. 이는 이스라엘이 절충교역을 단기적 관점에서 보지 않고 상대국과의 관계 개선을 통해 장기적으로 상호 이익을 도모하는 수단으로 보기 때문이다.

또한 이스라엘 절충교역 지침상의 의무비율은 35%로 규정되어 있지만 실제로는 융통성을 가지고 절충교역을 추진한다는 점이다. 의무비율을 적용하다 보면 협상에서 불리할 수도 있고 당장 필요 없는 기술을 도입하는 경우도 발생할 수 있기 때문이다.

이처럼 외국 공급업체와의 상호 이익을 추구하면서 자국 업체의 능력배양을 위한 장기적인 포석에 중점을 둔다는 점과 35%로 규정된 의무비율에 얽매이지 않고 융통성 있게 사업을 추진함으로써 상대국과의 협상 시 유리한 위치를 차지한다는 점에서 이스라엘의 절충교역정책은 우리에게 시사하는 바가 크다.

(3) 일본

일본은 절충교역 성과에 있어서 가장 성공적인 국가로 알려져 있다. 또한 절충교역을 활용하는 전략 측면에서도 다른 국가와는 차별화된 독특한 전략을 추진하고 있다. 일본은 제2차 세계대전 이후 외국의 선진기술을 습득하여 일본의 군사기술을 선진화한다는 기본방침을 일관성 있게 실천하였다. 따라서 일본은 미국을 비롯한 외국으로부터 무기체계를 단순하게 사들이는 것을 억제하고 최대한 일본에서 생산하는 형태를 취하였다.

상업구매 대신 외국에서 기술을 도입하여 자국 내에서 생산하는 데 드는 비용을 충분하게 지불하되, 일본의 기술력을 끌어올리는 데 필요한 기술에 대해서는 기술도입을 통해서 반드시 획득함으로써 기초적인 기술능력을 축적한다는 전략이었다. 일본의 이러한 전략은 무기체계의 개발 및 판매에 들어가는 제반 경상비용을 줄이고자 하는 미국의 요구와도 맞물려서 1960~1988년 동안에 미국의 주요 무기체계 28개를 면허생산하였고, 그 과정에서 관련 무기체계의 제작 및 생산기술을 확보할 수 있었다.

이러한 일본의 절충교역 활용전략을 단적으로 보여주는 사례를 일본의 항공기산업 발전과정에서 찾아볼 수 있다. 일본은 항공산업을 육성하기 시작한 초기부터 미국의 군용항공기를 상업구매하는 대신에 기술도입생산 및 면허생산을 추진하면서 동시에 국내에서 항공기를 개발하는 사업을 병행하여 진행하였다. 그 결과 일본의 항공기 관련 기업들은 두 가지 문제를 동시에 해결하게 되었다. 즉 항공기 개발과정에서 어떠한 기술이 핵심기술인지를 충분히 파악할 수 있게 되었고, 부족한 기술은 미국에서 다른 항공기를 구매하거나 기술도입생산하면서 절충교역을 통해 확보하여 축적해나갔다. 일본이 미국 등 항공산업 선진국으로부터 기술을 이전받아 생산한 항공기는 대표적으로 록히드마틴사의 F-86, F-104, P-3C, 보잉사의 F-4, F-15, 제너럴다이나믹스사의 F-18 등과 같은 고정익 항공기 분야와 시콜스키사의 CH-47D, UH-60J, 벨사의 AH-1 등의 회전익 항공기 분야를 들 수 있다. 일본의 절충교역정책의 특징은 미국의 기술을 도입하여 군사기술과 민수기술을 동시에 발전시켰으며, 이러한 발전을 통해 국방부문에서 민간부문으로 기술·조직의 효율성 등이 이전되는 것이 가능하였고, 반대로 민수기술이 국방 분야로의 유입이 훨씬 쉽게 이루어질 수 있었다. 이렇듯 일본의 절충교역정책이 주는 시사점은 기술적 자급자족이라는 목표를 달성하기 위하여 추진된 면허생산 중심의 절충교역은 무기수출이 금지되어 있는 일본의 상황을 고려한다면 단순히 경제적 또는 군사적 이해관계를 넘어서 방위산업을 민간산업을 발전시키기 위한 기술추진체로 사용하고자 하는 목적을 포함하고 있다는 것으로 분석될 수 있다.

(4) 대만

대만은 전형적으로 군사적 기술을 획득하기 위해 절충교역을 추진하였으며, 국가의 민간기술 하부구조를 개선하기 위해 막대한 규모의 국가개발 계획에 참여할 수 있는 기능을 외국 기업에 제시함으로써 첨단의 무기기술을 제공하는 동기부여로 이용하고자 하였다. 즉 대만은 기술력 하부구조를 강화하여 선진국의 기술을 모두 흡수할 수 있도록 하는 한편 이러한 군사적 기술을 민수로 전환하여 민군겸용기술로 발전시키려고 하였던 것이다.

또한 군사안보적 이유로 외교적 고립 시 대만의 영공을 통제할 수 있는 항공기의 생산을 위해 외국 항공회사의 매입과 안정적 무기공급을 위한 독자적 무기사업을 개발하는 데 초점을 두고 절충교역정책을 추진하였으며, 더 많은 첨단기술 확보를 통한 경제적 목적을 달성하기 위해서 절충교역을 요구해왔다. 대만은 대규모 자본 소유 및 다수의 중소기업에 기초한 경제체제의 유연성 등 국방기술 기반을 포함한 전체 기술기반을 개발하는 데 있어서 비교적 좋은 위치에 놓여 있다.

또한 절충교역을 통하여 무기체계를 자급자족하는 수준과 방산기술능력을 제고하려는 목표는 제한적인 수준에서 달성되었다고 판단하고 있다. 아울러 면허생산, 공동생산 등 다양한 절충교역을 통하여 대만의 하부구조능력이 향상되고 있는 것은 사실이지만 연구개발 인력의 부족과 비효율적인 재료구입체계 등으로 절충교역을 통해 이전된 선진기술을 흡수할 능력이 부족하다고 분석되고 있다.

마. 절충교역의 효과

현재 절충교역은 '유용하다'는 의견과 '불필요하다'는 상반된 주장이 지속적으로 제기되고 있는 실정이다. 그러나 절충교역이 독일, 프랑스를 제외한 전 세계 대부분의 국가에서 추진되고 있다는 것은 절충교역의 유용한 측면이 다소 우위에 있다는 것을 말해준다고 할 수 있을 것이다.

(1) 절충교역의 긍정적 효과

(가) 외화절감 효과

절충교역으로 얻을 수 있는 외화절감 효과는 주로 외국으로부터 하청물량이나 수출기회를 통해 창출된 부가가치를 의미한다. 즉 구성품이나 부품을 하청생산하거나 역수출, 일반물자 수출 등을 통해 외화의 유입 또는 국산대체 효과를 가져오는 것을 말한다. 외화절감 효과는 절충교역으로 추진한 국외수출 규모, 즉 절충교역을 통해 하청물량을 수주했거나 수출한 총금액 중 원자재 구매 등을 위해 외국에 지불한 금액을 공제하면 순수한 외화절감 효과가 된다.

우리나라의 경우 1983년부터 2000년까지 국내생산과 관련한 외화절감 효과는 약 13.3억 달러이며, 이 중 방산업체가 약 7.7억 달러를 차지하는 것으로 나타나 2000년도를 기준으로 우리나라 방산부문의 연간 총매출액은 3조 3,000억 원의 약 2.8%를 차지했던 것으로 나타나고 있다.

(나) 방산기반 유지효과

우리나라가 절충교역으로 추진한 국외수출 규모는 1983년부터 2000년 5월까지 총 19억 달러, 이 중 방산업체가 참여한 국외수출 및 하청생산 물량은 11억 달러로, 연평균 약 788억 원으로 연평균 약 500여 명의 고용효과를 가져오는 것으로 나타났다. 그러나 우리나라 방산업체의 기술능력과 생산성 부족으로 절충교역 기회가 있어도 제대로 활용하지 못하고 있는 실정이다. 절충교역이 단지 기회를 제공해주는 것이라는 점을 감안할 때 외국으로부터 지속적으로 방산물량을 확보하기 위해서는 국내 방산업체의 생산능력과 기반을 선진국 수준으로 끌어올려야 한다.

(다) 기술이전 효과

1983년부터 2002년 5월까지 절충교역을 통해 획득한 기술의 평가가치는 총 21억 달러로 전체 절충교역 가치의 46.8%를 차지하고 있다. 이는 1993년부터 1998년까지 미국에서 무기를 수입한 국가들의 절충교역 유형 중 기술이전이 11%에 불과한 것에 비추어보면 매우 높은 수치이다.

그러나 절충교역을 통해 필요한 기술을 확보하고 이를 성공적으로 활용한 사례도 있기는 하나, 전체적으로 기술획득에 대한 평가가치는 해외업체에서 제시한 가치를 토대로 조정한 것이므로 기술 수혜자 입장에서의 가치라고 보기 어렵기 때문에 정성적으로 판단할 수밖에 없다.

(2) 절충교역의 부정적 효과

(가) 구매비용 상승

절충교역의 부정적 측면으로 가장 많이 거론되는 것은 구매비용 상승이다. 절충교역을 제공해야 하는 국외업체의 입장에서는 절충교역 의무를 이행하는 데 있어 불가피하게 비용이 소요된다는 것이다. 실례로 해외교육 프로그램을 제공할 경우 체재비나 항공료 등의 비용이 발생하고 관련 장비를 지원할 경우에도 비용이 수반되는데 이 비용이 기계약 금액에 반영되어 가격을 상승시키는 요인이 된다는 것이다. 현재 우리나라 절충교역 의무 적용비율은 30%이며, 국외업체가 절충교역 의무를 이행하지 않을 경우 회수하기로 하고 설정해놓은 채권인 절충교역 계약이행 보증금은 미실행액의 10%이다. 따라서 국외업체가 절충교역 의무를 이행하지 않을 경우 국외업체가 부담해야 하는 금액은 기본 계약금액의 3% 정도이며, 절충교역 의무를 이행하는 것은 실제 발생비용이 3%보다 적기 때문이라 판단할 수 있다.

실제 KF-16을 도입한 KFP(한국형 전투기) 사업의 경우 절충교역을 30% 적용하였으나 공급업체인 제너럴다이나믹스의 사장은 절충교역 이행비율은 4%에 불과하며, 대부분의 공급업체가 절충교역 의무이행 시 40%가량을 하청업체에게 넘긴다고 밝히고 있어 절충교역 의무이행으로 인한 가격인상 부담이 하청업자에게 전가된 것으로 볼 수 있다. 결론적으로 절충교역으로 인한 비용상승 요인은 분명히 존재하나 그 증가분에 대한 정확한 수치는 산출하기 곤란하다. 절충교역 계약이행 보증금을 기준으로 고려해보면 절충교역 추진 시 구매비용이 인상될 수 있는 비율은 평균 3~4% 수준으로 판단할 수 있을 것이다.

(나) 사업기간의 장기화

구매비용 상승 이외 부정적 측면으로는 절충교역 협상에 많은 시간과 노력을 소모하게 되어 사업기간이 장기화될 수 있다는 점이다. 그러나 이러한 문제는 협상과정에서의 기술적 능력에 의해 좌우되는 것이지 제도 자체의 문제라고 보기는 어렵다. 실제로 절충교역 추진으로 계약이 지연된 사례는 한 건도 보고되지 않은 것으로 알려지고 있다.

또한 절충교역은 시장의 효율성을 저해함으로써 사업단위별로 단기적인 고려요소에 의해 결정될 수밖에 없기 때문에 장기적인 효과가 고려되지 못한다는 것이 부정적인 효과로 나타나고 있다.

바. 절충교역 활성화 방향

지금까지 살펴본 바와 같이 대부분의 국가에서는 절충교역을 무기체계획득사업에 있어서 중요한 협상수단으로 보고 있으며, 국가의 방산기반 능력, 기술력, 정치·경제적 여건 등을 고려하여 추진하고 있다. 그리고 대부분의 국가는 방산기반 유지, 고용창출 등과 같은 경제적 효과와 이익을 얻기 위해 절충교역을 활용하고 있다. 그러나 절충교역이 장기적인 관점에서 비효율적이라는 점이 지적되면서 유럽 국가들 사이에는 무기거래 시 절충교역을 면제하는 사례도 있다. 일부 국가에서 절충교역의 비효율성을 비판하고 있는 것도 사실이지만, 대부분의 국가는 자국의 이익을 높이기 위한 수단으로 절충교역을 적극적으로 활용하고 있다.

현재 우리나라에서 운영하고 있는 절충교역제도는 국방과학기술 개발 및 방산물자 생산에 필요한 기술을 해외로부터 획득하는 중요한 창구 역할을 수행해왔으며, 방산물자 및 국방과학기술 수출을 위한 중요한 수단으로 활용되고 있다.

이재석과 정태윤은 "한국형 절충교역 추진 모델 연구(구매자 측면)"[251]에서 절충교역 추진단계를 식별(Detecting), 확보(Securing), 이전(Transfer), 활용(Applying), 확산(Diffusion)의 5단계로 구분하고 절충교역의 문제점에 대한 해결방안을 단계별로 제시하였다. 식별단계에서는 필요 기술의 보다 정확하고 효과적인 도출을 위해 국방과학기술 획득 및 발전계획과의 연계성 강화와 사전 절충교역 추진전략 수립 및 활용이 필요하며, 확보단계에서는 국외업체와의 협상력 강화를 위한 협상 추진절차의 정립과 기술가치평가 방법론의 지속적인 발전이 필요하다고 하였다.

또한 이전 단계에서는 국외업체가 제공하기로 합의한 기술의 내실 있는 이전을 담보하기 위해 이전기술에 대한 만족도 조사를 통해 국외업체의 기술이전 성실도 관리 절차가 필요하며, 활용단계에서는 이전을 통해 획득한 기술의 실제 활용으로 창출되는 성과를 극대화하고 체계적으로 관리하기 위한 제도가 필요하고, 마지막 확산단계에서는 획득기술의 국내 전 분야 파급을 위한 기관 및 업체 간 기술 공유·유통체계의 마련이 필요한 것으로 분석하였다. 아울러 절충교역제도를 활성화시키고 성과를 극대화시키기 위하여 절충교역 업무의 전 주기적인 인센티브 구축이 필요하다고 하였다.

앞으로 절충교역을 통해 우리에게 필요한 핵심기술을 획득하여 잘 활용하는 한편 우리 방산물자 및 국방과학기술을 수출하고자 하는 경우 구매국의 절충교역 요구에 잘 부응할 수 있는 적절한 전략 수립이 필요하다고 할 것이다.

---

251 이재석·정태윤, "한국형 절충교역 추진 모델 연구(구매자 측면)", 「기술경영경제학회」, 2009년도 동계학술 발표회(2009.2), p.372.

방산물자 계약제도 및 원가계산제도

방산물자 계약제도 및 원가계산제도는 제6절 '우리나라 방위산업의 육성·진흥정책'에 포함되어야 할 사항이나 방산물자를 획득하기 위해서는 계약제도나 원가계산제도가 매우 중요하여 별도의 절로 편성하였다.

1. 방산물자 계약제도

가. 계약의 일반적 개념

(1) 조달과 계약의 의미

정부조달계약은 1961년 12월 19일에 재정된 구 '예산회계법'에 포함되어 예산과 회계의 한 부분으로 명시되어 왔으나, 1993년 WTO의 출범과 함께 1997년 1월 1일부터 WTO 정부조달협정이 우리나라에서도 발효됨에 따라 정부조달계약에 관한 별도의 독립된 법령체계를 갖추어 시장개방에 대비하는 것이 필요하다는 인식이 대두되어 1995년 1월 5일 구 '예산회계법' 계약 편을 분리하여 국제입찰의 범위, 내국민 대우 및 무차별 원칙, 낙찰자 선정기준 등을 명시한 '국가를 당사자로 하는 계약에 관한 법률'(이하 '국가계약법'이라 한다)을 제정하였다.[252]

정부조달(government procurement)은 '공공재의 공급을 위하여 정부가 민간으로부터 재화 및 서비스를 구매하는 활동'을 말한다. 정부조달은 그 결과인 정부활동에 의한 공공재 공급의 혜택이 국민에게 귀속되고, 정부조달 비용 또한 납세자인 국민이 지불하며, 그 구매가 정부의 조달 관련 기관 및 공무원에 의해 수행되는 특성을 가지고 있다.[253]

정부조달과 관련된 가장 기본적인 법률은 '국가계약법'인데 국제입찰에 의한 정부계약, 국가가 대한민국 국민을 계약상대자로 하여 체결하는 정부계약(세입의 원인이 되는 계약을 포함한다) 등 국가를 하나의 당사자로 하는 계약을 말한다.[254] 동 법은 국가를 당사자로 하는 계약에 관한 기본적인 사항을 정함으로써 계약업무의 원활한 수행을 도모하는 데 목적이 있다.

그리고 각 중앙관서의 장 또는 계약담당공무원은 국가계약법에 의한 계약을 체결하고자 하는 경우 일반경쟁에 부쳐야 한다. 다만 계약의 목적, 성질, 규모 등을 고려하여 필요하다고 인정될 때에는 대통령령이 정하는 바에 따라 참가자의 자격을 제한하거나 참가자를 지명하여 경쟁에 부치거나 수의계약에 의할 수 있다. 각 중앙관서의 장 또는 계약담당공무원은 계약을 체결하고자 할 때에는 계약의 목적, 계약금액, 이행기간, 계약 보증금, 위험부담, 지체상금, 기타 필요한 사항을 명백히 기재한 계약서를 작성하여야 한다. 이 계약서는 담당공무원과 계약상대자가 계약서에 기명, 날인 또는 서명함으로써 계약이 확정된다.

정부는 조달사업의 효율적인 수행을 위하여 조달사업의 운영 및 관리에 필요한 사

---

252 방위사업청, 『방위사업개론』, 서울: 대한정보인쇄, 2008.4, p.298.

253 김태홍·이승길·이미경, 『정부조달계약 인센티브제도의 도입 및 실효성 확보에 관한 연구』, 서울: 한국여성개발원, 여성부정책연구과제, 2003.10, p.77.

254 국가계약법 제2조.

항을 '조달사업에 관한 법률'에 규정하고 있다. 이 법에 의하여 조달청장은 ① 조달물자의 구매·운송·조직·보관·공급 및 그에 따르는 사업, ② 수요기관의 시설공사의 계약 및 그에 따르는 사업, ③ 수요기관의 시설물의 관리·운영 및 그에 따르는 사업을 수행하고 있다.

국방조달은 정부조달의 한 분야로서 정부가 국가를 방위하기 위하여 군이 필요로 하는 일반물자와 방산물자 및 용역을 취득하는 행위를 말한다.[255]

국방조달의 목표는 최소의 국방예산을 사용하여 최대의 국방력을 창출하는 것이다. 즉 우수 조달원을 확보, 관리하여 적정 수준의 가격으로 양질의 물자를 적기에 적량을 획득하여 소요군에 공급하는 데 있다.[256] 이러한 국방조달의 목표를 달성하기 위하여 조달물자를 구매할 때에 가장 핵심이 되는 것은 계약제도와 원가산정이다.

군은 업체와의 계약관계에 있어서 저렴한 가격으로 양질의 물자를 필요한 시기에 사용자에게 공급해야 하며, 업체의 경우에는 이윤을 극대화하는 데 있다. 그러므로 계약의 근본은 업체 스스로가 생산성 향상 및 원가절감을 위하여 노력하도록 유인하고 그 성과에 따라 이윤을 획득하도록 보장해줌으로써 군의 자원획득에도 도움이 되도록 해야 하는 것이다.[257]

국방조달은 국가방위 생산력의 근간이며 국방비 지출의 근원을 이룬다. 국방비 지출의 근본행위는 계약을 통해서 군과 업체 간의 끊임없는 상호관계에서 법령에 근거한 계약제도의 영역 안에서 군의 획득목표를 달성한다.[258] 이와 같이 정부조달이든 국방조달이든 계약행위를 통해서만 재화 및 서비스를 구매할 수 있다.

일반적으로 계약이란 '일정한 법률효과의 발생을 목적으로 하는 서로 대립된 복수의 의사합치에 의하여 성립되는 법률행위'를 말한다. 계약의 효과는 청약과 승낙이라는 법률행위가 합치하여 발생한 것으로 정부계약은 국가의 청약과 계약당사자의

255 백항기, 『국방조달에 있어서 계약에 관한 연구』, 서울: 국방대학교, 1988, p.9.

256 육군본부, 『야교 38-3, 조달관리』, 1995, p.23.

257 김창현, 『방산물자 계약제도 및 원가계산제도 개선방안에 관한 연구』, 서울: 국방대학원, 1987, p.2.

258 이현국, 『국방조달계약 및 조달원 확보에 관한 연구』, 서울: 국방대학교, 1996, p.2.

승낙을 통하여 계약서 작성의 형태로 표현된다. 보통 정부계약은 절차의 투명성과 공정성 등 형식적 요건과 예산집행의 효율성 및 경제성 등 계약의 본질에 속하는 실질적인 요건을 포함하고 있다. 따라서 정부계약은 사업의 기본계획 또는 집행계획의 수립에서 시작되어 계약업체의 선정, 검사와 대금의 지불과정 등을 거쳐 계약목적물의 품질보증 책임기간까지를 포함한다.

'국가계약법' 제5조에서 "계약은 상호 대등한 입장에서 당사자의 합의에 따라 체결하여야 하며, 당사자는 계약의 내용을 신의와 성실의 원칙에 따라 이를 이행하여야 한다"라고 규정하고 있는 것처럼 국가가 체결하는 계약은 사경제 주체[259]로서 상대방과 대등한 위치에서 행하는 사법상의 법률행위에 해당하며, 각 당사자 간의 계약상대방으로 하여금 상호 급부를 전제로 한 유상·쌍무계약의 성격을 가지고 있다. 또한 민법상의 일반원칙인 계약자유의 원칙, 신의성실의 원칙, 사정변경의 원칙 등의 적용이 가능하며, 이에 대한 다툼은 민사소송의 대상이 된다. 그리고 국가계약법령에 규정된 대부분의 기준과 조건은 절차 또는 조건의 중대한 하자를 제외하고는 대부분 계약조건으로 편입되어야만 상호 간을 규율할 수 있다는 한계를 동시에 가지고 있다.

또한 국가계약법은 임의로 배제할 수 없는 강행법규의 성격을 가지고 있으며, 절차법으로서 계약상대자에게만 그 효력이 미치고, 국가기관 또는 그 소속 해당업무 담당공무원을 기속함으로써 국가계약법령에 위배된 계약이라도 중대한 하자에 의한 원인무효가 아닌 이상 계약의 효력에는 영향을 주지 않고 다만 내부 책임의 문제만이 발생한다. 국가는 국가계약법에 의해 계약의 상대자를 자연인, 법인, 내·외국인을 불문하여 선택하여야 하며, 계약법은 민법과의 관계에서도 특별법적인 성격을 가지게 된다.

정부계약은 경쟁에 의한 계약을 기본적으로 지향하고 있는데 이러한 목표를 달성하기 위해서 획득하고자 하는 제품 또는 용역에 대한 규격을 작성하도록 하고 있다.

---

259 경제는 공경제와 사경제가 있다. 공경제는 공공경제이고, 사경제는 개인이나 사법인이 경영하는 경제(가정경제, 회사경제, 조합경제 등)이다.

규격은 제품 및 용역에 대한 기술적인 요구사항을 명백히 하고, 이와 같은 요구사항이 충족되었는가의 여부를 결정하기 위해 작성되는데, 정부는 어떠한 방식을 사용하든 관련 규격에 필요 이상의 경쟁제한 요소를 포함해서는 안 된다. 다만 정부의 수요 목적을 달성하기 위해 불가피한 경우에만 수의계약 등의 방식을 적용하여 처리할 수 있도록 하고 있다.

그러나 가급적 시장에서 유통되고 있는 상용품을 사용할 수 있도록 규격을 작성하고 시장에서 수요를 달성할 수 있는 물품을 구매할 수 없는 경우라도 해당 물품을 별도로 개발하는 방법을 사용하기보다는 성능형으로 제작하거나 일부분을 변형하여 제작할 수 있도록 유인하여 경쟁토록 하고 있다. 그러나 무기체계의 경우에는 이러한 원칙 등을 모두 지키기 어렵기 때문에 별도의 국방규격을 제정하여 활용하고 있다.

국가가 일방의 당사자가 되는 모든 계약에는 국가계약법이 정하고 있는 절차와 기준을 적용하는 것이 원칙이므로 군수품의 조달계약도 국가계약법에 의하여 수행하는 것이 원칙이다. 그러나 국가계약법은 다른 법률에 특별한 규정이 있는 경우에는 국가계약법을 적용하지 않는다는 취지의 규정을 통해 예외를 인정하고 있다. 따라서 방위력개선사업을 수행하면서 무기체계의 구매계약과 연구개발의 수행업체 선정을 위한 기준과 절차를 국가계약법에 의하여 수행하되 방위사업법에서 명시한 계약에 관한 예외적인 사항은 방위사업법을 적용한다. 즉 정부는 방산물자와 무기체계 운영에 필수적인 수리부속품을 조달하거나 방위사업법 제18조 제5항의 규정에 의하여 연구 또는 시제품의 생산(이하 관련된 연구용역을 포함한다)을 위촉하는 경우에는 단기계약, 장기계약, 확정계약 또는 개산계약을 체결할 수 있다. 이 경우 "국가를 당사자로 하는 계약에 관한 법률 및 관계법령의 규정에도 불구하고 계약의 종류, 내용, 범위, 그 밖의 필요한 사항은 대통령령으로 정한다"라고 하여 국가계약법의 예외를 규정하고 있다.[260]

---

[260] 방위사업법 제46조 및 동법 시행령 제61조.

또한 위 근거에 의해 해당 계약 건에 대한 착·중도금 지급이 가능하고, 장기계약의 경우 최종 납품 시까지 정산을 유예할 수 있으며, 방위사업에 관한 계약사무처리규칙과 방산물자의 원가계산에 관한 규칙을 별도로 마련하여 적용하고 있다.

(2) 계약의 주체

정부계약을 수행하기 위해서는 그 업무를 집행하는 주체가 필요한데 국가계약법에서는 이를 계약관 또는 계약담당공무원이라고 칭하고 있다.

우리나라의 경우에 각 중앙관서의 장(국가계약법 제6조의 규정에 의한 중앙관서의 장으로서 행정 각 부처·청의 장을 말한다)은 그 소관에 속하는 계약사무를 처리하기 위하여 필요하다고 인정될 때에는 그 소속 공무원 중에서 계약에 관한 사무를 담당하는 공무원을 임명하여 그 사무를 위임할 수 있는데 이렇게 각 중앙관서의 장으로부터 계약에 관한 사무를 담당하도록 위임받은 공무원을 '대리계약관', '분임계약관'이라 각각 정한다.

한편 계약담당공무원은 해당 중앙관서의 장의 계약사무 처리의 위임을 받은 계약관과 다른 중앙관서의 장으로부터 계약사무 처리를 위탁받은 공무원을 포함한다. 또한 국가계약법 시행규칙에서는 세입의 원인이 되는 계약에 관한 사무를 각 중앙관서의 장으로부터 위임받은 공무원, 국고금관리법 제22조의 규정에 의한 재무관, 법 제6조 제1항의 규정에 의한 계약관 및 국고금관리법 제24조의 규정에 의하여 지출관으로부터 자금을 교부받아 지급원인행위를 할 수 있는 관서운영경비출납공무원과 기타 법령에 의하여 세입세출 외의 자금 또는 기금의 출납의 원인이 되는 계약을 담당하는 공무원을 통틀어서 계약담당공무원으로 정의하고 있다.[261]

이 글에서 방위사업청의 계약관은 방위사업청장으로부터 계약사무 처리의 위임을 받은 계약관리본부의 주임계약관인 계약관리본부장과 분임계약관인 각 계약부장 및 계약팀장을 포함한다.

---

261 계약사무처리규칙 제2조 제1항.

나. 계약업무 수행절차

계약업무 수행절차를 간단히 도해하면 〈그림 7-1〉과 같다.

계약업무 수행절차는 일반적으로 제안요청서의 작성, 계약방법의 결정, 입찰공고, 제안요청서의 교부, 입찰 참가 및 입찰, 계약서의 초안 작성, 제안서 접수 및 평가, 서류 등의 적합성 및 업체의 적격성 검토, 협상(계약 일반조건, 계약 특수조건, 기술협상, 가격협상, 절충협상), 계약체결, 계약이행 보증금을 포함한 각종 보증금의 수납, 선금 또는 착·중도금의 지급, 계약의 이행관리, 계약의 해지 및 해제, 이행 감독, 품질보증 활동, 검사, 납품, 이행 지체와 지체상금 부과, 대가 지급, 하자보증 처리 등 계약과 관련한 많은 절차와 시간이 소요된다.

먼저, 계약방법을 선택할 때에는 계약이행 중에 발생되는 비용에 대한 계약상대자의 책임부담 정도, 계약수행능력을 갖춘 계약상대자의 수, 예정가격의 산출 가능 여부와 계약금액 확정시기, 계약상대자에게 제공되는 유인이익[262]의 성격 등을 고려하여 계약상대자에 적절한 위험부담과 효율적인 계약이행의 유인을 제공할 수 있는 계약방법을 선택하도록 하고 있다.[263] 이때 비용을 사전에 확정할 수 있는 경우에는 일반확정계약을 우선 적용하고, 비용확정이 불가능한 경우에는 일부 품목의 확정 또는 중도확정, 일반개산계약 순으로 선택하여 적용하고 있다.

계약 유형의 선택은 정부와 계약업체 간 계약목적을 달성해가는 기간 동안 발생하는 위험을 배분하는 주요한 방법이다. 모든 계약상황에 적합하고 유일한 계약의 유형은 존재하지 않는다. 계약 유형의 선택은 계약위험수준, 이행을 위한 동기부여(인센티브), 업체 회계시스템의 적합성 같은 기타의 요소를 감안하여 매 건별로 선택하여야 한다. 계약담당공무원의 목표는 효율적이고 경제적인 계약이행을 위해 최상의 인센티브를 제공하면서 계약상대자에게 합리적인 위험을 할당하게 될 계약 유형을 선택하는 데 있다. 물론 계약담당공무원은 인센티브에 의한 계약의 효과성을 미리 판단

---

[262] '유인이익'이라 함은 목표원가에서 실제 발생원가를 차감한 금액에 분담비용을 곱하여 산출된 금액을 말한다.

[263] 방위사업에 관한 계약사무처리규칙 제3조.

244

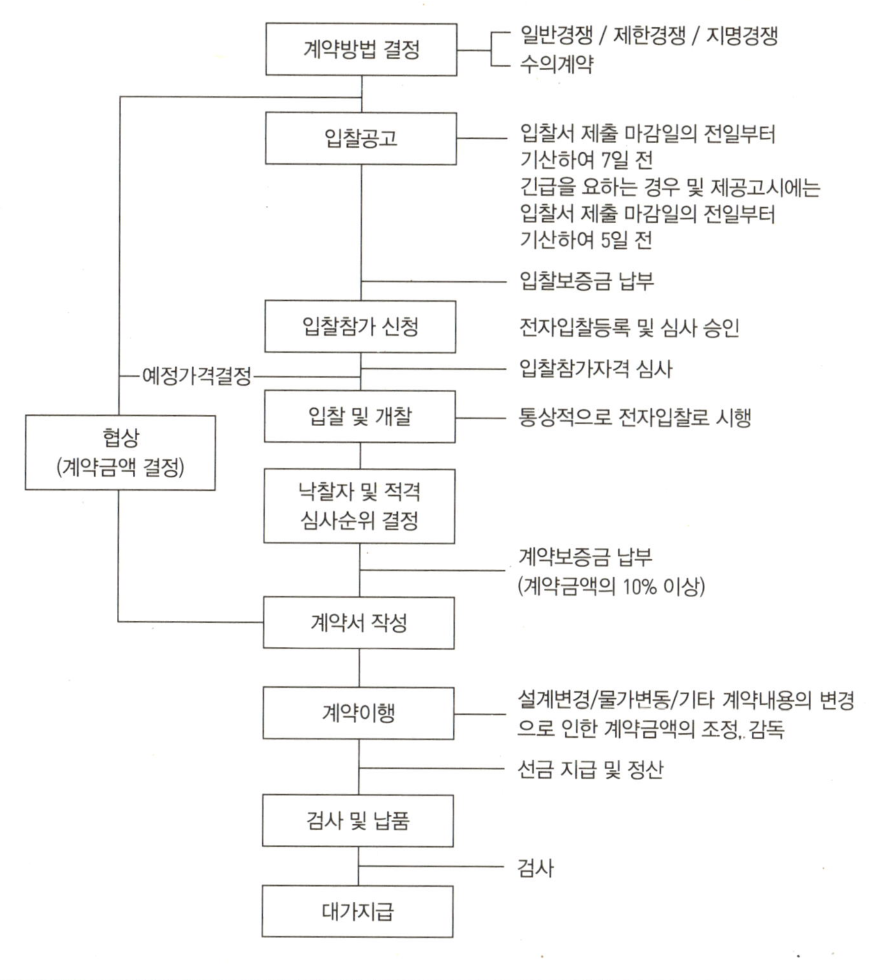

하여야 하지만 원가 및 제반 시스템이 뒤따라준다면 인센티브를 제공하는 계약을 통해 계약상대자의 노력을 유인하는 것이 이상적인 계약방법의 선택이 될 것이다. 이렇듯 계약담당공무원이 가장 효과적이고 합리적인 계약 유형을 선택하는 것은 여러 잠재적 계약상대자에게 매력적으로 적용하여 업체 간 경쟁을 확대하는 효과를 가져올 수 있다.

그러나 방위사업은 수요와 공급이 제한되어 쌍방 독점적 조달에 따른 시장이 제한되어 있어 수의계약 의존도가 높고, 대부분 생산기간이 장기간 소요되어 계약이행 간의 불확실성 증대와 상호 위험부담 가중으로 확정계약의 어려움이 존재하며, 특수규격에 의한 주문생산의 특성상 계약을 체결하고 직접적인 원가관리가 필요한 개산계약을 선호하게 되며, 국가안보 목적, 방산 육성, 국내 연구개발 우선정책 등의 환경에 따른 경제 외적인 요인이 계약방법 선택에 많은 영향을 미치므로 일반경쟁이 제한되고 계약담당공무원이 계약방법을 선택하는 데 제약이 따르고 있다. 계약담당공무원은 실사용자와 국민의 입장에서 정부에게 가장 유리한 계약업체 선정을 위한 방식을 찾아내야 한다. 대부분의 경우에는 가격만을 보고도 최상 가치를 판단할 수 있을 것이나, 가격 이외의 거래조건(실적, 품질, 기술력, 납기, 성능, 사후관리 등)을 함께 감안하여야 할 경우가 계약목적물에 따라 많을 것인데 특히 무기체계 구매 또는 연구개발 계약의 경우가 이에 해당된다.

다. 방위사업 계약제도의 변천과 방산물자시장의 특성[264]

방산물자의 특성상 일반경쟁 하의 확정계약을 위주로 제정된 '국가계약법'에서 규정된 계약 관련 규정을 그대로 적용하게 되면 소기의 목적을 달성할 수 없는 등 많은 문제점이 대두됨에 따라 1973년 '군수조달에 관한 특별조치법'을 제정하여 수차례의 개정작업을 거쳐 1983년 '방위산업에 관한 특별조치법'으로 제정되었으며, '방위산업에 관한 특별조치법'은 방위사업청 개청과 동시에 방위사업법으로 대체·제정되어 내용을 대폭 정비한 후 시행되고 있다.

방위사업에 대한 계약방법은 1977년 '군수조달에 관한 특별조치법 시행령'에서 '장기계약'과 '개산계약'이 신설된 이후, 1983년에는 계약상대자에게 적절한 위험부담과 계약이행의 유인을 제공하기 위해 원가절감 보상계약 등 6종의 계약방법으로 확대되었으며, 동법 시행령은 1984년에 '방위산업에 관한 특별조치법 시행령'으로 명칭을

---

264 방위사업청, 전게서, pp.310-312.

변경하였고, 방위사업청이 개청됨에 따라 2006년에는 현재의 '방위사업법 시행령'으로 변경하여 적용하고 있으며, 그동안 '단가고정계약', '원가정산 이익확정계약' 등 2종의 계약방법이 폐지되고, '유인부확정계약' 등 5종의 계약방법이 추가되는 과정을 거쳐 총 11종의 계약 유형이 활용되고 있다. 또한 방위사업법 시행령의 계약방법에 대한 실질적인 운영을 위해 국방부령인 '방위산업에 관한 계약사무처리규칙' 및 방위사업청 훈령인 '방위산업에 관한 계약사무처리 시행세칙'에서 세부 기준 및 절차를 규정하여 시행하고 있다.

방위산업 시장은 수요자와 공급자가 거래를 한다는 점에서 일반산업의 시장과 같으나, 방산물자의 특성상 몇 가지 측면에서 상이한 특징이 있다.

첫째, 방위산업 시장은 수요자인 정부와 공급자인 국내 민간기업 또는 외국 정부 및 기업으로 구성되고, 경쟁계약보다는 수의계약에 의한 조달방법이 많이 이루어지고 있으며, 계약가격 결정에 있어서도 대부분의 조달물자 및 장비가 특정 규격의 주문생산에 의해서 이루어지고 있어 시장기능에 의해 자율적으로 형성된 가격이 아니라 정부의 예산절감 노력과 민간기업의 이윤보상 원칙을 고려한 협상가격으로 결정되는 경우가 통상적이다.[265] 정부는 방산물자의 수량 및 품질을 결정할 뿐만 아니라 공급업체를 지정할 권한을 가지고 있어 실질적으로 시장을 지배하고 있다. 이러한 시장구조에서 계약가격의 결정에 있어서 정부가 우위인 경우가 대부분이다.

둘째, 방산물자는 일반물자와는 달리 매우 고가일 뿐만 아니라 생산비용이 계속 상승하는 추세에 있으며 아울러 이러한 장비는 구형을 신형으로 대체할 경우 이에 대한 가격차이가 상당히 큰 특징을 가지고 있다.[266]

셋째, 기술진보와 불확실성이 그 특징이다. 군이 요구하는 무기와 장비는 급변하는 첨단기술에 의존하기 때문에 대규모 R&D에 더욱 지속적으로 많은 투자를 필요로 하고 있다. 이러한 점에서 비용 및 성능 요건 등에 관한 불확실성이 지배하는 산

---

265 김진선, 「방위산업 육성을 위한 국방조달에 관한연구」, 서울: 국방대학교, 2002, p.10.

266 김진선, 상게서, p.10.

업이기 때문에 미국과 같은 선진국의 경우 1945년 이래로 방산업체의 장기적인 추세는 합병과 퇴출을 통해 기업의 수는 줄어드는 반면 방산복합체로 가는 경향으로 변화되고 있으며 그 결과 항공·우주산업과 항공전자산업 같은 첨단기술 부문은 국영이나 민영 형태의 1~2개의 전국적인 규모의 공급자로 구성되어 가고 있다. 이러한 점에서 이들 시장은 완전경쟁시장과는 큰 차이가 있다.

넷째, 대다수의 방위산업, 특히 첨단방위산업 분야는 전형적으로 비용체감의 법칙이 지배하는 업종으로서, '규모의 경제' 및 '학습효과'가 크게 작용하는 특징을 지니고 있다.[267] 세계화, 개방화가 진전되면서 거의 모든 업종에서 국내기업과 해외기업 간의 완전경쟁이 이루어지고 있으나 방산부문은 생산시설의 해외이전, 해외기업에 대한 시장개방, 기술이전 등이 제한됨으로써 경쟁의 효과가 현실화되지 못하고 있다. 결과적으로 국내 방산기술 수준, 국내 방산조달 규모 등에 의해 방산능력이 좌우된다. 따라서 규모의 경제를 확보하는 것이 주목적이라면 국내 조달 규모는 오직 한두 개 회사만의 생존을 보장할 것이며 자연스럽게 독과점이 형성된다. 규모의 경제가 지배하는 산업에서는 생산수량이 단위당 비용(즉 경쟁력)의 주요 결정요소이므로 매년 엄청난 국방비를 지출함으로써 대규모 고정 R&D 비용 및 생산비용을 더 많은 생산량에 걸쳐 분산시킬 수 있는 선진국만이 규모의 경제 및 학습효과를 실현할 수 있다.

다섯째, 방위산업과 시장은 정부의 규제를 많이 받는다.[268] 방산물자 시장에서는 정보의 대칭성이 지배하고 구매자와 판매자가 이용할 수 있는 정보의 차이는 불확실성을 증폭시킨다. 계약자는 기술적인 가능성과 비용조건에 관한 지식 면에서 비교우위를 지니지만 구매자인 정부는 수요 독점권과 무기/장비 성능에 대한 요구를 결정하고 이를 빈번히 변화시킬 수 있는 능력 및 규제능력을 통해 이점을 지니고 있다. 그럼에도 불구하고 정보의 갭은 정부에게 불리할 수밖에 없으므로 구매자에게 불리한 정보의 비대칭성을 바로잡기 위해 정부는 다양한 규제를 종종 실시한다. 또한 무역

267 김진선, 전게서, p.11.

268 양미호, 「방위산업 활성화 방안에 대한 연구」, 서울: 국방대학교, 2002, p.5.

자유화가 진전되는 국제경제 질서 하에서 자국 산업에 대한 정부의 지원과 보호조치는 제약을 받지만 안보 분야에 대해서는 예외적으로 취급된다. 정부는 국내시장을 개방해야 하는지 아닌지를 결정하는 권한을 지니며, R&D 및 생산비용을 계속 모니터할 수 있고 경우에 따라서는 방산물자의 계약을 통해 업체의 이윤을 통제할 수 있다. 이러한 이윤규제의 목적은 방산 계약자가 과도한 이윤을 얻거나 과도한 손실을 보지 않도록 하기 위한 것이며 과도한 손실방지는 국내 방위산업 기반을 유지하기 위한 것이다. 그 결과 방위산업체에 허용하는 이윤수준은 이 업종에 새로이 진입하려 하거나 방산부문으로부터 퇴출하려는 기업들에게 정확한 신호 메커니즘을 제공하지 못한다. 더욱이 이윤을 의식하는 기업은 정부규제에 적응 또는 안주하려고 함으로써 정부 조달기준의 규제를 만족시키면서 또 다른 비능률을 초래하고 있다.

여섯째, 방산품의 개발, 생산계약은 대개 다년간에 걸친 장기계약이며 불확실성 하에서 합의되기 때문에 다른 민수품의 경우처럼 구체적인 내용으로 구성될 수 없는 불완전한 계약으로 체결되며, 여기에는 디자인, 개발, 생산 등이 포함된다.[269]

일곱째, 정부가 유일한 수요자이기 때문에 생산물량이 한정되어 있다.[270] 따라서 소요물량의 변동에 따라 초과생산능력이 발생하며 유휴설비의 발생과 고정비 부담이 과중될 수 있다.

여덟째, 국방조달 물자는 품질과 성능 등 제품의 신뢰성 자체에 많은 중점을 두고 있어 필요한 경우에는 경제적인 측면보다 국가안보를 위한 신뢰성이 더 강조되기도 한다. 즉 선 품질 후 가격의 전략이 그것이다.

라. 방산물자 계약의 분류기준 및 종류[271]

정부조달의 경우 공정한 보상금액의 결정에는 원가계산은 물론 계약형태가 큰 영

---

269 김진선, 전게서, p.12.

270 유창석, 『한국 방위산업의 발전방안 연구』, 서울: 국방대학교, 2002, p.8.

271 방위사업청, 전게서, pp.312-313의 내용을 요약정리하고 일부 내용을 수정하였다.

<table>
<tr><th colspan="4"><표 7-1> 정부 계약의 종류</th></tr>
<tr><th>계약목적물별</th><th>계약 체결형태별</th><th>계약 경쟁방법별</th><th>낙찰자 선정방법별</th></tr>
<tr>
<td>• 공사계약
　－ 건설공사
　－ 전기공사
　－ 정보통신공사 등
• 물품제도 구매계약
• 용역계약
• 공동계약</td>
<td>• 확정계약, 개산계약
• 총액계약, 단가계약
• 장기계속계약, 계속비계약, 단년도 계약
• 공동계약, 단독계약
• 기타
　－ 종합계약
　－ 사후원가검토조건부계약
　－ 회계연도개시전계약</td>
<td>• 경쟁계약
　－ 일반경쟁입찰계약
　－ 제한경쟁입찰계약
　－ 지명경쟁입찰계약
• 수의계약
　－ 일반 또는 분할수의계약</td>
<td>• 적격심사제
• 최저가 낙찰제
　－ 2단계 경쟁입찰 계약
　－ 규격, 가격분리, 입찰계약
　－희망수량 입찰계약
• 협상에 의한 계약</td>
</tr>
</table>

<table>
<tr><th colspan="5"><표 7-2> 적용법규 및 계약방식에 의한 계약의 종류</th></tr>
<tr><th>적용법규</th><th>계약 경쟁방법</th><th>계약 체결형태</th><th>계약 종류</th><th>낙찰자 선정방법</th></tr>
<tr>
<td rowspan="3">국가계약법
(일반물자)</td>
<td>경쟁계약</td>
<td>확정계약</td>
<td>• 일반경쟁계약
• 제한경쟁계약
• 지명경쟁계약</td>
<td rowspan="5"></td>
</tr>
<tr>
<td rowspan="2">수의계약</td>
<td>확정계약</td>
<td>• 일반 또는 분할계약</td>
</tr>
<tr>
<td>개산계약</td>
<td>• 일반개산계약</td>
</tr>
<tr>
<td rowspan="2">방위사업법
(방산물자)</td>
<td rowspan="2">일반제한·지명경쟁
계약 또는 수의계약</td>
<td>확정계약(5)</td>
<td>• 일반확정계약
• 물가조정단가계약
• 원가절감보상계약
• 유인부확정계약
• 한도액계약</td>
<td rowspan="2">• 적격심사제
• 최저가 낙찰제
• 협상에 의한 계약</td>
</tr>
<tr>
<td>개산계약(6)</td>
<td>• 중도확정계약
• 특정비목불확정계약
• 유인부원가정산계약
• 일반개산계약
• 성과기반계약(PBL)
• 장기옵션계약</td>
</tr>
</table>

향을 미친다.[272]

　계약의 구분은 조달원에 따라 국내계약, 국외계약, 특정계약으로 구분하고, 조달

---

272 안태석·진선근, "방위산업 원가보상제도의 분석", 서울대학교 경영론집 제35권 제1호(2001), p.2.

기관에 따라 중앙조달(방위사업청, 조달청에서 조달·계약하는 것을 말한다), 부대조달(각 군 및 기관이 조달·계약하는 것을 말한다)로 분류하고 있다. 조달의 구분 여부에 상관없이 국가계약법을 우선 적용하여야 하며, 국외조달의 경우에는 국가계약법 외에 국제상사 중재규칙 및 국제상관례와 국제물품매매에 관한 유엔협약, INCOTERMS 2000 등을 적용한다.

계약은 일반적으로 경쟁 여부에 따라 경쟁계약과 수의계약으로 분류하고, 계약체결 시 계약가격의 확정가능 여부에 따라 확정계약과 개산계약으로 분류하는 등 여러 가지 계약 종류가 있다. 특히 국방조달계약에 있어서는 정부 계약제도에서 일반적으로 적용하고 있는 '국가계약법'과 방산물자 조달 시에 적용하는 방위사업법상의 계약제도를 함께 채택하고 있는 것이 군수품 조달의 특징이다.

〈표 7-1〉은 정부 계약의 종류를, 〈표 7-2〉는 적용법규에 따라 계약의 종류를 나타낸 것이다.

(1) 조달원(調達源)에 따른 분류

(가) 국내계약

'국내계약'이라 함은 그 명칭 여하를 불문하고 '국외계약'에 속하지 아니한 계약으로서 물품제조·구매, 공사, 용역 등의 획득을 목적으로 국내에서 생산된 물품을 내국인 또는 국내 법인체와 계약을 체결하는 계약을 말한다.

(나) 국외계약

국외계약은 소요군이 필요로 하는 물자 및 용역을 외국환거래법의 규정에 의한 대외지급수단을 사용하여 국외로부터 조달하는 행위를 뜻하는 것이나, '국가계약법' 체계가 1995년부터 출범하면서 과거 외자조달 또는 외자구매에 관한 개념은 줄어들고 '특정조달'에 관한 규정에 통합되어 그 구체적·법률적인 의미를 정하기가 어려워졌다. 따라서 현재 국외조달 구매방법은 미국의 대외군사판매(FMS: Foreign

Military Sales)[273] 방법을 이용한 구매와 일반적인 국제무역거래 수단에 의한 직접적인 상업구매(Direct Commercial Purchase)[274] 방법을 이용한 구매로 나눌 수 있는데, 국내가 아닌 외국에서 생산 또는 제조된 물품 또는 용역을 획득하기 위해 외국인 또는 외국 업체, 외국 정부 등과 계약하는 것으로서 대가지급을 외화로 하는 것이라 말할 수 있다.

FMS 구매형태는 판매대상 장비 및 물자와 계약내용에 따라 지정구매, 총괄구매 및 보급지원협정으로 분류되며, 미국의 무기수출통제법 등 관련규정을 일방적으로 적용받는다. 기본적으로 FMS 구매는 미국 정부를 상대로 하는 거래이므로 가격·품질·대금결제 등 여러 측면에서 불확실성이 적은 반면 우리 정부가 통제할 수 있는 변수가 거의 없는 거래방법이다. 외자 상업구매는 일반적 상거래 절차, 관습 등 무역 관례에 따라 직접 상대하므로 가격·품질에 대한 불확실성이 크고, 여러 변수가 협상에 의하여 결정되며, 우리 정부의 능력에 따라 제반 조건을 개선시킬 여지가 많은 거래 방법이라 할 것이다.

(다) 특정계약

WTO 정부조달협정에 의해 개방되는 정부조달물자로 국제입찰의 대상이 되는 군수물자는 고시금액 이상인 물품의 41개 군급분류번호[275] 해당품목과 490개 용역 분야에 대해서는 특정조달로 집행하도록 하고 있다. 다만, 무기·탄약 또는 국가안보 및 국방목적의 수행사업과 공공의 질서 및 안정유지를 위하여 필요한 경우와 자선단체·장애인·재소자가 생산한 물품 및 용역, '국가계약법' 제7조 단서에 의한 수의계약 대상 등의 품목에 대해서는 특정조달 대상에서 제외하고 있으며, '특정조달을 위한 국가를 당사자로 하는 계약에 관한 법률 시행령' 및 특례규정을 적용하고 있다.

---

273 FMS 구매란 미국의 우방국에 대한 안보지원계획의 일환으로 무기수출통제법(AECA: 1976년 제정) 등 관련 법규에 의해 우방국에 대하여 방위물자 및 용역을 미 정부가 판매하는 제도를 말한다.

274 상업구매는 대외지급 수단 또는 차관자금으로 상거래 절차, 관습 등 무역 관례에 따라 소요물자, 장비 및 용역을 외국 업체로부터 직접 구매하는 것을 말한다.

275 군급분류번호(FSC: Federal Supply Classification)는 군수용품을 기능별, 용도별, 성질별로 분류하고 유사품을 묶어 고유번호를 부여한 것으로 647종이 있다.

(2) 계약체결 형태·방법에 의한 분류

(가) 경쟁계약과 수의계약

계약체결에 있어서 계약상대자의 경쟁방법에 따라 경쟁계약과 수의계약으로 분류한다. 경쟁계약은 계약의 내용에 관하여 불특정다수인을 경쟁시켜 그중 가장 유리한 내용의 제시자를 상대로 하여 체결하는 계약을 말한다. 경쟁계약의 특징은 자유로운 경쟁에 의하여 적정한 가격으로 다수의 자격을 갖춘 자에게 동등한 경쟁의 기회를 부여한다는 것이며 정부조달에 있어 원칙으로 적용하고 있다. 수의계약은 경쟁에 관한 절차를 생략하여 자본과 신용, 기술, 경험 등이 풍부한 특정인, 즉 상대자가 1인만 존재할 경우와 법률에 의해 특정한 계약상대자를 대상으로 협의에 의하여 조달하는 계약방식으로 가장 잘 준비된 계약상대자와 만족스러운 조건으로 당초 계획된 조달소요를 충족시킬 수 있다.

(나) 확정계약과 개산계약

계약체결에 있어 계약가격의 확정가능 여부에 따라 확정계약과 개산계약으로 분류한다. 확정계약은 계약체결 시에 계약가격을 확정할 수 있고, 계약서상의 수정사항에 해당하는 변동요인이 발생하지 않는 경우 계약금액을 확정하여 계약하는 방식이다. 이 계약제도는 계약상대자로 하여금 원가절감과 통제 노력에 큰 관심을 갖게 하여 자발적인 원가절감 노력을 유인할 수 있다는 장점이 있는 반면 계약체결 시에 확정한 계약가격이 잘못 결정되는 경우에는 국가예산을 낭비하게 되는 등 국가재정의 효율적 배분기능을 위협하는 단점이 있다.

개산계약은 계약을 체결하기 전에 미리 예정가격을 확정하거나 작성하기 곤란한 경우 개산원가에 의하여 계약을 체결하고, 계약의 이행기간 중 또는 이행이 완료된 후에 정산원가를 산정하여 최종적으로 계약가격을 확정하는 계약방식이다. 이 계약제도는 계약상대자가 계약목적물을 생산하는 데 발생한 모든 비용을 정부가 부담한다는 단점이 있으나 사후적으로 계약상대자가 제출하는 실 발생원가 자료에 준거하여 비교적 적정하고 객관적인 원가를 쉽게 계산할 수 있다는 점에서 선호하고 있다.

(다) 단기계약과 장기계약

계약체결에 있어 계약이행기간의 장단에 따라 단기계약과 장기계약으로 분류한다. 단기계약은 회계연도 독립의 원칙하에 당해연도 세출예산에 계상되는 예산을 재원으로 하는 계약을 말하며, 당해연도 내에 이행이 완료되는 통상적인 계약방식으로 일반계약이라고 말한다. 장기계약은 계약의 성질상 당해연도 내에 계약목적을 달성할 수 없고 그 이행에 수년을 요하는 경우에 체결하는 계약방식이며, 이 계약은 각각 회계연도 예산의 범위 내에서 당해 계약을 이행한다.

방위사업법상 별도로 규정하고 있는 장기계약은 개산계약으로도 체결할 수 있다는 점에서, 회계연도별로 독립된 계약을 계속 체결하고, 그 이행도 각각 당해 회계연도를 이월할 수 없는 장기계속계약과 다르며, 또한 계약금액과 연부액 예산이 미리 확정되어 있는 계속비계약과도 다르다. 〈표 7-3〉은 단기계약과 장기계약을 비교한 것이다.

구분		사업내용 확정여부	총예산의 확보여부	계약 체결
일반(단기) 계약		확정	확보	당해연도 예산범위 내 입찰계약, 당해연도내 사업종료
장기계약*	계속비계약	확정	확보	총계약금액으로 입찰계약(연부액 부기)
	장기계속계약	확정	미확보 (당해연도분 확보)	총공사금액으로 입찰하고 각 회계연도 예산 범위 내에서 계약체결하고 이행함(총공사금액 부기)
	장기계약	확정	확보 또는 미확보	총계약금액으로 계약하고 각 회계연도 예산 범위 내에서 착중도금 지급

〈표 7-3〉 단기계약과 장기계약의 비교

* 방위사업법 제46조의 장기계약. 출처: 재정회계용어 해설집, 국방부, 1997.

(3) 적용 법률에 따른 분류

(가) 국가계약법상의 계약 유형

국가계약법에 의한 계약분류 형태 및 내용은 여기에서는 생략한다.

(나) 방위사업법상 계약 유형[276]

방위사업법상의 계약방법은 방산물자와 무기체계의 운용에 필수적인 수리부속품을 조달하거나 연구 또는 시제품 생산(이와 관련된 연구용역을 포함한)을 위촉하는 경우 동법 시행령에 계약의 종류, 내용, 방법, 그 밖에 필요한 사항을 규정하도록 하고 있다. 방위사업법에서는 확정계약 5종과 개산계약 6종 등 총 11종의 계약방법을 명시하고 있으며, 이는 방위사업 수행상의 다양성과 특성들을 반영한 결과라고 볼 수 있다. 〈표 7-4〉는 방위사업법상의 계약 종류 및 내용, 범위, 적용조건 등을 제시한 것이다.

특히 방위사업법을 적용받는 방위사업의 경우 사업의 특성(연구개발, 양산장비 및 부품, 정비사업 등), 사업기간, 사전에 원가 확정가능 여부 등을 고려하여 적절한 계약방법을 선택하여 적용하고 있으며, 방위사업청장은 계약담당공무원이 계약이행 중에 발생되는 비용에 대한 계약상대자의 책임부담의 정도, 계약금액 확정의 시기, 계약상대자에게 제공되는 유인이익의 정도 등을 고려하여 계약상대자에게 적절한 위험부담과 효율적인 계약이행의 유인을 제공할 수 있는 계약방법을 선택하도록 하고 있다.[277]

우리의 방산계약제도는 그간 여러 차례의 개선작업을 거치면서 방위사업법 시행령 제61조(계약의 종류, 내용 및 범위)에 11개의 계약형태를 구비하고 있어 다양한 사업형태에 따라 적용이 가능하다. 〈표 7-4〉는 방위사업법상 확정계약의 종류, 내용 및 범위를 나타낸 것이다.

---

276 방위사업법 제46조(계약의 특례 등).

277 방위산업에 관한 계약사무처리 규칙 제3조(계약방법의 선택).

계약 종류	계약의 내용 및 범위	적용 조건
일반 확정계약	• 계약 체결시 계약금액을 확정 • 합의된 계약조건을 이행시 확정된 계약금액을 지급	• 규격·성능 등 기술적 요구조건이 확정 되어있고, 가격 또는 원가 분석자료를 이용하여 계약금액을 미리 정할 수 있는 경우
물가조정 단가계약	• 실적품목으로서 최근 계약실적 단가에 생산자물가 기본분류별 지수등락률만큼 조정하여 계약체결	• 최근 2년 이내 원가계산방법에 의하여 예정가격을 결정한 후 계약을 체결한 실적이 있는 품목 • 추정가격이 2억 원 이하 품목
원가절감 보상계약 *'83년 신설	• 계약이행 기간 중에 새로운 기술 또는 공법의 개발, 경영합리화 등으로 원가절감이 있는 경우 • 원가절감액의 범위 안에서 보상	• 원가계산방법에 의한 예정가격 작성이 가능하고, • 계약이행 기간 중에 원가절감이 예견 또는 있는 경우
유인부 확정계약 *'86년 신설	• 지급 가능한 최고한도의 계약금액과 목표원가 및 목표이익을 정하여 계약을 체결 • 계약 이행 후 실제 발생원가와 목표이익과 유인이익을 합해 대금지급	• 원가계산방법에 의한 예정가격 작성이 가능하고, • 계약의 성질상 유인이익에 의하여 원가절감을 기대할 수 있는 경우
한도액계약 *'06년 신설	• 한도액을 설정하고 그 범위 내에서 수리부족품 및 정비를 일정기간 계약업체에 이행요구하고자 하는 경우에 체결	• 무기체계 운용을 위한 주요 장비의 수리부속품 및 정비 계약시에 적용

출처: 방위사업법 제46조 및 동법 시행령 제61조를 요약정리함.

① 일반확정계약[278]

일반확정계약은 계약을 체결하는 때에 계약금액을 확정하고 합의된 계약조건대로 이행하면 계약상대자에게 확정된 계약금액을 지급하는 계약을 말한다. 일반확정계약의 체결기준은 계약을 체결하는 때에 규격, 성능 등 기술적 요구조건이 확정되어 있고, 가격분석 자료 또는 원가분석 자료를 이용하여 계약금액을 확정할 수 있는 때에는 일반확정계약을 체결할 수 있으며, 계약금액의 결정은 계약을 체결하는 때에 원가계산에 의하여 작성된 예정가격을 기준으로 결정한다.

확정계약이 가능한 경우는 계약당사자 모두 충분한 원가 정보를 갖고 비용발생 예

---

278 방위산업에 관한 계약사무처리규칙 제1절 제6조, 제7조.

측의 신뢰성이 높은 상황에서 적용되며, 생산실적이 많아서 발생원가 정보가 정확한 경우와 생산물량이 많고 조업도가 일정하여 간접비 배분의 변동이 적은 경우와 원가회계시스템의 신뢰성이 높은 경우에 적용이 가능하나, 반대로 원가절감 유인의 긍정적 효과와 원가확정 오류로 인한 국고 낭비 가능성이 모두 존재한다.

② 물가조정단가계약[279]

물가조정단가계약은 최근 계약을 체결한 실적이 있는 품목으로서 새로이 원가계산을 하지 아니하고 최근 계약실적 단가에 생산자물가 기본분류별(중분류를 말함)로 지수등락률만큼 조정하여 방위사업청장이 정하는 계약금액의 범위 안에서 계약금액을 확정하는 계약이다.

물가조정단가계약의 체결기준은 최근 2년 이내에 원가계산방법에 의하여 예정가격을 작성하여 계약을 체결한 실적이 있는 품목으로서 추정가격이 5억 원 이하인 품목은 물가조정단가계약을 체결할 수 있으며,[280] 계약금액은 최근에 계약을 체결한 날이 속하는 달부터 당해계약을 체결하는 날이 속하는 전달까지의 기간 중 한국은행이 조사하여 공표하는 당해품목의 생산자물가 기본분류별 지수등락률만큼 계약실적 단가를 조정하여 산출한다.

③ 원가절감보상계약[281]

원가절감보상계약은 계약체결 시 계약이행기간 중에 새로운 기술 또는 공법의 개발이나 경영합리화 등으로 원가절감이 가능한 경우에 계약금액에서 그 원가절감액을 공제하고 그 원가절감액의 범위 안에서 그에 대한 보상을 하고자 하는 경우에 적용하며, 원가절감을 유도하는 계약형태로서 일반확정·중도확정·특정비목불확정 계

---

279 동 규칙 제2절 제8조, 제9조.

280 국가를 당사자로 하는 계약에 관한 법률 시행령 제2조 제1호 및 제7조: 방위사업청, 방산원가/계약 및 이윤제도 개선내용, 2009. 4, p.11.

281 동 규칙 제3절 제10조, 제16조.

약체결 후에도 부가적으로 적용이 가능하다.

원가절감보상계약의 체결기준은 원가계산방법에 의한 예정가격이 가능하고 계약 이행 중에 원가절감이 예견되는 경우에는 원가절감보상계약을 체결할 수 있다. 이때 원가절감계획을 제안할 수 있는 경우는 새로운 기술 및 공법의 개발, 국산화 개발, 열관리, 규격 및 공정의 개선, 품질 및 성능의 개선, 기타 원가를 절감할 수 있는 방안 등으로 정하고 있다.

원가절감보상계약 체결 시 계약담당공무원이 원가절감방안을 제안하여 원가절감보상계약을 체결하고자 하는 때에는 그 원가절감방안에 대하여 계약상대자와 합의하여야 하며, 계약상대자가 원가절감방안을 제안하고자 하는 때에는 원가절감보상계약을 체결하기 전에 원가절감활동의 구체적인 내용과 제품성능에 미치는 영향, 세부원가 또는 추정원가 명세서 및 원가절감액 또는 원가절감 예상액, 원가절감보상계약을 체결함에 있어 참고가 될 사항 등을 명시한 원가절감제안서를 작성하여 계약담당공무원에게 제출하여야 한다.

또한 계약담당공무원은 원가절감보상계약을 체결하고자 하는 때에는 원가절감제안의 내용, 원가절감액의 평가방법, 기타 원가절감과 관련하여 필요한 사항 등을 계약서에 명시하고 생산감독기관 또는 부서(국방기술품질원)에 그 내용을 통보하여야 한다.

국방기술품질원은 계약상대자로부터 원가절감 성과에 대한 평가요청을 받았을 때에는 품질보증 및 기술타당성을 검토하고, 그에 대한 평가의견서를 작성하여 평가요청을 받은 날로부터 20일 이내에 계약상대자에게 보내야 한다.

원가절감보상액은 절감액 전액을 보상한다. 원가절감보상계약을 체결한 실적이 있는 품목에 대하여 5년 이내에 다시 계약을 체결할 때에는 최초의 원가절감보상계약에서 결정된 보상액을 지급한다. 이 경우 계약금액을 원가계산에 따른 예정가격을 기준으로 결정된 금액과 품목단위당 원가절감보상액에 계약수량을 곱한 금액을 합하여 정한다.

④ 유인부확정계약[282]

유인부확정계약은 계약을 체결하는 때에 예정가격을 결정할 수 있으나 계약의 성질상 유인이익에 의하여 원가절감을 기대할 수 있는 때에는 지급 가능한 최고 한도의 계약금액과 목표원가 및 목표이익을 정하여 계약을 체결하며 계약을 이행한 후에 실제 발생원가와 목표이익 및 유인이익을 합하여 지급하고 유인이익에 대한 분담비율[283]은 원가절감액의 90%를 적용[284]한다. 이때 실제 지급금액은 계약 시의 계약금액을 상한으로 적용하게 되며, 계약담당공무원은 계약이행의 결과 목표원가와 실제 발생원가 사이에 차액이 발생한 경우에는 실제 발생원가에 목표이익 및 유인이익을 합한 금액을 계약대금으로 계약상대자에게 지급하되, 계약체결 당시에 결정된 계약금액을 초과할 수 없다.

⑤ 한도액계약[285]

한도액계약은 계약을 체결하는 때에 무기체계의 운용을 위한 주요 장비의 수리부속품 및 정비지원을 효율적으로 확보하기 위하여 한도액을 설정하고 그 한도액 내에서 수리부속품 및 정비를 일정 기간 계약업체에 요청한 후 납품품목의 총액이 한도에 도달한 때에 정산한다.

방위사업법상 개산계약의 범주에 속하는 계약의 종류 및 내용, 범위는 〈표 7-5〉와 같다.

---

282 동 규칙 제4절 제17조, 제20조.

283 '분담비율'이라 함은 유인이익의 산출기준으로서 목표원가와 실제 발생원가의 차액 중에서 계약상대자가 받는 금액이 차지하는 비율을 말한다.

284 방위사업청, 전게서, p.11.

285 동 규칙 제4절의 2, 제20조의 2 및 3.

〈표 7-5〉 방위사업법상 개산계약의 종류 및 내용, 범위

계약 종류	계약의 내용 및 범위	적용 조건
중도확정 계약	• 계약을 체결하는 때에 계약금액 확정이 곤란하여 계약이행기간에 계약금액을 확정	• 연구개발 및 시제생산 후의 품목에 대한 계약체결 시 계약기간 또는 계약물량의 50% 범위 안에서 중도확정
유인부원가 정산계약 *'94년 신설	• 계약을 체결하는 때에 계약금액을 확정할 수 없으나 원가는 계약이행 후 실제 발생 원가대로 지급하고, 이윤은 목표이익과 유인이익을 합하여 지급	• 실제 원가의 변동범위를 예측할 수 있고, 수입품의 국산화 대체, 원가절감을 유도할 필요가 있는 경우
특정비목 불확정계약	• 계약체결 시 원가확정이 가능한 비목만 확정하고 원가확정이 곤란한 일부 비목은 계약이행 후에 확정	• 계약체결 시 일부 비목을 제외하고 원가를 확정할 수 있는 경우
일반개산 계약	• 계약금액을 계약이행 후에 확정하고자 하는 경우	• 연구 또는 시제생산을 위촉하는 계약 시 원가자료의 획득이 곤란하고, 다른 계약방법을 적용할 수 없는 경우
성과 기반 계약 *'09년 신설	• 계약을 체결하는 때에 특정한 성과의 달성을 요구하고, 계약이행 후 그 성과에 따라 대가로 차등 지급하려는 경우	
장기옵션 계약 *'10년 신설	• 계약체결 시에 5년 범위 내에서 계약기간을 정하고 예측소요물량에 대한 가격, 기간 및 계약해지 등에 대한 변경조건을 설정하는 조건으로 체결하는 계약	• 수의계약 적용사업으로 매년 반복 소요가 예상되는 수리부속 무기

출처: 방위사업법 제46조 및 동법 시행령 제61조를 요약정리함.

⑥ 중도확정계약[286]

중도확정계약은 계약의 성질상 계약을 체결하는 때에 계약금액의 확정이 곤란하여 계약을 체결한 후 계약이행기간 중에 계약금액을 확정하는 계약이다. 중도확정계약 체결기준은 연구개발 및 시제생산 후의 품목으로 계약체결 시 원가자료의 획득이 곤란하거나 계약이행 중 상당한 변동이 예상되지만, 계약이행기간 중에 필요한 원가자료를 획득할 수 있는 경우에는 중도확정계약을 체결할 수 있다. 이때 계약액의 결

---

286 동 규칙 제5절 제21조 및 제22조.

정은 계약체결 시는 개산가격을 기준으로 계약금액을 체결하고, 계약금액의 확정은 중도확정시기까지 획득한 원가자료를 분석하여 확정하게 된다. 이 경우 중도확정시기는 계약이행 중 계약물량의 100분의 50의 범위 안에서 일정량을 생산하거나 계약기간의 100분의 50의 범위 안에서 일정 기간이 경과되어 원가계산이 가능한 시기를 말하며, 통상적으로 물량과 기간을 기준으로 절반이 집행된 시점을 기준으로 하게 된다. 계약을 체결하는 때에 계약당사자가 합의하여 계약서에 명시하여야 한다.

⑦ 유인부원가정산계약[287]

유인부원가정산계약은 계약을 체결하는 때에 계약금액을 확정할 수 없으나 계약상대자에 대하여 수입품의 국산대체 및 원가절감 활동이 요구되어 원가는 계약이행 후 실제 발생원가대로 지급하고 이윤은 목표이익과 유인이익을 합하여 지급하고자 하는 경우에 적용하며, 계약이행에 소요되는 원가는 실제 발생원가대로 보상해주고 이익은 기본이익에 원가절감 효과에 따라서 조정하는 유인이익을 합하여 지급하는 계약이다. 유인부확정계약과 유사하나 이윤 지급범위를 목표원가의 일정 범위 내에서 제한하는 계약으로 유인부확정계약보다는 비용변동의 위험이 높은 경우에 사용한다.

유인부원가정산계약 체결기준은 계약금액을 확정할 수는 없으나 원가자료의 분석을 통하여 실제 원가의 변동범위를 예측할 수 있어 수입품의 국산화 대체 또는 원가절감을 유도할 수 있는 경우에는 유인부원가정산계약을 체결할 수 있다. 이 경우 계약체결 방법은 개산가격(목표가격)으로 계약을 체결하고, 목표원가 및 목표이익, 분담비율, 최대 및 최소이익을 계약서에 명시하되, 계약이행 후 실 발생원가에 목표 및 유인이익을 합하여 계약금액을 결정한다. 계약은 개산가격에 의하여 체결하고, 계약금액은 실제 발생원가에 목표이익 및 유인이익을 합하여 결정한다. 다만, 목표이익과 유인이익의 합계액이 최대이익을 초과하는 경우에는 최대이익을, 그 합계액이 최소이익보다 적은 경우에는 최소이익을 실제 발생원가에 합하여 계약금액을 결정한다.

---

287 동 규칙 제6절, 제23조 및 제24조.

⑧ 특정비목불확정계약[288]

특정비목불확정계약은 계약을 체결하는 때에 계약금액을 구성하는 일부 비목의 원가를 확정하기 곤란하여 원가확정이 가능한 비목만 확정하고 원가확정이 곤란한 일부 비목은 계약을 이행한 후에 확정하는 계약이다. 특정비목불확정계약 시 계약금액은 구성하는 원가비목 중 일부 비목의 원가확정이 곤란한 경우에는 특정비목불확정계약을 체결할 수 있는데, 원가계산이 가능한 비목은 예정가격을 기준으로 정하고 원가계산이 곤란한 비목은 개산가격을 기준으로 정하여 이를 합한 금액으로 하되, 계약대금은 개산가격을 기준으로 정한 금액을 계약이행기간 중 실제 발생한 원가자료를 기초로 하여 다시 확정하게 된다.

⑨ 일반개산계약[289]

일반개산계약은 계약을 체결하는 때에 계약금액을 확정할 수 있는 원가자료가 없어 계약금액을 계약이행 후에 확정하고자 하는 경우에 적용하며, 개발시제품의 제조계약, 시험, 조사, 연구, 용역계약, 정부투자기관 또는 정부출연기관과의 법령의 규정에 의하여 위탁 또는 대형사업 계약 등에 있어서 미리 가격을 정할 수 없을 때에 체결하고 있다. 일반개산계약을 체결하고자 할 때에는 미리 개산가격을 결정하여야 하며, 입찰 전에 계약목적물의 특성, 계약 수량 및 이행기간 등을 고려하여 원가검토에 필요한 기준 및 절차 등을 정하여 이를 입찰에 참가하고자 하는 자가 열람할 수 있도록 하여야 한다. 계약이 완료된 후에는 미리 정한 기준에 따라 정산한다.

일반개산계약 시 계약체결 기준은 연구, 시제생산 또는 초도생산품목으로 원가자료의 획득이 곤란하고 다른 계약방법을 적용할 수 없는 경우에는 일반개산계약을 체결할 수 있고 이 경우 계약대금은 계약체결 시에는 개산계약을 기준으로 계약금액을 결정하며, 계약을 이행한 후에 실제 발생원가를 기초로 확정한다. 일반개산계약

의 문제점은 실 발생원가의 증감에 따라 이익이 증감한다는 것으로 업체는 원가가 증대되면 이익이 증대되기 때문에 원가절감유인이 없고 오히려 원가를 부풀리려는 유인만 존재한다는 것이다.

⑩ 성과기반계약[290]

계약을 체결하는 때에 특정한 성과의 달성을 요구하고, 계약이행 후 그 성과에 따라 대가를 차등지급하려는 경우에 체결하는 계약이다.

복합첨단 무기체계의 지속적인 도입으로 인한 운용유지비의 증가와 군 위주의 정비능력 확보가 제한되는 상황에서 최상의 전투준비태세를 유지하기 위해 '성과'에 따른 군수지원의 필요성이 제기되어 성과기반 군수지원(PBL)제도를 도입하게 되었다.

성과기반계약은 주요 무기체계 및 군수품에 대한 장비가동률 등의 성과지표를 정하여 방산업체 등으로 하여금 후속적인 군수지원의 전부 또는 일부를 담당하도록 그 성과에 따라 대가를 차등지급하는 계약으로서, 2009년 방위사업법 시행령 및 군수품관리법 시행령의 개정을 통하여 성과기반 계약제도의 시행을 위한 법적 근거를 마련하였다.[291]

⑪ 장기옵션계약[292]

장기옵션계약은 계약을 체결한 때에 5년을 넘지 않는 범위에서 계약기간을 정하고, 예측소요물량에 대한 가격·기간 및 해지 등에 대한 변경을 조건으로 체결하는 계약이다. 장기옵션계약은 수의계약이 적용되며, 매년 반복소요가 예상되는 수리부속이나 무기체계 계약 시 적용할 수 있다. 장기옵션계약은 2차년도 이후의 계약은 1차년도 계약의 수정계약이 아닌 별도 계약으로 체결한다.

---

290 방위사업법 시행령 제61조 제1항 제10호.

291 방위사업청의 '국민신문고' 답변내용(2011.8.24).

292 동법 시행령 제61조 제1항 제11호.

국가계약법이나 방위사업법에서 법률로 규정하고 있는 계약형태는 아니나 주장비에 대한 계약관리방법에 따라 ⑫ 일괄계약과 ⑬ 분리계약, 그리고 두 계약의 중간 형태인 ⑭ 조건부 일괄계약이 실무 차원에서 사용되고 있다.[293]

⑫ 일괄계약

일괄계약은 주조립업체와 계약을 맺고 주조립업체가 방산물자의 모든 책임과 권한을 갖는 계약을 말한다. 일괄계약은 계약의 당사자 '갑'인 정부가 주계약업체인 '을'하고만 계약을 체결하는 것이다. 이때 주계약업체인 '을'은 주요 구성품을 공급하는 업체인 '병'과 계약을 체결한다. 따라서 '갑'과 '병'과는 직접적인 계약관계는 없고 '갑'은 계약이행의 책임에 대해 '을'하고만 상대하게 된다.

⑬ 분리계약

분리(할)계약은 방위사업청에서 방산장비에 대하여 방산지정 업체별로 직접 계약을 체결하는 것을 의미한다. 분리계약은 '갑'이 주계약업체인 '을'뿐만 아니라 주요 구성품 공급업체인 '병'과도 직접 계약을 하는 경우를 말한다. '갑'은 주요 구성품 공급업체인 '병'이 계약이행을 완료하면 이를 주계약업체인 '을'에게 '관급품'으로 제공한다. 따라서 주계약업체인 '을'과 주요 구성품 업체인 '병'과는 아무런 계약관계가 없다. 만약 계약이행 결과에 문제가 있을 경우 주계약업체는 자신이 공급한 부분에 대해서만 책임을 지게 된다.[294] 분리계약을 사용하는 근본적인 취지는 특정한 계약 건에서 공급하는 물량이 경제수량에 미달할 때 정부가 대량 구매를 하여 원가를 절감하거나 주요 구성품 업체를 보호하기 위해서이다.

---

293 안장근, "한국의 국방조달 개선방안에 관한 연구", 동국대학교 행정대학원 석사학위논문, 2002, p.36.

294 이호석, "방산물자 계약제도 개선연구", 「국방정책연구」(2005년 가을호), p.32.

⑭ 조건부 일괄계약

현재 방위사업청에서는 분리계약과 일괄계약의 장점을 수용할 수 있는 중간형태의 조건부 일괄계약을 채택하여 활용하고 있다. 그런데 문제는 실질적으로 일괄계약을 체결하면서 이익금액 산정만 분리계약 방식으로 적용하는 것이 관행이다. 일괄계약과 분리계약은 장단점이 있으므로 계약의 특성에 따라 계약공무원의 판단에 따라 선택하는 것이지만, 비용을 삭감하기 위한 방편으로 편법 운영하는 것은 타당하지 않으며, 이 경우 정부에 대한 불신의 원인이 된다.[295]

조건부 일괄계약은 계약방법은 일괄계약의 형식을 취하면서 원가계산은 주요 구성품 업체 생산품을 사급이 아닌 관급재료비로 간주하여 분할계약을 적용하는 계약방법이다. 즉 주계약업체에 대한 원가계산 시 총원가에 주요 구성품 공급업체인 생산품을 재료비에서 제외하여 관급재료비로 계산하고, 투하자본 이윤 산정 시에는 사급계약과 동일하게 총원가에 주요 구성품 공급업체 재료비를 포함하여 원가계산하는 방식이다. 이 계약방식은 주조립업체에 일괄계약 시의 모든 책임을 부여하고 원가계산은 분할계약을 적용함에 따라 협상 타결에 어려움이 있고, 업체의 부동의 시 타결될 수 없는 문제점을 안고 있다. 조건부 일괄계약을 계약담당자가 선호하는 이유는 계약 측면에서는 일괄계약의 장점을 수용할 수 있고, 원가계산 면에서는 분할계약과 동일한 조건으로 하여 계약되기 때문에 국고손실을 줄일 수 있으며, 사후 감사 측면에서도 유리하기 때문이다.

그러나 법적인 측면에서 보면 법령의 근거 없이 방산원가계산에 관한 법령의 규정과 배치되는 계약의 특수조건으로 특례를 정한 것으로 국가계약법시행령 제4조의 "계약체결 시 계약상대자의 계약상 이익을 부당하게 제한하는 특약 또는 조건을 정하여서는 아니 된다"는 규정에 반할 가능성이 있어 계속 적용 여부에 대한 검토가 필요한 계약제도이다.[296]

---

295 이호석, 전게서, p.41.

296 안장근, 전게서, p.39.

〈표 7-6〉 일괄계약과 분리계약의 예시(K1)

일괄계약	분리계약

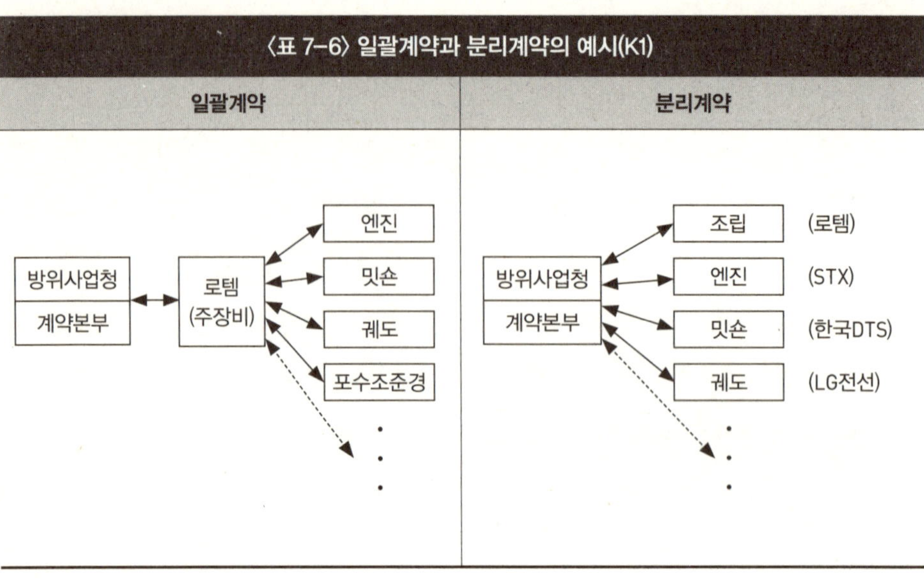

〈표 7-7〉 일괄계약과 분리계약 방법 비교

구분	계약체결 기준	원가 적용	특징
일괄 계약	• 정부는 체계종합 업체와 계약 • 체계종합업체가 주요 구성품 업체 생산품 직접 사급계약	• 체계종합업체 재료비에 주요구성품 포함 • 투하자본 보상, 계약수행 노력 보상시 주요구성품 재료비 포함으로 이윤 증가	• 계약업무 간편 • 품질관리 및 사후관리에 중점 • 원가 상승
분할 계약	• 정부는 주계약업체(체계종합업체)와 주요구성품 공급업체별로 각각 계약 • 정부는 주요구성품 공급업체 생산품을 구매하여 체계종합업체에 공급(관급)	• 업체별 원가계산 −해당업체 투하자본 계약 수행 노력만 보상 −체계종합업체에 관급 재료비 이윤만 보상	• 주요 구성품 공급업체 보호 • 원가절감 • 계약행정 복잡 • 품질관리 및 사후관리 애로
조건부 일괄 계약	• 일괄계약 형식을 취하되 주요구성품 공급업체 생산품은 분리 계약과 동일하게 원가 적용	• 상동	• 계약업무 간편 • 품질보증 및 사후관리 용이 • 원가절감

출처: 안장근, 전게서, p.40.

〈표 7-6〉에서 일괄계약과 분할계약을 체결할 경우 K1전차를 예시하였다.

방산물자의 조달에 있어서 업체의 목표는 이윤을 극대화하는 것이나, 방위사업청
은 양질의 제품을 적기에 경제성 있는 가격으로 구매하는 것이다.

계약방법의 판단기준은 품질보증, 하자보증, 사후관리 등도 중요하지만 가장 핵심
적인 문제는 경제성 문제이다. 계약담당공무원은 감사 측면과 국가예산의 예산절감
을 가장 큰 요소로 인식하고 계약방법을 선정하고 있다.

즉 어떤 계약방법을 적용하더라도 국가예산을 낭비하지 않는 계약방법을 결정하
는 것이 가장 중요한 핵심요소이다. 일괄계약과 분할계약, 그리고 조건부 일괄계약에

<표 7-8> 일괄계약·분리계약의 방법별 장단점 비교

구분	장점	단점

일괄
계약
	• 계약행정 간편
	• 책임한계 명확
	• 품질보증 및 사후관리 용이
	• 최종 목적물의 납기관리로 납기의 탄력성 유지
	  가능
	• 복합 체계장비 양산시 유리
		• 사급이윤 적용에 따른 원가상승으로 예산낭
		  비(감사시 문제예상)
		• 예산 추가 소요 반영시 행정소요 과다
		• 주계약업체 보증금 부담 가중
		• 주요 구성품 공급업체에 대한 원가관리 소홀
		  우려
		• 주요 구성품 공급업체 불만 야기
		  – 업무처리 대금지급 지연 등

조건부
일괄
계약
	• 계약행정 간편
	• 책임한계 명확
	• 일괄계약 대비 예산절감(계약조건에 따라 상이)
	• 품질보증 및 사후관리 용이
	• 최종 목적물의 납기관리로 납기의 탄력성 유지
	  가능
	• 복합 체계장비 양산시 유리
	※ 일괄계약, 분리계약의 장점 수용
		• 관련 법규/규정에 위배 소지
		• 주요 구성품 공급업체에 대한 직접 원가관리
		  제한으로 적정원가검증 제한
		• 주요 구성품 공급업체 보증금 부담가중
		• 주요 구성품 공급업체 불만 야기
		  – 주계약업체에 존속 대금지급 지연 등
		• 현행 원가규정 위배로 법적 논란 야기 우려

분할
계약
	• 주요 구성품 공급업체 생산품목 관급 계약으
	  로 예산절감
	• 주요 구성품 공급업체는 각종 대금 직접 수령
	• 업체별 직접 원가관리로 적정원가 산정 용이
		• 주요 구성품 공급업체 수만큼 계약건수 증가
		  로 계약행정 복잡
		• 주요 구성품 공급업체 과다시 원가산정 업무
		  복잡
		• 주계약업체와 주요 구성품 공급업체 간 상호
		  협조 및 기술교류 미흡
		• 품질보증 책임한계 모호
		• 복합체계 장비 양산시 적용 제한

출처: 안장근, 전게서, pp.41-42.

대한 실무상 계약체결 기준 및 원가적용 내용을 보면 〈표 7-7〉과 같다.

일괄계약 시에는 주계약업체(체계종합업체)에서 사후관리 및 품질보증과 모든 책임과 권한을 갖고 계약을 이행하기 때문에 행정의 간소화를 달성할 수 있는 장점이 있으나, 주요 구성품 공급업체가 제공한 재료비에 대해 사급이윤을 적용함에 따라 원가가 상승되는 단점도 있다. 조건부 일괄계약은 일괄계약과 분리계약의 장점을 수용할 수 있으나 적법성에 문제가 있어 적용 시에 논란이 예상되는 계약방법이다.

각 계약방법별 장단점을 비교하면 〈표 7-8〉과 같다.

2. 주요 선진국의 방산물자 계약제도[297]

가. 미국의 계약제도

미국 정부가 방산물자를 조달할 때 사용하고 있는 계약형태는 연방획득규정(FAR: Federal Acquisition Regulation)에 규정되어 있으며, 계약형태를 크게 나누면 확정가격형 계약(Fixed-price Type Contracts)과 유인부형 계약(Incentive Contracts), 그리고 비용정산형 계약(Cost Reimbursement Type Contracts)으로 구분할 수 있다.

(1) 확정가격형 계약

확정형 계약이란 사전에 확정가격을 정하거나 적당한 상황 하에서 조정 가능한 확정가격을 결정하는 계약형태이다. 따라서 이 계약형태에 의하면 가격 면에서 경쟁이 가능하고 위험에 대한 부담과 비용에 대한 책임을 계약자가 져야 하며, 계약기간이 비교적 짧은 것이 특징인 계약이다. 다시 말해 확정가격형 계약에서는 계약자는 계약서대로 수행하겠다는 것을 보증하는 대신 정부는 특정한 가격을 지불하겠다는 의무를 지는 것이다. 확정가격형 계약의 적용 전제는 타당하고 명확한 계획은 계약수

---

297 박정곤, "한국 방위산업의 계약제도 개선방안 연구", 동국대학교 행정대학원 석사학위논문, 2003.12, pp.23-36의 내용을 요약, 재정리하였다.

행 세부설명서가 가용하고 확정가격이 설정될 수 있을 때에만 적용하도록 되어 있다.

(가) 확정고정가격계약(FFP: Firm-Fixed Price Contracts)

계약 당시 가격을 확정하는 계약으로 우리나라의 일반확정계약과 동일한 계약이며 가장 간단하고 대표적으로 많이 사용되고 있다. 일반경쟁 입찰로 최저가 입찰자를 선정하고 비용에 대한 책임은 방산업체가 진다. 정부가 최소한의 감독을 실시하고 결정된 가격은 변동을 하지 못한다.

(나) 가격조정 조건부 확정계약(FPEPA: Fixed-price Contracts with Economic Price Adjustment)

확정가격으로 계약을 한 후 특정한 상황변동이 있을 경우 이를 반영하여 계약가격을 조정하는 계약으로 가격조정 방식은 다음 3가지로 분류된다.

첫째, 특정 부품의 가격이 계약체결 당시 설정한 범위 이상으로 변동하였을 경우 이를 계약기간에 반영하여 조정하는 방식이다. 단, 특정 부품의 가격변동이 산업계 전반에 걸쳐 공통적으로 발생한 경우에만 인정한다.

둘째, 계약기간 중 특정 노무비나 재료비가 변동하였을 경우 이를 계약가격에 반영하여 조정하는 방식이다. 단, 비용변동이 계약수행 업체의 통제범위를 벗어난 경우에만 인정한다.

셋째, 재료비나 노무비 산정에 기준이 되는 비용 지수가 변동했을 경우 이를 바탕으로 계약가격을 조정하는 방식이다. 이 계약은 우리나라 물가조정단가계약과 유사하다.

(다) 재결정 고정가격 계약(FPRP: Fixed-price Contracts with Prospective Price Redetermination)

이 계약은 계약수행이 상당히 추진되었거나 완료된 후에, 최초에 결정한 계약가격을 소급하여 재결정하는 계약이다. 이 계약에서 가격 재결정의 기초가 되는 것은 계약수행기간 중 발생한 실제 원가자료이다. 다시 말해 이 계약은 최초의 계약체결 시에는 확정고정가격의 경우처럼 고정된 계약가격을 협상하지만 계약이 상당히 추진되었거나 완료된 후에 계약자의 실제 원가자료에 의거하여 최초에 결정한 계약가격을 재결정함으로써 확정고정가격 하의 위험을 경감시키는 계약이다. 이 계약은 초기 인도분에 대해서는 확정고정가격계약(FFP)을 체결하고 그 이후의 물량은 지정된 시기에 다시 결정하는 계약이다. 이 계약형태는 초기 물량에 대해서는 비교적 합리적인 가격을 책정할 수 있으나 그 이후의 물량에 대해서는 확정이 곤란한 경우에 사용하며 주로 FFP를 사용할 수 없는 조건이거나 고정가격유인계약(Fixed Price Incentive Contracts)이 적당하지 않을 때 사용한다.

(라) 소급가격 재결정 고정 상한가 계약(FCRP: Fixed-Ceiling-Price Contracts with Retroactive Price Redetermination)

이 계약은 체결 당시 Ceiling Price를 설정한 후 계약 만료 시에 이 범위 내에서 가격을 결정하는 계약이다. 이 계약 형태는 10만 달러 이하의 R&D 계약에 적당하며 앞에 기술된 다른 확정형 계약을 사용할 수 없는 경우에 사용한다.

(2) 유인부형 계약

(가) 일정수준 노력 조건부 계약(FFPLOE: Firm Fixed- Price, Level of Effort Term Contracts)

계약기간 중 수행하기로 한 업무에 대해 일정수준의 노력을 할 경우 확정된 금액을 지급하는 계약으로 결과에 의해서가 아니라 수행 노력에 대한 대가가 지불된다. 주로 사전조사나 연구개발 계약에 사용된다.

(나) 고정가격 유인수수료 계약(FPIF: Fixed Price-Incentive Fee Contracts)

목표원가와 목표이익을 사전에 확정한 후 설계 발생원가가 목표원가보다 낮을 경우 그 차액 중 일부를 미리 약속된 분담비율에 따라 유인이익으로 지급하는 계약이다. 단, 계약체결 시 상한금액을 설정하여 이 금액까지만 계약금액을 지급한다. 이 계약은 다음의 2가지 형태로 사용된다.

첫째, 목표가격을 계약체결 시 확정하는 형태로 우리나라 유인부확정계약과 동일하다.

둘째, 목표가격을 조정하는 형태로서 계약 당시 정한 시점에 이르러 그간에 확보된 원가자료를 이용하여 확정계약으로 전환하거나 목표비용 분담비율을 조정하여 새로운 FPIF 계약을 체결하는 것이다.

(다) 비용부 장려수수료 계약(CPIF: Cost-Plus-Incentive Fee Contracts)

우리나라의 유인부원가정산계약과 동일한 계약형태로서 상한가가 없고 계약상 위험을 경감하여 업체의 경쟁 참여를 장려할 목적으로 기술 및 경제적 위험이 극히 높다고 생각되는 새로운 무기시스템의 개발계약에 적합한 계약이다.

(라) 비용부 상여수수료 계약(CPAF: Cost-Plus-Award Fee Contracts)

계약완료 후 발생한 원가에 수수료를 더하여 지급하는 계약이다. 수수료는 기본수수료와 상여수수료로 구성되며 상여수수료는 계약 당시 합의된 평가기준에 대한 계약수행자의 성과를 심사하여 계약담당관의 주관적 판단으로 결정된다.

(3) 비용정산형 계약

(가) 비용계약(Cost Contracts)

계약기간 중 발생한 원가를 모두 보상해주지만 이윤은 지급하지 않는 계약방식이다. 이 계약은 비영리기관과 연구개발 계약을 체결할 때 사용한다.

(나) 비용분담계약(CS: Cost Sharing Contracts)

계약기간 중 발생한 원가 중 일부만을 보상해주는 계약이다. 발생비용을 계약당사자가 분담하기로 합의한 경우에 사용한다.

(다) 비용부 고정수수료 계약(CPFF: Cost‒Plus Fixed‒Fee Contracts)

이 계약은 발생원가를 보상해주고 계약 당시 결정한 일정 금액을 수수료로 지급하는 계약이다. 연구나 설문 등에 있어서 수행할 노력의 정도나 결과를 사전에 확정할 수 없을 때 또는 개발/시험 등에 있어서 비용부 장려수수료 계약(CPIF)을 사용하기 곤란한 경우에 사용된다. 단, 예비연구가 사전에 수행되어 개발목표와 스케줄이 구체적으로 확정된 경우에는 사용할 수 없다. 이 계약은 우리나라의 원가정산이익확정계약과 유사하다.

다양한 계약제도로 이루어진 미국의 계약제도의 특징은 크게 6가지로 요약할 수 있다.[298]

첫째, 유인부계약 형태를 활성화하고 있다는 점이다.

첨단무기체계 생산에 필요한 기술이 발전함에 따라 무기체계 획득방법이 점차 연구개발에 의존하게 되고 또 그 무기체계가 점점 복잡화·정교화함에 따라 원가, 성능, 납기 면에서의 불확실성과 그에 따른 위험이 점차 커지게 되었다. 이런 상황에서 계약자는 손실위험을 극소화시키려고 하고, 또 정부의 입장에서는 우발이윤 제공위험을 극소화시키려는 계약자 쌍방 간의 행위목표를 조화시킬 수 있도록 유인계약 형태가 개발되었다.

둘째, 각 단계별로 적용될 수 있는 계약방법을 상세히 분류하고 있다는 점이다.

계약은 통상 두 가지 형태로 나누어볼 수 있는데, 하나는 이미 생산이 완료된 최종제품을 구매하는 완성계약이며 다른 하나는 기간계약이다.

---

[298] 최성빈 외 2인, 『방산물자 원가계산 및 계약제도 개선방안』, 서울: 한국국방연구원, 1995, p.38.

<表 7-9> 미국의 조달단계별 계약방법

단계	연구	개발	시제생산	초기생산	양산
계약방법	CPFF	CPIF	CPIF/FPIF	FPIF	FFP

출처: DLAM(Defense Logistic Agency Manual) p.317-1.

기간계약은 수행하여야 할 일을 일반적으로 규정하여 정해진 최종 산출물을 요구하는 것이 아니라 약정된 기간 동안에 약정된 노력에 따라 보상을 해주는 계약이다. 즉 연구개발의 가능성을 결정하기 위한 예비적 탐색활동, 시제생산, 그리고 초기생산단계에서의 조달계약 등 일련의 기간 동안 이루어지는 제반 활동에 계약방법이 달리 적용되어야 할 필요가 있다. 여기에서 각 개발, 생산단계에서 일반적으로 제공되는 계약방법을 살펴보면 <표 7-9>와 같다.[299]

이 단계에 의하면 연구개발단계에는 우리나라의 개산계약과 같이 비용정산형 계약을 체결하고 시제생산 이후 원가자료 파악 정도에 따라 확정고정가격계약을 체결하게 된다.

셋째, 일반개산계약을 폐지하였다는 점이다.

계약이행 후 실 발생비용으로 계약금액을 확정하여 실 발생비용을 전액 보상하는 일반개산계약은 발생비용이 클수록 이윤이 증대되는 예산낭비의 우려가 있는 계약이다. 또한 원가절감을 기대하기 곤란하다. 따라서 총원가에 이윤을 더하여 지급하는 것이 아니라, 이윤을 지급하지 않되 수수료를 지급한다. 미국 정부는 연방획득규정에 일반개산계약을 사용할 수 없도록 규정하였다.

넷째, 다년도 계약제도를 시행하고 있다는 점이다.

미국의 다년도 계약은 다년도 물량일시계약(FFMYC)과 다년도 물량계속계약(SFMYC)이 있는데 미국의 FAR에서는 후자만을 다년도 계약으로 인정하고 있다. 다년도 물량일시계약은 다년도 물량을 일시에 계약하여 총조달물량에 대한 예산이 확

---

299 장대훈, "국방조달계약과 방산물자 원가관리제도에 관한 연구(2)", 「국방과 기술」 제273호(2001), p.77.

정되어 있는 계약이다. 이에 반해 다년도 물량계속계약은 다년도 물량을 계획하되 특정 연도 조달예산은 당해연도 초에 확정하며, 만약 계약 시 물량이 감소하거나 취소될 경우에는 약속물량 생산을 위해 투입한 비반복비용(non-recuring cost)을 정부가 보상해주도록 하고 있다.

다섯째, 내부고발제도를 시행하고 있다는 점이다.

이 제도의 목적은 미국 정부가 방산업체와 계약 시 업체의 부당이득을 방지하기 위해서이다. 만약 업체가 허위서류 조작 등으로 정부를 속여 부당이득을 취하고 있다는 것을 방산업체 근무자가 인지하였을 경우, 이를 입증할 수 있는 충분한 증빙서류를 제시하여 법원에 제소하면 정부는 내부보고자를 보호하고 정부가 승소하여 과잉지급분을 환수받으면 일정액을 고발자에게 보상해주는 제도이다.

마지막으로 기타 미국의 계약형태는 매우 다양하며 조달단계, 특성별 적용기준 및 계산사항이 연방획득규정에 되어 있어 포괄적으로 규정하고 있는 우리나라와는 많은 차이가 있다.

나. 일본의 계약제도

일본의 경우는 계약의 근본형태에 있어서 우리나라와 큰 차이가 없으나 유인부 계약체계를 도입하고 있지 않고, 확정계약, 준확정계약, 개산계약으로 구분되어 있다.[300]

일본의 계약제도는 다음의 〈표 7-10〉과 같다.

이 계약형태를 세부적으로 살펴보면 다음과 같다.

(1) 확정계약

이 계약은 계약당사자에게 지불하는 대금의 금액을 계약체결 시 확정하는 계약을 말하며 다음과 같이 구분된다.

---

[300] 황동준 외, 『일본 조달실시본부의 조달지침』, 서울: 한국국방과학연구원, 1982, p.51.

<표 7-10> 일본 회계법 및 조달실시본부 계약제도

계약방식	계약의 종류	계약방법
일반경쟁계약	일반확정계약	확정계약
	초과이윤반납 조건부 계약	
지명경쟁계약	중도확정 조건부 계약	준확정계약
	이행후확정 조건부 계약	
	특정비목확정 조건부 계약	
수의계약	일반개산계약	개산계약
	특정비목확정 조건부 계약	

출처: 황동준 외, 『일본 조달실시본부의 조달지침』, 서울: 한국국방연구원, 1982, p.51.

(가) 일반확정계약

계약체결 시 계약금액을 확정하고 계약조건에 변경이 없는 한 계약상대자에게 지출되는 대금의 금액변경을 행하지 않는 계약을 말하며 이 계약방식이 조달실시본부에 있어서 가장 기본적인 방법이다.

(나) 초과이윤반납 조건부 계약

계약금액은 확정하고 있으나 계약상대자에게 초과이윤이 생겼을 경우 사전에 정한 기준에 따라 그 초과이윤을 반납시키는 계약이다. 이 계약은 지명경쟁을 할 경우 신규 상품의 특성 때문에 부당이익 발생의 소지가 있을 경우와 수의계약에 있어서는 발생원가에 예측할 수 없는 부분이 있을 경우에 적용된다.

(2) 준확정계약

준확정계약은 계약금액을 사전에 정하는 기준에 따라 계약금액의 범위 내에서 확정하는 계약이며 다음과 같이 구분한다.

(가) 중도확정 조건부 계약

원가계산에 필요한 재료원가를 충분하게 얻지 못할 때 또는 제조 등의 기간이 1년을 넘어 소요공수, 경비율 등에 상당한 변동이 예측될 때 계약상대자에게 부당이익이 생기는 것을 방지하기 위하여 계약의 이행중도에 계약금액을 확정하는 계약이다. 따라서 이 계약은 시방서가 새롭고 그 내용이 기술적으로 복잡하여 계약 시에 금액을 확정하는 것이 곤란할 때 많이 적용된다.

(나) 이행후확정 조건부 계약

이행후확정 조건부 계약은 중도확정계약에 따른 이유가 있는 경우에도 계약의 이행종료까지의 실적에 의거해서 계약금액을 후일에 확정하는 계약이다. 이 계약에서는 계약이행 후에 있어서 계약금액의 확정에 관한 계약조항이 적용된다.

(다) 특정비목확정 조건부 계약

일반수입계약의 경우 보험의 가입보장 여부가 확실하지 않거나 외국환의 환산율, 기타 특정비목의 계산요소가 확실하지 않을 때 계약상대자에게 부당이익이 발생할 우려가 있어 확정계약에 의하는 것이 적당하지 않을 경우 당해 계산항목 또는 계산요소에 해당하는 대금의 금액을 후일 실적에 의거 해당 금액의 범위 내에서 확정하는 계약이다.

(3) 개산계약

확정계약과 준확정계약에 의하는 것이 적당하지 않다고 판단될 경우 대금의 금액을 후일 사전에 정한 기준에 따라 확정하는 것을 약속하는 계약으로 다음과 같이 구분된다.

(가) 일반개산계약

계약의 이행종료까지의 실적에 의한 실 발생비용을 대금의 금액 전부로 확정하는 계약이다. 이 계약에는 일본 이외의 지역에서 보급하는 석유제품의 대금 실비 정산에 관한 특정조항이 포함된다.

(나) 특정비목실비정산 조건부 계약

다른 사항은 모두 계약체결 시 한정하여 두고 다만 특정한 비목의 대금, 기타 발주자가 직접 지불하는 비용의 지불을 계약상대자에게 위임할 경우에 해당비목 대금의 금액을 후일 실적에 의하여 확정하는 계약을 말한다.

이와 같은 방법으로 이루어진 일본의 계약제도는 다음과 같은 특징을 가지고 있다.

첫째, 입찰자격 사전심사제를 엄격하게 운용하고 있다. 이는 공급업자들의 계약이행능력을 사전에 충분히 고려하게 되므로, 국방조달계약의 이행가능성이 높아지고 또한 업체 간의 무분별한 가격경쟁을 회피할 수 있는 장점이 있는 반면 우수한 기술력을 가진 많은 기업의 참가를 제한하여 경쟁이 제한된다는 단점이 있다.

둘째, 낙찰업체의 선정은 예정가격을 상한선으로 하고, 최저가격으로 입찰한 자로 낙찰하는 방식을 사용하고 있다.

다. 주요국 계약제도의 시사점

우리나라는 1983년도에 미국과 일본의 방산물자 조달에 관한 계약제도를 연구하여 우리나라의 실정에 맞게 계약제도를 도입하였다. 그러나 단가고정계약이나 원가정산이익계약 등 일부 계약의 경우 방산업체가 계약체결을 기피함에 따라 실효성이 없어 폐지되었고, 2009년에는 미국이 군수품 구매 시 성과지표를 활용한 계약제도가 성공적으로 시행됨에 따라 '성과기반계약제도'가 도입되었으며, 그리고 2010년에는 수리부속 등에 관한 장기계약의 필요성이 제기되어 '장기옵션계약제도'를 도입하였다. 〈표 7-11〉은 미국과 일본, 우리나라의 방산물자 조달에 관한 계약제도를 비교하여 나타낸 것이다.

〈그림 7-2〉는 미국과 우리나라의 방산물자 계약 종류를 기업이 부담해야 하는 위험도, 계약형태에 따른 인센티브, 그리고 국가가 발생비용을 보장하고 업체가 이윤

<표 7-11> 한·미·일 3국의 방산물자 계약제도 비교

계약 방법	계약의 종류			비고
	미국	일본	한국	
확정 계약	〈고정가격계약〉 1. 확정고정가격계약(FFP) 2. 재결정고정가격계약 (FPRP) 3. 소급가격재결정상한가 계약(FCRR) 〈유인부형계약〉 4. 일정수준노력 조건부 계약(FFPLOE) 5. 고정가격수수료 유인계약 (FPIF) 6. 비용부장려수수료계약 (CPIF) 7. 비용부상여수수료계약 (CPAF) 〈비용정산형계약〉 8. 비용계약 9. 비용분담계약 10. 비용부고정수수료계약 (CPFF)	〈확정계약〉 1. 일반확정계약 2. 초과이윤반납 조 건부 계약 〈준확정계약〉 3. 중도확정 조건부 계약 4. 이행후확정 조건 부 계약 5. 특정비목확정 조 건부 계약	〈확정계약〉 1. 일반확정계약 2. 물가조정단가계약 3. 원가절감 보상계약 4. 유인부확정계약 5. 한도액계약	• 한국의 원가절감 보상계 약과 유인부 확정계약은 미국의 유인부형 계약과 유사함. • 한국의 유인부 원가정산 계약은 미국의 장려수수 료 계약(CPF)과 유사함. • 미국의 비용부상여 수수 료계약(CPFF)은 한국의 성과기반계약과 유사함.
개산 계약		〈개산계약〉 6. 일반개산계약 7. 특정비목실비 정 산계약	〈개산계약〉 6. 중도확정계약 7. 유인부원가 정산 계약 8. 특정비목불확정 계약 9. 일반개산계약 10. 성과기반계약 11. 장기옵션계약	

을 극대화하는 스펙트럼을 나타낸 것이다.

미국의 계약형태는 계약자와 국방부가 부담하는 원가변동위험을 반영하는 스펙트럼이 형성되는데, 스펙트럼의 왼쪽 끝은 계약자가 변동위험을 부담하는 확정형 계약이고, 오른쪽 끝은 가격보다는 비용이 고정되고 국방부가 배분하고 허용할 수 있는 계약자의 실제 비용을 모두 지불하는 비용부고정수수료계약(CPFF)이다. 확정고정

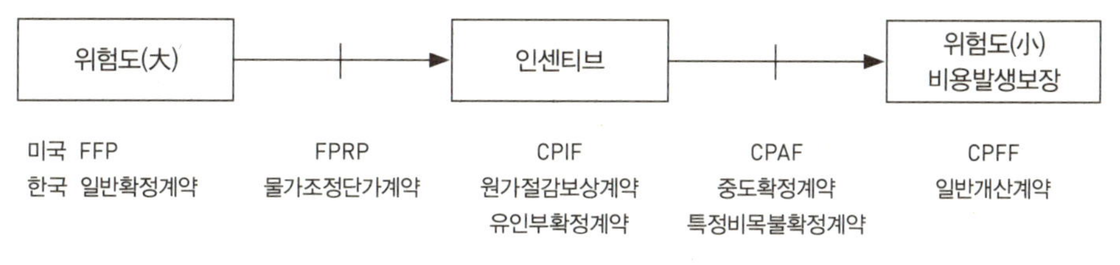

출처: 안태식, "방산업체 적정원가 보상대책(2)", 「국방과 기술」, 제267호, 2001, p.23의 내용을 재구성함.

가격계약(FFP)은 위험도에 있어 정부와 업체가 리스크를 분담하게 되며, 방산업체는 최대의 원가위험을 감당한다. 이 두 가지 양극단 사이에는 계약이행에 수반되는 기술 또는 원가나 공기의 불확실성 정도에 따라 인센티브가 부여되는 계약자 원가위험을 수반하는 여러 가지 계약이 존재한다.

한국의 확정계약은 기술적·경제적 불확실성이 거의 존재하지 않는 방산업체로부터 방산물자를 구매할 때 방위사업청이 선호하는 계약제도이다. 그러나 방산업체의 경우 확정계약의 체결을 꺼리는데 그 이유는 재료비, 노무비의 상승 등 방산환경의 변화를 계약에 반영할 수 없으므로 위험성이 크기 때문이다. 한편 방위사업청은 계약체결 시에 계약금액을 확정할 수 있으므로 계약비용을 최소화할 수 있다고 생각한다.

확정계약과는 반대로 개산계약은 방산업체가 발생시킨 비용에 일정 이윤을 보상해주는 Cost Plus 계약이다. 여기서 방산업체는 최소의 위험만을 부담한다. 개산계약은 정부로 하여금 모든 비용을 보상하게 하고 기업에 완전한 보험을 제공하는 보험자로서의 역할을 하게 한다.

미국과 우리나라의 인센티브 계약은 확정계약과 개산계약의 타협의 산물이라 할 수 있다. 인센티브 계약을 통해 정부와 업체는 목표비용과 목표이익, 위험분담률, 원가절감에 대한 정부의 최고 허용수준 및 기간 등에 대해 협상하게 된다. 이 경우 방산업체들은 인센티브 계약을 저비용·고수익의 목표에 유리한 위치를 차지하기 위한 노력을 기울이게 된다.

미국의 계약제도는 확정계약을 기본으로 하고 있고 이로 인해 발생되는 제한사항과 문제점을 유인부계약 형태를 통해 해결하고 있다. 일본은 개산계약을 선호하고 있으며 계약제도 또한 미국처럼 다양하지 않고 포괄적으로 기술하고 있다는 점에서 우리나라와 유사하다고 할 수 있다.

미국의 계약형태 적용원칙은 계약환경의 불확실한 정도에 따라 정부와 업체 간 비용과 성능의 불확실성으로 인한 위험을 상호 효과적으로 분담하고 있다. 이에 따라 미국 정부도 가능한 확정고정가격계약으로 유도하면서도 불가피하게 개산계산과 같은 형태의 계약을 체결해야 할 경우, 불확실성 정도에 따라 해당하는 유인부계약을 선택적으로 적용하고 있다. 그러나 비용 전액을 보상하는 개산계약의 형태는 아주 특수한 경우를 제외하고는 채택하지 않고 있다. 이와는 달리 일본의 경우는 확정계약과 준확정계약, 그리고 개산계약을 통해 정부가 대부분 분담하고 있다. 우리나라는 방위사업법에 유인부확정계약제도를 채택하여 미국 제도를 받아들이고 있다. 즉 미국의 원가정산유인이익계약(CPIF)과 유사한 계약형태를 취하고 있다.

사실 미국은 무기체계 개발 시 존재하지 않거나 최첨단 수준의 무기체계를 개발하고 있어 실패의 위험성이 대단히 큰 경우가 대부분임에도 불구하고 업체와 위험을 분담하고 있다. 반면 일본의 경우 시장규모나 불확실성의 위험이 미국에 비해 적음에도 불구하고 확정계약 또는 개산계약 위주의 계약제도를 적용하는 것은 방위산업의 육성을 위해 업체의 비용을 전액 보상해주고 있기 때문이며, 경제적·효율적 차원에서 볼 때에는 바람직한 제도라고 볼 수 없을 것이다.[301] 그러나 우리나라의 경우는 다양한 계약제도를 법제화하여 적절하게 활용할 수 있는 근거를 확보하고 있음에도 불구하고 제대로 시행되지 못하고 있는 실정이다.

계약담당공무원은 우리나라 국방예산의 약 40%를 차지하고 있는 조달예산을 어

---

301 김진선, 전게서, p.39.

280

떻게 하면 적절하고 합리적으로 사용할 수 있는가를 생각하면서 방산 계약형태를 적용해야 할 것이다. 이와 함께 계약상대자인 업체도 효율적인 국방조달을 위해 정부와 업체 간의 불확실성과 위험을 어떻게 적절히 분담할 수 있는가 하는 차원에서 계약형태를 선택해야 할 것이다.

3. 우리나라 방산물자 원가계산제도

가. 방산물자 원가계산의 개요

(1) 원가계산의 목적

일반적으로 원가회계 이론상 원가계산의 목적은 재무제표의 작성, 가격결정, 원가관리 및 내부 경영관리 등에 있으나 국방조달계약 원가산정에 있어서는 공정하고 합리적인 가격을 결정하는 데 있다.[302]

방산물자 원가계산제도는 방산원가대상물자[303]의 가격을 결정하기 위한 원가계산의 방법과 절차이다. 방산원가대상물자는 주문생산방식의 수의계약을 통해 조달한다. 따라서 방산물자 원가계산제도는 '갑'과 '을'의 협상에 의한 가격결정을 위한 것이다.

방산물자 원가계산제도의 목적은, 첫째 방위산업 기반을 계속 유지시킬 수 있으면서도 세금을 부담하고 있는 국민이 납득할 수 있는 과도하지 않는 수준의 정당한 보상, 둘째 방산업체 입장에서는 투입한 자본과 노동 등에 대한 비용과 투자에 대한 기회비용을 보상받을 수 있는 수준의 적정이윤 보장, 마지막으로 계약업체의 원가절감, 연구개발 등의 노력을 유인할 수 있는 동기부여에 대한 중요한 정책수단으로서의

---

302 방위사업청, 『국방획득원가 및 계약실무』, 방위사업청, 2008.6.12, p.431.

303 여기서 '방산원가대상물자'란 방위사업법에 따라 지정된 물자와 동법 제18조 제4항에 따라 연구 또는 시제품 생산을 하게 하는 물자를 말한다(방산원가대상물자의 원가계산에 관한 규칙 제2조).

방위사업법(법률 제10907호 '11.7.25)

동법 시행령(대통령령 제10218호 '10.3.31)

방위산업에 관한 계약사무처리규칙(국방부령 제736호 '11.5.9)

방산원가대상물자의 원가계산에 관한 규칙(국방부령 제737호 '11.5.9)

동시행세칙(방위사업청훈령 제165호 '11.12.9)

역할을 제고시키는 데 있다.[304]

(2) 적용법규

방위사업청장은 국방조달계약과 관련하여 계약담당공무원으로 하여금 계약체결에 필요한 예정가격과 개산가격(이하 '예정가격 등'이라 한다)을 결정할 때에는 예정가격 등의 조서를 작성하도록 하고 있다. 이에 따라 계약담당공무원이 예정가격 등의 조서를 작성할 때에는 예정가격 등의 기초금액을 산정하여야 하며, 기초금액을 원가계산방법으로 산정하는 경우에는 '방산원가대상물자의 원가계산에 관한 규칙'에 따르며, 방산원가대상물자의 원가계산(이하 '방산물자 원가계산'이라 한다)은 그 적용 법규, 원가의 구성 및 계산방법 등이 일반물자와는 내용을 달리하고 있다.

방산원가대상물자의 원가계산 관련 법규체계는 〈표 7-12〉와 같다.

(3) 방산물자 원가계산 규칙의 내용[305]

방산물자 원가회계의 특징은 생산주체인 기업의 원가정보에 대한 의존도가 매우 높고 원가자료가 방대하여, 기업으로부터 얼마나 진실한 원가정보를 획득하느냐에 따라 원가계산의 적정성 여부가 결정된다고 하여도 과언이 아니다. 방산물자의 조달

---

304 이호석·한남성 외 4인, 『방위산업의 선진화 전략』, 서울: 국방연구원, 2010, p.107.

305 방위사업청, 전게서, p.433.

형태가 수입품의 단순조립 형태에서 개조·개량·정비·용역 등 다양화되고 있으며, 부품의 국산화가 연차적으로 추진되는 등 여러 가지 변수가 많아 그 업무가 복잡하고 고도의 전문지식을 필요로 한다. 또한 방산물자는 계약의 종류가 다양하고, 계약 종류마다 독특한 특성을 가지고 있어 계약의 특성에 맞는 원가를 계산해야 한다.

방산물자원가계산규칙은 미국의 원가계산심의회(CASB)에서 공표한 '원가계산기준'과 일본의 방위성 훈령으로 규정되어 있는 '조달물품 등의 예정가격 산정기준'의 내용을 많이 수용하였다.

'방산물자원가규칙'의 성격은 '개별적인 기준'이라기보다는 '전반적인 기준'의 형태를 취하고 있다. 이것은 우리나라의 법률 체계가 대륙법적인 근원을 갖기 때문이다. 따라서 미국의 CASB의 원가계산 기준과는 형태 면에서 상당한 차이가 있는 반면, 같은 대륙법적인 근원을 갖고 있는 일본의 기준과는 유사한 점이 많이 있다. 일반적으로 '전반적인 기준'은 '개별적인 기준'에 비하여 기준의 내용이 상세하지 못하며, 개념 위주의 규정과 규정 내부에서의 융통성이 적은 특성을 갖고 있다. 또한 '방산물자원가규칙'은 시제품·방산물자 조달계약과 관련한 제조에 관한 원가계산 기준과 연구개발과 같은 용역원가계산 기준에 대한 내용을 포함하고 있다.

(4) 방산물자원가의 구성과 배부기준

(가) 방산물자원가의 구성 및 체계[306]

방산물자의 원가는 제품의 실체 여부, 원가의 직접 추적가능 여부, 생산과정에의 직접 기여 여부에 따라 제조직접비와 제조간접비로 구분한다.[307]

방산물자의 원가는 직접재료비, 직접노무비, 직접경비의 합계인 직접원가와 간접재료비, 간접노무비, 간접경비, 일반관리비 및 이윤으로 구성된다. 간접노무비, 간접

---

306 방위사업청, 전게서, p.435-436.

307 규칙 제5조.

경비, 일반관리비, 이윤은 각각 '율'을 적용하여 계산한다. 간접노무비율, 간접경비율, 일반관리비율 및 이윤율을 제비율이라고 하며, 매년 방위사업청에서 이를 산정하여 전파한다.

방산물자 원가 구성도는 〈표 7-13〉과 같다.

직접재료비는 제품의 생산에 소비되는 원재료비로서 해당 제품에 직접 부과할 수 있는 비용을 말하며, 주요재료비·구입부품비·포장재료비 등이 있다. 직접재료비는 종류 및 규격별로 소요량에 단위당 가격을 곱하여 계산한다. 직접재료의 소요량은 단위당 재료의 소요량을 기준으로 한다. 다만, 해당 제품의 시료량은 직접재료의 소요량에 합하여 계산할 수 있다. 직접재료의 단위당 가격은 원가계산 시점의 구입재료와 구입부품의 단위당 가격 또는 수입품의 가격(부가가치세를 뺀 공급가격을 말한다)을 기준으로 한다. 다만, 자금을 융자받아 비축한 원자재를 사용하여 방산물자를 생산하는 경우로서 원가계산 시점의 가격이 명확하지 아니한 경우에는 구입 시점의 가격을 기준으로 한다.

직접노무비는 제조현장에서 계약목적을 완성하기 위하여 직접 작업에 종사하는

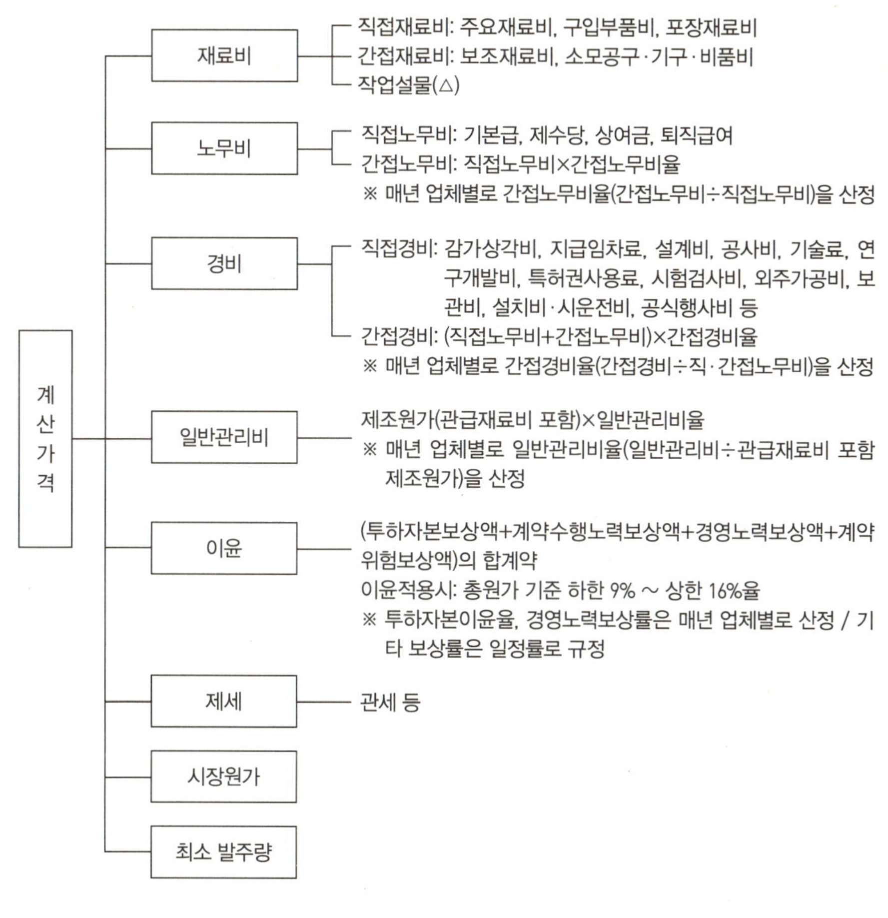

출처: 방위사업청, 전게서, p.436.

종업원 및 노무자가 제공하는 노동력의 대가로서 해당 제품에 직접 부과할 수 있는 기본급, 각종 수당, 상여금, 퇴직급여 등의 급여액의 합계액으로 한다.

직접경비는 해당 제품에 직접 부과할 수 있는 비용으로서 기계장치·금형(金型)·치공구·전용구축물 등의 감가상각비와 지급임차료, 설계비, 공사비, 기술료, 개발비, 특허권사용료, 시험검사비, 외주가공비, 보관비, 설치비, 시운전비, 공식행사비 등을 말한다.

간접노무비, 간접경비, 일반관리비의 계산은 다음 산식에 의한다.

- 간접노무비 = 직접노무비 × 간접노무비율

- 간 접 경 비 = (직접노무비 + 간접노무비) × 간접경비율

- 일반관리비 = 제조원가(관급재료비 포함) × 일반관리비율

〈표 7-14〉는 원가비목별 방산원가 산정체계를 나타낸 것이다.

(나) 간접비(공통비) 배부기준[308]

① 배부기준 의의

일반적으로 부문별 원가계산에 있어서 원가대상(원가를 부과할 수 있는 단위로서 원가를 분리하여 측정할 필요가 있는 어떤 사업, 부문, 제품, 활동 등)에 직접추적이 가능한 원가는 개별비로, 원가대상에 직접추적이 불가능한 원가는 공통비로 구분하고 있으며, 개별 원가계산에 있어서는 한 제품에 직접추적이 가능한 원가는 직접비로, 2개 이상의 제품에 공통적으로 발생하는 원가로서 각각의 제품에 직접추적이 불가능한 원가는 간접비로 구분하고 있다. 이 경우 공통비 또는 간접비는 적정한 배부기준을 이용하여 원가대상에 배부한다.

② 배부기준 설정

부문별 원가계산에서 공통비와 개별 원가계산에 있어서 간접비는 어떤 배부기준을 적용하느냐에 따라 배부계산 결과가 상이하게 나타나므로 배부기준 설정은 매우 중요하다. 간접비에 대한 배부기준으로 제품별로 원가를 배부하는 때에는 각 원가대상에 대한 상대적인 기여도 또는 인과관계를 고려하여 합리적으로 설정한 배부기준

---

308 방위사업청, 전게서, pp.456-460.

에 따라 각 원가대상에 배부하여야 하고, 합리적으로 설정한 배부기준은 정당한 사유 없이 이를 변경하여서는 안 된다고 규정하고 있다. 이러한 배부기준은 계속성 원칙에 입각하여 선택, 사용하여야 한다.[309] 여기서 정당한 사유에 의한 변경요건이라 함은 ① 계속 적용하고 있는 배부기준 및 배부방법이 업체의 생산설비나 공정의 변화로 변경이 요구되고, ② 새로운 배부기준 및 배부방법의 채택이 필요하다고 판단되는 경우를 의미한다. 배부기준 및 배부방법을 변경하고자 할 때에는 새로운 배부기준 및 배부방법으로 변경하고자 하는 사유와 원가에 미치는 영향을 신중하게 검토하여야 한다.

원가계산실무에서는 기업회계의 개별 원가계산에서 사용하고 있는 제조간접비의 배부기준을 이용하고 있다. 참고로 기업회계에서 사용하고 있는 배부기준 및 방법은 〈표 7-15〉와 같다.

〈표 7-15〉 제조간접비의 배부기준 및 방법		
구분		**배부기준**
가격법	직접 재료비법	당해제품의 직접재료비×일정기간의(총제조간접비÷총직접재료비)
	직접 노무비법	당해제품의 직접노무비×일정기간의(총제조간접비÷총직접노무비)
	직접 원가법	당해제품의 직접원가×일정기간의(총제조간접비÷총직접원가)
시간법	직접작업 시간법	당해제품의 직접작업시간×일정기간의(총제조간접비÷총직접작업시간)
	기계 시간법	당해제품의 기계운전시간×일정기간의(총제조간접비÷총기계운전시간)
수량법		당해제품의 개수 또는 중량×일정기간의(총제조간접비÷총제품의 개수 또는 중량)
복합법		상기 여러 배부기준 중에서 2종 이상을 병용하는 방법

---

[309] 방산원가규칙 제7조.

<table>
<tr><th colspan="2">〈표 7-16〉 비목별 배부기준 예시</th></tr>
<tr><th>비목별</th><th>배부기준</th></tr>
<tr>
<td>직접재료비</td>
<td>

- 제품별로 집계된 실제발생금액에 의하여 구분함이 원칙
- 제품별로 실제 발생금액을 집계하지 아니하는 경우에는 표준재료 소요량에 의하여 구분
- 다수의 제품에 투입될 다양한 부품을 제조하기 위하여 원재료가 공통으로 투입되는 경우에는 당해부품이 투입된 제품의 생산수량 또는 표준재료소요량을 기준
</td>
</tr>
<tr>
<td>간접재료비</td>
<td>

- 제품별로 집계된 실제 발생금액에 의함이 원칙
- 재료와 비례하여 발생하는 경우에는 제품별 직접재료비를 기준
- 소모공구·기구·비품이 고정자산대장에 등재된 일반 공구·기구와 구분 없이 사용되는 경우에 당해 소모공구·기구·비품비는 일반공구·기구의 감가상각비를 기준
- 객관성, 계속성, 인과관계 및 효익관계 등 배부기준의 조건을 충족 시 직접노무량 등의 기준도 가능
</td>
</tr>
<tr>
<td>직접노무비</td>
<td>

- 제품별로 집계된 실제 발생금액에 의하나 제품별로 실제 발생금액이 집계되지 아니하거나 제품공통비의 경우에는 공정별/제품별 직접 노무량을 기준
- 직접노무량의 집계가 곤란한 경우에는 표준노무량을 기준
- 다수의 제품에 투입되는 다양한 부품을 제조하기 위하여 원재료가 공동 투입되는 공정의 직접노무비는 당해부품이 투입된 제품의 생산수량 또는 표준재료소요량 기준도 가능
</td>
</tr>
<tr>
<td>간접노무비</td>
<td>

- 직접노무량, 직접노무비, 재료투입량, 재료비, 작업횟수(제조지시서 작성횟수), 매출액 등의 배부기준 중 객관성, 계속성, 인과관계 및 효익관계 등의 배부기준을 충족하는 기준을 선택
</td>
</tr>
<tr>
<td>기계장치의 감가상각비 및 지급임차료</td>
<td>

- 제품별로 집계된 실제 발생금액에 의하나 제품별로 실제 발생금액이 집계되지 아니하거나 제품공통비의 경우에는 제품별 직접 노무량, 기계가동시간, 기계작업횟수 등을 기준으로 하되 각 기계장치마다 다른 기준 적용가능
- 다수의 제품에 투입되는 다양한 부품을 제조하기 위하여 원재료가 공통으로 투입되는 공정의 기계장치의 감가상각비 및 지급임차료는 당해 부품이 투입된 제품의 생산수량 또는 표준재료소요량 기준도 가능
</td>
</tr>
<tr>
<td>공기구, 금형, 계측기 및 구축물의 감가상각비 및 지급임차료</td>
<td>

- 제품별로 집계된 샐제 발생금액에 의하나 제품별로 실제 발생금액이 집계되지 아니하거나 제품공통비의 경우에는 제13조 제1항(객관성, 계속성, 인과관계 및 효익관계)의 규정을 충족하는 배부기준을 선택
- 기계장치의 감가상각비 및 지급임차료와 밀접한 관련을 가질 경우 그 배부기준을 준용 가능
</td>
</tr>
<tr>
<td>설계비, 공사비, 시험검사비, 특허권사용료, 기술료, 연구개발비, 외주가공비</td>
<td>

- 제품별로 집계된 실제 발생금액에 의하여 구분
</td>
</tr>
<tr>
<td>전력비, 수도광열비, 건물·차량운반구 등의 감가상각비 및 지급임차료, 보험료, 수리수선비, 연료비, 차량유지비, 도서인쇄비, 통신비, 세금과 공과, 경상시험연구개발비 등</td>
<td>

- 실제 발생금액을 기준으로 함이 원칙
- 직접노무량, 기계가동시간, 기계작업횟수, 재료투입량, 제품생산량, 타비목 매출액 등의 배부기준 등 배부기준 충족하는 기준을 선택하여 적용
- 비목별 또는 동일 비목 내에서도 집계단위에 따라 다른 배부기준 적용가능
</td>
</tr>
</table>

비목별		배부기준
	운반비, 보관비, 용수비	• 실제 발생금액을 기준으로 함이 원칙 • 객관성, 계속성, 인과관계 및 효익관계 등 충족하는 배부기준을 설정하여 적용 • 직접재료비와 관련시 직접재료비를 기준으로 하며 수량에 의하여 영향을 받는 경우 재료투입량 또는 표준재료소요량 기준도 가능
복리후생비	식당부대비나 식대, 자녀 학자금, 통근버스이용료 등 단순히 종업원수에 영향을 받는 비목	• 종업원의 구분이 가능한 경우에는 종업원 수를 기준 • 그 구분이 곤란한 경우에는 원가대상별 노무비 등 합리적 기준을 적용
	국민연금과 의료보험의 방산업체부담분 등 봉급수준에 의하여 영향을 받는 비목	• 원가대상별 노무비를 기준으로 함이 바람직
	교육훈련비, 여비교통비	• 종업원 수, 노무비 등의 배부기준 중에서 다양한 배부기준을 선택
	기타 간접경비	• 객관성, 계속성, 인과관계 및 효익관계 등을 충족하는 배부기준을 적용 • 이를 충족시키는 배부기준의 선택이 곤란한 경우에는 직접노무량을 기준

③ 공통비 배부기준

제품원가의 계산을 정확히 하기 위하여 비목별로 집계된 원가요소를 세부 원가부문별로 집계한 후, 이를 다시 제품별로 배분한다. 원가요소는 원가의 직접적인 집계 가능성 여부에 따라 부문개별비나 부문공통비로 구분하여 부문개별비는 당해부문에 직접 부과하고, 부문공통비는 배부기준에 의하여 관련부문에 배부한다. 지금은 폐지되었으나 '구분회계 지침'에서 예시적으로 규정하였던 비목별 배부기준을 〈표 7-16〉과 같이 소개한다.

나. 방산원가 제비율 산정 및 적용

(1) 제비율의 의의

방산원가 제비율이란 방산물자의 원가계산 시 적용할 간접노무비율, 간접경비율,

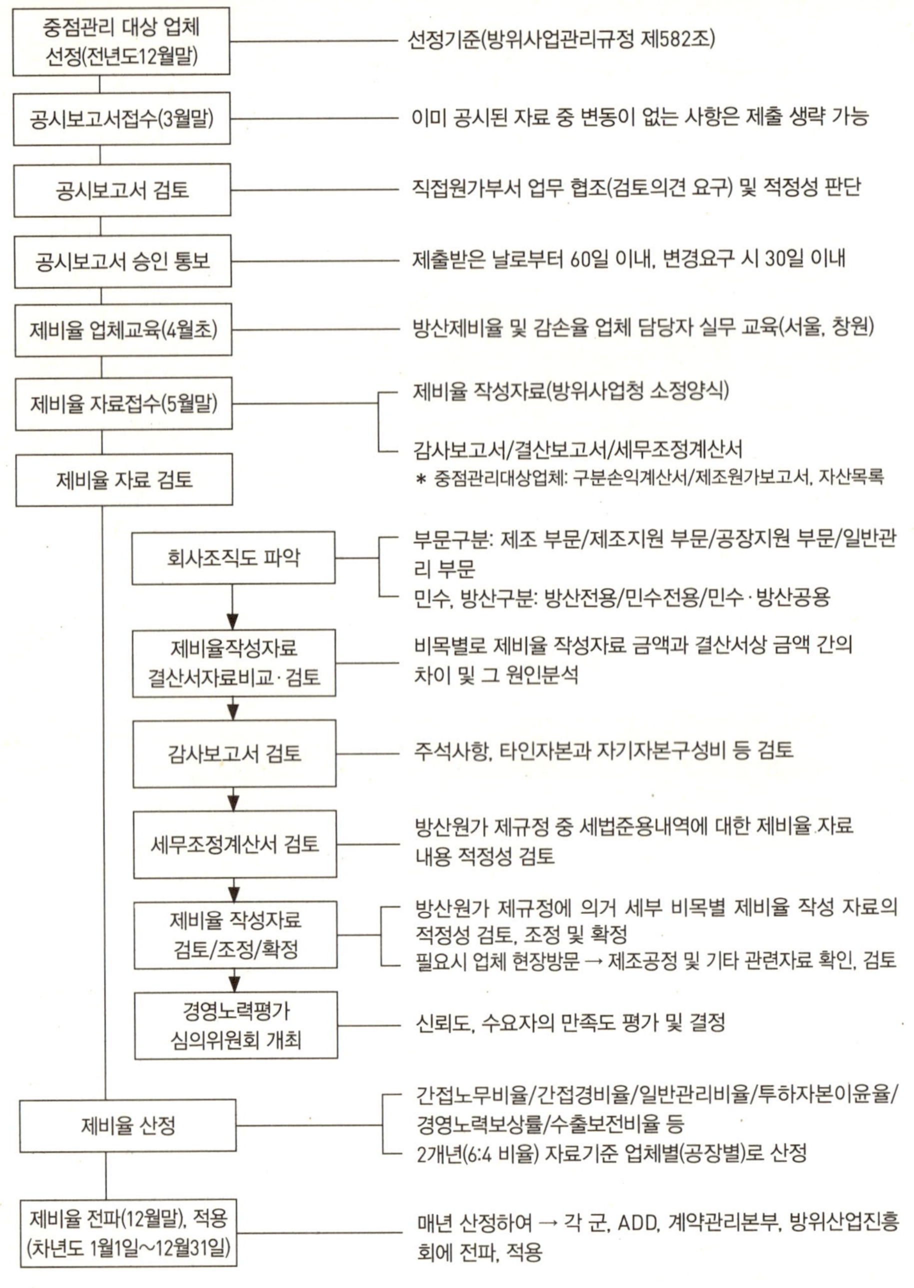

출처: 방위사업청, 전게서, p.610.

〈표 7-17〉 제비율 산출방법

구분	산출방법	비고
간접노무비용	간접노무비÷직접노무비	업체별/공장별
간접경비율	간접경비÷노무비(직접+간접)	업체별/공장별
일반관리비율	일반관리비÷제조원가	업체별
투하자본보상률	투하자본÷총원가	업체별/공장별
이윤	기본보상액+위험보상액+노력보상액	업체별

일반관리비율 및 이윤율을 말한다. 방산물자 제비율은 매년 업체별로 산정년도를 기준으로 하여 각 연도별 제비율(결산율)을 산정하고, 원가계산 시에는 최근 연도 결산율로부터 각각 6:4의 비율로 산정한 제비율(적용률)을 적용한다. 이를 예시하면 다음과 같다.

(예) 2012년 적용률 = 2010년 결산율 × 0.4 + 2011년 결산율 × 0.6

(2) 제비율 산정절차

제비율 산정절차는 〈그림 7-3〉과 같다.

(3) 제비율 산출방법

제비율 산출방법은 〈표 7-17〉과 같다.

(가) 간접노무비율 산정

간접노무비율은 직접노무비에 대한 간접노무비의 비율로서, 방산물자의 생산을 위하여 투입된 당해부문의 실적치와 부문별, 업체별, 지정물자별 특수성을 고려하여 산정한다.

$$\text{간접노무비율} = \frac{\text{간접노무비 발생액}}{\text{직접노무비 발생액}}$$

이 경우에 직접노무비 및 간접노무비의 발생액은 '방산원가규칙'에 의거하여 판단하며, 산정년도 실적자료를 기준으로 계산된 간접노무비율(결산율)을 최근 연도로부터 각각 6:4의 가중치로 반영하여 간접노무비 계산 시 적용한다.

(나) 간접경비율 산정

간접경비는 재료비, 노무비 및 직접경비를 제외한 제조원가요소로서 2종 이상의 제품생산에 공통적으로 발생하는 다음의 비용 등을 말한다.

1. 복리후생비	2. 여비교통비	3. 전력비
4. 통신비	5. 연료비	6. 용수비
7. 감가상각비	8. 운반비	9. 지급임차료
10. 보험료	11. 지급수수료	12. 세금과공과
13. 소모품비	14. 피복비	15. 수리수선비
16. 교육훈련비	17. 도서인쇄비	18. 차량관리비
19. 연구비	20. 경상개발비	21. 조사연구비
22. 안전관리비	23. 전산운영비	24. 폐기물처리비 등

간접경비율은 노무비(직접노무비와 간접노무비의 합계액)에 대한 간접경비의 비율로서, 방산물자의 생산을 위하여 투입된 당해부문의 실적치와 부문별, 업체별, 지정물자별 특수성을 고려하여 산정한다.

$$\text{간접경비율} = \frac{\text{간접경비발생액}}{\text{직접노무비와 간접노무비 발생액의 합계액}}$$

이 경우에 직접 및 간접노무비와 간접경비발생액은 '방산원가규칙'에 의거하여 판단하며, 산정년도 실적자료를 기준으로 계산된 간접경비율(결산율)을 최근 연도로부터 각각 6:4의 가중치로 반영하여 간접경비 계산 시 적용한다.

(다) 일반관리비율 산정

'방산원가규칙'에서 일반관리비는 사업 전체의 유지관리에 관하여 공통적으로 발생하는 비용으로서 다음의 비용 등을 계상하도록 하고 있다.

1. 임원급여	2. 기본급 및 제수당	3. 상여금
4. 퇴직급여	5. 복리후생비	6. 소모품비
7. 감가상각비	8. 지급임차료	9. 보험료
10. 세금과 공과금	11. 교육훈련비	12. 직업훈련비
13. 도서인쇄비	14. 수선비	15. 수도광열비
16. 운반비	17. 보관비	18. 여비교통비
19. 통신비	20. 지급수수료	21. 차량유지비
22. 연구비	23. 경상개발비	24. 조사연구비
25. 전산운영비	26. 광고선전비 등	

위에서 열거한 비용(비목) 중에서 보험료, 수선비, 지급수수료, 광고선전비에 대하여는 특별하게 인정범위를 축소하여 인정하고 있다.

① 보험료

보험료는 법률에 의거 가입이 규제되어 있거나 군에서 가입을 규제한 보험료에 한하여 인정한다.

② 수선비

법인세법 시행규칙 제17조에 의한 수익적 지출에 한하여 인정한다.

③ 지급수수료

법률로서 규제되어 있거나 종류 또는 금액에 있어서 정상이라고 인정되는 것에 한하여 인정한다.

④ 광고선전비

정부가 인정하는 국내외 방위산업 관련 전시회 등에서 발생한 비용을 말하며 해당 전시회 및 인정비용 범위는 방위사업청장이 별도로 정하여 일반관리비율 산정 시 반영한다.

일반관리비율은 관급재료비를 포함한 제조원가에 대한 일반관리비의 비율로서, 산정년도의 실적자료를 기준으로 산정한다.

$$일반관리비율 = \frac{일반관리비\ 발생액}{제조원가(관급재료비\ 포함)\ 발생액}$$

이 경우에 제조원가(관급재료비 포함) 및 일반관리비의 발생액은 '방산원가규칙'에 의거하여 판단하며, 산정년도 실적자료를 기준으로 계산된 일반관리비율(결산율)을 최근 연도로부터 각각 6:4의 가중치로 반영하여 일반관리비 계산 시 적용한다.

관급재료비의 급격한 증감으로 인하여 관급재료비를 포함한 제조원가를 기준으로 일반관리비율을 산정하는 것이 불합리한 경우에는 관급재료비를 제외한 제조원가를 기준으로 일반관리비율을 산정한다. 여기서 불합리한 경우란 일반관리비율의 산정기간과 적용시점에서 관급재료의 물량 또는 금액 차이가 큰 경우로서 장기적으로 불합리가 시정되지 않은 경우와 시제의 경우를 말한다.

(라) 투하자본보상비 산정

투하자본보상비는 관급재료비를 포함한 총원가에 투하자본보상률을 곱하여 산정한다. 다만, 관급재료비의 급격한 증감으로 인하여 관급재료비를 포함한 총원가를 기준으로 계산하는 것이 불합리할 경우에는 관급재료비를 제외한 총원가를 기준으로 산정할 수 있다.

투하자본보상률은 과거 2년간의 실적자료를 기준으로 다음과 같이 산정하되, 최근 연도로부터 연간 투하자본보상률은 각각 6:4의 비율로 반영한다.

$$\text{연간 투하자본보상률} = \frac{\text{방산투하자본금액} \times \text{금융비용}}{\text{연간 총원가(공장별 또는 방산업체별, 관급재료비 포함)}}$$

이 경우 금융비용은 3년 만기 무보증 회사채 연평균 수익률 중 BBB^+와 BBB^0의 수익률을 산술평균하여 반영한다.

또한, 방산투하자본금액은 다음과 같이 산정한다. 투하자본대상은 방산원가대상 물자의 생산을 위하여 투하된 자산으로서 미착기계, 건설 중인 자산 등을 제외한 유형 자산, 개발비, 임차보증금을 말한다. 방산투하자본금액은 투하자본 대상자산의 기초금액과 기말금액의 평균으로 하며, 재평가차액(토지 이외의 유형 고정자산은 1998년 4월 10일 이후 재평가차액 및 기업회계 기준의 재평가 모형으로 인한 장부가액의 증감액)은 제외한다. 한편 신규취득자산의 경우 법인세법 시행령 제26조 제9항의 감가상각비 계산방식을 준용하여 투하자본금액을 산출한다.

방산투하자본금액은 각 자산별로 산출된 금액에 대하여 배부기준에 따라 민·방산을 구분하여 산출한다. 투하자본보상비는 총원가의 10%를 초과할 수 없다.

(마) 이윤의 산정

이윤계산은 ① 기본보상액, ② 위험보상액, ③ 노력보상액을 합한 금액으로 한다.

① 기본보상액은 총원가에 기본보상률을 곱하여 산정한다.

  ⓐ 총원가는 재료비(관급재료비 포함), 노무비, 경비 및 일반관리비의 합계액을 말한다.

  ⓑ 기본보상률은 제조업 매출액영업이익률에 조정계수 0.2(용역 0.7)을 곱하여 산정한다.

  ⓒ 제조업 매출액영업이익률은 한국은행에서 발표하는 제조업 평균 영업이익률을 말하
   며 제비율 산정년도를 기준으로 과거 5개년을 산술평균하여 반영한다.

  ⓓ 관급재료비는 정부가 계약의 이행을 위하여 계약상대자에게 지급하는 재료로서 제
   조과정에 투입되어 가공·조립되는 관급재료의 금액을 말한다.

② 위험보상액은 ⓐ 기술적 위험보상액과 ⓑ 계약위험보상액을 합한 금액으로 한다.

  ⓐ 기술적 위험보상액은 사업형태별 위험도를 고려하여 총원가에 다음의 보상률을 곱
   하여 산출한다.

구분	연구개발	초도/후속양산 생산, 정비	기술도입
보상률	1.5%	0.75%	0.5%

  ⓑ 계약위험보상액은 계약방법에 따라 총원가에 다음의 보상률을 곱하여 산출한다.

계약방법	보상률
일반확정계약, 유인부확정계약, 물가조정단가계약, 원가절감보상계약, 특정비목불확정계약(개산원가산정시 확정분이 총원가 기준 75% 이상), 한도액 계약	3%
유인부원가정산계약, 특정비목불확정계약(개산원가산정 시 확정분이 총원가 기준 50% 이상)	1.5%
중도확정계약, 특정비목불확정계약(개산원가 산정 시 확정분이 총원가기준 50% 미만)	1%

③ 노력보상액은 ⓐ 계약수행노력보상액, ⓑ 원가절감노력보상액, ⓒ 설비투자노
   력보상액, ⓓ 경영노력보상액의 합계액으로 한다.

ⓐ 계약수행노력보상액은 다음 각 호의 원가요소별 보상률에 따라 산정한다.

■ 재료비(관급재료비, 수입품비, 협력업체로부터 구입하는 방산원가대상물자는 제외한다)×1%

■ 노무비×4%(시제생산 5%, 용역 9%)

■ 제조경비×3%(용역 5%), 다만 제조경비 중 특허권사용료, 기술료, 개발비 및 외주가 공비는 제외한다.

■ 기술료×1%, 다만 기술료 중 로열티 및 면허사용료는 제외한다.

■ 외주가공비×1%

■ 개발비×10%(용역 12%)

■ 일반관리비×3%(용역 4%)

ⓑ 원가절감노력보상액은 총원가에 원가절감보상률을 곱하여 산정한다. 다만, 원가절 감보상률은 2%를 한도로 한다.

■ 원가절감노력보상액 = 총원가×원가절감보상률

■ 원가절감보상률은 연간원가절감액을 연간 총원가로 나누어 산정한다.

■ 원가절감액은 원가절감보상계약, 유인부확정계약, 유인부원가정산계약 등을 통하 여 산정된 원가절감액을 3년으로 나누어 산정하고, 사업종료된 연도부터 3년 동안 연간원가 절감액을 반영한다.

ⓒ 설비투자노력보상액은 관급재료비를 포함한 총원가에 설비투자보상률을 곱하여 산 정한다. 다만, 관급재료비의 급격한 증감으로 인하여 관급재료비를 포함한 총원가 를 기준으로 계산하는 것이 불합리한 경우에는 관급재료비를 제외한 총원가를 기 준으로 산정할 수 있다.

■ 설비투자노력 보상액 = 총원가×설비투자보상률

■ 설비투자보상률은 과거 2년간의 실적자료를 기준으로 다음 산식에 의하여 산정하 되, 최근 연도의 설비투자보상률부터 각각 6:4의 비율로 반영한다.

$$\text{설비투자보상률} = \frac{(\text{방산설비투자금액} \times \text{자기자본구성비}) \times \text{재투자비용}}{\text{연간 총원가(공장별 또는 방산업체별, 관급재료비 포함)}}$$

$$\text{자기자본구성비} = \frac{\text{감사보고서의 대차대조표상 자본총계}}{\text{감사보고서의 대차대조표상 자산총계}}$$

■ 주식회사의 외부감사에 관한 법률에 의한 회계감사의 대상이 되지 않는 방산업체의 경우에는 세무신고 시에 제출한 재무제표를 기준으로 자기자본구성비를 산출한다.

■ 재투자비용은 13%에서 방산원가 시행세칙 제32조의 2 제2항 제2호 금융비용을 차감한 율로 한다. 다만, 중소기업의 경우 14%에서 방산원가 시행세칙 제32조의 2 제2항 제2호 금융비용을 차감한 율로 한다.

■ 방산설비투자금액은 방산원가대상물자의 생산을 위하여 투자된 자산으로서 개발비×130%, 유형 자산(토지, 건물, 구축물 제외)×100%, 건물, 구축물×70%, 임차보증금×70%를 적용하며, 각 자산별로 산출된 금액에 대하여 배부기준에 따라 민·방산을 구분하여 산출한다.

ⓓ 경영노력보상액은 총원가에 경영노력보상률을 곱하여 산정한다.

$$\text{경영노력보상액} = \text{총원가} \times \text{경영노력보상률}$$

업체별 경영노력 평가결과에 대한 보상률은 다음과 같이 계산한다.

$$\text{보상률(\%)} = \text{경영노력평가점수} \times 0.1$$

용역의 이윤은 기본보상액, 위험보상액, 계약수행노력보상액 및 원가절감노력보상액을 합한 금액으로 한다.

〈표 7–18〉 제비율 적용방법

구분	적용방법
간접노무비	직접노무비×간접노무비율
간접경비	직접 및 간접 노무비×간접경비율
일반관리비	제조원가×일반관리비율
투하자본보상액	총원가×투하자본보상률
이윤	기본보상액+위험보상액+노력보상액

(4) 제비율 적용방법

제비율 적용방법은 〈표 7–18〉과 같다.

(가) 간접노무비 계산

간접노무비는 직접노무비에 방위사업청장이 매년 업체별로 산정 통보하는 당해업체의 간접노무비율(적용률)을 곱하여 계산한다.

$$간접노무비 = 직접노무비 \times 간접노무비율$$

(나) 간접경비계산

간접경비는 노무비(직접노무비와 간접노무비의 합계액)에 방위사업청장이 매년 업체별로 산정 통보하는 당해 업체의 간접경비율(적용률)을 곱하여 계산한다.

$$간접경비 = 직접 및 간접노무비 \times 간접경비율$$

(다) 일반관리비 계산

일반관리비는 관급재료비를 포함한 제조원가에 방위사업청장이 매년 업체별로 산정, 통보하는 일반관리비율(적용률)을 곱하여 계산하는 것을 원칙으로 하되, 관급재료비의 증감으로 인하여 관급재료비를 포함한 제조원가를 기준으로 계산하는 것이 불합리한 경우와 시제의 경우에는 관급재료비를 포함하지 아니한 제조원가에 일반관리비율(적용률)을 곱하여 계산한다.

원칙: 일반관리비＝제조원가(관급재료비 포함)×일반관리비율

*예외: 일반관리비＝제조원가(관급재료비 불포함)×일반관리비율

(라) 투하자본 보상액

투하자본보상비는 관급재료비를 포함한 총원가에 투하자본보상률을 곱하여 산정한다. 투하자본보상비는 총원가의 10%를 초과할 수 없다.

투하자본보상비＝총원가(관급재료비 포함)×투하자본보상률

(마) 이윤의 계산

기업의 궁극적인 목적은 이윤의 추구이다. 이윤은 기업이 수행한 여러 활동의 최종적인 결과물로 나타나는 것으로서 노력에 대한 대가이며 동기부여의 원천이다. 정상적인 수준의 이윤이 보장되지 않는다면 기업은 그들의 활동을 지속할 수 없을 것이다.

현재 방산물자 이윤제도에서 이윤계산은 기본보상액, 기술적 위험과 계약이행에 대한 위험보상액, 계약수행 및 원가절감 노력보상액을 합한 금액으로 한다.

이윤보상항목별 계산방식에 의해 산정한 이윤액은 총원가 대비 상·하한 이윤율 범위 내에서 계상하도록 하는 이윤율 상하한 제도를 병행하여 시행하고 있다.

이윤율에 대하여 상하한을 규정하고 있는 이유는 다음과 같다.

① 방산업체와 수의계약을 채택하고 있는 현행 체제에서 적정이윤은 방산기반을 계속

유지시킬 수 있으면서, 투입한 자본과 노동에 대한 기회비용을 보상 받을 수 있는 수준이 되어야 한다.

② 이윤보상 항목별로 계산한 이윤액은 원가항목 구성비율에 따라서 지나치게 높거나 낮게 나와 적정 이윤수준의 범위를 벗어날 가능성이 있다. 이런 오류를 방지하기 위해 이윤율 상하한 제도를 운영하고 있다.[310]

(바) 제비율 적용 일반기준

방산제비율은 방위사업청장이 매년 산정하여 관련부서 또는 기관에 통보하여야 하며, 관련 부서 또는 기관은 제비율 적용 해당 연도 1월 1일부터 12월 31일까지 적용하여야 한다. 다만, 원가계산 후 계약체결 과정에 있는 경우에는 계약담당공무원이 예정가격을 결정한 후 계약상대자와 계약가격의 협상을 완료하는 일자를 기준으로 하고 있다. 즉, 수의협상 완료일 이후에는 방산제비율이 새로이 통보되었다 하더라도 새로 통보된 제비율을 적용하여 다시 계산하지 않으나, 수의협상이 완료되지 않은 상태에서는 비록 예정가격이 결정되었다 하더라도 새로이 통보된 방산제비율을 적용하여 원가계산이 이루어져야 한다.

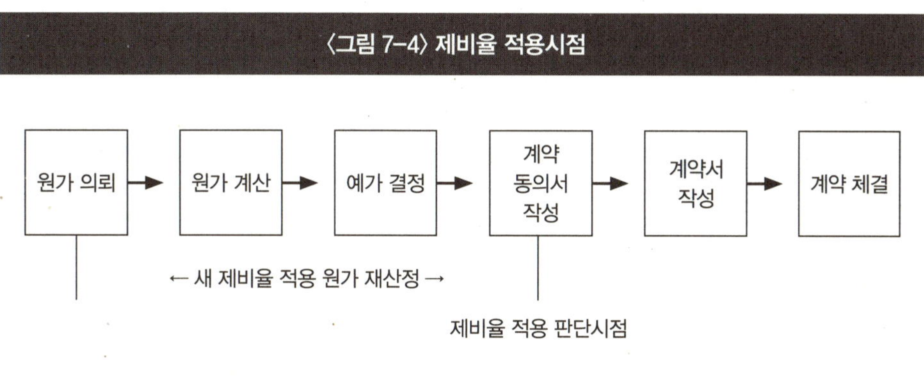

〈그림 7-4〉 제비율 적용시점

출처: 방위사업청, 전게서, p.611.

---

[310] 방위사업청, 전게서, pp.626-627.

방산원가 제비율 적용기준을 시점별로 나타내면 〈그림 7-4〉와 같다.

(사) 특정비목불확정계약의 제비율 적용기준

특정비목불확정계약이란 확정계약(확정비목)과 개산계약(불확정비목)이 공존하는 계약형태이다. 특정비목불확정계약은 확정비목과 불확정비목에 공통적으로 당해계약의 예정가격을 결정할 때에(개산계약체결 시) 시행되는 방산제비율을 적용하는 것을 원칙으로 하고 있다. 특히 이윤계산에 있어서는 '투하자본보상액, 계약수행노력보상액, 경영노력보상액 및 계약위험보상액'(이하 '보상률 기준이윤'이라 한다)은 기준이윤계산방법과 총원가기준이윤계산방법의 선택은 정산원가계산 결과, 즉 확정비목의 계약체결 시 확정된 금액과 불확정비목의 계약체결 이행 후 실제 발생된 원가자료를 기초로 확정한 금액을 기준으로 판단한다.

(아) 기타 개산계약분의 정산원가계산 시 적용기준

일반개산계약과 유인부원가정산계약의 정산원가계산에 있어서는 당해계약의 납품일 현재 시행되는 제비율을 적용하여 계산한다. 여기서 납품일이라 함은 계약서상의 납기와 실제 납품일 중 빠른 날짜를 의미한다.

또한, 중도확정계약의 정산원가계산에 있어서는 중도확정시기에 시행되는 제비율

<표 7-19> 계약방법별 제비율 적용시점

일반확정 계약	개산계약		
	일반개산계약	특정비목불확정계약	중도확정계약
계약상대자의 계약동의서에 서명날인시점	**개산원가** 개산가격의 예정가격 결정시점 **정산원가** 계약의 납품일 기준 (계약서납품일/실제납품일)	**개산원가** 개산가격의 예정가격 결정시점 **정산원가** 개산가격의 예정가격 결정시점	**개산원가** 개산가격의 예정가격 결정시점 **정산원가** 중도확정시점(계약서명기)

출처: 방위사업청, 전게서, p.612.

<table>
<tr><th colspan="4" style="text-align:center">〈표 7-20〉 기업회계와 방산원가규칙 비교</th></tr>
<tr><th colspan="2">구분</th><th>기업회계</th><th>방산물자</th></tr>
<tr><td colspan="2">적용
법규</td><td>원가계산준칙
(증권선물위원회 제정 1999)</td><td>방산물자의 원가계산에 관한 규칙
(국방부령 제737, 2011.5.9)</td></tr>
<tr><td rowspan="2">재
료
비</td><td>직
접
재
료
비</td><td rowspan="2">• 기초재료재고액에 당기재료매입액을 가산하고 기말재료재고액을 차감하여 계산한다.
• 재료의 소비수량은 계속기록법에 의하여 계산하며 필요한 경우에는 실지재고조사법 또는 역산법에 의하여 계산할 수 있고, 둘 이상의 방법을 병행하여 적용할 수 있다.
• 재료의 소비가격은 취득가액에 의하여 계산하며, 동일재료의 취득원가가 다를 경우에는 개별법, 선입선출법, 후입선출법, 이동평균법 또는 총평균법 등의 방법을 적용하여 계산한다.</td><td>• 분류: 주요재료비, 구입부품비, 포장재료비
• 계산방법: 소요량 ×단위당가격
재료의 소요량은 정상적인 작업조건 하에서 발생하는 정미량에 손실량, 시료량, 불량량을 포함하여 산출한다.
• 재료의 단위당가격은 원가계산시점에서의 구입가능가격을 적용한다.
(수입재료는 수입품 원가계산방식에 의하여 산정)</td></tr>
<tr><td>간
접
재
료
비</td><td>• 분류: 보조재료비, 소모공구, 가구·비품비
• 계산방법
일정기간의 발생실적을 근거로 하여 적정한 배부기준에 의하여 계산한다.</td></tr>
<tr><td rowspan="2">노
무
비</td><td>직
접
노
무
비</td><td>• 노무비는 그 지급기준에 의하여 당해기간에 실제로 발생한 비용을 집계하여 계산한다.
• 작업시간 또는 작업량에 비례하여 발생하는 노무비는 실제 작업시간 또는 실제 작업량에 임률을 곱하여 계산, 이 경우 임률은 개별임률 또는 평균임률에 의한다.
• 상여금 또는 특별수당 등과 같이 월별, 분기별로 지급금액 또는 지급시기가 일정하지 아니한 노무비는 회계연도 중의 원가계산기간에 안분하여 계산한다.</td><td>• 계산방법
노무량×노무비단가
• 노무량은 제조공정별로 투입인원 작업시간 및 제조수량을 기준하여 계약목적물의 제조에 소요되는 노무량을 집계하여 산출한다.
• 노무비단가는 원가계산시점에서 실제 지급하는 기본급, 제수당, 상여금 및 퇴직급여의 합계약으로 한다.
－기본급: 업체 실지불 실적을 조사하여 계상
－상여금: 업체의 지급실적률을 파악하여 계상
－퇴직급여: 기본급, 제수당, 상여금의 합계액에 1/12과 1/8 범위 내에서 업체가 설정한 퇴직급여설정액과 퇴직보험료를 인정, 다만 당해업체의 기업회계기준에 의한 퇴직급여설정액을 초과 계산할 수 없음</td></tr>
<tr><td>간
접
노
무
비</td><td></td><td>• 계산방법
직접노무비×간접노무비율
• 간접노무비율은 매년 업체별(공장별)로 산정, 적용</td></tr>
</table>

구분		기업회계	방산물자
경비	직접경비	• 경비는 제조원가 중 재료비와 노무비를 제외한 모든 비용을 포함하고 그 내용을 표시하는 적절한 세부과목을 구분하여 기재한다. • 경비는 당해기간에 실제로 발생한 비용을 집계하여 계산한다. • 시간 또는 수량에 비례하여 발생하는 경비는 실제 시간 또는 실제 수량에 단가를 곱하여 계산한다.	• 비목별 직접계산(12) 감가상각비, 지급임차료, 설계비, 공사비, 기술료, 연구개발비, 특허권 사용료, 시험검사비, 외주가공비, 보관비, 설치비, 시운전비, 공식행사비
	간접경비	※ 외주가공비 계산 • 당기 제품제조와 관련하여 발생한 외주가공비는 당해기간에 실제로 발생한 비용을 집계하여 계산한다. • 외주가공비는 그 성격에 다라 재료비 또는 경비에 포함하여 계상할 수 있으며, 그 금액이 중요한 경우에는 별도의 과목으로 기재할 수 있다.	• 계산방법 일정기간의 발생실적을 근거로 하여 적정한 배부기준에 의하여 계산한다. • 간접경비율은 매년 업체별(공장별)로 산정, 적용
일반관리비		※ 기업회계기준 제43조 판매비와 관리비는 상품과 용역의 판매 활동 또는 기업의 관리와 유지에서 발생하는 비용으로서 매출원가에 속하지 아니하는 모든 영업비용을 포함한다.	※ 계산방법 제조원가(관급재료비포함)×일반관리 비율 ☞ 시제의 경우와 일반관리비율 산정 기간과 적용시점에 관급재료의 물량 또는 금액차이가 큰 경우로서 장기적으로도 불합리가 시정되지 않은 경우에는 관급재료비 미포함 • 일반관리비율은 매년 업체별(공장별)로 산정, 상한을 범위내에서 적용 ※상한율 • 조함공사: 100분의 6 • 화학, 섬유 등: 100분의 8 • 조립금속: 100분의 7 • 기타물품의 제조구매: 100분의 8 ☞ '중소기업기본법 시행령' 제3조에 따른 중소기업의 경우에는 제2항에 불구하고 다음 각 호의 율을 한도로 한다(개정 2006.11.1). 1. 조함공사: 100분의 8 2. 조립금속: 100분의 9 3. 용역: 100분의 7 4. 화학·섬유·고무·의복·가죽 및 그 밖의 물품: 100분의 10

구분	기업회계	방산물자
기 타	※ 시장가격에 의한 이윤발생 　　즉, 이윤 = 판매가격 − 총원가 ※ 판매가격결정시 　　총원가 + 희망이윤 = 판매가격	• 계산방법 　보상률 기준이윤 산정: 　투하자본보상액 + 계약수행노력 　보상액 + 경영노력보상액 + 계약 　위험보상액 • 보상률 기준 산정 이윤액이 총원가 　기준 9%에 미달할 때에는 9%로, 총 　원가 기준 16%를 초과하는 때에는 　16%를 계산한다.

을 적용하여 계산하고, 특정비목불확정계약의 불확정비목에 대한 정산원가계산은 계약을 체결할 때(개산계약 체결시)에 시행되는 제비율을 적용한다.

계약방법별 제비율 적용시점은 〈표 7-19〉와 같다.

다. 방산원가와 기업회계 원가계산 비교[311]

기업회계기준은 회사의 회계와 감사인의 감사에 통일성과 객관성을 부여하기 위하여 재무에 관한 서류의 범위, 용어, 표준양식, 작성방법과 회계처리 및 보고에 필요한 사항을 정하도록 하는 데 그 재정목적을 두고 있으며, 비용은 발생시점에서 '일반적으로 인정된 회계원칙'에 따라 계산·기록한다.

반면 '방산원가규칙'은 방산물자의 생산에 실제로 발생된 비용의 보상을 원칙으로 하고, 방산업체의 보호·육성, 부품의 국산화 개발, 경영합리화를 통한 업체 원가절감유인, 원가계산의 경제성 등을 다각적으로 고려한 권장사항 및 제한사항을 규정하고 있다.

이와 같이 '일반적으로 인정된 회계원칙'으로서의 기업회계기준과 방산물자 조달

---

311 방위사업청, 전게서, pp.440-443.

을 위해 제정된 '방산원가규칙'은 상호 의존관계에 있으나, 만약 이 두 가지 판단기준이 서로 상충되는 경우에는 '방산원가규칙'이 기업회계기준보다 우선하여 적용되므로 '방산원가규칙'을 따라야 한다. 기업회계와 방산원가규칙을 비교하면 〈표 7-20〉과 같다.

라. 원가와 성과관리[312]

계약체결 후 이행기간 동안의 원가관리 및 성과측정은 성과관리체계(EVMS: Earned Value Management System)[313]를 활용하여 조정·통제할 수 있다. 이를 실행하기 위한 사항을 살펴보면 다음과 같다.

먼저 계약형태별로 EVMS 활용 여부를 합의한다. 일반확정계약 중 원가절감 추진계획이 있는 경우와 유인부정산계약에 한하여 EVMS 채택 여부를 합의한다. 원가절감보상과 유인이익보상 내용을 명확하게 계약서에 명시하고, 현 제비율 제도 유지 시에는 직접비용에 한하여 적용할 수밖에 없는 제한상황을 상호 인식해야 한다. 대형사업의 경우 간접비도 발생비율을 기초자료로 직접 산정하도록 유도한다.

다음으로 사업추진 초기단계에서부터 WBS별 EVMS 기본계획을 수립한다. 연구개발 및 양산계획 수립 시 EVMS 추진을 위한 세부계획을 수립하여 계약당사자 간 합의 후 확정한다. 또한 WBS별·비목별·연도별 비용구조는 가용예산을 감안하여 상호 합의 후에 확정한다. 이를 확정한 후에는 통제시점관리에 의한 통합 비용·일정 관리를 수행한다. 월별 또는 분기별 WBS별 통제시점을 합의하여 비용 및 일정을 점검하고, 비용지출 대비 성과를 평가하여 계약 진척상황을 종합적으로 평가하고 관리한다. 이러한 시스템을 적용하기 위해서는 우선적으로 원가산정과 원가계산에 관련

---

312 방위사업청, 『방위산업개론』, 서울: 대한정보인쇄, 2008, pp.331-332.

313 EVMS란 프로젝트의 비용, 일정 그리고 기술 측면 등의 목표와 기준을 설정하고 이에 대비한 실제 성과를 측정·분석하는 관리체계이다. 또한 비용과 일정을 통합하여 관리함으로써 현재의 문제점 분석, 만회 대책의 수립, 그리고 향후 예측도 가능하게 하는 관리기법이기도 하다. 미국의 예산관리처(OMB: Office of Management and Budget)에서는 1997년 EVMS를 "프로젝트 비용, 일정 그리고 수행목표의 기준설정과 이에 대비한 실제 진도측정을 통한 성과 위주의 관리체계"라고 정의하였다.

된 규정과 절차를 우선적으로 마련하여야 한다.

마. 원가산정과 비용분석[314]

원가산정은 '국가계약법 또는 방위사업법'의 관계법령을 근거로 적정한 계약가격을 결정하는 데 목적을 두고 있으며, 업체의 발생자료를 기초로 서면심사 후 생산현장의 실사검증을 통하여 업무를 수행하고, 그 결과는 계약집행의 중요한 자료로 적용하고 있다.

그러나 비용분석은 국방전력발전업무훈령 및 방위사업관리규정을 근거로 획득단

<표 7-21> 비용분석과 원가산정의 비교

구분	비용분석	원가산정
목적	획득단계별 및 사업유형별로 적정 비용을 추정하여 불필요한 비용지출 방지	계약가격 결정을 위한 예정가격의 기초자료 작성(계약체결)
관련 근거	방위사업관리규정(제4절 분석평가 등)	국계법/방위사업법 관계법령(방산원가대상물자의 원가계산에 관한 규칙)
대상사업	주요 전력투자비 사업(국방부, 방위사업청, 각 군/기관이 선정)	중앙 조달집행 물자(무기체계/비무기체계사업)
기준방법	확정적 방법(동일·유사·장비 실적가 비교분석), 통계적 방법(유추비용분석법, 공학적 추정방법) 등에 의거 비용 요소별 적정성 여부 측정 ＊ 약 6~7명이 2개월 정도 현장 정밀실사	관련 법규에 근거하여 비용 요소별로 실적자료(예측)·실발생비용을 기준으로 서면심사, 현장실사 산정 ＊ 주요사업(업체)은 원가담당이 현장에 상주하여 자료획득, 검증 등 원가산정
활용범위	계획, 예산, 집행단계의 사업 주관부서의 의사결정 지원 ＊ 획득비(개발비, 생산비) 및 운영유지비의 적정 비용 판단	계약 당사자 간의 계약체결을 위한 계약가격 결정
기타	• 과거의 비용 분석자료, 유사장비의 비용 분석자료 등 활용 • 공학적 분석방법이나 PRICE 모델 등을 사용하여 선정	업체의 실적자료 활용

출처: 방위사업청, 『국방획득 원가 및 계약실무』, 서울: 방위사업청, 2008, p.444.

---

314 방위사업청, 『국방획득 원가 및 계약실무』, 서울: 방위사업청, 2008, pp.444-449.

계별 및 사업유형별로 불필요한 비용을 방지하는 데 목적을 두고 있으며, 동일 또는 유사한 장비의 실적가격을 비교 분석하거나 통계적 기법 등으로 적정한 비용을 추구하고, 그 결과는 계획, 예산집행단계의 사업 주관부서의 의사결정에 필요한 자료로서 활용하고 있다.

이와 같이 원가산정과 비용분석은 관련 법규, 산정기준과 방법 및 절차 등에 있어 상당한 차이가 있다.

비용분석과 원가산정의 차이점을 비교하면 〈표 7-21〉과 같다.

4. 지난 5년간 국방조달 계약규모 및 계약현황

가. 국방조달 계약규모

지난 5년간 국방조달계약규모는 〈표 7-22〉와 같다.

〈표 7-22〉 지난 5년간 국방조달 규모(단위: 억 원)

구분	2006	2007	2008	2009	2010
방위력개선사업	96,138	45,196	101,711	38,324	61,096
경상사업	24,516	27,323	31,691	36,950	38,322
계	120,654	72,519	133,402	75,274	99,418

출처: 방위사업청, 『방위사업청 통계연보 2011』, p.163.

〈표 7-23〉 국내외 계약집행 현황(단위: 억 원)

구분	2006	2007	2008	2009	2010
국내조달	96,522	49,694	74,920	55,592	80,102
국외조달	24,132	22,825	58,482	19,682	19,316
계	120,654	72,519	133,402	75,274	99,418

출처: 방위사업청 통계연보 2011, p.163.

2006년부터 2010년까지 5년간 국방조달 규모(방위력개선사업, 경상사업)는 약 50조 1,267억 원이며, 이 중 방위력개선사업은 34조 2,465억 원으로 68%를 차지하고 있으며, 경상사업은 15조 8,802억 원으로 32%를 차지하고 있다.

〈표 7-23〉은 국내외 계약집행 현황을 나타낸 것이다.

국내와 국외 계약집행비율은 약 71%:29%로 국내조달이 국외조달에 비해 2.5배 정도이다.

나. 방산물자 계약방법별 계약현황

방산물자 계약방법별 계약현황은 〈표 7-24〉와 같다.

2006년부터 2010년까지 5년간 방산물자 계약은 약 24조 685억 원이며 매년 평균 4조 8,137억 원을 집행하고 있다.[315]

〈표 7-24〉 방산물자 계약방법별 계약현황(단위: 억 원)					
구분	2006	2007	2008	2009	2010
계	59,214	27,529	58,151	30,429	65,757
일반확정계약	8,107	17,250	18,839	15,224	25,277
일반개산계약	6,776	1,750	8,746	688	5,157
물가조정단가계약	2	2	3	40	129
중도확정계약	41,346	5,596	8,314	893	19,612
특정비목불확정계약	2,983	2,931	22,249	4,314	13,212
유인부원가정산계약	–	–	–	1,118	0
유인부확정계약	–	–	–	107	1,090
성과기반계약					395

출처: 방위사업청, 『방위사업청 통계연보 2011』, p.172, 성과기반계약을 추가하여 조정함.

---

315 방위사업청, 『방위사업청 통계연보 2011』, 서울: 대한기획인쇄, 2011. 5, p.173.

계약방법별로는 일반확정계약이 방산물자 집행액(2006~2010년 평균)의 35.2%, 일반개산계약은 9.6%, 물가조정단가계약은 0.07%, 중도확정계약은 31.5%, 특정비목불확정계약은 19%를 차지하고 있다. 이러한 결과는 방위사업법에 다양한 계약을 도입하였지만 아직 계약제도가 정착되지 못하고 있음을 의미한다.

2009년 유인부계약을 최초로 체결하였으나, 이후 확대는 미미한 수준이며 2010년 KT-1항공기에 대해 성과기반 군수지원계약(PBL)을 최초로 체결하였다.

방산물자 계약방법별 집행금액을 살펴보면 2006년, 2008년, 2010년도에 일반확정계약, 중도확정계약, 특정비목불확정계약, 일반개산계약 등이 집중되어 있다. 2005년도는 227mm로켓탄사업 집행으로 일반확정계약 집행규모가 확대되었으며, 해상초계기(P-3) 2차 사업 집행으로 일반개산계약 집행규모가 확대되었고 K-9자주포, 신궁사업 집행으로 중도확정계약 집행규모가 확대되었다.

2006년도는 한국형헬기(KHP)사업 집행으로 일반개산계약 집행규모가 확대되었고, T/TA-50, K1A1전차, 비호사업 집행으로 중도확정계약 집행규모가 확대되었다.

2007년도는 K-1구난전차, PKX 후속함 건조, 지상전술C4I체계 전력화 사업 진행으로 일반확정계약 집행규모가 확대되었다.

2008년도는 K-9자주포, K-10 탄약운반 장갑차 계약집행으로 특정비목불확정계약 집행규모가 확대되었다.

2009년도는 유인부계약제도 활성화를 위한 시범사업(4개 사업)을 선정하여 유인부원가정산계약과 유인부확정계약을 최초로 추진하였으며, 2010년도에는 K-2전차 초도양산(8,149억 원), 한국형기동헬기 초도양산(6,583억 원), 소해함 후속함 건조(2,135억 원), 항만감시체계(1,177억 원) 등이 계약되어 계약금액이 증가하였다.

제8절

군수관리

1. 군수지원 성과관리[316]

최근 기업들은 경영환경 변화에 따라 고객만족을 위한 속도경영(VM: Velocity Management)을 추진하기 위한 적극적인 노력을 기울이고 있다. 기업들이 속도경영을 추진하게 된 근본적인 이유는 원가절감이나 품질개선과 같은 종전의 기업 위주의 사고로는 급변하는 고객의 요구에 신속하게 대응할 수 없을 뿐만 아니라 치열한 무한경쟁의 시장에서 생존할 수 없기 때문이다. 따라서 기업들은 최종 고객들의 수요에 빠르게 대응하는 속도경영만이 경영환경 변화에 부응하는 적절한 경영전략으로 인식하고 있다.

이러한 고객만족을 위한 속도경영은 군사분야에서도 나타나고 있다. 미 국방부는 21세기 안보환경 및 전쟁양상의 변화에 따라 강력한 화력으로 무장되어 고도

---

316 정진태, "시스템 다이내믹스를 이용한 군수지원 성과관리 모델개발에 관한 연구", 홍익대학교 대학원 박사학위논문, 2009, pp.1-3, pp.7-36.

로 기동화된 부대를 신속하게 지원할 수 있도록 물량중심의 군수지원(Supply-Based Logistics)에서 탈피하여 정보의 우위와 신속한 보급수송에 의한 속도중심의 군수지원(Distribution-Based Logistics 또는 Focused Logistics)체제로 전환되고 있다.[317] 이를 위해 군수지원의 목표를 군수지원 소요기간(Response Time) 단축과 비용절감에 두고 있다.

군에서 평시에 가장 중요한 것은 전투준비태세이다. 전투준비태세란 부대편제 혹은 계획된 임무와 기능을 수행하기 위한 부대, 무기체계, 장비의 능력을 의미하며, 전투준비태세의 평가요소는 병력, 장비, 물자, 훈련으로 구성되어 있다.[318] 병력은 기본적으로 전시편제 대비 총병력 수준으로 평가하고, 장비는 합참에서 선정한 장비의 전시편제 대비 보유율과 가동률로 평가하며, 물자(유류 및 탄약)는 기본적으로 전시인가 대비 보유수준으로 평가한다. 그리고 훈련은 훈련수준(50%) 및 훈련실시율(50%)로 산정한다. 즉 훈련을 제외한 위의 평가요소는 대부분 재원을 투자하면 달성할 수 있는 분야이나, 동일한 재원 하에서는 신속한 군수지원만이 장비가동률을 높일 수 있다.

한국군은 그동안 미군의 군수지원 제도나 체제를 받아들여 한국군의 군수지원체계를 발전·보완시켜 왔으나 아직도 기본적인 개념이나 사고는 미군의 군수혁신 이전의 체제에 머물고 있다.

그러나 2006년 4월 정부업무평가기본법이 시행되고, '국방개혁 2020'이 추진됨에 따라 한국군은 군수지원 성과관리 패러다임을 군수품을 공급하는 군수지원부대(군수사, 군지사, 사단 정비대대 등) 중심에서 군수품을 직접 사용하는 사용자인 전투부대(연대, 정비중대 등) 중심으로 전환하여 신속한 군수지원을 통한 군수지원 시간단축으로 전투준비태세(장비가동률)를 극대화하고, 군수자원을 효율적으로 운영을 할 수 있도

---

317 장기덕·김준식·최수동·이성윤, 『군수혁신: 선진화를 위한 도전과 과제』, 서울: 한국국방연구원, 2005, p.18.

318 국방부, 전투준비태세 업무규정(국방부 훈령 제846호(2007.12), p.13.

록 사용자 중심의 '군수지원 성과관리 훈령'을 제정[319]하여 추진하고 있다.

한국군이 군수지원 성과관리에 대한 패러다임을 전환하게 된 근본적인 이유는 다음과 같다.[320] 첫째, 동북아 안보환경 변화 및 전쟁양상의 변화에 따른 안보위협에 대응하기 위해서는 전투부대에 대한 신속한 군수지원이 요구되고 있기 때문이다. 둘째, 종전의 물량중심의 군수지원은 고비용·저효율을 초래하였으므로 군수자원의 효율적인 사용을 보장하고 군수조직 스스로 개혁할 수 있도록 하기 위해서는 성과관리 중점의 변화가 필수적이기 때문이다. 셋째, 보급조치율, 보급지원율, 재고고갈률 등과 같은 종전의 대부분의 성과지표는 군수지원부대 자체의 성과관리를 하는 데는 유용하였으나, 지원대상인 사용자(전투부대)의 전투준비태세를 향상시키는 데 군수가 얼마나 기여하고 있는가를 반영하는 데는 한계가 있었기 때문이다. 넷째, 군수자원 관리 측면에서 군이 어떤 성과지표를 사용하는가에 따라 관리부대의 목표 또는 중점이 달라지기 때문이다. 즉 군수지원 부대가 사용자 중심의 군수지원 성과지표를 채택할 경우 군수지원 부대는 고객인 전투부대의 만족도를 높이기 위한 노력을 경주하게 될 것이다. 다섯째, 군수지원부대 위주의 성과지표는 국회나 기획재정부 등 예산관련 기관에게 적절한 예산획득 논리를 제공하지 못했을 뿐만 아니라 군수예산 사용에 있어서도 국민들의 신뢰를 얻지 못하였기 때문이다[321]

군수지원 성과는 '군수지원의 속도(velocity)×물량(mass)'으로 표현할 수 있다.[322] 이 경우 군수물자의 물량이 일정하다면 군수지원의 속도를 높임으로써 군수지원 성과를 제고시킬 수 있을 뿐만 아니라 지원기간 단축에 따른 절감예산으로 더 많은 장비를 구입하여 운용할 수 있으므로 자원의 효율적 사용이 가능하다. 따라서 사용자 중

---

319 국방부는 군수지원의 성과관리를 위하여 성과지표를 개발하고 성과측정을 위한 업무체계 및 절차를 발전시켜 군수지원의 효율성을 제고하는 한편 전투태세를 향상시킬 수 있도록 '군수지원 성과관리 훈령'을 국방부 훈령 제1221호로 2010년 1월 8일부로 제정하였고, 국방부 훈령 제1300호로 2010년 12월 31부로 개정하였다.

320 정진태, 전게서, pp.2–3.

321 최수동·우제웅·선미선, 『사용자 중심의 군수지원 성과분석 및 평가』, 서울: 한국국방연구원, 2008, pp.66–67.

322 장기덕·김준식·최수동·이성윤, 전게서, p.113.

심의 군수지원 성과관리는 속도경영을 통한 자원의 효율적 사용을 제고하여 신속성
과 즉응성을 강조하는 현대전의 운용개념과 부합되고, 우리 군의 전투준비태세(장비
가동률)의 향상에 중심을 두고 있다고 하겠다.

가. 과거 군수지원 성과관리 현황과 문제점[323]

우리 군의 군수지원 성과관리체계는 군의 지휘 및 지원체계에 따라 시행되고 있
다. 육군의 경우 매년 연초에 육본 군수참모부와 군수사가 공동으로 전군 군수지원
평가회의를 개최하여 군수지원 성과에 대한 분석 평가를 실시하고 있다. 군수사령부
및 각 군수지원사령부(이하 '군수사' 및 '군지사'라 함)는 분기별로 군수지원 성과에 대한
분석 및 평가를 실시하고 있으며, 그 결과를 지휘·지원 계통을 통하여 보고하고 있
다. 해군 및 공군 군수사도 분기별로 군수지원 성과를 분석하여 지휘계통을 통하여
보고하고 있으며, 또한 수시로 주요 사항에 대한 분석결과를 보고하고 있다. 그러나
국방부 훈령 등 제도적인 장치의 미흡으로 위의 결과에 대한 국방부 보고는 이루어
지고 있지 않았다. 물론 장비가동률 등을 포함한 장비유지비 분석 일부는 국방부 차
원에서 각 군에 대한 분기별 성과분석을 실시하였으나, 이는 군수지원에 대한 성과
관리 측면보다는 군수정책 수립 및 효율적인 집행을 위한 업무현황 파악수준이라고
할 수 있다. 군수품의 소요 대비 보유, 장비가동률 등 군수 전투준비태세에 대한 보
고는 국방부 훈령(제846호)에 따라 각 군이 작전사 차원에서 분기별로 합참에 보고하
고 있으며, 합참은 이를 국방부에 통보하고 있다. 이에 대한 보고수준도 정책 차원의
업무현황 파악수준이라 할 수 있다.

우리 군이 수행하고 있는 군수지원 성과분석은 '군수품관리법 시행령' 제12조의 2 및
'군수품관리법 시행규칙' 제10조의 2에 근거를 두고 대부분 보급지원과 정비현황 중
심의 성과관리를 하고 있다. 이에 따라 각 군은 기본적으로 재고관리에 근거하여 군
수지원부대에서 보급지원능력 평가 및 성과분석을 시행하고 있다. 보급지원능력 평

---

[323] 최수동·우제웅·선미선, 전게서, pp.61-62.

<table>
<tr><td colspan="4" align="center">〈표 8-1〉 보급지원능력 및 성과지표</td></tr>
<tr><td colspan="2" align="center">구분</td><td align="center">수식</td><td align="center">의미</td></tr>
<tr><td colspan="2" align="center">인가저장품목(ASL)
비율</td><td align="center">$\dfrac{\text{재고보유인가 품목수}}{\text{총취급품목수}} \times 100$</td><td>• 보급시설부대에 재고를 보유할 수 있는 품목비율</td></tr>
<tr><td colspan="2" align="center">수요
융통률</td><td align="center">$\dfrac{\text{ASL유효수요청구건수}}{\text{총유효수요청구건수}} \times 100$</td><td>• 총유효수요 중 ASL 비율</td></tr>
<tr><td rowspan="3" align="center">보급
조치율</td><td align="center">육군</td><td align="center">$\dfrac{\text{직불조치건수}}{\text{총ASL유효청구건수}} \times 100$</td><td rowspan="3">• 군수부대의 재고 보유량의 적절성 판단
• 각 군이 상이한 산정식 활용</td></tr>
<tr><td align="center">해군</td><td align="center">$\dfrac{\text{수량 85\% 이상 직불조치건수}}{\text{총ASL유효청구건수}} \times 100$</td></tr>
<tr><td align="center">공군</td><td align="center">$\dfrac{\text{직불된수량}}{\text{청구목표(ASL)설정수량}} \times 100$</td></tr>
<tr><td rowspan="2" align="center">보급
지원율</td><td align="center">육/해군</td><td align="center">$\dfrac{\text{기간내 조치된 총건수}}{\text{기간내 총유효청구건수}} \times 100$</td><td rowspan="2">• 군수부대의 기간 내 피지원 부대 군수품 지원율 판단
• 각 군이 상이한 산정 식 활용</td></tr>
<tr><td align="center">공군</td><td align="center">$\dfrac{\text{분출된 수량}}{\text{기지총청구수량}} \times 100$</td></tr>
<tr><td colspan="2" align="center">재고
고갈률</td><td align="center">$\dfrac{\text{재고고갈된 ASL 항목수}}{\text{총 ASL 항목수}} \times 100$</td><td>• 군수부대의 재고고갈 현황파악을 위한 수단</td></tr>
</table>

출처: 최수동·우제웅·선미선, 전게서, p.63.

가에 필요한 성과지표는 인가저장품목 점유율, 수요융통률, 보급수준 적정상태, 보급지원 지속일수이며, 보급지원 성과분석에 필요한 성과지표는 보급조치율, 보급지원율, 재고고갈률, 수요변동추세 등이다. 이들 성과지표 중 보급수준의 적정상태는 전투부대가 아닌 군수지원부대를 대상으로 보급조치율과 재고고갈률 등을 활용하여 간접적으로 판단하고 있어 실질적인 의미를 부여하지 못하고 있다. 보급수준(재고수준)에 대한 적정성 판단은 장비가동률과 연계하여 판단되어야 한다. 그러나 이러한 분석을 하기 위해서는 3년 이상의 자료축적이 되어 있어야 하고, 장기간이 소요된다.

〈표 8-1〉은 육·해·공군이 현재 공통으로 수행하고 있는 대표적인 보급지원능력 평가 및 성과분석과 관련된 지표를 나타내고 있다. 여기서 인가저장품목(ASL: Authorized Stockage List)은 중요한 의미를 갖는다. 군은 군이 취급하는 모든 품목에

대하여 재고를 보유하고 있지 않으며, 효과적이고 효율적인 군수지원을 위하여 수요 빈도나 중요도 등 일정한 기준에 의거하여 선정된 품목에 대해서만 재고로 인가하여 보유하고 있다. 군수지원부대에서 재고를 보유할 수 있는 보급품을 인가저장품목이라 하며, 육군의 편성부대에서 보유가 인가된 품목을 PL품목(PLL: Prescribed Load List)이라 한다.

인가저장품목은 총 취급품목의 약 15%로 전체 청구의 85%가 집중되고 있으며, 전투긴요품목, 임무필수품목, 다수요 품목 등이 주요 품목이다.[324]

수요융통률은 총유효수요 중 ASL 비율을 나타낸 것으로 군수지원부대의 재고보유 인가품목 선정의 적절성을 판단하는 지표이다. 즉, 인가저장품목의 총수요를 충족시키는 비율 또는 직불 가능성을 의미한다.

보급조치율은 일정한 기간 동안 피지원부대의 인가저장품목 수요에 군수지원부대가 어느 정도 직불 조치하였는가를 평가하는 지표로서 군수부대의 재고보유량의 적절성을 판단하는 지표이다. 수요융통률이 직불의 가능성을 의미하는 것이라면 보급조치율은 실제로 보급조치가 이행된 비율을 뜻한다.

보급지원율은 일정한 기간 동안 군수지원부대가 피지원부대의 수요에 어느 정도 지원했는가를 평가하는 지표이며, 보급조치율과 상이한 점은 직불하지 못한 부분에 대한 차후 불출(D/O 해소의 차후 불출) 및 비인가저장품목(NASL) 불출도 포함하여 산정한다는 점이다. 따라서 피지원부대 입장에서는 보급조치율보다는 보급지원율에 더 관심을 갖게 된다.

그러나 사용자 입장에서 보급지원의 성과를 가장 잘 나타낼 수 있는 지표는 발주 및 수송기간(OST: Order and Shipping Time)이다. 왜냐하면 OST는 청구하여 수령할 때까지 어느 정도의 시간이 소요되었는가를 나타내기 때문이다. 현재 각 군의 OST(조달기간 포함)는 군수품관리법 시행규칙 제10조의 2(재고관리) 제1항에 명시

---

[324] 미 육군은 군수개혁의 핵심요소로 이의 개념에서 탈피하여 Cost Banding 개념을 도입하였다. Cost banding 개념은 군수품의 특성(특히 수리부속) 및 단가에 따라 인가저장품목 선정기준을 상이하게 하는 것이다. 즉, 저단가 품목을 많이 보유하고 고단가 품목을 적게 보유하는 개념이다.

된 보급수준의 설정을 위해서만 관리되고 있고, 군수품관리법 시행규칙의 군수지원능력평가 및 보급지원 성과분석대상에는 포함되어 있지 않아 상대적으로 관리가 소홀한 실정이다.

재고고갈률은 총인가저장품목에 대한 재고고갈 품목수의 비율을 나타낸다. 이는 군수지원부대의 재고고갈 현황을 파악하는 지표이며, 일일 재고고갈률의 평균을 재고고갈률로 판단한다. 보급지원 지속일수, 수요변동추세 등은 이를 산정하기 위한 구체적인 수식이 없을 뿐 아니라 활용도가 미미하여 이에 대한 분석이 실시되고 있지 않다.

지금까지 언급한 과거 성과지표들의 문제점을 살펴보면 다음과 같다.[325]

첫째, 제도적인 문제로서 군수품관리법 시행령에는 군수지원에 대한 성과분석은 각 군과 군수지원부대 위주로 하도록 명시되어 있다. 즉 최종적으로 전투력을 발휘하는 최종 사용자(전투부대, 병력, 장비/정비원, 부대 등)보다는 공급자(군수지원부대) 중심의 성과관리를 하고 있기 때문에 군수지원이 전투력에 미치는 영향을 평가하기 곤란하였다. 또한 각 군 위주의 성과관리제도는 각 군이 자체적으로 군수지원 성과관리를 실시하여 성과평가 후 국방부에 제도개선을 제시하지 못했으며, 성과분석 간 도출된 문제점과 개선소요 등을 국방부 정책에 반영하는 데 제한이 되었다.[326]

둘째, 성과관리에 활용되고 있는 성과지표도 군수지원부대 중심의 성과지표로서 전투력에 직결되는 장비가동률(가용도)과 직접적인 연계가 부족하다. 현재 보급지원 능력평가에 활용되고 있는 중요 성과지표는 인가저장품목 점유율, 수요융통률이며, 보급지원 성과분석에 활용되고 있는 성과지표는 보급조치율, 보급지원율, 재고고갈률이다. 예를 들면 핵심 성과지표인 보급조치율이 향상되었다 하더라도 장비가동률도 반드시 향상되었다고 말할 수 없다. 그 이유는 ① 비인가저장품목도 장비가동률에 영향을 주고 있음에도 불구하고 보급조치율 산정 시에는 인가저장품목만을 고려

---

325 최수동·우제웅·선미선, 「사용자 중심의 군수지원 성과분석 및 평가: 2006년 중심으로」, 서울: 한국국방연구원, 2008, pp.66-67.

326 국방부, 「국방군수 선진화의 현장 속으로」, 서울: 대한기획인쇄, 2008, p.30.

하고 있으며, ② 청구하여 불출된 군수품이 최종 사용자(편성부대)에 도착하기까지 소요된 기간을 산정하기가 곤란하기 때문이다.

셋째, 군수지원의 성과를 제고하기 위한 근원적 문제 및 이를 측정할 수 있는 성과지표 개발이 미흡하다. 현재 우리 군이 가장 중요하게 고려하고 있는 성과지표는 보급조치율이다. 가용한 예산제약 하에서 이를 향상시키기 위해서는 수요예측정확도 제고, 조달기간 단축, 발주 및 수송기간(OST) 단축 등이 고려되어야 하나 이에 대한 지표 개발 및 개선 노력이 미흡하다. 이러한 성과지표 개발의 미흡은 업무개선의 부진으로 연계되는 결과를 가져온다.

넷째, 군수지원에 있어서 비용에 대한 인식이 부족하다. 전반적으로 우리 군의 군수지원 평가에 있어서 군수비용의 투입 대 성과에 대한 관리체계가 미흡하다. 이는 우리 군의 비용에 대한 개념 부족 및 관행적인 예산획득 활동 때문으로 볼 수 있다. 그 한 예로 현재 관련 법 및 규정에 일정한 품목(ASL 품목)에 대해 재고(보급수준)를 보유하도록 되어 있는데, 이들 ASL 품목 선정의 타당성과 보급수준에 대한 적정성 판단은 장비가동률과 연계하여 판단되어야 함에도 불구하고 이에 대한 기반이 구축되어 있지 않은 실정이며, 인건비 및 군수 기반체계(시설, 정비장비, 수송, 정보체계 등)에 대한 비용인식도 제고해야 할 필요가 있다.

다섯째, 군수지원 성과관리에 대한 국방부와 각 군 간의 연계 노력이 미흡하다. 현재 국방부와 각 군 간에는 분기별로 장비가동률 현황, 예산집행실적, 장비노후화 등에 대한 현황 분석수준의 업무가 수행되고 있다. 예산편성 및 집행의 효율화를 위해서는 각 군의 현황과 연계된 예산편성체계를 구축하여야 하고, 집행결과 나타난 군수지원 성과가 주기적으로 국방부의 성과관리체계에 피드백되어 적시·적소·적량의 예산편성 및 관리시스템으로 발전되어야 한다.

나. 개선된 군수지원 성과관리 방향

향후의 전쟁은 정밀타격 및 신속기동전으로 전개되어 신속하고 적시적인 군수지원을 필요로 한다. 또한 군수환경은 군 운영유지비 압박과 함께 군수 인력의 감축 요

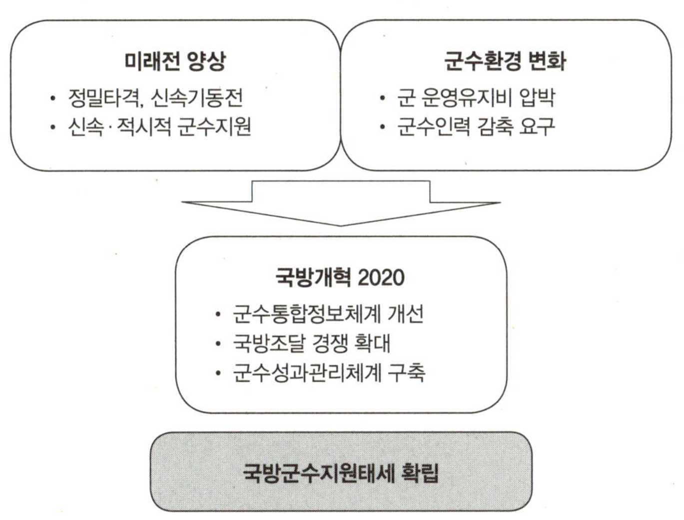

출처: 최수동·우제웅·선미선, 「사용자 중심의 군수지원 성과관리체계 연구」, 2006, p.73.

구가 증대될 예정이다. 현재 우리 군의 군수지원 성과관리는 2007년을 기점으로 큰 변화를 가져왔다. 2007년도 이전에는 공급자(군수부대) 중심의 성과관리를 실시하였으나, 2007년도 이후부터는 사용자(전투부대) 중심으로 패러다임을 전환하여 군수지원 성과관리를 시범적으로 실시하였고, 2010년부터는 사용자 중심의 군수지원 성과관리에 관한 훈령(군수지원 성과관리 훈령: 국방부 훈령 제1221호, 2010.1.8)을 제정하였으며, 2010년 12월 31일 국방부 훈령 제1300호로 개정하여 전군으로 확대하여 실시하고 있다. 이러한 환경 하에서 '국방개혁 2020'에서 제시된 군수분야 주요 과제는 군수통합정보체계 개선, 국방조달 경쟁 확대, 군수성과관리체계 구축 등이다. 이를 통하여 국방부는 국방군수지원태세를 확립하는 데 그 비전을 두고 있다고 할 수 있다. 〈그림 8-1〉은 이러한 개념을 나타내고 있다. 또한 국방군수정책서에서는 군수지원 임무 및 비전을 전투력 유지를 보장하면서 효율적인 군수자원관리를 통한 국방군수지원태세 확립에 두고 있다.

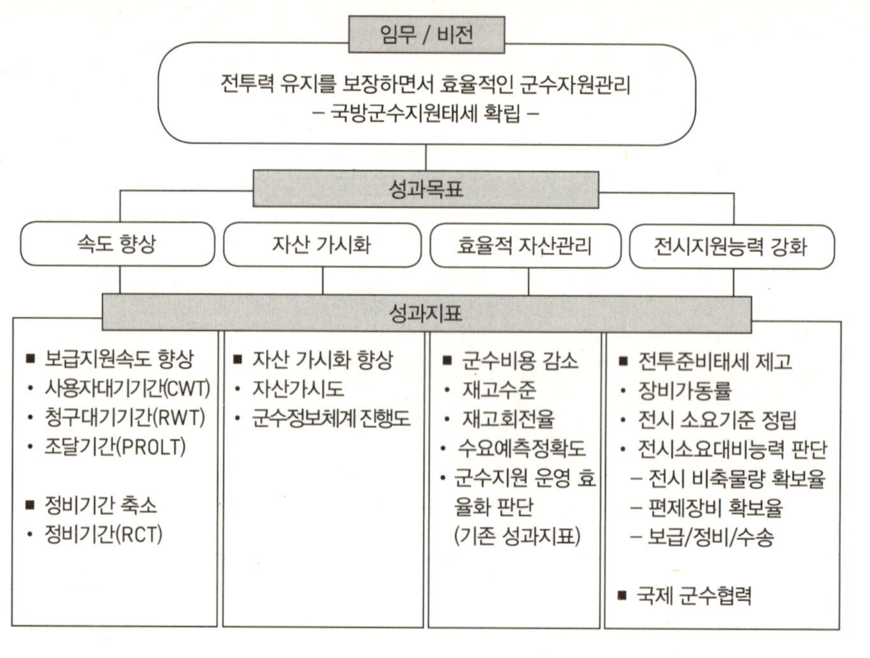

출처: 최수동·우제웅·선미선, 전게서, p.74.

이를 실천하기 위한 성과목표로 속도 향상, 자산 가시화, 효율적 자산관리, 전시지원능력 강화 등을 제시하고 있다. 따라서 이를 기초로 한 국방군수정책서의 성과관리를 위한 성과목표 및 성과지표는 〈그림 8-2〉와 같다. 국방부는 공급자 중심의 군수지원에 대한 문제점을 해결하고, 효과적이고 효율적인 군수지원 성과관리를 할 수 있도록 사용자(전투부대) 중심의 군수지원에 대한 성과지표와 기능별 성과지표를 개발하여 적용하고 있다.

새로운 군수지원 성과관리제도는 국방부가 주관하여 전투부대 중심의 군수성과관리체계를 구축하고 군수지원의 최종 성과를 사용자 입장에서 정확하게 평가하여 자원의 효율적인 사용을 보장하는 데 그 목적이 있다.[327]

---

327 국방부, 『국방군수 선진화의 현장 속으로』, 서울: 대한기획인쇄, 2008, p.30.

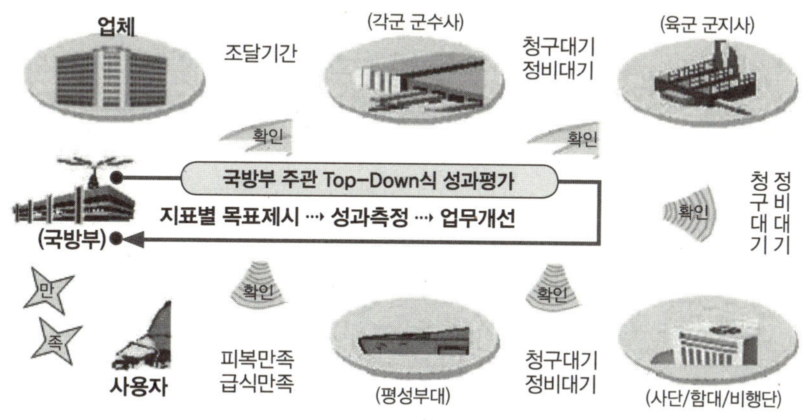

출처: 국방부, 『국방군수 선진화의 현장 속으로』, 서울: 대한기획인쇄, 2008, p.31.

새로운 개념의 군수지원 성과관리 추진을 위한 개념도는 〈그림 8-3〉과 같다.

다. 전투부대 및 기능별 성과지표

성과지표는 기능별, 적용제대별로 구분되며, 군수정보체계를 통해 제시되는 실시간 지표(일수, %)를 사용한다.[328] 기존에 사용된 군수부대 중심의 성과지표(보급조치율, 보급지원율, 수요융통률, 재고고갈률, ASL 점유율 등)는 본 성과지표의 분석으로 대체하되 필요시 해당 부대 자체 규정에 반영하여 사용할 수 있도록 하고 있다. 군수지원 성과관리 훈령에 규정된 전투부대(사용자) 및 기능별 성과지표 현황은 〈표 8-2〉와 같다.

국방부는 전투부대 중심의 군수지원 성과지표로 사용자 대기기간, 급식·물자만족도 및 장비가동률을 적용하고 있다. 군수기능별 성과지표로 소요기능 분야에서는 수요예측정확도, 조달기능 분야에서는 조달기간, 조달 적기율과 조달단가 상승률을, 보급기능 분야에서는 청구대기기간, 재고현황, 직불률, 그리고 정비기능 분야에서는

---

[328] '군수지원 성과관리 훈령' 제5조.

<표 8-2> 전투부대 및 기능별 성과지표 현황

구분		성과지표	
전투부대 (사용자) 성과지표		사용자대기기간	군수품의 최종 사용자(편성부대)가 군수품을 청구하여 100% 수령할 때까지 경과되는 시간
		장비가동률	부대가 보유한 장비 중 가동장비가 차지하는 비율로, 가동장비는 즉각 전투임무 수행이 가능한 장비의 상태를 말함
		급식·물자만족도	전투부대원이 급식 및 물자에 대한 양과 질적 수준에 대한 만족 정도(설문조사)
군수기능별 성과지표	소요	수요예측정확도	다음 연도 전투부대가 요구하리라 예상되는 수리부속 수량의 예측적중률
	조달	조달기간(PROLT)	방사청, 군수사, 조달청 등에서 물품을 조달하여 수입 완결한 날까지 소요되는 기간
		조달 적기율	각 군 군수사가 요구한 납기일 이내에 수령된 수량 및 금액의 비율
		조달단가 상승률	각 군 군수사가 방사청에 조달 요구한 중앙조달 품목, 조달청 조달요구 품목, 부대조달 품목에 대한 품목별 단가 상승률
	보급	청구대기기간(RWT)	하위 군수지원부대가 상위 군수지원부대에 군수품을 청구하여 청구한 수량의 100%를 수령할 때까지의 경과기간
		재고현황	재고의 효율적 관리를 위하여 보유하고 있는 재고의 수량 또는 금액을 말하며, 현 보유재고현황, 자산현황, 정비부대 현 보유재고현황, 정비재고현황으로 구분됨
		직불률	피지원부대의 청구량 대비 군수지원부대가 현 보유재고로 청구시점으로부터 24시간 이내에 불출한 수량의 비율
	정비	정비기간(RCT)	전투부대의 고장장비나 순환정비 대상 장비가 제대별 정비부대에 입고되어 제대별 정비부대에서 정비완료 후 해당 부대로 복귀할 때 까지 소요되는 기간

출처: 군수지원 성과관리 훈령 제6조 및 【별표 1】 내용 재정리

정비기간 등을 적용하고 있다. 사용자인 전투부대 중심의 군수지원 성과지표는 군수지원의 최종 성과를 정확하게 평가하여 자원의 효율적 사용을 보장하고, 군수지원 활동에 대한 사용자의 만족도를 제고하는 데 있다.

또한 군수지원의 목적은 전투부대가 전투에만 전념할 수 있도록 모든 지원요소를 통합하여 적시·적소에 적량을 지원하는 데에 두고 있다. 그러므로 군수지원 성과는

어떠한 형태로든 전투력과 연계가 되어야 한다.[329]

적용제대별 군수지원 성과지표는 〈표 8-3〉과 같다.

군수지원 성과지표는 군수자원(군수인력, 예산, 시설 등)의 생산성을 좌우하고 군수관리의 중점을 결정하는 중요한 요소이다. 군수의 효율성 및 적절성을 판단하는 성과지표가 정해지면, 그 성과지표의 향상에 모든 군수활동의 초점이 맞추어지게 된다.

따라서 이 글에서는 국방부와 각 군 본부, 그리고 방위사업청 차원에서 중점적으로 관리하여야 할 사용자 중심 성과지표를 중심으로 설명한다. 다만 수요예측정확도는 다른 성과지표에 미치는 영향이 크고 군수소요를 결정하는 시발점이 되므로 여기

구분	편성부대	사단급 부대	군지사	군수사	국방부 각군 본부	방사청
장비가동률	○	○	○	○	○	○
급식·물자만족도	○	○	○	○	○	○
사용자대기기간	○	○	○	○	○	○
정비기간	○	○	○	○	○	○
청구대기기간		○	○	○		
직불률		○	○	○		
재고관리		○	○	○		
조달기간				○	○	○
적기조달률				○	○	○
조달단가상승률				○	○	○
수요예측정확도				○		

〈표 8-3〉 적용제대별 성과지표 구분

출처: 군수지원 성과관리 훈령 【별표 1】

---

329 장기덕·김준식·최수동·이성윤, 전게서, p.134.

<표 8-4> 군수지원 성과지표별 목표수준

구분			목표수준(2011년)
장비가동률			전투준비태세 훈령기준 적용
사용자 대기기간	9종	재고 보유	10일
		재고 미보유	50일
	1·2·3·4·8 종	재고 보유	10일
		재고 미보유	20일
청구 대기기간	9종	재고 보유	15일
		재고 미보유 ASL	60일
		재고 미보유 NASL	90일
	기타(1·2·3·4·8종)		15일
정비기간	창정비	전차	83일
		장갑차	46일
		자주포	56일
		헬기	156일
		항공	150일
		함정	90일
		잠수함	434일
	야전정비	지상	27일
		항공	17일
		함정	42일
	현장정비		13일
조달기간	국외	본조	190일
		국채	340일
	국내	본조	240일
		국채	340일
적기 조달률 (본조+국채)	중앙조달		70%
	상업구매		50%
	부대조달		70%
직불률	사단↔편성		40%
	군지사↔사단		40%
	군수사↔군지사		60%
수요예측정확도	9종		75%

출처: 군수지원 성과관리 훈령 【별표 5】

<표 8-5> 군수품 분류

품종	구분	주요 품목
1종	급식	• 기본급식: 주식, 부식, 후식 • 특식: 설날, 추석, 국군의날 특식 • 중식: 초소근무, GOP 근무 등 • 특수식량: 전투식량 Ⅰ, Ⅱ형, 특전식량
2종	피복/일용품	• 기본피복: 전투모, 전투복, 전투화, 근무복, 단화 등 • 특수피복: 진급장군피복, 여군피복, 생도피복, 방한피복 등 • 개인일용품: 비누, 치약, 칫솔, 휴지, 면도기, 면도날, 비누갑
	부대비품/ 일반소모품	• 사무실비품, 취사기구, 난방기구, 천막류, 행정기기 등 • 행정소모품, 포장재료, 치장재료
	화생방물자	• 개인보호물자, 제독물자, 연막 및 탐지물자 등
	통신물자	• 건전지, 축전지, 야전선
	공구류	• 수공구류
3종	연료	• 일반유류: 무연 휘발유, 저유황유, 경유, 실내등유, 젯트유 • 일반윤활유: 엔진오일, 기어오일, 구리스, 솔벤트, 브레이크유 • 특수윤활유: PL-MED, PL-SP, LSA, WD-40 등
4종	건설 및 축성자재	• 부대 운영자재, 교육용 훈련자재, 공사자재, 장벽자재 등
5종	탄약	• 지상탄약, 함포탄약, 항공탄약
7종	장비	• 화력장비: 소·중화기류, 화포류, 전차, 장갑차 등 • 기동장비: 각종 차륜차량, 트레라류 • 특수무기: 전자유도병기, 대공호가기, 수리용 특수장비 등 • 통신/전자: 통신장비, 탐지 및 전자장비 등 • 항공/선박장비: 항공기 부수장비, 기계류, 정비장비 등 • 일반장비: 건설·포장장비, 발전, 도하장비, 소화급수장비 • 화생방 보호장비 등
8종	의무물자/ 장비	• 의약품, 위생재료, 외과기구/장비, 방사선재료/장비 등
9종	수리부속	• 화력, 기동, 통신, 의무, 일반장비 및 특수무기 등의 수리부속
10종	1~9종에 속하지 않는 물자	• 농기구류 등

출처: 육군본부, 육규411 '군수품 분류 및 관리책임규정', 2006.

에 포함하여 설명한다.

군수지원 성과관리 훈령 【별표 5】에서 규정하고 있는 군수지원 성과지표별 목표수준은 <표 8-4>와 같다.

<table>
<thead>
<tr><th colspan="3" align="center"><표 8-6> 군수지원 성과지표관리 책임부대와 관리주기</th><th>관리책임부대 / 관리주기</th></tr>
</thead>
<tbody>
<tr><td colspan="3" align="center">장비가동률</td><td>해당 장비 사용부대(전투부대) / 일일</td></tr>
<tr><td colspan="3" align="center">사용자 대기기간(CWT)</td><td>전투부대·군수지원부대 / 일일</td></tr>
<tr><td colspan="3" align="center">피복·급식 만족도</td><td>당해연도 지침 적용</td></tr>
<tr><td rowspan="2">수요예측 정확도</td><td colspan="2">품목기준</td><td>군수사 / 분기</td></tr>
<tr><td colspan="2">수량기준</td><td>군수사 / 분기</td></tr>
<tr><td rowspan="2">조달 기간</td><td colspan="2">국내조달, 상업확정, FMS(DOC)</td><td rowspan="2">군수사 / 분기</td></tr>
<tr><td colspan="2">FMS(BOC), CLSSA, BOA</td></tr>
<tr><td rowspan="2">적기 조달률</td><td rowspan="2">부대조달 (각 군)</td><td>수량기준</td><td rowspan="2">군수사 / 분기
* 중앙조달: 방사청/분기</td></tr>
<tr><td>금액기준</td></tr>
<tr><td>품목별 조달단가 상승률</td><td colspan="2">부대조달(각 군)</td><td>군수사 / 분기
* 중앙조달: 방사청/분기</td></tr>
<tr><td colspan="3" align="center">청구대기기간</td><td>군수지원부대 / 월간</td></tr>
<tr><td colspan="3" align="center">직불률</td><td>군수지원부대 / 월간</td></tr>
<tr><td rowspan="4">재고관리</td><td colspan="2">현보유재고현황</td><td>군수지원부대 / 일일</td></tr>
<tr><td colspan="2">자산현황</td><td>군수지원부대 / 분기</td></tr>
<tr><td colspan="2">정비부대 현보유재고현황</td><td>정비부대 / 일일</td></tr>
<tr><td colspan="2">정비재고현황</td><td>정비부대 / 일일</td></tr>
<tr><td rowspan="2">정비기간</td><td rowspan="2">완성 장비</td><td>군직정비</td><td>정비부대 / 월간</td></tr>
<tr><td>외주정비</td><td>군수사 / 월간</td></tr>
</tbody>
</table>

출처: 군수지원 성과관리 훈령 【별표 6】

우리 군은 군수품을 10종으로 구분하여 관리하고 있으며, 세부 분류는 〈표 8-5〉와 같다. 본 내용은 육군을 중심으로 기술하였다.

군수지원 성과지표에 대한 관리책임부대와 관리주기는 〈표 8-6〉과 같다.[330]

---

[330] 군수지원 성과관리 훈령(국방부 훈령 제1300호, 2010.12.31. 제1차 개정) 제19조 제2항.

(1) 전투부대 군수지원 성과지표

(가) 사용자대기기간

'사용자대기기간(CWT: Customer Wait Time)'이란 군수품의 최종 사용자인 편성부대가 군수품(인가저장품목 및 비인가저장품목 모두 포함)을 청구하여 100% 수령할 때까지 경과되는 기간을 말한다. 사용자대기기간은 일정 기간을 대상으로 수입완료 물량 및 소요기간의 산술평균으로 산정하며, 세부적인 산정방법은 아래 식과 같다.

$$\text{사용자대기기간} =$$

$$1\text{차 수입 기간}\times\frac{1\text{차 수입량}}{\text{청구량}} + 2\text{차 수입기간}\times\frac{2\text{차 수입량}}{\text{청구량}} +\cdots+ n\text{차 수입기간}\times\frac{n\text{차 수입량}}{\text{청구량}}$$

사용자대기기간 산정 대상품목은 국방물자정보체계와 장비정비정보체계에 등록된 군수품 1, 2, 3, 4, 8, 9종에 한정한다.[331]

CWT 산정은 수량과 기간을 가중평균하여 산출한다. 가령 편성부대(연대)에서 10개를 군수(보급)시설부대에 청구하여 5일 경과 후(1차) 7개, 10일 경과 후(2차) 3개가 수령되면, CWT는 6.5일($5\text{일}\times\frac{7}{10}+10\text{일}\times\frac{3}{10}$)이 된다. CWT가 중요한 이유는 전투준비태세의 핵심인 장비가용도(가동률)와 밀접한 관계가 있기 때문이며, 다음 수식은 이를 나타내고 있다.[332]

$$
\begin{aligned}
A_0 &= \frac{\text{가동 기간}}{\text{전체 기간}}\\[2mm]
&= \frac{\text{가동 기간}}{\text{가동기간 + 불가동기간}}\\[2mm]
&= \frac{\text{평균고장간 기간}(MTBF)}{\text{평균고장간 기간}(MTBF) + \text{평균정비기간}(MTTR)}
\end{aligned}
$$

---

[331] 군수지원 성과관리 훈령 제9조.

[332] DoD, Customer Wait Time Business Rules, 2000.12. p.8.

$$= \frac{MTBF}{MTBF + MTTR(\text{부품대기기간 제외}) + MSRT}$$

$$= \frac{MTBF}{MTBF + MTTR(\text{부품대기기간 제외}) + CWT}$$

여기서 A_0 = Operational Availability(장비가용도)

MTBF = Mean Time Between Failure

MTTR = Mean Time to Repair

MSRT = Mean Supply Response Time

CWT and MSRT are equivalent.

〈표 8-7〉은 2008년도 K1전차의 CWT를 나타내고 있다. CWT의 산정을 위한 총 건수는 3만 1,238건으로 전군 평균은 21.82일, 표준편차는 36.16일이다.

전반적으로 CWT에 대한 표준편차가 너무 커서 군수지원의 신뢰성이 미흡하다고 판단될 수 있다. 그리고 CWT는 현재 유사하게 사용하고 있는 OST와 비교하면 다음과 같다. OST의 근본적인 단점은 보급지원체계의 문제점을 매우 단편적(사단↔군지사, 군지사↔군수사, 군수사↔조달업체 등의 보급시설부대 간의 보급지원기간)으로만 인식할 수 있는 군수부대 위주의 성과지표이다. 이에 반해 CWT의 장점은 군수 보급의 소요, 조

〈표 8-7〉 2008년도 K1전차 사용자대기기간(CWT)				
보급부대	건수	수량	평균(일)	표준편차(일)
계	31,238	204,730	21.82	36.16
1군지사	9,339	55,095	22.38	35.20
2군지사	15,326	101,014	19.88	36.02
3군지사	5,320	33,526	27.89	39.37
5군지사	1,193	15,095	15.32	25.28

출처: 정진태, 전게서, p.18.

328

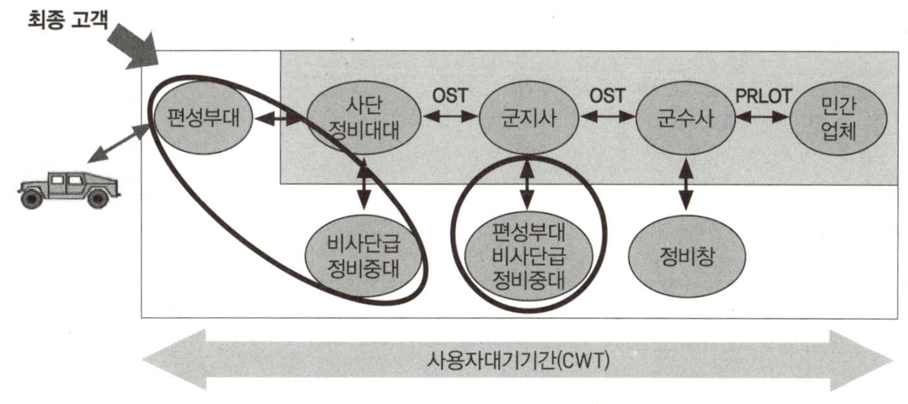

출처: 최수동·우제웅·선미선, 전게서, p.80.

달, 분배 등 전체 관점에서의 성과측정이 가능하고, 이에 대한 해결방안을 모색 가능하다는 데 있다.

또한 CWT는 전투부대 중심의 군수지원 성과지표이므로 보급지원에 대한 왜곡현상을 방지할 수 있다. 〈그림 8-4〉는 사용자대기기간 정의 및 개념을 도식화하여 나타낸 것이다. CWT를 성과지표로 활용할 경우 사용자대기기간 단축을 위한 직납, 주공급자제도(Prime Vendor)[333] 등 다양한 노력을 통해 저비용·고효율의 군수지원체계를 구현할 수 있다. 또한 지속적으로 CWT에 대한 분산을 축소시키는 노력을 한다면 군수지원에 대한 최종 사용자의 신뢰성을 높일 수 있으며, 이는 전투부대의 전투능력 향상으로 이어진다. 결론적으로 CWT는 조달원으로부터 최종 사용자(전투부대, 정비중대)까지의 보급망(Supply Chain) 전체를 측정하므로 최종 사용자 입장에서 전체 보급망을 관리(SCM: Supply Chain Management)하는 것이라 할 수 있다.

---

[333] 주공급자제도란 사용자가 직접 단일의 민간업체(조달업체, 도매상)에 필요한 수리부속을 수시로 청구하고 업체는 사용자에게 직접 납품하는 형태의 보급지원을 의미한다.

(나) 장비가동률

'장비가동률'이란 부대가 보유한 장비 중 가동장비가 차지하는 비율로, 가동장비는 즉각 전투임무수행이 가능한 상태의 장비를 말한다. 장비가동률은 '전투준비태세 업무훈령' 제13조에 따라 산정하고, 일일 단위로 최신화한다. 장비가동률 산정 식은 아래와 같다.

$$가동률 = \frac{가동장비수}{보유장비수} \times 100$$

여기서 보유장비수는 정비부대의 M/F(Maintenance Float) 장비[334]와 창정비 중인 장비를 포함하고, 가동장비수는 보유장비수에서 불가동장비를 제외한 장비수를 의미한다. 각 군은 지상 장비, 함정, 항공기별로 정비 중인 장비에 대한 가동 및 불가동 여부의 판단을 위한 세부지침을 마련하여 합참에 보고한 후 사용하고 있다. 산정시점은 매월 및 분기 말월 말일을 기준으로 한다. 참고로 미 육군은 목표가동률(Full Mission Capability)을 사용하고 있으며, 목표가동률은 단위부대가 보유한 장비를 기준으로 전체 일수에서 가용한 일수를 나누어 산정하고 있다. 장비가동률 산정이 필요한 장비(제7조 제2항 관련)는 〈표 8-8〉과 같다. 국방부 및 각 군은 필요에 의해 대상 장비를 추가하거나 삭제할 수 있으며, 추가 및 삭제할 경우에는 국방부 군수관리관의 승인 후에 시행한다.[335]

(다) 급식·물자 만족도

급식·물자 만족도란 전투부대원이 급식 및 물자에 대한 양과 질적 수준에 대한 만

---

334 사용 불가능한 장비를 정비지원 시설에서 정비하고자 할 때 운영부대의 준비태세 유지나 임무수행에 영향이 있다고 판단될 경우 고장난 장비의 대체용으로 불출하기 위하여 정비부대에서 저장하도록 인가된 완성정비를 의미한다.

335 군수지원 성과관리 훈령 제7조.

군	품목(70종)
육군/해병대 (33종)	• 전차(5): K−1, K1A1, M48A3, M48A5, T−80U • 화포(4): K−55, K−9, 105mm, 155mm • 장갑차(7): K−200, K−200A1, K−21, KAAV, K−77, K−277, BMP−3 • 헬기(6): 500MD, UH−60, UH−1H, AH−1S, CH−47, BO − 105 • 유도탄(3): MLRS, 현무, ATACMS • 방공무기(4): 비호, 천마, 발칸, 오리콘 • 감시장비(4): UAV, AN/TPQ−36, AN/TPQ−37, ARTHUR−K
해군 (22종)	• 함정(18) − 전투함(13): 구축함, 호위함, 초계함, 잠수함, 소형잠수함, 상륙함,대형수송함, 고속상륙정, 고속함, 고속정, 기뢰탐색함, 소해함, 기뢰부설함 − 전투지원함(5): 군수지원함, 수상함구조함, 잠수함구조함, 잠수정모함, 정보수집함 • 항공기(4): P−3C, LYNX, UH−60, UH−1H
공군 (15종)	• 항공기(11) − 전투기(5): F−15K, KF−16C/D, F−16C/D, F−4E, F−5E/F − 수송기(2): CN−235, C−130 − 정찰기(4): RF−4C, KA−1, 금강(RC 800G), 백두(RC 800B) • 방공무기(3): 호크, 나이키, 발칸 • 방공레이더(1): 장거리레이더

〈표 8−8〉 장비가동률 산정대상 장비

출처: 군수지원 성과관리 훈령 제7조 제2항 【별표 3】

족 정도를 나타내는 성과지표이다. 급식·물자 만족도는 직접 설문을 통해 분석하고 평가하여 산정한다. 또한 급식·물자 만족도 산정은 1, 2, 8종을 대상으로 한다.[336]

(2) 기능별 군수지원 성과지표

군수란 '실질적으로 전투력을 발휘하는 구성요소(병력, 장비/정비원, 부대)에게 항상 필요한 군수품을 적기·적소에 적가로 지원하는 것(right material, right place, right time, at the right cost − all the time)'으로 정의할 수 있다.[337] 〈그림 8−5〉는 협의의 군수 프로세스를 나타내고 있다. 즉 군수지원의 주된 목적은 군수품의 최종 사용자가 전투력

---

[336] 군수지원 성과관리 훈령 제6조 및 제8조.

[337] DoD, DoD Logistics Strategic Plan, 1999.

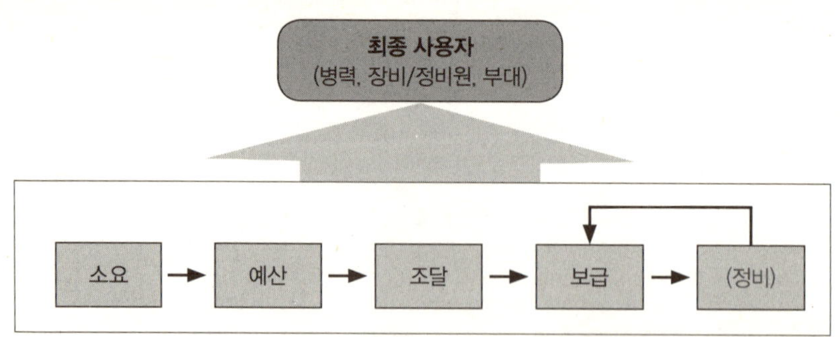

출처: 최수동·우제웅·선미선, 전게서, p.76.

을 발휘할 수 있게 하기 위한 것이다.

따라서 한정된 예산 하에서는 최종 사용자(병력, 장비/정비원, 부대) 입장에서 군수지원의 효과를 평가하고, 군수관리 측면에서 효율성을 평가하여야 한다.

(가) 소요

소요관리는 부여된 임무 달성을 위해 필요한 소요를 예측 및 산정하고 획득·조달

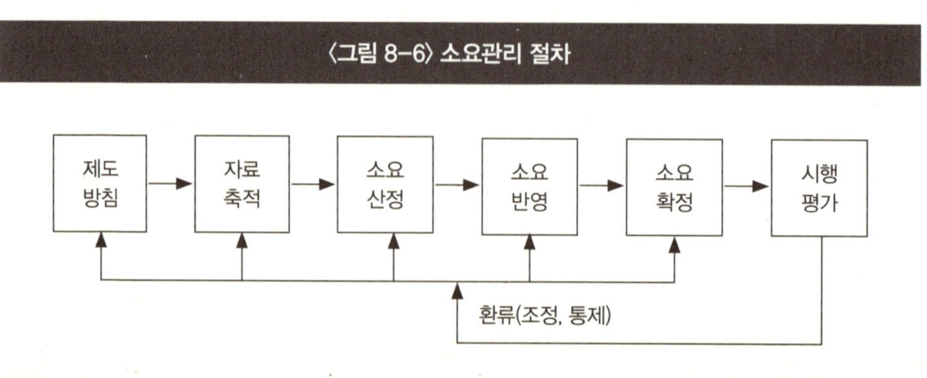

을 통해 자원을 효율적으로 배분·운용하며, 사용실적에 대한 분석·평가 결과를 소요예측에 환류시키는 일련의 과정으로 군수자원의 생산성과 가용성을 결정하는 핵심요소이다. 〈그림 8-6〉은 소요관리 절차를 도식화한 것이다.

소요관리 절차는 소요기준과 소요산정방법 등과 관련된 제도 및 방침을 수립하는 단계로부터 자료를 축적하는 자료축적단계, 소요산정단계, 산정된 소요를 중기계획 및 예산편성에 반영 하는 소요반영단계, 반영된 소요를 검토하여 소요를 확정하는 소요확정단계, 그리고 소요의 정확성을 평가하는 결과를 각 과정상에 환류시키는 시행 및 평가 단계로 나누어진다. 평시 군수물자(수리부속)에 대한 소요산정은 크게 연간소요와 보급수준 소요 두 가지로 구분할 수 있으며, 〈그림 8-7〉은 이를 나타내고 있다.

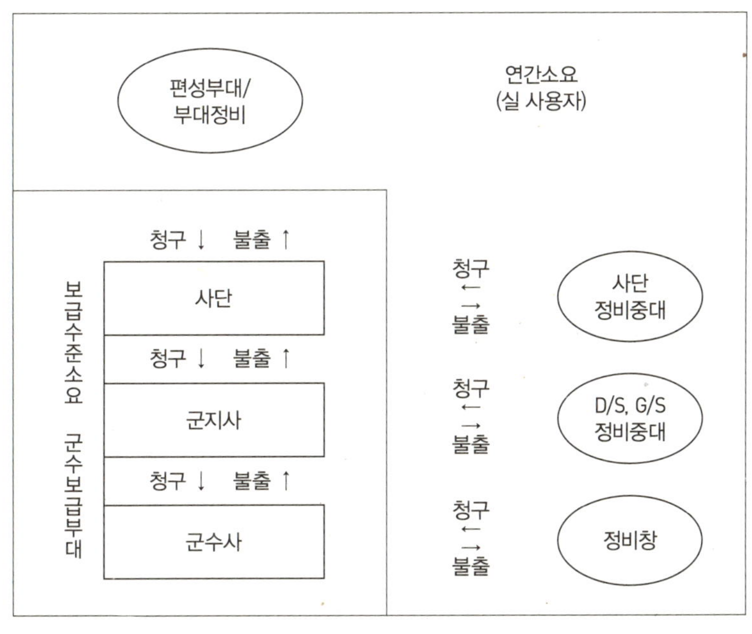

출처: 최수동·선미선·이혁수, 『전투부대 중심의 군수지원 성과분석 및 평가』, 서울: 한국국방연구원, 2008, p.122.

'군수지원부대'란 피지원부대의 군수품 보급을 위하여 재고보유가 인가된 부대를 말한다. 육군은 군수사령부('군수사'), 군수지원사령부('군지사'), 사단의 보급·정비부대를 말하고, 해군은 군수사, 군수전대, 65전대, 상륙지원단, 해병사단 및 여단의 보급·정비부대를 말하며, 공군은 군수사, 비행단, 방공포병사령부(이하 '방포사'라 한다), 38전대의 보급·정비부대를 말한다.

'정비부대'란 정비를 실제 수행하는 부대를 말한다. 육군은 정비창, 군지사 예하 일반 및 직접지원 정비대대(일반지원 및 직접지원), 사단·여단의 정비대대 등을 말하고, 해군은 정비창, 군수전대, 해병사단 정비대대, 해병여단 정비중대, 상륙지원단 정비대대 등을 말하며, 공군은 정비창, 비행단 정비대대, 방포사 정비대대 등을 말한다.

'편성부대'란 군수지원부대로부터 군수품을 보급 받으며, 타 부대의 보급지원을 위한 군수품 재고보유가 인가되지 않는 부대를 말한다. 육군은 연대, 전차대대, 포병대대, 정비중대, 정비창 등을 말하고, 해군은 함정, 정비창, 전대, 해병연대, 대대 등을 말하며, 공군은 비행단, 비행전대 및 정비대대, 정비창 등을 말한다.

운용소요와 관련된 부대는 군수품을 실 소모하는 장비운용부대(연대 등) 및 정비부대이고, 재고보충소요와 관련된 부대는 군수지원부대(군수사, 군지사, 사단)이다. 연간소요(annual demand)는 운용소요라고도 하며, 전투부대(연대 등) 및 정비부대(정비창 등)와 같이 타 부대의 지원을 위한 재고의 보유가 인가되지 않는 부대에서 1년간 군수물자(수리부속)를 소모하는 소요를 의미한다. 반면 보급수준(supply level)소요란 타 부대의 지원을 위해 재고의 보유가 인가된 부대의 재고부족소요이다.

〈그림 8-7〉에서는 연간(운용)소요와 재고보충소요(보급수준 부족분)를 비교하여 설명하고 있다. 용도 측면에서 보면 연간소요는 전투부대의 운용 및 정비용이고, 재고보충소요는 보급수준 보충용으로 그 성격이 상이하다. 또한 운용소요와 관련된 부대는 군수품을 실 소모하는 장비운용부대(연대 등) 및 정비부대이며, 재고보충소요와 관련된 부대는 군수지원부대(군수사, 군지사, 사단)이다. 수요충족의 시급성 측면에서 보면 운용소요는 필수적이고 최단시간에 충족시켜야 하며, 재고보충소요(보급수준 부족분)는 최종 사용자의 수요발생 전에만 충족시키면 된다.

〈표 8-9〉 연간(운용)소요와 재고보충소요 비교		
구분	연간(운용)소요	재고보충소요
정의/용도	장비운용 및 정비용	보급수준(R/O) 보충
소요형태	훈련량에 따라 발생하는 소요	장비가동률과 연계
관련부대	장비운용 및 정비부대(정비중대/정비창)	보급지원 시설부대
수요충족	필수적, 최단시간 내	수요발생 전 충족
수요발생	확률적, 독립적	불규칙적, 비확률적

〈표 8-10〉 육군 수리부속 보급(재고)수준 인가량			
구분	사단	군지사	군수사
수리부속	20일분	65일분	30일+조달기간[*]

* 조달기간은 조달 요구일로부터 군수사에 수입 완료된 기간을 의미한다.

〈표 8-9〉는 연간(운용)소요 및 재고보충소요(보급수준 부족분)를 비교하여 설명하고 있다.

현재 우리 군의 현실에서는 연간(운용)소요는 수요예측이 필요하나 재고보충소요는 수요예측이 필요하지 않다. 그 이유는 연간(운용)소요는 매년 훈련량에 따라 수리부속 소요가 불규칙하게 발생하지만 재고보충소요는 전체량(보급수준)이 이미 설정되어 있어 현 보유 자산만 제외하면 산정이 가능하기 때문이다.

육군의 보급(재고)수준 전체량 산정은 다음과 같다. 군은 먼저 군수지원부대(군수사, 군지사, 사단)에 군수품의 수요빈도 및 중요도에 따라 재고를 보유할 수 있는 품목을 설정하여 인가한다. 군에서는 이를 인가저장품목이라 한다. 군은 인가저장품목에 대해 지속적인 보급이 가능하도록 군수지원부대에 일정량의 재고(평균일일소요×인가일수)를 보유하도록 하고 있으며, 이를 보급(재고)수준이라 한다. 각 군수부대의 수리부속에 대한 인가량은 〈표 8-10〉과 같다.

우리 군의 수요예측과 관련된 연구 및 평가를 살펴보면 다음과 같다. 구병동(2002)은

"수리부속품 수요예측에 대한 이론적 고찰 및 실태분석"을 통해 소요산정 모델링을 하고 이에 대한 결과분석을 하였다. 장기덕 외(2005)는 수요예측정확도는 투입자원의 생산성을 좌우하는 핵심요소로서 수요예측의 정확도가 낮으면 과다 소요산정으로 인해 초과자산을 발생시켜 예산 낭비를 초래하거나, 과소 산정으로 인한 재고고갈로 전투준비태세의 저하를 초래하여 국방예산의 투입 대 성과에 대한 생산성이 떨어지고, 자원배분의 왜곡을 초래하게 된다고 하였다. 정재훈(2005)은 "대한민국 공군의 공급사슬망 분석 및 운영방향 고찰"에서 공군의 공급사슬상의 문제점, 특히 공급사슬망 간의 정보공유가 원활히 이루어지지 않아 일어나는 수요왜곡현상(Bullwhip Effect)의 발생현황 및 원인을 분석하고 그 해결책을 제시하였다. 안병기 외(2002)는 "재고정책에 따른 공급체인 성과에 관한 연구"에서 공급량을 기준으로 하는 군 재고정책을 최종 고객의 주문량을 기준으로 하는 재고정책으로 바꾸었을 때 고객서비스를 향상시킬 수 있고 공급체인 유지비용을 절감할 수 있으며, 공급체인 내 정보흐름의 왜곡을 줄일 수 있다고 하였다. 또한 보급수준 설정이 공급체인 성과에 영향을 미치는 주요 요인인 것으로 파악하였으며, 공급체인 관리를 위한 정보시스템 도입 없이도 재고정책을 공급량이 아닌 최종 고객 주문량을 기준으로 개선할 경우 수요예측정확도를 향상시킬 수 있다고 하였다. 이는 앞서 언급한 바와 같이 최종 고객인 편성부대의 자료를 활용하여 수요예측을 하여야 한다는 의미이다.

수요예측의 정확도가 낮으면 자원배분의 불균형을 초래하고, 재고고갈 또는 초과재고의 악순환이 지속적으로 발생하여 사용자 만족도가 떨어질 뿐만 아니라 운영유지비가 증가된다. 이는 궁극적으로는 전시작전 임무수행에 영향을 미치게 된다. 2007년 이전에는 군수지원의 핵심요소인 소요에 대한 성과관리는 각 군에서 일부 실행하고 있으나, 수요예측의 정확성을 높이기 위한 자동화된 과학적 관리기법의 사용이나 소요관리 담당자의 전문성을 향상시키기 위한 노력이 미흡하여 수요예측정확도를 높이기 위한 노력이 부족하였다. 그러나 2007년 이후에는 국방부가 중심이 되어 수요예측의 정확도를 향상시키기 위한 노력을 하고 있는데, 그 일환으로 다음과 같은 품목 및 수량 기준의 세부적인 수식을 정립하여 활용하고 있다.

'수요예측정확도'란 다음 연도 전투부대가 요구하리라 예상되는 수리부속 수량의 예측 적중률을 나타내는 성과지표이다.

수요예측정확도는 품목 및 수량으로 구분하여 산정하며, 세부적인 산정 식은 아래와 같다. 수요예측정확도 산정대상은 9종 수리부속 중 과거 5년간 사·여단(함대사, 비행단) 수요가 1회 이상 발생한 품목으로 한정한다.

$$\bullet \text{ 품목기준 수요예측정확도} = \frac{\text{수요발생예측후 수요발생품목수}}{\text{수요예측대상 전체품목수}} + \frac{\text{수요미발생예측후 수요미발생품목수}}{\text{수요예측대상 전체품목수}} \times 100$$

수요발생예측후 수요발생품목수란 군수사가 F-1년도에 편성부대가 수요(청구)를 제기할 것으로 예측한 품목 중 F년도에 편성부대가 실질적으로 수요(청구)를 제기한 품목수를 의미하며, 수요미발생예측후 수요미발생품목수란 군수사가 F-1년도에 편성부대가 수요(청구)를 제기하지 않을 것으로 예측한 군수품 중 F년도에 편성부대가 실질적으로 수요(청구)를 제기하지 않는 품목수를 말한다.

$$\bullet \text{ 수량기준 수요예측정확도} = \frac{\text{수요발생수량}}{\text{수요예측수량}} \times 100$$

예측수량은 군수사가 F-1년도에 예측한 수량을 말한다. 수요발생 수량은 F년도에 편성부대가 수요(청구)를 제기한 수량을 말한다.

〈표 8-11〉은 2008년도 K1전차 수리부속 품목기준 수요예측정확도를 나타내고 있다. 즉 품목기준 수요예측정확도는 82.91%((1576+102)÷2024)이다.

〈표 8-12〉는 K1전차의 2008년도 수량기준 수요예측정확도를 나타낸 것이다. 즉 수요예측정확도가 100%인 품목은 292품목으로 약 18.5%를 차지하며, 수요예측정확도가 50%에 속하는 품목은 793품목으로 50.3%를 점유하고 있다.

<표 8-11> 2008년도 K1전차 수리부속 품목기준 수요예측정확도

구분	발생(결과)	미발생(결과)	합계(품목수)
발생(예측)	1,576	334	1,910
미발생(예측)	12	102	114
합계	1,588	436	2,024

출처: 정진태, 전게서, p.26.

<표 8-12> K1전차 수리부속 수량기준 수요예측정확도

범위	2008년	
	개수(비율)	누적개수(비율)
100%	292(18.5%)	292(18.5%)
90 - 100% + 100 - 110%	134(8.5%)	426(27.0%)
80 - 90% + 110 - 120%	179(11.4%)	605(38.4%)
70 - 80% + 120 - 130%	188(11.9%)	793(50.3%)
60 - 70% + 130 - 140%	192(12.2%)	985(62.5%)
50 - 60% + 140 - 150%	196(12.4%)	1,181(74.9%)
0 - 50% + 150 - ∞%	395(25.1%)	1,576(100.0%)
0.01 - 50%	353(22.4%)	
150 - ∞%	42(2.7%)	

출처: 정진태, 전게서, p.26.

(나) 조달

조달은 군이 필요로 하는 장비, 물자, 시설, 용역 등을 획득하여 공급함으로써 군의 활동을 원활하게 한다. 즉 조달은 신뢰할 수 있는 조달원에서 필요한 품목 및 수량을 군이 정한 규격에 의한 품질로 수요군이 요구하는 장소 및 납기에 적정 조건과 적정 가격으로 획득하는 행위이다. <그림 8-8>은 조달 프로세스를 나타낸 것이다. 군수사령부는 다음 연도 정부예산 최종안을 기준으로 조달요구(계획)서를 작성하여

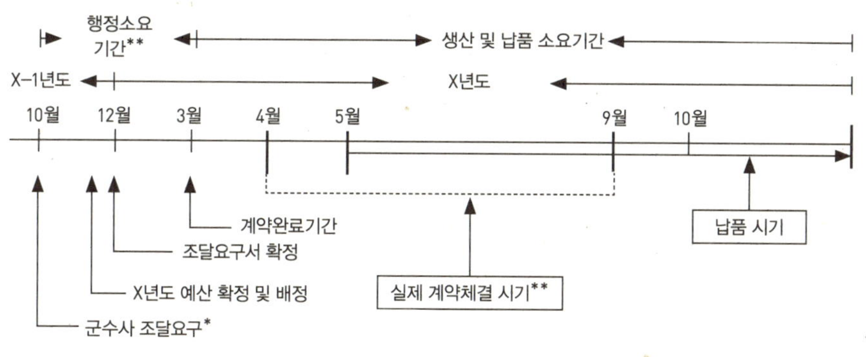

출처: 최수동·우제웅·선미선, 전게서, p.142.

X-1년 10월 15일까지 방위사업청에 제출한다. 국방부는 확정된 X년도 예산을 수요군 및 기관에 배정한다. 방위사업청은 X-1년 12월 25일까지 조달요구서를 확정하고 그 결과를 국방부 관련부서, 수요군 및 기관에 통보한다. 방위사업청은 X년도에 수요군 및 기관의 조달요구에 따라 국내외 업체와 계약을 체결하고, 국내외 업체는 계약에 따라 생산된 군수품을 X년도 12월 말까지 납지에 납품하게 된다.

조달기간은 조달요구에 소요되는 행정소요시간에 업체가 계약한 군수품을 생산하여 납품하는 생산 및 납품소요기간을 합한 기간이다. 우리 군은 조달기능의 성과지표로 조달기간(PROLT: Procurement Lead Time)을 활용하고 있다. 그 이유는 조달기간이 보급(재고)수준을 산정할 때 중요한 산정요소 중 하나이기 때문이다. 그러나 성과관리 측면에서 보면 조달기간 활용은 미흡하다고 하겠다. 즉 조달기간을 단축시켜 보급(재고)수준을 감소시키고 이를 바탕으로 신속하게 보급하기 위한 관점에서의 관리는 미흡한 실정이다. 〈표 8-13〉은 육군의 조달기간 산정방법을 나타내고 있다.

국방부는 사용자 중심의 군수지원 성과지표에서 조달기간에 대한 산정 식을 현재와 동일하게 적용하고 있다.

구분	자금원	산정기준
육군	국내조달, 상업 확정구매 FMS의 지정구매(DOC)	– 조달요구 승인 날(당해연도 1월 1일)로부터 해당물량의 85% 이상 납품 받아 불출 준비 완료까지 ※ 실운영: 90% 완료일 ※ 분할 납품: 최초수입일자 – 청구일자
	FMS 총괄 구매(BOC), 보급지원협정(CLSSA), 상업한도액구매(BOA)	– 청구일로부터 해당물량의 85% 이상 납품 받아 불출 준비 완료까지(실운영: 90% 완료일) ※ 분할 납품: 최초수입일자 – 청구일자

<표 8-13> 육군의 조달기간(PROLT) 산정기준

출처: 최수동·우제웅·선미선, 전게서, p.142.

〈표 8-14〉는 K1전차의 2008년도 및 과거 5년간 조달원별 수리부속에 대한 조달기간을 나타내고 있다. 즉 2008년도 K1전차 조달기간은 평균 189일이고, 과거 5년간 (2004~2008년) 평균은 198.7일이다. 또한 자금원별로 상당한 차이가 발생하는 것도 알 수 있는데 외자상업 확정구매의 경우 5년간 평균 조달기간은 270.7일에 이르고 있다.

〈표 8-14〉 2008년도 K1전차 수리부속 조달기간

자금원	2008년도			5년간 평균
	건수	평균(일)	표준편차(일)	
총괄판매	101	94.0	87.8	155.7
상업한도액구매	74	240	139	189.5
중앙조달(내자)	1,630	183	67	203.4
군공창제작	46	29	34	59.9
외자상업확정구매	53	518	162	270.7
부대조달(군수사령부)	215	167	70	191.8
부대조달(야전)	3	107.7	186.5	107.7
계	2,091	189	95	198.7

출처: 정진태, 전게서, p.29.

(다) 보급

보급 관련 성과지표로는 재고관리, 청구대기기간, 직불률이 있다. 군수지원부대의 보급기능은 크게 재고관리와 유통관리로 구분된다.

재고관리란 보급기관에서 장차 수요에 신속하게 대응할 수 있도록 보급품을 적정수준으로 유지함으로써 사용부대를 포함한 피지원부대의 수요를 가장 효과적·경제적·능률적으로 충족시키는 관리활동이다. 군사작전은 보급지원이 얼마나 효율적으로 지원되는가에 따라 성공 여부가 달려 있으며, 이러한 보급지원은 효과적인 재고관리에 의해서 좌우된다. 재고관리와 관련하여 적정수준의 재고수준을 유지해야 하는 주된 이유는 보급품을 획득, 취급 및 적송하는 데 소요되는 시간을 절약할 수 있기 때문이다. 보급지원부대가 재고를 보유하고 있으면 보급품 사용부대의 부족소요 발생에 곧바로 대응할 수 있다. 그러나 재고를 보유하고 있지 않을 경우에는 군수품의 획득, 조달에 많은 시간이 소요된다. 보급(재고)수준은 예상되는 수요에 대비하여 사전재고로써 유지하도록 상급제대로부터 인가·지시된 보급품의 수량 또는 보급일수를 말한다. 이와 같이 보급수준을 설정하도록 인가된 품목을 인가저장품목(ASL)이라한다. 인가저장품목에는 전투긴요품목, 임무필수품목, 다수요 품목 등 수요가 빈번하게 발생하거나 임무수행에 필수적인 주요 품목들이 있다.

재고현황이란 재고의 효율적 관리를 보유하고 있는 재고의 수량 또는 금액을 말하며, 현 보유재고현황, 자산현황, 정비부대 현 보유재고현황, 정비재고현황으로 구분된다[338] 현 보유재고현황(On-hand)이란 군수지원부대가 군수품을 실제 보유하여 즉시 불출이 가능한 품목 및 수량을 말한다.

유통관리란 군수품이 보급계통을 통하여 생산자로부터 사용자에게까지 효과적·경제적·능률적으로 이동할 수 있도록 계획, 집행 및 분석하는 활동을 말한다. 유통관리 활동에는 보급자원의 배분, 보급품의 식별 및 분류, 보급품의 획득, 저장, 재고통제, 불출 및 수송 등의 활동을 포함한다. 보급품은 다수의 보급원으로부터 획득되

---

[338] 군수지원 성과관리 훈령 제6조.

며 특성별로 저장된다. 보급품은 불출하기 전에 사용 가능한 상태로 유지하여 사용부대에 인계되어야 하며, 필요한 시기와 장소에 수송되어야 한다. 종별 보급은 효율적인 물자관리 수단의 방법으로 물자를 목적별로 분류하여 그룹화하였다. 따라서 식별이 용이하도록 현재는 10종으로 분류하여 보급기호 및 운영을 위한 관리수단으로 사용하고 있다.

수리부속(9종)은 타종에 비해 거래품목 수에서 절대다수를 점유하고 있으며, 소요발생이 불규칙한 반면 소요(특히 D/L 장비) 발생 시에는 신속한 공급이 요구된다. 또한 고가 수리부속품목을 확보하기 위해서는 예산이 많이 소요되며, 구입한 지 오래된 장비의 경우 장비의 생산중단에 의해 수리부속품을 획득하기 곤란하여 고장상태가 장기간 지속되는 경우가 종종 발생한다.

수리부속의 편성부대에서 군수사까지의 보급지원체계는 다음과 같이 크게 3단계로 구성되어 있다. 〈그림 8-9〉는 육군의 수리부속에 대한 보급지원체계를 나타내고 있다. 먼저 수리부속 최종 사용자인 편성부대(연대)는 필요한 군수품을 사단 정비대대에 청구하고, 사단 정비대대는 가용한 수리부속을 보유할 경우 이를 불출한다. 사단 정비대대(직접정비대대)에 수리부속이 없거나 인가량보다 적게 보유하고 있는 경우 군지사에 이를 청구하고, 군지사 예하 정비대대(일반정비대대)를 통해 이에 대한 보급을 받게 된다. 동일한 절차로 군지사와 군수사 간에 청구 및 불출이 이루어진다. 즉 '편성부대→사단 정비대대(직접정비대대)→군지사(일반정비대대)→군수사'의 3단계로 이루어져 있다.

국방부는 사용자 중심의 군수지원 성과관리에서 보급분야의 성과지표로 청구대기기간(RWT: Requisition Wait Time)을 개발하여 활용하고 있다. 청구대기기간이란 하위 군수지원부대가 상위 군수지원부대에 군수품을 청구하여 청구한 수량의 100%를 수령할 때까지의 경과기간을 말한다.[339] 즉 군수사와 군지사 간, 군지사와 사단 간에 청구행위가 발생한 후 100% 수령할 때까지의 기간을 의미한다. 청구대기기간 산정

---

[339] 군수지원 성과관리 훈령 제6조.

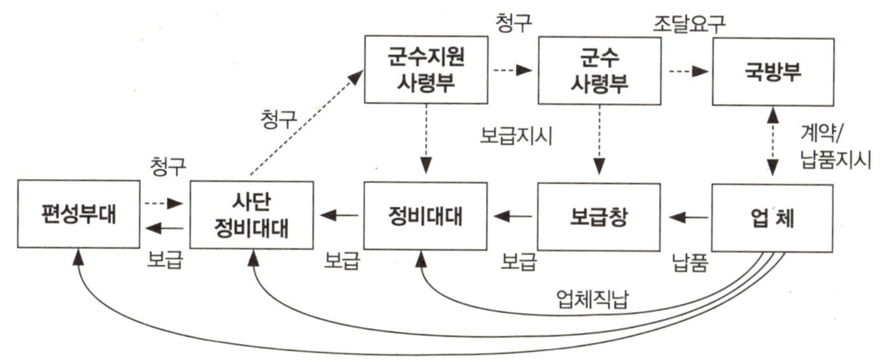

출처: 문성암 외, 「군 물류체계 개선방안」, 국방대학교, 2004, p.19.

방법은 사용자대기기간(CWT)과 동일하다. 청구대기기간은 수요군의 보급체계가 편성부대의 청구요구에 얼마나 신속하게 대응하였는가를 평가하는 지표로 가장 사용자에 근접한 보급지원 실적을 나타내는 성과지표라 할 수 있다. 청구대기기간은 보급(재고)수준, 수송 속도, 행정처리 기간 등에 따라 달라질 수 있다.

직불률(Availability rate, fill rate)이란 피지원부대의 청구량 대비 군수지원부대가 현

〈표 8-15〉 2008년도 군수사와 군지사 간 청구대기기간

구분	2008년도		
	건수	평균(일)	표준편차(일)
계	14,964	27.21	41.79
1군지사	3,844	22,86	38.29
2군지사	5,576	29.49	41.19
3군지사	1,857	27.06	31.88
5군지사	3,687	28.32	49.27

출처: 정진태, 전게서, p.29.

구분	2008년도		
	건수	평균(일)	표준편차(일)
계	12,694	14.53	37.40
1군지사	2,427	10.20	32.88
2군지사	5,543	10.90	33.78
3군지사	4,188	20.18	42.42
4군지사	536	24.27	42.67

<표 8-16> 2008년도 군지사와 사단 간 청구대기기간

출처: 정진태, 전게서, p.32.

보유 재고로 청구시점으로부터 24시간 이내에 불출한 수량의 비율을 말한다.

〈표 8-15〉는 군수사와 군지사 간 K1전차 수리부속에 대한 2008년도의 청구대기기간을 나타낸 것이다. 군수사와 군지사 간의 총 청구건수는 1만 4,964건이며, RWT는 27.21일이다. 또한 표준편차는 41.19일로 평균 청구대기기간보다 크므로 이에 대한 관리가 요망된다.

〈표 8-16〉은 군지사와 사단 간 K1전차 수리부속에 대한 2008년도의 청구대기기간(RWT)을 나타낸 것이며, 군지사와 사단 간의 총 청구건수는 1만 2,694이고, RWT는 14.53일이다. 또한 표준편차는 37.40일로 평균 청구대기기간보다 크다.

(라) 정비

정비란 장비 및 물자를 항상 사용 가능한 상태로 유지하거나 사용이 불가능한 품목을 사용 가능한 상태로 복구시키는 일체의 행위이다. 따라서 정비의 목적은 장비 및 물자를 전투임무 수행이 가능하도록 최상의 가동상태를 유지하고, 수명주기 동안에 최소의 정비비용과 정비활동으로 장비의 기준수명을 보장하는 데 있다.

장비 및 물자의 가동상태는 부대의 전투력과 직결된다. 즉, 군은 정비를 통해서 장비 및 물자를 사용가능 상태로 유지하고 장비에 대한 신뢰도를 향상시켜 부대 전투력을 증진시키게 된다. 효율적인 정비지원체제는 피해 장비의 정비 및 전장 복귀시간을 단축시켜 장비가동률을 높임으로써 전투지속능력을 향상시킨다.

정비는 정비지원부대의 지원책임 지역 내에서 실시하며, 정비계단을 초과하거나 정비능력 초과 시에는 후송하여 정비하고, 후송이 불가능한 장비는 정비요원이 현지에서 정비한다.

군은 장비를 획득하는 과정에서부터 운용기간 동안에 획득순기 비용을 최소화하고 장비의 전투준비태세를 완비하기 위하여 정비계획을 수립한다. 정비계획은 전투부대의 전투력 유지 및 증강에 우선순위를 두고 전투장비, 전투지원장비, 일반장비 순으로 정비지원을 제공할 수 있도록 수립되며, 정비계획에는 장비가동률 향상을 위한 제대별 정비계획이 포함된다.

정비는 편성부대 사용자가 수행하는 간단한 예방정비로부터 지원부대에서 실시하는 야전 및 창정비에 이르기까지 그 범위가 광범위하며, 군 내부에서 정비가 곤란한 장비는 국내 민간업체 또는 해외 생산업체에 정비를 의뢰하게 된다. 이와 같이 장비를 정비유지할 수 있도록 효과적인 정비지원체계를 구성하여 정비범위와 책임한계를 설정하는 것이 정비구분이다.

정비구분을 설정하는 목적은 체계적이고 효율적인 정비지원체계를 확립하고 각각의 정비수행 제대에 부여되는 임무 및 책임의 범위를 명확히 하기 위해서이다. 정비구분을 하는 데 있어서의 주요 고려사항은 부대의 기본임무, 정비부대의 편제장비, 가용한 기술인력, 정비설비, 품질보증, 예산의 가용성 등이다. 정비구분은 〈표 8-17〉과 같이 요약·분류할 수 있다.

정비는 정비작업을 실시하는 부대에 따라 부대정비, 야전정비 및 창정비로 구분되며, 정비작업의 기술수준별 난이도에 따라 사용자정비(1계단), 부대정비(2계단), 직접지원정비(3계단), 일반지원정비(4계단), 창정비(5계단)로 나눈다(육군본부, 2002). 사용자정비(1계단)는 장비운영의 일부로 간주되어 정비계단에서 제외되거나 부대정비(2계단)에 포함된다.

미군은 이와 같은 5계단의 정비계단을 3계단으로 축소하여 정비에 소요되는 기간

<table>
<tr><td colspan="2" align="center">〈표 8-17〉 육군 정비구분</td></tr>
<tr><td align="center">구분</td><td align="center">내용</td></tr>
<tr><td align="center">수행기관별</td><td>외주정비, 해외정비, 3군 상호정비, 군외정비</td></tr>
<tr><td align="center">정비실시부대별</td><td>부대정비, 야전정비 및 창정비</td></tr>
<tr><td align="center">지원형태별</td><td>직접지원, 일반지원, 보강지원</td></tr>
<tr><td align="center">기술수준별</td><td>사용자정비(1계단), 부대정비(2계단), 직접지원정비(3계단), 일반지원정비(4계단), 창정비(5계단)</td></tr>
<tr><td align="center">수행방법별</td><td>입고정비, 현장정비, 이동정비, 근접정비</td></tr>
</table>

출처: 육군본부, 군수 관리(야전교범 19-1), 2002, pp.6-8을 재정리.

단축을 도모하고 있다. 우리 군도 속도군수의 중요성을 인식하여 국방전력발전업무훈령을 개정하고 군수지원 성과관리 훈령을 제정하였다. 즉 미군과 같이 정비 1, 2계단을 통합하여 현장(부대)정비로 하고, 정비 3, 4계단을 통합하여 야전정비로, 창정비의 3단계로 전환 중에 있다.[340]

그러나 정비계단을 단축할 경우 정비기사들에 대한 정비기술 향상을 위한 대책이 요망된다.

현장정비는 입고정비와 이동정비를 말하며, 정비대상 장비가 정비부대에 입고된 날로부터 장비가 정비되어 부대에 복귀한 날(또는 이동정비의 경우 이동정비일)까지의 기간을 의미하며, 이 경우 부대정비는 제외한다.

야전정비는 계획정비와 순환정비로 구분되며, 야전정비일수는 정비부대 입고일부터 장비 복귀일(또는 계획정비의 경우 장비보유 부대에서 출발일)까지이다.

창정비는 정비창에 계획정비를 위해 입고하여 정비하는 것을 의미하며, 군지사 반납일부터 군지사 복귀일까지를 말한다. 이때 장비보유부대에서 군지사 반납기간은 제외한다.

국방부의 사용자 중심의 군수지원 성과관리에서 정비 분야 성과지표는 정비기간

---

340 국방전력발전업무훈령 제215조(장비정비 구분) 및 군수지원 성과관리 훈령.

<표 8-18> 정비계단별 정비기능

정비계단 \ 기능	전투부대지원 (Support Combat Forces)	보급체계지원 (Support Supply System)
부대정비	• 장비의 예방정비 • 장비 고장수리	• 해당 없음
직접지원 (DS)	• 주요 구성품 교환 • 부대정비 보강지원	• 제한된 구성품 수리 (Radiator, Brake Shoes, Relays 등)
일반지원 (GS)	• 장비 동체 또는 차체수리 • 직접지원 정비부대 보강지원	• 주요 구성품 수리 (Engine, Transmission 등)
창정비 (Depot)	• 일반지원 정비부대 보강지원 • 기술지원 및 훈련	• 장비재생 및 오버홀(Overhaul) 정비 • 하이테크(High Tech) 구성품 수리(특수 시설 또는 전문기술이 필요한 구성품)

출처: 장기덕 외, 『군수혁신: 선진화를 위한 도전과 과제』, 한국국방연구원, 2005, p.242.

이다. 정비기간(RCT: Repair Cycle Time)이란 전투부대의 고장장비나 순환정비 대상 장비가 제대별 정비부대에 입고되어 제대별 정비부대에서 정비완료 후 해당부대로 복귀할 때까지 소요되는 기간을 말한다.

<표 8-18>은 정비계단별 정비기능을 요약·정리한 것이다. 정비는 소요예측 정확도 저조 및 보급체제의 비효율로 인한 수리부속 부족 그리고 정비계단의 다단계, 미

<그림 8-10> 정비기간(RCT) 개념

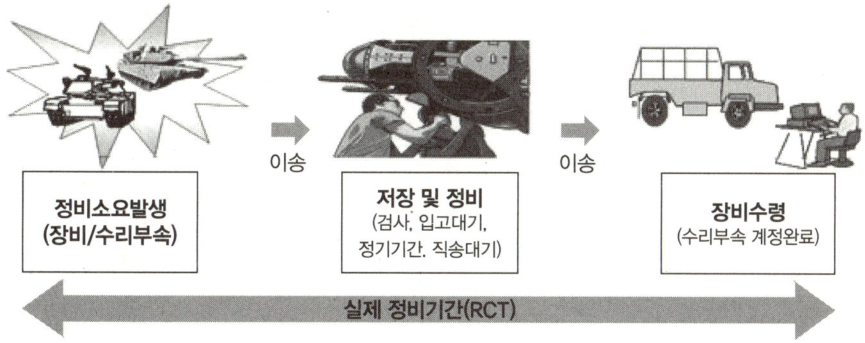

출처: 최수동·우제웅·선미선, 전게서, p.172.

<표 8-19> 각 군의 정비기간 종합분석

구분		군직정비		외주정비		해외정비	
		건수	평균	건수	평균	건수	평균
육군	'05년	2,921 (완성장비)	141일 (완성장비)	741 (완성+수리)	259일	1,163 (수리부속)	513일
	'06년	2,637 (완성장비)	99일 (완성장비)	918 (완성+수리)	248일	897 (수리부속)	339일
	'07년	2,944	85일	910 (완성+수리)	232일	1,120 (수리부속)	320일
	'08년	2,654	88일	951 (완성+수리)	223일	1,333 (수리부속)	363일
해군	'06년	42,515 (완성장비)	18일	826 (수리부속)	201일	1,943 (수리부속)	284일
		4,814(함정)	17일				
	'07년	54,127 (완성장비)	18일	762 (수리부속)	157일	1,544 (수리부속)	278일
		4,727	17일				
	'08년	78,605 (완성장비)	19일	634 (수리부속)	151일	1,207 (수리부속)	243일
		3,062	17일				
공군	'05년	35,590 (수리부속)	150일	17,832 (수리부속)	223일	12,346 (수리부속)	213일
	'06년	36,436 (수리부속)	150일	18,907 (수리부속)	212일	12,115 (수리부속)	174일
	'07년	4,697 (수리부속)	161일	15,238 (수리부속)	245일	12,859 (수리부속)	182일
	'08년	1,892 (수리부속)	162일	4,653 (수리부속)	238일	13,367 (수리부속)	201일

출처 : 최수동·선미선·이혁수, 전투부대 중심의 군수지원 성과분석 및 평가, 한국국방연구원, 2009.3. pp.180-181.

래 대비 정비능력 발전 미흡 등의 이유로 정비기간이 장기화되고, 정비요구 대비 실
정비 비율이나 복구성 품목에 대한 재생률이 낮아 정비의 효율이 떨어지며, 사용자

중심의 성과평가체제 미비로 사용자의 편의성도 낮은 실정이다. 군수지원 속도 향상을 통한 국방예산절감을 위해서는 정비기간의 단축이 필요하다.

〈그림 8-10〉은 앞에서 설명한 정비개념을 간단히 도식화한 것이다. 정비기간 단축은 한정된 예산을 효율적으로 활용하여 장비의 가동률을 향상시켜야 하는 현실에서 동일한 예산 투입으로 전투준비태세를 제고시키는 주요한 방안이다.

〈표 8-19〉는 육·해·공군의 군직, 외주, 해외정비의 정비기간을 2005년부터 2008년까지 나타내고 있다. 각 군은 정비기간에 대한 성과관리 개념을 도입하여 실시하고 있으며 이에 따라 전반적으로 정비기간이 감소하였다.

특히 육군의 2005년 대비 2008년 RCT는 군직정비가 37%, 외주정비가 14%, 해외정비가 29% 단축되었다. 이는 성과관리의 필요성을 인식하여 노력한 결과로 판단된다(특히 해외정비). 해군의 RCT의 경우 군직은 거의 동일하나 외주정비가 25%, 해외정비가 14% 단축되었다. 공군은 타 군과 상이하게 군직정비 및 외주정비기간이 증가하였으며, 해외정비도 축소 후 다시 증가하고 있는 경향을 보이고 있다. 이는 F-4D/E, F-5 E/F 등 30년 이상 장기 운용한 항공기 구성품의 불규칙적인 결함 발생으로 안정적 정비계획이 곤란하기 때문인 것으로 판단된다.

정비기간 단축을 위해서는 수리부속의 적기 조달이 가장 중요한 요소이며, 이를 위해서는 수요예측정확도의 제고방안 마련, ASL 선정기준 개선, 군수재고운영자금의 도입 등이 필요하다.

2. 종합군수지원

가. 종합군수지원 태동배경

1960년대 초에 미국은 핵 위주의 전략에서 탈피하여 재래식 무기의 전략적·전술적 가치를 재평가하게 되었으며, 이에 따라 재래식 정밀무기 개발에 박차를 가하기 시작하였다. 그러나 세계를 상대로 한 방대한 장비소요와 투자비 증대, 고도의 과학기술 응용에 따른 장비의 정밀성과 복잡성으로 더 이상 주장비 위주의 개발만을 추구할 수 없게

됨에 따라 무기체계 개발의 총합적 관리가 강조되었으며, 특히 성능의 지속적 보장, 연구개발 투자비의 효율성 증대, 군수지원요소의 적시 적절한 개발 및 배치를 위하여 1964년부터 미 국방성에서 종합군수지원(ILS: Intergrated Logistic Support)제도를 적용하기 시작하였다.[341]

이러한 미군의 종합군수지원은 걸프전과 이라크전에서 뚜렷한 전과를 거두게 된다. 걸프전과 이라크전은 충분한 사전전쟁준비와 전쟁수행과정에 있어서 보급, 정비 및 수송 등의 종합군수지원이 어떻게 승리를 보장하는가를 보여준 전쟁이었다. 특히 이라크전에서 지상군의 신속한 이동을 보장하기 위해 전투부대와 보급부대가 동시에 기동하거나 보급품을 사전 기동로에 공중 투하하는 '공세적 군수지원' 또는 '속도 군수'를 수행하여 작전을 신속하게 성공적으로 지원했다. 따라서 걸프전과 이라크전을 군수전쟁이라고 부르기도 하지만 초정밀무기로 무장되고 충분한 군수지원을 받는 다국적군과 한 세대 뒤떨어진 무기체계와 제한적인 군수지원을 받는 이라크군과의 전쟁은 이미 싸우기 전에 승패가 결정되었다.

우리 군의 군수지원정책은 미군의 군원정책에 따라 미군의 무기체계를 무상으로 도입하게 됨에 따라 미군의 군수지원제도를 적용하게 되었다. 그러나 1960년대 말 및 1970년도 초의 국내외적 안보환경 변화에 따라 우리 군은 1970년대 초에 자주국방 체제로 전환하면서 군사력 건설의 일환으로 방위산업의 발전을 통한 독자적인 무기 체계 개발을 위해 많은 노력을 투입해왔다. 그 결과 기본병기에 대한 국내 소요를 충족하는 한편 1980년도 이후에는 고도정밀 무기생산을 위해 국내 연구개발과 기술도입생산을 추진하였다. 그러나 이러한 무기체계 획득과정에서 주장비 위주의 획득정책 추진은 군수지원 측면에서 보면 장비운용에 대한 많은 문제를 발생시켰다. 획득장비에 대한 불충분한 정비개념 및 교리에 따라 정비업무량이 과다하게 소요되는 등 불가동시간이 장기화되었으며, 해외로부터 구매하는 수리부속의 단종이 증가됨에 따라 장비의 가동률이 낮아지고 정비를 위한 비용이 과다하게 소요되는 등 많은 문

---

341 이용호, 「국방사업전문 획득군수과정」, 서울: 국방대학교 직무연수원, 2011, p.5.

<table>
<tr><td colspan="2" align="center">〈표 8-20〉 한국형 전차 군수지원 문제점</td></tr>
<tr><td align="center">요소</td><td align="center">내용</td></tr>
<tr><td align="center">정비계획</td><td>• 장비정비에 따른 정비지원부대 미 보강
• 일반정비(GS) 지원체제 구비 지연
• 정비대충장비 미확보</td></tr>
<tr><td align="center">지원장비</td><td>• 특수공구 및 시험장비 일부 누락
• 엔진 인양장비 부적합</td></tr>
<tr><td align="center">보급지원</td><td>• 추가소요 수리부속 및 물자 미확보
  – PLL 및 ASL 미책정
  – 4계절 부동액, 쌍안경, 유관 및 위장망 등</td></tr>
<tr><td align="center">군수인력운용</td><td>• 포탑 정비병 신주특기 미인가(지연인가: 89명)
  – M48계열: 기계식
  – K–1전차: 전자식</td></tr>
<tr><td align="center">군수지원교육</td><td>• 실무교육(OJT) 지연
  – 장비배치 후 7개월 이후 실시
  – 직접지원(DS)급 정비교육
• 체계적인 학교교육 미흡
  – 교관능력 및 교보재 부족
  – 이론위주 교육</td></tr>
<tr><td align="center">기술교범</td><td>• 기술교범 지연 보급 및 지원계획 미 전파</td></tr>
<tr><td align="center">정비 / 보급시설</td><td>• 정비고, 탄약고 시설공사 지연</td></tr>
</table>

출처: 이용호, 전게서, p.8에서 재인용.

제점이 발생되었다. 또한 외국에서 개발되었거나 운용 중인 장비를 패키지(Package) 단위로 획득, 운용하였던 과거와는 달리 독자적인 연구개발을 추구함에 있어서는 개발 초기단계에서 군수지원요소의 식별, 군수지원 용이성과 지원요소를 최소화할 수 있도록 주장비를 설계할 때부터 주장비와 동시적인 군수지원요소의 개발, 생산, 배치, 그리고 배치 후의 정비, 보급 문제 등을 고려해야 하는 상황에 직면하게 되었다. 이에 따라 우리 군은 1978년에 국산장비의 야전운용실태 조사를 실시하게 되었으며, 이러한 실태조사를 근거로 방위력개선사업 추진과정에서 많은 군수지원 문제가 있음을 인식하게 되었다. 이에 따라 1980년대 초 K1 전차 개발 시 최초로 종합군수지원의 기본개념과 적용모형을 개발하기 시작하였다. 그러나 K1 전차 개발 시 종합군수지원 사항을 충분히 고려하여 추진한다고 하였으나 〈표 8-20〉과 같은 군수지원 문제가 발생하였다. 따라서 우리 군은 이와 같은 문제점을 해결하기 위해 1987년과 1988년에는 종합군수지원 관련 규정을 제정하고, 관련 기구 및 조직을 편성하여 운영해왔다. 현재는 방위사업청에 개발 ILS 조직을 두는 한편 각 군에도 운영 ILS 기구를 설치하여 종합군수지원의 중요성에 대한 공감대를 형성한 상태에서 종합군수지원에 관한 업무를 정착해 가는 단계에 있다.[342]

나. 종합군수지원 개념과 원칙

(1) 종합군수지원 개념

종합군수지원은 무기체계가 획득되어 야전에 배치됨과 동시에 전력이 될 수 있도록 발전시켜야 하는 요소로서 전투발전요소와 종합군수지원요소로 구분된다.[343] 전투발전요소는 군사교리, 부대편성, 교육훈련, 시설, 무기체계 상호운용에 필요한 하드웨어 및 소프트웨어와 주파수 및 통신회선이 포함된다.

종합군수지원이란 장비의 효과적인 군수지원을 보장하기 위하여 무기체계의 소요기획단계에서부터 설계, 개발, 획득, 운영 및 폐기 시까지 전 과정에 걸쳐 제반 군수지원요소를 종합적으로 관리하는 활동이다.[344] 여기에서 '종합(Intergrated)'이란 의미는 무기체계의 설계, 개발, 획득과정에서의 군수지원 업무를 주장비 획득업무와 동시에 이루어지도록 관리함으로써 군수지원의 적시성을 보장하는 것이며, 군수지원요소별 업무를 기능적으로 종합한다는 것이다.

종합군수지원의 목적은 무기체계의 수명주기 기간에 필요로 하는 제반 군수지원요소를 적시에, 적절하게 획득하고 유지하여 장비의 전투준비태세를 최대화하고 수

---

342 이용호, 전게서, pp.6.

343 방위사업관리규정 제281조.

344 방위사업청, 『장비 제작업체를 위한 종합군수지원(ILS) 업무 안내서』, 서울: 방위사업청 사업관리본부, 2007, p.1.

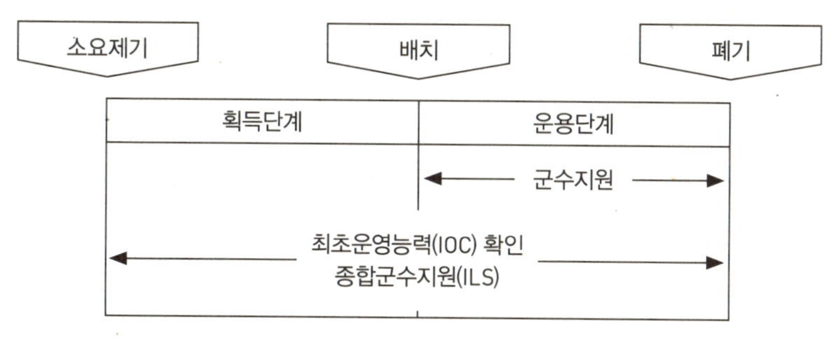

〈그림 8-11〉 종합군수지원 업무범위

명주기비용을 최소화하는 데 있다.[345]

무기체계에 대한 종합군수지원 업무범위는 〈그림 8-11〉과 같이 획득단계와 운용단계로 대별할 수 있다.

종합군수지원은 획득과 운용단계를 모두 포함한 전 수명주기를 대상으로 획득부서에서 업무를 주관하며, 업무 중점은 무기체계에 대한 군수지원요소의 동시 획득보장에 둔다. 최초운영능력(IOC) 확인은 초도배치된 장비의 군수지원성을 최종적으로 확인 및 조치하기 위하여 실시하는 것으로 획득과 운영의 분기점이 된다.

종합군수지원업무는 최초운영능력 확인결과에 대한 미비점을 보완함으로써 종료되고, 이후에는 현행 군수지원체제에 병합하여 수행된다.

(2) 종합군수지원의 원칙

종합군수지원 원칙은 다음과 같다.[346]

첫째, 종합군수지원요소의 확보는 무기체계의 설계·개발 및 획득과정과 함께 동시에 추진되어 무기체계 수명주기 기간 동안 종합군수지원의 적시성과 지속성이 보장

---

[345] 방위사업청, 전게서, p.1.

[346] 방위사업관리규정 제283조.

되도록 하여야 한다.

둘째, 방위사업청(통합사업 관리팀장)은 소요군과 협조하여 주장비에 요구되는 군수지원 소요를 정립하고 군수지원요소(필요시 성과기반 군수지원(PBL)의 범위, 성과지표, 평가방법 등 적용 계획 포함)를 개발·획득한다.

셋째, 주장비 및 지원장비는 표준화와 호환성을 유지하고, 가급적 현 지원체제와 호환성 및 상호운용성을 유지할 수 있도록 개발하여 운영유지비의 최소화를 통한 경제적인 군수지원이 보장되도록 한다.

넷째, 야전배치 시 제공된 개발제원은 장비운용기간 중 경험제원을 수집·분석하여 최신 제원으로 갱신하고 차기 무기체계개발에 활용하도록 한다.

다섯째, 방위사업청(사업관리본부장)은 국산화 추진원칙에 따라 종합군수지원요소를 확보하고자 하는 경우에는 국산화를 우선적으로 검토하여야 한다. 이 경우 방위사업청이 정하는 규모 이상의 종합군수지원요소에 대하여는 별도의 연구개발사업 절차에 의할 수 있다.

여섯째, 종합군수지원요소의 확보는 주계약업체로부터 일괄구매를 우선으로 고려하되, 별도의 구매가 국가에 유리하거나 일괄구매가 금지된 품목이나 국가계약법령 등 관련 법령에 의해 별도 구매를 하여야 할 경우에는 그러하지 아니하다.

방위사업청(사업관리본부장)은 선행연구를 수행하기 전에 소요요청기관으로부터 목표, 정비환경 및 정비개념(필요시 성과기반 군수지원 개념 포함), 운용 및 정비소요(운용소요, 정비소요, 목표운용가용도, 유사장비 등의 군수지원 분석자료) 등의 내용을 제출받아 종합군수지원요소를 식별하고, 중기계획 수립 및 예산편성 과정에서 소요군과 협의하여 종합군수지원요소를 보완·발전시킨다.

다. 종합군수지원요소와 절차

우리 군의 종합군수지원요소는 1983년 미 육군의 종합군수지원요소를 모방하여 9개

〈표 8-21〉 종합군수지원 11대 요소

- 연구 및 설계반영
- 정비계획
- 보급지원
- 군수지원교육
- 포장, 취급, 저장 및 수송
- 기술자료 관리
- 표준화 및 호환성
- 지원장비
- 군수인력운영
- 기술교범
- 정비 및 보급시설

출처: 방위사업관리규정 제296-307조.

요소로 설정한 이래 3차에 걸친 규정 개정을 통해 현재는 11개 요소로 확정되었다.[347]

종합군수지원요소는 장비 수명주기 동안 장비를 효율적이고 경제적으로 운용유지할 수 있도록 군수지원을 보장해주는 유·무형적 제반 사항을 분야별 비중에 따라 설정하며, 이는 종합군수지원업무 영역을 정립하기 위한 요소로 구성되어 있다.

종합군수지원요소는 〈표 8-21〉과 같다.

(1) 연구 및 설계반영

연구란 무기체계에 대한 최적의 종합군수지원개념을 형성할 수 있도록 이를 구체화하고 확정하기 위한 관련 자료를 수집하여 검토, 분석 및 연구하는 활동을 말하고, 설계반영이란 종합군수지원 활동과정에서 군수지원 요구사항을 주장비 설계 및

〈표 8-22〉 종합군수지원 전 과정 반영사항

연구활동 시 반영사항	설계 시 반영사항
- 종합군수지원 자료수집 및 획득활동 - 핵심기술 획득 및 관리 유지의 기술적 기반 구축 활동 - ILS 개념 형성과 ILS요소 구체화를 위한 관리유지 기술습득 활동 - 야전배치 후의 예상 위험요소 해소 및 최소화	- 주장비 설계에 군수지원 용이성, 지속성, 유지비용의 최소화 - ILS 요소제기, 개발동의서, 계획(ILS-P)에 반영 - 연구단계와 체계개발 중에 ILS 요소를 최대한 설계에 반영

---

347 국방부, 국방전력발전업무훈령 제2조에 의한 【별표 1】 용어의 정의: 방위사업청, 방위사업관리규정 제296조.

개발에 반영하는 활동을 말한다.

그러므로 연구 및 설계반영은 소요제기, 연구개발, 시험평가 및 야전배치 후 최초 요구 운용능력 확인 시까지 종합군수지원 전 과정에 걸쳐 반영하여야 한다. 종합군

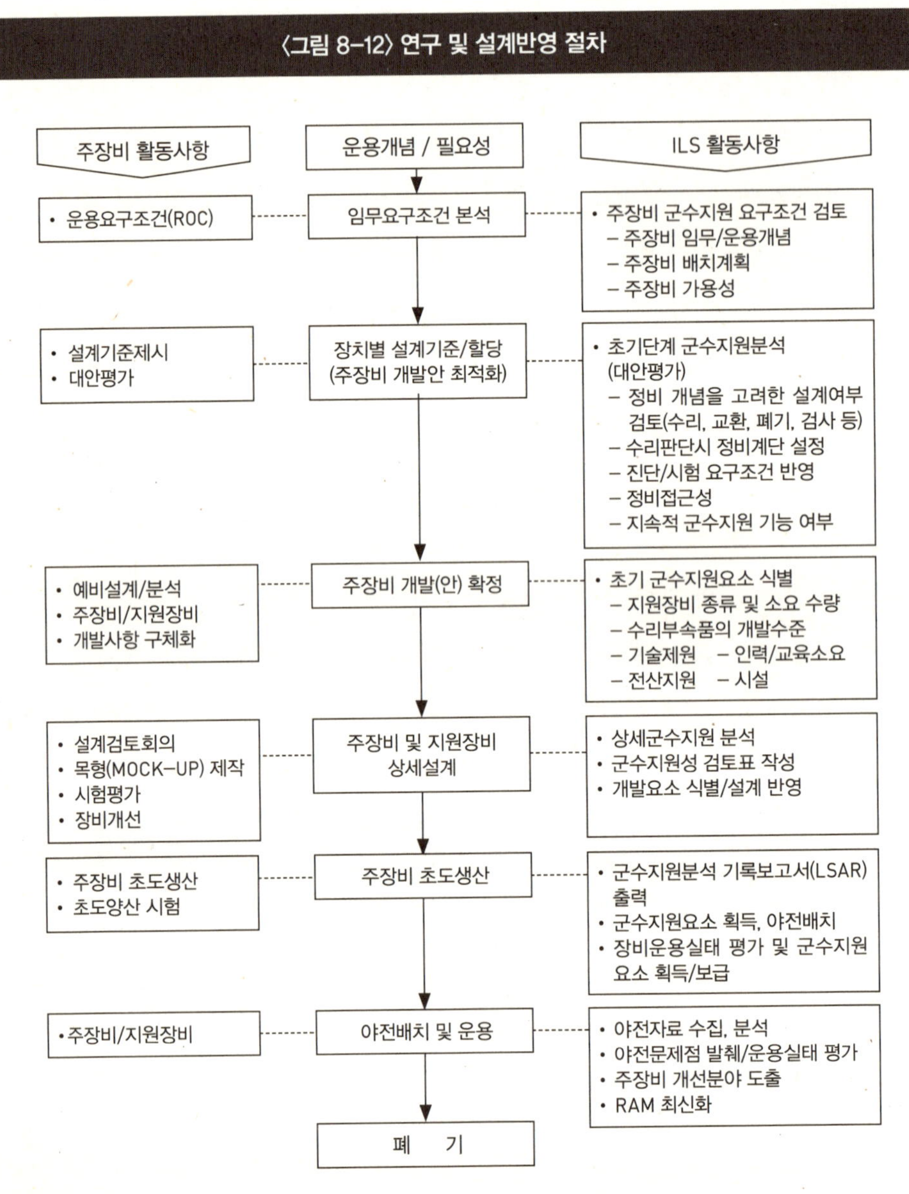

출처: 한성 ILS 홈페이지(http://www.hsils.co.kr/ils1_sub3.htm, 검색일: 2011.12.30)

수지원 전 과정에 걸쳐 반영하여야 할 사항은 〈표 8-22〉와 같다.

연구 및 설계반영 절차는 〈그림 8-12〉와 같다.

(2) 표준화 및 호환성

표준화는 무기체계 개발 및 획득 시 제품(장비, 결합체, 부분품, 재료, 물자 등), 방법(설계, 시험평가, 사용, 정비 등)에 대하여 최대한의 공통성을 실현하는 것으로 군수지원요소를 단순화시켜 주는 군수지원성을 제고하는 활동이다. 장비 및 물자의 개발 또는 획득 시에는 소요되는 재질, 구성품, 소모품 등이 최대한 호환성을 유지하도록 다음 사항을 반영하여 지원소요를 단순화한다.

① 신규개발로 획득할 장비와 배치운용 중인 장비 간의 표준화 및 호환성이 유지되도록 무기체계 신규소요 결정과 연구개발 시 설계에 반영
② 종합군수지원요소는 체계개발동의서, 개발계획서 및 종합군수지원계획서 등에 포함시켜 표준화 및 호환성 검토
③ 무기체계 주장비와 부수장비 등에 대한 표준화는 종합군수지원계획서에 포함하여 추진
④ 부대 및 야전 정비계단에 대한 종합군수지원요소 개발 시 표준화 및 호환성 반영

표준화 및 호환성을 위한 절차는 〈그림 8-13〉과 같다.

(3) 정비계획

정비계획은 무기체계 운용 시 정비업무의 용이성을 제고시키기 위하여 정비 관련 사항을 분석, 판단하고 정비계획을 수립하는 활동이다.

무기체계는 정비지원이 용이하도록 하기 위하여 필요한 지원요소를 개발하여 분석하고, 획득과정을 통하여 계속 개선될 수 있도록 정비개념, 정비업무량 추정 및 분

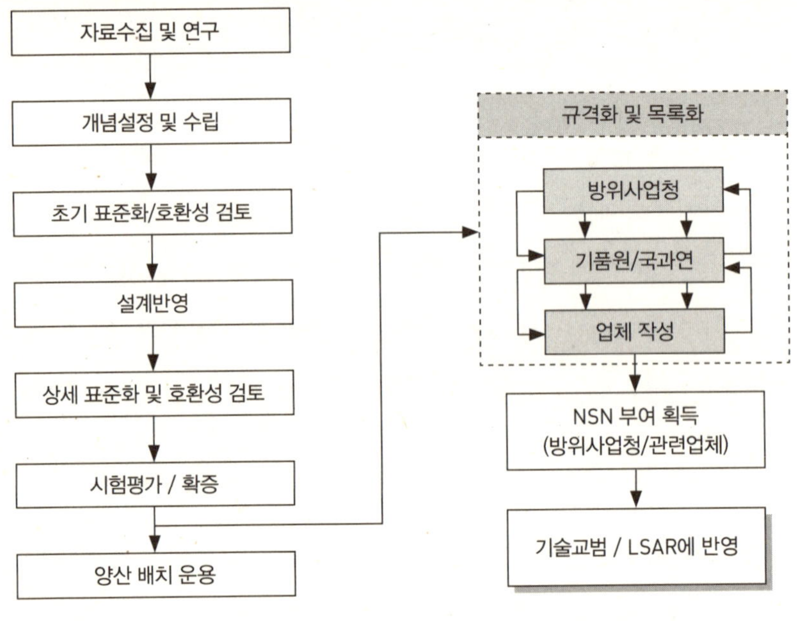

출처: 한성 ILS 홈페이지(http://www.hsils.co.kr/ils1_sub3.htm, 검색일: 2011.12.30)

석, 정비지원시설 소요와 정비 할당표, 정비지원을 위한 기술요원 주특기 소요 및 주특기별 기술수준, 정비대충장비(M/F) 소요, 기능분류 및 지원책임, 하자보증 및 사후관리지원(A/S)의 수행방법 등을 포함한다. 이 경우 정비개념은 무기체계의 운용개념을 기초로 무기체계의 기능분석을 통하여 설계 전에 수립되어야 하며, 무기체계의 정비계단 구분, 계단별 정비방침 및 책임, 정비 허용시간, 정비지원 여건 등을 포함하여야 한다.

정비개념을 설정할 경우에는 정비계단이 설정된 정비지원 책임, 정밀·고가장비 등 장비의 특수성, 목표운용 가용도, 임무수행에 대한 무기체계의 긴급성, 무기체계운용과 군수환경, 운영유지비의 최소화 등을 고려하여야 한다.

설정된 정비개념은 무기체계설계 시 군수지원 가능성 판단을 위한 기초를 제공하고, 군수지원 소요판단과 정비계획수립, 정비 할당표 작성을 위한 근거를 제공할 수

358

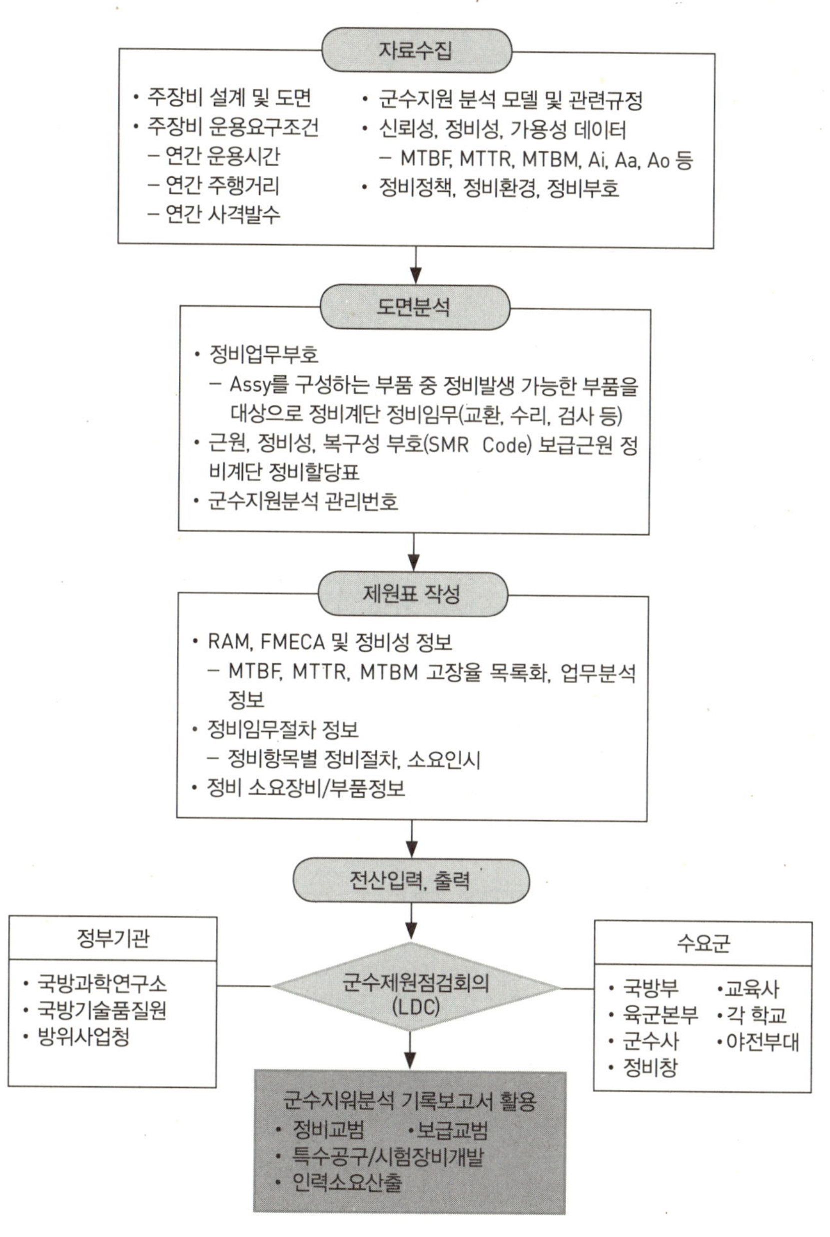

출처: 한성 ILS 홈페이지(http://www.hsils.co.kr/ils1_sub3.htm, 검색일: 2011.12.30)

있어야 한다.

또한 정비업무량 추정 및 분석은 정비대상 품목의 정비인시 소요를 예측하고, 예측된 정비업무량에 대하여 수리와 교환으로 구분하며, 적정 정비계단을 설정한다.

정비업무량 추정 및 분석은 개발기관이 주관하여 수행하고, 군은 개발기관의 요구가 있을 때 소요자료를 제공한다.

정비계획 수립절차는 〈그림 8-14〉와 같다.

(4) 지원장비

지원장비는 주장비의 운용유지에 필요한 모든 부수장비를 말한다. 이 요소의 업무 중점은 부수장비의 질적(품목, 특성), 양적(기준소요량) 소요를 판단하고 획득하는 것이다.

지원 및 시험장비는 정비업무량에 영향을 미치며, 무기체계의 안정도 및 사용효과를 좌우할 뿐만 아니라 종합군수지원 비용의 많은 부분을 점유하는 중요한 요소이다.

지원장비는 최대한 호환성을 유지시켜 현용 지원장비를 지속적으로 사용할 수 있도록 개발에 반영되어야 하며, 시험측정 및 검사장비, 정밀측정 장비, 계측기 및 교정장비, 구난차, 크레인, 지게차 등 물자취급 장비, 발전기, 냉난방기, 특수천막 등 보조장비 및 물자, 유류 및 탄약지원 장비, 근접 정비지원용 장비 등이 포함되어야 한다.

(5) 보급지원

보급지원은 무기체계를 운용유지하는 데 필요한 지원물자, 제원, 인원 등을 소요판단, 획득, 보급하는 활동이다. 보급지원요소의 핵심내용인 초도 보급준비는 신장비를 배치한 초기단계(통상 3년)에 소요되는 지원품목의 범위와 소요량을 결정, 획득하는 과정으로 무기체계의 운용가용도에 중요한 영향을 미치기 때문에 업무의 정확성이 특별히 요구된다.

보급지원에 포함되고, 고려되어야 할 사항은 ① 보급지원 및 지원절차 수립, ② 동시조달수리부속(CSP) 및 기본불출품목(BII) 소요산정, ③ 규정 휴대량 목록(PLL) 및 인가저장목록(ASL) 설정, ④ 정비용 공구 및 공구키트, ⑤ 유류 및 탄약 소요, ⑥ 제대별 보급저장수준 설정, ⑦ 보급지원 활동을 위한 소요판단 및 편성, ⑧ 보급지원을 위한 목록 및 제원 등이다.

(6) 군수인력운용

인력 및 인사는 무기체계 운용유지에 소요되는 일정한 기술능력을 갖춘 인원과 이들 인원의 충원활동이다. 이 요소의 업무 중점은 무기체계의 운용유지에 필요한 운용요원, 정비요원, 보급요원에 대한 인력소요가 최소화되도록 인간공학적 요소를 고려하여 주장비 설계에 반영하고, 요구되는 기술수준에 부합되는 인원이 충원되도록 계획을 수립하는 것이다.

특히 기술요원은 정비지원과 보급지원 요소에서 판단된 주특기별 인원이 충원되도록 편제업무에 통합되도록 하여야 한다. 인력운용에는 ① 장비운용을 위한 소요인력 판단, ② 장비유지 및 지원을 위한 기술 특기별 소요인력 판단, ③ 특수기술 및 위험한 기술에 대한 인력소요 판단, ④ 손실병력에 대한 경험제원, ⑤ 무기체계 운영유지를 위한 편성인력의 기술 특기별 충원계획, ⑥ 학교교육을 위한 추가 교관 소요판단 등이 포함되어야 한다.

(7) 군수지원교육

군수지원교육은 무기체계의 시험평가, 유지보수에 필요한 사항을 일정한 수준이 되도록 인원을 교육훈련시키는 활동과 그에 필요한 교육장비 및 교보재를 말한다. 이 요소의 업무 중점은 시험평가요원, 기술(운용, 정비)요원의 교육훈련 소요판단과 교육계획 수립 및 시행, 교육훈련을 위한 교육훈련 장비 및 교보재 소요판단, 설계, 제작, 획득하여 관리하는 것이다.

교육훈련계획 수립 시에는 ① 시험평가요원 및 교관요원 선발, 훈련, ② 부대훈련 및 학교교육에 대한 소요판단, ③ 신장비에 대한 훈련계획, ④ 교육훈련 소프트웨어, 훈련물자, 장비, 교육 교보재의 소요판단 및 개발, ⑤ 교육 교보재의 지원방안 등이 고려되어야 한다.

종합군수지원요소 개발 시 운용 및 기술요원에 대한 초도배치 전 교육계획을 수립하여 종합군수지원계획서(ILS-P)에 반영한다.

(8) 기술교범

기술교범(Technical Manual)은 주요 장비 및 물자의 사용을 위한 원리, 설치, 사용, 정비, 점검 등에 관한 지식과 이에 필요한 수리부속품, 특수공구 목록, 그리고 전문적이고 기술적인 업무 수행을 위한 정보와 지침이 수록된 발간물로서 사용자 교범, 보급 교범, 부대정비 교범, 야전정비 교범, 창정비 교범, 전자식 기술교범(IETM) 등이 이에 포함된다.

(9) 포장, 취급, 저장 및 수송

포장, 취급, 저장 및 수송은 무기체계의 포장, 취급, 저장 및 수송에 필요한 특성 요구사항, 제한사항을 판단하여 획득업무에 반영하고 지원하는 활동이다.

이 요소의 업무 중점은 주장비 및 군수지원요소를 경제적이고 안전하게 포장, 취급, 저장 및 수송할 수 있도록 제원을 수립하여 설계 및 개발에 반영하며 안전대책을 강구하는 것이다.

포장, 취급, 저장 및 수송에는 다음 사항을 개발하여 반영하여야 한다.

① 수송 제한사항(무게, 크기, 부피 등)을 설정하여 설계, 개발에 반영

② 특수면허 및 방법 소요 시 수송기관과의 협의

③ 수송의 안전대책과 법적 제한사항에 대한 대책 강구

④ 보급품 포장의 국내외 표준화·규격화

⑤ 취급의 용이성, 안전성 보장에 필요한 사항

⑥ 수송, 취급, 저장 작업의 효율성과 경제성 제고를 위한 보호수준 설정

⑦ 독성, 인화성, 부식성, 동파성, 방전성, 변질성 등에 대한 대책 등

(10) 정비 및 보급시설

정비 및 보급시설은 무기체계의 획득, 운영유지에 필요한 모든 부동산과 관련 설비 및 장비를 말하며 이 요소의 중점 업무는 무기체계의 운용, 시험, 교육훈련, 보급, 정비, 수송 관련 시설과 이들 시설의 설비 및 취급 장비의 소요를 판단하고 획득하는 것이다.

시설소요의 획득업무는 무기체계의 개발과 병행하여 소요가 판단되어야 하며, 무기체계가 배치되었을 때 즉시 사용될 수 있도록 추진되어야 한다.

시설계획 수립 시 다음 사항을 반영하여야 한다.

① 현존 시설의 사용, 개조, 개량 가능성 판단

② 주장비 운용에 필요한 부대시설 및 지원시설 건설소요

③ 주장비 정비에 필요한 정비계단별 정비시설 소요

④ 기술, 운용시험 실시장소 및 시설소요

⑤ 시설보안 및 전술적 대책

⑥ 운용 및 정비시설의 환경대책

⑦ 보급품 저장시설 소요 및 저장환경

⑧ 특수시설 및 훈련시설 소요

⑨ 시설지원 계획 수립

(11) 기술자료 관리

기술자료 관리는 무기체계의 획득 및 운용유지에 필요한 모든 기술 발간물과 자료를 관리하는 것을 말하며, 여기에는 주장비, 지원 및 시험장비, 훈련장비, 시설 등의 개발, 생산, 시험평가, 운용 보급정비, 비군사화 등에 사용되는 모든 기술문서 및 기술자료가 여기에 포함된다. 이 요소의 업무 중점은 기술발간물 및 자료의 소요를 판단하고 획득하여 관리하는 것이다.

종합군수지원 기술자료는 기술자료묶음(TDP), 운용제원, 기술자료 관리를 위한 전산체계 구축사항 등이 포함되어야 하며, 필요시 영상, 음향자료 및 전산자료를 포함

한다.

기술자료묶음은 규격서, 도면, 부품 및 공구목록, 생산 공정도 및 제원, 시험평가 제원과 같은 개발 및 생산제원, 운영 및 정비제원 등을 포함한다.

기술자료 관리를 위한 전산체계 구축은 ① 전산체계 구성 및 하드웨어, ② 무기체계별 소프트웨어 및 기술 분석자료, ③ 인력 및 시설 소요 등을 고려하여 전산장비 확보, 관련 프로그램 개발 및 인력운영 등이 포함되어야 한다.

라. 종합군수지원의 구분

종합군수지원은 야전운용 간 종합군수지원, 계약업체에 의한 군수지원, 성과기반 군수지원, 비무기체계 종합군수지원 등으로 구분하여 지원할 수 있다.

(1) 야전운용 간 종합군수지원[348]

종합군수지원요소는 주장비의 성능발휘 및 운용유지를 보장할 수 있도록 통합하거나 부대단위로 주장비와 동시에 보급하거나, 야전부대의 정비지원 사전준비를 위하여 주장비 보급 이전에 완료하는 것을 원칙으로 하고 있다.

무기체계 운영단계에서 각 군은 야전 경험 자료를 수집·분석하여 그 결과를 개발기관 및 기품원에 환류시켜 무기체계의 성능개량 및 개조가 가능토록 하고, 차기 유사 무기체계 개발 시 경험 자료로 활용토록 하여야 하며, 방위사업청은 주요 신규장비에 대하여 야전운용자료 수집·분석계획을 수립하여 종합군수지원계획서(ILS-P)에 포함하여 추진할 수 있도록 하고 있다.

각 군과 방위사업청은 필요시 야전운용자료 수집·분석계획을 중기계획에 반영할 수 있으며 업체에 의뢰하여 수행할 수 있다.

완제품 창정비 지원요소의 개발완료 시기는 무기체계별로 특성을 고려하여 설정한다. 다만 국외 구매하여 조립하는 품목의 범위에 따라 조기에 군수지원능력을 확

---

348 국방전력발전업무훈령 제226조.

보하도록 하고 있다.

(2) 계약업체에 의한 군수지원[349]

방위사업청은 소요군과 협조하여 일정 기간 동안 업체와 계약을 체결하여 업체로 하여금 군수지원의 일부 혹은 전부를 수행할 수 있다.

계약업체에 의한 군수지원은 신규 무기체계 또는 고가의 첨단장비로 소요군의 정비능력이 제한되는 무기체계를 대상으로 하며, 계약기간은 방위사업추진위원회 또는 방위사업추진위원회 사업관리분과위원회에서 정한 기간 또는 소요군이 군수지원 능력을 확보할 때까지이다.

계약업체가 할 수 있는 군수지원 범위는 정비, 수리부속 보급, 운용 및 정비요원 교육, 야전 경험제원 산출 등 종합군수지원 11대 요소의 일부 혹은 전부이며, 업체 요원이 야전에 상주하면서 현장 위주의 군수지원을 하게 된다.

(3) 성과기반 군수지원[350]

각 군 및 기관은 무기체계 및 비무기체계의 효율적 운영을 위하여 필요한 경우, 일정 기간 동안 계약에 의하여 방산업체 등으로 하여금 군수지원의 전부 혹은 일부를 수행하게 하고, 성과지표에 근거하여 그 성과에 따른 대가를 지급하는 성과기반 군수지원을 실시할 수 있다. 다만, 방위력개선사업의 경우 방위사업청이 소요군과 협의하여 실시할 수 있다.

성과기반 군수지원 대상은 신규 전력화 무기체계 및 비무기체계, 고가의 첨단장비로 소요군의 정비능력이 제한되는 무기체계 및 비무기체계, 기타 성과기반 군수지원 시행이 효율적인 군수품이며, 성과기반 군수지원 적용기간은 소요군이 정한 기간(방위력개선사업의 경우 방위사업추진위원회 또는 방위사업추진위원회 사업관리분과위원회가 결정한

---

349 방위사업법 시행령 제28조 제3항 및 국방전력발전업무훈령 제227조.

350 국방전력발전업무훈령 제228조.

기간)이 된다. 이때 성과기반 군수지원 범위는 정비, 보급, 군수지원 교육, 수송, 정비 및 보급시설, 기타 경험제원 등 종합군수지원요소의 일부 혹은 전부가 된다.

(4) 비무기체계 종합군수지원[351]

비무기체계를 획득하는 기관은 종합군수지원요소를 획득하여야 하며, 주장비 운영유지에 필요한 최적의 군수지원요소에 중점을 두어야 한다.

비무기체계를 획득할 경우 정비계획, 지원장비, 보급지원, 군수인력운용, 군수지원 교육 및 기술교범, 포장·취급·저장 및 수송, 정비 및 보급시설, 기술자료 관리 등 종합군수지원요소로 포함하여야 한다.

각 군은 종합군수지원 관련 자료가 필요할 경우 방위사업청에 지원을 요청하며, 방위사업청은 종합군수지원 관련 자료를 획득하여 제공한다. 각 군은 방위사업청으로부터 획득된 자료를 검토한 후 종합군수지원계획서를 작성하여 사업주관부서에 제출한다. 비무기체계 개발품목 중 소요군의 보급 및 정비능력이 제한되거나 개발업체 군수지원이 효율적일 경우 군수지원의 일부 또는 전부를 일정 기간 계약업체에 의한 군수지원으로 수행할 수 있다.

비무기체계 종합군수지원 중 기타 사항은 무기체계의 종합군수지원절차를 준용하여 적용한다.

마. 램 분석 및 군수지원 분석[352]

(1) 램 분석

램(RAM: Reliability, Availability and Maintainability)이란 신뢰도(Reliability), 가용도(Availability), 정비도(Maintainability)를 나타내는 영어의 앞 글자를 나타내는 말로서

---

351 국방전력발전업무훈령 제229조.

352 방위사업관리규정 제293조.

366

군수지원 업무 중 핵심사항이라고 할 수 있다.

신뢰도는 장비가 주어진 환경조건 하에서 일정 기간 동안 의도된 성능을 수행할 수 있는지를 나타내는 확률을 말한다. 즉, 장비를 일정 기간 동안 운용함에 있어서 고장이 발생하지 않고 운용할 수 있는가를 표시한다. 그러므로 장비의 신뢰도에서 필수적으로 고려되는 변수는 고장간 평균시간(MTBF: Mean Time Between Failure)이다. MTBF는 수리불가능 품목의 경우 부품의 수명주기를 나타내며 수리가능 품목에 대해서는 수리를 요하는 고장이 발생하는 평균적인 기간을 나타낸다.

가용도는 고유가용도와 성취가용도, 그리고 운용가용도로 구분된다. 고유가용도는 이상적인 지원환경(공구, 수리부속, 인력, 교범, 기타 군수지원이 가능한 상태)에서 예방정비를 고려하지 않고 정해진 조건으로 사용될 때 장비가 언제라도 만족스럽게 운용될 확률을 말하며, 성취가용도는 고유가용도와 비슷하나 여기서는 고장정비 및 예방정비 시간이 관련되고 초기 설계과정부터 총 생산시험단계까지 사용된다. 운용가용도는 장비가 실 운용환경에서 정해진 조건 하에 사용될 때 언제든지 만족스럽게 운용될 확률, 비가동시간인 고장정비, 예방정비, 보급대기 등과 관련된다. 즉 가용도는 장비가 고장과 수리를 거쳐 임의의 시점에서 가동상태에 있을 확률을 의미한다. 즉 가용도란 장비가 어떤 주어진 시간 t에서의 장비가 작동할 확률을 나타내며, 이 값은 장비운용에 있어서 가장 기본적이며 필수적인 사항이라 할 수 있다.

신뢰도는 고장의 발생에 따른 임무의 수행능력과 관련되어 있으며, 정비도는 고장 발생 시 혹은 계획정비 시 소요되는 시간에 관련된 것이다. 이와 같이 신뢰도와 정비도에 의해 산출된 MTBF 및 MTTR 그리고 ROC상에 제시되는 임무 유형 및 운용형태 개요(MP/OMS)에 제시되는 운용시간(OT) 등을 매개변수로 하여 CALENDAR TIME 중 운용 가능한 시간을 고려하여 가용도를 판단하게 된다. 따라서 가용도는 신뢰도 및 정비도를 기반으로 하여 산출되는 운용성을 평가하는 잣대가 된다. 정비도는 장비의 고장발생 시 규정된 정비요원이 가용한 물자와 절차를 사용하여 일정 기간 내에 장비를 규정된 상태로 복귀시킬 수 있는 확률을 말한다.

RAM 분석은 체계 수명주기 전 단계에 걸쳐 시행되며 체계 획득과정에서 RAM이

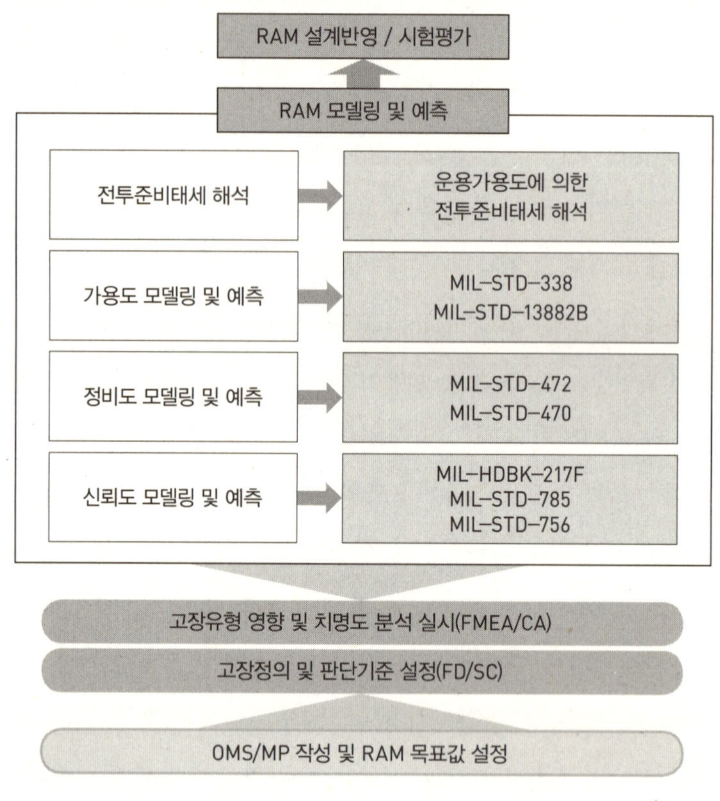

출처: 한성 ILS 홈페이지(http://www.hsils.co.kr/ram1.htm, 검색일:2011.12.30.)

중요한 의미를 가지는 것은 신뢰도 높은 장비를 야전에 배치함으로써 불가동시간을 최소화하는 동시에 운영유지비를 감소시키기 때문이다.

RAM 분석은 RAM 요소를 선정하고, 고장정의를 결정하는 개념형성단계, 고장유형 및 영향을 분석하고 RAM 요소예측 및 시험평가, 결과 자료를 관리하는 체계개발단계, 고장자료, 정비자료를 지속적으로 수집하여 RAM 데이터베이스에 저장하는 생산, 배치 및 운용 단계로 나누어 진행된다. 따라서 RAM 분석은 산출기법과 관련하여 장비의 개발시점이나 운용시점에 있어서 가장 문제가 되는 고장에 대해 장비에 발생할 수 있는 모든 고장에 대한 고장시점을 예측 및 분석하고, 고장이 발생한 경우 정비시간 및 여러 가지 지원성에 대한 검토 등을 통해 장비의 운용성을 증가시킨다. 램 분석절차는 〈그림 8-15〉와 같다.

(2) 군수지원 분석

군수지원 분석(LSA: Logistic Support Analysis)이란 무기체계의 전 수명주기 간에 걸쳐 군수지원요소를 확인 정의, 분석, 정량화하기 위한 체계적인 활동을 말한다.

군수지원 분석은 무기체계 획득관리 전 단계에 걸쳐 체계적이고 반복적으로 수행하여 주장비 설계에 영향을 주어 군수지원의 필요성을 최소화하고 배치 및 운용 시 필요한 군수지원요소를 식별하며 이를 규격화하는 데 업무의 중점을 둔다. 군수지원 분석의 목적은 무기체계가 의도된 목적대로 유효하게 유지되도록 군수지원 요구사항을 결정하기 위해 제시된 지원체제들의 모든 요소들을 지속적으로 최적화하고 시험평가함으로써 군수지원 필요성 및 불가동시간을 최소화하고 지원 및 운용비용과 정비업무 실수(失手)를 극소화하며, 지원체제의 단순화와 지원인력 요구사항의 최소화 등을 달성하는 데 있다. 군수지원 분석이 이루어지는 시기는 무기체계 소요 제안 시부터 최초운용능력의 확인이 이루어질 때까지 계속되며, 초기에는 공학적 추정을 통하여 각 획득 대안에 대한 정비 업무별 소요 및 군수지원요소별 소요를 산출한다. 이들 소요는 장비설계가 진전됨에 따라 더욱 세분화되고 시험평가를 거쳐 갱신, 확정되며 주장비의 야전배치와 함께 필요한 군수지원이 제공된다. 군수지원 분석과 관련된 업무의 기준은 업무의 종류에 따라 다음과 같은 규정들을 적용하고 있다.

① MIL-STD-1388-1A(Logistic Support Analysis)

② MIL-STD-1388-2B(Logistic Support Analysis Data Element Definition)

③ MIL-STD-1629A(Failure Modes And Effects Analysis)

④ MIL-HDBK-472(Maintainability Prediction)

⑤ MIL-STD-1390B(Level of Repair)

<표 8-23> 군수지원 분석 세부 업무 및 자료처리체계

구분	세부 업무	내용
군수지원 분석요소	정비기술 분석 (MEA)	정비기술 분석은 군수기술과 설계기술의 관계를 종합 정리하여 조정하는 것으로써, 유사장비의 기술 분석을 통해 지원성이 좋고 경제적으로 정비 가능한 장비가 되도록 설계반영하는 활동
	고장유형 및 영향분석 (FMEA)	고장유형 및 영향분석은 고장으로 인한 결과나 영향을 결정하기 위해 잠재적인 고장유형을 분석하고 이들 고장유형을 그 위험도에 따라 분류한다. 이 분석결과는 신뢰도 중심정비 분석 및 정비 기능별 소요업무를 확인하는데 기초자료가 된다. 고장유형 및 영향분석은 MIL-STD-1629A(Failure Modes, Effects and Criticality Analysis)를 기준으로 MIL-STD-1388-2B(DoD Requirements for a Logistic Support Analysis Record)에 따라 수행된다.
	치명도 분석 (CA)	치명도 분석은 정성적으로 행하는 고장유형 및 영향분석에 정량적 분석을 부가하는 분석으로서, 고장유형 및 영향분석 측면에서 보면 치명도를 고장율과 같은 수치인 치명도 지수(Critical Number)로 표현하는 것이다. 치명도 분석은 MIL-STD-1629A를 기준으로 MIL-STD-1388-2B에 따라 수행된다.
	신뢰도 중심정비 (RCM)	신뢰도 중심정비는 최소의 순기비용으로 장비의 성능 저하 전에 가용도를 높일 수 있도록 (가능)고장에 대한 계획정비를 개발하기 위한 것이다. 신뢰도 중심정비 분석은 국과연 기술보고서 SYMD-815-88132 (신뢰도 중심정비논리)를 기준으로 MIL-STD-1388-2B에 따라 수행된다.
	정비업무 분석	정비업무 분석은 기술자료, 도면, 고장유형 및 영향분석자료, 신뢰도 중심정비 분석자료 및 기타 관련 자료를 통하여 검사, 시험, 측정, 조정, 수리, 교환, 재생 등의 정비 업무별 소요 및 절차를 개발하기 위한 것으로 MIL-HDBK-472를 기준으로 MIL-STD-1388-2B에 따라 수행된다.
	지원 제원 확인	지원 제원 확인은 정비업무별로 소요되는 지원요소를 확인하는 것이다. 지원제원 확인은 MIL-STD-1388-2B에 따라 수행된다.
자료처리 체계	LOADERS	LSA 수행과정에서 개발된 모든 자료의 처리는 국방부 표준인 LOADERS를 활용하며 모든 처리 절차는 MIL-STD-1388-2B의 규정에 따라 수행된다.

출처: 윈텍 홈페이지(http://www.win-tek.cd.kr/, 검색일: 2011.12.30)

⑥ SYMD-815-88132(신뢰도중심정비) 등

ILS 요소 개발을 위한 군수지원 분석 세부업무(Task) 및 자료처리체계(LOADERS)는 <표 8-23>과 같다.

군수지원 분석절차는 <그림 8-16>과 같다.

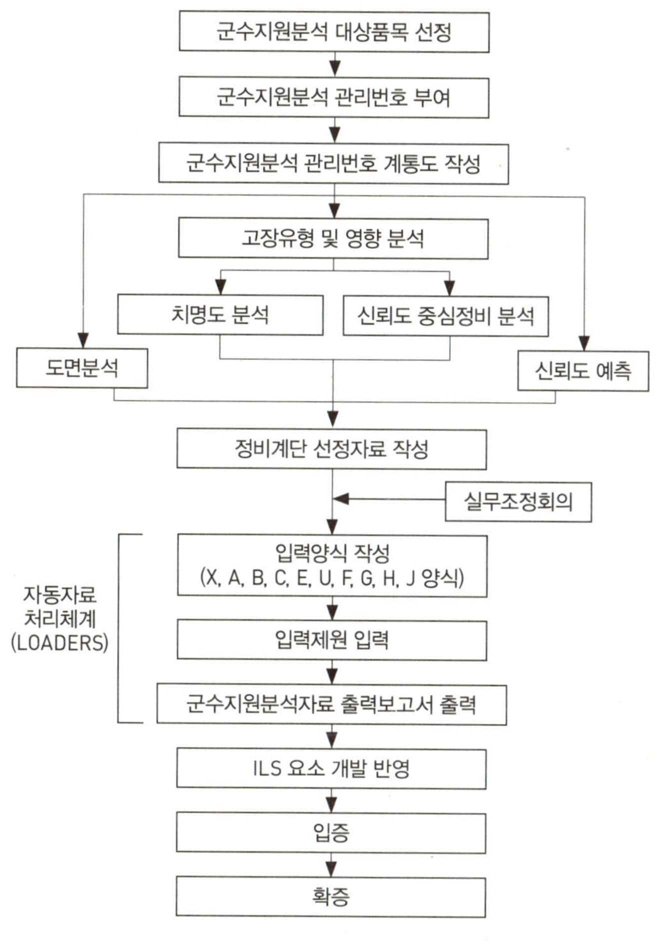

출처: 윈텍 홈페이지(http://www.win-tek.cd.kr/, 검색일:2011.12.30)

군수지원 분석절차를 상세히 설명하면 다음과 같다.

① 대상품목의 파악

장비의 기계, 기구적인 구조를 설계도나 실물을 보고 검토하여 장비의 Assembly들이 어떻게 조립되고 구성되어 있는지, 그리고 Sub-Assembly 및 구성부품들은 무엇인지를 대상품목을 파악하여 분석 시 적용한다. 장비의 구조적 특성은 분석결과에 크게 영향을 미치므로 정확하게 파악하여 반영하여야 한다. 또한 장비의 기계 구조적인 설계는 개발기간 및 시험평가 등을 거치면서 계속적으로 수정, 보완사항이 발생하므로 변경되는 사항이 분석결과에 반영될 수 있도록 해야 한다.

② 군수지원 분석 관리번호 부여

작성된 LCN을 기준으로 하여 군수지원 분석 대상품목에 군수지원 분석 관리번호를 부여하고, 다시 군수지원 분석 대상품목의 상세 목록체계를 작성한다.

③ 군수지원 분석 계통도(LCN Family Tree) 작성

대상품목 파악 시 검토된 장비의 Assembly들의 조립구조를 근거로 하여 군수지원 분석 계통도(LCN Family Tree)를 작성한다.

④ 고장 유형 및 영향 분석(FMEA)

장비의 성능요구 조건들이 성취되기 위해서 운용상 어떤 기술적 위험요소가 있는지 판단하고 분석대상 품목의 고장이 체계운영에 미치는 영향을 판단한다.

⑤ 치명도 분석(CA)

고장 유형 및 영향 분석을 통해 도출된 잠재적인 고장 유형에 대한 치명도를 분석한다.

⑥ 신뢰도 중심정비(RCM) 분석

고장 유형 및 영향 분석, 치명도 분석결과 식별된 정비 업무에 대하여 신뢰도 중심정비 논리를 적용하여 계획정비(예방정비) 업무와 비계획 정비업무소요를 판단한다.

⑦ 도면분석 실시

정비계단 선정자료 작성하기 위한 도면분석 및 실물장비를 검토하여 계획 및 비계

획 정비업무의 절차를 분석한다.

⑧ 신뢰도 예측

신뢰도 분석절차에 따라 대상 장비의 신뢰도를 분석한다.

⑨ 정비계단 선정자료 작성

분석된 도면자료를 근거로 하여 선별된 계획 및 비계획 정비 업무에 대한 정비수준, 정비계단을 판단하고 근원, 정비, 복구성 부호(SMR Code) 및 정비업무 부호(Task Code)를 할당한다.

⑩ 입력양식 작성

자료양식 X, A, B, C, E, U, F, G, H, J의 해당사항을 작성한다.

⑪ 입력제원 입력

작성된 입력양식에 따라 군수지원 분석자료처리체계인 LOADERS에 입력한다.

⑫ 군수지원 분석자료 출력보고서(LSAR Report) 출력

작성된 입력양식은 LOADERS에 의하여 종합군수지원요소개발에 필요한 각종 군수지원 분석자료 출력보고서로 출력된다.

⑬ ILS 요소 개발

군수지원 분석자료 출력보고서를 기초로 하여 기술교범 등 ILS 요소를 개발한다.

⑭ 입증과 확증

입증은 국과연 주관 하에 시제업체와 공동으로 군수지원요소 개발품목에 대해 실시하고, 확증은 소요군 주관 하에 군수지원요소 개발품목에 대해 실시한다.

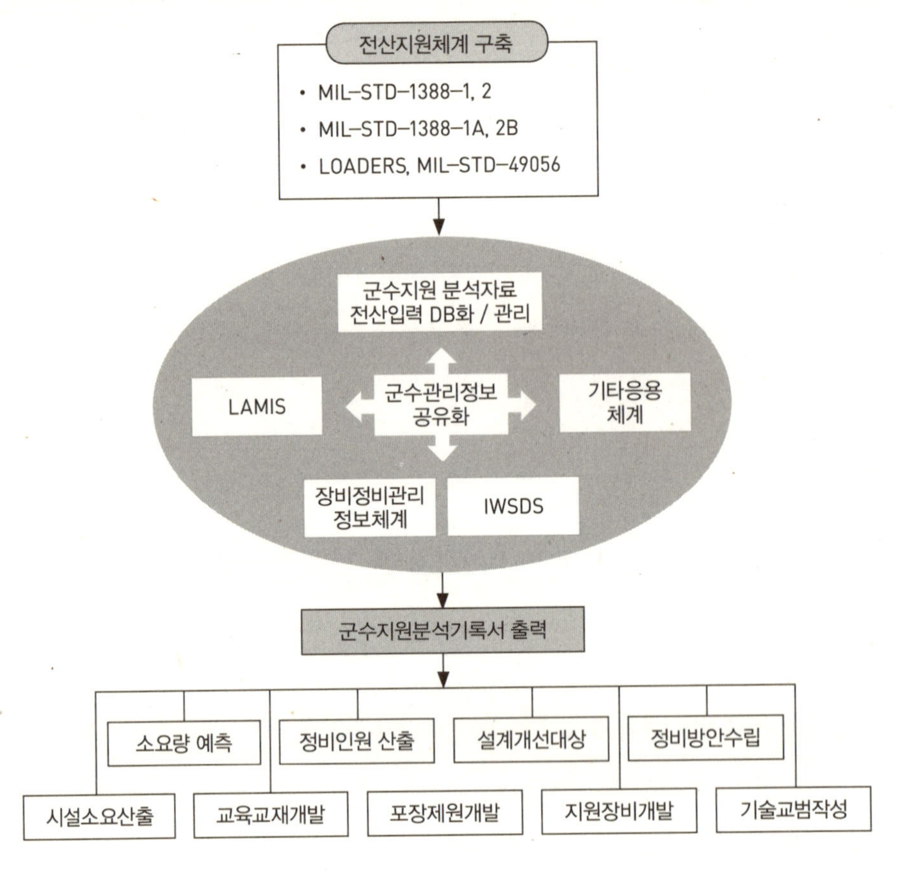

출처: 한성 ILS 홈페이지(http://www.hsils.co.kr/ils1_sub3.htm, 검색일: 2011.12.30)

〈그림 8-17〉은 군수지원 분석자료관리체계를 나타낸 것이다.

(3) 군수지원 분석 및 RAM 분석의 문제점

RAM 및 군수지원 분석의 문제점은 다음과 같다.[353]

---

[353] 김성호, "군수지원 분석(LSA)에서의 야전운용 경험제원 필요성", 「국방품질」 제29호(2004), 서울: 국방기술

첫째, 개념연구/탐색개발 단계의 LSA 제한이다. 즉, 수명주기비용의 대부분이 결정되는 주요 단계이나 경험제원 미비로 인해 부정확한 RAM 목표를 설정하게 되고, 외국 자료에 지나치게 의존하거나 체계 설계반영이 제한되어 왔다. 또한, 구체적인 군수지원 분석이 곤란하여 ILS 소요판단이 제한적이거나 결과의 정확성이 저조하였다.

둘째, 체계개발단계 LSA 정확성 미흡이다. 설계자료 분석 위주로 예측치를 산출함으로써 국내 운용환경 반영이 곤란하여 정확성이 저하되었으며, 이로 인해 RAM 분석에 의한 설계반영이 제한되고, 정비/보급 소요가 부정확한 실정이다. 또한 경험적/개략적 판단에 의한 LSA 데이터 생성으로 근거 있는 기준설정에 한계가 노출되고, 다양한 데이터 확보 부족으로 과학적 모델 적용이 제한됨으로써 정비계단 최적화, 혹은 CSP 산출 모델의 적용에 대한 정확성 미흡을 초래하였다. 시험평가 시에는 정

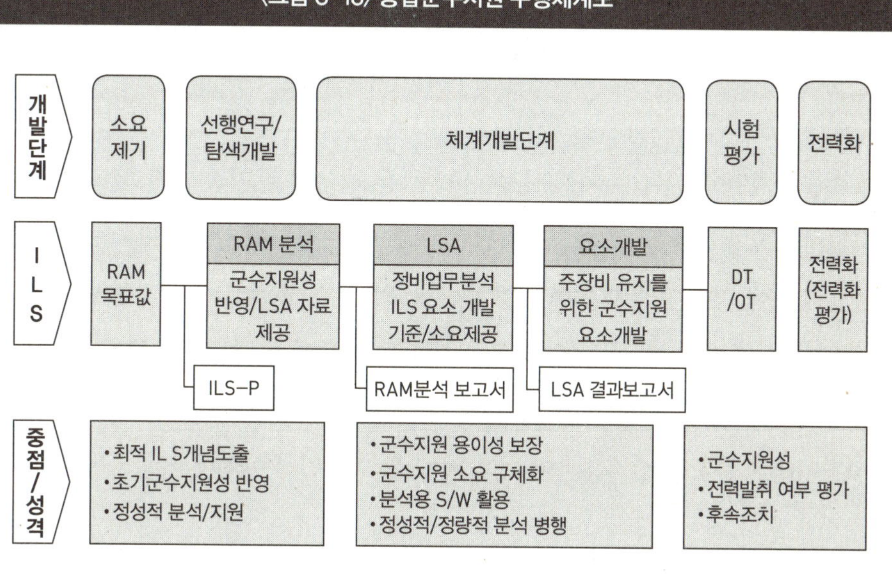

〈그림 8-18〉 종합군수지원 수행체계도

출처: 방위사업청, 『장비 제작업체를 위한 종합군수지원(ILS) 업무 안내서』, 서울: 방위사업청 사업관리본부, 2007, p.1.

품질원, p.65.

량적 기준설정이 제한되었으며, 전반적으로 LSA/RAM 분야에 대한 수리적 모델의 개발/입증/발전이 제한되었다.

셋째, 운용유지단계 LSA의 곤란이다. 운용유지단계에서는 자료 미구축으로 후속배치 장비의 CSP 적중률 개선이 곤란하고, 정규 운용유지 수리부속 소요예측이 제한되고 있으며, 또한, 경함제원을 반영한 LSA자료의 최신화 곤란으로 정량적 분석에 의한 군수관리 개선이 어려운 실정이다.

바. 종합군수지원 수행체계

종합군수지원업무에 대한 전반적인 수행체계를 도식화하면 〈그림 8–18〉과 같다.

사. 종합군수지원 시험평가 및 후속군수지원

종합군수지원에 관한 시험평가는 원칙적으로 주장비 시험평가에 포함하여 실시한다.[354] 따라서 연구개발 주관기관 및 소요군은 개발시험평가계획안 및 운용시험평가계획안 작성 시 종합군수지원요소에 대한 시험평가계획을 포함하여야 한다.

후속군수지원에 있어서는 소요군이 동의하는 경우에는 일정 기간 계약에 의하여 방산업체 등으로 하여금 후속군수지원의 전부 또는 일부를 수행하도록 할 수 있고, 방산업체 등에 의한 군수지원 여부를 양산계획 또는 기종결정 안에 포함하여 확정할 수 있다.[355] 방산업체 등이 군수지원을 수행하는 경우에는 신규 무기체계, 고가의 첨단장비로 소요군의 정비능력이 제한되는 무기체계를 대상으로 무기체계 초도배치 후 3년 이내로 한정하여 적용하며, 방산업체 등의 직원이 야전에 상주하면서 군수지원을 하게 된다.

---

354 방위사업관리규정 제294조.

355 방위사업관리규정 제295조.

3. 총수명주기체계관리

가. 총수명주기체계관리 현황과 문제점

최근 선진국에서는 무기체계 및 장비의 전 수명주기 단계에 걸쳐 전투준비태세를 유지함과 동시에 효율적인 운용유지 및 관리를 통하여 총수명주기비용을 절감하기 위한 노력에 매진하고 있다.

특히 세계 최고의 군사강대국인 미국은 2000년대 초부터 무기체계 소요제기부터 운용유지에 이르는 획득 전 단계에서의 효율성과 연계성을 강화하여 전체 최적화(Global Optimum)를 달성함으로써 보다 효율적이고 합리적인 무기체계능력(Capability)을 확보하고자 총수명주기체계관리(TLCSM: Total Life Cycle Systems Management)를 적극적으로 추진해오고 있다.[356]

TLCSM은 무기체계의 소요제기로부터 폐기 시까지의 총수명주기비용을 최소화하고 장비가동률을 향상시키기 위해 사업관리자(PM: Project Manager)에게 소요제기, 획득, 배치, 운영유지, 성능개량, 비축 및 폐기 등에 대한 사업관리 책임을 부여하는 관리체계로 정의할 수 있다.[357]

이러한 군사 혁신(Military Transformation)의 흐름에 맞추어 우리나라 국방부도 2009년 10월 28일 국방운영의 효율성 향상을 위한 '총수명주기체계관리를 중심으로'라는 주제를 가지고 '제1회 국방경영정책 개혁 세미나'를 개최하였다. 세미나에서는 국방경영정책 개혁과제로 국방 차원에서의 총수명주기체계관리 추진 필요성과 함께 선진국에서의 적용사례 및 비용, 조직, 방산분야 차원에서의 연구결과가 발표되었다. 이러한 이벤트는 지금까지 우리 군이 획득중심의 무기체계 사업관리에서, 소요군의 운영유지를 포함한 총수명주기를 고려한 국방경영을 수행함으로써 군의 전투준비태세를 향상시키고, 국방예산의 효율성을 증대함으로써 국가안보 및 국방전력을

---

356 백순흠·이윤수, "총수명주기관리체계 구축 및 발전방안(1)", 「국방과 기술」 제382호(2010.12), p.94.

357 최석철, "총수명주기체계관리(TLCSM) 적용을 통한 국방경영개혁방향", 「국방과 기술」 제368호(2009.10), p.82.

향상시킬 수 있는 계기로 인식되고 있다.

또한, 국방부는 같은 해 12월 30일 총수명주기관리 T/F를 신설하는 한편 2011년 7월에는 '군수품관리법'을 개정하여 군수품의 성능발휘 보장과 수명주기 비용절감을 위하여 소요결정·획득·사용·보관 및 처분과 관련된 모든 활동을 총수명주기 측면에서 경제적으로 수행하기 위한 법적 근거를 마련하였다.[358]

수명주기비용은 연구개발이 10%, 획득의 경우 30%, 운영유지 및 폐기비용은 60%에 달하는 것으로 알려지고 있다.[359] 이와 같이 획득 조기 연구개발단계에서의 수명주기 비용 10%가 획득·운영유지 및 폐기 등 수명주기비용의 90%를 결정함에도 불구하고 획득기관에서는 획득비 최적화에만 관심을 갖고 사업을 추진하여 장비개발 및 운영제원을 운영기관과 공유하지 않아 호환성, 부품활용 및 표준화 미흡, 구형 유사무기체계 야전운용 제한사항 등의 운용제원의 환류가 제한되어 운용유지 비용을 급증시키는 결과를 낳았다.

TLCSM 을 구축하지 않을 경우 예상되는 문제점은 다음과 같다.[360]

먼저 주장비의 작전운용성능(ROC) 위주로 기종 및 획득방법을 결정하고 있는 점이다. 이렇듯 주장비 위주의 획득은 ILS 요소 확보의 중요성을 간과하여 기술자료, 정비원 및 조달원의 확보 등 운영유지비용 최적화를 위한 노력을 소홀하게 하는 면이 있다. 그리고 정비·시험장비(엔진 및 변속기, 엔진시험기 등)의 호환성을 고려하지 않고 개별 무기체계에 대한 정비·시험장비를 중복으로 개발하는 등 일관성 있는 관리가 되지 않아 예산낭비를 초래하기도 하였다.

또한 전투지속능력 발휘 핵심부품 및 정비장비 확보를 위한 노력이 미흡한 실정이다. 실례로 K1A1전차, K9자주포, 천마, 비호 등의 주요 무기체계 획득 시 전투긴요

---

358 군수품관리법(법률 제10822호, 2011.7.14 일부 개정) 제2조의 2(총수명관리의 원칙).

359 국방부, 「국방백서 2010」, p.168.

360 군수사령부 종합군수지원과, "TLCSM에 대한 이해와 우리군의 적용방안", 「군수지」 제29호(2009.12), pp.20–21.

수리부속 및 M/F[361] 등의 확보 소홀로 장비의 정비대기시간을 장기화시켜 결과적으로 장비 전투준비태세 유지가 제한되는 상황을 유발하게 되었다.

둘째로는 획득 및 운영체계의 이원화로 말미암아 총수명주기 책임부서가 없고, 이에 따른 획득 및 운영유지비용의 최적화 관리개념의 부재를 들 수 있다. 일례로 현재 진행 중인 WRL[362]의 경우 최초 획득비용 최적화에만 초점을 두어 기존 운용 중인 유사무기체계와 연동은 물론 정비기술 획득, 부품 등의 호환성을 보장해주지 못하고 있는 실정이다.

셋째로는 장비유지예산이 소요증가에 비해 배정예산의 부족이 심화되고 있는 점이다. 실례로 전력투자비는 최근 5년간 연평균 6.5%의 증가를 보였으나, 경상운영비는 2.5%의 증가에 그침으로써 창정비 누적이 증가하고 있는 실정[363]이다. 또한 추가 전력화 장비의 유지비 소요가 급증하고 있으나, 이에 대한 운영유지비의 추가 배정이 없어 이 또한 장비전투준비태세 유지에 제한이 되고 있는 실정이다. 그리고 원 제작사의 단종 수리부속의 단가의 급상승은 운영유지에 지대한 영향을 끼치고 있다. 이것은 최초 획득단계에서 단종 수리부속에 대한 체계적이고 지속적인 확보 및 확보계획이 추진되지 않아 발생하는 현상으로 이 또한 획득과 운영유지의 분리로 인해 발생하는 사례로 BO-105 표적획득 장비의 경우에 2005년에는 0.57억 원이었던 것이 2009년에는 7.03억 원으로 무려 11배 이상의 상승을 가져왔다. 장비의 노후화로 운영유지비용은 더욱더 소요가 증대되는 점을 들 수 있다. K-1전차의 경우 2004년에 1.04억 원이었으나 2008년에는 1.59억 원으로, K-55자주포의 경우에는 2004년에 0.19억 원에서 2008년에는 0.31억 원으로 11% 이상 상승으로 경상운영비 2.5%의 4배 이상의 상승을 가져왔다. 또한 무기 및 비무기체계의 분리된 획득업무 수행은 전력부서별 상용 장비 확대보급으로 장비유지비의 소요를 지속적으로 증가시키고 있

---

361 M/F(Maintenance Float): 정비대충장비.

362 WRL(Weapon Location Radar): 대포병탐지레이더.

363 군수사령부, 장비가동률향상방안 보고서, 2009.5.

다. 예산배정 부분에서는 최근 5년간 장비유지예산은 요구 대비 85%만을 배정하여 운용유지능력을 제한시키고 있으며, 일례로 군수사의 2010~2014년 중기계획 예산은 요구 대비 21%의 삭감으로 장비운영에 심각한 제한을 주고 있다.

마지막으로 획득 및 운영의 이원화는 장비의 획득 및 운영에 있어 각 담당기관의 목표가 다르기 때문에 일관성과 책임을 가지고 사업을 획득에서 폐기까지 관리하는 부서(인원)가 존재하지 않음으로써 빈번한 형상변경에 따른 부품조달업무의 효율성 증대를 위한 노력이 미약하다. 결과적으로 획득 당시의 무기체계 성능은 우수하게 나타낼 수 있으나, 수리부속조달에 애로를 가져와 사용자대기시간을 장기화시켜 운용유지 간 가동률이 저하되고 추가적인 부품 구매비용의 증가를 초래하여 장비 전투준비태세 향상과 효율적 예산사용을 제한시키고 있다.

나. 주요 선진국의 총수명주기체계관리

미국 국방부[364]는 2002년 1월 합동군수위원회(JLB)에서 운영유지비용을 줄이면서 효과적인 성과 및 최적의 준비상태 달성을 위한 정책방향으로서 총수명주기체계관리(TLCSM)의 필요성을 제시한 이후, 2003년부터 규정화 및 교육과정의 개설이 이루어졌다.

당시 합동군수위원회가 제시한 주요 활동은 6가지로, 전체적인 프레임워크 및 TLCSM 구조설계, 합동소요검토위원회(JROC: Joint Requirements Oversight Council)의 후속지원을 포함한 고강도의 관심 강화 및 무기체계 재정 메커니즘 변화, 자원의 정비, 미래 군수사업(FLE: Future Logistics Enterprise)과의 일치, 성과기반 군수(PBL: Performance Based Logistics)로의 확대, 원활한 의사소통의 확산이었다. 이러한 군수 및 획득정책의 변화에 따라 미 국방부(각 군 포함)는 무기체계의 기획, 획득 및 운영유지에 이르는 수명주기 관리책임을 사업관리를 통해 단일화하였으며, 사업관리자를 효과적으로 지원하기 위해 물자사령부(또는 체계사령부) 예하에 수명주기관리사령부

---

364 최석철, 전게서, p.83.

(LCMC: Life Cycle Management Command)를 두고 관련 부서 간 협의체를 구성하여 무기체계 획득에 따른 의사소통을 원활히 하도록 하였다.

수명주기관리사령부를 통한 획득과 운영유지의 긴밀한 협력관계는 무기체계 획득 시의 사업관리자로 하여금 해당 소요를 반영토록 요청하는 역할을 수행하게 되며, 무기체계의 양산 이후에는 해당 업무를 인계 받아 무기체계의 전투준비태세를 유지하기 위한 지원업무를 지속하게 된다. 이러한 협력관계는 미 국방부의 기본지침을 바탕으로, 획득 및 운영유지 조직 간의 협약(MOU)을 통해 이루어졌다.

영국[365]은 'Smart Acquisition'이라는 최적의 전투준비태세 유지를 위한 비용 대비 능력의 최적화 획득전략을 추진하고 있으며, 군사력과 관련된 모든 제요소(개념 및 교리, 훈련, 장비, 인프라, 정보, 병력, 군수, 조직)를 통합하여 관리하도록 제도화하였다. 영국군은 이러한 Smart Acquisition을 효율적으로 운용하기 위해 2006년 획득변화 촉진팀(Enabling Acquisition Change Team)을 구성하여 획득제도개선을 실시하였으며, 그 후속조치로 2007년 4월 획득전담조직인 국방획득본부(DPA: Defense Procurement Agency)와 국방군수본부(DLO: Defense Logistics Organization)를 통합하여 국방장비지원본부(DE&S: Defense Equipment and Support)를 신설하였다. 이러한 제도개선 결과 통합사업팀(IPT)이 획득 및 운영유지에 대한 일관된 권한과 책임을 가지고 사업관리를 수행하고 있다.

독일[366]은 국방부 획득조직인 국방기술조달청(BWB: Bundesamt fur Wehrtechnik and Beschffung)을 운영하고 있다. 그러나 국방기술조달청은 국방부 군비총국의 직접적인 조정, 통제 하에 무기체계 획득업무를 수행한다. 국방기술조달청은 무기체계 획득업무만 주관하며, 운영유지업무는 연방군 군수센터가 담당한다. 연방군 군수센터는 독일 연방군의 통합군수지원체계를 통해 소요결정, 획득, 운용단계의 모든 의사결정 시에 참여함으로써 총수명주기 차원의 관리업무를 수행하고 있다.

---

365 최석철, 전게서, p.84.

366 최석철, 전게서, p.85.

〈표 8-24〉 주요 선진국의 총수명주기체계관리						
한국 (현재)	소요기획	선행연구	탐색개발	체계개발		운영 / 유지(처리)
미국	소요기획	물자해결 방안분석	기술개발	공학/ 제조개발	양산/배치	운영 / 유지(처리)
영국	개념(소요기획)	평가		시제/검증	양산	운영
독일	분석(소요기획)	위험감소		도입		운영(처리)
	• 부족 능력식별 • 품목비용 설정 • 대안 분석	• 기술적 위험분석 • 목표비용 분석		• 사업자 선정/계약 • 시제품 생산 • 시험평가 • 양산/배치		• 비용−효과적 운영 • 전략적 처리 (재활용, 재처리 폐기)

※ 영국 행의 마지막 칸: 운영 | 처리

총수명주기관리(핵심 고려요소: Performance+Time+Costs)

출처: 국방부, "국방경영 효율화를 위한 총수명주기체계관리(TLCSM) 적용방안", 2010.5, p.23.

앞에서 언급한 주요 선진국의 총수명주기체계관리를 도식화하면 〈표 8-24〉와 같다.

주요 선진 국가들의 군수개혁정책 및 방향이 우리 군에게 시사하는 점은 다음과 같다.[367] 첫째, 무기체계 획득조직과 운영유지조직 간의 통합집행을 통한 효율성 향상을 기하고 있어 우리 군의 경우에도 관련 기관 간 정보공유 및 의사소통을 원활히 할 수 있는 방안에 대한 연구가 필요하다.

둘째, 소요군이 소요제기 및 시험평가뿐 아니라 모든 의사결정 시 참여함으로써 운영유지능력 확보를 통한 전투준비태세를 유지하고 있다는 점이다.

셋째, 전문성 제고 및 기술적 지원능력 향상을 통해 사업관리자 및 소요군이 적정 소요판단 및 분석능력을 갖추는 것이 필요하다는 점이다.

---

367 최석절, 전게서, pp.85-86.

〈표 8-25〉 총수명주기체계관리 구축 기본방향

소요기획	개발·획득				운영유지	폐기
	선행연구	탐색개발	체계개발	양산·배치		
국방부	• 소요검증(전력소요검증위원회 설치·운영) • 군수품 총수명관리정책·제도 발전 • 군수품 획득 및 운영유지사업조정·통제·통합관리					
합참	방위사업청 사업별 수명주기 유지계획 수립·시행				군수지원 보장	
군수지원 요소 포함	각군	획득사업관리 적극 참여· 지원, 의견반영		• 작전지원능력 평가·검증 • 야전 운영제원 수집·분석·환류		

출처: 국방부, 『국방백서 2010』, p.169.

다. 우리 군의 총수명주기체계관리 구축방향

우리 군의 총수명주기체계관리 구축의 기본방향은 소요, 획득, 운영유지 및 폐기 단계 업무의 연계성을 강화시켜 전투준비태세를 보장하고 총수명주기비용을 절감하는 것이다. 총수명주기관리체계 구축의 기본방향은 〈표 8-25〉와 같다.

이를 위해 국방부는 소요검증위원회를 운영하여 소요의 타당성과 정확성을 검증하고, 총수명주기체계관리 정책과 제도를 발전시키며, 수명주기체계관리와 연관된 획득 및 운영유지 사업을 조정·통제하고 통합 관리한다. 합참은 목표가용도(가동률), 수명주기비용 등 운영유지단계에서 필요한 군수지원요소를 포함하여 소요를 기획한다. 방위사업청은 무기체계의 성능, 개발기간, 수명주기비용이 최적화되도록 사업을 관리하고, 운영유지단계의 군수지원을 보장할 수 있도록 사업별 수명주기 유지계획을 수립·시행한다. 각 군은 작전지원능력을 평가 및 검증하고, 고장, 정비, 운용 등에 관한 각종 자료를 수집·분석하여 개발 및 획득단계로 환류시킨다.

또한 국방부는 이를 위한 중점 추진과제[368]로 ① 작전지원능력 평가·환류체계 구축,

---

368 국방부 군수관리관실, "국방경영 효율화를 위한 총수명주기체계관리(TLCSM) 적용방안", 2010.5, pp.24-26.

② 획득 운영유지사업 통합관리, ③ 군수품 총수명주기체계 관리정책 수립, ④ 군수품 분류·관리 체계 일원화, ⑤ 군수조달체계 확립, ⑥ 국방물자 개발·관리 체계 구축, ⑦ 국가정비지원체계 구축, ⑧ 기업정보 실시간 교류체계 구축, ⑨ 총소유비용(TCO) 분석체계 구축, ⑩ 군수품 단순화 및 호환성 확대, ⑪ 사업관리 중심 조직 구축 등을 선정하여 적극 추진하고 있다.

총수명주기체계관리 구축과 관련하여 우리 군은 미군처럼 총수명주기체계관리(TLCSM)를 추진하기 위한 전략으로 성과기반 군수(PBL)를 적극적으로 활용하여야 한다.[369] 우리 군도 계약자에 의한 군수지원(CLS)을 부분적으로 시험 적용함으로써 경험을 축적해오고 있다. 그러나 성과기반군수를 당장 적용하기에는 성과지표 개발, 관련기관 간의 이해관계 조정, 전시 지원체계 마련 등 해결해야 할 문제가 많다.

앞으로 성과기반군수의 국내 시험적용 결과를 바탕으로, 점진적인 국방 분야 적용을 통해 전투준비태세를 향상시켜야 할 것이다. 또한 획득 및 운영유지업무를 사업관리자를 통해 통합 집행함으로써 총수명주기체계관리가 될 수 있도록 권한과 책임을 통합하여야 하며, 사업관리자의 전문성을 제고시키기 위해 노력하여야 하고, 운영유지를 포함한 획득 전반의 정확한 분석지원을 위한 소요군, 분석 및 개발기관 그리고 업체 간의 협력관계가 보다 공고히 유지될 수 있도록 하여야 할 것이다.

4. 부품 국산화

가. 부품 국산화의 중요성과 현황

국산화란 무기체계·비무기체계 획득과 관련하여 외국으로부터 도입을 했거나, 도입 중에 있는 장비·부품 및 물자 등을 연구개발 또는 기술협력, 절충교역 등의 방법으로 확보된 기술과 국내외 인력 및 설비(해외설비는 시험평가 장비에 한함)를 사용하여

---

369 최석철, 전게서, p.89.

개발·생산하려는 제반과정을 말하며, 필요한 품목을 생산할 수 있는 능력을 갖추는 생산의 국산화와 국내에서 무기체계·비무기체계의 독자적인 설계·개발이 가능한 능력을 보유하는 기술의 국산화를 포함한다.[370] 따라서 부품 국산화란 군수품[371]의 부품 중에서 외국으로부터 구매한 부품을 국내에서 개발 또는 생산하는 제반과정을 말한다.

국방 분야에서 부품 국산화는 매우 중요한 의미를 가진다.[372]

먼저, 국가안보 측면이다. 무기체계 획득 운영유지 전 과정에 있어 주요 부품에 대한 국산화가 선행되어야만 원활한 군수지원이 보장될 수 있다. 주요 핵심부품 공급을 해외도입에 의존하는 경우 갑작스러운 수리부속 단가 상승으로 곤란을 겪게 된 경우가 댜반사이며, 심지어 부품단종으로 인해 고가의 무기체계가 도태되는 사태까지 발생할 수 있다. 또한 국가 비상사태가 발생하여 적과 교전을 하게 될 경우 원활한 부품 공급이 이루어지지 않는다면 아무리 고가 고성능의 무기체계를 가지고 있다 하더라도 충분한 전력을 발휘할 수 없다.

두 번째는 국가경제적 측면이다. 수입부품을 사용하면 체계개발비용은 낮출 수 있겠지만, 일단 도입되면 수십 년을 운용하게 되는 무기체계의 특성상 전 수명주기를 고려한다면 부품 국산화 추진이 보다 경제적인 대안이 된다. 물론 초기 개발단계에는 연구개발비용 투자가 선행되어야 하지만, 무기체계 내 부품 국산화율이 높을수록 수출 협상이나 절충교역을 통한 무기체계 협상 시 유리한 위치를 점할 수 있다. 특히 기술력을 갖춘 중소기업이 부품 국산화에 적극 참여할 경우 무기체계 획득 운영유지 전 과정에서 안정적으로 부품 공급을 받을 수 있고, 중소기업의 경영 안정은 물론 고

---

370 방위사업관리규정 제581조.

371 군수품은 국방부 및 직할부대, 직할기관과 육·해·공군이 사용·관리하기 위하여 획득하는 물품으로 무기체계 및 비무기체계로 구분한다.

372 승창균, "무기체계 부품 국산화 개발의 중요성과 나아갈 방향", 방위사업청 홈페이지 '방위사업 소식'(검색일: 2011.12.23)

용창출 효과를 통해 국가경제에 기여할 수 있다.

마지막으로 기술개발 측면이다. 부품 국산화는 국방 분야 무기체계의 기술개발과 더불어 민간분야 등 타 기술개발로의 파급효과(spin-off)가 기대되며, 타 장비 개발 시 부품적용성 확대 등 연계성을 강화할 수 있다.

국산화와 관련하여 방위사업법 제11조(방위력개선사업 수행의 기본원칙)에서는 "자주 국방의 달성을 위한 무기체계의 연구개발 및 국산화 추진"을 강조하고 있고, 동법 시행규칙 제10조(연구개발의 절차 등)에서는 "당해 무기체계의 국산화가 최대한 확보될 수 있도록 하여야 한다"고 하여 부품 국산화 추진을 장려하고 있다. 또한 국방부 훈령인 전력발전업무훈령 제137조(부품 국산화의 업무범위 등)에서는 부품 국산화를 통해 군수지원능력 제고, 국방과학기술 향상 및 파급효과, 장비운용의 효율성을 제고시키도록 하고 있으며, 방위사업청 훈령인 방위사업관리규정 제V편 제3장 국산화에서는 부품 국산화의 일반원칙과 체계부품 국산화에 대한 제반사항에 관하여 규정하고 있다. 하위 규정인 '무기체계 양산단계의 부품 국산화 지침'에서는 일반부품 국산화에 관한 사항을, '구매조건부 신제품개발사업의 부품 국산화 개발지침'에서는 구매조건부 신제품 개발사업을 효율적으로 관리하기 위한 사항을, 무기체계 핵심부품 국산화 사업추진을 위해 '무기체계 핵심부품 국산화 개발지원사업 운영규정'을 제정하여 다양한 형태의 국산화가 효율적으로 추진될 수 있도록 하고 있다.

정부에서는 부품 국산화의 중요성을 인식하여 국방 분야 부품 국산화 연구개발 참여업체에 대한 개발비 일부 지원 및 기술지원 확대, 국산화 개발품에 대한 연구개발 확인서 발급을 통한 우선계약 구매제도 시행 등 다양한 인센티브를 제공하고 있으나, 방산물자 국산화율은 여전히 70%대에서 정체되고 있는 실정이다. 부품 국산화가 부진한 가장 큰 이유는 체계업체의 경우 핵심기술 확보 및 부품 국산화 개발에 소요되는 예산 부족이라 할 수 있다. 현대 무기체계는 그야말로 첨단 과학기술의 총체라고 해도 과언이 아니다. 따라서 부품 국산화 개발을 위해서는 우수 연구인력 확보 및 지속적인 연구개발 투자가 필수적이나, 개별 기업 입장에서 자체 투자방식 추진으로는 이를 감당하기 쉽지 않고, 정부의 지원책(개발 부담금 지원, 개발이윤 보장)도 충분하지 못한 현실이다. 또한, 무기체계에 적용되는 수입부품을 국내 생산부품으로 대체할 경우 완성 무기체계 성능에 대한 신뢰성 문제가 발생될 수 있다. 따라서 시험평가에만도 엄청난 비용이 드는 무기체계의 특성을 고려할 때 체계기업의 입장에서는 성능이 검증된 수입부품을 사용하는 것이 합리적 선택이라고 판단하고 있다. 그리고 부품 국산화 개발에 성공하는 경우도 이것이 기업의 이윤 증가로 이어지지 않는 문제점이 있다. 정부가 유일한 수요자가 되는 방위산업의 특성상 방산원가는 시장에서 결정되는 것이 아니라 총 제조원가에 일정 비율의 이윤을 더하는 방식으로 산정된다. 따라서 부품 국산화를 통한 원가절감 노력은 기업의 이윤으로 이어지지 않음으로 인해 체계기업은 부품 국산화에 소극적일 수밖에 없고, 특히 도입부품에 대한 부품단가 정보 공개에 대해 어려움을 표명하고 있다.

현 국방부 및 방위사업청 규정에 의하면 부품 국산화 주관기관으로 개발 또는 양산단계의 부품 국산화는 방위사업청, 운영 중인 군수품의 부품 국산화는 국방부로 이원화되어 있다.

또한 부품 국산화 개발관리는 무기체계 개발단계에서는 방위사업청, 양산단계는 국방기술품질원, 비무기체계 및 무기체계 운영유지단계는 소요군이 담당하는 등 관련 기관이 너무 많다.

〈표 8-26〉 최근 5년간 연도별 부품 국산화 현황(단위: 품목수)						
구분	계	'06	'07	'08	'09	'10
계	1,703	504	280	409	335	175
국방기술품질원	1,208	383	139	313	259	114
육군	190	70	51	32	15	22
해군	210	26	55	48	55	26
공군	95	25	35	16	6	13

출처: 『방위사업청 통계연보』, 서울: 대한기획인쇄(주), 2011, p.214.

부품 국산화 개발대상품목의 선정은 국내 기술수준, 경제적·기술적 파급효과 및 체계 연계성과 ① 수입대체효과 또는 기술파급효과가 높거나 성능개량이 필요한 품목, ② 부품의 단종이 예상되어 개발이 긴급한 품목, ③ 군에서의 운용유지에 국산화가 불가피한 품목, ④ 원천기술이 필요한 부품 및 소재, ⑤ 기타 정책적으로 개발이 필요하다고 판단되는 품목을 고려하여 선정하도록 하고 있다.

최근 5년간 연도별 부품 국산화 현황은 〈표 8-26〉과 같다.

〈표 8-26〉을 보면 부품 국산화 품목수는 2008년을 정점으로 매년 감소하고 있다. 이는 주요 무기체계의 체계개발단계 국산화율 향상으로 부품 국산화 대상이 감소되고 있는 것으로 판단할 수도 있으나 부품조사 분석을 통해 체계개발단계의 국산화를 적극 추진할 필요가 있다. 또한 차기전차, KHP 사업 등 신규무기체계 개발 시 주요 핵심부품은 해외에서 수입하고 있음을 감안하면 부품 국산화 계획을 보다 구체화하여 체계적으로 추진할 필요가 있다.

〈표 8-27〉은 개발관리기관별 국산화 승인건수 대비 완료율과 취소율을 나타낸 것이다. 기품원의 경우 개발완료율이 69%에 이르고 있으나, 운영유지단계의 부품 국산화를 담당하는 각 군의 완료율은 30% 이하로 매우 낮은 수준이다. 특히 공군의 경우 항공기 부품개발의 기술적인 어려움 때문에 개발완료율이 9%로 매우 낮은 수준임을 알 수 있다. 개발취소 원인은 경제성 결여 및 기술 부족이 높은 비중을 차지하

<표 8-27> 국산화 승인건수 대비 완료율과 취소율

개발관리 기관	승인 건수	완료 건수	완료율 (%)	취소 건수	취소율 (%)	진행 건수	진행률 (%)
국방기술 품질원	13,497	9,365	69	3,136	23	996	7
육군	3,136	1.014	31	1,340	40	959	29
해군	2,528	667	26	1,495	59	366	14
공군	4,586	402	9	3,175	69	1,009	22

출처: 국방기술품질원 홈페이지(검색일: 2011.12.26.)

고 있다. 기품원의 개발성공률이 상대적으로 높은 것은 양산단계에서 경제성 있는 품목 위주로 우선 개발하고, 구매조건부 사업을 통해 업체에 개발비를 지원하면서 개발하기 때문이다. 또한 기품원 자체의 기술적인 뒷받침도 큰 원인이라고 판단된다.

나. 부품 국산화 종류 및 부품 국산화 종합계획

(1) 부품 국산화 종류

부품 국산화의 종류로는 방위사업청 주관으로 추진하는 체계개발단계 및 양산단계의 부품 국산화와 국방부 주관으로 추진하는 운용유지단계의 부품 국산화가 있다. 또한, 중소기업청과 연계하여 추진하고 있는 '구매조건부 신제품 개발사업'이 있으며, 2010년부터 시행하고 있는 '핵심부품 국산화 개발지원사업'이 있다.

'일반부품 국산화 개발사업'은 체계부품 국산화 품목 외에 국산화 개발 소요제기 또는 양산계획에 의해 추진되는 품목을 대상으로 하여, 소요되는 개발비용은 개발업체가 부담하는 제도이다. 개발기간은 3년이며, 일몰제가 적용된다. 개발대상 범위는 체계양산 품목의 경우 양산계획 확정 및 계약 시 선정되는 품목이며, 일반양산, 재개발, 운용유지(방산) 품목의 경우 소요제기를 통해 수행되는 품목이고, 운용유지(일반) 품목의 경우에는 국외에서 도입되어 군에서 운용 중인 품목이다. 대상업체는 품목을 개발할 수 있는 최소한의 기술과 설비 및 기술 인력을 보유하고 있거나, 당해(유사) 품목의 제조 경험이 있는 국내업체가 하도록 규정하고 있다.

일반부품 국산화 개발사업 개발절차는 〈그림 8-19〉와 같다.

'무기체계 핵심부품 국산화 개발지원사업'은 정부가 주도적으로 기술적·경제적 파급효과를 고려하여 국산화 개발이 시급한 해외도입 핵심부품을 개발과제로 선정하고, 정부(방위사업청)가 업체에 개발자금을 직접 지원하며, 개발 성공 시 5년간 구매를 보장하는 제도를 말하며, 개발기간은 최대 3년이다. '무기체계 핵심부품 국산화 개발지원사업'은 중소기업 및 벤처기업이 할 수 있다. 다만, 개발난이도 및 요구설비 수준을 감안하여 일부 과제에 한하여 대기업 신청을 허용하고 있다.

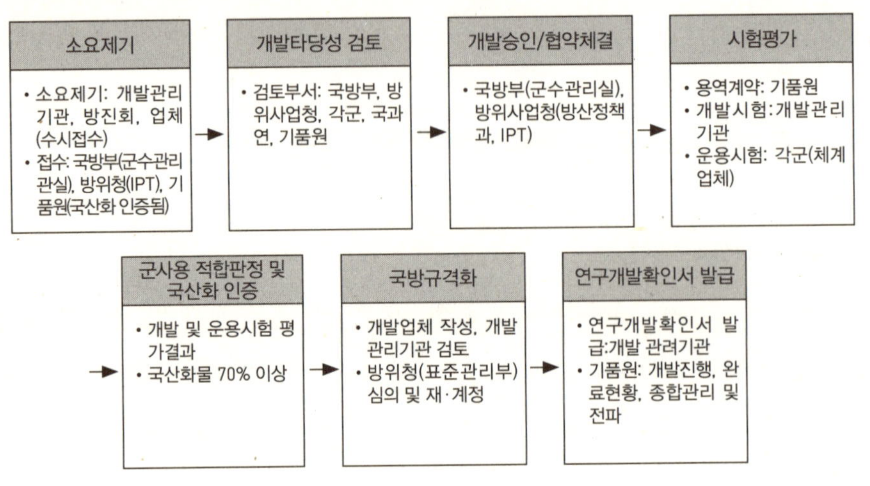

무기체계 핵심부품 국산화 사업 대상품목은 ① 국내에서 양산 중인 무기체계에 적용되는 국외 도입 핵심부품, ② 각 군에서 운용유지 중인 무기체계에 적용되는 국외 도입 핵심부품, ③ 시험개발이 종료되어 예비규격으로 관리되는 핵심기술 연구개발의 시제품, ④ 체계개발단계의 무기체계 핵심부품 중 개발시험평가 완료된 부분, ⑤ 형상이 확정되고 방위사업청장이 국산화가 필요하다고 인정하는 부품을 말한다.

무기체계 핵심부품 국산화 사업에 대한 정부의 지원규모는 지원대상 과제별로 다르며, 중소기업 및 벤처기업의 경우에는 개발자금의 75% 이내, 대기업의 경우에는 개발자금의 50% 이내로 하여 3년간 최대 6억 원을 지원한다. 기술개발 결과 '성공'으로 판정될 경우 기술료로 5년 이내에 정부출연금의 20%를 정부에 납부하여야 한다.

무기체계 핵심부품 국산화 사업 절차는 〈그림 8-20〉과 같다.

'구매조건부 신제품 개발사업'은 외국에서 도입하고 있는 부품 중 국내 개발 시 기술적·경제적 효과가 클 것으로 기대되는 부품을 개발과제로 선정하며, 이 사업에 대

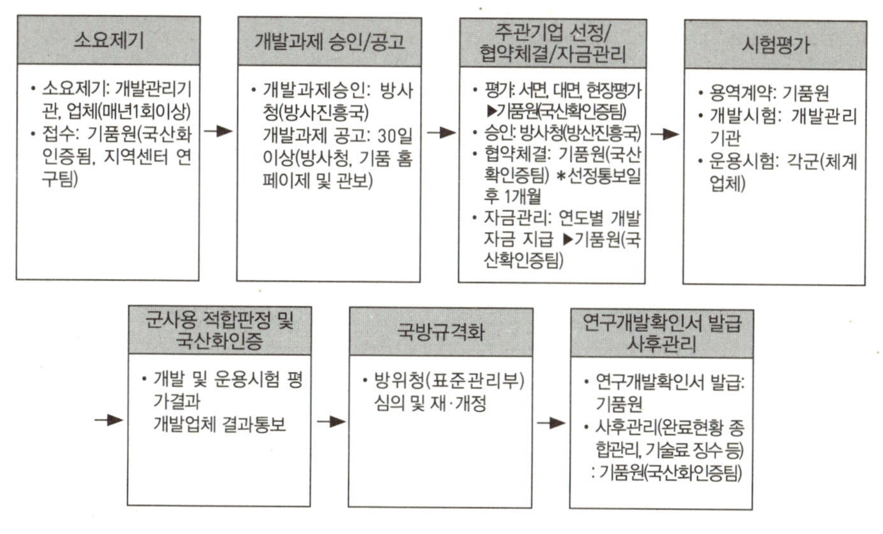

해서는 중소기업청이 개발자금을 지원하고 개발에 성공하면 정부가 5년간 구매를 보장하는 제도이다.

개발기간은 일반분야는 최대 2년이나 국방 분야는 3년이다. 대상업체는 중소기업법 제2조의 규정에 의한 중소기업이며, ① 향후 5년간 매년 1억 원 이상 조달 소요가 있는 품목, ② 방산제품에 활용 가능한 핵심기술 품목, ③ 정부주도 개발 외의 전략적 지원이 필요한 품목, ④ 군 기술과 민간 기술 간 호환성이 있어 파급효과가 예상되는 품목을 대상품목으로 한다.

'구매조건부 신제품 개발사업'에 대한 지원규모는 지원대상 과제별로 개발자금의 75% 이내에서 2년간 최대 5억 원을 지원한다. '구매조건부 신제품 개발사업'의 기술개발 결과 '성공' 판정 시 3년 이내에 정부출연금의 20%를 기술료로 정부에 납부한다.

'구매조건부 신제품 개발사업'에 대한 개발절차는 〈그림 8-21〉과 같다.

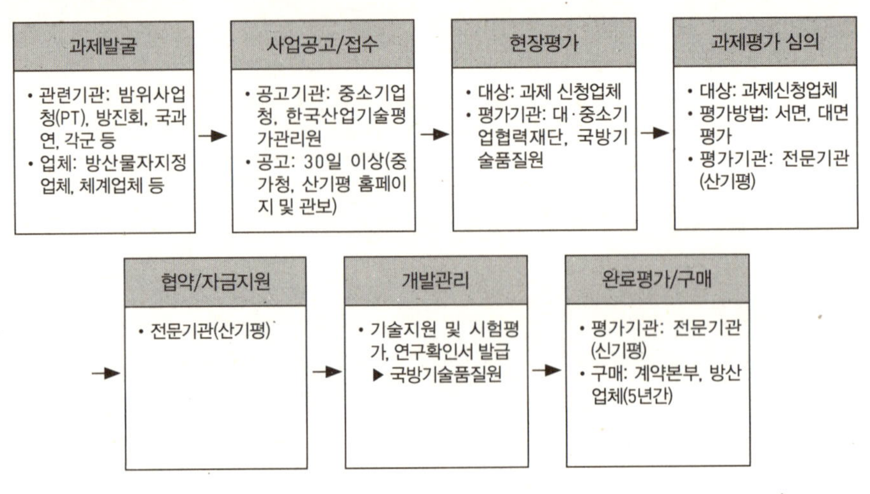

(2) 부품 국산화 종합계획

방위사업청은 부품의 중장기 발전방향을 수립하고 부품 국산화 활성화 여건을 마련하기 위한 정부의 5개년 기본계획으로 '부품 국산화 종합계획'을 수립하여 시행하고 있다. 부품 국산화 종합계획은 주요 무기체계 부품을 조사·분석하여 부품 국산화 개발 추진방향을 설정하고, 중·장기 개발추진계획 및 단기 개발대상품목을 선정하여 방위산업의 하위기반을 구성하는 부품의 개발을 체계적으로 추진하는 지침의 역할을 한다. 방위사업청에서는 '2009~2013 부품 국산화 종합계획'을 시작으로 5년마다 종합계획을 수정·발간하고 있으며, 매년 개발대상품목을 선정하여 수정본을 배포하고 있다. 부품 국산화 종합계획의 주요 내용은 ① 부품 국산화 개념 및 제도, ② 개발 추진실태 및 당면 현안, ③ 비전/전략 및 향후 정책방향, ④ 중장기 추진계획 및 단기 개발대상, ⑤ 부품 국산화 종합계획 작성절차, ⑥ 무기체계 부품 조사·분석(기품원) 내용 등을 포함하고 있다.

다. 부품 국산화 추진절차

부품 국산화 추진을 위한 일반적인 절차는 〈그림 8-22〉와 같다.

개발 승인된 품목 중 ① 개발승인조건 또는 개발협약을 준수하지 않을 경우, ② 협약일로부터 6개월 이내에 개발에 착수하지 않을 경우, ③ 실제 개발업체가 아니거나 전량 하도급한 사실이 확인된 경우, ④ 중복개발이 확인된 경우의 후발 승인업체, ⑤ 개발을 포기한 경우, ⑥ 개발품목의 재고번호 또는 참조번호가 상이한 경우, ⑦ 국산화 인증서류를 허위로 제출하여 국산화 인증을 받은 경우에는 개발 승인을 취소한다.

라. 부품 국산화 달성기준 및 국산화율 산정

국산화 개발품목의 국산화율 달성기준은 가격기준의 국산화율 산정공식을 적용하여 ① 개발승인 당시 국외 조달실적 가격(단, 물가상승률 및 환율변동 고려) 대비 원가절감 비율이 20% 이상이고, 부품 국산화율을 50% 이상 달성하여야 하며, ② 기술파급효과가 큰 핵심부품 연구개발의 경우에는 부품 국산화율 50% 이상을 달성하여야 한다. 다만 ①과 ②의 사유에 해당하지 않는 품목의 경우에는 부품 국산화율 70% 이상을 달성하여야 한다. 또한 단종 대비 등 국산화가 불가피한 품목 중 달성기준을 충족하기 어려울 경우에는 개발관리기관의 심의회를 통해 국산화율을 조정할 수 있도록 하고 있다.

가격기준의 국산화율 산정은 다음 산식에 의한다. 이 경우 국내제조 구매품은 국내 제조원이 확인된 경우에 한한다.

$$\text{국산화율} = \frac{\Sigma\text{국내제조(자체제조·구매) 단위부품단가 + 조립비용}}{\Sigma\text{국내제조(자체제조·구매) 단위부품단가 + 조립비용} + \Sigma\text{수입단위 부품단가}} \times 100$$

국산화율 산정공식에 적용하는 개발단위 부품의 단가는 개발업체가 관련 증빙자료에 의하여 작성한 원가를 말한다. 이 경우 원가라 함은 국가를 당사자로 하는 계약에 관한 법률 시행규칙에 의하여 작성된 재료비·노무비·경비의 합계액을 말하며 일반관리비와 이윤은 제외한다.

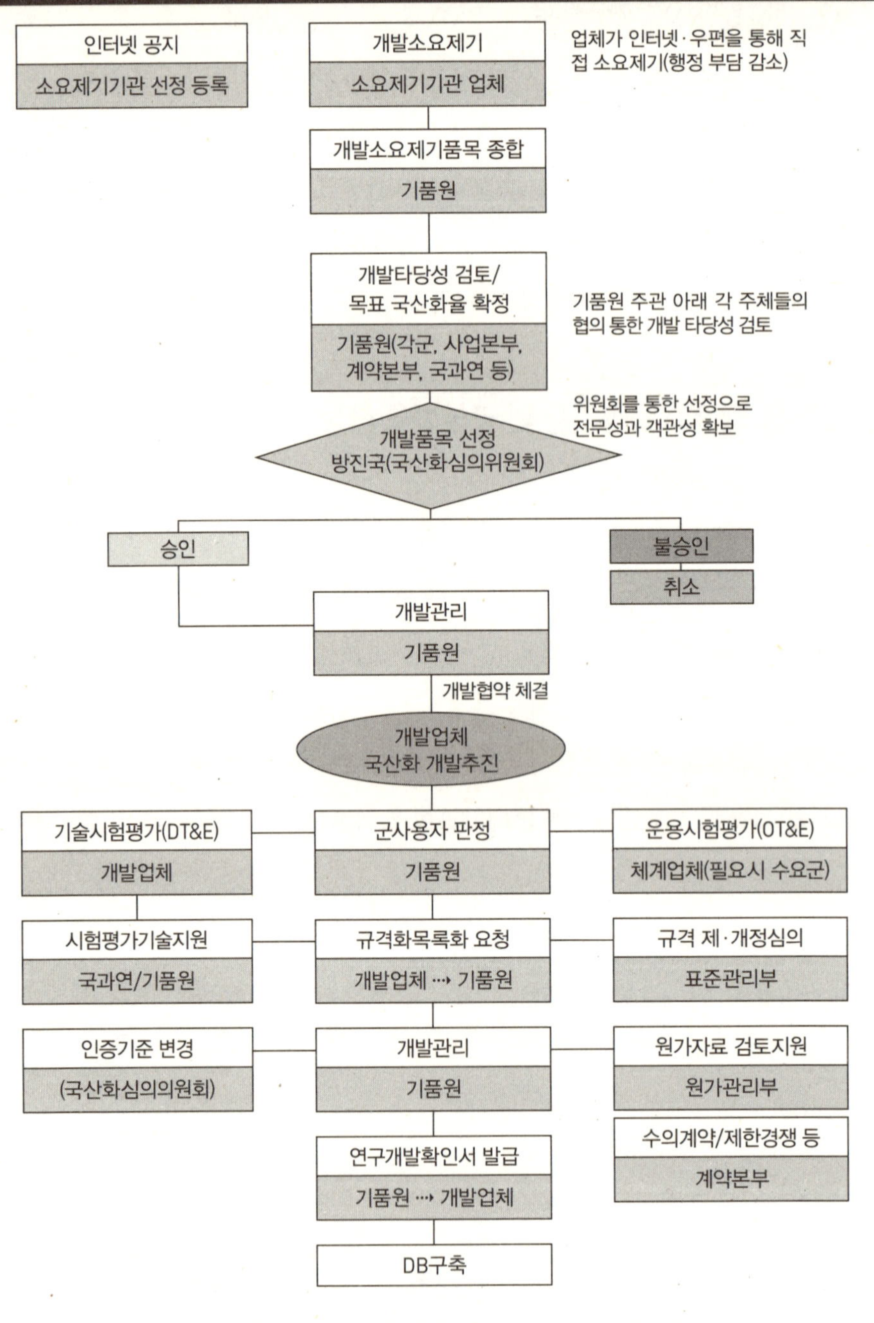

출처: 방위사업청 홈페이지(검색일: 2011.12.25.)

개발업체가 부품을 개발하고자 할 경우에는 개발예상단가를 제출하여야 한다. 개발예상단가는 개발업체가 원가요소별 제반 개발비용을 고려하여 산정한 예정납품단가를 말한다. 개발업체가 신청한 개발예상단가는 외자조달실적 단가와 비교하여 동일하거나 그 이하여야 한다.

도입단가는 방위사업청이 관리하는 외자조달실적 단가, 소요군이 관리하는 외자조달실적 단가(품목기본철의 수록단가), 개발신청업체가 제출한 수입단가를 사용하며, 도입단가가 경합된 경우의 우선순위는 방위사업청의 외자조달실적 단가, 소요군의 외자조달실적 단가, 개발 신청업체의 수입단가 순으로 적용한다.

국산화율 산정 대상품목은 '군사용 적합' 판정을 득한 품목 중 2개 이상 단위부품으로 구성된 구성품·결합체로 한다.

마. 개발완료기간과 지식재산권 등

부품 국산화의 개발완료기간은 개발승인 다음 달 기준으로 36개월 일몰제(日沒制)를 원칙으로 한다. 다만 규격 요구조건에 충족되도록 개발하기 위하여 규격화가 지연되는 경우와 개발시험평가 완료 후 운용시험평가(부착시험)를 하여야 하나 개발관리기관의 사정으로 인하여 시험평가가 지연되는 경우에는 12개월, 국외에서 시험평가를 실시하는 경우에는 24개월을 연장할 수 있다. 이 경우 연장 횟수는 1회에 한한다. 다만, 역설계 관련 증빙서류를 제출할 경우에는 2회까지 허용한다.

개발관리기관이 개발업체로부터 기술자료(TDP) 제공 및 기술지원을 요청받은 경우 가능한 범위 내에서 지원하도록 하고 있다.

국방규격화한 개발품의 기술자료의 지식재산권은 국방부의 소유로 한다. 개발관리기관이 개발업체와 협약을 체결할 때 "개발품에 대한 권리와 기술자료묶음(TDP) 일체에 대한 권리는 국방부의 소유로 하고 사전 승인을 받지 아니하고는 어떠한 목적으로도 지식재산권을 행사할 수 없으며, 개발업체가 무단으로 지식재산권을 침해하여 분쟁을 발생시켰을 경우에는 그 손해배상의 책임을 진다"라는 내용을 계약서에 포함하도록 하고 있다.

〈표 8-28〉 변경된 인증기준과 종전 기준 비교	
종전 기준	**변화된 기준**
가격기준 국산화율(70%) 이상	① 일반품목 국산화시(국산화율 70% 이상) 　※ 자체제조 비율은 단위부품 금액기준 30% 이상 ② 국산화율 70% 미만인 재개발 품목 국산화시(국산화율 추가 30% 이상) ③ 단종예상 품목 국산화시(국산화율 60% 이상) ④ 국외도입단가 대비 10% 이상 원가 절감 국산화시(국산화율 50% 이상) ⑤ 기술파급효과가 큰 핵심부품 국산화시(국산화율 50% 이상)
자체제조비율 30% 달성(공통 적용)	

출처: 방위사업청, 『'09~'13 부품국산화 종합계획(2010 개정판)』, 2010.9.4.
※ '방위사업관리규정' 및 '무기체계 양산단계의 부품국산화 지침'상의 인증기준을 개정(발령) 후 적용.

바. 부품 개발품목의 시험평가와 국산화 인증

부품개발품목의 시험평가와 관련하여 개발업체는 개발계획서에 따라 시제품을 제작하여 세부단위 구성부품과 조립체(완제품) 단위로 자체시험평가를 실시하고 해당 시험성적서와 개발단위부품의 내역을 첨부하여 개발관리기관에 시험평가를 의뢰한다. 개발관리기관은 개발업체로부터 개발시험평가를 의뢰받은 때에는 개발시험평가를 실시한다. 이 경우 기품원 및 국과연은 필요시 개발업체와 용역계약을 체결하여 수행할 수 있다. 다만, 각 군은 자체 시험설비가 불비하거나 기술부족 등으로 인하여 개발시험평가가 어렵다고 판단될 때에는 시험대상 품목·시험의뢰 내용 등을 명기하여 기품원 또는 국과연에 개발시험지원을 의뢰할 수 있다.

개발관리기관은 개발시험에 합격된 품목에 한하여 운용시험을 실시한다. 다만, 기품원 및 국과연은 개발시험평가에 합격된 품목이 시험장비의 불비 등으로 운용시험평가를 실시할 수 없을 때에는 소요군에 운용시험평가를 의뢰하여야 하며 소요군은 시험평가를 실시한 후 합격 여부를 해당 기관에 통보한다.

그러나 개발시제품이 적용 장비의 성능·신뢰성·내구성 등에 영향을 주지 않는다고 판단될 경우에는 개발시험평가 또는 운용시험평가만을 실시할 수 있으며, 정부공인시험기관 또는 원 제작사의 시험평가서를 대체 적용할 수 있도록 하고 있다.

개발관리기관은 시험평가(개발 및 운용시험평가)를 완료한 품목에 대하여는 군사용 적합·부적합을 판정하여 그 결과를 개발업체에 통지한다. 개발업체는 군사용 적합 판정을 받은 품목에 대하여 국산화 인증을 받고자 하는 경우에는 국산화 인증 신청 서류를 구비하여 개발관리기관에 신청하며, 개발관리기관은 개발업체의 신청이 있는 경우에는 지체 없이 국산화 인증을 위한 심사에 착수하고, 가격기준의 국산화율을 달성한 경우에 한하여 국산화 인증을 부여한다.

방위사업청은 종전의 인증기준이 국내 기술수준이 낮은 분야의 국산화 참여를 제한하는 부작용이 야기됨에 따라 무기체계 부품의 분야별 기술수준 및 개발난이도를 반영하여 업계의 개발의욕을 높이고 핵심부품의 국산화 활성화를 목표로 인증기준을 다양화하였다.[373]

변경된 인증기준을 종전 기준과 비교하면 〈표 8-28〉과 같다.

개발관리기관은 개발품목이 국산화 인증에 합격되고 규격이 제·개정된 경우에는 지체 없이 연구개발확인서를 발급하여 개발업체와 소요군 및 방위사업청(기품원 포함)에 통보하여야 한다. 기 규격화된 품목에 대하여는 국산화 인증 합격 후 연구개발확인서를 발급할 수 있다.

개발품목에 대한 수의계약 가능기간은 개발완료 후 계약 연수를 기준하여 5년으로 한다. 다만, 수의계약 가능 최장기간은 연구개발확인서 발급일로부터 15년을 초과할 수 없다.

방위사업청 및 각 군은 주장비를 구매계약할 때에는 구매계약서에 "연구개발확인서를 발급받은 수의계약 대상품목을 계약업체 및 하도급업체가 의무적으로 사용"하도록 포함하여 개발품을 우선 구매할 수 있도록 하고 있다. 국산화 개발승인을 받은 업체는 해당 개발 대상품목을 사용하는 업체에 통보하여 개발완료품목이 우선 구매될 수 있도록 적극적으로 노력하여야 한다.

이와 함께 국산화 개발완료 후 연구개발확인서를 발급받은 개발업체에게는 국산

---

[373] 방위사업청, 『'09~'13 부품 국산화 종합계획(2010년 개정판)』, 서울: 방위사업청, 2010, p.4.

화 개발완료품목에 대해 지속적으로 성능개량, 기술변경 등 품질향상을 기해야 하
는 의무도 주어진다.

방위사업청은 국산화 관련 정보의 종합관리 및 다양한 고객이 원하는 정보의 제
공을 위해 국방기술품질원에 국산화정보체계(MPDIS)를 구축하여 2008년 11월부터
운영하고 있다.

사. 부품 국산화 활성화를 위한 발전방향

우리나라의 무기체계 부품 국산화는 경제성만 고려한다면 쉽게 선택할 수 있는 사
안이 아니다. 반면 제대로 된다면 경제 전반에 미치는 효과가 크다고 할 수 있다. 따
라서 국가 기술의 종합적 성장을 고려하면 비용을 더 지불하더라도 무기체계 부품
국산화는 시도할 만한 충분한 가치를 지니고 있다. 게다가 첨단 무기류 생산은 여러
국가의 공동참여 형태로 발전하고 있어, 우리만이 제공할 수 있는 독자기술이나 핵
심부품 개발 없이는 국제 공조체제에서 밀려날 가능성도 크다. 따라서 시작할 때부
터 철저히 국산화에 기반을 둔 미국, 일본만큼은 아니라 할지라도 우리 기술로 국산
화된 부품을 어느 정도 갖춰야 할 필요가 있으며, 이를 위한 몇 가지 발전방안을 제
시하면 다음과 같다.

첫째, 부품 국산화 패러다임의 재정립이 필요하다. 현재의 부품 국산화는 품목을
'제조' 혹은 '생산'하여 장비에 적용하는 것에 초점을 두고 있으나, 질적 향상을 도모
할 수 있는 기술개발에 역점을 둔 부품 국산화 정책이 필요하다. 현재의 부품 국산화
제도는 정부 조달 단위 이상의 품목에 대해 승인하고 있고, 구매 단위 이하의 품목은
업체 자율에 맡겨두고 있는 실정이다. 그러나 높은 부가가치의 핵심부품 및 기술을
개발하거나 원자재를 개발하여 적용하는 것이 실질적인 국산화를 촉진하는 것임을
고려할 때 부품 국산화에 대한 패러다임 재정립이 필요하다.

둘째, 무기체계의 전 순기를 고려한 부품 국산화 계획의 구체화 및 사후관리 강화
가 필요하다. 즉, 무기체계의 궁극적인 국산화율 향상을 위해서는 각 단계별 목표를
분명하게 설정할 필요가 있다. 특히 체계개발 완료단계에서 부품 국산화 대상을 조

기 식별하여 추진하는 것이 경제적 효과를 매우 높이는 방안으로 국산화검토위원회를 통한 품목 선별이 바람직할 것이다.

셋째, 정부 개발 자금지원 대폭 확대 등 지원책 강화이다. 대부분의 경우 무기체계 획득예산에서 부품 국산화에 대한 별도 예산은 편성되어 있지 않다. 2010년 최초로 현재 양산단계 무기체계 핵심부품 국산화 개발을 위한 자금지원예산(14.86억 원)을 확보하였으나 실제 모든 무기체계 장비의 부품 국산화 사업에 확대 적용하기에는 너무나 부족한 실정이다. 따라서 사업부서 및 개발관리기관은 체계개발 완료 후 별도 사업으로 후속 부품 국산화가 추진될 수 있도록 과제를 지속적으로 발굴하여 제공하고, 정책부서는 이를 획득예산의 한 항목으로 반영하여 체계적인 부품 국산화가 이루어지도록 해야 한다.

넷째, 무기체계 도입부품 정보교류 확대를 통한 국산화 개발 유인이다. 무기체계의 수명주기는 과거에 비해 크게 증가하고 있고, 전시작전권 전환에 따른 조기 전력화를 위해 신규 무기체계의 도입이 증대되고 있는 반면 무기체계의 총수명주기 동안 전체적인 관리를 제작사 측에 이양하려는 성과기반 군수(PBL)가 확산되고 있는 추세이다. 이러한 추세가 계속되는 경우 국내 체계기업 또한 안정적인 부품 공급선을 확보하고 우수한 기술력을 지닌 협력업체와 장기적으로 안정적인 관계를 유지할 유인책을 갖게 된다. 한편 중소기업, 즉 협력업체의 입장에서는 국방 분야 부품 국산화 개발에 참여하고 싶지만 부품의 개발 및 생산 소요에 대한 정보가 부족하다는 민원을 꾸준히 제기해왔다. 2009년 이노비즈 기업(중소기업청 인정 혁신형 중소기업) 191개 사를 대상으로 한 설문조사에서도 응답기업 중 86%가 방위사업 참여를 희망하였으나, 정보 부족(40.3%), 높은 진입장벽(25.1%) 등의 이유로 방위사업 진출에 어려움을 겪고 있는 것으로 조사되었다. 즉, 방위사업 분야에 대한 정보를 얻을 수 있는 기업이 극히 한정되어 있는 상황에서 이들에 대해 적극적으로 인센티브를 제공하는 것만으로는 부품 국산화 기반 확대에 한계가 있다고 할 수 있다. 오히려 방위사업 참여 기업의 풀(Pool)을 적극적으로 확장하려는 노력이 보다 효과적임을 설문조사 결과가 말해주고 있다.

다섯째, 부품 국산화 정책부서 및 개발관리조직에 대한 재정비가 필요하다. 부품 국산화를 개발하기 위해서는 어느 기관/부서의 안내를 받아야 하는지 현재는 부품 국산화 단계별로 다르고 매우 복잡하다. 부품 국산화 관련 정책부서가 국방부(운용유지단계)와 방사청(개발 및 양산단계)으로 이원화되어 있고 관리기관은 각 군, 기품원 등으로 분산되어 있어 처음 참여하려는 업체 입장에서는 창구에 혼선을 일으키고 있으므로 총수명주기체계관리 차원에서 조직에 대한 재정비가 필요하다고 하겠다.

5. 군수품 표준화 관리

가. 표준과 규격의 개념

세계 무역시장은 냉전 이후 21세기에 접어들면서 통합·단일화, 국경 없는 경제, 무한 경제전쟁시대 등으로 표현되면서 세계 각국은 생존을 유지하기 위한 다각적인 노력을 하고 있으며, 과학기술 분야에 있어서는 기술의 구현과 파급효과를 기술기준인 규격/표준에 대한 정립을 최우선적으로 추진하고 있다. 특히 정보통신기술의 발전 및 군사 분야와 민수분야의 기술의 통합이 급속하게 추진되고 있는 여건 하에서 한 국가나 기업의 표준이 전 세계적으로 통용되는 '글로벌 스탠더드(Global Standard)'로서 세계시장을 지배하는 도구로 활용되고 있으며, 이제는 표준이라는 용어가 그 어느 때보다도 중요한 화두로 대두되고 있다.

최첨단의 우수한 기술이라도 국제무대에서 표준으로 인정되지 못하면 그 기술은 시장에서 무용지물이 될 정도로 표준에 의한 시장 선점은 그 어느 때보다 긴요한 요소로 등장하고 있으며, 특히 기술혁신이 필요한 IT 등 첨단산업 분야에서는 오히려 기술개발보다도 시장 확보를 전제로 한 표준개발의 중요성이 더 부각되고 있어 "표준을 지배하는 나라가 세계를 지배하고, 세계를 지배하는 나라가 곧 표준을 지배한다", "표준이 곧 국가경쟁력의 척도"라는 표현으로 표준의 중요성을 강조하고 있다.

따라서 표준은 '선택의 문제가 아닌 생존의 문제'로서 미래사회에 표준의 경쟁력

확보가 필연적이라는 것을 알 수 있다.[374]

　표준이란 "인류가 문명을 형성해나가면서 사람들 간 편의와 효율성을 도모하고 공정성과 안전을 확보하기 위해 정한 상호 약속"을 말한다.[375] 즉 표준은 편의·안전·효율을 위해 이해당사자들의 자발적 합의를 통해 지키기로 약속한 지침이나 규정을 뜻한다. ISO(International Organization Standardization)나 IEC(International Electrotechnical Commission)에서는 표준의 역할을 제품, 공정, 서비스 측면에서 공통·반복적 사용에 따라 인정기관의 승인을 통해 이루어지는 최적의 질서 확립수단으로 보고 있다. 우리나라에서도 모든 표준에 관해 기본법적인 성격을 지닌 '국가표준기본법'의 제3조 규정에 의하면 "산업표준이란 광공업품의 종류, 형상, 품질, 생산방법, 시험·검사방법 및 제품·서비스의 기술에 관한 용어 등을 통일화하고 단순화하기 위한 기준"이라고 정의하고 있다. 또한 국제표준화기구(ISO/IEC)의 ISO/IEC Guide 2에는 "재료, 공정 및 서비스가 그 목적에 부합한다는 것을 보증하기 위해 규칙, 지침, 개념 규정으로 일관되게 활용할 기술적 명세와 세부적인 기준"이라 정의하고 있으며 WTO/TBT(세계무역기구/무역상 기술장벽)협정에서는 "규격, 지침, 상품의 특성 또는 관련 공정 및 생산방법을 공통적이고 반복적인 사용을 위하여 규정한 문서로서 인증된 기관에 의해 승인된 문서"[376]로 정의하고 있다. 미 국방부 DoD 4120.24-M에서는 표준을 "획일적인 공학적 또는 기술적 기준, 방법, 프로세스, 활동을 규정하는 문서"[377]로 정의하고 있다.

　규격이란 "일반적으로 공업품의 물리적 및 화학적 특성, 제조방법, 시험방법을 과학적으로 규정한 표준"을 말한다.[378] 미 국방부 DoD 4120.24-M에서는 규격을 "요건

---

374 국방품질관리소, 「국방규격 통일화 사업 '국제규격 체계정립 및 국제규격 수준화'」, 서울: 국방품질관리소, 2005, p.1.

375 한국표준협회, 「미래사회와 표준」, 2004, p.45.

376 한국표준협회, 「미래사회와 표준」, 2004, pp.45-46.

377 미국 국방부, 「DSP Policies and Procedures(DoD 4120.24-M)」, 2000, p.63.

378 국방기술품질원, 「국방규격 체계정립 및 국제규격 수준화」, 서울: 국방기술품질원, 2006, p.7.

이 충족되는지를 결정하기 위한 기준과 구매물자를 위한 필수적인 기술적 요건을 설명하고 획득을 지원하기 위해 준비된 문서"[379]로 정의하고 있다.

이러한 정의들을 종합적으로 감안해보면 표준과 규격은 기술개발 결과의 다른 표현으로서 기술적 언어를 문서화한 것이고 제품이나 용역(서비스)의 공통적 적용을 위해 물체, 성능, 능력, 동작, 절차, 방법, 수속, 책임, 의무, 사고방법 등에 대하여 정한 결정이라고 할 수 있으며 그 의미도 같은 것으로 혼용되어 사용되고 있다.

포괄적 의미로서의 표준(Standard)이란 "인류가 문명을 형성해나가면서 사람들 간의 편의와 효율성을 도모하고 공정성과 안전을 확보하기 위해 정한 상호 약속"이고 산업적 개념에서의 표준은 "상품 및 서비스를 공통적이고 반복적으로 일관되게 사용함을 목적으로 재질, 공정, 용어 등에 관한 명세와 기준을 규정한 문서"[380]라고 기술할 수 있다.

따라서 규격과 표준의 정의를 요약하면 "기술개발 결과의 다른 표현으로서 기술적 언어를 문서화한 것이고 제품이나 용역(서비스)의 공통적 적용을 위해 물체, 성능, 능력, 동작, 절차, 방법, 수속, 책임, 의무, 사고방법 등에 대하여 정한 결정"이라고 할 수 있다. 표준화(Standardization)는 ISO/IEC Guide 2규정에서 "주어진 여건에서 최적의 상태 달성을 목표로 공통적이고 반복적인 사용을 위하여 실제적 또는 잠재적인 문제에 대하여 규정을 수립하는 활동"[381]으로 정의하고 있다. 또한 미 국방부 DoD 4120.24-M에서는 표준화를 "물질의 양립성, 상호 운용성, 상호 교환가능성, 공통성을 달성하기 위한 방법, 활동, 프로세스, 제품을 위해 획일적인 공학적 기준을 개발하고 합의에 의해 동의하는 프로세스"[382]라고 정의하고 있다. 우리나라의 국방규격 작성 표준지침에는 "군수품의 조달·관리 및 유지를 경제적·효율적으로 수행하기 위하여 표준을 설정하여 이를 활용하는 조직적 행위와 기술적 요구사항을 결정하는

---

379 미 국방부, 「DSP Policies and Procedures(DoD 4120.24-M)」, 2000, p.63.

380 한국표준협회, 「미래사회와 표준」, 2004, pp.45-46.

381 한국표준협회, 「미래사회와 표준」, 2004, pp.24-26.

382 미 국방부, 「DSP Policies and Procedures(DoD 4120.24-M)」, 2000, p.64.

규격제정, 표준품목 등의 지정에 관한 제반활동"[383]으로 정의하고 있다. 이상의 개념을 바탕으로 표준화에 대한 정의를 내려보면 표준화란 "표준을 설정하고 이것을 활용하는 조직적 행위로서 사물에 합리적인 기준(standard)을 설정하고 다수의 사람들이 어떤 사물을 그 기준에 맞추는 것"이라고 말할 수 있다.[384] 즉 표준화는 규칙을 세우고 이것을 적용하는 과정에서 관계하는 모든 사람들의 이익, 나아가 최우량의 경제성을 촉진함은 물론 기능적인 조건과 안전성의 요구까지 유의하면서 관계하는 모든 사람들의 협력 하에 이루어지는 조직적인 행위인 것이다.

국가표준을 국가사회의 모든 분야에서 정확성, 합리성 및 국제성 제고를 위하여 국가에서 통일적으로 준용하는 과학적·기술적 공공기준으로 규정하고 성문표준, 측정표준, 참조표준 등으로 분류하고 있다. 따라서 표준과 규격은 어떤 상품의 형태나 치수, 소재, 기능, 안정성과 같은 품질수준에 대한 기술적인 명세(Technical specification)를 정해둔 것을 의미한다. 이러한 기술적인 명세(Technical specification) 중 자발적이고 임의적인 것을 '표준(Standard)'이라 하고, 준수가 의무적인 것을 '기술규정(Technical regulations)'이라고 한다. 자발적인 성격을 가진 표준을 법적 구속력을 강화시켜 규정화시킨 것이 기술규정이며, 이는 국가적 측면뿐만 아니라 국제사회에서도 엄격하게 적용되고 있다.

나. 표준화의 목적과 중요성 및 효과[385]

(1) 표준화의 목적

표준화의 일반적인 목적은 생산, 소비, 유통 등 여러 분야에 있어서 능률을 증진시키고 경제성을 높이는 데 있다. 따라서 제품의 품질개선과 생산능률의 향상을 기하여 상

---

383 국방부, 「국방규격 작성 표준지침」, 2004, p.107.

384 국방품질관리소, 전게서, p.14.

385 국방품질관리소, 전게서, pp.14-17.

거래의 단순화와 공정화를 도모하는 것이 궁극적인 목적이다. 자동차를 예로 들면, 공통적인 부품이나 공구가 통일화 및 규격화되어 있지 않고 각 회사마다 독자적인 규격으로 부품이나 공구를 생산한다면 고장이 발생하였을 때 사용자가 쉽게 부품을 교체할 수 없게 되어 대단히 불편하며 비용도 많이 들 것이다. 또한 지금과 같이 대량생산과 국제무역이 활성화되어 있는 상황에서는 표준화는 필수적인 요건이라고 할 수 있다. 더욱이 1970년대 이후부터는 안전이나 환경을 강조하는 추세가 세계적으로 확산되어 표준화의 목적으로 가장 기초적인 상호 이해와 생명의 안전을 중요시하게 되었다. 오늘날 표준화가 추구하는 목적은 다음과 같이 세분화할 수 있다.[386]

(가) 제품 및 업무행위의 단순화와 호환성 향상

표준화는 복잡성을 줄일 뿐만 아니라 장래에 불필요하게 복잡해지는 것을 예방함을 목적으로 한다. 복잡 다양한 사물의 증가와 무질서를 억제하기 위해서는 우선 사회 구성원의 노력과 합의를 바탕으로 하는 사물 및 행위의 단순화가 필요하다. 호환성의 정의는 서로가 교환하여 쓸 수 있는 성질이다. 표준화의 작용은 단순화이며 단순화의 직접 목표는 호환성이라 할 수 있다.

(나) 관계자 간의 의사소통 원활화

표준화는 경제활동이자 사회활동이다. 따라서 관련자 모두의 상호 협력에 의해 추진되어야 한다. 표준이 합의(consensus)에 의해 제정되고 이들 관계자가 표준을 지킬 때 비로소 효과가 나타난다. 사내표준에서부터 국제표준에 이르기까지 관계자들 간의 합의는 상호 의사소통을 원활히 할 수 있는 중요한 도구이자 표준화를 가능하게 하는 것이다.

---

[386] 국방품질관리소, 전게서, pp.17–21.

(다) 전체적인 경제성(자재, 노력 등의 절약) 추구

표준화가 목적으로 하는 전체적인 경제성은 관계자 모두가 반드시 동시에 최대의 편익을 얻는 것은 아니다. 다수의 이익을 위해 소수의 희생을 감수해야 한다. 예를 들어 밸브나 나사의 회전방향은 오른손잡이 위주로 표준화되어 있는 것과 같이 다수의 이익을 위해 소수의 희생이 따르는 것이 보통이다. 표준화는 사회 전체의 이익을 추구하기 때문에 자동적으로 활동의 합리화와 능률화를 지향한다.

(라) 안전확보·건강증진·환경보호 등 공공이익 증대

과학기술의 발달로 생활이 윤택해짐에 따라 삶의 질을 중요시하게 된 현대 소비사회에서는 정책 목표가 인간의 생명존중과 국민 복지의 달성을 지향하게 되고 산업정책에 있어서도 소비자의 안전 및 복지가 우선시되고 있다. 이에 안전성 확보를 통해 인간의 생명을 보호하고 사고 발생에 따른 비용 손실을 줄이기 위한 제품안전표준의 중요성이 대두되었다. 안전성 확보란 위험의 방지를 말한다. 그 위험에는 중대한 것과 경미한 것이 있는데 중대한 위험을 방지하기 위해서는 표준화가 법률로 제정됨으로써 강제력을 가지게 된다. 그러나 법률로 제정할 정도가 아닌 경미한 위험도 대단히 많다. 일상 필수품에 있어서 부적절한 사용이나 보관에 의해 상품이 사용자가 부상을 입거나 실수를 하는 일 등이다. 이러한 경우 제조규격에 적절한 규정을 설정함으로써 위험을 방지할 수 있다. 일반적으로 규격에 의해 안전성과 환경성이 강하게 요구되는 제품은 당연히 값이 비싸다. 따라서 생산자와 사용자 사이에서 대립이 있을 수는 있다. 그러나 표준화된 제품은 그 자체로 안전성이 확보되는 경우가 많다. 가스라이터를 예로 들면 ISO 9994 규정에 '라이터 안전내역'을 만들어 기능적·구조적 완전성뿐만이 아니라 제품표시, 사용법 및 경고, 검사방법을 비롯하여 라이터 제조업체가 고려해야 할 많은 요구사항을 제시하고 있다.

(마) 무역 관련 기술장벽의 제거

표준 관련 제도는 일반적으로 국가마다 다르게 되어 있다. 이는 과거 각국이 자국

상품의 표준화를 위한 제도 및 절차를 규정할 때 단지 자국의 국내시장만을 주요 관심대상으로 하여 제정한 결과이다. 서로 다른 표준화 제도는 국가 간의 무역에 상당한 영향을 미치게 된다. 수출국은 수입국의 표준에 맞는 제품을 생산해야 하므로 원가상승이 발생해 경쟁력이 약화되고 수입국은 어느 정도 수입을 억제해주는 효과를 얻는다. 이러한 현상은 수출·수입국 모두에게 무역에 있어서의 기술장벽(TBT: Technical Barriers to Trade)으로 작용한다. 그래서 우루과이 협상에서 채택된 WTO/TBT협정은 세계무역기구의 모든 회원국은 자동적으로 모두 TBT협정을 준수하도록 만들었다. 이처럼 표준화는 글로벌 차원에서 세계의 무역 관련 기술장벽을 제거해주는 목적으로 많은 나라에서 시행되고 있는 것이다.

(2) 표준화의 중요성

이와 같이 표준화는 우리의 일상생활에서뿐만 아니라 크게는 국제적으로까지 그 범위가 광범위하게 확산되고 있다. 표준화는 제품의 호환성 향상과 경제적 이익의 추구를 효율적으로 가능하게 하고 관련 기관이나 국가 간의 의사소통이 원활히 이루어지도록 하는 도구를 제공해주며 안전·건강·환경 등 공공의 이익을 증대시켜 준다. 또한 국가 간의 무역에 있어서도 상호 간 장벽을 제거해줌으로써 결과적으로 인간의 생명존중과 복지향상에 기여하는 것이다. 표준화가 아주 잘되어 있으면 그 고마움과 편리함을 알지 못하지만 실패한다면 대단히 불편한 상황이 발생할 것이다. '메이커마다 형광등이나 건전지의 크기가 다르다면 얼마나 번잡할까? 또 음료수 용기의 뚜껑이 회사마다 다르다면, 뚜껑을 따는 도구도 다 달라야 한다면?' 하고 상상하면 표준화의 소중함과 필요성을 이해할 수 있을 것이다.

표준화와 관련된 기술적, 사회·경제적, 군사적 측면에서의 여건은 다음과 같이 분류해볼 수 있다.[387]

---

[387] 국방품질관리소, 전게서, pp.17-21

　첫째로 기술적 측면에서의 규격/표준/표준화의 여건을 살펴보면, 규격 및 표준은 제품 또는 적용기술에 대한 내용을 명확하고 객관적으로 전달하는 문서로서 기술의 발전방향 및 속도변화에 적절하게 부응하여야 한다. 더욱이 세계는 과거 어느 때보다 정보통신기술을 중심으로 급속한 발전을 거듭하고 있고 이에 부응하지 않는 국가나 기업은 도태될 수밖에 없는 치열한 기술전쟁 속에 있으며 이러한 기술 전쟁이 바로 규격 및 표준의 전쟁이라 할 수 있다. 표준의 선점은 그 분야에 대한 독점적 시장지배권을 확보하는 것으로서 VTR에서 베타 방식과 VHS 방식이 충돌하여 기술의 우수함에도 불구하고 VHS 방식이 국제표준으로 채택됨으로써 베타방식이 시장에서 도태되었으며, 8MM 카세트테이프의 경우에도 일본의 소니(SONY)사가 최초에는 기술적으로 우세했으나 네덜란드의 필립스(PHILLIPS)사가 시장을 선점함에 따라 기술적 표준으로 인정되고 있는 사실을 잘 알고 있다. 이와 같이 기술과 표준은 하나이어야 하며 표준이 기술을 반영하지 못할 경우 표준은 사장될 수밖에 없다. 산업계 전반에 걸친 CALS 시스템의 확산과 컨커런트 엔지니어링(Concurrent Engineering)의 보급으로 개발기간이 단축되었을 뿐 아니라 기술 수명주기도 점점 짧아지고 있어 규격의 제정기간 역시 단축이 요구되고 있으며 이러한 기술변화를 수용할 수 있는 유연한 표준체계의 확립이 필요한 실정이다.

　미국은 1994년부터 추진한 MIL-SPEC REFORM 등을 통하여 군수분야에서 활용하는 규격 중에 MIL-SPEC의 비중을 2001년도에는 67%에서 44%로 낮추었으며 이 중에서도 성능형 규격의 비중은 9%, 상세형 규격은 32%로 유지하고 있다. 성능형 규격의 적용 및 확대는 최신 산업기술 및 발전된 상용품을 신속하게 채택 가능하도록 하여 궁극적으로 예산절감 효과를 기대할 수 있겠다. 또한 비정부표준(NGS: Non-Government Standard), 즉 민간산업 분야의 표준을 채택하는 경우도 13%에서 32%로 증가됨에 따라 민간의 산업기반을 거의 그대로 활용하는 체제를 구축하였다.

　둘째로 사회적·경제적 측면에서의 여건을 보면, 21세기의 세계는 산업기반의 사회에서 '지식기반(Knowledge Based)의 사회'로 변화되고 있으며 컴퓨터와 통신기술이 만들어낸 정보기술(IT: Information Technology)혁명이 우리의 모든 생활을 바꿔놓고 있다. 특히 인터넷은 정보기술혁명의 꽃이라 할 수 있으며 인터넷은 개인의 일상생활은 물론 기업경영, 국가운영 등 사회 모든 분야를 완전히 뒤바꾸고 있다. 인터넷을 중심으로 하는 상거래는 시간과 공간을 초월하여 국경 없는 시장을 형성하여 전 세계를 고객으로 하고 있을 뿐만 아니라 집에 앉아서 기업을 경영하고 필요한 물품을 구매할 수 있게 하였다.

표준은 사용자에게 판단의 기준과 품질 측정기준을 제공하는 수단으로 일상생활에서나 회사의 품질경영, 각종 서비스의 제공, 지구촌의 통신망 접속을 보장하는 중추적 역할을 하며 안전과 인간의 건강, 환경보호에 기여함으로써 생활의 질적 향상을 촉진시킨다. 기술의 변화에 따라 규격 및 표준에 대한 개념도 달라져야 하며, 더 이상 획일적이고 강제적인 의미로는 나날이 급변하는 기술발전 속도에 적응하지 못할 것이며 궁극적으로는 국제표준에 부합하여야 한다. 이를 위해서는 기술변화를 적시에 반영할 수 있는 표준체계를 구축하여야 하고 생산자가 최적의 방법으로 목표품질을 달성할 수 있도록 유연성을 가져야 한다.

국내외 규격의 발전동향에 대한 조사분석을 통하여 국방규격의 수준을 국제규격 수준으로 상승시키는 연구는 국내 산업수준의 향상을 유도하고 표준화를 통한 원가절감과 개발기간의 단축, 생산성의 증대를 이루어 산업계에 보다 혁신적인 분위기를 조성할 것으로 기대된다.

셋째로 군사적 측면에서의 표준화 여건을 보면, 군사력 우위의 국가전략에서 국가경제 우위의 정책으로 패러다임이 변환하여 이제는 군과 민간의 제반 이해관계가 국가 총체적 관계로 변화되고 있다.

무기체계 연구개발에 군전용의 제품개발과 군전용의 규격을 제정하는 것에 비하여 민과 군이 공동으로 사용할 수 있는 제품/부품을 개발하고 민군 공통규격을 적용하는 것은 개발비용을 최소화하고 개발기간의 단축을 가능하게 한다. 또한 민수기술의 활용을 위한 성능형 규격으로의 전환은 군수품을 생산함에 있어 기업체에게 보다 자유로운 신기술 선택의 기회를 부여하여 지속적인 품질개선을 할 수 있게 하므로 최소의 비용으로 최대의 성능 유지를 가능하게 할 수 있다. KS, KICS 등의 국

408

내규격과 국제규격 발전동향에 따른 최신화된 국방규격을 활용함으로써 국내·외 신기술의 적용이 용이할 뿐만 아니라 우수한 상용품의 채택이 가능하여 경제적인 군수 조달을 유도할 수 있으며, 유사시 전시동원능력도 향상될 것으로 기대된다. 즉 국내 민간표준 및 국제규격과의 호환성이 증대됨에 따라 규격/표준의 효율적 관리를 통하여 비용절감 효과를 얻을 수 있을 것이고 국내 표준들과의 비교 검토 및 교류 차원에서 우리나라 국가표준의 약 26%를 차지하고 있는 국방규격/표준의 위상이 더욱 제고될 것으로 기대할 수 있다.

마지막으로 세계 각국은 군비축소 추세에 따라 국방비 절감을 위한 개혁에 민군겸용기술의 활용과 민군규격 통일을 최우선 과제로 추진하고 있다. 이와 함께 우리나라는 남북이 대치되고 있는 세계 유일의 냉전지역으로서 유사시를 대비한 군수물자 전시동원능력의 향상이 어느 때보다도 더욱 절실히 요구되고 있는 실정이므로 우리의 경우도 단순한 민과 군 규격의 통합을 떠나 군수산업 기반과 민수산업 기반이 국가산업 기반으로 일원화될 수 있도록 민과 군의 규격/표준을 실질적으로 통합하여야 할 것이다.

(3) 표준화의 효과

표준화를 통하여 발생할 수 있는 효과는 긍정적인 효과와 부정적인 효과로 나누어볼 수 있다.

먼저 긍정적인 효과로 가장 큰 효과는 호환성(compatibility)이 가져오는 네트워크 외부효과(Network Externality)라고 할 수 있다. 외부효과는 알프레드 마셜(Alfred Marshall)에 의해 주장되었는데, 표준으로 인해 제품의 호환성이 이루어지면 제품에서 오는 효용은 그 제품이 속해 있는 다른 사용자의 수에 의해 비례하여 증가하게 된다는 표준의 수확체증효과(Increasing return to sale)를 말한다. 예를 들어 컴퓨터의 경우 기술혁신에 의해 새로운 중앙처리장치나 소프트웨어가 개발되면 이와 관련된 제품·생산·기업 모두에게 긍정적이건 부정적이건 영향을 미치게 된다. 사실상의 표준인 마이크로소프트(MS)사의 Window 98이 발표되었을 때 국내 반도체 기업들의 매출이 증대된 사실은 호환성에 의한 네트워크 외부효과로 설명된다.

둘째로 표준화는 생산공정의 혁신을 통한 규모의 경제(Scale of Economy)를 가능하게 하고 판매경쟁을 가속화시키며 신기술 개발을 촉진하고 매출을 증대시킨다. 그리고 생산비용을 감소시키고 학습비용을 줄일 수 있다.

셋째로 표준화는 정보를 제공하는 역할을 통하여 시장에서 발생하는 거래행위에 부수되는 탐색비용과 측정비용을 감소시키는 효과를 낸다. 시장에서 상품에 대한 정보가 정확하지 않을 경우 구매자들은 주어진 가격으로 상품을 사기 위하여 탐색이나 측정에 비용을 투입해야 하는데 이는 사회적으로 보면 낭비를 가져온다. 표준화는 거래되는 재화나 서비스, 생산과정에 대한 다양성을 제거하고 정보를 일률적으로 제공하며 거래비용을 감소시킴으로써 결국 구매자의 이익을 증대시킬 수 있는 것이다.

넷째로 표준화는 기술혁신을 가속화시킬 수도 있다. 경쟁단계에서 표준화가 형성되면 이에 따른 기업의 이익이 막대하기 때문에 많은 기업들이 첨단기술 분야의 신기술 개발을 통한 사실상 표준을 획득하기 위한 노력을 강화한다. 이는 첨단산업과 정보통신, 전기전자 분야에서 두드러지게 나타난다.

다섯째로 제품의 품질, 건강, 안전 등의 분야에서의 표준화는 생활의 편익을 증진시키고 삶을 윤택하게 할 수 있는 효과를 줄 수 있다. 이는 표준화의 공공재적인 성격에서 유래하는데, 사회 전체적 목표를 달성하기 위한 표준화의 기여도가 커짐에 따라 이에 대한 관심이 증가하고 있다는 것을 의미한다.

여섯째로 국제표준화는 국제교역의 활성화를 촉진하며 재화의 자유로운 이동을 가능케 함으로써 세계시장의 평준화를 가져올 뿐만 아니라 세계 경제발전에 기여할 수 있다.

표준화의 부정적인 효과는, 첫째 제품의 다양성을 감소시키고 기술혁신을 둔화시켜 새로운 표준으로의 진보를 저해할 수 있다는 것이다. 다양성의 감소가 초래하는 손실은 구체적으로 2가지 측면에서 설명된다. 먼저 서로 다른 종류의 제품 또는 그

제품이 만들어내는 다른 형태의 서비스에 대하여 이용자들은 다른 효용을 얻는데 표준화에 의해 이러한 이점이 포기될 수밖에 없다. 그리고 다른 하나는 다른 형태의 제품 또는 서비스는 소비자에게 비용의 다양성을 제공하여 선택 가능하게 하는데 표준화에 의한 기술의 제품만 제공되면 어떤 소비자는 상대적으로 비싼 기술로 생산된 제품을 이용해야 하는 불이익을 받게 된다. 일단 표준이 형성되면 소비자는 호환성의 이익을 누리기 위하여 비호환적인 신기술제품을 꺼림으로써 전반적으로 열등한 기술의 표준이 산업을 지배케 하는 결과를 가져온다. 특히 표준개발비용, 개발된 표준에 맞추기 위하여 제품을 변형시켜야 하는 비용, 인증실험과 제품 성능시험을 거치는 과정에서 많은 비용이 발생하게 된다. 이러한 비용발생은 사회적인 비용의 증가를 의미하지만 기업 차원에서 보면 개발제품의 가격상승을 유발하기 때문에 제품의 가격경쟁력을 떨어뜨리게 되어 새로운 진입장벽이 된다.

둘째, 기술적 우위에서 세계적 표준이 형성되면 기술적으로 열위에 있는 국가들은 이에 종속될 수밖에 없다. 이러한 현상이 지속되면 기술적인 우위국가와 기술적 하위국가의 양분화 현상이 고착될 가능성이 높다. 특히 첨단기술의 경우 선진국의 독점화 현상이 심화되고 있기 때문에 이러한 현상은 나타날 가능성이 훨씬 높다. 기업의 경우도 마찬가지로 첨단기술 분야의 세계 표준화 제정과정에서 탈락한 기업은 막대한 경제적 손실을 입을 뿐만 아니라 이에 대한 과다한 로열티를 지불해야 하는 결과를 가져온다.

셋째, 표준화는 고용의 감소를 가져올 수도 있다. 자동화를 통한 생산공정의 표준화는 제품 품질과 기업 생산성을 향상시킬 수 있으나 이 과정에서 고용조정이 필연적으로 발생하여 고용이 감소할 수밖에 없다.

다. 우리 군의 국방표준화 현황

우리 군의 경우 방위사업법(법률 8852호, 2008.2.29) 제26조 및 동법 시행령 제30조 표준품목의 지정·해제, 제31조 국방규격의 제정·개정, 제32조 형상의 관리에서는 각각의 표준화 업무 수행에 필요한 기본적인 내용만 규정하고 있다. 또한 방위사업관

〈표 8-29〉 표준품목 구분 및 특성

구분	내용	조달요구	규격
표준품목	군의 특수성과 보급 및 정비 등의 후속 군수지원 등을 고려하여 단일모델이 지정된 품목 – 군사 요구도를 충족하는 품목 – 국방규격을 기준으로 정상 조달 – 수리부속은 정상 소요량을 확보	정상 조달 (수리부속포함)	국방규격 제정
제한표준 품목	– 표준품목과 병행하여 계속 유지할 필요성은 있으나 새로운 표준품목으로 대치될 품목으로 신규조달 불가 – 수리부속은 현보유량을 유지하기 위한 소요만 조달 가능	부분품만 조달 (현보유량유지)	제정 불필요
사용품목	표준화를 위하여 시험평가를 하기 위한 품목 – 시험에 소요되는 장비만 구매 가능 – 수리부속은 시용시간의 소요만 조달 가능	시험소요만 조달 (시용기간 중 부품 조달)	제정 불필요
비표준 품목	– 군사 요구도를 충족 못하고 경제적으로 부적합하나 교육 및 훈련용으로 사용 가능한 품목으로 신규조달 불가 – 수리부속의 조달은 불가하고 동류전환으로 소진	조달불가 (동류전환)	제정 불필요
상용품목	후속 군수지원에 문제가 없어야 함 – 민수용으로 생산 또는 유통되고 있는 품목을 군수품으로 채택 사용하는 품목으로 사양서에 의한 조달 가능 – 상용품목 지정 시 후속 군수지원에 문제가 없어야 함 – 장비나 수리부속의 정상적인 조달 가능 군사요구도의 현저한 변경이 아닐 경우 품목 변경 조치 생략	정상조달 (수리부속 포함)	정부규격, 민간단체 규격, 업체사양서

출처: 방위사업관리규정 제588–592조 내용을 정리함.

리규정과 국방규격 작성 표준지침에 "군수품[388]의 조달·관리 및 유지를 경제적·효율적으로 수행하기 위하여 표준을 설정하여, 이를 활용하는 조직적 행위와 기술적 요구사항을 결정하는 품목지정, 규격제정, 형상관리 등의 지정에 관한 제반활동을 말한다"라고 정의하고 있으며, 국방전력발전업무규정에는 "군수품의 조달·관리 및 유지를 경제적·효율적으로 수행하기 위하여 표준을 설정하여, 이를 활용하는 조직적

---

388 '군수품'이라 함은 국방부 및 그 직할부대·직할기관과 육·해·공군이 사용·관리하기 위하여 획득하는 물품으로서 무기체계 및 비무기체계로 구분한다. 방위사업법 제3조, 2006.1.

412

행위와 기술적 요구사항을 결정하는 품목지정, 규격제정, 목록화, 형상관리 등의 지정에 관한 제반활동을 말한다"라고 규정함으로써 목록화를 추가하고 있다.[389] 따라서 방위사업법령에 의한 표준화는 군수품의 표준품목 지정과 해제, 규격화, 형상관리로 나누어볼 수 있다.

(1) 표준품목 지정 및 해제

표준품목 지정이란 군에서 표준화된 장비나 군수품은 사용하기 위해 특정 품목을 대상으로 표준품목으로 지정하는 활동을 말하며 완성품에 대하여 지정한다. 표준품목의 지정 필요성은 표준화된 장비 보급을 통해 체계적인 전력운용을 가능하게 하고, 교육, 보급 및 정비 등 후속지원에 대한 효율을 향상시키며, 소량 다품종 획득 시 획득비용 상승 및 군수지원 업무소요가 증가되는 것을 방지하기 위해서이다.

군수품은 표준화를 위하여 표준품목, 제한표준품목, 시용품목, 비표준품목, 상용품목으로 분류하여 지정한다.[390] 이를 표로 나타내면 〈표 8–29〉과 같다.

품목지정 대상은 무기체계는 연구개발사업의 경우 전투용 적합 판정 시, 구매사업의 경우 기종 결정 시에 표준품목으로 지정된 것으로 본다. 비무기체계의 경우 연구개발사업은 규격제정과 병행하여 표준품목으로 지정하고, 상용품목은 군사요구도를 설정하여 확정과 동시에 표준품목으로 지정한다. 품목지정 관련 기관별 업무분장은 방사청(표준관리부)은 표준품목 지정 및 해지 업무를 주관하고, 각 군은 표준품목 지정을 제기하며, 기품원은 표준품목 지정 관련 기술지원을 한다.

방위사업청장(표준관리부장)은 각 군으로부터 5년마다 표준품목에 대하여 상용품목 등으로의 표준품목 지정해제 및 전환지정에 관한 검토결과를 종합하여 군수조달분과심의회의 심의를 거쳐 표준품목 지정해제 및 전환지정을 추진하여야 한다. 이 경우 국산대체 등 조달원 변경 품목, 군사요구도 및 기술변경 품목, 경쟁조달 가능

---

389 국방부 훈령 제875호, 2008.3, p.224.

390 방위사업관리규정(방위사업청훈령 제158호, 2011.8.9 개정) 제587조–592조.

품목, 표준화의 목적·방침, 시대성, 기술성, 경제성 등의 측면에서 표준품목 지정이 부적합한 품목의 경우에는 해제 및 전환 지정을 검토한다. 이때 민군 공용 가능한 장비로서 경쟁조달이 가능한 경우, 유사한 모델을 보유하여도 군 임무 수행에 지장이 없을 것으로 판단되는 경우, 장비 제조기술이 지속적으로 향상되어 최신 장비 확보가 필요한 경우에는 군 작전 지원에 직접적으로 영향을 미치지 않는 범위 내에서 표준품목으로 지정한 날로부터 5년 이내일지라도 상용품목 등으로 표준품목 지정해제 및 전환지정을 추진하여야 한다. 시용품목은 시험평가 결과 군사요구도를 충족하면 표준품목으로 지정한다. 또한 외국에서 개발되어 기술시험 및 운용시험을 거쳐 야전에 운용 중인 품목으로 소요군, 국과연, 기품원 등 관련 기관의 자료에 의한 평가결과 군사요구도를 충족하는 경우에는 시용품목 지정과정을 거치지 아니하고 표준품목 등으로 지정할 수 있다. 신규장비 품목지정에 따른 관련 장비의 표준품목 해제 및 전환 지정은 신규장비 품목지정과 병행하여 추진한다.

(2) 규격화

무기체계의 적정 성능과 운영유지는 규격 및 형상관리의 효율성 여부에 의해 결정된다고 하여도 과언이 아니다. 규격은 체계를 형성하는 근본이며 형상관리는 근본이 되는 체계를 효율적으로 유지하기 위한 수단이다. 또한 규격은 제품 또는 용역의 기술적 요구사항과 그 기술적 요구사항의 일치 여부를 결정하는 절차 및 방법을 규정하고 있기 때문에 계약 및 계약이행과 관련하여 사용되는 문서 중 가장 핵심적인 기술문서라고 할 수 있다.[391]

군수품의 국방규격은 기능성·표준성·경쟁성·경제성·최신성 및 시장성 등을 감안하여 제정함을 원칙으로 하고 군수품의 종류, 형태, 생산방법, 기술의 발전 및 시장성 등을 고려하여 적절한 시기에 제정한다. 국방규격은 정식규격, 약식규격으로 구분하고 약식규격은 용도와 조건에 따라 임시규격, 포장규격, 구매규격, 도면규격으로 구분한

---

391 방위사업청, 『방위사업개론』, 서울: 대한정보인쇄, 2008, p.261.

414

다. 특별한 군사요구도가 없는 군수품은 동일한 사항이 한국산업규격이나 정부관계기
관의 규격이 제정되어 있을 경우에는 이를 활용하며, 제정되어 있지 않을 경우에는 관
계기관에 규격제정을 요구하고 가능한 한 국방규격의 제정을 지양한다.[392] 군수품의
국방규격은 국산화 추진 가능품목, 소요량 다수품목, 고가품목 위주로 제정하며, 가
능한 한 디자인 또는 외형 묘사적인 특징보다는 성능 위주로 작성한다.

국방규격은 정식규격을 적용한다. 다만, 정식규격이 제정되어 있지 아니한 때에는
약식규격을 적용할 수 있다. 한국산업규격 및 정부규격 또는 외국 국가나 협회규격
의 적용이 가능할 때에는 별도로 국방규격을 제정하지 않고 직접 적용하거나 최소한
의 필요한 사항만 추가한 구매규격을 제정하여 사용할 수 있다.

특정조달 대상품목은 국제규격을 우선 적용하여야한다. 다만, 국제규격·한국산
업규격·정부규격·국방규격이 없는 경우에는 제조국 또는 제조사의 규격을 적용할
수 있다.

국방규격의 제정범위는 다음과 같다. 연구개발을 위하여 시제품을 제작 중에 있는
군수품은 시제품 및 정비단계별 수리부속품의 기술자료를 망라하여 국방규격을 제
정하여야 하고, 소프트웨어의 국방규격화 범위는 소프트웨어 기술문서와 소스코드
를 말하여, 모든 기술자료에 대한 규격화가 비경제적이라고 판단될 때는 관련 기관과
의 협의를 거쳐 규격화 범위를 조정할 수 있다.

기술협력 생산품목은 협상단계에서부터 규격화 범위를 정하여 초도 시험평가 이
전에 국방규격을 제정하여야 하며, 국산화 계획에 포함된 품목은 규격에 관련된 기
술자료를 한국화하고, 국외 도입품목은 원 제조국의 기술자료를 적용할 수 있다. 단
국산화 품목의 기술자료가 방대하여 한국화가 비경제적이라고 판단될 때에는 규격
화 범위를 조정할 수 있다.

국외구매 품목은 제안요청서에 규격화 범위를 포함시켜 협상단계에서 규격화 범위
를 확정한다. 완성장비 수리부속품은 구성품·결합체·부분품으로 분류하여 확정된 보

---

392 방위사업관리규정 제598조.

급지원 요소에 대하여 규격을 제정하며, 가능한 상위 레벨에서 규격을 제정한다. 완성장비 규격이 제정되어 있는 부품 국산화 품목은 도면, 품질보증요구서(QAR: Quality Assurance Requirement)만으로 규격화가 가능하다. 민수 기술의 활용과 국방규격 과다 제정 방지를 위하여 민수규격의 활용가능 여부를 확인한 후 불가능한 경우에만 국방규격을 제정하고, 이에 관한 세부사항은 '민군규격통일화 업무지침'에 의한다.

전장관리정보체계 등 소프트웨어를 중심으로 하는 체계의 규격화는 체계설계기술서 등 관련 기술문서와 소스코드로 규격화를 대체할 수 있다.

국방규격의 작성방법은 다음과 같다.

국방규격은 국산화 추진 가능 품목, 소요량 다수품목, 고가품목 위주로, 조달 단위, 보급품 단위 수준으로 규격을 작성하며, 완제품·구성품 또는 결합체 단위로 작성하고 부품 단위 규격은 도면으로 관리한다. 또한 군수품의 특성, 군수지원의 효율성, 경제적 조달, 국내의 기술수준과 능력 등을 고려하여 상세형 규격과 성능형 규격 중에서 효과적인 방법을 선택하여 결정하고, 가능한 외형적인 특징보다는 성능 위주로 작성한다. 기능성을 갖는 부품이나 단품의 경우 성능형 작성이 바람직하며, 체계장비는 상세형과 성능형을 혼합한 형태로 작성하는 것이 바람직하다.

운영단계에서 수리부속의 조달을 원활히 하기 위하여 해당 장비 수리부속의 조달에 필요한 기술자료를 포함하여 작성하고, 일반 경쟁을 유도할 수 있도록 작성하여야 한다.

국방규격을 작성할 때에는 군수품의 호환성을 제고하고 다양성을 지양하기 위하여 국방표준의 내용을 인용·적용하여야 한다. 다만 국방표준이 제정되어 있지 않을 때에는 한국산업규격·정부관계기관규격을 인용할 수 있으며, 한국산업규격·정부관계기관규격도 제정되어 있지 않을 때에는 국제표준, 외국 국가표준, 외국 정부규격 및 외국 군사규격, 내·외국 학회 및 산업단체 규격, 내·외국 회사규격, 관계문헌 순으로 인용할 수 있다.

방위사업청장(표준관리부장)은 국방규격을 제정한 후 국방규격번호를 부여하여 등록하고 관련 기관에 통보한다. 국방규격 번호체계는 〈표 8-30〉과 같다.

KDS(KDC) 군급분류 – 규격서명 첫 문자 및 일련번호 – 개정차수
① ② ③ ④

① KDS: 표준서 및 정식규격서(KDC: 약식규격서)
② 군급분류(FSC: Federal Supply Classification)/표준은 STD로 표기
　군(群: Group): 예) 10(무기류), 13(탄약 및 폭발물)……, 68(화학제품)
　급(級: Class): 예) 1005(30mm이하 포), 1330(수류탄)……,
　　　　　　　　　　　6840(살충 및 소독제)
③ 규격서명 첫 문자 및 일련번호
　표준서/정식규격서: 규격서명의 첫 문자 사용 않음.
　약식규격서: 첫문자(T, P, R, D) 사용
　T: 임시규격 P: 포장 규격 R: 구매규격 D: 도면규격
④ 개정차수: 규격서 본문이 개정 시에만 수정
　예시) KDS 0050-9000-1, KDC 1320-T3200, KDC 6620-D4001-3

국방규격의 제정은 규격서 작성기관에서 작성된 규격서(안)에 대한 규격서 작성관리기관의 기술 검토 후 방위사업청에 제출하여 군수조달 분과위원회 심의를 거쳐 제정하고 있다. 그리고 규격서 작성관리기관 등은 규격서를 제정·개정한 날로부터 3년마다 규격의 적합성을 검토하도록 되어 있으며, 5년간 조달실적이 없는 품목과 실효성이 없어진 품목에 대한 규격은 비활성 규격으로 분류하여 매년 적합성 검토 후 유지, 개정 또는 폐지토록 되어 있다.

〈표 8-31〉은 최근 5년간 군수품 규격화 현황을 나타낸 것이다.

군수품에 적용된 신기술에 대한 연구개발 및 첨단무기 다변화와 군수물자의 무기 도입 국가 증가로 향후 규격화·목록화 대상은 계속 증가할 것으로 예상된다.

규격화는 군수품의 국방규격 제정 건수를 의미하며, 2006년부터 2010년까지 연도별 국방규격번호가 부여된 제정현황을 나타낸 지표이다.

방위사업청 통합사업관리정보체계에 등록된 국방규격 제정현황은 1만 958건으로 정식규격 7,916건(72%), 약식규격 3,042건(28%)을 관리, 보유하고 있으며, 최근 5년간 국방규격 제정은 방위사업청(22%), 국과연(10%)에서 457건을 육군(42%), 해군(15%), 공

〈표 8-31〉 군수품 규격화 현황(단위: 건)

구분	계	2006년	2007년	2008년	2009년	2010년
계	1,437	420	344	266	214	193
방위사업청	315	59	38	54	66	98
육군	609	225	256	94	62	72
해군	217	99	46	21	41	10
공군	98	35	37	17	2	7
국과연	142	-	46	72	22	2
기품원	56	2	21	8	21	4

출처: 방위사업청 홈페이지 통계자료(검색일: 2011.12.24)

군(7%), 기품원(4%)에서 980건을 제정하는 등 총 1,437건의 국방규격을 제정하였다.

(3) 형상관리

형상의 정의에 대해 ISO에서는 "제품을 통해서 구현되는 제품의 기능과 물리적 특성을 반영하는 기술문서(technical documents)"로 정의하고 있으며, ANSI/EIA-649에서는 "현존하거나 계획된 제품과 순차적으로 변경된 제품의 성능, 기능 및 물리적 속성"으로, 미국 MIL-STD-973에서는 "현존하거나 계획된 하드웨어와 펌웨어 등의 소프트웨어나 이들의 복합물의 기능적 물리적 특성을 설명하는 기술문서와 궁극적으로 제품을 통해서 구현되는 사항"으로 정의되고 있어 통상적으로 형상이란 기술문서로 정의되며, 작성과 해독을 위해서는 기술적 전문지식이 필요하다.[393] 따라서 형상관리란 "품목의 기능적 또는 물리적 특성을 식별하여 문서화하고, 그 특성에 대한 변경통제 및 형상식별서(도면, 규격서 등)와 제품의 합치 여부를 점검하며, 승인된 형

---

393 국방대학교 직무교육원, 『국방표준화 관리: 국방표준화 개요 및 연구개발사업 표준화』, 서울: 국방대학교, 2011, p.57.

상변경의 이행현황 등 필요한 정보를 기록·유지하는 활동"이라 할 수 있다.[394]

우리 군의 표준화 개념은 관련 기관에서 수행하는 현행 업무인 표준품목 지정·해제, 규격 제·개정 및 폐지, 형상관리에 한정하여 적용하고 있으며, 표준화를 국방표준화보다는 군수품 표준화로 인식하고 있다.

그러나 미국, 영국, 나토의 경우에는 표준화를 통해 달성하고자 하는 기본적인 목표인 장비의 호환성, 상호운용성, 상호교환가능성, 공통성을 달성하는 데 요구되는 각종 방법, 활동, 프로세스, 제품에 필요한 공통의 공학적인 기준을 개발하고 합의하는 절차로서 정의하고, 이를 위해 표준화 관련 정책, 법/규정, 조직/인력, 교육훈련, 정보체계, 각종 표준화 문서, 기타 다양한 분야에서 표준화를 위한 노력을 기울이고 있으며, 실무자들이 업무 수행에 실질적으로 적용할 수 있도록 각종 규정, 지침 등을 세부적으로 규정하고 있다.

따라서 국내 국방분야에서 사용하는 표준화에 대한 정의를 군수품 표준화를 포함한 국방표준화 개념으로 확대하여 재정립할 필요가 있다.

형상관리는 형상관리품목의 기능적·물리적 특성을 식별하고 문서화(형상식별 및 문서화)하여 변경내용을 통제(형상통제) 및 필요한 정보를 기록유지(형상자료유지)하며, 각종 기술자료와 제품의 합치 여부를 점검(형상확인)하는 절차와 제도로서 무기체계 전수명주기 동안 중요한 기술활동이다. 즉 하드웨어, 소프트웨어 품목 및 특정 부품에 대하여 기술문서로 표현되고 제품으로 구분되는 기능적·물리적 특성을 연구개발, 양산단계 및 운영단계에서 관리되는 제반활동으로 체계의 획득 수명주기 동안 형상관리품목으로 지정된 것들의 기능적·물리적 특성을 식별하고 변경을 통제하며 그 변경과정의 실행상태를 기록 유지하는 것이다.

형상관리의 목적은 무기체계의 전 수명주기 동안 발생비용을 최소화하는 데 있다. 이를 위해 최적의 순기비용으로 요구성능을 충족해야 하며, 최적의 설계 및 개발 수

---

394 국방대학교 직무교육원, 『국방표준화 관리: 국방규격 및 형상관리 업무절차』, 서울: 국방대학교, 2011, p.49.

준을 유지하고, 무기체계의 연구개발단계부터 양산 및 배치된 후 군수지원, 정비소요 및 관리에 이르기까지 필요한 형상통제를 적시에 적용하고, 무기체계 기술자료의 표준화 및 통일성을 유지하는 데 있다.

또한 배치운용 중인 무기체계에 대하여 성능개량, 부품 및 시스템에 대한 체계적인 관리를 위해 표준화 및 규격화를 추진하는 등 형상관리를 통해 하드웨어 및 소프트웨어의 성능유지와 향상된 품목통제 및 표준화가 용이하며 불확실한 기술적 자료의 요구를 줄일 수 있다. 형상관리는 형상식별, 형상확인, 형상통제, 형상자료유지로 구분할 수 있다.[395]

형상식별이란 요구조건을 식별하고 만족하기 위해 필요한 하드웨어나 소프트웨어 등 품목의 기준 특성을 정의하는 문서의 작성업무이다. 그리고 형상식별은 모든 형상관리 품목에 대하여 품목의 기준특성을 식별하는 기술문서 형식으로 작성하며 형상통제 및 현황유지를 위한 기본자료로 활용된다.

형상관리 품목은 연구개발 및 양산단계의 무기체계와 무기체계의 중앙조달 구매품의 규격제정 대상품목으로 한다. 규격제정 대상품목과 개발품목은 형식번호, 군급(FSC), 품명을 부여한다.

형상식별서(Configuration Identification)는 품목에 대하여 각 순기 단계별 기능적·물리적 특성을 식별하여 기술한 규격서, 도면 및 부품목록 등 기술 자료를 말한다. 즉 형상식별서는 개발단계별로 기능형상식별서, 개발형상식별서, 제품형상식별서로 구분하여 작성하되 개발형태의 특성에 따라 제품형상식별서만 작성할 수 있다. 양산단계의 형상식별서는 국방규격을 적용한다. 그리고 기능·개발·제품형상식별서는 상호 일관성을 유지해야 하고 모순되지 않아야 한다.

형상확인은 형상식별서와 제작된 제품이 기능적 또는 물리적으로 합치하는가 여부를 점검하는 활동으로 기능적 형상확인과 물리적 형상확인으로 구분하여 수행하고, 필요시 관련 기관의 지원을 받아 수행한다. 형상확인은 주요장비의 설계, 시험

---

395 방위사업청, 「방위사업개론」, 서울: 대한정보인쇄, 2008, pp.264-266.

및 지원 장비의 설계, 기술자료, 설비 및 생산공정 등을 확인하는 과정이므로 중요하다. 특히 생산공정의 변화는 제품의 신뢰도와 군수지원의 전반적인 분야까지 영향을 준다.

기능적 형상확인은 제시된 대표제품(시제품 또는 최초 생산품)에 대하여 실시하며, 대표제품이 없을 때에는 생산로트의 첫 제품에 수행한다. 기능적 형상 확인은 물리적 형상 확인에 우선하여 실시한다.

물리적 형상확인의 목적은 제작된 형상관리 품목의 형상이 규격서, 설계도면, 기술자료(소프트웨어 포함) 및 생산에 이용되는 시험절차와 제품과의 일치함을 보증하기 위하여 수행하며, 제품 제조에 사용된 기술문서가 완전하고 계속 생산에 적합한지에 대한 세부적인 확인 작업이다.

형상통제는 결함사항의 시정, 운용상 또는 군수지원상 요구를 충족하기 위한 변경, 순기비용의 효과적인 절감, 승인된 생산일정의 지연방지, 최신 기술적용 및 성능개선, 규격 적합성 검토결과 이의사항 반영 등이 발생하였을 경우에 형상과 형상식별서의 변경을 통제하는 활동으로 불필요한 변경은 억제하고 가치 있는 변경을 시행한다.

형상통제는 기술변경(Engineering Change), 규격완화(Deviation) 및 면제(Waiver)로 분류하는데, 기술변경은 규격제정 이후에 발생되는 물품의 형상, 특성 및 기능 등의 변경을 말하며, 해당 기술자료 묶음(TDP)의 수정을 필요로 한다.

규격완화는 제품제조에 앞서 계약서, 규격서 또는 관계문서를 규정하고 있는 성능 또는 설계상의 필요조건에 미달되는 정도를 일정한 단위 또는 특정 기간에 한하여 문서절차에 의하여 허용하는 것을 말한다.

면제는 제품생산 도중 또는 검사를 받기 위하여 제출된 후, 규정된 필요조건과 상이한 것이 발견되었으나 상이한 상태 그대로 또는 추가 인가된 방법으로 제작된 후 사용 가능한 것으로 간주되는 경우, 문서절차에 의하여 그 제품을 합격으로 인정하는 것을 말한다.

형상자료유지는 승인된 형상식별서, 제안된 형상변경사항, 제안된 형상변경의 추진현황, 승인된 형상변경의 이행현황 등의 필요한 정보를 기록 유지하는 활동을 말한다. 효율적인 형상관리를 위하여 형상통제 현황, 형상식별서 변경 및 현황관리 및 이를 추적 관리할 수 있는 형상현황 관리체계를 유지하며, 모든 형상관리품목은 변경된 형상자료에 따라 운용 및 기술교범 등을 최신자료로 수정하여 적용한다. 규격화되어 운영단계에 있는 형상관리품목에 대한 형상자료를 문서화 또는 전산화한다.

6. 목록화

가. 목록의 개념

군수목록업무는 국방획득·계약·관리 등 국방군수업무 전반의 핵심 인프라임에도 불구하고 그동안 등한시되어 왔었던 것이 사실이다. 그러나 최근 군수목록업무는 국내외적인 사용자 요구 증대, 대외 환경변화 및 중·장기 발전전략과 연계한 업무 시스템의 패러다임 변화를 요구받고 있다.

방위사업법 제27조(군수품 목록정보)에 의하면 방위사업청장은 군수품을 효율적으로 획득하기 위하여 군수품 표준화 계획을 수립하여야 하며, 표준화에 따라 군수품을 분류하여 품목 재고번호를 부여하고 특성 등을 작성하여 이를 군수품 목록정보로 관리하도록 하고 있다.

'목록업무'라 함은 물품의 분류체계를 통일하고, 물품정보에 관한 자료를 수집·분석·정리하여 이를 목록화·전산화함으로써 물품의 생산·수급·관리 및 운용의 모든 분야에서 경제적·효율적으로 이용할 수 있고 종합적·체계적인 물품정보의 획득이 가능하게 하며 이의 효율적인 관리 및 이용을 도모함을 의미한다.[396]

목록업무는 정부물품관리법에 의거한 '물품'과 군수품관리법에 의한 '군수품'으로 정의되어 민수용으로 생산 유통되는 상용품목은 조달청에서, 군대유지와 전쟁수행에 필요한 광의의 물품 등의 군수품은 방위사업청에서 목록업무를 수행하고 있다.

---

396 박진·이대용, 전게서, p.60.

'군수목록'이라 함은 군수품의 식별 및 관리에 필요한 정보제공을 위하여 품목정보 및 목록교범 등이 수록된 자료로서 군수목록체계에서 지원하는 목록자료를 말하며, 군수품은 목록화 작업을 통하여 품명, 군급 분류, 재고번호 등을 부여받아 조달, 관리, 운용상의 제반과정 전 부문에서 유일한 자료로 활용되고 있다.

특히 군수목록정보를 근간으로 군수품의 소요판단, 조달, 저장, 분배, 정비 및 처리 등 제반 군수관리가 이루어지고 있으며 목록정보의 정확성과 신뢰성을 확보할 수 있는 체계를 운영하는 것은 효율적인 군수운영 및 예산절감에 매우 큰 기여를 하고 있다.

그동안 국내 군수목록은 1981년 이전까지 국외 목록제도를 모방하고, 미국 재고번호를 단순 활용하는 수준에 그쳤으나, 1982년 11월 국방부 조달본부에 '표준목록국'을 창설하고 이듬해 1983년 나토목록제도 가입과 국가재고번호를 적용하였으며, 1988년 7월에는 국방군수목록체계(ADICS: Automatic Defence Integrated Logistic Cataloging System)를 개발하여 국내 군수목록업무의 정착의 기틀을 마련하였다. 1995년에는 군수품 목록화 규정을 제정하고, 2000년대 조달관리정보체계(DPMIS) 내 목록체계 개발과 목록자료 온라인 활용개발을 통해 사용자의 편의를 증대시켰다.

이후 2003년 37품목 나토상호색인자료(NMCRL) 등록과 2005년 나토후원 2단계 가입을 통해 해외목록 교류를 강화하고 있으며, 2007년 국방목록업무가이드북 발간, 2008년 e-러닝 콘텐츠 개발과 2009년 5월 방위사업청 표준관리부 내에 국제·국내 목록팀 직제개편을 통해 군수목록 전문성을 강화시키고, 2010년에는 군수표준관리 체계개발 계획을 통해 '국방 목록업무의 프로세스 재설계'와 대내·외 사용자 요구를 충족시키려 노력하고 있으며, 상용품목 목록화 정립과 중·장기 계획수립을 통해 '자료관리'에서 지식기반의 '정보관리'체계로의 변화를 모색하고 있다.[397]

나토 목록제도의 목적[398]은, 첫째 군수체계의 효과성 증대로서 연합군이나 동맹군 간의 용이한 군수지원이 가능하게 함으로써 군수의 효율성을 증대하는 것이다. 둘

---

397 박진·이대용, "정보기반의 군수목록 발전방안", 「국방과 기술」 통권 제382호(2010.12), p.59-60.

398 방위사업청, 전게서, pp.207-208.

째, 데이터의 처리를 용이하게 하는 것으로서 공통의 언어와 체계를 사용하여 각국 간의 품목에 대한 자료를 용이하게 전달할 수 있으며 자료를 가공하지 않고 재사용할 수 있다. 셋째, 체계 사용 국가의 군수비용을 최소화할 수 있다. 즉 목록화에 따르는 비용을 절약할 수 있으며 동일한 체계의 사용으로 체계 운영 및 관리, 다른 체계 운영에 따르는 비용을 절감할 수 있다. 넷째, 군수운영의 효율성을 증대할 수 있다. 동맹군이나 연합군 작전 시 군수 측면에서 동일한 언어와 품목자료를 사용함으로써 품목의 중복저장, 편중된 재고고갈 등을 방지하고 각 군 간의 원활한 보급지원이 가능하게 함으로써 군수운영의 효율성을 달성할 수 있다. 이러한 목적을 달성하기 위하여 각 보급품에 대하여 품명, 분류, 식별 및 유일한 나토 재고번호(NSN: NATO Stock Number)로 부여하도록 되어 있다.

나토 목록체계는 품목특성에 대한 정확한 정보를 제공하며, 이 정보는 공급자에 의하여 기록되어 다른 관리자에게 지원된다. 이러한 품목에 관한 정보는 지속적으로 최신화되며, 다음과 같은 효과를 얻을 수 있다.

운영적인 면에서는 보급체계에 있어서 보급품의 다른 종류, 형태, 규격 등을 나타내고, '특정 부품이 무기체계에 공통으로 사용되는 것을 알 수 있음'으로 인하여 표준화의 기회를 증가시킨다. 또한 품목에 대한 정확한 묘사를 통하여 지체 없이 소요와 요구에 적합한 장비를 쉽게 찾을 수 있다. 모든 사용자가 쉽게 이해할 수 있는 공통의 기술적 언어를 사용함으로써 나토 참가국 및 다른 나라와의 기술적 대화가 가능하며, 범국제적 및 나토의 모든 가용한 군 자산 및 자원이 파악되어 수리부속 및 정비활동의 공유도 가능하다.

경제적인 측면에서는 자료체계를 통하여 설계자나 사업관리자는 기존의 품목을 검색함으로써 새로운 품목을 생산하기보다는 기존 품목을 최대한 활용할 수 있고 다양한 품목을 관리하거나 다시 목록화하는 불필요한 작업을 제거하기 때문에 식별, 저장, 다른 보급기능과 관련된 불필요한 비용을 제거할 수 있다. 동일품목에 대하여 통합하여 주문하므로 가격을 낮출 수 있으며 보급품의 다양하고 가능한 자원을 가시화할 수 있으므로 조달에 있어서 효과적인 협력을 할 수 있다.

424

출처: 박진·이대용, 전게서, p.60.

〈표 8-32〉는 방위사업청의 국내 군수 목록화에 대한 연혁을 나타낸 것이다.

나. 우리나라 군수목록 업무현황과 문제점

(1) 군수목록 업무 추진현황

2006년 방위사업청 개청 이후 목록화 요청 및 재고번호 부여건수는 지속적으로 증가하고 있다. 특히 무기체계 개발과 관련한 목록화 요청은 사업추진 단계에서의 군수목록 업무지원과 계약단계에서의 목록화 관련 규정 개정으로 매년 20% 이상 요청이 증가하고 있으며, 2009년 7월 국방규격 및 상용전환 확대추진 정책시행에 따라 조달청 위탁구매가 활성화되어 민군 공통품목인 상용품목에 대한 목록화 요구도 증대되고 있다.

2010년 말 현재 방위사업청은 133만여 품목의 재고번호를 관리하고 있으며, 이 중 국내 재고번호는 55만여 품목(44%), 국외 재고번호는 78만여(56%) 품목이며, 국외 재고번호 중 미국이 차지하는 비중이 70만여(90%) 품목으로 가장 높고 독일, 프랑스, 기타 영국 등 33개국이 7만여(10%) 품목을 차지하고 있다.[399]

〈표 8-33〉은 2006년부터 2010년까지 최근 5년간 목록화 현황을 나타내고 있다.

〈표 8-33〉은 최근 5년간 연도별 목록화 추세를 나타낸 지표로서, 국내 및 국외 재고번호를 부여한 총 목록화 현황은 15만 2,028품목으로서, 국내 재고번호 부여는 8만 5,831(56%) 품목, 국외 재고번호는 원 생산국에 재고번호 부여 사용자 등록 요청으로 6만 9,197(44%) 품목의 재고번호를 부여하였다.

또한 우리 군은 국방조달업무의 효율화를 위해 일부 상용품 및 군수품을 조달청을 통해 위탁구매하고 있다. 따라서 목록업무도 방위사업청은 군수품, 조달청은 상용품 목록화 위주로 업무를 수행하고 있으며, 조달청 목록업무의 특징은 분류체계 개선과 외부 위탁업무(Outsourcing)를 통해 신속한 목록화 추진과 대량처리를 가능하게 하였으며, 특히 정보화 기반의 시스템 개선을 통해 양적·질적인 성장을 거듭하고 있다.

경제적인 국방조달을 위해 민군 규격 통일화를 추진하고 있으며, 국방규격의 단계적 폐지와 상용전환 확대추진 정책시행으로 조달청 위탁구매를 통한 군수품 획득도 증대되고 있다. 방위사업청은 2007년 1월 조달청과 업무협정 양해각서를 체결하고 조달청 위탁구매품목의 목록정보 연계 및 교류 등의 업무를 시행하고 있다.

<표 8-33> 최근 5년간 군수목록화 현황(단위: 품목)

구분	2006년	2007년	2008년	2009년	2010년
계	5,478	13,158	34,691	49,541	49,160
국내	5,153	11,996	21,845	27,070	19,767
국외	325	1,162	12,846	22,471	29,393

출처: 방위사업청홈페이지 통계자료(검색일: 2011. 11. 24)

---

[399] 박진·이대용, 전게서, p.60.

조달청은 물품목록업무 수행을 위해 1968년 미연방 군급 분류제도 FSC(FSC: Federal Standard Classification)를 수정·도입하고, 1971년 정부물품분류 전담부서 신설과 정부물품분류제도 법제화를 실시하였다. 이후 1994년 목록제도 전담부서 신설과 물품목록관리시스템을 개발하였으며, 2002년 국가종합전자조달 시스템 운영과 더불어 UNSPSC(UNSPSC: The United Nations Standard Production and Services Code) 체계를 도입하고, 기존의 군급 분류체계와 병행 사용하기 시작했으나, 2010년 10월부터 UNSPSC-FSC 병행 사용은 폐지되었다.

조달청 UNSPSC 체계는 상용품목에 적합한 분류체계로, 조달청 고유의 나라장터 공통속성항목을 기반으로 하여, 상품식별코드체계인 GTIN(GTIN: Grobal Trade Item Number) 등과 같이 향후 외부연계 및 호환성 확보를 위한 속성항목도 추가하여 사용하고 있다.

조달청 목록업무 추진 연혁을 살펴보면 〈표 8-34〉와 같다.

이에 따라 조달청과 방위사업청의 물품분류체계도 다를 수밖에 없는데 조달청과 방위사업청의 목록체계를 비교하면 〈표 8-35〉와 같다.

조달청 위탁구매 대상품목은 매년 상용품목 운용 확대에 따라 조달청에서 위탁구매한 후 각 군 운용 중인 상용품목에 대해서 방위사업청으로 요청되는 목록화 요청 건수도 급증하고 있다.

최근 급증하고 있는 상용품 목록화 요청 건수와 업무 효율성으로 볼 때 조달청에서

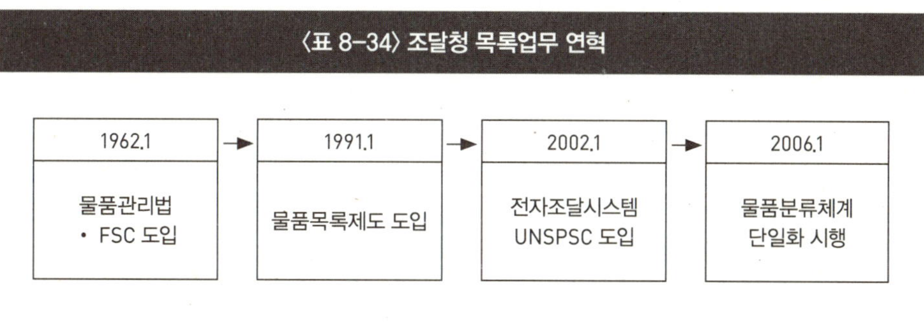

〈표 8-34〉 조달청 목록업무 연혁

1962.1	1991.1	2002.1	2006.1
물품관리법 · FSC 도입	물품목록제도 도입	전자조달시스템 UNSPSC 도입	물품분류체계 단일화 시행

<표 8-35> 방위사업청과 조달청 목록체계 비교

기관	조달청	방위사업청
명칭	물품목록번호	재고번호
대상(용도)	상품, 서비스	군수품(획득, 저장, 분배, 수송 등)
분류체계	Universal Standard Product and Services Classification(UNSPSC)	Federal Standard Classification(FSC)
구성	○○○○○○○○-○○○○○○○○ 대 중 소 세 일련번호 (2) (2) (2) (2) (8) 16자리	○○○○-○○-○○○○○○○ 군급 국가번호 일련번호 (4) (2) (7) 13자리

출처: 박진·이대용, 전게서, p.61.

부여하는 재고번호를 직접 사용하는 것이 가장 바람직한 방법이나, 정보체계 미연동 및 분류체계 상이, 재고번호 구성과 법령 및 규정과 제도 미비로 인해 직접연계는 불가능하고 목록정보 개별 맵핑(Mapping)[400]을 통한 간접적인 방식으로 연계하고 있다.

이러한 문제를 해결하고 장기적으로는 선택적 집중을 통해 방위사업청은 군수품의 목록화를 군수정보의 주축기반으로, 상용품목은 조달청 재고번호를 직접 이용하는 방향으로 분리 추진하여 발전시키고 있다.

군수품 목록화 절차는 <그림 8-23>과 같다.

목록화는 국제적으로 표준화된 체계와 제도화된 절차에 따라 군수품을 분류·식별하고 품명 및 재고번호를 부여하며, 특성 및 관리자료를 작성하여 체계적으로 관리하는 일련의 과정을 말한다. 목록화 대상품목은 군수품 중에서 반복하여 조달·저장·분배 및 사용되는 품목을 말한다. 목록화 절차는 보급품 판단, 목록화 요청, 조회 및 검색, 품명부여 및 군급분류, 식별 및 자료 작성, 재고번호 부여, 발간 및 배포

---

[400] 맵핑(Mapping)이란 하나의 값을 다른 값으로 또는 한 데이터 집합을 다른 데이터 집합으로 번역하거나, 2개의 데이터 집합 사이에 1:1 대응관계를 설정하는 것을 말한다.

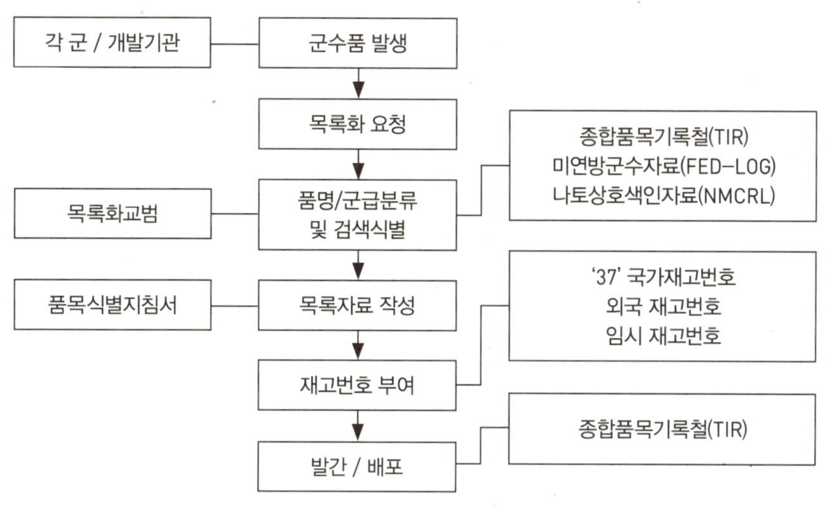

출처: 방위사업청, 전게서, p.269.

의 절차에 따라 수행한다.

보급분류(NSC)는 품목의 구분과 식별을 용이하기 위해 유사한 군수품을 동일한 범주로 구분하는 것으로 예를 들면 보급분류에서 2530은 25: 군(Group, 차량장비 구성품), 30: 급(Class, 차량용 브레이크, 스티어링 등)을 나타낸다.

여기서 재고번호란 나토목록 표준화 협정에 따라 각 군수품의 식별과 호칭을 위하여 체계적으로 부여한 번호를 말한다. 재고번호는 〈표 8-36〉과 같이 구성된다.

나토재고번호(NSN: NATO Stock Number)는 미국에서 부여한 재고번호이며, 나토품목식별번호(NIIN: NATO Item Identification Number)는 재고번호에서 보급부호를 제외한 9자리 숫자를 말한다.

재고번호의 종류는 〈표 8-37〉과 같다.

참조번호는 품목의 제조, 관리, 판매 등의 목적으로 생산자가 부여한 번호를 말하며, 부품번호, 도면번호, 모델 또는 형번호(Type Number), 규격번호, 생산자가 지정한 품명, 공식규격 또는 표준번호 등이 참조번호이다.

2530-37-517-0000-2530
2530: 보급부호, 37: 국가부호(한국), 517-0000: 일련번호

나토재고번호: 나토회원국 및 2단계 국가가 부여
- 구제적 통용, 1620-00-112-3325
한국재고번호: 나토재고번호중 한국 국가목록부서가 부여
- 국제적 통용, 6930-37-513-1258
임시 재고번호: 군수품관리를 위해 한시적으로 부여
- 한국에서만 사용가능, 3450-37-A13-1125
※ 임시관리번호: 각 군에서 자체적 부여, 해당군에서만 사용
  (해군 Y), 2770-37-Y03-2225

참조번호는 길이가 32자로 제한되며 특수문자(@, #, $, % 등)를 사용하여서는 아니 된다.

생산자란 보급품에 참조번호를 부여한 또는 참조번호와 관련된 모든 기관을 말하며, 품목을 확보·제작할 수 있는 기관, 설계한 정보 또는 민관기관, 수입하여 판매하는 공급기관, 표준규격관련 국내·국제 기관 등이다.

나토생산자 부호(NCAGE)는 알파벳 또는 숫자의 5자리로 조합(예, 한국: 0000F)으로 구성되며, 해당국가(나토 및 후원 2단계 국가)의 국가목록부서에서 부여하고 그 외 국가는 나토목록전담부서(NAMSA)에서 부여한다.

기술자료는 생산자, 참조번호, 특성자료(외형적 치수, 물리적 특성 등), 형상자료 중 하나 이상의 정보를 제공할 수 있는 문서 또는 그에 준하는 자료를 말한다.

기술자료의 종류로는 기관에서 통제하는 도면, 규격 또는 표준서, 업체도면, 계약

서/생산자 발행 카탈로그(생산자와 부품번호 명시) 생산자 발행 정비 매뉴얼 등이 해당되며 개발품은 기관도면을 필히 제출하여야 한다. 모방 품목은 원도를 제출하고 그외 품목은 업체도면, 카탈로그, 규격서 등 1개 이상을 제출하여야 한다.

(2) 군수목록 업무 문제점[401]

군수목록 업무 추진에 따른 문제점은 다음과 같다.

(가) 사용자 편의성 및 방사청과 각 군 간 업무연계 미흡

목록화를 요청하는 각 군과 등록업무를 수행하는 방위사업청(표준관리부) 담당자들 간의 목록업무 프로세스 연계가 불명확하여 목록업무 지연 혹은 누락 등의 사례가 발생하고 있다. 특히, 각 군이 불충분한 자료를 제공하여 목록 등록업무가 지연되는 경우가 빈번하게 발생하거나 한꺼번에 목록화를 대량으로 요청하는 사례가 발생하고 있다. 이는 목록화 요청 시 각 군과 방사청 간에 목록업무에 대한 규칙과 절차가 상호 명확하게 정립되어 있지 않은 데서 기인하고 있으며, 방위사업청 내에서도 목록업무를 체계적으로 관리할 수 있는 프로세스가 명확히 규정화되지 않아 각 군이 제공한 기술자료 및 형상정보의 등록이 지연되거나 누락되는 경우도 발생하고 있다.

(나) 목록정보 품질개선 필요

1983년 2월 NATO 목록제도에 가입한 이후 1986년부터 1988년까지 국방군수목록체계를 구축하였으며, 현재 NATO 후원합의 2단계 국가로서의 지위를 행사하고 있다. 최근 NATO AC/135 전략서에서는 목록 데이터 품질관리를 강화하고 있으며, 수요군 및 각 군 군수사, 내부 직원을 대상으로 한 군수목록품질수준 조사결과 6가지의 품질기준 측정지표가 '보통' 수준으로 나타나 지속적인 품질개선이 요구된다.

---

401 박진·이대용, 전게서, pp.65-66.

(다) 대·내외 사용자 요구사항 미충족

현 국방군수목록정보체계는 대·내외 목록정비시스템의 분산운영과 시스템의 노후 등으로 인해 사용자 지원 측면에서는 다소 미흡하고, 정보의 활용성 측면에서도 추가적인 업무개선이 필요한 것으로 나타났다. 특히 데이터 검색기능과 접근성, 적시성, 보안성 측면에서 보완이 요구된다.

(라) 시스템 활용증대 노력 미흡

방위사업청에서는 매년 2~3회 정기적인 목록업무 및 정보체계 교육과 업체나 IPT, 각 군 요청 시 목록업무교육을 수시로 지원하고 있으나, 제한된 시간과 지원인력 등의 부족으로 기능소개 수준의 교육에 그치고 있어, 이에 대한 온라인 교육과 사용자 매뉴얼의 최신화 및 교육훈련 지원강화 등의 노력이 필요하다. 특히 IPT·소요군·업체 등 정책고객과의 상호연계 부족으로 인한 목록화 업무의 시행착오, 목록업무 인지도 저하 등 비효율성이 발생되고 있으며, 고객 대상별 맞춤형 목록교육 등 상호 연계강화 및 네트워크 구성을 통해 비용절감을 위한 목록업무 전반의 인식 제고가 요구된다.

다. 군수목록 업무 발전방향[402]

국내 군수목록은 경제적인 국방조달과 예산절감을 위해 민군 규격 통일화 및 상용품 구매확대, 성과기반 군수관리(PBL)의 도입, 지식기반의 기술관리 정보체계 상호통합 및 고도화 등으로 외부 환경이 빠르게 변모하고 있으며, 내·외적 사용자 요구증대, 중·장기 발전전략 수립 필요성 등이 대두되고 있다. 이러한 외부 환경에 대응하여 국내 군수목록의 발전방향을 제시하면 다음과 같다.

---

402 박진·이대용, 전게서, pp.66-67.

(1) 민군 목록 데이터를 매개로 한 군수정보 지원체계 구축

국방과학기술에 대한 조사, 분석, 평가관리와 지식·정보통합관리 및 제공을 위한 법령과 지침은 마련되었으나, 민군 상호 간의 대외지향적인 업무시스템 구축과 통합노력은 미비하다. 그러나 최근 민간·국방 기술정보 서비스의 활성화 및 정보체계 통합 등이 활발히 추진되고 있다. 이에 방산부문에서는 민간부문과 군수목록 데이터를 매개로 군수정보 지원체계가 연계되어야 하며, 부품단종 등과 관련된 국가산업 정보와의 연계 측면도 광의적으로 검토되어야 할 것이다. 특히 방위사업청에서 추진 중인 군수표준관리체계[403] 개발 시 이러한 대외 업무시스템과 연동될 수 있는 인프라가 구축되어야 한다.

(2) 정책기능 강화 및 제도개선

군수목록부문의 발전을 위해서는 각종 법령 및 규정 개정과 동시에 목록업무의 정책기능을 강화하여야 한다. 특히 효율적인 사업추진을 위한 무기체계별 목록화 지원방안의 수립과 현장중심의 목록업무 지원을 위한 관련 규정 개정, 수출지원을 위한 사전 목록화 지원 등 제도개선 및 정책역량 강화를 통한 선제적인 조치가 필요하다.

(3) 획득무기체계 중심의 군수목록 전문화

조직 슬림화로 개편된 인력을 획득무기체계 중심의 군수목록으로 전문화할 필요가 있으며, 최근 정보기술의 스마트화 전략뿐만 아니라 고품질 서비스에 대한 대내외 요구도가 급증하고 있다. 특히 군수목록 부문에서도 내·외부 고객을 위한 품질관리 업무의 중요성이 부각되고 있으며, 품질관리 업무프로세스 개발 및 업무정립과 사용자, 운용자 등이 군수목록정보 품질을 환류, 관리, 모니터링할 수 있는 품질관리 측면의 기능강화가 필요하다.

---

[403] 군수표준관리체계란 군수품 표준을 관리하는 '국방규격 및 목록'의 업무프로세스를 재설계하고 미정보화 업무를 추가 개발하여, 국방표준화 업무의 효율성 제고 및 수요군·업체·관련 부서에 다양한 서비스 제공을 목적으로 개발 중인 체계이다.

(4) 전문성 제고 및 맞춤형 고객지원 강화

목록정보 품질향상 및 활용도 제고를 위해 내부 직원을 위한 체계적인 교육시스템 구축이 필요하며 직무분석을 통해 보직기준과 전문성 확보, 경력관리에 대한 지원과 성과중심의 공정한 업무평가 분위기가 조성되어야 한다. 또 IPT, 소요군, 방산업체 등 고객 대상별 맞춤형 목록교육 지원 및 상호연계 강화를 통해 목록화 비용절감 및 목록업무 인식을 제고하여야 한다.

7. 품질관리

품질이란 고객이나 사용자가 제품이나 서비스의 질에 대해 느끼는 만족은 물론, 요구사항에 대한 적합, 사용적합, 효율성과 효과성, 생산자에 대한 고객의 신뢰와 생산자가 제품을 계획하고 계획에 따라 생산하는 과정의 효율성과 효과성까지 포함하는 '고객만족과 관련된 조직의 전반적인 경영능력의 질'에 가깝다고 볼 수 있다.

따라서 품질관리 절차에는 수행 조직에서 사업의 제반 요구사항이 충족되도록 품질 방침, 목적, 책임 사항을 결정하는 모든 관리 활동이 수반되며, 품질관리, 품질보증, 품질통제에 관한 방침 및 절차를 통하여 품질관리시스템을 구현한다.

품질 분야는 크게 품질심사와 품질검사로 구분할 수 있다. 먼저 품질심사는 품질보증의 한 활동으로 조직의 전반적인 품질경영 수준을 평가하기 위한 체계적이고 독립적인 절차를 의미한다. 심사는 내부 심사와 외부 심사로 구분한다. 품질검사는 시험 또는 계측을 적절히 활용한 관찰 및 판정에 대한 적합평가의 의미로 품질통제의 활동이다.

고전적인 품질관리에서는 불량품을 찾아내기 위해 생산된 제품에 대한 검사를 중요시했다. 반면 현대적인 품질관리는 고객의 잠재적 요구사항을 정확히 파악하여 제품생산에 반영하는 품질계획이 중요시된다. 이러한 현대적 품질관리의 특징은 고객만족, 경영자를 포함한 전 조직 구성원들의 참여 등으로 달성될 수 있다.

〈그림 8-24〉처럼 품질관리 영역절차에는 품질계획, 품질보증, 품질통제로 구분된다.

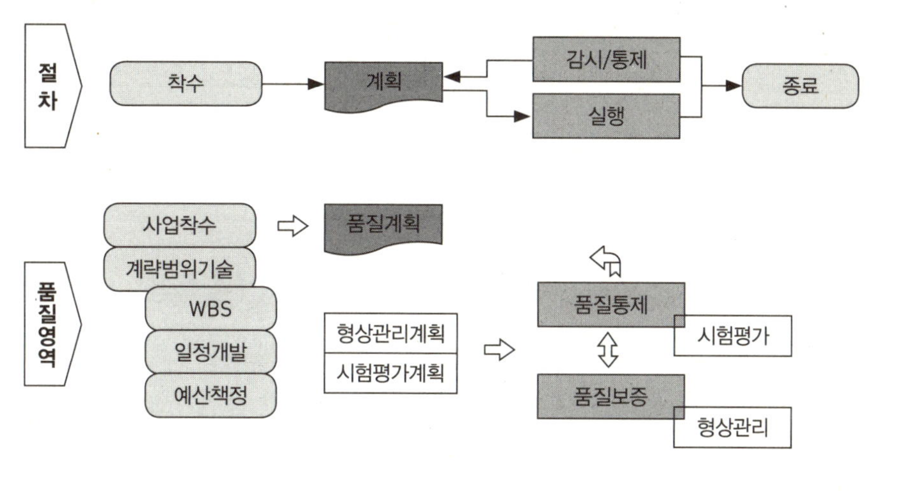

① 품질계획은 사업관리 및 제품에 대한 품질표준에 부합하는 방법을 결정하는 절차이다.

② 품질보증은 요구사항에 따라 필요한 모든 절차가 사업에 사용되도록 조직적이고 체계적인 품질활동을 적용하는 절차이다.

③ 품질통제는 관련 품질표준에 부합하는지 여부를 판별하기 위해 특정 사업 결과를 감시하여 불만족스러운 성과의 원인을 제거하기 위한 방법을 식별하는 절차이다.

품질관리에서는 사업관리에 대한 품질과 사업의 제품에 대한 품질관리가 모두 관리되어야 한다. 사업에 대한 품질관리는 사업의 제품에 관계없이 모든 사업에 적용되는 반면, 제품 품질 측정 및 기법은 제품에서 생성되는 제품 유형에 따라 달라진다.

품질은 '고유한 특성의 집합이 요구사항을 완수하는 정도'이다. 사업환경에서 품질관리의 중대한 요소는 사업범위 관리 중에 수행된 이해관계자의 요구사항이 충족되도록 고객의 기대치를 파악, 평가, 정의 및 관리하는 것으로, 사업을 통해 산출되는 제품이 '요구사항에 부합성'과 산출된 제품이나 서비스가 실질적인 필요에 적합하다는 '용도적합성'을 모두 겸비해야 하며, 이때 품질관리기법을 적용하여 오류를 시정하기 위한 검사보다 예방조치를 우선하여 비용과 기간을 단축시키는 방향으로 추진되어야 한다.

방위사업에서의 품질은 무기체계를 획득하기 위한 업무의 질과 과학적인 도구의 활용, 사업관리정보시스템의 활용도에 따라 달라진다고 볼 수 있다.

그러나 획득되는 무기체계 자체에 대한 품질관리는 무기체계 특성상 전 수명주기를 고려한 제품 형상관리와 연계하여 추진되어야 하며, 해당 무기체계에 대한 작전 운용성능, 가용성, 운용성, 신뢰성, 유지보수성 등에 대한 품질이 보장되도록 계획 단계부터 관련 절차와 상호작용에 의해 계획되어야 하며, 시험평가 등을 통해 품질이 입증되어야 인도 여부를 최종 결정할 수 있다.

가. 품질계획

품질계획에는 사업과 관련된 품질 기준을 식별하고 그러한 기준을 충족시키기 위한 방법을 결정하는 절차이다. 품질계획은 계획 절차 및 사업관리계획서 개발 중에 핵심절차 가운데 하나이며, 다른 보조계획 절차와 함께 수행되어야 한다. 예를 들어 품질 기준을 충족하기 위하여 제품에 요구되는 변경은 비용 또는 일정 조정을 요구할 수 있고, 원하는 제품 품질을 제공하기 위하여 식별된 문제에 대한 자세한 위험 분석이 필요할 수도 있다.

현대 품질관리의 특징 중 하나가 품질계획이 강조된다는 점이다. 이런 계획 중심의 품질관리 개념을 잘 표현하는 문장이 바로 "품질은 계획되는 것이지, 검사되는 것이 아니다."[404]이다.

품질계획 절차를 통해 조직의 품질정책을 어떻게 실천할 것인가를 문서화한 것이다. 품질관리계획서에는 품질보증, 품질통제, 품질향상의 내용이 포함되어야 한다.

---

404 PMBOK 지침서 제3판 『2004 사업관리협회』

방위사업에서의 품질계획은 획득되는 무기체계를 요구 조건에 부합하는지 여부를 확인하기 위하여 해당 무기체계의 품질을 확인하고 그에 따른 미비점에 대한 수정·보완 방안이 포함된 품질계획을 수립하여야 한다.

품질계획은 작전운용성능, 신뢰성, 정비유지성, 제품의 품질확인 절차, 시험평가 범위 및 기준 등을 사업추진 기본전략에서부터 정량적으로 제시하여 계획의 점진적인 발전을 통해 구체화된 품질기준을 제시하여 계획되어야 하고, 최종적으로 시험평가의 주요 기준 및 방법이 되도록 계획하여야 한다.

나. 품질보증

품질보증은 사업의 요구사항을 충족하는 데 필요한 모든 절차를 철저히 이행하도록 계획된 체계적인 품질관리 활동을 수행하는 절차이다.

품질보증은 사업이 진행되는 동안 지속적으로 이루어져야 하는 활동이다. 대부분의 조직에서는 독립된 품질보증 부서가 있다. 품질보증에는 사업팀과 조직의 경영층을 대상으로 하는 내부 품질보증과 고객 및 사용자를 포함하는 외부 관계자를 대상으로 하는 외부 품질보증이 있다.

방위사업에서의 품질보증은 사업의 단계 및 형태에 따라 적용 및 수행기관이 다소 차이가 있다.

연구개발단계에서는 통합사업관리팀 또는 연구개발 주관기관이 품질보증을 수행하며, 그 세부 내용으로는 제품성능, 신뢰성, 정비유지성, 제품시험·생산 및 정비 시의 품질관리, 제품 품질 확인, 시험 및 측정 장비 검교정, 계측공학 등에 대한 종합적인 검토와 시험평가를 통하여 사용자 요구사항 반영 만족도 보장을 추구한다.

다. 품질통제

품질통제는 특정한 사업결과를 감시하여 해당 품질 기준을 만족시키고 있는지를 판단하고 성과 미달의 원인을 제거하는 방법을 찾아내는 활동으로 사업수행 기간 내내 수행되어야 한다. 품질통제의 대상이 되는 일의 결과는 사업수행 결과에 의해 만

들어진 제품뿐 아니라 비용과 일정, 성과와 같은 사업관리 측면의 결과까지 포함한
다.

품질기준에는 사업절차 및 제품목표가 포함되고, 사업 결과물에는 인도물과 사업
관리결과가 포함된다. 충족되지 않은 사업성과의 원인을 제거하는 조치를 수행하는
것도 품질통제에 속한다. 사업관리팀은 품질통제 결과를 평가하는 데 유용한 통계적
품질통제 업무 지식, 특히 표본추출과 확률 등을 파악하고 있어야 한다.

방위사업의 품질통제는 일반사업의 품질통제 절차에 추가하여 시험평가가 추가된
다. 무기체계의 특성상 수명주기 전 기간 요구성능의 전력발휘 및 정비유지가 가능해
야 하므로 한 차원 높은 품질을 요구한다. 따라서 무기체계 연구개발사업에서의 품
질통제가 엄격하게 적용되어야 한다.

제 9 절

분석평가

1. 분석평가의 필요성과 개념

가. 분석평가의 필요성

우리 군은 2011년에 정부재정 대비 약 15%인 31조 4,031억 원을 국방비로, 국방비 대비 약 31%인 9조 6,935억 원을 방위력개선사업에 투자하고 있다.[405] 앞으로도 국방개혁 추진과 2015년 전시작전권 반환에 따른 전력증강을 위한 방위력개선사업에 더 많은 비용이 투자될 것으로 예상된다. 따라서 이에 수반되는 예산소요에 대해 국민들의 관심이 증대됨에 따라 국방부에서 추진하고자 하는 사업에 대해 국회와 국민, 다양한 사회집단 등의 동의를 얻어야만 예산획득이 가능하고 원활한 사업추진이 가능하다.

그러나 간헐적으로 보도되는 군수비리 문제에 대해 국회와 국민, 다양한 사회집단들은 국방비 운영의 투명성과 효율적 집행을 요구하고 있다. 이에 따라 국방부는 국

---

405 방위사업청, 『방위사업청 통계연보』, 서울: 대한기획인쇄, 2011, p.48.

방사업 제기단계에서부터 국민 여론을 반영하여 정책결정을 하게 되었다.

이처럼 군 단독으로 정책결정을 하기가 어려워진 것은 자주국방의 기틀이 어느 정도 마련됨에 따라 국방정책 사업이나 무기체계 획득사업이 더 이상 국가의 최우선 정책사항으로 반영될 수 없는 현실과 일맥상통하는 불가피한 시대적 흐름이라 할 수 있다. 또한 점점 더 복잡하고 다양한 사회로 진행됨에 따라 새롭고 다양한 형태의 사회적 욕구가 분출되고 있으며, 이로 인해 이러한 사회적 욕구를 충족시킬 수 있는 정책이 우선시될 수밖에 없는 시대가 된 것도 그 원인 중의 하나라고 할 수 있다.

그러므로 오늘날 국방정책이나 무기체계 획득사업은 사회적·경제적으로 미치는 파급효과를 고려할 때 더 이상 군 독자적으로 결정할 수 있는 사안이 아닌 국민을 비롯한 국가 전반에 미치는 영향을 동시에 고려하여 평가하는 정책사안으로 발전하였다.[406] 따라서 국방부는 2010년 3월에 방위사업법 제23조를 개정하여 방위력개선사업을 수행함에 있어서 의사결정의 합리성을 도모하고 재원을 효율적으로 사용하기 위하여 방위력개선사업의 분석·평가체계를 확립하고, 이에 따라 분석·평가를 실시하도록 하였다.

나. 분석평가의 개념

분석평가란 사업을 기획, 계획, 예산편성 및 집행함에 있어서 사업목표의 달성과 자원의 합리적인 배분 및 효율적 사용을 보장하기 위해 사업추진과 관련되는 제요소를 분석하고 평가함으로써 의사결정권자 또는 각종 심의 및 의결기구에서의 합리적 의사결정을 지원하는 기획관리제도의 한 기능을 말한다.[407]

분석평가는 사업단계별로 계획단계 분석, 예산단계 분석, 집행 중 분석, 집행성과 분석으로 구분한다. 계획단계 분석이란 중기계획 수립을 위하여 물량·시기의 적절성, 군 요구조건의 타당성, 획득방안이나 사업추진 방법, 사업추진에 필요한 소요예

---

406 어하준·신승기, "무기체계 획득사업 평가 시 비용편익분석 적용방안", 「국방정책연구」, 서울: 한국구방연구원, 2005 가을 특집논문, pp.46-47.

407 국방전력발전업무훈령(제1306호, 2011.12.8 개정) 【별표 1】용어의 정의 85.

산의 적정성 등을 중점적으로 분석하는 것을 말한다. 예산단계 분석이란 예산편성을 위하여 사업추진의 타당성 및 효율성, 예산편성의 적절성 등을 중점적으로 분석하는 것을 말한다. 집행 중 분석이란 집행 중인 사업에 대하여 중간성과, 사업추진 간 예상되는 위험요소 식별, 사업의 효율적인 추진방안 등에 중점을 두고 분석하는 것을 말한다. 집행성과 분석이란 집행 완료된 사업에 대하여 차기 유사사업 추진의 교훈 및 시사점 도출 등에 중점을 두고 분석하는 것을 말한다.

국방부(전력정책관실)는 분석평가 주관부서의 업무를 조정·통제하고, 필요시 단계별 분석평가를 통합하여 수행하거나 완료사업에 대한 분석평가를 실시할 수 있다.

비용분석 시에는 각 단계별로 2가지 이상의 비용분석방법(공학적 추정기법, 상용 전산 모델 등)으로 비용을 추정하고 이를 비교 분석한다.

분석평가 수행은 분석평가 전담부서에서 직접 실시하는 것을 원칙으로 하고 있으나, 필요한 경우 관련 부서·군 및 외부 전문기관의 요원을 지원받아 통합분석팀을 구성하여 분석평가를 실시하도록 하고 있으며, 국내외 전문연구기관에 연구를 의뢰하거나 공동으로 분석평가를 실시할 수 있도록 규정하고 있다.

분석평가 의뢰 시 분석기간은 사전에 분석평가 전담부서와 협의하여 심층적인 분석평가에 필요한 충분한 기간(최소 2개월 이상)을 설정하여야 한다. 분석평가 수행부서는 내실 있는 분석평가 수행을 위해 사업 관련 부서 및 기관에 자료 제출을 요구할 수 있으며, 자료 제출을 요구받은 부서는 2주 이내에 해당 자료를 제출하도록 하고 있다.

합참, 각 군·기관 및 방위사업청은 분석평가 실시결과를 종료 후 2주 이내에 국방부(전력정책관실)에 보고하며, 사업주관부서, 관련 부서 및 기관에 통보한다.

합참은 소요기획단계와 획득단계의 연계성 있는 분석평가를 위해 분석평가 실시결과를 방위사업청(분석시험평가국)에 통보한다. 분석평가 결과를 접수한 사업주관부서, 관련 부서 및 기관은 평가결과에 따라 필요한 조치를 취하고, 평가결과를 반영하기 어려운 사항에 대해서는 1개월 이내에 그 사유를 첨부하여 국방부 및 분석평가 실시기관으로 보고(통보)하여야 한다.

국방부는 분석평가 결과에 대한 자료목록을 종합하고, 최근 5년간 목록을 책자로 발간 배포하며 전산자료로 작성하여 게시한다. 기타 분석평가 관련 자료는 전산자료로 존안 및 관리한다.

국방연은 국본, 합참, 각 군 및 기관, 방위사업청에서 실시한 분석평가 및 비용분석 결과를 접수하여 활용 가능한 데이터베이스를 구축하고 국과연의 성능자료 등을 종합 분석하여 관리한다.

2. 분석평가의 구분 및 절차

분석평가는 사업의 소요결정, 전력화시점을 기준으로 소요기획단계, 획득단계, 운영유지단계 분석평가로 구분하며, 분석평가에는 비용분석개념을 포함한다.[408]

분석평가는 단계별 분석평가를 통하여 국방투자재원의 효율성을 극대화시키는 기능을 수행한다. 이와 같은 분석평가는 무기체계에 대한 분석평가이며, 비무기체계에 대한 분석평가는 무기체계 분석평가절차를 준용할 수 있도록 규정하고 있다. 다만, 비무기체계의 분석평가는 소요군과 국방부가 수행한다.

가. 소요기획단계 분석평가[409]

소요기획단계 분석평가는 소요제기 및 소요결정과정에 대한 분석평가를 말하고, 소요요청 및 제기과정에서 소요의 타당성, 합리성, 정책 부합성 등을 분석평가하여 합리적인 소요결정을 지원하는 기능을 수행한다. 이때 비용분석은 총사업비 규모 판단, 비용절감 대안 도출 등에 중점을 두고 실시한다. 소요기획단계 분석평가는 합참 및 각 군이 주관하여 실시한다.

소요기획단계의 분석평가 절차에 있어서 각 군과 관련기관은 연중 수시로 단위전력에 대한 소요 요청서(분석평가결과 첨부)를 작성하여 국방부와 합참에 제출한다. 합참은 소요요청서 접수 후 합동전략실무회의 전까지 각 군에서 소요요청 시 보고한 분석평

---

408 국방전력발전업무훈령 제333조.

409 국방전력발전업무훈령 제342~345조.

가 결과에 대한 타당성을 검토하고, 그 결과를 국방부 및 관련부서에 통보한다.

국방부는 합참에서 제출한 분석평가 타당성 검토결과를 검토하여 소요결정 시 반영할 수 있도록 관련부서에 통보한다.

소요기획단계 분석평가는 소요제기 되는 무기체계에 대한 필요성, 적절성 등을 분석평가 함으로써 소요결정의 내실화를 달성하도록 한다.

소요기획단계에서 실시하는 분석평가 대상사업[410]은 ① 소요 요청된 신규사업, ② 기결정된 소요를 변경하도록 요구하는 사업, ③ 유보 또는 삭제된 사업 중에서 재요구된 사업, ④ 합동군사전략목표기획서의 장기전력 중 중기로 전환되는 사업, ⑤ 기타 사업 분석이 필요한 사업 등이다.

소요기획단계 분석평가 요소는 〈표 9-1〉과 같다.

나. 획득단계 분석평가[411]

획득단계 분석평가는 사업계획 수립 및 중기계획수립과정에 대한 계획단계 분석평가, 예산의 편성에 대한 예산단계 분석평가, 집행과정에 대한 집행단계 분석평가로

---

410 국방전력발전업무훈령 제343조(소요기획단계 분석평가 대상사업).

411 국방전력발전업무훈령 제346-362조.

구분하며, 방위사업청이 주관하여 실시한다. 획득단계 분석평가는 중기계획 수립, 예산편성, 집행 등 단계별로 사업추진의 타당성, 경제성, 집행성과 등을 분석평가 함으로써 효율적 계획수립과 사업의 목표달성을 지원하는 기능을 수행한다. 획득단계 비용분석의 경우 계획과 예산단계에서는 사업추진에 필요한 비용을 추정하고 적정예산이 반영될 수 있도록 하며, 집행단계에서는 비용분석 결과와 사업추진 결과를 비교하여 해당 사업의 미비점을 보완하고 차기사업에의 반영을 지원한다.

(1) 계획단계 분석평가

계획단계의 분석평가는 사업계획의 타당성, 소요예산의 적절성 등을 분석평가 하여 국방중기계획 작성을 지원한다. 계획단계에서 실시하는 분석평가 대상사업은 ① 국방중기계획 신규반영 사업, ② 계획이 변경된 사업, ③ 기타 계획단계 분석이 필요한 사업 등이다. 방위사업청은 국방중기계획(안) 분석평가 대상사업에 대한 분석평가를 실시하고 그 결과를 국본(전력정책관실)에 제출하며, 이때 유사·관련 사업과의 중복성·연계성, 전력화 시기 및 소요량의 적정성 등 근거자료를 포함해야 한다.

<표 9-2> 계획단계 분석평가 요소

연구개발 양산사업 및 구매사업	핵심기술 연구개발 사업	무기체계 연구개발 사업
1. 사업의 필요성 2. 편성 및 운영계획 적절성 3. 소요기준 및 소요량의 적정성 4. 작전운용성능의 적합성 5. 전력화 시기의 적절성 6. 계획예산의 적정성 및 타당성 7. 비용 대 효과분석 8. 추진전략(기술확보 목표 등)의 적절성 9. 상호운용성 확보계획의 적절성 10. 기타(유사·관련사업과의 중복성 등)	1. 사업의 필요성 2. 연구개발 목표·범위의 적절성 3. 기술적 접근방법의 타당성 4. 개발기술 활용 가능성 5. 개발기간·소요예산의 적정성 6. 체계개발 연계성·통합 가능성 7. 유사·관련 연구개발과제와의 중복성·연계성 8. 기타(선진국 발전추세, 국내기술수준 등)	1. 사업의 필요성(탐색·체계개발) 2. 개발계획의 타당성(주도형태 결정·체계개발 업체 및 연구기관 선정 등) 3. 단계별 계획예산의 적정성 4. 핵심기술·부품 개발사업과의 연계성 5. 비용 대 효과분석 6. 기타

출처: 국방전력발전업무훈령 제349조를 표로 재구성

국방부는 방위사업청이 제출한 분석평가결과에 대한 타당성을 검토하여 중기계획 수립 시에 반영할 수 있도록 관련부서에 통보한다.

계획단계 분석평가 요소는 〈표 9-2〉와 같다.

(2) 예산단계 분석평가

예산단계 분석평가는 예산의 적정성, 계약내용 및 선행조치내용 등에 대한 최종 점검을 통하여 사업추진의 타당성 및 효율성 등을 분석평가 함으로써 예산을 구체화하고 사업추진계획의 실현성을 높이는 데 있다.

예산편성 단계에서 실시하는 분석평가는 ① 신규사업, ② 계획변경 사업, ③ 기타 예산단계 분석평가에 필요한 사업이 대상사업이 된다.

방위사업청은 예산단계 분석평가 대상사업에 대한 분석평가를 실시하고, 그 결과를 국방부(전력정책관실) 및 관련 부서에 제출(통보)하며, 이때 목표비용[412]을 고려한 요구예산 및 사업계획의 타당성 등 근거자료를 포함해야 한다. 국방부는 방위사업청이 제출한 분석평가결과에 대한 타당성을 검토하여 예산편성 시 반영할 수 있도록 관련부서에 통보한다.

예산단계 분석평가 요소는 ① 획득대상 기종의 성능 등 효과, ② 획득대상 기종의 수명주기비용, ③ 절충교역 계획, 국산화 계획의 적절성, ④ 각종 규정 및 지침, 절차 이행 여부(선행조치 등), ⑤ 요구예산의 타당성, ⑥ 사업집행 간 예상되는 제반 문제점 및 위험도, ⑦ 계획단계 및 예산편성을 위한 사업 분석결과 반영 여부 등이다.

---

[412] 국방전력발전업무훈령 【별표 1】(용어의 정의). '목표비용(Target Cost)'이란 방위력개선사업을 수행함에 있어 무기체계의 개발, 양산, 운영유지에 소요되는 직·간접비를 포함한 총 사업비(TOC: Total Ownership Cost)의 목표치로 설정한 비용을 의미하며, 계획된 예산 범위 내에서 개발 및 양산사업을 효과적으로 수행하고 운영유지단계의 경제성을 보장하기 위하여 설정한다. 이러한 목표비용은 개발단계 목표비용, 양산단계 목표비용 및 운영유지단계 목표비용으로 세분화할 수 있으며, 개발 및 양산단계에서는 운영유지단계까지의 목표비용을 고려하여 개발·양산 한다. 이러한 목표비용은 정확한 비용분석을 통하여 설정하되, 소요기획단계에서는 개략적인 목표비용이 설정되며, 계획단계에서 연구개발 사업은 탐색개발 시, 구매사업은 선행연구 시 보다 구체적으로 설정되며, 예산단계에서는 목표비용 설정의 최종단계로 판단, 확정적으로 설정하여 의사결정 시 반영한다.

(3) 집행단계 분석평가

집행단계 분석평가는 '집행 중 분석평가'와 '집행성과 분석평가'로 구분한다. '집행 중 분석평가'는 예산을 집행 중인 방위력개선사업에 대하여 사업추진 및 집행의 효율성, 사업추진 방법의 적절성 등을 분석평가 함으로써 사업 추진 간 문제점을 식별하고, 최적대안을 제시한다.

'집행 중 분석평가' 대상사업은 ① 총사업비 관리대상사업 중 최초 총사업비 대비 30% 이상 증가한 사업, ② 개발 일정이 지연되고 전력화 시기의 차질이 예상되는 사업, ③ 전장환경이 변경되어 사업추진에 대해 재검토가 필요한 사업 및 집행 중 평가가 요구되는 사업을 포함한다.

방위사업청은 '집행 중 분석평가' 대상사업에 대한 분석평가를 실시하고, 그 결과를 해당 사업에 보완·반영토록 국본(전력정책관실) 및 관련 부서·기관에 제출(통보)한다.

'집행 중 분석평가' 요소는 ① 사업집행계획 대비 실적, ② 소요기획·계획·예산 단계 분석평가 결과 반영 여부, ③ 사업추진절차 및 과정의 타당성·객관성, ④ 예산집행 과정의 합리성·투명성, ⑤ 계획의 변동요소 및 대처방법 등 적정성, ⑥ 문제점 발생 가능성 및 방지대책, ⑥ 효율적 사업관리 여부 등이다.

'집행성과 분석평가'는 집행을 완료한 사업에 대하여 사업목표 달성정도, 당초계획 대비 성과, 차기 사업추진 시의 교훈 등을 분석평가 함으로써 차기사업 또는 유사사업 추진 시 반영할 사항을 도출하는 데 그 목적이 있다.

'집행성과 분석평가' 대상사업은 ① 사업 집행을 완료한 사업, ② 기타 성과분석이 필요한 사업을 대상으로 한다.

방위사업청은 집행완료 대상사업에 대한 분석평가를 실시하고, 그 결과를 차기사업 또는 유사사업 추진 시 반영토록 국방부 및 관련 부서·기관에 제출(통보)한다.

연구개발 양산사업 및 구매사업과 연구개발사업(응용연구·시험개발, 선행연구·탐색개발·체계개발)에 대한 집행성과분석 요소는 〈표 9-3〉과 같다.

<table>
<tr><td colspan="2" align="center">〈표 9-3〉 집행성과분석 요소</td></tr>
<tr><td align="center">연구개발 양산사업 및 구매사업</td><td align="center">연구개발사업(응용연구·시험개발,
선행연구·탐색개발·체계개발)</td></tr>
<tr><td>
1. 사업목표 달성정도 및 직·간접 효과
2. 사업추진과정의 효율성
3. 재원사용의 경제성(타 사업추진 방법등과의 비교)
4. 사업관련 제 지원요소의 적시성 및 적합성
5. 관련법규 및 방침 준수 여부
6. 절충교육의 적절성 및 사후관리여부
7. 차기 및 타 사업계획에 적용할 교훈
8. 단계별 분석평가결과 반영여부 등
</td><td>
1. 개발목표 대비 성과(국산화 수준 등)
2. 다음 단계의 필요성, 성공 가능성(무기체계 연구개발사업의 경우)
3. 재원사용의 경제성(양산단가 대비 직구 매가와의 비교)
4. 주도형태 결정·체계개발업체 및 연구기관 선정 등 주요 의사결정의 적절성
5. 개발인력 및 기술관리 실태
6. 기타(절충교역을 통한 도입기술의 활용 실태 등)
</td></tr>
</table>

출처: 국방전력발전업무훈령 제362조

다. 운영유지단계 분석평가[413]

운영유지단계 분석평가는 무기체계 배치 후 1년 이내에 실시하는 '전력화 평가'와 야전운영 중인 무기체계에 대한 '전력운영분석'으로 구분한다. 운영유지단계 분석평가는 초도무기체계의 배치, 야전운영 및 도태 전까지의 과정에서 작전운용성능의 달성 정도, 합동전력 운용 차원에서의 전력발휘효과 등을 분석평가 함으로써 해당사업의 미비점을 보완하고 차기 사업에의 반영을 지원한다.

운영유지단계 분석평가는 전력화 평가의 경우 각 군이, 전력운영분석은 합참이 주관하되 각 군과 협조하여 실시한다.

(1) 전력화평가

전력화평가는 무기체계의 초기배치 또는 후속양산 배치 후 1년 이내에 소요군에서 각종 작전환경 하에서의 전술적 운용을 통해 최초 기획단계에서 설정된 수준의 작전운용성능을 포함한 제반 전력화지원요소를 분석평가하여 전력발휘 극대화 방

안을 도출하는 과정이다.[414] 다만, 필요한 경우 비무기체계에 대한 전력화평가는 무기체계의 전력화평가 절차를 준용하여 실시할 수 있다.

전력화평가 사업은 ① 무기체계 배치 후 1년 이내의 연구개발사업 및 국외 도입 사업(다만, 1년 이내에 전력화평가가 불가할 시는 국본의 승인을 받아 평가시기를 조정할 수 있다), ② 각 군에서 전력화평가가 필요하다고 판단한 사업, ③ 전력화평가 후 새로운 문제점이 발생하여 각 군에서 추가적으로 전력화평가가 필요하다고 판단한 사업을 대상으로 한다.

전력화평가 절차는 다음과 같다.[415]

① 각 군(국방부 직할부대 포함)은 전력화평가 계획서를 작성하여 국본, 합참, 방위사업청에 제출하고, 방위사업청은 평가에 필요한 제반사항을 지원한다.

② 전력화평가는 소요군(국방부 직할부대 포함)이 실시함을 원칙으로 하며, 소요군(국방부 직할부대 포함)은 전력화평가 시 합참, 방위사업청 소속인원과 생산업체 등의 요원이 포함된 평가팀을 구성하여 운영할 수 있다. 또한 소요군이 다수인 합동무기체계는 합참의 주관부서가 주도하여 전력화평가를 실시한다.

③ 공통전력에 대한 전력화평가의 조정·통제는 합참(사업주관부서)이 실시하며, 필요시 효율적인 전력화평가를 위해 각 군(국방부 직할부대 포함), 방위사업청, 국과연, 기품원, 생산업체 등 관련인원이 포함된 평가팀을 구성할 수 있다.

④ 방위사업청은 평가결과에서 나타난 문제점에 대한 조치계획 및 결과를 국본 및 소요군(국방부 직할부대 포함)에 보고 및 통보하며, 전력화평가 결과에서 나타난 문제점과 교훈을 차기 후속사업 및 유사사업 추진에 반영하여야 한다. 다만, 소요군에 위임된 비무기체계에 대한 후속조치는 각 군에서 조치한다.

⑤ 국본(전력정책관실)은 방위사업청의 후속조치결과를 확인·조정하며 필요시 팀을 구성하여 운영할 수 있다.

---

414 국방전력발전업무훈령 제2조 【별표 1】 용어의 정의.

415 국방전력발전업무훈령 제365조.

⑥ 각 군은 전력화평가에 필요한 예산을 신규·계속사업의 경우에는 방위력개선비에, 완료사업의 경우에는 경상운영비에 반영하여야 한다.

전력화 평가 결과에는 ① 평가개요, ② 무기체계 및 부대의 야전운용 적합성, ③ 부대의 요망 임무수행능력, ④ 교리, 편성 및 운영개념의 적합성, ⑤ 교육훈련여건 및 훈련체계 구비여부, ⑥ 종합군수지원요소 적절성, ⑦ 표준화·규격화 적절성, ⑧ 성능개량 소요, ⑨ 운영유지비용 절감방안, ⑩ 운용시험평가 결과 보완요구사항 조치결과, ⑪ 차기 사업계획 수립 시 적용할 교훈 등이 전력화평가 요소에 포함되어야 한다.

(2) 전력운영분석

합참은 전력화되어 야전운용 중인 무기체계에 대한 운용실태를 분석평가 함으로써 합동전력 운용차원에서의 전력발휘 극대화를 지원하기 위하여 전력운영분석을 실시한다. 전력운영분석이란 전력화되어 야전운영 중인 무기체계에 대해 합동차원에서 전력발휘효과 및 운용실태를 분석하여 문제점 및 개선요구를 확인한 후 성능개량 및 유사사업에 반영함으로써 현존전력을 극대화하고 미래전력의 효율성을 제고하는 분석이다.[416]

전력운영분석은 ① 합동군사전략목표기획서 및 국방중기계획서의 주요 방위력개선사업 중에서 초도배치되어 운용 중인 무기체계, ② 전력화 완료된 무기체계의 성능개량이 착수된 무기체계, ③ 2개 군 이상이 관련되어 합동전력 운용 차원의 분석평가가 요구되는 무기체계, ④ 기존 전력발휘에 영향을 미치는 특정 기능·범주별 무기체계에 대한 전반적인 분석평가가 필요하다고 판단되는 분야의 사업 중에서 대상사업을 선정하여 실시한다.

전력운영분석 절차에 있어서 합참은 야전운용 중인 무기체계에 대한 합동전력 차원의 분석평가를 실시하고, 분석평가결과에 대한 조치가 필요한 경우에 해당부대 및

---

416 국방전력발전업무훈령 제2조 【별표 1】 용어의 정의.

기관에 조치계획 수립 및 조치결과 보고를 지시하고 이를 확인한다.

전력운영분석을 위한 요소에는 ① 최초 소요제기부터 전력화까지의 소요 변동실태, ② 확정요구 성능 및 전력화 이후 성능, ③ 운용개념 대비 작전운용 실태, ④ 부대구조, 편제, 편성대비 인력확보 및 운용실태, ⑤ 무장확보 실태, ⑥ 교육훈련체계, 교관, 교범·교보재 운용실태, ⑦ 수리부속 보급체계 확보현황 및 조달계획, ⑧ 정비교육 및 정비지원체계 운용실태, ⑨ 전력발휘에 필요한 각종 지원요소 확보실태, ⑩ 기

<그림 9-1> 무기체계 및 비무기체계에 대한 분석평가 절차도

소요기획	소요기획단계 분석평가	소요군·합참·방위사업청 분석평가결과 재분석평가 및 시정조치 요구
• 소요요청 • 소요제기 • 소요결정	• 소요요청시 사전분석 (전투실험,비용분석 포함) • 비투자개선방안 모색 • 소요제기시 사전분석 (소요군 사전분석검증 포함) (소요군·합참 / 소요군)	

예산지원 / 획득	획득단계 분석평가	• 무기체계의 소요, 획득 및 운영유지를 연계한 분석평가 　- 소요를 포함하는 획득단계 분석평가 　- 획득을 포함하는 운영유지단계 분석평가 　- 소요, 획득 및 운영유지를 망라하는 분석평가
• 중기계획수립 • 예산편성/집행 　- 방위사업 집행	• 계획단계 분석평가 • 예산단계 분석평가 • 집행단계 분석평가 　- 집행 중 분석평가 　- 집행성과 분석 (방위사업청 / 소요군)	

전력화 / 운영유지	운영유지단계 분석평가	• 소요군·합참·방위사업청·국본의 분석평가결과 목록화 및 분석자료 제공
• 전력화 • 배치·운영 • 폐기	• 전력화평가 • 전력운영분석 (소요군·합참)	(국본)

출처: 국방전력발전업무훈령【별표 5】의 2.

타 개선보완이 요구되는 사항이 포함되어야 한다.

앞에서 설명한 무기체계 및 비무기체계에 대한 분석평가 절차를 그림으로 표시하면 〈그림 9-1〉과 같다.

3. 사업분석과 비용분석

방위사업청에서는 획득단계 분석평가의 효율성을 제고하기 위해 방위사업관리규정에서 그 내용과 목적에 따라 분석평가를 사업분석과 비용분석으로 구분하고 있다.[417]

사업분석이란 소요결정된 사업에 대하여 사업추진 단계별 사업목표의 달성과 자원의 합리적인 배분 및 효율적인 사용을 위해 사업추진과 관련되는 제요소를 분석평가 함으로써 합리적인 의사결정을 지원하는 것을 말한다.

비용분석이란 확정된 방안에 대하여 계획·예산단계에서 사업집행의 효율성 제고를 위한 적정비용을 추정하여 계획·예산단계에 반영하고 단계별 목표비용을 산정하여 적정 양산단가 결정 및 이를 위한 집행과정에서 비용 조정·통제를 목적으로 하는

〈표 9-4〉 획득단계 전력별 사업분석 현황(단위: 건)								
연도	총계	지휘통제 통신전자	기동화력 탄약	함정	항공	정밀타격 방공유도	신특수	감시정찰 정보전자전
2004	9	1	1	–	2	2	–	3
2005	15	1	5	1	2	4	2	–
2006	26	3	8	5	3	5	–	2
2007	31	1	7	5	7	1	3	7
2008	35	3	9	7	4	2	3	7
2009	21	1	6	3	3	4	2	2
2010	29	3	4	4	6	6	1	3

출처: 방위사업청, 『방위사업청 통계연보』, 서울: 대한기획인쇄, 2011.5, p.123.

---

417 방위사업관리규정 제39조.

것을 말한다.

최근 7년간 획득단계 전력별·연도별 사업분석 실태를 살펴보면 〈표 9-4〉와 같다.

사업분석 추이를 보면 방위사업청이 개청된 2006년 이후 사업분석 평가가 증가하고 있음을 알 수 있다. 전력분야별로 사업분석 현황을 살펴보면 병력 위주의 양적·재래식 구조를 기술 위주의 질적·첨단구조로 변화·발전시키려는 흐름 속에서 정밀타격 방공유도, 항공 및 감시정찰 정보전자전 분야에 대한 분석소요가 증가되고 있으며, 지상군 전력의 질적 개선을 지원하기 위한 기동화력 탄약부문의 사업분석도 꾸준히 수행되고 있음을 알 수 있다.

〈그림 9-2〉 사업분석 수행절차

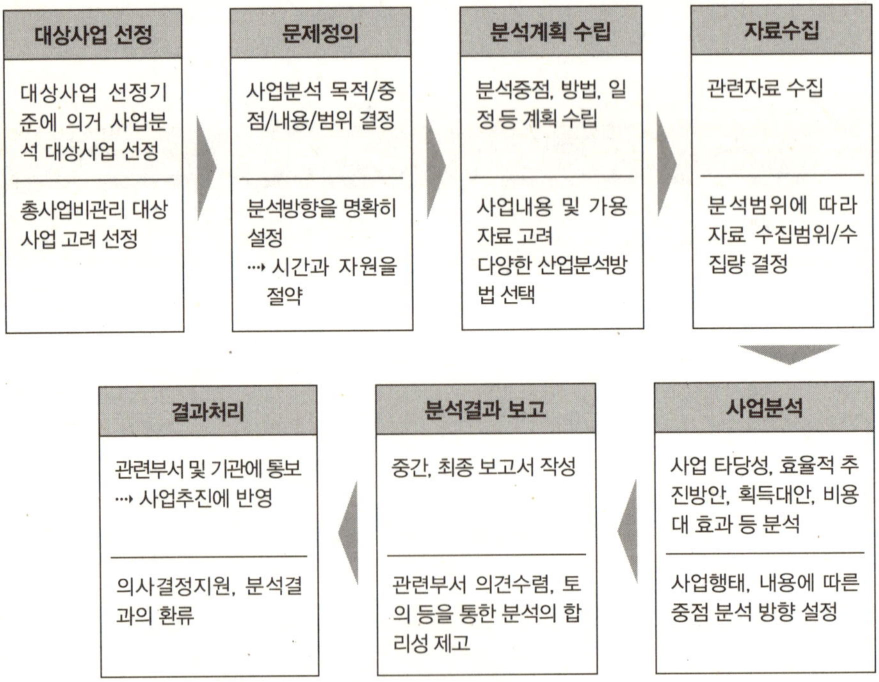

대상사업 선정	문제정의	분석계획 수립	자료수집
대상사업 선정기준에 의거 사업분석 대상사업 선정 총사업비관리 대상사업 고려 선정	사업분석 목적/중점/내용/범위 결정 분석방향을 명확히 설정 ··· 시간과 자원을 절약	분석중점, 방법, 일정 등 계획 수립 사업내용 및 가용자료 고려 다양한 산업분석방법 선택	관련자료 수집 분석범위에 따라 자료 수집범위/수집량 결정

결과처리	분석결과 보고	사업분석
관련부서 및 기관에 통보 ··· 사업추진에 반영 의사결정지원, 분석결과의 환류	중간, 최종 보고서 작성 관련부서 의견수렴, 토의 등을 통한 분석의 합리성 제고	사업 타당성, 효율적 추진방안, 획득대안, 비용 대 효과 등 분석 사업행태, 내용에 따른 중점 분석 방향 설정

출처: 방위사업청 홈페이지, 방위사업업무(검색일: 2011.12.26)

사업분석 수행절차는 〈그림 9-2〉와 같다.

획득단계 전력별·연도별 비용분석 현황을 살펴보면 〈표 9-5〉와 같다.

〈표 9-5〉의 연도별 현황을 살펴보면 사업분석과 마찬가지로 비용분석의 경우에도 방위사업청이 개청된 2006년 이후 비용분석 건수가 매년 대폭 증가하고 있음을 알 수 있다. 이는 주요사업에 대한 비용분석 요구 증대에 기인한다. 2010년의 경우 기동화력탄약 분야와 항공 분야는 현저히 감소하였으나, 감시정찰 정보전자전 분야에 대한 비용분석은 증가하고 있다.

또한 전력별 현황을 보면 미래의 다양한 위협에 대비한 무기체계의 첨단화, 과학화, 정예화를 뒷받침하기 위해 지휘통제, 신특수 분야에 대한 비용분석이 이루어짐과 함께 2007년 이후에는 핵심기술 관련 사업이 증가함에 따라 신특수 분야에 대한 비용분석이 확대되고 있다.[418]

〈표 9-5〉 획득단계 전력별 비용분석 현황(단위: 건)								
연도	총계	지휘통제 통신전자	기동화력 탄약	함정	항공	정밀타격 방공유도	신특수	감시정찰 정보전자전
2004	4	2	–	–	–	–	–	2
2005	4	1	1	1	1	–	–	–
2006	12	–	1	1	2	2	2	4
2007	32	4	12	3	3	2	3	5
2008	38	5	9	7	1	2	9	5
2009	29	4	8	4	3	2	6	2
2010	30	6	3	4	1	2	7	7

출처: 방위사업청, 전게서, p.125.

---

418 방위사업청, 전게서, p.126.

비용분석수 행절차는 〈그림 9-3〉과 같다.

비용분석 방법은 다음과 같다.[419]

① 매개변수 추정법(Parametric Cost Estimating Technique)

• 동일/유사 무기체계 집단에 속하나 기술적 특성이 상이한 무기체계의 과거 실적 자료

• 신규 무기체계의 연구개발비용은 장비 특성(예: 무게, 속도, 기술난이도 등)을 나타내는 비용발생요소(Cost Drive)의 함수로 표현

---

[419] 방위사업청, 『국방획득 원가 및 계약실무』, 서울: 방위사업청, 2008, pp.448-449.

- 미국 국방부와 방산업체 간 합동으로 Parametric Estimating Handbook을 작성하여 비용분석 길잡이로 사용하고 있음.

② 유사장비 추정법(Analogy Cost Estimating Technique)

- 현재 고려중인 혹은 대안으로 생각하고 있는 체계의 획득비용을 과거 유사한 무기체계/장비와 연관하여 비용을 추정
- 특정체계에 관련된 운용유지 비용을 알 수 없는 경우 연구개발/시험평가비용, 획득비용 및 반복발생비용을 가장 쉽게 추정할 수 있음
- 유사 무기체계 또는 장비가 있을 경우에 사용 가능
- 과거 획득비용을 비교분석하여 과거 발생 자료를 현 사업에 조정/보상하는 방법

③ 공학적 추정기법(Engineering Cost Estimating Technique)

- 가장 상세한 자료를 가지고 비용을 추정하는 방법으로 체계의 각 부분과 관련된 상세 자료를 합하는 추정기법
- 특정부품 및 구성품의 경우 이를 제작하기 위하여 원자재, 시간 등을 공학적으로 제시

④ 실체계 비용특사(Projecting of Actual System Costing)

- 실질 장비 운용자료 및 발생 비용을 사용하여 운용유지 비용을 예측하는 데 많이 사용
- 각종 예측기법 중 다변량 희귀분석(Multivariate Regression)을 주로 사용

⑤ 업체개발 전산화 모델

- 특정 업체 및 기관의 필요성에 의해서 개발되어 주로 자체적으로 사용되는 비용분석 방법론
- 구축된 데이터베이스는 해당업체의 자료만을 포함

- CER(Cost Estimation Relationship: 비용측정 관계식)과 같은 단순 비용추정이 아닌 다
  양한 비용추정이 가능

⑥ 상용 전산화 모델
- 산업분야 및 무기체계에 상관없이 쓰일 수 있는 방법론으로 업체 고유의 데이터베이
  스가 아닌 산업 전체의 평균자료를 사용 특정업체에 사용할 경우 비용조정(calivra-
  tion) 과정을 거쳐 비용 추정
- 가장 광범위하게 사용되는 모델은 PRICE모델, SEER모델 등

⑦ 기타 방법론
- 가격 예측(Extrapolation) / 비용 분할(Bottom-up) 등

제 3 장

국방과학기술 연구개발과 방산물자 수출

제10절

국방과학기술 연구개발

1. 국방과학기술 발전과 미래전장 양상[420]

21세기 이후의 전장환경은 다음과 같이 변화되고 있다. 미래전장 환경은 공간적으로는 단일전구(Single Theater)이고, 사용되는 무기체계는 단일전구 내에서 다수의 다양한 센서와 타격체계가 네트워크 기반의 신 복합무기시스템(New System of System)에 의해 지휘·통제되는 개념으로 발전되고 있다.

이는 IT기술 발달로 컴퓨터 성능이 급격하게 향상되고 네트워크 기술이 향상됨으로써 자료 및 정보 유통의 시간이 단축되고 융합기술이 발달되면서 가능하게 되었다. 이러한 정보기술의 발달은 전통적인 시간·공간 개념의 전쟁형태에서 네트워크중심전(NCW: Network Centric Warfare)의 전쟁형태로 발전시키고 있다.[421]

이러한 변화는 무기획득 환경에도 많은 변화를 가져오고 있다. 정보기술을 기반으

---

420 방위사업청, 『방위사업개론』, 서울: 방위사업청, 2008, pp.40-41.

421 국방대학교 『유도무기체계 참고서적』, 2007. p271-273의 내용을 요약하였다.

〈표 10-1〉 국방획득 환경의 변화

과거	최근 변화
시스템/플랫폼 중심	네트워크 중심
기술주도 시스템	경제성(affordability) 주도 시스템
군용기술 개발	상용 또는 겸용기술
기술 개발	기술이전(접목)
다수의 새로운 체계	소수의 새로운 체계, 기존 체계의 성능개량

출처: DAU, Introduction to Defence Acquisition Management, 2005, p.16; 『방위사업개론』, 2008, p.40에서 재인용.

로 한 과학기술의 급격한 발전에 따른 국방획득 환경의 변화는 〈표 10-1〉과 같다.

이와 같이 무기체계는 하드웨어 중심의 개별 무기체계에서 NCW 및 통합 아키텍처 개념에 의한 고성능, 고정밀 및 다기능 복합시스템(SoS: System of Systems)으로 통합되고 있고, 개발 시에도 비선형적인 전장환경에 대처하기 위하여 합동능력(Joint Capabilities)에 중점을 두고 있다.

무기체계를 개발하여 확보하는 전략도 단번에 목표를 달성하려는 기술개발 위주의 일괄획득전략(Single Step to Full Capability Strategy)에서 전체 시스템 성능(Total System Performance)을 최적화시키고 총소유비용(TOC: Total Ownership Cost)[422]을 최소화하는 방향으로 변화되면서 진화적 또는 점진적 방법의 개발전략을 적용하고 있다. 또한 빠르게 발전하는 범용 상용기술을 신속하게 국방과학기술에 접목하는 개념으로 발전하고 있다. 이는 과거의 일괄획득전략이 많은 시간이 소요되고, 사업 위험성이 높을 뿐만 아니라 사업기간의 장기화로 기술진부화가 가속화되며, 개발기간 동안 소요군의 전력공백을 감내하여야 하는 문제점 때문에 새로운 개발전략을 도입하고

---

[422] 미국 연방획득 가이드북(Defense Acquisition Guidebook, 5.2.2)에서 총소유비용(TOC)은 수명주기비용(Life Cycle Cost) 요소와 운용유지 자원을 위한 기타 비용(supply chain, business process) 요소로 구성된다고 하고 있으며, 획득 매뉴얼(Defence Acquisition Mannual)에서는 시스템의 연구 및 개발, 획득(생산 또는 구매), 운영, 군수지원, 폐기와 관련된 모든 비용과 이를 뒷받침하기 위한 각종 기반시설의 건설 및 유지, 부대 증·창설 및 국방부의 사업관리비용 모두를 포함하는 비용으로 개념을 정의하고 있다.

있는 것이다.

미래의 과학기술은 정보통신, 항공·우주, 생명·유전공학, 신소재·신물질, 로봇공학 등의 분야에서 혁신적으로 발전될 것이며, 과학기술의 발전에 따라 국방과학기술도 더욱 발전될 것이다. 이와 같은 과학기술의 발전에 따라 미래전쟁 양상은 다음과 같이 변화될 것으로 예측할 수 있다.[423]

첫째, 우주공간 및 사이버 공간 활용 측면에서의 기술발전이다. 미래전은 지상, 해상 및 공중에 추가하여 우주 및 사이버 공간을 포함한 5차원 공간으로 전장영역을 확장하여 전투가 이뤄질 것이다. 우주공간에서의 정밀감시 및 통신, 대지공격 등 우주전력운용과 사이버 공간에서의 정보작전이 전쟁 승패의 핵심적 요소가 될 것이다.

둘째, 감시·정찰 및 표적획득기술, 정보통신 및 컴퓨터 기술, 네트워크전을 위한 정밀유도 및 타격기술의 발전이다. 이는 원거리·광역 전략 감시·정찰에서부터 초소형 휴대용 정밀감시에 이르기까지 전략·전술제대용 주·야 전천후 운용 가능한 다양한 감시 및 표적획득기술과 수단의 발달을 요구할 것이다. 다수의 전장요소와 전투체계가 네트워크로 연결되어 동시 통합적으로 운용됨으로써 분산된 위치에서도 전장정보를 공유하면서 실시간 지휘통제가 가능한 작전환경을 조성할 것이며, 다양한 타격수단에 의한 장거리 정밀교전이 보편화되고, 이를 감시·정찰기능 및 지휘통제기능과 연계한 타격복합체계로 운용함으로써 대량파괴와 살상을 수반하지 않고도 적의 중심·취약점 위주의 결정적인 목표를 가장 효과적으로 타격하는 방식으로 전쟁을 수행할 것이다.

셋째, 신소재·나노기술 등의 발전으로 초소형 무기체계가 등장하고, 지능·자율형 로봇체계와 무인무기체계 및 원격통제 무기체계 발전으로 비접적 원격대리전이 이루어질 것이다.

넷째, 인원을 살상하지 않고 무력화시키는 비살상무기 및 새로운 차원의 생화학무

---

423 김장수, 「2010~2024, 국방과학기술진흥정책서(안)」(국회 국가과학기술위원회 의안번호 제4호), 2007.8.27, pp.6-8.

기가 등장할 것이다.

국방과학기술의 발달은 필연적으로 무기체계의 발전으로 이어진다. 세계 주요 선진 방위산업국가들의 무기체계 발전추세는 다음과 같다.[424]

첫째, 정보·전자전 전력발전 추세를 보면 정보 무기체계는 전장상황을 보다 명확하게 파악하여 불확실성을 줄이고, 적보다 먼저 보고 결심하고 행동할 수 있도록 실시간 원거리 정찰 및 감시능력을 향상시키는 추세이다. 고해상도의 전자광학/적외선/레이더(EO/IR/SAR: Electro Optics/Infra Red/Synthetic Aperture Radar) 탑재체를 구비한 감시위성, 무인항공기 등과 조기경보기, 수중감시체계의 운용이 예상된다. 또한 전자전 무기체계는 레이더, 미사일 등 다양한 위협신호의 실시간 수집·처리, 다양한 표적에 대한 동시 대응, 적 전자 공격에 대한 방어 등의 능력이 향상되면서, 전자전 장비의 지능화·소형화·경량화·자동화 및 전자전 무인기의 운용이 증대될 것으로 예상된다.

둘째, 지휘통제·통신전력의 발전추세는 감시정찰체계, 지휘통제체계와 타격체계 간 연동과 상호운용성을 보장함으로써 전투공간에 대한 정확한 상황인식과 실시간 전투평가, 임무할당을 가능토록 함은 물론, 전투력의 상승효과를 극대화시킬 수 있는 복합체계(C4ISR+PGM)의 발전이 예상된다. 또한 M&S 기법을 활용하여 부대 연습, 전투실험을 통한 합동실험 및 전투실험 등에 대한 계량적인 분석을 지원하는 능력을 구비하고 실시간 전투력의 통합운용과 고속 대용량 통신보장을 위해 각종 C4I, 전략전술 데이터링크, 위성통신, 공중중계 무인기에 대한 전력발전이 전망된다.

셋째, 기동·타격 전력(지상/해상/공중전력) 분야에 있어서 기동장비는 공세기동전 수행을 위하여 기동성·생존성 향상과 복합화 및 스텔스화를 통하여 빠른 작전 템포에 부합되는 무기체계로 발전하고 있으며, 유도무기의 장사정·고정밀·고위력화를 통해 파괴력과 종심목표 정밀타격능력 신장, 포병위협에 대한 대화력전 전력 강화를 도모

---

424 김장수, 전게서, pp.9–10.

하는 추세이다.

해상전력은 해상교통로 보호와 해양통제능력 및 합동작전능력 강화를 위해 스텔스 기능, 원거리 대공방어능력, 정밀타격능력 및 원해작전능력을 갖춘 함정 건조를 추진하고, 구축함·잠수함의 첨단화·대형화와 입체고속상륙전력을 구비하는 추세이며, 공중전력은 공중우세 유지와 전략목표 타격능력 구비를 위해 항속거리 신장, 장거리 정밀타격능력, 스텔스 기능 및 첨단 항공전자장비를 갖춘 항공전력으로 발전하는 추세이고, 전방위 대공방어능력 확보를 위한 장거리·초음속 대공유도무기의 발전이 예상된다.

넷째, 신특수 전력분야 발전추세에 있어서 화학무기는 치사율이 높고 보호장비 침투가 가능한 새로운 작용제가 출현하고, 생물학 무기는 생물학 치료제와 백신 개발과정에서 감염성과 치사율이 높은 생물학 작용제 또는 독소의 개발이 예상되며, 화학·생물·핵무기에 대응하기 위한 탐지·보호·제도체계도 더욱 발전될 것으로 예상된다. 또한 전자장비 혹은 전자파 운용장비 등을 파괴·오작동시키는 전자기파(EMP: Electro–Magnetic Pulse) 무기, 고출력 마이크로파(HPM: High Power Microwave) 무기 등 전자무기체계에 대응하는 무기체계의 발전이 예상되며, 비살상 무력화 무기, 전력공급 기능을 마비시키는 탄소섬유탄, 광학장비의 각종 센서 및 시력을 마비시키는 고섬광탄, 고에너지 레이저무기 등 신무기 출현이 예상된다.

2. 주요 선진 방위산업국가들의 국방연구개발 동향[425]

가. 미국

「세계 경쟁력 보고서(The World Competitiveness Report 2010~2011)」에 의하면 미국은 세계 경쟁력이 가장 높은 나라 중 스위스, 스웨덴, 싱가포르에 이어 4위로 조사되었

---

425 국방대학교 국가안전보장연구소, 『2008~2009, 세계안보정세 종합분석』, 서울: 정성문화사, 2009.12, pp.75–118. 국방대 최석철 교수의 '국방과학기술동향'을 요약정리함; 신광식, "한국의 국방연구개발체제 개선 방안에 관한 연구", 한남대학교 석사학위논문, 2009, pp.21–31.

다. 이 보고서는 국제경영개발원(IMD: International Institute for Management Development)과 세계경제포럼(World Economic Forum)이 매년 기업의 경쟁력에 영향을 주는 평가변수를 제도, 사회간접자본, 거시경제, 교육 정도, 기술력, 비즈니스 혁신성, 혁신과 같이 여덟 가지 요소로 나누고 381가지 기준에 대해 세계 각국의 실제 데이터와 설문조사를 병행하여 분석한 결과와 과학기술 부문에서 기초 및 응용연구의 성공적인 기여와 과학기술적 능력에 관해 지표를 비교하여 결과를 발표하는 것이다. 미국은 총 R&D 지출, 기업 R&D, 총 R&D 인력, 산업 내 R&D 과학기술자, 노벨상 수상자 수, 특허 건수, 기술획득능력 등에서 세계를 압도하고 있다. 미국 정부는 과학기술의 개발만이 미국을 세계 강대국 대열에 머무르게 한다고 인식하고, 국내산업의 국제경쟁력 강화와 과학기술 분야에 있어서의 세계적인 선도적 입지를 고수하기 위해 강력한 지원정책으로 대통령직속 과학기술심의회(NSTC: National Science and Technology Council) 신설, 국가연구개발과 관련된 조직 및 기구의 개편, 민군겸용기술의 지원, 중소기업 관련 지원정책 등 일련의 정책을 펼치고 있다.[426]

2008년 5월 9일 미국과학진흥협회에서 발표된 '미국 차기 정부의 주요 과학기술정책 관련 이슈'의 주요 내용을 살펴보면 미국은 오바마 정부에서 우선시되어야 할 정책과제를 다음과 같이 언급하였다. 에너지, 지구환경, 경제, 노동력, 교육, 건강 등 장기적 문제 해결과 국방, 우주 안보 및 정보수집에 대한 전략적 계획을 수립하고, 국제관계를 개선하며, 국가 미래에 있어서 과학기술의 중요성 강조 및 연구, 혁신, 과학기술정책의 기반을 강화함에 초점을 맞추겠다는 내용이다.

미국의 국방과학기술정책은 "군사력의 우위를 과학기술력의 우위로 구현"한다는 기조 아래 무기체계 성능 향상을 위한 기술 우위성 확보에 중점을 두고 있으며, 연구개발 목표는 "과학기술 투자를 통한 군사전력 우위 유지를 통해서 세계에서 가장 우수한 무기체계를 개발하기 위한 기술 우위성을 확보하는 데 있다"고 보는 것이다.[427]

<hr>

426 이재영, 『세계안보정세종합분석』, 서울: 국방대학교 안보문제연구소, 2008, p.76.

427 황동준 외, "방위산업 발전을 위한 국방연구개발 활성화 방안 연구", 서울: 한국방위산업학회, 2001, p38.

따라서 미국은 양보다는 질을 중시하는 방향으로 군을 개혁하여 최첨단군을 육성하는 정책을 추진하고 있다. 미국의 국방은 기존의 무기체계보다 더욱더 효율적인 방식을 모색하기 위해 발달된 과학기술을 적극적으로 도입해 정확하면서도 살상력이 높고 신속한 이동배치가 가능하며, 아군의 생존율을 높여주는 무기체계의 개발을 목적으로 국방과학기술정책을 추진하고 있다. 따라서 미국은 과학기술 발전추세를 바탕으로 기술이 어떤 기회와 능력을 군사적으로 제공이 가능한가를 식별 및 탐색하고, 이를 이용하여 좀 더 강한 국방력을 유지할 수 있도록 불확실한 미래전에 대한 새로운 합참 위주의 비전을 제시·확립하고 있다.

이에 따라 국방부 획득목표는 상호운용이 가능하고, 통합과정을 거쳐, 안전하고 스마트한 C4ISR 인프라 구축과 또한 장거리, 전천후, 저비용 정밀지능형 무기를 개발하고 신속한 부대 전개 및 전 지구적 파병능력과 21세기 새로운 위협에 대응하는 군사방위능력을 확보하며, 이러한 무기체계에 대한 우방국과의 상호운용성을 확보하는 것이다. 이러한 국방부 획득목표를 달성하기 위한 필수 핵심 선택사항이 바로 국방과학기술 확보를 위한 과감한 투자인 것이다. 결국 국방과학기술 전략의 구현이 곧 미래 전투능력을 좌우한다고 할 수 있다. 국방예산 측면에서 볼 때 미국은 국방예산 중 평균 약 16%를 연구개발 및 시험평가 예산으로 배당하고 있으며, 이 가운데 과학기술 프로그램에 해당하는 기초연구, 응용연구, 첨단기술 개발에 대한 투자는 국방예산의 약 3%를 차지하고 있다.

글로벌동향(2009년 7월 29일) 브리핑에 따르면 2009년도 국방 R&D 예산은 전쟁이 계속됨에 따라 지속적으로 증가하였다. 특히 2008년 후반기에 전쟁 관련 추가기금이 수십억 달러 확보되면서 국방 R&D 예산은 2008년과 2009년에 크게 증가되었다. 2009년 국방 R&D 총예산은 전년 대비 3.7% 증가한 845억 달러였다.

또한 미국 정부의 2010 회계연도 예산안 중 미 국방부는 797억 달러 예산을 배정받았으며 이 중 국방고등연구원(DARPA)에 32억 달러(2009년 대비 4% 증액), 기초연구 지원을 위해 18억 달러 예산 배정을 확정하였다.

미국의 국방과학기술 절차는 〈그림 10-1〉에서 보여주고 있는 바와 같이 체계적인

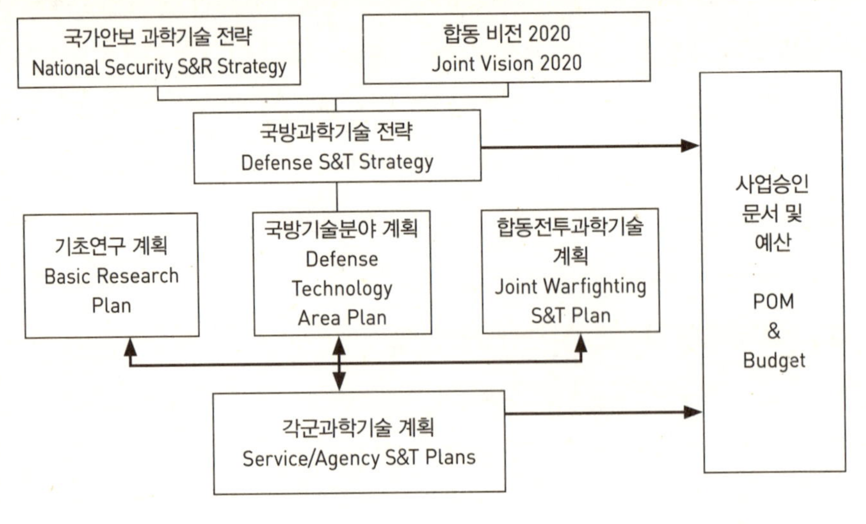

출처: 황동준 외, 전게서, p.39, 일부 자구 수정.

절차에 의하여 수립되고 있다. 절차는 우선 대통령의 '국가안보 과학기술 전략'과 합참의장이 제시하는 '합동비젼 2020'을 기본문서[428]로 국방과학기술 전략이 수립된다. 국방과학기술 전략 문서에서는 기초연구 계획, 국방기술분야 계획, 군사과학기술 계획의 종합을 통하여 작성된 합동전투과학기술 계획이 포함되어 이를 효율적으로 실행하기 위한 사업계획서로 나타난다. 이러한 계획의 과정에서 각 군의 계획들은 국방과학기술 전략의 우선순위에 따라서 예산의 가용한 범위 안에서 개발사업들이 수행된다.[429]

연구개발사업 방향은 합동전투 과학기술계획에서 구체화된다. 여기에서 합참의장

---

[428] ① National Security Science and Technology Strayegy, National Science & Technology Council, 1995. ② Joint Chiehs of Staff, Joint Vision2020, US Gov't Printing Office, Washington. D.C, June 2000, 'Joint Vision 2020'은 미군의 지속적인 변화를 인도하는 'Joint Vision 2010'을 확장한 것이다.

[429] 황동준 외, 전게서, p.39-42.

의 비전 2020에서 제시한 미래전장 개념을 전제하여 이를 토대로 합동전투능력을 향상시킬 대상 분야를 선정하고, 각 대상별로 필요한 기술을 종합적으로 식별한다. 첨단과학기술을 신속하게 무기체계 개발에 접목하기 위해서 ATD(Advanced Technology Demonstrations), ACTD(Advanced Concept Technology Demonstrations) 방법을 활용하고 있다. ATD란 특정한 기술을 무기체계에 적용하여 기존의 성능지표(performance parameter)에 향상이 있는지를 보고, 만약 그럴 경우 신속히 새로운 무기체계로 채택하고자 하는 사업이다. 또한 ACTD에서는 기존의 기술을 가지고 작전환경에 어떻게 적용시킬 것인가를 식별하기도 하지만, 수요군의 입장에서 새로운 작전이나 무기체계 개념을 펼치기 위해서는 어떠한 기술이 있어야 하는가를 식별하기도 한다. 따라서 이 사업에서는 수요군과 개발자가 함께 참여하여 신기술이 적용된 무기체계를 실제로 작전환경에서 테스트해보고 교리, 작전개념, 전술 및 장비현대화 계획까지도 변경하도록 제안할 수 있다.

미 국방부는 국방연구개발의 기반이 되는 기초기술을 개발하고 있다. 이러한 연구는 지속적인 기초과학의 발전이 새로운 무기체계의 개발에 도움이 된다는 신뢰가 있기 때문이다. 즉, 잠재적 적국의 기술적인 기습(Technological Surprise)에 대비하는 것이 궁극적으로 비용이 적게 소요되는 정책이란 것을 경험했기 때문이라고 본다. 다시 말해, 관련 기초과학기술의 발전이 새로운 국방과학기술의 발전을 가져오게 되어 궁극적으로 국방력 또는 국가의 경쟁력을 확보하게 한다고 보기 때문이다. 이를 위해 미 국방부는 경제안보와 국가안보 분야의 과학기술 개발을 위하여 대학 및 정부/업체 연구소에 연구개발비를 적극적으로 지원하고 있다.

또한 미 국방부는 합동전투능력 향상을 위하여 국방과학기술에 대한 투자를 계획하여 매년 집행하고 있다. 미국은 이러한 계획의 일환으로 국방과학기술투자 분야계획을 작성하여 투자를 하고 있는데 여기에서는 분야별로 식별된 ACTD 및 ATD 사업과 국방부가 추진할 핵심 기술사업 등을 종합하여 분야별 개발사업을 확정하고 사업별로 예산을 반영한다.

국방과학기술 개발은 이와 같은 예산배정을 통하여 각종 연구기관과 산업체에서

<table>
<tr><td colspan="1" align="center">〈표 10-2〉 미국의 국방과학기술 우선투자 분야</td></tr>
<tr><td align="center">국방과학기술 우선투자 분야</td></tr>
</table>

- 우주기반 레이더 기술
- 극 군사위성통신(Polar MilSatCom) 기술
- 지능형 네트워크 기술
- 초음속 순항기, 우주항공기 기술
- 전투로봇, 무장무인기/무인전투기, 초미니 로봇정찰기, 무인잠수체계 기술
- 정밀타격 무기체계 기술

출처: 김장수, 전게서, p.8.

연구개발이 진행되며, 각 연구기관의 창의적이고 합리적인 연구제안이 채택되고 연구기관 심사과정에서 새로운 기술 분야가 추가되거나 한층 발전된 기술로 조정된다.

또한 미국의 전력증강 주요 정책은 동맹 강화 및 비용절감을 위해 국제협력 연구개발을 적극 추진하고 있다. 이러한 것은 미·일 MD 개발과 10개국 협력 JSF(차기 전투기) 개발 등을 통해 쉽게 알 수 있다. 또한, 기술주도권 확보 및 비확산 차원에서 핵심 기술이전을 통제하여 의회심의 대상 및 기간에 있어서 동맹국 간에도 차별하여 적용하고 있는 현실이다.

미국의 국방연구개발 조직은 국방부 획득차관이 연구개발을 총괄하며 산하에 국방고등연구원(DARPA)을 두고, 미래 신기술 개발을 담당하고 있다. 특히 미국은 DARPA 주관으로 30년 후를 대비, 미래전장 운영개념을 혁신할 수 있는 도전적 기술개발에 연간 25~30억 달러를 투자하고 있다. 그리고 국방연구개발의 상당 부분을 방산업체에서 담당하고 있으며 특히 국방연구개발 분야에 중소기업의 참여가 많다. 그리고 지난 30년간 국방연구개발비의 66% 정도를 방산업체가 사용했다.[430]

미국은 막대한 연구개발비를 투자하여 〈표 10-2〉와 같이 국방과학기술 우선투자 순위를 두고 있다.

또한 〈표 10-3〉과 같이 국방 R&D 수행기관별 역할의 정립을 통해 효율성을 강화

---

[430] 산업기술정책연구소, 『미국의 국방과학기술개발사업』, 서울: 과학기술처, 1997, p.33.

468

〈표 10-3〉 국방 R&D 기관별 역할 정립

구분	역할
국방부	• DARPA를 통한 미래 신기술 사업관리, 각군/업체 연구소 활용
각군	• 군별 연구소 운영 및 과학적 소요개발
업체	• 항공—록히드/보잉, 전차—GE/장갑차—UCD로 통합
비고	※ 각 주체의 역할 구분을 통하여 조직, 기능별 시너지 효과 창출

출처: 김장수, 전게서, p.9.

하고 있다.

그리고 핵심기술 및 부품을 개발하는 IR&D(Independent Reserch & Development) 정책을 추진하고 있다. 미국의 IR&D의 주된 특징은 방산업체가 필요로 하는 정보를 국방부가 모두 공개하고, 방산업체 스스로 연구개발 분야를 찾을 수 있도록 적극적으로 유도한다는 사실이다. 국방부가 제공하는 정보는 연구개발 계획, 전력소요, 작전운용성능 등이 포함된 획득 관련 정보이다. 그리고 방산업체에서 현재 개발하고 있는 기술내용을 모니터하고 그 결과물을 데이터베이스로 관리한다.

이를 위해 국방부와 방산업체는 수시로 정보교환회의(technical interchange meeting)를 개최하며, 이를 통해 방산업체는 국방부가 원하는 기술획득 방향에 관한 정보를 얻게 되고, 또한 국방부의 연구개발 방향을 조정할 수 있는 기회로 활용할 수 있게 되는 것이다.[431]

현재 국방과학기술 개발은 전투에 필요한 기술의 개발 및 축적, 획득비용의 절감, 국내 산업기반의 강화, 미래 대비 기초연구 강화, 양질의 무기체계 구매를 추구하는 것으로 두고 있으며 국방과학기술 요건으로는 사업수행 시 관련 예산 및 기술이 실행 가능성이 있어야 하며, 견고한 기술기반 유지에 기여해야 한다는 원칙하에 추진하

---

[431] 이호석 외 3명, 『업체 자체 연구개발 실태분석 및 발전방안』, 서울: 한국국방연구원, 2007, pp.26-29.

고 있다.[432]

또한 미국은 자국이 생산한 무기체계와 기술을 동맹국들에게 이전하는 정책도 추진하고 있는데 조셉 P. 스말돈(Joseph P. Smaldone)과 로널드 D. 맥로린(Ronald D. McLaurin)은 이에 대한 원칙을 제시하였다.[433] 이 중 중요한 항목 다섯 가지만 제시하면 다음과 같다.

첫째로 제시한 항목은 미국은 가까운 동맹국의 확고하고 실질적인 군사력을 보장하고 경제적 합리성을 위하여 각국의 방위산업 육성을 기꺼이 지원한다.

둘째, 미국이 기술과 부품을 이전하는 것은 동맹국과 우방의 방위력을 증진하기 위한 것으로 결코 방위산업을 위한 수출시장을 확대하기 위함이 아니다.

셋째, 미국은 한국과 이스라엘 같은 가까운 동맹국이 미국에서 생산된 생산품이나 미국에서 지원한 기술로 생산한 무기의 이전을 요구할 경우 기꺼이 검토할 용의가 있다. 단, 그러한 경우는 위협에 대응하기 위하여 필요한 방위산업의 능력을 보유하는 경우이지, 주요 무기를 생산하는 방위산업을 지원하기 위한 경우는 아니다.

넷째, 미국에서 생산되거나 미국의 기술에 기반한 생산품이 제3국에 이전될 경우는 반드시 매 경우 미국의 허가를 받아야 한다.

다섯째, 각 경우마다 미국이 직접무기를 이전하는 경우와 동일하게 법적·정책적 요구를 완벽하게 충족해야 한다. 이상의 원칙에서 알 수 있듯이 미국은 미국에서 생산된 무기체계나 미국의 기술을 기반으로 생산된 무기체계에 대해서는 자국에서 해외에 수출하는 것과 동일하게 철저하게 통제하고 있다.

나. 일본

일본의 경우, 무기체계의 개발과 생산 등 공급기반의 대부분이 민간기업에 있는 반면, 수요기반은 거의 방위청에 의해 유지되고 있다. 일본은 1967년 ① 공산권 국가,

---

432 김철환, 「방위산업의 이론과 실제」, 국방대학교, 2002, p.202.

433 Joseph P. Smaldone and Ronald D. McLaurin, "Supplier Control in U.S. Arms Transfer Policy", Kwang Il Baek, Ronald D. McLaurin, and Chung In Moon ed., *The Dilemma of Third World Defense Industries* (Inchun: CIS-Inha University and Westview Press, 1989), pp.110-111.

② 교전당사국가, ③ UN이 무기금수를 결정한 국가 등에 대한 무기수출을 금지한다는 이른바 '무기수출 3원칙'을 결정하였으며, 이에 따라 현재 국내에서 생산된 방산품의 해외판매는 미국을 제외하고는 금지되어 있는 상황이다. 따라서 일본의 방산업체가 생산한 장비의 거의 대부분은 방위성에 납품되고 있으며, 그 결과 일본의 방산업계는 국내시장만을 대상으로 한 다품종소량생산(多品種少量生産) 체계를 구축하고 있다는 점을 주요 특징 가운데 하나로 들 수 있다.

제2차 세계대전 이후, 일본 통산성은 무기체계나 각종 부품의 국내생산 능력확보를 강조해왔다. 일본은 미국으로부터 제공된 기술의 국산화를 위해 가능한 한 라이선스 생산방식을 도입하였고, 이를 기반으로 방산품의 제조기술을 축적해왔다. 그 결과 1960년대 중반기에 있어서 일본의 방위장비에 대한 국내 조달비율은 80%를 상회하게 되었다. 그 후 계속 상승하여 미국으로부터 고가 첨단장비에 대한 수입이 급증하였던 1978~1982년까지 기간 중에는 80%대로 하락하기도 하였지만, 1983년 이후 현재까지 일본의 방산품에 대한 국산화율은 90%대를 유지해오고 있다.[434]

이같이 일본 방위성의 방위장비에 대한 국내 충족률이 높은 것은 그간 일본의 자체 개발과 라이선스 생산을 통한 기술축적의 결과이며, 동시에 국내 생산기반과 기술기반을 중시해온 정책에 의한 것이라 할 수 있다. 그간 일본 통산성은 설사 비용 면에서 불리하다 하더라도 국내생산능력의 확보와 방산업체의 기술축적을 위해 수입보다는 국내생산과 라이선스 생산방식을 강조해왔다. 그 결과 소량생산체제 하에서 규모의 경제 효과를 거두고 있지 못한 일본산 장비의 조달가격은 대체로 일본산이 수입제품에 비해 평균 3~4배가 비싸다.

이같이 방산제품의 국내외 가격차가 현저하게 큰 것은 기본적으로 생산규모가 일본 내수용에 한정된다는 데 기인한다. 일반적으로 첨단장비의 생산을 위해서는 연구개발과 시제품 생산, 그리고 양산단계라는 과정을 거치며, 이 과정에서 연구개발을 위한 투자비는 그 규모가 막대하기 때문에 대량생산이 이루어지지 않는 한 생산

---

434 황동준 외, 전게서, p.64.

단가를 낮출 수 없는 이른바 '규모의 경제'가 적용되고 있다. 따라서 일본과 같이 거액의 연구개발비를 투자하여 소량을 생산하는 경우에 있어서 생산단가는 높을 수밖에 없다.

한편 개별 품목에 있어서는 미쓰비시중공업과 카와사키중공업이 유도무기, 선박, 항공기 생산에서 우위를 점하고 있으며, 통신분야에서는 미쓰비시전기(電氣)와 일본전기가, 수입품에 대해서는 이토추상사가, 탄화약 부문에서는 미쓰이(三井)조선과 다이킨공업 등이 각각 과점적 시장을 형성하며 방위성의 장비조달에 참여하고 있다. 그러나 이들 기업은 콘소시엄을 구성하여 계약을 체결하고 공동으로 연구개발을 수행한다는 특징을 보이고 있다.

일본의 기술력은 부분적으로 미국에 필적하는 수준에 있는 것으로 평가되고 있지만, 방산품 개발을 위한 정부 차원의 연구개발투자비는 미국, 독일, 프랑스 등에 비해 절대액수와 방위비에 점하는 연구개발비의 비중이 3.0%로서 미국(13.1%), 프랑스(13.1%), 독일(5.2%)보다 낮은 것으로 평가되고 있다.[435]

9·11테러 이후 일본이 안보환경의 변화를 국방정책에 변화를 반영하게 된 것은 '2005년 이후에 관한 '방위계획대강(신방위계획대강 혹은 신대강)'과 '중기방위력정비계획'(2005~2009년, 제3차 신중기방)에서부터라고 할 수 있다.[436] 일본의 안보·국방 전략 역시 미국의 요구와 미·일동맹의 강화에 부응하여 질적 변화를 거치게 되었다. 일본 방위정책의 이러한 변화는 '신대강'과 '신대강' 하에서 추진되는 최초의 방위력정비계획인 '중기방위력정비계획'(2005~2009년)을 통해 그 개념, 원칙 및 목적들이 적시되었다. 신방위계획대강은 21세기 일본이 마주한 새로운 안보환경에 대응하여 일본의 평화와 안전 그리고 국제사회의 평화와 안정을 확보하기 위하여, 미래 일본의 안정보장 및 방위력의 존재 형식에 관한 새로운 지침을 제시하려는 목적을 갖고 있다.[437]

---

[435] 황동준 외, 전게서, p.66.

[436] 일본방위청, 「2005년 이후에 관한 방위계획대강」 제11권 1호, 방위청, 2004, p.86. 일본방위청은 2007년 방위성으로 격상되었다.

[437] 이민우, "2005년 이후의 일본 방위정책", 세종연구소, 2005.

일본의 전력증강 주요 정책은 외교적 마찰과 소모를 야기할 수 있는 현존 전력증강 보다는 잠재전력 확보에 주력하여 원자력, 로켓 등 군사적으로 전용될 수 있는 민군겸용기술 개발에 노력을 경주하고 있다. 특히 선택과 집중 전략에 따라 주요 무기체계는 해외구매보다 3~4배 비싸더라고 국내개발을 의욕적으로 추진하여 기술을 축적하고 있다. 그리하여 F-15J 전투기, 패트리어트 미사일, CH-47J 헬기 등의 첨단무기체계를 국외도입에서 면허생산으로 대부분 추진하여 기술을 축적하고 있다.

일본의 연구개발 추진 기본개념은 우수한 민간기술을 우선적으로 도입·응용하는 것이다. 예를 들어 CCD 카메라 기술을 미사일 시커(Seeker)에 활용하고, 액정기술(TFT)

<표 10-4> 일본의 국방연구개발 중점 분야

구분	군전용 중점개발기술	민 공용기술	이전 곤란 기술
항공기	체계통합, 스텔스화, 항공전자, 기체구조, 기체공력, 무인기(기체구조, 기체공련, 항법제어, 엔진, 임무장비)	항공전자, 엔진, 무인기 임무장비	체계통합, 엔진, 항공전자 스텔스화
유도 무기	체계통합, 지휘통제, 유도, 신관탄두, 엔진, 기체제어	기체제어	신관탄두, 엔진
탄약/ 기동	체계통합, 지휘통제, 근접신관, 탄약지능화	탄약지능화	장갑, 근접신관
해상 무기	체계통합, 스텔스화, 지휘통제, 항탄성, AIP(자수함), 유도(어뢰), 재밍(어뢰방어)		스텔스화, 지휘통제, 유도(기뢰) 복합탐지(기뢰) 재밍(어뢰방어)
전자 장비	체계통합, 화상화, 센서, 비익통신, 전술S/W무전기, 정보처리(C$I), 스텔스 대처	체계통합, 비익통신, 전술S/W무전기	비익통신, 전술S/W무전기, 신호처리, 스텔스 대처
공동/ 기타	CBR식별, 지뢰식별, C4I, 암호, 데이터, 통신, 모델링	CBR식별, 체계통합, C4I, 암호, 보안평가, 모델링	스텔스 대처

출처: 최성빈 외 3인, 『군사기술 선진화 전략』, 서울: 한국국방연구원, 2004, p.91.

을 F-2전투기 조종석 디스플레이에 활용하는 등 민간기술을 적극적으로 활용하고 있다. 단지 민간기술에 의존할 수 없는 군사용 기술만 군 차원에서 기반을 유지하고 있으며, 독자적 추진을 원칙으로 하되 필요시 미국과 기술협력을 추진하고 있다.

일본이 보유하고 있는 우수한 국방과학기술 분야에 민간기술이 적용되거나 가능성이 있는 분야를 살펴보면 전자기술, 정밀기계기술, 시스템 엔지니어링 분야로 필요한 자금과 인력 및 시간만 부여되면 자위대가 보유할 무기체계들은 모두 개발할 수 있는 기술 잠재력을 보유하고 있다. 〈표 10-4〉와 같이 일본은 미래전장에 대해 국가전략상 주요 개발분야를 선정하여 집중적으로 개발하고 있다.

일본의 국방연구개발 정책은 국력증진에 따라 자위에 필요한 범위 내에서 방위력 정비를 효율적이고 점진적으로 수행하며, 자국 내 수요충족이 가능하도록 국방연구개발로 추진한다는 방침을 유지하고 있다.

일본의 국방연구개발 체계는 연구개발 과제에 대한 각 자위대의 운용상의 요구와 방위청 기술연구본부(TRDI: Technical Reserch and Developement Institude)의 기술적 가능성 검토를 통해 이행되고 있다.

기술자 측은 운용자 측의 작전분석 결과에 의한 운용상의 요구에 대하여 해당 무기체계 개발의 기술적 가능성을 기술예측을 토대로 충분히 검토하여 국방력의 두 가지 요소인 운용과 기술을 융합시키려는 노력을 기울이고 있다.

또한 일본에서는 운용 중인 무기체계에 P3I(Pre-Planned Product Improvement)를 적용한 성능개량 개발이 활발히 수행되고 있다.

P3I란 무기체계 개발 초기에 첨단 핵심기술을 적용토록 설계되었으나, 기술수준이 시스템에 적용할 정도로 도달하지 않았을 경우에 현재의 기술을 우선 적용하여 개발하고, 새로운 기술이 성숙되었을 때 운용 중인 무기체계를 성능 개량하는 것이다. 또한 무기체계의 한 시스템을 개발한 뒤 계속 다양한 성능개량을 통해 여러 가지 임무에 사용될 수 있는 Family화를 추진하여 시스템에 신·구 개발의 핵심기술을 적용하여 기술력 향상을 도모하고 있으며, 연구개발의 효율적 추진을 위해 방위성 기술연구본부장이 기술연구와 기술개발을 실시할 때 방위성장관으로부터 중요 기술연구

실시계획서를 승인 받는 등 엄격한 평가를 실시하고 있다.[438]

특히 국방연구개발 역량의 선택과 집중 전략에 의해 업체와 정부산하기관과의 사업영역 구분을 통해 업체는 체계개발을 주도하고, 기술연구본부는 핵심기술 및 체계개발 사업관리를 시행하고 있다.

다. 영국

영국은 국방 및 안보 분야를 21세기의 가장 중요한 분야로 인식하여 에너지 및 친환경적 기술을 포함한 11개 분야의 핵심전략기술을 집중투자할 분야로 명시한 국방기술전략(DTS: Defense Technology Strategy, 2005)을 수립하여 추진 중에 있다.

또한 업체는 체계개발을 주도하고, 국방부 소속의 국방과학기술연구소(DSTL: Defense Science and Technology Laboratory)는 민감한 체계개발, 핵심기술 및 정책자문 역할을 수행하므로 업체와 정부산하기관이 명확하게 사업영역을 구분하여 수행하고 있다.

국방연구개발의 경우 2002년 7월 이전까지는 1995년 설립된 DERA(Defense Evaluation and Research Agency)에서 핵 관련 분야를 제외한 모든 첨단방산기술 연구개발 업무를 담당하였으나, 2002년 7월 1일부로 DERA는 국방부 소속의 DSTL와 민간기관으로 전환된 QinetiQ 2개의 기관으로 분리되었다.

현재 DSTL은 체계수준에서 특히 민감한 연구분야 및 국제공동연구 등 국방부 연구의 1/3을 주로 수행하고 있으며, 나머지 2/3는 QinetiQ가 수행하고 있는데 핵과 화생방 분야를 제외하고 과거에 DSTL이 수행하던 전 분야의 업무를 수행하고 있다. 그러나 특이한 것은 정부기관임에도 불구하고 QinetiQ에게 민간 방산업체들과 다른 특별한 특혜를 주고 있지 않다는 것이다. 그리고 QinetiQ는 DSTL이 개발한 신기술을 민간시장에 적용할 수 있도록 시장을 개척하는 역할도 수행하고 있다.

영국의 경우, 방산업체 등 국방부 외부에 투자하는 국방연구개발비는 대략 69%이

---

438 김철환, 전게서, p.218.

〈표 10-5〉 영국의 국방과학기술 우선투자 분야

국방과학기술 우선투자 분야

- 화생방 방어기술
- 정보/감시/표적획득/정찰 기술
- 지휘통제, 정보 기반구조 기술
- 공중 및 연해 기동기술
- 수상 효과 및 수중 효과 기술
- 종심표적 공격기술
- 전자체계 기술

출처: 김장수, 전게서, p.8.

며 방산업체는 연구보다 개발분야에 더 많이 참여하고 있고, 자유경쟁원칙 도입으로 인해 방산업체의 고유 영역이 사라지면서 민간기업과 공기업들도 방산부문에 많이 참여하고 있는 실정이다.

영국의 국방과학기술 우선투자 분야는 〈표 10-5〉와 같다.

라. 프랑스

현재 프랑스의 국방과학기술 수준은 미국과 러시아를 제외하고는 유럽권에서 가장 우수한 것으로 평가받고 있다. 특히 프랑스의 기술수준이 돋보이는 분야는 공대공미사일, 미사일유도, 침투장치, 관성항법, 특수지대공 미사일, 광전자학, 에너지소재 등 몇몇 분야로서 이 분야에 있어서는 국제시장 점유율이 미국과 러시아를 제외하고는 가장 높다는 것이 이를 증명하고 있다.

프랑스의 『국방백서』에 의한 국방과학기술정책 목표는, 첫째 기술적 가능성과 장차전 작전의 요구를 동시에 고려한 국방과학기술 연구방향을 제시하고, 둘째 기술개발 계획 및 중·장기 연구계획의 수립, 셋째 산업능력 유지·개발정책에 따른 인적·물적 자원관리, 넷째 기술혁신 증진과 연구결과의 응용 및 활용, 다섯째 민간 연구기관과 군 연구기관의 상호 교류, 여섯째 유럽 차원의 협력을 우선으로 한 국제협력의 촉

진 등이다.[439]

국방연구개발 체계는 우선적으로 군사적인 목적을 달성하기 위하여 군과 관련된 기술을 개발하는 것이다. 프랑스는 최첨단 국방과학기술이 민수부문에 직간접적으로 전용되어 민간산업 발전에 공헌하게 되는 기술파급효과를 중요하게 생각하고 있다. 프랑스는 이런 관점에서 항공·우주 및 전자 분야의 기술들이 민수분야의 발전에 크게 기여해왔음을 부인하지 않고 있다. 이들 분야의 대부분의 업체들은 프랑스 전체 방위산업의 1/3을 차지하고 있다.

프랑스의 국방연구개발은 국방부장관 예하소속인 병기본부(DGA: Delegation General por L'Armement)가 주도를 하고 있으며, 프랑스 '병기본부'의 조직은 크게 사업계획본부와 집행본부로 구성되어 있다.[440]

사업계획본부의 역할은 중요한 사업들에 대하여 사업계획을 수립하고, 설계·제작·생산 등을 수행한다. 사업계획본부는 군 전력/미래체계국(DSP: Direction des systèmes de forces et de la prospective), 무기체계국(DSA: Direction des systèmes d'armes), 계획/획득/품질국(DPM: Direction des programmes, des méthodes d'acquisition et de la qualité)으로 구성되어 있다.

프랑스 '병기본부(DGA)'의 개발운영본부는 전문시험평가센터(DCE: Direction des centres d'expertise et d'essais), 조함(DCN: Direction des constructions navales), 우주항공정비국(SMA: Service de la maintenance aéronautique), 산업협력국(DCI: Direction de la coopération et des affaires industrielles), 국제협력국(DRI: Direction des Relations Internationales), 조직관리국(DGO: Direction de la gestion et de l'organisation), 인력자원국(DRH: Direction des ressources humaines), 그리고 고등방산연구원(CHEAr: Direction du Centre des hautes études de l'armenent)으로 구성되어 있다.

병기본부의 임무는 크게 네 가지이다. 첫째, 수요군과 긴밀히 협력하여 무기에 대

---

439 황동준 외, 『방위산업 발전을 위한 국방연구개발 활성화 방안 연구』, 서울: 한국방위산업학회, 2001, p.45.
440 황동준 외, 상게서, pp.46-47.

〈표 10-6〉 프랑스의 국방과학기술 우선투자 분야

국방과학기술 우선투자 분야
• 핵탄도미사일(핵억제전력) 기술
• 화학무기, 생물학무기, 핵무기 위협에 대한 보호장비 기술
• 지상감시, 첩보장비 기술
• 순항미사일(종심공격 전력) 기술
• 네트워크중심전 수행능력 기술
• 무인전투기 뉴런 기술

출처: 김장수, 전게서, p.8.

한 연구, 조사, 제조 등의 업무를 구상하여 실행에 옮기고 산업체 성격으로서 정비, 보수 및 장비현대화를 이행하며, 둘째 공기업과 국영기업을 감독하고, 무기사업 집행에 참여하는 민간기업을 통제하며, 셋째 프랑스와 외국과의 무기 부품에 관한 대외협력을 촉진하고 진행과정을 조사하며, 넷째 정부의 정책범위 내에서 무기수출을 장려 및 통제하는 역할을 수행한다. 즉 병기본부를 통해 군 수요를 제기하는 구매자의 역할에서부터 시작하여 민간기업과 나란히 경쟁하는 생산자와 판매자의 역할, 나아가 기술지원을 포함한 기업의 활동을 장려하는 후견자로서의 역할과 아울러, 기업 활동을 규제하는 입법자로서의 기능, 기업의 수출 보조금 등 재정지원 및 보증을 담당하는 은행 및 보험사로서의 역할 등 실로 다양한 형태의 기능을 수행하고 있다. 그러나 병기본부 외에도 다양한 방산업체들이 자체 연구개발을 추진하고 있다. 정부 전체 연구개발비용의 1/3은 국방부 예하 연구소 및 연구기관들이 사용하고, 나머지 2/3는 국영 또는 민간 방산업체에 할당한다.

프랑스의 국방연구개발에 있어서의 가장 큰 특징은 정부가 적극적으로 업체의 연구개발에 개입한다는 것이다. 방위산업 분야에 있어 프랑스 정부는 가능한 모든 방법과 수단을 동원하여 다층적이고 다각적인 기능과 역할을 수행하고 있다.

더욱이 오늘날 프랑스는 미래의 지정학적/전술적/기술적 환경변화를 고려, 국방과학기술 개발의 가이드라인을 제시하는 '미래 30년 계획(PP30)'을 수립하는 등 미래를 위한 철저한 준비를 하고 있다.

프랑스의 국방과학기술 우선투자 분야는 〈표 10-6〉과 같다.

마. 러시아

러시아도 다른 국가들과 마찬가지로 세계 경제위기의 충격을 받았다. 그러나 러시아의 정부 전략은 러시아에 혁신 경제를 구축하는 것으로 방향이 설정되어 있고, 러시아 정부는 러시아의 IT(Information Technoligy) 관련 산업과 과학연구소, 대학교 등을 지속적으로 지원하고 있다.

러시아 연방교육과학부는 2006년 2월 과학혁신정책 범부처 위원회가 승인한 '2015년까지 러시아 연방과학과 혁신발전전략(Strategy for the Development of Science and Innovation in the Russian Federation up to the year 2015)'을 발표했다.

'2015년까지 러시아 연방과학과 혁신발전전략'의 목표는 경쟁력 있는 R&D 분야를 확립하고 이를 위한 호의적인 발전 조건을 만들며, 효율적인 국가 혁신 시스템을 확립하고, R&D 결과를 이용하고 보호하기 위한 IPR 제도를 개발, 기술 혁신에 기반한 경제의 근대화를 이루는 것이다.

그 주요 내용을 보면 2004년의 경우 연구개발비가 GDP에서 차지하는 비율은 1.17%에 불과하고 기초연구는 강하나 응용연구와 기술개발은 OECD 국가와 비교할 때 현저히 낮은 수준이며, 우수한 과학자의 해외유출 심화로 인해 경제발전이 저해되고 있다는 인식 하에 2015년까지 전략실행의 기간과 단계를 구분하고,[441] 전략추진을 위한 재정규모와 재원(총 4조 525억 루블 중 연방자금으로 2조 6,883억 루블, 예산의 재정자금으로 1조 1,071억 루블, 러시아 연방 주체 예산자금으로 2,571억 루블), 과학기술 우선연구 분야 및 개발 등 특수목적 프로그램과 주요 사업의 목록을 제시하였다.

푸틴은 2007년 연례 국정연설과 대규모 군사훈련을 참관하는 자리에서 무기체계 연구개발의 중요성을 강조하면서 차세대 전략무기의 개발 필요성을 역설했다. 러시

---

[441] 1단계는 2006~2007년, 2단계는 2008~2010년, 3단계는 2011~2015년으로 구분하고 단계별 실행전략을 수립하였다.

아 경제는 지난 5년간 연속적으로 상승세를 기록했으며, 국방예산은 점진적으로 증가하고 있다. 그러한 경제적 여력을 바탕으로 신기술 연구개발과 차세대 전략무기 개발에 박차를 가하고 있으며, 특히 러시아 정부는 우수한 민수분야의 과학기술을 첨단 국방과학기술 개발로 연계하는 방안을 다각적으로 추진해나가고 있다.

또한 러시아는 첨단군사기술의 경쟁적 우위를 확보하기 위해 부분적으로 '원형 확보 전략'을 선택하고 있다. 즉, 재원의 한계를 극복하기 위해 전비태세의 개선을 위한 대량생산 및 구매를 지양하고, '원형(Prototype)'만 생산해 첨단기술 개발능력을 축적해나가는 전략을 추구하고 있다. 이는 서방의 '옵션 전략(Hovering)' 개념과 같은 것으로 한 세대를 도약할 수 있는 시스템의 기술만 개발한 후, 원형은 보유하지만 야전에 배치하기 위한 대량생산은 하지 않는 것이다. 그러나 필요시에는 즉각 양산할 수 있도록 한다는 전략이다. 1995년부터 국제 에어쇼에서 뛰어난 기동성을 보인 Su-35와 2000년 수호이사의 Su-37 'Berkut' 전방 후 퇴익 전투기가 그 대표적인 사례이다. 그러나 이들 5세대 항공기는 계열생산에 진입하지 못한 채 오직 차세대 기술을 위한 항공역학, 엔진과 조종 시스템을 개량하는 데 초점을 둔 원형기로 활용되고 있다. 이러한 방법은 필수적인 핵심기술을 시험하고 바로 다음 단계로 넘어가는 효율적이고 경제적인 기술전략인 것이다. 그 외에도 레이저 무기, 플라즈마 무기, '미니핵(Mini Nuke)'이라고 지칭되는 제3세대 핵무기,[442] 신종 무기들인 지향성 에너지 무기, 비살상 무기, 대전자전 무기, 비핵 전자기 펄스 발생장치[443] 등의 개발에서도 상당한 진척을 보이는 것으로 알려졌다.

푸틴은 외국의 침략과 도발억제, 외국의 내정간섭 차단을 위해서라도 강력한 군대

---

442 미니핵(mini nuke)이라고 지칭되는 핵무기는 극소형으로 성능은 기존의 것보다 2배지만 무게는 100분의 1에 불과한데, 3세대 핵무기는 우주에 기지를 두고 사용될 경우 지하에 위치한 적의 견고한 지상 표적들까지도 정확히 파괴시킬 수 있는 지향성 충격파를 발생시킨다.

443 러시아가 개발한 비핵 전자기 펄스 발생장치는 컴퓨터, 자동기계장치, 전자사격장치, 무선기술 및 전자장비 등의 기능을 무력화하고 각종 자료를 삭제해 지휘 통제 및 정보 기반을 일시에 마비시킬 수 있는 위력을 가지고 있다.

가 필요하다고 판단하고 군 현대화를 적극 추진하고 있으며 동맹국인 집단안보조약 기구(CSTO: Collective Security Treaty Organization) 가맹국들의 군사력을 증강시키기 위한 조치도 동시에 추진하고 있다. 또한 푸틴은 강한 러시아는 핵 억지력에서 비롯된다고 천명하면서 핵무장력 강화를 통한 군사강국의 건설을 적극 추진해오고 있다. 이에 따라 러시아는 소연방 붕괴 후 15년 만에 처음으로 유리 돌고루키와 알렉산드르 넵스키 전략핵잠수함(SSBN: Submarine Ballistic Nuclear)을 북해함대와 태평양함대에 각각 취역시켰다. 이 잠수함에는 미국의 MD(Missle Defense)체계를 무력화시킬 수있는 사정거리 8,000km가 넘는 다탄두미사일을 장착하였다. 이외에도 미국의 MD 체제 구축에 대응하여 TOPOL-M, RS-24 등 전략 핵미사일은 물론 INF(INF: Intermediate-range Nuclear Forces)조약에 위반되지 않는 500km 이하 단거리 미사일을 개발하여 실전 배치시키고 있다. 또한 러시아는 최근 냉전종식 후 처음으로 10여개가 넘는 미사일을 장착한 장거리 전략폭격기를 시험 비행시키면서 24시간 공중 경계태세에 돌입하였고, 미국의 F-22에 필적하는 5세대 전투기인 '수호이 T-50'을 제작, 2008년 말부터 실전 배치시켰다. 러시아는 2007년 12월, '시네바'에 이어 'RS-24'를 발사하는 등 잇따라 신형 장거리 탄도미사일을 시험 발사하였다.[444]

바. 이스라엘

이스라엘은 우리와 안보환경이 유사한 나라로 내선작전 개념으로 전쟁에 대비하고 있으며, 2007년 기준으로 국방비 대비 9%의 연구개발비를 투입하여 국방연구개발을 추진하고 있다.[445] 이스라엘은 연구개발을 중요시하여 전력증강 관련 조직 중 연구개발국장이 예산국장의 임무를 겸직하도록 하여 연구개발에 중점을 두도록 하고 있다. 그리하여 핵심 탑재장비는 개발하고 본체는 해외도입해 통합하는 획득정책을 시행해왔으며, 그 결과 정찰위성(Opeq), F-16-1 SUFA 전투기, Phalcon 조기경보

---

444 이홍섭, "주변 4강 군사전략 비교", 2008.10, pp.202-204.

445 국방기술품질원, 『각국의 국방획득정책 및 연구개발현황 조사연구』, 서울: 국방기술품질원, 2005, p.84.

기, 블랙스패로우 탄도미사일(1,500Km), 대탄도탄 레이더 공대공미사일(Arrow) 등을 개발하여 실전 배치하고 있다. 따라서 첨단·대형·고가 무기체계를 개발할 수 있는 능력을 보유하고 있다.

더욱이 국방부에 대외군사지원 및 수출국(SIBAT)을 두어 방산수출을 지원하도록 함으로써 미국에 부품을 수출하는 등 연간 20~30억 달러의 수출실적을 유지하고 있으며, 방산업체를 획득사업의 중심에 세워 경쟁적으로 기술개발과 수출을 주도하도록 유인하고 있다.

이스라엘은 국가연구개발 사업 시 자유경쟁원리를 도입하여 운영하고 있다. 우리나라의 국방과학연구소와 유사한 라파엘(Rafael)은 사업관리 기능을 수행하지 않고, 첨단무기체계의 핵심기술의 연구개발, 시험평가 및 생산 등을 수행하고 있으며, 제한된 연구개발 예산을 놓고 방산업체와 경쟁하고 있다. 그 이유는 이스라엘의 경우 방산업체가 국방연구개발에 주도적인 역할을 담당하고 있기 때문이다. 그리고 방산업체는 자유경쟁을 통해 연구개발을 추진하고, 국방연구개발 사업에 대한 참여와 탈퇴도 업체의 자유의사에 따라 이루어지고 있다.

이스라엘은 방위산업의 목표를 첨단무기체계 개발능력의 확보에 두고 있으며, 생존전략의 요체는 세계 최고의 첨단무기를 개발하는 것이라는 신념 하에 장기적으로 연속적인 방산기술개발정책을 추진하고 있다. 방산기술정책 입안을 방위전략과 전술에 합치되도록 장기적이며 일관되게 수립해왔다. 이스라엘은 연구개발정책 결정 시에 국내 요구뿐만 아니라 해외시장 여건에도 적합하도록 전략과 전술에 입각한 연구개발정책을 입안하고, 연구개발에 우선순위를 두고 핵심기술과 무기를 집중개발하고 있다. 뿐만 아니라 연구개발 전문가, 즉 전력증강 인력을 집중양성하고 연구개발 의사결정단계를 간단명료하게 운영하고 있으며 연구개발, 생산, 국내수요, 해외수출의 효과적 연계가 가능하도록 정부조직에 대한 구조조정을 하여 운영하고 있다.[446]

---

[446] 국방과학연구소, "이스라엘 방위산업 동향분석", 「국방과 기술」 제294호(2003), p.55.

이스라엘의 국방연구개발정책은 이스라엘의 방위군(IDF)에서 요구하는 무기체계를 우선 개발하고 있다. 국내개발 시 국내시장의 협소함을 고려하여 해외수출을 고려하여 개발하고 있으며, 현재 이스라엘의 방산제품 생산량의 60% 정도가 해외에 판매되고 있다(특히 IAI는 76.5% 정도가 해외판매 물량임). 연구개발정책의 우선순위는 무기체계 운용의 독자성을 확보한다는 차원에서 연구개발을 최우선으로 하고, 기존 무기의 성능개량, 국내생산, 해외구매의 순서로 검토가 필요하며, 장/차관 및 모든 국 수준에서 경제보좌관 제도를 운영하여 사전에 경제성을 심도 있게 검토하고 있다. 현재 경제보좌관은 국방부 내에 12명 정도인 것으로 알려져 있으며, 매주 정기회의 및 자문을 통하여 국방부 내 주요 사업의 의사결정에서 경제성을 고려한 의사결정이 되도록 지원하고 있다.

국방연구개발 과제의 실패를 인정하는 분위기를 중요시한다. 현재까지 진행해온 과제의 40% 정도가 성공하고 60%는 실패하는 상태라고 한다. 연구개발에서 선택과 집중의 전략을 구사하는데 이는 경쟁력이 없는 분야로 판단되면 과감하게 포기하는 전략을 통하여 경쟁력을 보유한 분야에 집중한다는 것이다(예: 차량은 선진국의 진입장벽이 높고 국내 생산시설 정도로는 경쟁력이 없다고 판단하여 수입하고 있음). 국가기관이라도 조직의 생존과 경쟁력에 도움이 된다면 민수 제품을 개발하여 생산 및 판매하는 것도 허용한다. 이것은 이스라엘이 과거 많은 경험을 통하여 생존하는 방법은 경쟁력에서 온다는 것을 깊이 인식한 결과이다.

이스라엘의 무기체계 개발정책과 고려사항을 보면 이스라엘 방위군(IDF)이 요구하는 무기체계 중에서 시급한 것부터 우선적으로 개발하여 공급하는 것이다. 그러나 공격적인 무기체계보다는 이스라엘 영토를 완벽하게 방어하는 데 필요한 무기체계를 개발한다는 정책이며, 해외구매보다는 작전의 독립성을 유지하기 위해 국내에서 개발하는 방법을 택하고 있다. 이스라엘은 냉전시대에 전투기 구매에서 매우 어려움을 당한 경험이 있다. 미국과 구소련, 프랑스 등이 전투기 판매를 거부하여 체코에서 전투기를 구매했으나, 1년 후 부품 판매 금지조치로 군수지원이 안 되어 전투에서 한 번도 사용하지 못한 뼈아픈 경험을 갖고 있다.

또한, 이스라엘은 미국과 경쟁을 하는 제품의 개발을 자제한다. 과거 LAVI 전투기를 개발하였다가 중단한 경험이 그 대표적인 사례이다. 이스라엘은 미국으로부터 매년 약 16억 달러 정도의 국방예산을 보조받고 있는데 LAVI 전투기가 미국의 F−16전투기와 유사하여 미국의 보조금으로 미국과 경쟁이 되는 무기를 개발한다는 것이 정치적으로 문제가 되어 미국에서 지원 받는 16억 달러의 방위비 삭감이 예상되자 수많은 논란 끝에 LAVI의 시제기 2대만 개발하는 선에서 개발을 중단했으며 이러한 결정에서 경제보좌관들의 역할이 컸다. 이스라엘의 국방연구개발정책은 미국과 경쟁이 되는 무기체계 개발은 지양하고 미국과 경쟁이 되지 않는 무기체계의 개발을 통하여 세계 방산시장의 틈새시장을 개척한다는 전략이다. 이러한 틈새시장의 개척을 위해 개발한 제품 중의 하나가 바로 무인항공기이다. 미국과 경쟁이 되지 않는 무기체계의 개발을 통하여 미국 방산기업과의 협력이 용이하게 이루어지고 있다(예: 이스라엘 무인항공기 Pioncer의 공동 성능 향상 개발 후 미 해군 사용).

이스라엘 국방연구개발은 거의 모든 사업들이 방위산업체에서 담당하고 있고, 핵심 방산업체들의 대부분은 정부가 출자한 공기업들이기 때문에 국방연구개발정책이 바로 방위산업정책이라고 볼 수 있다. 이스라엘은 첨단군사기술의 개발과 유지를 국가안보력의 가장 중요한 요소로 판단하고, 국가안보 차원에서 군사기술의 첨단화에 집중적인 투자와 노력을 하고 있다. 이러한 군사기술 및 새로운 무기체계 소요는 IDF가 직접 수행했던 과거의 전투경험을 토대로 하여 제기된다.

이스라엘의 국방연구개발 특징은 다음과 같다.[447]

첫째, 연구 및 기술 중심의 연구개발사업 추진이다. 대부분의 무기개발 및 군사기술 선진국들의 방위산업이 기술중심의 방위산업 경영을 하고 있는 것과 마찬가지로 이스라엘 방위산업들은 매우 높은 기술개발능력을 가지고 있다. 연구개발 및 체계개발을 방산업체가 직접 담당하기 때문에 기술개발능력 없이는 경쟁력에서 이길 수 없다는 판단 하에 방산업체들은 연구개발에 상당한 투자를 하고 있다. 예를 들어 이스

---

[447] 황동준, 전게서, pp.76−82.

라엘 최대 전자분야 방위산업체인 타디란(Tadiran)은 매출액의 7% 이상을 자체 연구개발에 투자하고 있고, 엘리트(Ellit)나 TAAS 등 다른 방산업체들도 5% 이상을 투자하는 등 자발적이고 능동적으로 자체 기술개발에 전력을 경주하고 있다.

둘째, 국내수요보다 국제 무기수출에 중점을 둔 연구개발의 추진이다.

이스라엘 방위군의 극히 제한된 수요를 고려할 때, 이스라엘 방산업체들이 무기수출을 위하여 적극적으로 수출활동을 해야 하는 것은 당연한 결과이지만, 실제적으로 이스라엘은 총 방위산업 생산량의 70% 이상을 수출하고 있다. 특히 이들 수출생산량의 60% 이상을 미국에 수출함으로써 경쟁력을 높이기 위하여 첨단무기체계 개발과 성능개량사업을 추진하고 있다.

셋째, 주문(Tailor-made) 생산을 고려한 연구개발 체계의 구축이다.

이스라엘 방산업체들은 대량생산을 위한 체계보다는 구매 국가들의 다양한 기술변화를 적극 수용할 수 있고, 수요변동에 능동적으로 대처할 수 있도록 수요자 중심의 연구개발 및 생산체제를 유지하고 있다.

넷째, 이스라엘 방위군과 방산업체 간의 밀접한 업무 협조체계이다. 이스라엘 방위군과 방산업체들은 무기체계의 모든 획득과정에서 밀접한 업무 협조체계를 유지하고 있다. 이렇게 이스라엘 방위군과 방산업체 간 업무체계가 활발하게 이루어질 수 있는 것은 방산업체가 무기개발 소요제기 및 개념단계에서부터 참여할 수 있을 뿐만 아니라, 이스라엘 방위군 전역장교들이 방산업체의 핵심기술 및 관리 인력으로 활동하기 때문이다.

사. 주요 선진국 국방연구개발정책의 시사점

선진국은 국방과학기술력과 정보력의 우위를 확보하기 위해 핵심전력을 확보하고 미래전장 환경을 고려한 첨단 핵심기술 연구개발에 많은 국방비를 집중 투자하고 있다. 그러나 그간의 우리나라 국방획득 과정을 보면 상당 부분 국내 연구개발보다는 외국의 무기체계를 도입하여 단기간에 전력을 증강하는 방식으로 이루어져 국내기술개발에 대한 투자가 미흡하였고 선진국의 기술이전 회피 등으로 선진국과의 기술

격차가 심화되는 악순환이 반복되고 있다.[448]

이명박 정부에서는 방위산업이 국가경제 성장의 새로운 견인차 역할을 할 수 있도록 하기 위해 '방위산업의 신경제성장 동력화'를 국정과제로 선정했다. 이에 따라 최근 방위산업이 우리 경제·산업에 미치는 긍정적인 영향력과 가치가 재조명되고 있으며, 평균 2억 달러대였던 방산수출이 지난 2010년 약 12억 달러로 크게 신장되는 가시적인 성과를 이루었다.

세계 최강의 전차 흑표(K2), 세계 최초로 개발에 성공한 차기복합형 소총, 최고 속도 마하 1.5의 초음속 고등훈련기 T-50 등 우리의 첨단무기체계가 세계 방산시장에서 그 우수성을 인정받으면서 방산수출 활성화와 그에 따른 신규 일자리 창출효과에 대한 기대감은 더욱 높아지고 있다. 방위사업청은 2012년에는 30억 달러의 방위산업 수출을 목표로 하고 있어 방위산업체의 경쟁력이 강화될 것으로 예상되고 방위산업이 더욱 활기를 띠게 될 전망이다.

하지만 국방연구개발 역량 강화를 바탕으로 한 방위산업의 글로벌 경쟁력 확보와 방산수출 선진국 진입을 위해서는 정부 차원의 보다 적극적인 국방비 대비 연구개발비의 비율의 증대 및 국방과학연구소 및 관련 연구기관의 기술수준의 향상 등이 요구되는 상황이다. 또한 경쟁력 강화를 위한 개방형 국방연구개발의 추진[449]도 함께 요구된다고 할 수 있다.

우리 방위산업이 직면한 최우선의 문제는 국내 무기체계 수요는 질적으로 변화하고 있는 데 반해 국방과학기술 수준은 낮은 수준에 머물고 있다는 점이다. 군의 기본 무기체계 수요가 상당 부분 충족된 1990년대 이후 국내수요의 부족으로 만성적 가동률 저하 현상을 보여왔으며, 이에 더하여 늘어나는 군의 첨단무기체계 수요에 비하여 국내 방산기술 수준이 미흡한 상태에서 고성능 전투기, 최신예 구축함, 공대공 미사일 및 첨단 정보전력 등 고부가가치 및 최첨단 무기체계의 상당 부분은 해외에서

---

448 국방부, 『국방백서』, 2006.12, pp.80-81.

449 방위사업청, 『'09년 성과관리 및 시행계획』, 2008, p.91.

486

구매할 수밖에 없어 우리 방산업체의 경영성과는 더욱 부진한 실정이다.

그러다가 최근 우리나라의 국방연구개발비 규모가 지속적으로 확대되어 국방비 대비 2008년 5.4%에서 2009년 5.6% 수준에 도달하였고[450] '선 기술개발 후 체계개발' 원칙에 의거 연구개발비에서 핵심기술개발비 비중을 2008년 9.0%에서 2009년 10.0% 수준으로 확대된 것은 청신호라 할 수 있다.

앞에서 미국, 영국, 프랑스, 일본, 러시아, 이스라엘 등 기술 선진국들의 연구개발과 관련된 내용을 자세히 살펴보았다.

주요 선진국들의 국방연구개발정책은 전반적으로 각국의 군사적 우위와 방위산업의 경쟁력 확보를 위한 첨단무기체계의 개발에 국가적 역량을 집중하고 있으며, 이를 위해서 장기적이고 일관성 있는 국방연구개발정책을 수립하고, 강력한 추진력을 바탕으로 효율적으로 추진할 수 있도록 제도적 장치를 구비하고 있음을 알 수 있다.

이들 주요 선진국들의 국방연구개발 체제에 대한 사례에서 우리에게 시사하는 점은 다음과 같다.[451]

첫째, 첨단무기체계 개발과 국방과학기술 발전에 대한 정부의 강력한 육성 의지와 지도력이다. 급격히 변화되고 있는 국방과학기술 발달에 대한 대처수단으로서, 첨단 산업발전의 수단으로서, 그리고 무기체계 유지비용 절감 및 해외무기 구매협상 시 유리한 위치확보와 수출을 통한 경제적 효과 등을 달성하기 위하여 정부주도 하에 장기적인 국방연구개발 목표를 수립하여 일관적이고 지속적으로 추진하고 있다. 프랑스의 경우 강력한 국방연구개발 의지를 통하여 첨단무기체계의 기술자립을 이룩하였으며, 이제는 미국과 러시아를 제외하고는 가장 강력한 군사력과 국방과학기술을 보유한 국가로 부상되었다. 또한 국내 수요의 한계를 극복하기 위하여 우수한 기술 경쟁력을 확보하여 수출촉진정책을 추진함으로써 프랑스 방위산업이 성공할 수 있

---

[450] 2009년 국방비 28조 5,326억 원 중 연구개발비는 1조 6,090억 원으로 국방비의 5.6%이다. 방위사업청, 『2009년도 주요업무 추진계획』, 2008, p.222. 참조.

[451] 최성규, "미래 안보환경에 부합된 국방연구개발 발전방안", 국방대학교, 2007, p.21

는 기반을 조성하였다.

영국의 경우 국가연구소와 방산업체 간의 역할 분담이 정부정책에 의해 자연스럽게 이루어지고 있으며 특히 연구개발사업에 국가연구소와 방산업체가 수평적인 협력관계를 맺으면서 함께 공동으로 연구하면서도, 때로는 제한된 연구개발 예산을 차지하기 위해 경쟁을 하는 등 이러한 관계정립을 통해 국방연구개발능력과 경쟁력 향상을 동시에 체계적으로 발전시키고 있는 것이다.

둘째, 민군겸용기술 개발의 중요성을 인식하고 민수분야와 호완성을 가진 첨단 군사무기체계 개발에 중점을 두고 있다는 것이다. 민수부문과 방산부문 간의 공조체제를 구축, 공동개발 및 상호이전·교류를 통한 수출시장 개척과 국제협력을 강화하고 있다.

셋째, 미래전에 대비한 기술집약적 정보화군으로 전환하는 데 필요한 첨단무기체계 개발을 위한 제도적 뒷받침이다. 첨단 핵심기술 중 개발의 위험성이 큰 기술들을 집단적으로 묶어서 개발 및 성공 여부를 평가하고 성공확인 시 즉시 새로운 무기체계개발에 활용하고 있다.

넷째, 방산업체의 자체 연구개발 활동에 대한 정부의 적극 지원과 복수 업체에 의한 경쟁원리의 도입이다. 기술개발의 촉진과 국가경쟁력 확보, 비용절감과 단일 생산업체에 대한 의존도 감소를 통해 궁극적으로 방위산업 전체의 기술기반을 한층 내실 있게 구축하고 있다.[452]

3. 우리나라 국방연구개발정책

가. 연구개발의 정의 및 연구개발사업 추진 시 고려사항

(1) 연구개발의 정의

케네디(Kennedy)와 트리월(Thirlwall)은 연구개발에 대해 연구(research)는 새로운 지

---

452 박태정, "국방연구개발 활성화 방안에 관한 연구", 국방대학교 석사학위논문, 2002, p.30-31.

<table>
<tr><td colspan="2" align="center">〈표 10-7〉 연구개발 분류</td></tr>
<tr><td align="center">구분</td><td align="center">분류</td></tr>
<tr><td align="center">투자형태</td><td>국내 연구개발, 국제공동 연구개발</td></tr>
<tr><td align="center">개발비
부담주체</td><td>정부투자, 공동투자, 업체투자 연구개발</td></tr>
<tr><td align="center">연구개발
주관기관</td><td>국과연 주관 연구개발, 업체 주관 연구개발</td></tr>
<tr><td align="center">개발대상</td><td>무기체계 연구개발, 핵심기술 연구개발, 기술협력생산</td></tr>
</table>

식에 대한 탐색으로, 개발(Development)은 연구결과나 과학적 지식을 새로운 제품이나 공정으로 전환시키려는 기술 활동(technological activities)으로 정의하고 있다.[453]

'방위사업관리규정'에서는 "연구개발(R&D: Research & Development)은 무기체계 획득방법 중 하나로서 우리가 보유하지 못한 기술을 국내 단독, 또는 외국과 협력하여 공동으로 연구하고, 연구된 기술을 실용화하여 필요한 무기체계를 생산·획득하는 방법을 말한다"라고 용어의 정의에 명시하고 있다.[454]

(2) 연구개발의 분류

연구개발은 형태에 따라 〈표 10-7〉과 같이 구분하며, 연구개발 추진 시 국내 연구개발뿐만 아니라 국제기술협력을 포함하여 추진할 수 있다.

국내 연구개발과 국제공동 연구개발은 투자형태에 의한 분류방법으로 국내 연구개발은 국내 자본과 국내 기관에 의해 수행하는 연구개발의 형태를 말하며, 국제공동 연구개발은 외국 자본(외국 정부 및 외국 업체 자본 포함)과의 공동투자로 추진하는 연구개발의 형태를 말한다. 이는 국내 연구개발 주체가 외국 연구개발 주체와 공동의

---

453 C. Kennedy and A. P. Thirwall, "Surveys in Applied Economics: Technical Progress", *Economic Journal*, Vol.82 (March 1972), p.44.

454 방위사업청, 방위사업관리규정(방위사업청 훈령 제65호, 2007), p.326.

연구개발 목표를 위하여 연구개발 자원을 공동으로 부담하여 연구를 수행한다.

개발비 부담주체에 의한 분류방법으로 정부투자 연구개발과 공동투자 연구개발, 그리고 업체투자 연구개발이 있다. 정부투자 연구개발은 정부가 연구개발비 전액을 투자하여 추진하는 연구개발의 형태를 말한다. 공동투자 연구개발은 정부와 업체(국내외 업체 또는 외국 정부를 포함한다)가 연구개발비를 공동으로 투자하여 추진하는 연구개발의 형태를 말하며, 업체투자 연구개발은 업체 자체 시설과 기술능력으로 군수품을 개발하는 것으로 개발업체가 개발에 관련된 모든 비용을 부담하며, 정부는 개발실패에 따른 개발비용 보상과 개발완료 후 구매 여부에 책임을 지지 않는 연구개발 형태를 말한다. 따라서 업체를 공모하여 주관기관을 선정하고, 업체가 연구개발비를 투자하여 연구개발을 추진하게 된다. 소요와 무관하게 업체의 개발의사에 따라 향후 군의 소요가 있을 때 경쟁에 의한 구매를 전제로 업체에서 투자하여 개발하는 업체 자체 연구개발과는 구분된다.

연구개발 주관기관을 대상으로 연구개발을 분류하면 국과연 주관 연구개발과 업체 주관 연구개발로 구분할 수 있다. 국과연 주관 연구개발은 국과연이 연구개발 주관기관으로 지정되어 추진하는 국내 연구개발의 형태로 정부가 개발비를 부담하고 통합사업 관리를 총괄하며, 연구개발 주관기관에 따라 국과연이 정부를 대행하여 연구개발 주관을 위탁수행하는 것이다. 따라서 국과연이 체계설계를 수행하며, 구성품 수준 이하의 품목은 시제 업체 및 시제 협력업체를 기본설계부터 참여시킬 수가 있다.

〈그림 10-2〉는 이를 그림으로 표시한 것이다.

업체 주관 연구개발은 기업체(산업체·학계·연구기관을 포함)가 주계약자로서 정부와 계약을 통해 연구개발을 주관하여 수행하는 연구개발 형태를 말한다. 따라서 국방부·각 군·방위사업청의 조정·통제 하에 업체에서 개발계획 수립·설계·시제품 제작·종합군수지원요소 개발·규격 작성 등 기본업무를 주관하여 수행한다. 그리하여 소요군 및 국과연의 주관으로 주계약업체가 체계설계를 수행하며, 구성품 수준 이하의 품목은 협력업체를 기본설계부터 참여시켜 연구개발을 수행할 수가 있다.

개발대상에 의한 분류방법으로는 무기체계 연구개발과 핵심 연구개발, 그리고 기

490

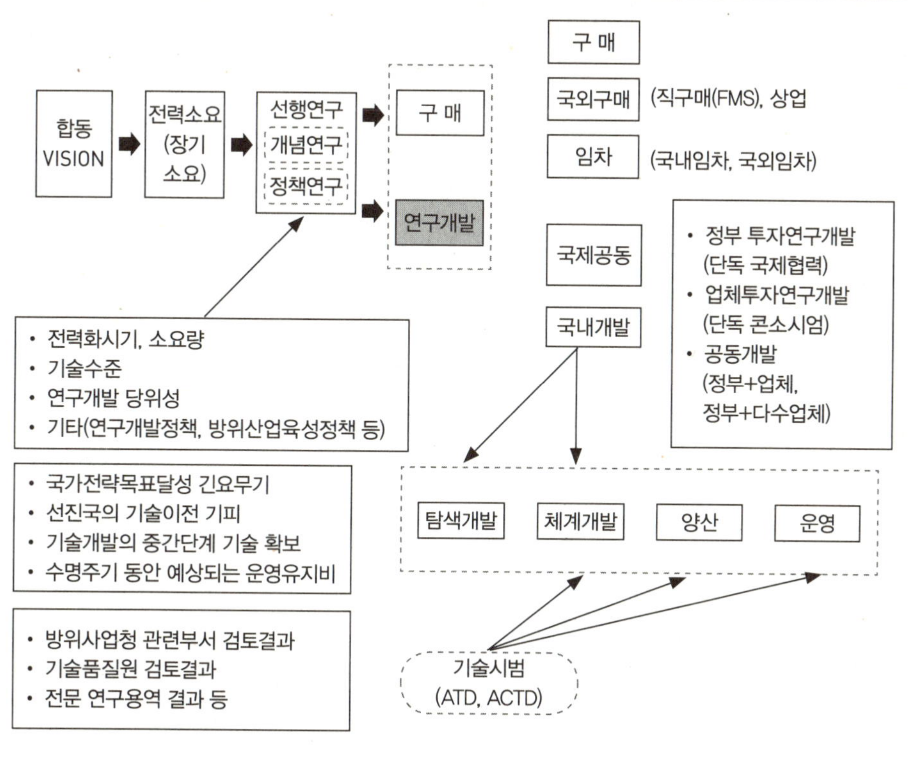

* ATD : Advanced Technology Demonstration(신기술시범)
* ACTD: Advanced Concept Technology Demonstration(신개념기술시범)

출처: 방위사업청, 전게서, p164.

술협력 생산으로 구분할 수 있다. 먼저 무기체계 연구개발에 있어서 무기체계라 함은 유도무기·항공기·함정 등 전장에서 전투력을 발휘하기 위한 무기와 이를 운영하는 데 필요한 인원·시설·소프트웨어, 종합군수지원요소, 전략, 전술 및 훈련 등으로 성립된 전체 체계를 말한다.[455] 무기체계 연구개발은 탐색개발단계, 체계개발단계, 양산단계로 구분하여 수행된다. 탐색개발단계는 연구개발 대상 무기체계에 대한 구체화된 체계개발계획의 수립과 소요핵심기술 획득계획에 따라 기술개발 업무를 수행하

---

455 국방부, 국방전력발전업무규정 【별표 1】 용어의 정의(국방부 훈령 제1306호, 2011), p.8.

고 시뮬레이션 또는 모형 제작 및 시험 등을 통해 개발된 기술입증단계이다. 체계개 발단계는 소요결정 절차에 의거하여 중기소요로 결정된 무기체계의 작전운용성능을 만족하는 무기체계를 설계·시제품 제작·시험평가를 통해 양산할 수 있는 무기체계 를 개발하는 단계를 말한다. 체계개발은 탐색개발 완료 후에 소요군의 작전요구성능 및 전력화지원요소, 신뢰성(RAM) 및 시험평가, 목표비용 등을 포함하는 체계개발 동 의서를 작성하여 소요군과의 합의 후에 공동서명하고 체계개발을 수행한다. 체계개 발의 종료는 국방규격화가 완료되는 시점이다. 이후 양산단계는 무기체계가 야전에 서 운용될 수 있도록 생산, 배치, 인도하는 전력화 절차를 수행하는 것으로 양산은 초도양산과 후속양산으로 구분하여 수행이 가능하다.

핵심기술 연구개발은 무기체계 또는 비무기체계의 국내 개발 또는 생산에 필요한 고 도·첨단 기술을 연구 및 개발하는 활동으로 기초연구, 응용연구, 시험개발의 단계를 거 쳐 이루어진다. 기초연구는 핵심기술 연구개발을 위하여 필요한 가설, 이론 또는 현상 이나 관찰 가능한 사실에 관한 새로운 지식을 얻기 위하여 학계에서 수행하는 이론적 또는 실험적 연구 활동을 말한다. 응용연구는 기초연구 결과를 군사적 문제의 해결책 으로 전환하는 단계로서, 비운영적(실험실) 환경 하에서 기술의 타당성과 실용성을 입증 하는 단계이다. 이후 수행하는 시험개발은 핵심기술 개발의 최종단계로서 무기체계 또 는 비무기체계의 주요 기능을 담당하는 핵심기술을 제작하여 이를 기존 체계에 적용 가능성 및 미래 무기체계 또는 비무기체계에 응용가능성을 입증하는 단계를 말한다. 수행기관에 따라 국과연 주관 과제와 산학연 주관 과제로 구분되며, 핵심기술 연구개 발의 각 단계별 연구기관의 분류기준은 〈표 10-8〉과 같다.

기술협력생산은 외국에서 개발되어 실용화되었거나 실용화를 위하여 시험평가 결 과 전투용 적합으로 판단되어 생산 중인 무기체계를 외국의 원 제작업체와 기술협력 에 의하여 생산권한을 양도 및 대여 또는 지원 하에 국내에서 생산하는 것을 말한 다.[456] 이는 차기 무기체계 개발을 위한 기술을 축적하기 위함이다. 기술협력생산 절

---

456 전게서, p.190.

구분	분류기준
기초연구단계	학계연구소, 정부출연연구소
응용연구단계	국과연, 전문연구기관, 산업체 및 부속연구소, 정부출연연구소, 벤처기업 및 부속연구소, 학계연구소
시험개발단계	국과연, 산업체 및 부속연구소, 정부출연연구소, 벤처기업 및 부속연구소

출처: 방위사업청, 「방위사업관리규정」(방위사업청 훈령 제65호, 2007), p.80.

차는 무기체계 연구개발사업의 양산단계의 형상관리 절차를 준용하고, 대상장비 선정 및 기종결정은 국외 구매절차를 준용한다.

나. 연구개발의 특징 및 사업추진 방법 결정 시 고려사항

앞에서 자세히 살펴보았듯이 각종 형태의 연구개발사업은 곧바로 방위산업과 직결됨을 알 수 있다. 기술능력 없이는 방위산업의 발전은 한계가 있을 수밖에 없고, 독자적 연구개발이나 외국 업체와의 협력도 불가능하다. 방산업체가 기술개발과 무기체계 연구개발사업에 주도적으로 적극 참여할 수 없는 체제 하에서의 방위산업 발전은 한계가 있을 수밖에 없다.

(1) 연구개발의 특징

연구개발은 그것이 상업용 연구개발이든, 국방연구개발이든 모든 연구개발은 네 가지 독특한 특징을 가지고 있는데, 김정홍 박사는 이 네 가지 요소를 다음과 같이 자세히 설명하고 있다.[457]

첫째, 비특유성을 들 수 있다. 비특유성은 R&D 투자의 성과가 특정 상품이나 R&D 수행기업에만 국한되지 않는다는 것으로, 연구주체가 연구성과를 향유할 수

---

457 김정홍, 「기술혁신의 경제학」, 서울: 시스마프레스, 2003, pp.9-10.

있는 전유성(專有性, appropriability)[458]이 높다는 것을 의미한다. 대부분의 R&D 투자는 연구성과의 특정 부분이 최종재에 다양하게 들어가 기술공학적 상승작용 혹은 범위의 경제를 가져오므로, 그 성과가 R&D 수행기업이 만든 신제품에만 체화되는 것은 아니다. 또한 대부분의 R&D 투자는 외부성(externality)이 나타나므로, 그 성과가 R&D 수행기업만이 전유하는 것은 아니다. 이러한 전유성 문제는 연구단계에 따라 차이가 있는데, 기초연구에서 개발연구로 향할수록 전유성은 증가한다.

둘째, 시차와 지연을 들수 있다. 시차 및 지연은 R&D 투자가 상업적 연구성과로 체화되는 데 많은 시간이 소요된다는 것이다. 어떤 연구산업이 기초연구, 응용연구, 개발, 기술혁신과 같은 여러 단계를 거친다고 할 때, 시차가 이 각각의 단계를 거쳐 누적될 것이며, 개발단계를 향할수록 R&D 투자에서 성과획득까지의 시차는 줄어들게 된다.

셋째, 불확실성으로 불확실성은 예측/측정 가능한 위험(risk)과는 대조적으로 측정 불가능한 것이다. R&D 수행 시 수반되는 불확실성은 목적한 결과가 전혀 안 나오거나, 상품 가치가 없는 경우, 혹은 성과를 얻더라도 특허 경쟁자에게 경쟁에서 뒤져 특허를 획득할 수 없는 경우가 발생한다. 그 외에도 기술개발 성공 후 모방자에 의해 즉시 모방되는 경우, 잠재적 전입자의 새로운 기술혁신이 이루어진 경우 R&D에 의한 충분한 보상을 획득하지 못할지도 모른다는 불확실성이 야기된다.

넷째, 연구개발은 고비용이 발생한다. 고비용 문제는 R&D 비용이 그 기업의 내부 자금동원능력을 초과하고, 외부 자본시장으로부터의 자금동원에 제약이 있는 경우 더욱 중요해진다. R&D 비용은 사업이 초기단계에서 개발단계로, 실험실 연구에서 시제품 생산으로 움직임에 따라 증가하는 경향이 있다.

이처럼 연구개발에 대한 투자는 비특유성(non-specificities), 시차(time lags), 불확실

---

458 전유성은 기술혁신으로부터의 성과나 이윤을 기술혁신가가 다른 모방자나 경쟁자에게 유출시키지 않고 얼마나 자신의 것으로 만들 수 있는가 하는 능력을 의미한다.

494

성(uncertainty), 고비용(costliness) 등 네 가지 특성을 가지고 있다. 이 네 가지의 상대적 중요성은 R&D 투자에 내재된 공통적인 특성이라 할 수 있다.

(2) 연구개발 사업추진 방법 결정 시 고려사항[459]

현재 우리나라는 무기체계에 대한 국방과학기술의 전략적 중요성을 인식하여 적극적으로 무기체계 연구개발사업에 많은 투자를 하고 있다. 그러나 선진국에 비해 무기체계 연구개발에 대한 수요는 많고, 야전에 배치할 물량이 적기 때문에 전략적인 목표 달성을 위한 효율적인 자원배분이 필요하며, 연구개발 우선순위, 연구개발 가능성, 개발에 소요되는 비용, 경제적인 파급효과, 효율적인 군수지원요소 등을 고려하여 결정하여야 한다.

① 연구개발 우선순위

미래전의 양상은 지상, 해상 및 공중의 3차원 양상에서 벗어나 사이버 공간을 포함한 5차원 공간의 동시 전장화가 예상된다. 즉 정보, 지식, 기술 중심의 미래전 양상에 따라 국방과학기술을 추구해야 한다. 이러한 양상에 맞추어 지휘통제, 감시정찰과 정밀타격, 기반 무기체계의 무인화·지능화 등의 우선순위를 고려해야 한다. 우선순위를 판단할 때 합참의 무기체계 획득 우선순위 그리고 국방부의 재원배분 방향 등을 고려하면 많은 도움이 된다.

② 연구개발 가능성

연구개발 가능성은 기술경쟁력 제고, 핵심기술의 해외 의존도 축소, 기술 취약성의 극복, 독자적인 연구개발능력, 비교우위의 핵심역량 제고 등을 통해 기술자립 확충에 미치는 영향을 분석하여 판단해야 한다.

---

459 방위사업청, 전게서, p.165

③ 경제적인 파급효과

연구개발로 산출된 기술이 적용 또는 활용되는 무기체계가 국방 분야 및 사회, 민간 부분에 어떠한 영향을 미치는가를 분석해 평가해야 한다.

다. 국방과학기술 비전과 정책목표[460]

방위사업법에 국방부는 5년마다 국방과학기술진흥정책을 수립하고, 방위사업청은 이에 관한 실행계획을 수립하도록 규정하고 있다. 이에 따라 국가안보전략지침, 국가과학기술 정책방향, 국방기본정책 및 합참 기획문서에 기초를 두고 안보상황과 과학기술 발전추세 및 미래전쟁 양상 등을 고려하여 국방과학기술진흥정책 목표 및 방향을 제시하는 '2010~2024 국방과학기술진흥정책서(안)'가 2007년 8월 27일 국가과학기술위원회에서 심의(수정본, 2009.12)되었고, 2011년 9월 6일 국회 국가과학기술위원회 운영위원회에서는 '2013~2027 국방과학기술진흥 실행계획(안)'을 심의하였다.

'2010~2024 국방과학기술진흥정책서(안)'와 '2012~2027 국방과학기술진흥실행계획(안)'에 의하면 방위사업청은 국방과학기술 발전을 위한 비전을 '세계 수준의 국방과학기술 역량 확보'에 두고 있다.

이를 위해 군사전략 구현을 위한 첨단 핵심무기체계를 우리의 기술력으로 개발하기 위한 국방과학기술을 확보하고 국가과학기술 수준에 맞게 국방과학기술 8대 강국으로 진입하며, 국제경쟁력이 있는 첨단무기체계를 개발하고 수출국가로 진입하기 위한 정책을 추진할 예정이다.

이와 같은 비전 달성을 위한 국방과학기술정책 중장기 목표에 대해 중기(2010~2014년)적으로는 첨단무기체계 개발을 위한 기술 수준이 선진국 수준에 도달하도록 연구개발비를 지속 투자하고 관련 노력의 통합과 효율적인 정책을 추진하며, 분야별 중점개발 핵심기술을 식별하여 집중 투자할 예정이다. 특히 현재 선진국 대비 40% 수준인 감시정찰, 신특수전력 분야 등 취약 분야를 중기 말까지 70% 수준으로 향상시킬 수 있도록 국방과학

---

460 김장수, 전게서, pp.17-30.

기술진흥정책 실행계획 세부 로드맵에 반영하였다.[461]

장기(2015~2024년)적으로는 중점추진 핵심무기체계를 독자적으로 개발할 수 있는 능력을 확보하여 국방과학기술 및 첨단무기 개발의 자주성을 확보하는 한편 현재 (2004~2008년 누계 기준) 세계 18위권인 무기수출국에서 수출 10위권 수준의 기술력과 국제경쟁력을 확보하도록 한다.

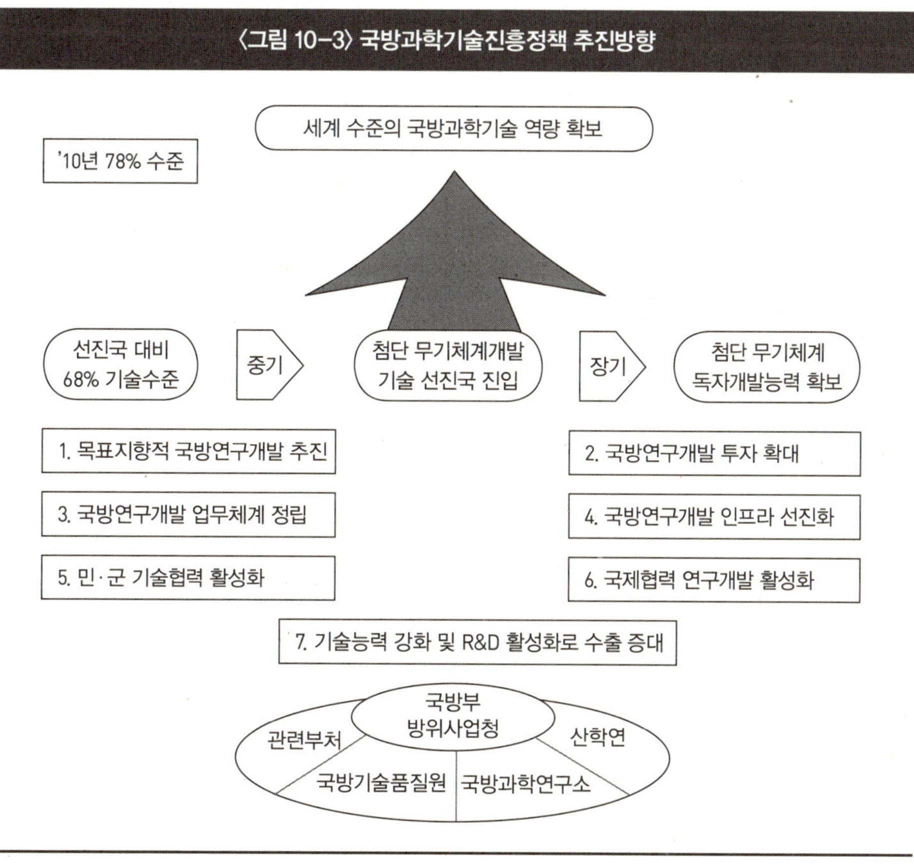

출처: 노대래, 전게서, p32-14.

---

461 노대래, '13-'27 국가과학기술진흥 실행계획(안)(국가기술위원회 운영위원회 의안번호 제1호, 2011.9.6), pp.32-32.

라. 국방과학기술진흥정책 추진방향[462]

방위사업청은 국방과학기술진흥정책 추진방향에 대해 〈그림 10-3〉과 같이 비전과 정책목표, 기본방향과 추진분야를 제시하였다.

〈표 10-9〉는 국방과학기술진흥정책 추진방향에 대한 추진분야와 세부 추진내용을 표로 나타낸 것이다.

〈표 10-9〉 국방과학기술진흥정책 세부 추진분야	
추진분야	세부 추진내용(21)
① 목표지향적 국방연구개발 추진	① 선택과 집중을 통한 국방연구개발 추진 ② 국방녹색기술 개발 확대 ③ 무기체계 S/W 획득역량 강화 ④ 체계간 상호운용성 확보 ⑤ 절충교역 활성화를 통한 핵심기술 확보
② 국방연구개발 투자 확대	① 국방연구개발 투자 확대
③ 국방연구개발 업무체계 정립	① 국방 R&D 추진체계 선진화 ② 국방연구개발사업 평가 내실화 ③ 과학적 사업관리기법 적용 확대 ④ M&S 기반 획득관리(SBA) 강화 ⑤ 획득단계 분석평가 역량 강화
④ 국방연구개발 인프라 선진화	① 국방과학기술 인력확보 및 양성 ② 국방과학기술 개발을 위한 시험평가 기반 확충 ③ 국방과학기술 정보관리
⑤ 민군 기술협력 활성화	① 국방 R&D 수행기관 확대 및 민군공동연구 활성화 ② 특화연구센터 운영 ③ 신개념기술시범(ACTD) 사업 추진
⑥ 국제기술협력 활성화	① 국제기술협력 기본계획/지침서 작성 ② 정부차원의 국제 기술협력 기반 조성
⑦ 기술능력 강화 및 R&D 활성화로 수출증대	① 방위산업 기술능력 강화 ② R&D 활성화를 통한 방산수출 증대

출처: 노대래, 전게서, p32-14.

---

462 노대래, 전게서, pp.32-14~32-32.

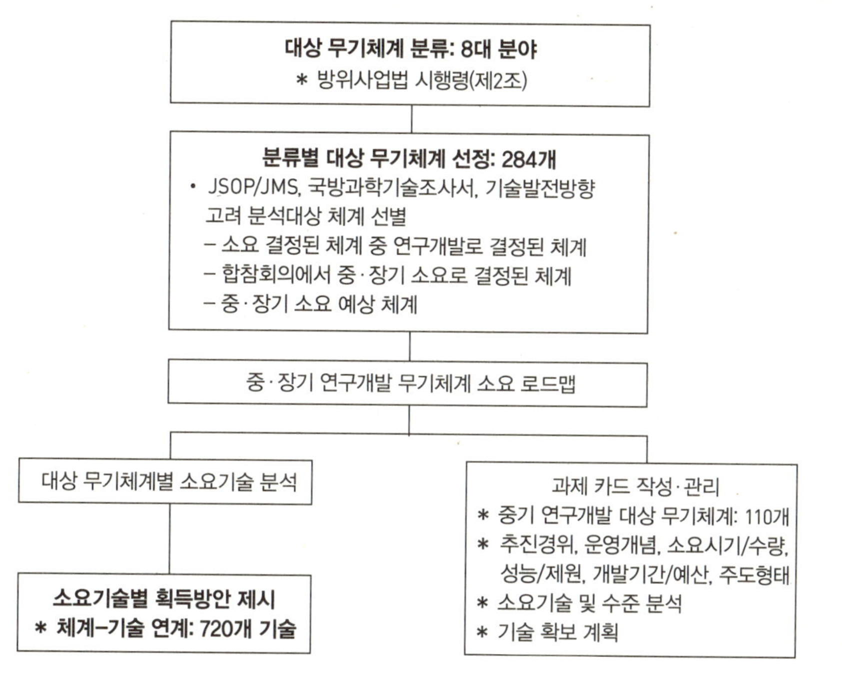

(1) 목표지향적 국방연구개발 추진

첫째, 선택과 집중을 통한 국방연구개발을 추진한다.

이를 위해 연구개발 대상 무기체계 선정을 통해 지휘통제, 감시정찰, 기동, 함정, 항공, 화력, 방호 등 8대 분야별 기술획득의 구체적 목표 수준과 확보전략, 중·장기 핵심기술 확보대상을 제시하고, 이를 위해 국방부의 국방과학기술진흥정책을 구체화하며 JMS/JSOP 등에 수록된 무기체계 연구개발 방향과 목표를 제시하는 '국방과학기술진흥실행계획서'를 매년 작성(F+3~F+17)한다. 특히 핵심기술 개발에 관해서는 부록으로 '핵심기술 기획서'를 별도로 작성한다. 8대 무기체계 분야별 284개 체계를 대상으로 소요시기, 성능, 기술수준, 발전추세 등을 고려하여 목표지향적인 연구개발이 가능하도록 연구개발 방향 및 중·장기 로드맵을 수립한다. 또한, 분석대상 체계별 연구개발 시 필요 핵심기술을 식별하고, 핵심기술별로 국과연 개발, 산·연 개발, 민·군 겸용 등 획득방안을 제시하였다. 이를 그림으로 나타내면 〈그림 10-4〉와 같다.

그리고 미래 핵심전력체계 개발 및 효과중심의 네트워크 중심작전 구현을 위해 요구되는 핵심기술을 선정하여 중점 개발한다.

2013~2027 핵심기술 확보계획은 〈표 10-10〉과 같다.

주요 선진 방위산업국가와 같이 '선 기술개발 후 체계개발' 원칙 하에 기술적 중요성, 수출 및 산업기여도 등을 고려하여 우선순위에 따라 연구개발을 추진하며, 핵심기술 우선순위 확보계획은 〈표 10-11〉과 같다.

신성장동력화 및 방산 녹색시장 선점 추진을 위해 국방녹색기술과제 발굴 및 개발을 추진한다. 국방녹색기술 2010~2024 계획에는 없었으나 2013~2027 국방과학기

〈표 10-10〉 2013~2027 핵심기술 확보계획									
구분	센서	정보통신	제어/전자	탄약/에너지	추진	화생방	소재	플랫폼/구조	계
기초	36	50	33	35	24	13	23	51	265
응용/시험	140	155	67	117	57	36	44	93	709
특화센터	4	5	2	3	0	1	2	5	22
특화연구실	2	1	1	2	2	0	0	0	8
민군겸용	6	0	0	2	5	1	2	2	18
계	188	211	103	159	88	51	71	151	1,022

〈표 10-11〉 핵심기술 우선순위(등급별) 확보계획		
구분	내용	과제수
A 등급	• 선진국의 기술통제로 기술도입이 불가능한 기술 • 독창적인 기능 구현을 위한 고난이도 기술	269
B 등급	• 선진국으로부터 기술도입이 가능하나, 도입에 애로 예상 기술 • 장기 전기 전력화 대상체계 소요기술로 중요도가 높은 기술	335
C 등급	• 기술 성숙도가 높은 기술로 기술도입이 용이한 기술 • 지능화/무인화/정밀화 기술 중 국내 기술기반이 구축된 기술	105

<table>
<tr><th colspan="3">〈표 10-12〉 국방녹색기술과제 세부 목록</th></tr>
<tr><th>구분</th><th>녹색분야</th><th>과제명</th></tr>
<tr><td>1</td><td rowspan="17">친환경
녹색
에너지</td><td>석유대체자원을 이용한 Bio-jet fuel 제조연구</td></tr>
<tr><td>2</td><td>암모니움 퍼클로레이트 처리기술 연구(산)</td></tr>
<tr><td>4</td><td>지휘소용 1KW급 연료전지 시스템 기술</td></tr>
<tr><td>3</td><td>소형 금속연료전지 기술</td></tr>
<tr><td>9</td><td>화약물질 미세탐지기술 연구</td></tr>
<tr><td>5</td><td>MEMS기반 유연성-융합성 에너지 하베스팅 소자제조기술 연구</td></tr>
<tr><td>6</td><td>신개념 Skutterudite계 열전 에너지 변환재료 개발</td></tr>
<tr><td>7</td><td>베타선원을 이용한 방사선 전지 개발</td></tr>
<tr><td>8</td><td>탄약 비군사화 회수 탄약 재활용 기술</td></tr>
<tr><td>10</td><td>질소클러스터 화합물 연구</td></tr>
<tr><td>11</td><td>화생방 통합모델 및 모의실험 시스템</td></tr>
<tr><td>12</td><td>저독성 고에너지밀도 액체추력기 설계 기술</td></tr>
<tr><td>13</td><td>화포용 발포 추진제 설계 기술</td></tr>
<tr><td>14</td><td>함정추진용 고체산화물형 연료전지 시스템 개발</td></tr>
<tr><td>15</td><td>잠수함 연료전지용 메탄올 재질기술</td></tr>
<tr><td>16</td><td>고에너지 이온성액체 제조 및 평가 연구</td></tr>
<tr><td>17</td><td>전투차량용 고기동 연료전지 추진시스템 개발</td></tr>
<tr><td>18</td><td rowspan="4">M&S
군사운용
및 양병</td><td>항공무기체계 통합성능분석 기술 개발</td></tr>
<tr><td>19</td><td>미래 전장 NCW 효과도 분석을 위한 통합 모의실험 및 훈련 시스템 개발</td></tr>
<tr><td>20</td><td>시간성 표적타격 포병화력 실시간 시뮬레이션 기술</td></tr>
<tr><td>21</td><td>SBA 합성 환경 생성 및 활용 기술</td></tr>
<tr><td>22</td><td rowspan="12">저탄소
미래에너지
기반 추진</td><td>개방형 SIL 기반 하이브리드 전기추진 제어 기술</td></tr>
<tr><td>25</td><td>저탄소 고에너지물질 합성기술 연구</td></tr>
<tr><td>23</td><td>대체에너지를 이용한 장기체공 무인비행체 설계RLTNF</td></tr>
<tr><td>24</td><td>군용 폐열발전 기술 개발</td></tr>
<tr><td>26</td><td>군 기동장비 배출 이산화탄소 저감화기술 개발</td></tr>
<tr><td>27</td><td>Bio-jet fuel 터빈엔진 적용특성 연구</td></tr>
<tr><td>28</td><td>하이브리드 전투차량용 고밀도 엔진 기술개발</td></tr>
<tr><td>29</td><td>보로하이드 라이드 화합물을 사용하는 서브-킬로그램 초경량 전원 기술</td></tr>
<tr><td>30</td><td>병사용 에너지 하베스팅 발전시스템 연구</td></tr>
<tr><td>31</td><td>특수임무 차량을 위한 연료전지 BOP 기술개발</td></tr>
<tr><td>32</td><td>전기식 동력장치 개발 설계/제작 기술</td></tr>
<tr><td>33</td><td>건전한 티타늄 합금 대형빌렛 제조기술 개발</td></tr>
</table>

술진흥계획(안)에 포함되었다.

국방녹색기술과제는 〈표 10-12〉와 같다.

둘째, 운용효율성 제고에 필요한 기술을 개발한다.

무기체계 SW 획득역량을 강화한다. 최근 IT기술의 발달로 최신 무기체계의 SW 비중이 날로 증가되는 추세에 있다. 예를 들면 감시정찰, 지휘통제 및 정밀타격체계가 통합된 SW 중심의 대규모 복합체계로 발전하고 있으며, 무기체계에서 SW를 이용한 기능구현 비중이 증가하면서 SW가 체계성능을 좌우하는 핵심요소로 대두되고 있다.

그리고 무기체계 SW 획득역량 강화로 방위산업 경쟁력을 제고시킨다. 무기체계 SW 기능 식별·분류·목록화, SW 기술자료 및 소스코드 재사용 확대, SW 개발 및 운영비용 산정체계 정립, SW 표준 플랫폼 개발 등을 추진하는 등 무기체계 SW 중요성 증가에 따른 발전방안을 수립하고 기존 지침인 '소프트웨어 개발 프로세스('06)' 및 '무기체계 내장형 소프트웨어 획득 및 관리지침('09)'을 '무기체계 소프트웨어 개발 및 관리지침'으로 통합하여 국제표준 최신화 내용을 반영하여 개정 중에 있다. 또한 연구개발 무기체계에 적용하고 있는 외산 SW를 가능한 국산 SW로 대체하기 위해 우수한 국산 SW 소개회를 추진하며, 무기체계 내장형 SW의 국산화 과제를 발굴하고 관리조직을 강화한다.

셋째, 무기체계 간 상호운용성을 확보한다.

전장환경이 플랫폼 중심에서 네트워크 중심으로 변화됨에 따라 고속 대용량 정보처리에 의한 데이터 관리의 중요성이 증대되고 있으며, 실시간 전투력 통합 운용을 위한 지휘통제·감시/정찰 및 타격체계와의 연동능력에 대한 보장 필요성이 증대되고 있다. 따라서 무기체계 간 상호운용성 확보 추진으로 네트워크 중심의 정보 공유환경을 보장하고 데이터 표준화 및 공유체계를 구축한다.

넷째, 절충교역 활성화를 통해 핵심기술을 확보한다. 그동안 절충교역을 통해 획득한 기술 및 수출실적을 살펴보면 〈표 10-13〉에서 보는 바와 같이 절충교역으로 합의한 총 146.7억 달러의 가치 중 기술획득이 48%로 가장 높은 비중을 차지하고 있다.

따라서 절충교역 활성화로 중·장기 연구개발 로드맵과 연계한 목표지향적 기술 확

〈표 10-13〉 절충교역 활성화(단위: 백만 달러)			
구분	기술획득	수출	장비획득 등
14,666	7,033(48.0%)	4,731(32.2%)	2,902(19.8%)

* 핵심기술 확보를 최우선으로 추진하고 있으나, 상대국 정부의 핵심기술 이전 통제 강화 등 절충교역을 통한 기술 확보가 점차 어려워지고 있다.

보가 긴요하다. 이를 위해 핵심기술 확보를 위한 절충교역의 중장기 목표를 설정하여 추진하고 연구개발 무기체계 소요기술 식별을 통해 제안요청서에 반영하며, 우선 협상방안에 대한 적극적 협상을 통한 목표기술을 확보한다. 소요기술 식별 → 절충교역을 통한 기술 확보 → 확보기술의 체계적 관리 → 확보기술 공유 및 효과 확산을 통해 절충교역 확보기술 활용의 선순환 구조를 정립시킨다.

(2) 국방연구개발 투자 확대

국방연구개발투자비 현황을 살펴보면 미래전쟁에 효과적으로 대응할 수 있는 과학기술군으로의 발전을 위해서는 독자적인 첨단무기체계 연구개발능력이 필요하다.

우리나라의 국방연구개발비 투자현황을 보면 〈표 10-14〉에서 보는 바와 같이 우리의 '국방비 대비 국방연구개발비' 비중은 미국·프랑스 등 주요 선진국과 비교하면 매우 낮은 수준이며, 증가율 또한 저조한 실정이다.

〈표 10-14〉 주요국의 국방비 대비 연구개발비 비율 현황(2007년 기준)				
구분	한국	프랑스	영국	미국
국방비	24.5조(원)	443억(유로)	503억(유로)	4,540억(유로)
국방연구개발비	1.26조(원)	32억(유로)	40억(유로)	565억(유로)
국방비 중 연구개발비(%)	5.1	7.2	7.9	12.4
국방연구개발비 규모	1	3.3배	4.1배	58.2배

출처: 국방부, 국방예산각목명세서 2007(한국); EDA, European-US Defense Expenditure in 2007(주요국)

이는 과거 조기전력화 위주의 획득사업 추진으로 주요 무기체계를 해외도입에 의존함으로써 연구개발비를 증액시키는 데 제한이 있었으나, 독자적인 첨단국방기술 획득을 위해서는 체계개발사업에서 벗어난 장기 전략적 관점의 기술개발 투자가 필요하다.

2011년 국방연구개발 투자현황을 보면 국방비 대비 6.4%인 2조 164억 원으로 주요 선진국 대비 여전히 낮은 수준이며, 국방연구개발비 중 기초·핵심기술(기초연구, 응용연구, 시험개발, 민군겸용기술, ACTD)에 투자되는 예산은 3,157억 원으로 15.6% 수준(2001년 대비 22% 증액)에 불과한 실정이다. 따라서 국방연구개발 투자를 확대하여야 한다. 중·장기 국방연구개발비 투자목표는 연구개발비의 경우 국방비 대비 2016년까지 8% 이상에서 2020년 10% 수준까지 확보하며 핵심기술개발비도 연구개발비 대비 2016년까지 17% 수준에서 2020년 20% 수준으로 제고시킨다.

아울러 국방연구개발 투자목표 달성을 위해 국내 연구개발 우선정책을 지속적으로 추진한다. 현행 방위사업법 제11조(방위력개선사업 수행의 기본원칙) 중 제1항인 국방 과학기술 발전을 통한 자주국방의 달성을 위한 무기체계의 연구개발 및 국산화 추진을 위해 국방비 중 연구개발비에 우선 배분한 후 기타 전력에 대한 재원을 배분하는 전략을 채택할 필요가 있다. 또한, 첨단기술/핵심기술을 독자개발할 수 있는 능력 확보를 위해 선진국 수준으로 연구개발 투자를 확대한다.

(3) 국방연구개발 업무체계 정립

국방 R&D 추진체계의 선진화를 위해 국과연 주관 일반무기 연구개발사업의 민간 이관을 추진하고, 이를 위해 국과연 주관 사업 중 신형 화생방정찰차, 차기 소부대 무전기, 신경작용제 예방패취 등 일반무기체계 개발 및 성능개량 사업 11개는 민간 분야로 이관하였다. 2012년 이후 착수사업은 원칙적으로 업체 주도 하에 실시하여 현재 약 60% 수준의 업체 주도비율을 선진국 수준인 약 70% 이상으로 증대할 예정이다. 또한, 국과연의 전략·비닉무기 및 원천 핵심기술 개발 집중을 위해 기능·인력을 재편하고 국내 연구개발사업 투자방식 결정 시 업체의 투자비 회수 용이성, 국내

기술수준, 사업의 기술적 난이도 등을 고려하여 공동투자 연구개발을 활성화하며, 현재 과제검토 및 단계평가 시 15% 수준인 민간전문가 참여비율을 2012년부터 30% 수준, 2015년 이후 50% 수준으로 확대 추진하고 민간전문가는 NTIS에 등재된 전문가그룹 및 특화연구센터 운영학계, 지식경제부 추천 등을 통해 선정함으로써 기술기획 전 단계에 민간전문가의 참여를 확대할 예정이다. 국방 핵심기술 소요결정 절차도 연 1회 소요결정에서 수시 소요결정으로 보완하여 관련 기관 참여 및 심도 깊은 검토 여건을 보장하고 있다. 국방연구개발에 대한 평가 내실화를 위해 자체평가 및 전문성을 강화하고 있으며 성실실패제도 도입으로 핵심기술 평가방법 재정립을 통한 도전적 과제수행을 보장하고 있다. 이를 위해 핵심기술 기획단계에서 성실실패제도 적용 과제를 선별하고 성실실패 판정을 위한 평가방법을 마련하는 등 성실실패 시 제재 감면조치 및 불성실 실패 시 제재조치를 마련하고 있다. 국방연구개발사업의 성공적 수행을 위한 제도개선, 인식공유를 통해 SE(체계공학), EVMS(사업성과관리), CAIV(목표비용관리) 등 과학적 사업관리기법을 적용할 수 있도록 방위사업법 관리규정에 명시하였으며, 2010년 이후 33개 연구개발사업에 적용 중에 있으나 앞으로도 과학적 사업관리기법 적용대상을 지속적으로 확대할 예정이다.

M&S 기반 획득관리(SBA: Simulation Based Acquisition)를 강화할 수 있도록 SBA 추진 기본계획 수립('06), 출연기관 M&S 조직/기능 강화('06~'07), 무기체계 획득단계별 M&S 적용지침 제정 및 실무지침서 발간('08), 방위사업관리규정 제도화 반영('09), SBA 기본계획을 보완('10)하는 등 M&S 기반의 획득관리능력을 구비할 수 있도록 추진해왔으며, SBA 통합정보체계를 2012년까지 개발하여 SBA 기반환경 조성 및 SBA 수행역량 강화로 경제적·효율적 획득관리체계를 구현할 예정이다. 획득단계 분석평가에 있어서도 합동전력 차원의 종합적 분석평가를 실시하여 분석평가에 대한 역할을 강화할 예정이다. 2011년에는 방공유도무기 전력, 영상정보수집자산, 레이더 전력 종합분석 등 분석평가를 실시하였다. 또한, 분석결과를 소요검증, 사업추진전략, 중기계획 수립 시 활용할 수 있도록 사전분석·선행연구 통합 수행을 확대하며 전문연구기관 참여 및 한국형 비용분석 모델 개발로 전문성·객관성을 강화할 예정이다.

(4) 연구개발 인프라 선진화

선진화된 연구개발 인프라 구축을 위해서는 우수 연구인력 확보 및 양성을 위해 타 정부출연연구소 대비 저조한 국과연 및 기품원 평균급여를 타 출연연구기관과 동일한 수준으로 현실화하고 맞춤형 복지자금 지급, 연구활동진흥비 지급 등 연구인력 근무여건을 개선하고 첨단기술 분야 전공자 우선 채용 및 기존 '장학생제도', '이공계 박사장교 제도' 등 개선을 통해 우수 연구인력의 발굴을 확대하며 국방과학기술 전문인력 양성 및 재교육체계를 활성화할 예정이다.

군, 업체, 정부기관 간 분산된 시험평가능력 및 한정된 시험평가 인프라를 효율적으로 통합하여 일정, 비용, 성능, 기술 등 전 분야에 걸친 통합시험평가 적용을 활성화하고 국가공인 시험시설 활용 및 표준화된 시험방법/절차 마련으로 시험평가 검증/인증이 가능토록 하여 국제적 수준의 시험평가능력을 확보함으로써 국제협력 또는 국제인증이 가능한 시험평가 업무를 수행하도록 국방기술개발을 위한 시험평가 기반을 확충할 예정이다. 아울러 첨단무기체계 환경에 대비한 복합 시험시설을 확충하고 기존 시험시설도 현대화·첨단화할 예정이다. 국방과학기술 정보관리 면에 있어서도 분산된 국방과학기술 정보를 통합 관리할 수 있도록 국방기술 정보 통합서비스

<표 10-15> DTiMS 자료의 NITS 연계현황

구분	정보 내용		정보 흐름	비고
정보연계	국방연구개발사업 및 과제 정보		DTiMS → NTIS	70항목
	국방연구개발 성과물 정보		DTiMS → NTIS	67항목
	인력 정보	평가위원	DTiMS ↔ NTIS	45항목 (평가위원 개인의 동의를 받은 경우)
	장비·기자재 정보	국방 연구개발 장비·기자재	DTiMS → NTIS	42항목
		범부처 장비·기자재 국방망 활용	NTIS → DTiMS	6항목

(DTiMS) 체계를 구축하여 운영 중에 있으며, 자료관리 체계개선 및 콘텐츠 개발을 통해 DTiMS 서비스 고도화를 2013년까지 실현할 예정이며, DTiMS와 NTIS 연계체계 구축을 통해 민·군 간 중복투자 방지 및 공동 활용을 증진할 예정이다.

DTiMS와 NTIS 연계현황은 〈표 10-15〉와 같다.

(5) 민군 기술협력 활성화

민군 기술협력 활성화를 위해서는 먼저 국방 R&D 수행기관을 확대하여야 하고 민군겸용기술 개발사업 추진을 위한 투자도 확대되어야 하며, 민군 기술교류 및 이전을 촉진하고 특화연구센터 확대를 통한 기초연구 개발 활성화 신개념기술시범(ACTD) 사업을 추진한다.

첫째, 국방 R&D 수행기관의 확대를 위해 국방기술기획 시 소요중심의 하향식(Top-Down) 방식과 기술중심의 상향식(Bottom-up) 방식을 병행하여 핵심기술개발에 대한 산학연 주관 개발비율을 2012년까지 50% 수준으로 확대하고 대학 등에 국방 특화센터 신설을 통해 민간분야의 창의적 역량이 국방부문에 투입되도록 한다.

둘째, 방위사업청, 지식경제부 등 관련 부처 간 민군겸용기술 개발사업에 대한 투자 확대를 위해 〈표 10-16〉과 같이 2009년부터 2013년까지 총 2,405억 원을 투자하여 관련 기술의 획득뿐만 아니라 국민경제 활성화에 기여할 예정이다.

민군겸용기술 개발을 통해 민과 군이 개발된 기술을 함께 사용할 수 있도록 기술 기획단계부터 긴밀한 정보교환과 의견을 교환하여 기술개발과제에 반영하는 체계를 구축한다.

셋째, 국방 또는 민간 우위기술의 상호 활용을 활성화할 수 있도록 민군 기술교류 및 이전을 촉구하고, 국방과학기술진흥 실행계획의 일반 배포 및 군 보유 기술정보의 온라인 공개를 확대하는 등 민군 간 R&D 정보공유를 강화한다.

넷째, 학계의 연구능력을 핵심 연구개발에 연계하기 위하여 1994년부터 대학에 설치 운영 중인 특화연구센터에 도전적 연구분야에 대한 특화연구센터도 설치하여 운영하는 등 특화연구센터의 참여범위를 확대하고 성과를 기반으로 탄력적으로 운영한다.

<table>
<tr><th colspan="7">〈표 10-16〉 민군겸용기술 개발사업 투자현황(단위: 억 원, 정부출연금 기준)</th></tr>
<tr><th>구분</th><th>2009</th><th>2010</th><th>2011</th><th>2012</th><th>2013</th><th>계</th></tr>
<tr><td>방사청</td><td>242.7</td><td>284.0</td><td>334.5</td><td>390.0</td><td>442.5</td><td>1,693.7</td></tr>
<tr><td>지경부</td><td>111.3</td><td>120.0</td><td>140.0</td><td>160.0</td><td>180.0</td><td>711.3</td></tr>
<tr><td>총계</td><td>354.0</td><td>404.0</td><td>474.5</td><td>550.0</td><td>622.5</td><td>2,405.0</td></tr>
</table>

출처: 노대래, 전게서, p.32-30.

마지막으로 민간분야의 성숙된 첨단기술을 군에 적용하기 위해 2008년부터 운영 중인 신개념기술시범(ACTD: Advanced Concept Technology Demonstration)[463] 사업규모도 2014년까지 140억 원 이상으로 확대하여 활성화하는 한편 소요제안 절차, 제안업체 인센티브 보상, ACTD 개발품의 해외수출 등 관련 제도 및 절차를 지속적으로 보완할 예정이다.

(6) 국제협력 연구개발 활성화

방위사업청은 이러한 추세에 적극 부응하기 위해 국제협력 기술개발 비중을 확대해나가고 있다. 무기체계 첨단화 및 고비용화에 따라 개발위험 분산을 위한 국제협력의 필요성이 증대되고 있다. 핵심기술 국제협력 과제수를 기준으로 2011년 현재 3%(4개)에서 2016년까지 10% 수준으로 확대하고 국제협력 연구개발 성과를 고려하여 2020년까지 20% 수준으로 확대할 계획이다.

국제협력 연구개발 과제는 핵심기술 전체 과제를 대상으로 협력가능 과제를 우선적으로 발굴하고, 체계개발까지 연계될 수 있는 사업은 협력가능 과제로 분류하여 관리하며, 기술개발 국제협력 활성화 이후 검토대상을 체계개발 전 사업으로 확대할 예정이다.

---

463 신개념기술시범(ACTD: Advanced Concept Technology Demonstration)은 이미 민간분야에서 성숙된 기술을 활용하여 새로운 개념의 무기체계 또는 핵심 구성품을 군사적 실용성 평가를 통하여 단기간에 입증한 후 신속히 전력화하는 사업이다.

<table>
<tr><td colspan="2" align="center">〈표 10-17〉 국제협력 연구개발 분야</td></tr>
<tr><td align="center">분야</td><td align="center">전략적 목적</td></tr>
<tr><td>선진기술 확보</td><td>해외 우수 R&D 자원을 적극적으로 활용하여 국내 기술수준을 향상시킬 수 있는 분야</td></tr>
<tr><td>해외거점 확보</td><td>수출대상국의 요청이 있거나, 기술협력을 통해 방산수출 교두보를 확보할 수 있는 분야</td></tr>
<tr><td>수요기술 확보</td><td>협력을 통해 연구개발비가 대폭 감소하거나 기술파급효과가 큰 분야</td></tr>
</table>

출처: 노대래, 전게서, p.32-34.

위의 〈표 10-17〉은 국제협력 필요성이 큰 분야를 전략적으로 선택한 것이다.

또한, 국제기술협력 활성화를 위한 국제기술협력 업무지침서를 작성하여 업무 프로세스 및 MOU, PA 작성 지침 등 제시로 국제기술협력 업무처리 절차를 정립할 계획이다.

본격적인 국제협력 기술개발 추진을 위한 '국제기술협력 기본계획(중장기 마스터플랜)' 수립을 위해 협력 상대국에 대한 기술수준 조사 및 방산시장 분석을 통하여 국가별 특성을 고려한 G-to-G 중장기 협력의제를 제시하며, 기술개발 협력과제의 경우 핵심 기술기획서 작성 시 반영하고, 각 국가 간 기술협력회의 시 우리 측 협력 제안의제로 활용할 계획이다. 그리고 정부 차원의 국제기술협력 기반 조성을 위해 2009년 8개국에서 2010년 10개국과 기술협력 MOU를 체결하였으며, 중기적으로는 14개국, 장기적으로는 25개국까지 국제기술협력을 확대할 예정이다.

〈표 10-18〉은 국제기술협력 MOU 체결현황을 나타낸 것이다.

〈표 10-18〉 국제기술협력 MOU 체결현황에서 보는 바와 같이 미국, 프랑스, 영국 등 6개국은 '정부 대 정부' 간, 기타 러시아 등 4개국은 '정부 대 국과연' 간 기술협력 체계를 유지하고 있다. 국제기술협력 내용 내실화를 위해 정보교환, 상호방문 수준을 탈피하여 2007년 이후 공동연구를 직접 수행함으로써 실질적인 기술협력이 활성화되고 있다.

순번	기술협력 MOU		기술협력 회의		
	상대국	체결일자	명칭	상대국 주관	한국 주관
1	미국	'88. 6. 8.	미국기술협력소위원회(TCSC)	국방성	방위사업청
2	프랑스	'93. 5.17.	연구공동위원회(JRC)	병기본부	방위사업청
3	영국	'99. 2. 2.	기술협력 검토회의	국방성	방위사업청 ('10. 11. 4)
4	이스라엘	'00. 9. 4.	연구개발협력추진위원회 (RDOC)	국방부	방위사업청
5	러시아	'02. 7. 12.	군사기술 협력소위	국방부	국과연
6	터키	'03. 10. 17.	연구개발 운영위원회	국방부	국과연
7	노르웨이	'06. 7. 5.	추진위원회	FFI	국과연
8	스웨덴	'07. 4. 17.	추진위원회	FOI	국과연
9	인도	'10. 9. 3.	연구개발위원회(SC)	DRDO	방위사업청
10	콜롬비아	'10. 10. 4.	연구공동위원회(JRC)	국방부	방위사업청

출처: 노대래, 전게서, p.32-35.

(7) 기술능력 강화 및 R&D 활성화로 수출 증대

우수한 기술을 가진 중소기업을 발굴·육성함으로써 방산업체의 자발적인 기술개발과 경영혁신 노력을 유도하고 방위산업 기술능력 강화를 위해 기술력을 갖춘 우수한 방산분야 협력업체 선정 및 연구개발 제안서 평가 및 적격심사 가점 부여, 절충교역 참여기회 제공 등 각종 인센티브도 부여할 예정이다. 또한 핵심부품 국산화 지원 예산의 지속적 확대 및 핵심부품 개발에 따른 인센티브 제공을 확대하는 등 핵심부품 국산화 개발 활성화를 통해 업체 기술능력을 향상시킬 계획이다. 신규 핵심기술 및 무기체계 연구개발사업에 중소기업 우선선정 품목을 지정하여 중소기업의 직접참여 기회를 확대하고, 국과연 주관 무기체계 연구개발을 업체 주관으로 확대함으로써 국내 방위산업 활성화 및 민간의 우수한 기술력 활용을 높이는 한편 1물자-다(多)업체 지정

확대 및 품목 간 칸막이 입찰 제거로 방산물자의 경쟁조달을 유도할 수 있도록 방산물자·업체 지정제도를 개선하여 방산분야 신규 참여를 확대함으로써 국방 R&D 및 방산기반을 강화할 예정이다.

방산수출액은 범정부적 지원 및 기업의 노력에 힘입어 과거와 비교할 때 〈그림 10-5〉에서 보는 바와 같이 뚜렷한 성장세를 보이고 있다.

이를 자세히 살펴보면 수출액은 2000~2006년간 연평균 2.3억 달러에 불과했으나 2006년 이후 급격히 증가하고 있다. 수출대상국은 2005년 42개국에서 2010년 60개국으로, 수출기업은 2005년 44개에서 2010년 93개 업체로, 방산매출액에서 수출이 차지하는 비율도 2005년 5.5%에서 2009년 10.5%로 현저히 증가하였으며, 수출품목도 탄약, 소화기류에서 항공기, 전자/장갑차/자주포, 잠수함 정비 등으로 확대되었다.

앞으로 방산물자 수출증대를 위해서는 우수 중소·벤처기업 중심의 무기체계 SW, 핵심부품·기술 개발을 통해 수출품목을 다변화하고 정부 간의 협력 및 정치·외교적인

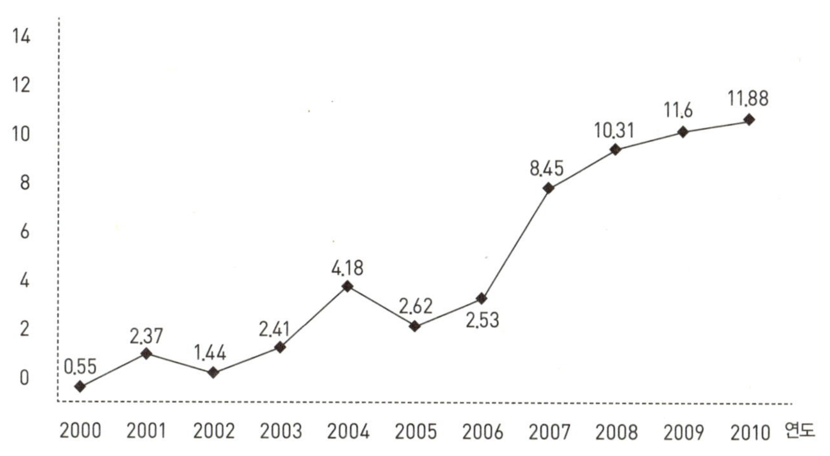

〈그림 10-5〉 연도별 방산물자 수출실적(단위: 억 달러)

출처: 방위사업청, 『방위사업청 통계연보』, 서울: 대한기획인쇄, 2011.5, p.105.

영향력이 지대한 방산수출 특성을 고려, R&D 협력 및 시장개척의 장(場)을 정부가 마련하여야 한다. 또한, 국가 총력전 양상의 시장상황 및 구매국의 니즈(Needs) 증대에 따라 민수분야와 연계 및 관계기관과의 유기적인 협조체계를 강화할 예정이다. 이를 위해 수출 관계부처 주요 직위 자(장·차관)가 참여하는 장관급 협의회인 '국방산업발전협의회'를 신설하고, 이를 통해 방산 육성 및 수출에 대한 지원을 강화할 예정이다.

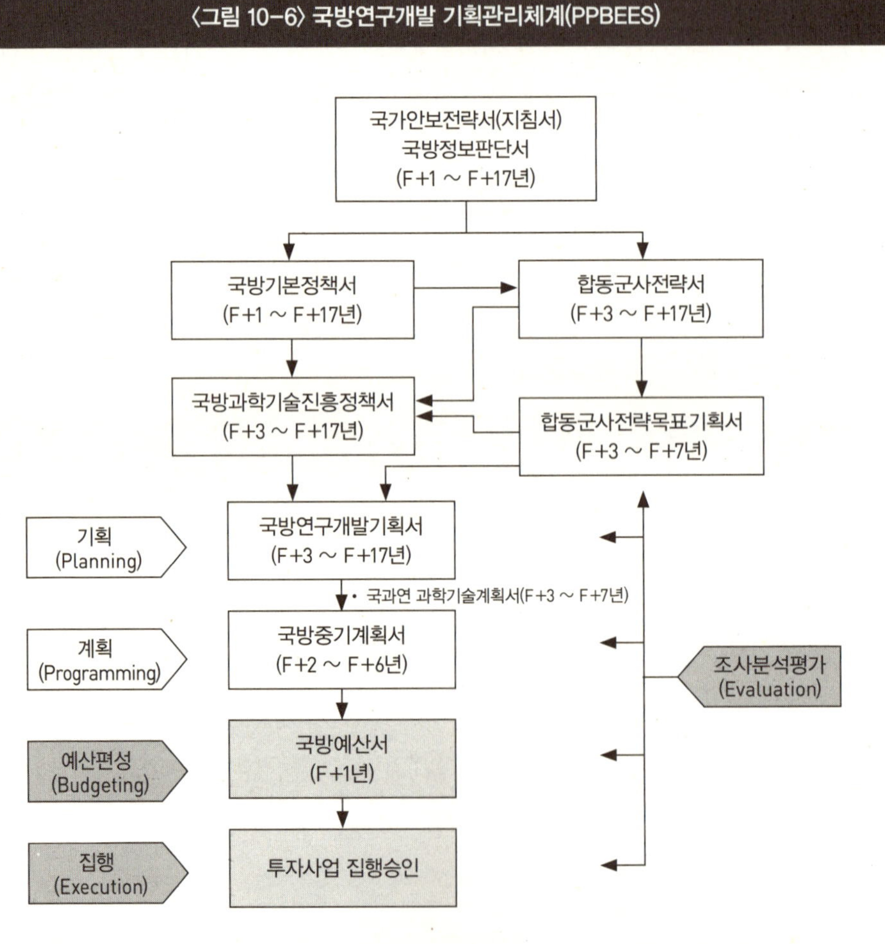

<그림 10-6> 국방연구개발 기획관리체계(PPBEES)

출처: 국방부, 국방기획관리업무규정(국방부훈령 제1054호), 2009.5.8.

4. 국방연구개발 기획관리체계 및 수행절차

가. 국방연구개발 기획관리체계

국방연구개발 기획관리체계는 〈그림 10-6〉과 같다. 이 중 국방과학기술진흥정책서(DSTPP: Defense Science & Technology Promotion Plan)는 국가안보전략지침서, 국가과학기술기본계획, 국방정보판단서, 국방기본정책서, 합동군사전략서, 합동군사전략목표기획서 등의 문서를 근거로 하여 국방부(전력정책관실)가 주관하여 작성한다.

국방과학기술진흥정책서는 자주적 선진 국방을 구현하기 위하여 국가과학기술정책과 연계된 국방과학기술진흥의 중·장기 발전목표 및 기본방향을 정하고, 군사혁신을 위한 분야별 국방과학기술발전 추진전략 및 중·장기 재원투자 방향 등을 제시

〈그림 10-7〉 국방연구개발 기획서 작성절차

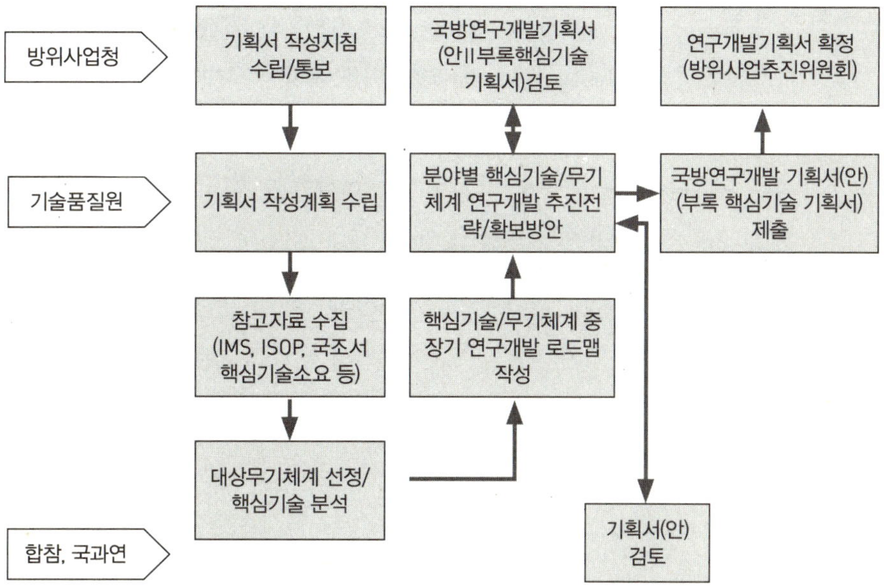

하여 국방중기계획서 작성에 필요한 근거 및 기초자료를 제공한다.[464]

또한 국방 R&D 확대를 위하여 방위사업청은 방위사업법 제30조에 따라 국방과학기술진흥에 관한 중·장기 정책을 근거로 국방연구개발기획서(부록 핵심기술기획서)를 국방기술품질원의 지원 하에 작성하여 발간한다.

국방연구개발기획서의 주요 내용은 국방과학기술의 확보계획 및 개발방안에 관한 사항, 군사력 혁신에 필요한 국방과학기술에 관한 정책의 추진계획, 국방과학기술의 선진화 및 국제화 추진계획에 관한 사항, 국가과학기술과 국방과학기술의 상호 유기적인 보완·발전 추진계획에 관한 사항, 국방과학기술진흥을 위한 연구개발투자에 관한 사항, 국방과학기술의 개발을 위한 시설 및 장비 등 국방과학기술 기반 확충에 관한 사항, 국방과학기술 인력의 양성 및 처우개선에 관한 사항 등을 포함하고 있다.

세부 작성절차는 〈그림 10-7〉과 같다.

나. 국방연구개발 수행절차

(1) 소요결정

국방기획관리체계 중 소요단계에서 언급한 바와 같이 우리 군의 소요기획 절차는 소요요청과 소요제기 및 소요결정으로 구분되어 있다. 소요요청은 각 군이 합참에 소요를 종합하여 요청하는 것이며, 소요제기는 합참에서 각 군의 소요를 종합하여 우선순위를 부여하고 소요량을 조정하는 것이다.

무기체계 소요결정은 〈그림 10-8〉과 같은 절차에 따라 추진되고 있다. ① 합참은 군사전략을 구현하기 위한 합동개념을 발전시키고, ② 소요군은 합동개념을 지원하기 위한 소요군 차원의 개념을 발전시키고 이를 근거로 소요를 창출하여 합참에 요구하고, ③ 합참은 소요군의 요구를 받아 군사전략과 합동개념에 입각하여 합동성,

---

464 국방부, 『국방기획관리 기본규정』(국방부 훈령 제830호, 2007), p.87.

514

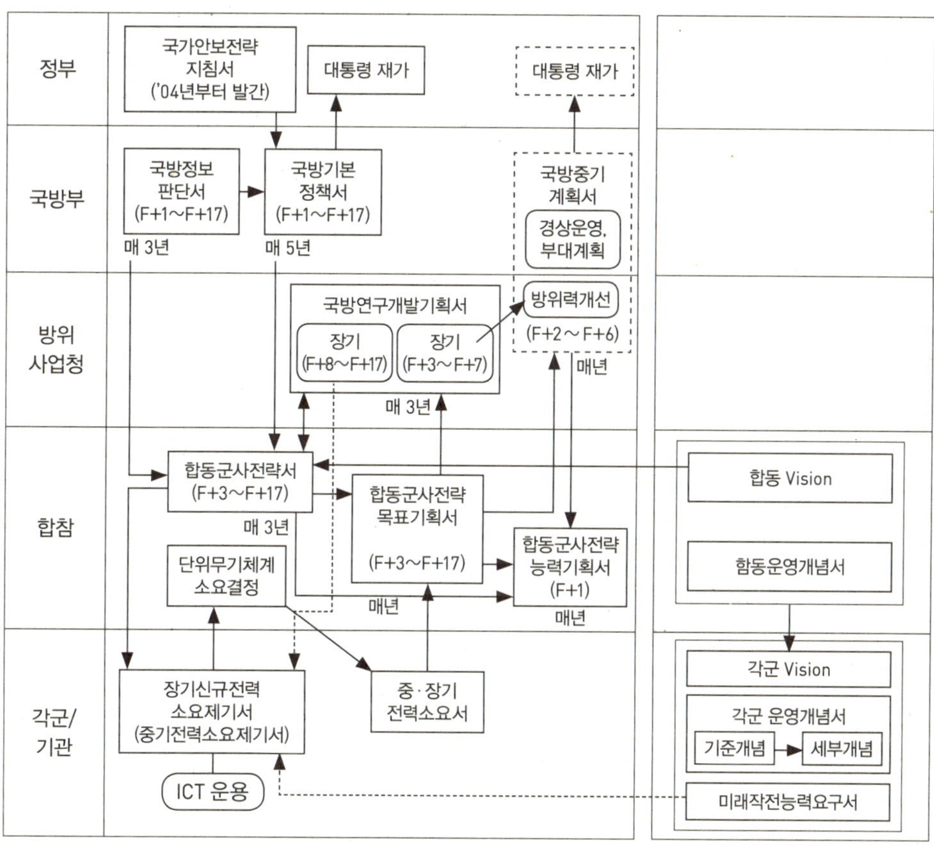

출처: 방위사업청, 『방위사업개론』, 방위사업청, 2008, p.161.

통합성 및 완전성이 보장된 소요를 선정한 후 소정의 심의절차[465]를 거쳐 국방부장관 결재로 결정된다. 이러한 개념발전은 미국과 유사한 하향식(Top-Down) 프로세스이나 소요결정 과정은 네트워크 중심전(NCW) 개념에서의 합동능력보다는 개별 무기체계 획득 관점에서 상향식(Bottom-up)으로 소요결정(소요요청→소요제기→소요결정)되는

---

[465] 국방부, 『국방기획관리 기본규정』(국방부 훈령 제830호, 2007), p.87.

구조를 지니고 있다.

소요결정 시 주된 고려사항은 합동개념에 따른 소요제기의 타당성, 전력화 시기 및 소요량의 적절성, 운영개념에 부합된 작전운용성능의 적합성, 인력운영의 가능성 및 대체 무기체계·조정계획, 과학적 분석평가 결과이다.

소요결정 절차를 거친 소요결정의 내용은 국방기획제도상의 기획문서에 수록되게 된다. 기획문서에 기록된 소요비용은 전력명 및 무기체계명, 필요성, 편성 및 운영개념, 전력화 시기 및 소요량, 작전운용능력 및 기술적·부수적 성능 등으로 구성된다.

이처럼 무기체계 개발을 위한 국방연구개발은 소요를 판단하고 결정하면서부터 시작된다. 따라서 소요결정은 무기체계 연구개발에 지대한 영향을 미치는 가장 중요한 시발점이다. 우리나라의 무기체계 소요결정체계는 〈그림 10-8〉과 같다.

(2) 무기체계 연구개발 전략

무기체계 연구개발 전략에는 일괄 개발전략, 집중적 개발전략, 진화적 개발전략이 있다.

일괄 개발(Single Step to Full Capability)은 체계개발 절차를 각각 한 번씩만 적용하여 체계를 완성하는 방식으로 기술 성숙도가 높은 무기체계에 적용되며, 소요제기 시 단일 ROC로 제기되어 추진된다. 일괄전략은 소요기간이 많이 걸리고, 많은 예산이 소요되며, 기술진부화가 우려된다는 지적이 많다.

점증적 개발(Incremental Development)은 체계의 요구사항을 초기에 확정하고, 부분적으로 일괄 개발전략을 적용하는 방식으로 가용자원이 제한되는 경우 또는 체계의 기능을 분할하여 우선순위에 따라 체계를 완성하는 방식으로 기술성숙도 예측이 가능한 경우에 적용하며, 소요제기 시 ROC를 전력화 시기별로 제기하여 추진한다.

진화적 개발(Spiral Development)은 체계의 대상범위와 요구사항이 확정되지 않은 상태에서 체계를 부분적으로 정의하고 반복적으로 일괄 개발전략을 사용하여 체계를 완성해가는 방식으로 요구사항 정의가 명확하지 않을 경우 적용하는 방식이다. 이 전략은 기술성숙도 예측이 곤란한 경우에 적용하며, 소요제기 시 최초 전력화 체

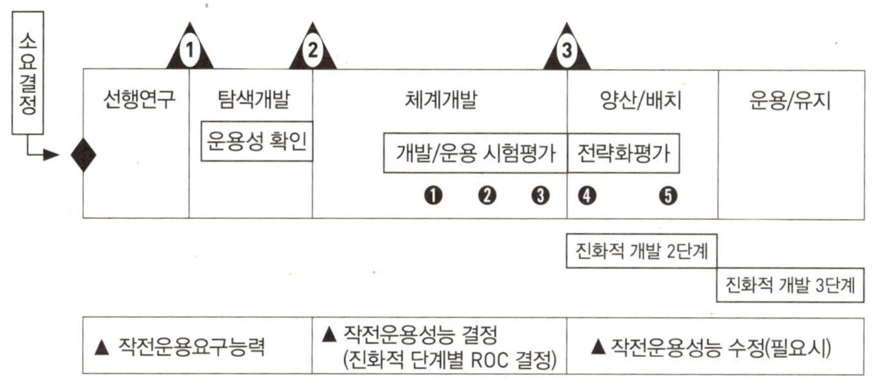

<그림 10-9> 무기체계 연구개발 기본체계도

출처: 방위사업관리규정【별표 II-2】호

계의 작전운용성능만을 제시하고 성능개량 무기체계의 작전운용성능은 단계별로 제시하여 추진된다. 이 전략은 나선형 개발이라고 부르기도 한다.

미국은 점진적 획득전략 및 진화적 개발(나선형 개발)을 통해 최단기간에 시스템을 개발하고자 하는 전략을 적용하고 있다. 이는 100%의 완전한 시스템의 확보를 위하여 수년을 기다리는 것보다는 현재 달성 가능한 60%의 시스템 확보가 보다 바람직하다는 개념에서 출발하고 있다.[466]

우리나라도 이러한 개념을 적용하여 진화적 개발전략을 도입하고 있으며, 우리가 적용하고 있는 무기체계 연구개발 획득절차는 <그림 10-9>와 같다.

<그림 10-9>를 보면, 연구개발 수행단계에 주요 의사결정 시점 및 주요 이벤트가 반영되어 있다. 이러한 통제점 및 사업진행 중 주요 이벤트는 바로 연구개발의 성공 여부와 직결되는 중요한 사안이다.

주요 의사결정 내용으로는 진화적 운영요구도의 결정과 사업진행 분석 및 평가 그

---

466 전게서, p.170.

리고 다음 단계 진행 여부의 결정 등이 있고, 의사결정 시점은 사업단계 진입 및 종료를 결정하는 시기이다.

주요 의사결정 시점은 사업단계 진입 및 종료를 결정하는 시점을 말한다. ➊은 사업추진 방법 결정 및 탐색개발단계 진입승인, ➋는 탐색개발결과 종료 확인 및 체계개발단계 진입승인, ➌은 시험평가 완료/전투용 적합·부적합 판정 및 국방규격화 승인 후 양산/배치단계 진입승인으로 구분되어 추진된다.

또한, 사업진행 중 주요 이벤트는 다음과 같이 진행된다.[467]

❶은 예비설계검토(PDR: Preliminary Design Review) 단계이다.

이 단계는 예비설계를 수행하기 이전 단계로서 소요군의 요구사항을 분석하는 단계이다. 체계요구조건검토(SRR: System Requirement Review) 및 체계기능검토(SFR: System Functional Review)로 구분되어 추진되며, 탐색개발을 수행하였을 경우에는 체계요구조건검토를 생략한다. SRR 및 SFR 검토는 소요군을 포함한 이해관계자들이 모두 참여하여 검토하며 기본설계 진입 여부를 결정한다.

❷는 상세설계검토(CDR: Critical Design Review) 단계이다.

이 단계는 상세설계검토를 수행하기 이전 단계로서 SRR 및 SFR을 기초로 하여 기본설계를 수행하고 소요군을 포함한 이해관계자들이 모두 참여하여 기본설계검토(PDR)를 수행하여 상세설계 진입 여부를 결정한다.

❸은 필요시 초도생산 승인을 위한 전투용 적합·부적합을 판정하는 단계이다.

이 단계는 시제품을 생산하기 위한 상세설계를 수행하고 소요군을 포함한 이해관계자들이 모두 참여하여 상세설계검토를 수행하여 시제품 생산 여부를 결정한다.

❹는 초도생산 착수단계이다.

이 단계는 시제품을 생산한 후, 시험준비상태검토(TRR), 개발시험평가 및 운용시험평가 수행과 결과판정 및 체계기능형상확인(FCA: Functional Configuration Audit), 초도

---

467 전게서, p.171. : 방위사업관리규정 별표 【II-2】호

518

〈표 10-19〉 사업추진 기본전략서 포함사항

구분	포함사항
내용	• 사업추진 방향(연구개발 또는 구매)결정에 관한 검토내용 • 연구개발의 형태 또는 구매 방법에 관한 사항 • 연구개발 또는 구매에 따른 세부 추진방향 • 시험평가 방안, 사업추진 일정 • 무기체계 전 수명 기간 동안의 사업관리절차 및 관리방안 • 무기체계의 ROC를 진화적으로 향상시킬 경우 그 단계별로 개발목표 및 개발전략 • 합동전장 환경에서의 각군 무기체계의 상호 운용성

출처: 방위사업관리규정(방위사업청 훈령 제170호, 2012.1.6)

양산기준설정 등을 위한 물리적 형상확인(PCA: Physical Configuration Audit) 등을 수행하고, 양산을 위해 규격화를 수행한다. 그리고 필요시 초도양산(LRIP: Low Rate Initial Production) 등 후속단계 진입을 위하여 잠정 전투용 적합을 판정할 수도 있다.

❺는 전력화 평가확인 및 후속양산 단계이다.

이 단계는 전투용 적합 판정 후, 그 결과에 의거 양산계획을 보고하고, 승인 근거로 양산사업을 추진하는 단계이다. 경우에 따라서는 양산은 초도양산과 후속양산으로 구분하여 추진할 수 있다.

선행연구는 무기체계의 소요가 결정된 이후에 이루어지는 단계로서 사업추진전략을 수립하기 위한 과정이다. 사업추진 기본전략에는 〈표 10-19〉와 같이 사업추진 방법, 상호운용성 확보방안, 사업추진 일정 등에 관한 사항이 포함된다.

선행연구는 사업추진 방법 등을 판단하기 위한 주요활동으로는 연구개발 가능성, 소요시기·소요량, 과학기술 수준, 방위산업 육성효과, 기술적·경제적 타당성, 비용 대 효과분석 등의 조사 및 분석 등을 수행한다. 이러한 활동은 초기 통합사업팀(IPT)에서 직접 수행할 수도 있고, 국과연·기품원·업체 등에 용역을 일부 의뢰할 수도 있다.

탐색개발은 무기체계의 핵심부분에 대한 기술을 개발할 필요가 있는 경우 그 기술을 검증하기 위한 시제품을 제작하는 경우를 포함)하여 기술의 완성도 및 적용 가능성을 확인한 후 체계개발단계로 진행할 수 있는지를 판단하는 단계로 사업관리는 방위사업청 통합사업팀에서 실시하며, 연구개발 수행은 국과연 또는 업체에서 시행한다. 탐색개발단계에서는 체계개발을 위한 기본설계, 작전운용성능 결정과 진화적 연구개발전략 수립, 체계개발 일정과 소요비용을 산출하며 시험평가 기본계획서(TEMP: Test & Evaluation Master Plan)를 작성한다.

체계개발은 무기체계를 설계하고 이에 따른 시제품을 생산하여 시험평가를 거쳐 양산에 필요한 국방규격을 완성하는 단계이다. 체계개발의 종료는 전투용 적합 판정 후 국방규격화가 완료되는 시점이다. 체계개발 사업관리는 방위사업청이 수행하고 연구개발은 국과연 또는 업체가 주관한다. 시험평가는 통합시험평가계획에 의거 수행하며, 개발시험평가는 개발기관 주관으로 소요군이 참여하여 실시하며, 운용시험평가는 방위사업청 분석시험평가국이 주관하여 소요군이 수행한다.

체계개발 간 상세설계단계 진입을 위해 예비설계검토(PDR: Preliminary Design Review), 시제품 제작을 위한 상세설계검토(CDR: Critical Design Review), 운용시험평가를 위한 시험준비상태검토(TRR: Test Readiness Review) 등의 주요 내용을 수행한다.

양산 및 운영유지단계는 초도배치 확인, 전력화 평가, 양산, 운용·유지 등으로 구분된다. 초도배치 확인은 방위사업청 주관으로 초도배치된 장비를 대상으로 야전운용의 적합성, 전력화 지원, 군수지원능력, 형상 변경사항 등에 대한 야전 요구사항을 확인한다. 이후 전력화 평가는 소요군 주관으로 신규 획득되어 야전 배치된 무기체계에 대하여 확정된 운영개념, 요구운영능력의 달성 정도 및 발전된 전력화 지원요소의 완전성을 확인하고 평가한다. 양산은 초도양산과 후속양산으로 구분되며, 후속양산 시에는 초도배치 확인내용과 전력화 평가결과를 반영하여야 한다.

운용 및 유지단계에서는 양산배치된 무기체계를 소요군의 관리 하에 부대에서 운영·유지하는 단계로서 후속 종합군수지원 등의 지원을 수반한다.

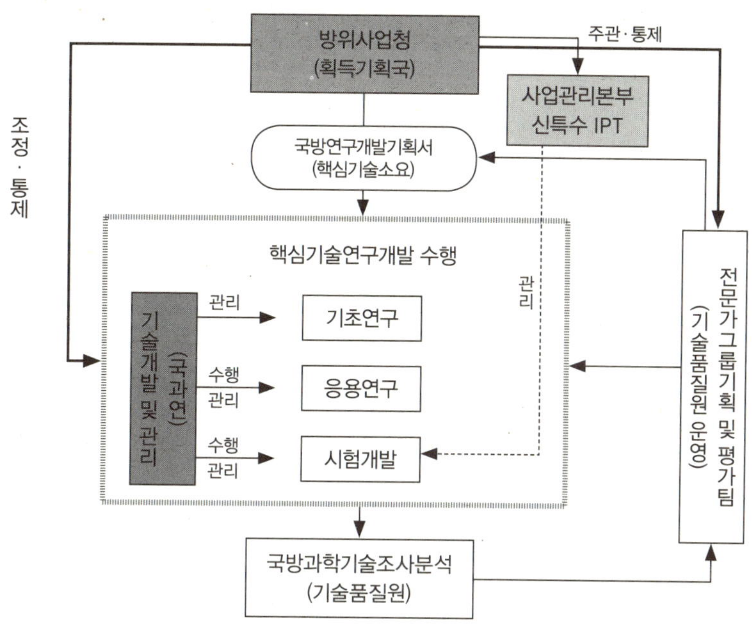

(3) 핵심기술 연구개발

핵심기술 연구개발은 무기체계 연구개발에 사용될 핵심기술을 무기체계가 개발되기 이전에 여러 가지 필요한 형태로 획득하도록 연구개발을 하는 것이다. 무기체계에 사용되는 기술은 매우 광범위하고 기술수준도 각기 다른 여러 기술이 사용된다. 핵심기술(Key Technology)이란 표현을 쓰는 것은 일반적으로 무기체계에 사용되는 주요 기술을 의미하며 무기체계 주요 구성품의 대부분을 이루는 기술을 뜻한다.[468]

무기체계에 소요되는 핵심기술이 모두 핵심기술 연구개발사업의 대상은 아니다. 무기체계에 소요되는 기술이 모두 국방과학기술이라 지칭되지만 국방과학기술이 모

---

468 전게서, p.172.

두 국방분야에서 개발되는 것은 아니기 때문이다. 따라서 핵심기술 연구개발의 대상은 무기체계의 연구개발을 수행할 때 그 과학기술이 연구개발에 필요한 정도까지, 즉 해당 구성부품이 설계 및 제작이 될 수 있는 정도까지 타 분야에서 발전이 어려울 것으로 예상될 때 필요한 범위까지만 국한하여 연구개발을 수행하게 된다. 핵심기술 연구개발 절차는 〈그림 10-10〉과 같다.

국방분야 기초·원천기술 확보를 위한 개별 기초연구 과제는 2007년도에는 초음속 엔진 최적 제어기법 연구 등 신규 28건을 선정하였고, 2008년도에는 고속 기동표적 대응 사격통제 기술 등 19건, 2009년에는 핵심기술(응용연구) 연구개발은 '주파수 선택적 복합재 기술'을 포함하여 9개 과제(10개 시제)가 착수되었다.

제11절

방산물자와
국방과학기술 수출

방산물자와 국방과학기술 수출을 위한 각종 지원제도는 제6절 '우리나라 방위산업육성·진흥정책'에서도 다룰 수 있다. 그러나 본 절을 제6절에서 분리하여 별도의 절로 편성하여 서술하는 것은 이명박 대통령 정부에서도 방위산업을 국가발전을 위한 신성장동력으로 발전시키고자 하는 정부의 의지와 함께 국방부·방위사업청과 국방과학연구소 및 방산업체 등의 노력을 기반으로 방산물자 및 국방과학기술 수출을 활성화하기 위한 여건이 어느 정도 성숙되었기 때문이다.

1. 방산물자 수출시장의 특성과 파급효과[469]

가. 방산물자 수출과 방위산업시장의 특성

방위산업의 수출품목은 주로 무기체계, 장비, 부속품 및 기타 물자 등이 있으며

---

[469] 권안도, "한국 방위산업과 방산수출 활성화를 위한 연구", 서울: 벤처정보대학원대학교 박사학위논문, 2009,

민간산업의 수출여건과는 많은 차이가 있다. 우선 수출여건 면에 있어서 방산물자 수출의 경우 테러 국가들에 대한 수출금지 등과 같은 국제적 협약에 의한 시장의 제약이 따른다.

다음으로 가격결정의 메커니즘인데 수요자들 간의 경쟁을 통해서 가격이 결정되지 못하고 오히려 공급자들 간의 경쟁에 의해서 가격이 결정된다는 사실이다. 또한 방산물자의 가격은 정상적인 시장의 메커니즘에 의해서 결정되기보다는 정치, 경제지원 등의 외부성 요인에 의해서 결정되므로 시장실패 가능성이 크다는 특성을 갖게 된다. 그러나 최근 국제 방산시장에서 국가별로 방산전시회 등을 통한 시장기능의 회복을 위해 노력하고 있는 점은 시장실패의 가능성을 크게 감소시켜 줄 수 있을 것으로 전망된다.

방산수출시장은 민수분야 수출시장에 비해 상대적으로 진입장벽이 높다. 그 이유는 무기체계 및 장비 등은 수요국가에서 사용하고 있는 기존 무기체계 및 장비체계와의 호환성 때문에 진입장벽이 높기 때문이다. 또한 선진 방위산업국가들은 국제사회에서의 막강한 파워와 외교력, 자금력 등을 활용하여 시장지배력의 지속적인 유지 노력과 주요 선진 방산업체 간의 통합 및 합병과 무기체계의 연구개발 및 생산시설의 컨소시엄 구성을 통한 시장의 지배력을 강화시키는 추세이다. 이러한 여건들은 후발 방산수출국들의 시장 진입장벽을 더욱 높이고 있는 실정이다.

방산물자의 가격과 수출은 외부 요인에 의해서 이루어지기 때문에 강력한 자본력, 기술력 및 외교력에 의한 시장지배력을 가진 국가와 후발 방위산업국가의 상호 협력을 통해서도 방산수출을 확대할 수 있을 것이다. 즉 후발 방위산업국가는 무기체계 및 방산물자를 생산, 공급하고 이를 시장지배력이 있는 국가가 판매하는 방식을 통해서 수출을 활성화시킬 수 있기 때문이다.

또한 방산수출시장은 차별성의 특성이 있다. 즉 방산수요가 있는 국가들은 최첨단 무기체계나 장비 및 물자들뿐만 아니라 첨단 정도가 낮은 후발 방위산업국가에서 생

---

pp.22-28의 내용을 재구성하였다.

산하는 방산물자들도 요구한다는 사실이다. 따라서 후발 방위산업국가에서도 국제시장의 틈새를 공략하여 시장 진입에 성공할 수가 있을 것이다.

방산수출시장은 후방수출효과가 매우 크고 장기적인 특성을 지닌다. 후발 방위산업국가가 국제 방산시장의 틈새시장을 개척하여 무기체계 및 장비 등의 수출이 이루어지면 그 후 무기체계의 운용을 위한 수리부속 및 탄약 등의 군수지원 분야가 뒤따르게 되고, 이외에도 무기체계의 운용을 위한 교육 및 훈련과 호환성에 따르는 기타 연관 무기체계 및 장비, 물자 등의 추가적인 수출이 이루어지는 등의 후방수출효과가 장기적으로 지속된다. 이는 국내경제의 활성화에 장기적으로 크게 기여할 수가 있다.

또한 막대한 방산투자재원의 규모와 수출성공의 불확실성에 따른 위험(risk)이 따르는 특성이 있다. 방산물자를 생산하기 위한 기술개발과 시설구비에는 많은 재원이 소요되며, 성공의 확률도 비교적 낮은 편이다.

방산수출은 그 특성상 높은 진입장벽, 가격결정에서의 시장실패, 외부성, 수요의 차별성, 높은 투자 위험성 및 후방수출효과의 지속성 등 부정적인 측면과 국내경제 활성화, 국가안보 기여라는 긍정적인 측면이 병존한다. 따라서 정부는 방산수출의 어려움을 근본적으로 해결하기 위한 정책적·제도적 대책을 보다 적극적으로 강구하여야 한다.

나. 방산물자 수출의 파급효과

방산물자 수출로 인한 파급효과로는 국가경제력을 증가시키는 한편 수입국에 대한 정치·군사적 영향력의 증대, 방위산업의 선순환적 구조형성 가능, 무기체계의 국산화 가속화 등을 들 수 있다.

첫째, 방위산업의 국가경제에 대한 파급효과는 생산, 부가가치, 수입, 수출 및 고용유발효과가 있으며, 이러한 유발효과들은 방위산업의 활성화를 통하여 직간접적으로 국가경제에 기여할 것으로 기대된다.

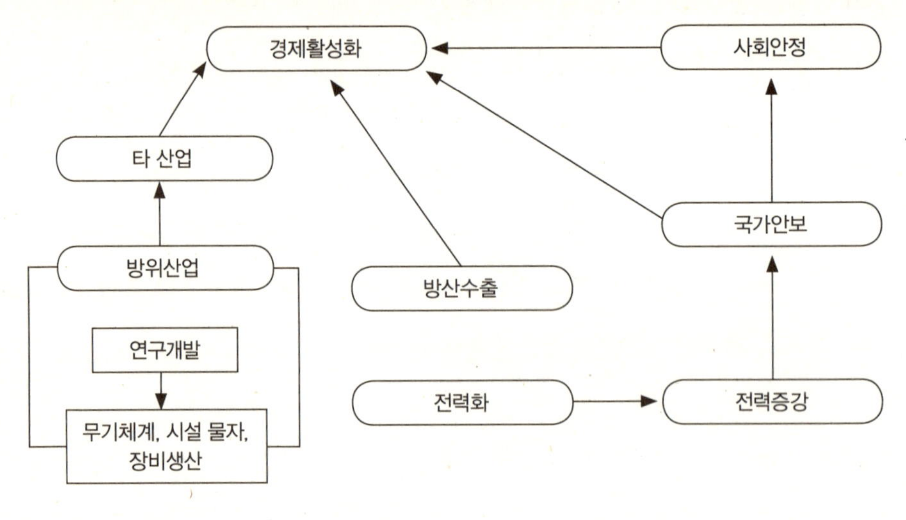

출처: 권안도, "한국방위산업과 방산수출 활성화를 위한 연구", 서울: 벤처정보대학원대학교 박사학위논문, 2009, p.22.

〈그림 11-1〉에서와 같이 방위산업은 국방과학연구소(ADD) 및 민간연구소의 연구 활동 등에 의한 기술의 파급효과(spin off effect)를 통해 사회적 비용을 절감시키는 효과를 창출한다. 또한 이러한 연구개발을 통하여 획득한 기술로 각종 무기체계, 장비, 시설 및 물자와 부품 등을 생산함으로써 부가가치를 창출하고 고용증대를 유발시키는 후방효과와 이러한 물자들을 생산하는 데 필요한 원자재 산업들의 생산활동을 유발시키는 전방효과가 있다. 이러한 방산물자들의 생산은 정부의 구매에 의해서 전력화가 이루어지고 전력의 증강을 통해 국가안보를 재고시키며, 결과적으로 사회 안정과 국가경제를 활성화시키게 될 것이다.

이외에도 연구개발을 통해 필요한 무기체계 및 각종 부품들을 자체적으로 생산함으로써 수입대체효과와 더불어 예산절감효과를 창출하고 안보 측면에서는 자주적 무기체계를 확보함으로써 독자성을 제고시킬 수가 있을 것이다.[470]

---

[470] 국방과학연구소, 『국방연구개발 투자효과 분석: 용역최종보고서』(대전: 국방과학연구소, 2006.4) 참조.

또한 방위산업의 생산활동은 방산수출을 통하여 지속적인 수요가 창출됨으로써 방위산업 수요의 시한성을 극복하게 하고 이와 동시에 고용의 안정화, 외화획득을 통한 국제수지의 개선으로 국가경제의 안정성 확보에 기여하게 될 것이다.

즉 방산물자 수출을 통한 외화획득은 경제적으로 무역수지 개선에 크게 기여할 수 있다. 한국의 경우 T-50 고등훈련기는 대당 230여 억 원, KT-1 기본훈련기는 대당 50억 원, 209급 잠수함은 척당 3,250~3,720억 원, K-2 차기전차는 대당 83억 원, K-21 차기전투보병장갑차는 대당 32억 원으로 일반산업의 수출물자와 비교할 수 없을 만큼 가격이 고가이다.[471] 이렇게 가격이 승용차의 수백에서 수만 배에 해당하는 전차와 항공기, 함정과 같은 무기체계의 수출은 외화획득을 통해서 무역수지를 개선하고 국부를 창출할 수 있는 중요한 역할을 담당할 수 있을 것이다.

둘째, 정치·군사적 영향력의 증대를 들 수 있다. 방산물자 수출국은 무기체계를 수입하는 국가에게 정치·외교·군사적인 영향력을 직간접적으로 미치게 된다. 무기체계 수입국의 입장에서는 수출국가의 군사교리, 후속 군수지원, 무기체계 상호 운용 등의 영향을 받지 않을 수 없기 때문에 일단 무기체계를 수출한 국가의 입장에서는 수출 성공 후 주도권을 확보할 수 있게 되며 차후의 다른 방산품목의 수출에서도 유리한 입장에서 무기를 판매할 수 있게 될 것이다.

따라서 국내 방산업체들에 의해 국산 무기체계의 수출이 증가하게 되면 동일한 무기체계를 사용하는 국가들에 대한 군사·외교적 영향이 자연스레 강화되고 국제 군사외교 무대에서 국가의 역할과 위상이 크게 신장되는 효과를 기대할 수 있게 될 것이다.

셋째, 방위산업의 '선순환적' 구조 형성이 가능할 것이다. 즉 국내 방위산업의 기반을 유지하고 성장발전을 위해서 방산물자의 수출은 매우 중요한 역할을 하게 되며 방위산업의 특성상 경제성 제고를 위해서 국내수요와 해외수출은 반드시 함께 고려되어야 할 것이다. 한정적인 국내수요를 극복하기 위해 방산물자의 수출을 증대시켜

---

471 강갑수, "방산수출 르네상스, 국산 고등훈련기·전차 세계 누빈다", 세계일보, 2008.1.31.

무기체계의 연구개발비용과 설비투자비를 회수할 수 있게 되면 방위산업 가동률이 증대되고 결과적으로 방산업체의 경영기반을 강화시킬 수 있을 것이다.[472] 결국 '방산수출 → 연구개발 비용 및 설비투자비 회수 및 재투자 → 첨단무기 생산/무기체계의 국산화 → 방위산업 가동률 증대 → 방산수출'의 방위산업 선순환적 구조를 형성하는 데 큰 도움을 줄 것이다.

마지막으로 무기체계의 국산화를 가속화시킬 수 있다는 사실이다. 방산수출은 무기체계의 국산화와 상호 밀접한 연관성을 가지고 있다. 즉 절충교역이나 외국 무기체계의 부품 제작, 또는 무기시스템의 구성활동에 직접적으로 참여함으로써 기술을 습득하고 부품을 생산하여 조달할 수 있는 능력을 배양함으로써 무기의 국산화에 직접적으로 기여할 수 있다.[473]

실제로 세계 방산시장에서 방산제품을 판매하기 위해서는 세계 각국의 방산업체들과 경쟁할 수 있는 우수한 성능의 질 좋은 방산제품을 만들어내야 한다. 그러나 타국의 핵심기술을 사용한 방산제품의 수출은 핵심기술 사용료 부과 및 사전승인 등 방산수출에서의 제한사항이 많이 발생하고 그에 따라 경쟁력을 상실하게 되는 경우가 많다. 따라서 방산수출 활성화를 위해서는 무기체계 핵심기술의 개발 노력과 부품의 국산화 노력이 전제되어야 할 것이다. 즉 방산수출은 무기체계의 국산화에 기여할 수 있으며 무기체계의 국산화는 방산수출을 활성화하기 위한 필요조건이 될 것이기 때문이다.

일반적으로 정부는 무기체계와 연관물자들을 공급하여 전쟁을 억제하고, 국가안보를 확립하기 위해 군사능력을 유지하는 것이 목적이지만, 국가경제 성장 측면을 고려할 때 기회비용이 발생하게 될 것이다. 그러나 이러한 기회비용은 국가안보의 구현이라는 국가의 기본적 가치로 상쇄(trade-off)될 것이다. 군사부문에서 개발된 기술의 파급효과, 고급 기술 인력의 공급 그리고 경제 전반에 미치는 외부효과 등 긍정적인

---

472 유병태, "방산물자 수출입 업무체계 개선연구", 서울: 한국방위산업진흥회, 1998, p.261.

473 유병태, "방산물자 수출 촉진을 위한 전략방향", 「'99방산정책 심포지엄: 21세기 방위산업 육성을 위한 정책과제」, 서울: 한국방위산업진흥회, 1999, p.11.

국가경제 성장효과를 가지고 있어 몇몇 나라에서는 방산정책을 산업발전 계획의 일환으로 추진하여 국가 전체 산업에 긍정적 파급효과를 유도하고 있다.[474] 한국의 경우 과거 1970년대부터 추진해온 방위산업과 중화학공업의 연계를 통한 국가산업 발전정책이 좋은 사례가 될 수 있을 것이다.

방위산업과 방산수출의 국가경제적 영향요인의 중요성을 강조하는 대다수의 논자들은 국가의 경제능력을 군사능력과 연계하여 논리를 전개하고 있으며, 그들은 미국의 경우 1, 2차 세계대전이 미국의 경제적 발전에 결정적인 영향을 발휘했었다고 주장한다. 즉 군사력의 건설과 유지는 국가의 경제능력과 불가분의 관계가 있다는 것이다.[475]

2. 주요 선진 방위산업국가의 방산수출정책

가. 미국

미국은 명실 공히 방산수출 세계 1등 국가이다. 미국은 2003~2007년 최근 5년 동안 전 세계 방산수출액의 50% 이상을 차지하고 있으며, 세계 방위산업시장을 선도하고 있다.

미국 방산수출의 주 고객은 한국(12%), 이스라엘(12%), UAE(9%), 그리스 등이 있으며 방산업체는 보잉(세계 1위), 록히드 마틴(세계 2위) 등 총 6개 업체가 세계 10대 방산기업에 포함되어 있고, 총 41개 업체가 세계 100대 방산기업으로 선정되어 있다.[476]

먼저 미국의 방산수출정책을 살펴보면 세계 제일의 기술과 자본의 우위를 기반으로 하여 세계 최대 최상위의 기술적 우위를 지속적으로 유지하기 위한 방위산업육성정책 및 전략을 추진하고 있다.

---

474 김동규·신용도, 『국가경제와 방위산업』, 서울: 국방대학교, 2002, p.22.

475 이필중, 『국방경제학』, 서울: 국방대학교, 2002, p.97.

476 *SIPRI Yearbook 2008, Summary*, pp.12-14.

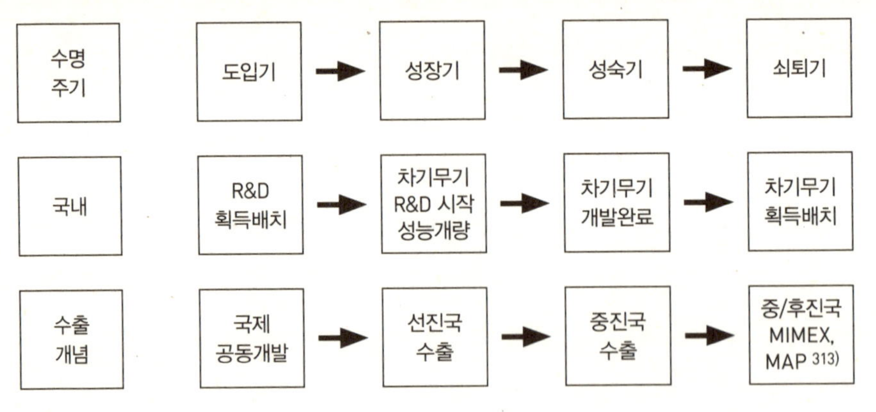

출처: 이윤철 외, 전게서, p.101.

미국 방산수출정책의 주요 5가지 목표는 ① 잠재 적국에 대한 기술적 우위를 지속적으로 유지하고, ② 동맹국/우방국을 지원함으로써 미군과의 공동작전 시 상호운용성을 제고하며, ③ 미국의 이익과 연계된 중요한 지역의 안정과 ④ 미국의 대외정책목표 달성에의 기여, 그리고 ⑤ 미국 방위산업기반의 안정화 지원이다.[477]

미국은 방산물자 수출을 위해 〈그림 11-2〉에서와 같이 무기체계의 수명주기를 고려하여 단계적으로 방산수출을 추진하고 있으며 방산제품의 개발부터 도태까지 정부 차원에서 관리하는 것을 기본으로 하고 있다. 또한 미국은 방산업체의 경영을 개선시키기 위하여 무기수출을 적극 장려하는 정책을 추진하고 있으며, 무기수출도 민간수출과 동일하게 취급하여 국방부의 마케팅 활동에 상무부 및 무역대표부가 참여토록 하고 있다. 그리고 무기수출 시 수출지원 자금을 보조해주기 위해 별도의 수출금융기술회사를 설립하는 것도 검토되고 있다. 또한 'Nunn Cooperative Fund'에 의한 해외공동 연구개발사업 추진과 FCT(Foreign Comparative Test) 프로그램에 의한 우

---

477 김철환, 전게서, p.205.

<table>
<tr><td colspan="1" style="background:#222;color:#fff;text-align:center">〈표 11-1〉 미국의 방산수출 지원기구</td></tr>
<tr><td style="text-align:center">명칭 / 기능</td></tr>
</table>

- 국무부 정치군사국(PMA: Politico Military Affairs)
  - 방산물자 수출허가
- 국방부 안보협력처(DSCA: Defense Security Cooperation Agency)
  - 국방부 국제안보담당차관보 산하 부서로 전반적인 수출관리
  - 안보지원(FMS, FMF, 대외군사교육 등) 계획 및 정책 수립
  - 방산물자 수출관련 보증업무, 외국정부와 국제군수지원 및 판매업무 협상 등
- 국방안보지원관리소(DISAM: Defense Institute of Security Assistance Management)
  - DSCA 산하기관으로 방산수출 및 안보지원 교육기관
- 국방위협감축처(DTRA: Defense Threat Reduction Agency) 국제협력국
  - 방산기술이전 통제지원
- 군별 방산수출 및 안보지원기구
  - 각군 안보지원본부: 군별 FMS 판매지원 총괄
  - 무기체계별 사령부: FMS 판매 사업관리
- 군별 무기체계사업담당(PM), 국제사업담당(IPM), 해외무관, 군사고문단
  - 미국 방산업체의 해외수출 마케팅 지원
- 상무성 산업안보국(BIS: Bureau of Industry and Security)
  - 상무성 산하 부서로 방산물자에 대한 시장정보제공, 국제방산시장에 대한 분석보고, 미국기업에 대한 법률지원서비스, 방산물자별 평가 등
  - 방산업체에게 방산수출에 필요한 유용한 정보 제공

출처: 이윤철, 전게서, pp.92–94의 내용을 요약정리함.

방국 무기의 획득 확대 등은 미국의 적극적인 국제협력의 자세를 보여주고 있다.[478]

미국은 군사력과 경제력 향상을 위하여 중소 벤처기업의 혁신적 능력을 적극 활용하는 중소기업혁신사업(SBIR: Small Business Innovation Research)[479]과 중소기업기술이

---

478 최정표·김성기·김윤두, "방위산업 전문계열화제도의 개선방안에 관한 연구", 국회 국방위원회 정책연구 용역 과제 보고서, 2002. pp.71–72.

479 중소기업혁신(SBIR) 사업: 1982년에 제정된 '중소기업기술혁신법'에 의거 국방부 등 10여 개 연방정부기관에서 연구개발비의 일정비율('00년 560만 달러 지원)을 중소벤처기업의 기술개발, 사업화, 판매에 지원, 각종 필요정보 제공.

전 프로그램(STTP: Small Technology Transfer Program)[480]을 추진하여 개발자금을 단계적으로 지원함으로써 유망한 중소기업이 방위산업에 참여할 수 있도록 해주고 있으며,[481] 미 국방부 및 군도 1990년대 초부터 중소 벤처기업을 위한 정책 및 제도를 정립하고 전담조직을 운영하고 있다. 미국은 별도의 벤처육성정책보다는 중소기업육성 정책을 통해 벤처기업의 성장을 지원하고 있으며 중소기업청(SBA: Small Business Administration)을 통하여 지원제도와 자본소득세율 인하 등을 추진하고 있다.[482]

다음은 방산수출 지원기구 부문이다. 미국은 방산수출지원을 전담하는 별도의 기구는 없지만 국방부, 국무부, 상무부, 각 군이 국익 차원에서 총체적이고 전 방위적으로 지원하고 있다.

〈표 11-1〉은 방산수출 관련 미국의 정부기구를 정리한 것이다. 미국의 방산수출 지원기구에는 국무부 정치군사국, 국방부 안보협력처, 국방안보지원관리소, DTRA와 국제협력국, 군별 방산수출 및 안보지원기구, PM, IPM, 해외무관, 군수고문단, 상무성 산하의 BIS 등 많은 정부부처에서 방산수출을 지원하고 있다.

미 국방부는 방산물자 수출 시 각 군으로부터 각 군이 주관하는 방산물자에 대한 지원을 받으며 각 군은 외국 군사판매(FMS: Foreign Military Sales) 지원을 총괄하고 예하 무기체계별 사령부에서는 FMS 사업을 관리하며, 국제 군수 통제본부에서는 대외판매에 대한 회계 및 군수자료를 관리한다.

셋째로 미국의 방산수출지원제도 부문이다.[483] 미국은 1990년대 탈냉전 이후 국방예산 축소에 따라 방산시장이 규모의 경제효과를 상실하게 되었고, 이로 인해 국방조달장비의 가격상승을 초래하였다. 따라서 미국은 국내 조달장비의 가격을 낮추고 국제 방산시장에서의 경쟁력을 향상시키기 위해 절충교역의 증대와 FMS의 개선을 통한 방산

---

480 중소기업기술이전사업(STTP): 1992년 '중소기업연구개발촉진법'에 의거 연방정부기관 연구개발비의 일부를 지원하여 기술혁신 및 이전을 지원.

481 이상목·이상진, "미국 방위산업 기반의 변환 로드맵", 「군사논단」 제44호(2005), p.204.

482 최성빈·한철희, "국방벤처 활성화 대책", 「국방정책연구」 제54호(2001), pp.264-265.

483 구영환, 전게서, p.29; 이윤철 외, 전게서, pp.95-97.

- 국제 방산 동향분석 및 전파: 국무성 및 상무성 등에서 시장분석
- 수출관련 정보수집 및 전파: 국무성 및 상무성
- 방산수출 관련 정부시스템 구축 및 운영: 국무성 및 상무성
- 방산수출 협의체의 정기적 운영: 주제별로도 운영(비정기적)
- 연불수출 금융지원
- 보증 / 보험 지원
- 방산수출 전문가 양성: 각 정부기관별로 교육 및 세미나
- 국제 방산전시회 참가 지원: 국방부 등에서 직접 방산전시회 참가
- 방산수출 주재국 군 사용장비 해외반출 지원: 허가의 형태로 운영
- 수출 및 해외진출 컨설팅: 상무성
- 잉여장비 및 부품 판매(WWRS)
- 절충교역을 통한 방산수출 활성화

출처: 이윤철 외, 전게서, p.95.

물자의 해외수출을 적극적으로 지원하게 되었다.[484] 미국의 방산수출 지원제도를 정리해보면 〈표 11-2〉와 같으며 국무성, 상무성, 국방부, 각 군 등에서 수출 정보수집, 마케팅, 인력양성, 방산전시회 참가지원, 잉여장비의 판매, 절충교역 등 다각적인 측면에서 방산수출을 지원할 수 있도록 제도를 구비해놓고 있다.

특히 잉여장비 판매의 경우 미국에서는 무기체계의 노후화에 따른 수요와 공급의 불균형을 해소하기 위해 1998년부터 현재까지 대외군사판매제도 중 하나로 범세계 잉여물자 재분배제도(WWRS: Worldwide Warehouse Redistribution Services)를 운영하고 있다. 미국으로부터 수입한 무기체계를 운영하고 있는 국가 입장에서는 이 제도를 통해 부족한 부품을 용이하게 획득하고 보유 중인 잉여장비나 부품에 판매가 가능한 경제적 구매효과를 제공하는 제도이다. 즉 FMS 구매국의 잉여자산을 줄이고 저가로

---

484 Hartley, Keith, "Handbook of Defense Economics 2, Defense in a globalized World" (Amsterdam: New York, 2007).

군수물자를 구매함과 동시에 신규조달 대신 잉여자산을 재분배하여 조달 소요기간을 줄이기 위한 제도로서 사용 가능한 잉여물자 목록과 거래조건 등을 온라인상에 등록, 관리 및 공유함으로써 FMS 가입국에 대해 일종의 가상창고(Virtual Materiel Warehouse) 역할을 수행하는 것이다.[485]

WWRS 제도를 활용하고 있는 국가들은 FMS 가입국으로 한국을 포함하여 24개 판매국과 50개의 구매국이 있다. FMS상 구매물품의 제3국 이전(3rd Party Transfer)은 미국 정부의 승인이 필요하나 이 제도는 기 승인된 제도로 FMS 획득물자의 재판매를 활성화하고 있다.

우리나라는 1999년 최초의 WWRS 구매와 판매를 시작한 이래 가입국가 중 구매규모 1위, 판매규모 5위로 활발한 거래를 하고 있다.

미국의 방산수출에 대한 금융지원제도는 유·무상의 대외군사금융지원(FMFP: Foreign Military Financing Program), 연구개발 투입비용 면제(NRC: Non Recuring Cost Recoupment)제도, 무기수출 금융보증(DELG: Defense Export Loan Guarantee) 프로그램 및 수출입은행 민군겸용물품 금융지원(Eximbank Dual-Use Financing) 등 네 가지가 있다. 첫째, 유·무상의 대외군사금융지원(FMFP: Foreign Military Financing Program)제도는 미국의 동맹국에 대한 안보지원 일환으로 활용되고 있으며 무기 및 용역, 교육의 분야에서 지원이 가능하다. 여기에는 이스라엘, 이집트가 주 수혜국이며 그리스, 폴란드, 터키, 요르단 등 20여 개국이 혜택을 받고 있다.

둘째, 정부의 연구개발 투입비용 면제(NRC: Nonrecurring Recoupment Charge)제도는 해외시장에 미국 장비와 외국 장비 간에 가격경쟁이 심할 경우 정부가 무기체계의 개발 및 양산에 대하여 부담한 연구개발비용에 대하여 구매국으로부터 회수하는 일정 비율의 대당 비율을 검토하여 NRC 부담을 면제해주는 제도이다.[486] 미국은 매년 1억

---

485 dapa.korea.kr/dapa/jsp/dapa1_branch.jsp?_action=news_view&_property=sp_sec1&_id=1552
27010&currPage=2&_category=(검색일: 2011.10.18)

486 스웨덴 정부의 미사일 구매 시 프랑스의 MICA 미사일과 미국의 AMRAAM이 경쟁하였는데 미국 정부는 연구개발비용을 면제해주었다.

5,000만 달러 내지 1억 7,000만 달러의 연구개발비를 회수하는데 수출 건별로 심사하여 이를 면제해주고 있다.

셋째, 무기수출 금융보증(DELG: Defense Export Loan Guarantee) 프로그램은 방산업체들이 국제시장에서 수출경쟁력을 갖도록 하기 위해 150억 달러 한도 내에서 방산업체의 무기수출 금융을 보증해주는 제도로서 무기, 용역, 교육, 설계 및 건설 등 전 분야에 지원이 가능하다.

넷째, 수출입은행의 민군겸용물품 금융지원(Eximbank Dual Use Financing)제도는 업체 금융지원을 보완 및 촉진하기 위한 것으로 수출입은행에서 승인한 연간 수출지원 금융액의 10%까지 금융지원이 가능하며 비살상 민군겸용물품이나 주로 민수용으로 사용되는 품목의 수출 분야에 대해 지원하고 있다.

또한 미국은 방산물자 수출을 위해 소요제기단계에서부터 국제협력기획서(Cooperative Opportunity Document)를 의무적으로 작성토록 하여 개발단계별로 잠재 협력국들이 적극적으로 미국의 연구개발에 참여할 수 있는 기회를 부여하고, 참여단계별로 상응하는 보상을 해줌으로써 개발비 분담과 더불어 해외 방산시장을 확보하는 전략을 취하고 있다.[487]

나. 영국

영국은 전통적으로 오랜 방산수출 선진국이다. 영국은 자국의 군사력 건설에 소요되는 무기체계의 개발·생산뿐만 아니라 방산수출을 적극적으로 추진하고 있다.

영국은 1980년대 중반 이전에는 국내 방위산업 우선정책을 추진함으로써 유사시 방산물자의 확보가 용이하고 방산물자의 대외의존도를 줄일 수 있었으며 방산기술의 민수분야에 이전을 촉진할 수 있었다. 그러나 1980년 중반 이후에는 기존의 국내 방산업체 우선정책이 국제경쟁력의 약화와 국방예산 사용의 비효율성을 야기시킨다는 문제점을 인식하게 되었다. 이에 따라 방위산업의 효율성을 제고하기 위해 경쟁원리

---

487 김광범, "한국 방위산업의 수출지원제도 개선방안", 연세대학교 경제대학원, 석사학위논문, 2004, p.60.

에 입각한 자유시장원칙을 도입하였다.

　그 결과 무기인도 시점에 따라 수출량을 집계한 스웨덴 스톡홀름 국제평화기구(SIPRI)의 2007년 보고서에 의하면 영국은 미국·러시아 등에 있어 3위의 방산수출국 자리를 지켜왔다. 영국의 방산수출의 주 고객은 미국(17%), 루마니아(9%), 칠레(9%), 인도(8%), 등이고[488] 영국의 방산업체 중 BAE System(세계 4위), Rolls(세계 14위), 등 총 11개 업체가 세계 100대 방산기업에 포함되어 있다.[489] 최근 5년간의 누적 통계에서도 영국은 530억 달러를 기록하여 미국(630억 달러)에 있어 2위를 기록하고 있으며, 최근 영국의 무기수출은 최대 수입국인 미국뿐만 아니라 사우디아라비아의 타이푼 전투기 구매로 43억 파운드 규모를 유지하고 있다.[490]

　영국 국방부 내 조직으로 국방획득, 획득정책, 방산수출 등을 총괄하는 부서는 국방조달담당차관(Under Secretary of Minister of Defense Procurement)이며 차관 직속으로 영국 방산수출을 지원하는 방산수출청(DESO: Defense Export Sales Organization)이 있다. DESO는 영국 방산업체들의 수출을 정부 차원에서 지원하기 위한 기구로서 전시회의 조직, 군과 업체의 연계, 외국과의 방산협력 등을 담당하며, 주요 수출대상국에 주재요원을 파견[491]하고 있다.[492]

　영국의 방산수출 지원을 위한 금융지원제도에는 두 가지가 있다. 먼저, DESO(Defense Export Sales Organization)에서는 영국 방산업체와 외국 업체 간 가격경쟁이 치열할 경우, 미국과 마찬가지로 방산물자 수출제품에서 징수하는 정부의 연구개발 비용회수를 면제해주고 있다. 다음으로 수출신용보증기관(ECGD: Export Credit

---

488 SIPRI Yearbook, Summary, p.14.

489 SIPRI Yearbook, 2007, Armament, Disarmament and International Security, Oxford University Press, pp.376-378.

490 권오성, "영국 '세계 무기수출 왕' 등극", 한겨레(www.hani.co.kr), 2008.6.18.

491 세계 13개국에 28명의 방산수출 협력관 파견(이윤철 외, 전게서, p.85).

492 최정표·김성가·김윤두, 전게서, pp.72-73.

Guarantee Department)에서는 수출금융을 제공한 은행에 대하여 무조건적으로 상환을 보증함으로써 간접적으로 연불수출금융 활용을 지원한다.[493]

마케팅 지원은 방산수출청(DESO)에서 해외 12개국에 지부를 두고 전 세계의 영국 대사관과 국방성 수출담당공무원과의 긴밀한 관계유지를 통해 방산 관련 자료를 수집하여 방산업체에 전문적인 조언과 지원을 제공한다. 여기에서는 연간 15~20개의 시장조사 보고서를 발간하며, 매년 약 12회의 해외전시회에 참석하는데 소요비용은 국방예산으로 지원된다.[494]

다. 프랑스

프랑스의 2010년 현재 GDP(2조 5,600억 달러)는 세계 6위,[495] 2007년 국방비는 657억 달러(세계 국방비의 4.5%)로 세계 3위를 차지하고 있다. 최근 5년 동안 (2004~2009년) 미국, 러시아, 독일에 있어 세계 4위의 방산수출국 지위를 유지하고 있다. 방산수출의 주 고객으로는 UAE(41%), 그리스(12%), 남아프리카(12%), 호주(9%) 등이 있다.[496] 방산업체는 탈레스(세계 10위), DCN(세계 13위) 등 총 10개 업체가 세계 100대 방산기업에 포함되어 있다.[497]

프랑스의 방위산업은 다른 선진국과는 다른 여러 가지 특징적인 모습을 보이고 있다. 미국 등 NATO 국가들이 집단안보체제를 유지하는 것과는 달리 프랑스는 독자적인 노선을 추구해온 점, 방위산업이 경제의 핵심역할을 하고 있는 점, 국가의 직접 관여와 통제에 의한 집중화 추구 등이 대표적인 예이다.

프랑스는 1966년 NATO에서 탈퇴하여 1992년 재가입 시까지 독자적 군사노선을

---

493 1998~1999년 2개년 기준으로 전체 방산수출금액 중 약 27%가 ECGD의 수출신용보증을 받았다.

494 구영환, 전게서, p.29.

495 http://worldbank.org/indigator/NY.GDP.PCAP.CD/countiries(검색일: 2011.10.18).

496 SIPRI Yearbook, Summary, p.14.

497 SIPRI Yearbook, 2007, Armament, Disarmament and International Security, Oxford University Press, pp.376-378.

추구하면서 미국, 영국, 독일, 구소련 등과의 끊임없는 경쟁을 통하여 프랑스만의 방위산업 영역을 확보하고자 하였다. 이를 위해서 프랑스는 국가주도의 방위산업 수출 드라이브 정책을 과감히 추진하게 되었고 방위산업 육성과 이에 필요한 우수 인력 충원 장치를 마련하고자 노력하였다.[498] 프랑스는 과거 구소련이 해체될 때까지 미국과 소련이라는 2개의 강대국들이 주도해온 방산수출 판도를 극복하기 위해서 주로 비동맹 국가들을 고객으로 선택하였다.[499]

그러나 세계적인 경제침체 및 1990년대 초반 냉전종식 후 수출대상 무기구매력이 크게 둔화되어 방산물자 수출이 급격히 감소하자 프랑스는 기존의 방위산업정책 방향을 전환하여 국제협력 강화, 예산구조 개선, 국내 또는 유럽 타 국가의 방산업체와 통합 및 연대, 수출정책 연구 등의 노력을 전개하였다.[500]

1994년에 발표된 프랑스 『국방백서』에서는 방위산업 분야가 경쟁력을 갖추어야만 방산물자의 수출이 활성화되고 수출이 원활하게 이루어짐으로써 자체 무기조달 시 비용의 절감을 이룰 수 있다고 제시하면서 방산물자 수출에 대한 강한 의지를 시사하고 있다. 그리하여 독자적인 방위산업 건설과 정부 차원의 강력한 수출정책 추진을 통해서 세계 제1의 방산수출국인 미국산 장비에 대응할 수 있는 경쟁력을 갖출 수 있도록 유럽 국가와 공동 개발/생산, 수출협력체계를 강화시키고 있다.[501]

프랑스 정부는 방산물자 수출환경 조성을 위해 수출대상국과 정치적 우호관계 유지, 상호협력협정 체결, 사업추진 협력, R&T(Research and Technology) 협력, 해외에서 자국 방산업체 이익을 대표, 기술 교육 등의 지원 활동을 추진하고 있으며 잠재적 고객에 대한 정치, 경제, 군사 등에 관련된 정보들의 획득/분석을 지원하고 있다.[502]

프랑스는 1961년 4월 효율적인 방위산업의 육성 및 방산물자 수출지원을 위하여

---

498 민성기, 『기술주권 회복의 주역: 한국 방위산업』, 서울: 도서출판 문원, 1996, p.165.

499 전게서, p.118.

500 전게서, pp.171–172.

501 이윤철 외, 전게서, pp.70–71.

502 이윤철 외, 전게서, p.53.

538

국방부장관의 직접 통제 하에 병기본부(DGA: Director General for Armament)를 설치하였다. 2008년 현재 정원 1만 4,500명, 80개 무기 관련 프로그램, 85억 유로 규모의 무기계약(2006년 기준), 7억 2,000만 유로 규모의 R&T(2006년 기준)예산을 가지고 있으며 프랑스 내에 26개 센터(하부기관), 세계 20여 개국에 병기본부 요원을 파견하고 있다.

병기본부는 프랑스 방산물자의 경쟁력, 품질, 안정성을 보장하는 책임이 있으며, 주요 임무는 ① 각 군의 무기획득 및 시험, 평가 등 군사력 건설, ② 실현 가능한 미래 전쟁 시나리오를 예측하고, 장차 요구되는 전문기술을 개발하여 미래에 대비, ③ 방산물자 수출증대를 위한 지원, ④ 방위산업정책의 수립, ⑤ 유럽방산기구(the European Defense Agency)와의 협력 등이 있다.

특히 병기본부는 방산수출과 관련하여 국방부 조직 내 무기공급자 역할을 하며 이를 위해 방산업체들과 교류를 긴밀히 하고 있으며, 무기수출 관련 계약체결, 소요 장비 결정, 이들에 대한 연구개발 및 제조를 책임지고 있다.[503]

병기본부의 산하조직인 국제개발국(DDI: Directorate for International Development)[504]은 방산수출지원을 위한 정부 차원의 전담조직으로서 정부허가를 통한 방산수출사업에 대한 협상 및 판매활동에 대해 기술지원 또는 재정지원 등 여러 차원의 지원활동을 수행한다. 중요 임무는 미국, 캐나다, 유럽의향서(LOI: Letter of Intent) 회원국, 유럽방산협력기구(OCCAr: Organisation Conjointe de la Cooperation en Matiere d'ARmement)를 제외한 외국 국가와의 방산관계 책임, 정부 방산수출 지원활동에 협력, 국방부 전략총국(DAS: The Delegation aux Affaires Strategiques)과 함께 방산수출을 감독하는 것 등이다.

DDI의 산하에는 〈그림 11-3〉과 같이 유럽/남미주, 아시아/태평양부, 아프리카/중

---

503 삐에르 뒤쏘즈. 크리스토프 꼬르뉘, 김석순 역, 『프랑스 방위산업』, 서울: 21세기 군사연구소, 2000, pp.52-54.

504 1964년 병기본부 산하에 설립된 국제협력국(DRI)이 시초이며, 현 조직은 2005년 1월 병기본부 조직개편에 따라 부서명이 변경되고 방산수출 지원이 강화되었다(이윤철, 전게서, p.56).

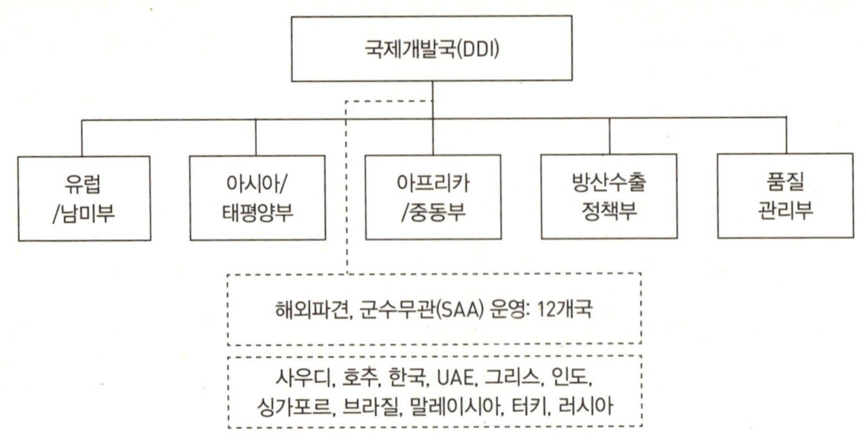

출처: 이윤철 외, 전게서, p.57에서 재구성.

동부, 방산수출정책부, 품질관리부가 있다. 각 지역별 부서는 국가단위로 구분하여 전담하고 방산수출정책부 하위부서는 종합/조정과, 국가/장비정책과, 경제전략분석과로 나뉘고 품질관리부는 재무/협정관리과, 총무과, 전시회 및 대외협력과로 나뉜다. 해외파견 군수무관은 총 19개국에 파견되며 12개국은 DDI에서 담당하고 7개국은 DAS에서 담당한다.

기타 수출지원 기구 및 조직은 〈표 11-3〉과 같다. 프랑스의 기타 방산수출 지원기구 및 조직으로는 중소기업의 국제개발 장려를 위한 프랑스 무역진흥공사(CFCE: Cetre Francsis du Commerce Exterieur)와 정부 대 정부 방산수출을 위한 프랑스 무기체계 수출공사(SOFRESA)가 있으며 프랑스 방산제품을 구매한 국가를 위해 수출계약을 지원하는 국방전문 국제컨설팅 그룹(DCI)이 있다. 또한 3개의 독립적이고 전문화된 군별 방위산업진흥회가 있다.

방산수출 지원제도로는 COFACE(La Comoagne Francaise d'Assurance pour le

540

명칭 / 기능
• 프랑스 무역진흥공사(CFCE: Cetre Francsis Commerce Exterieur) 　– 대외경제협력국 감독하 중소기업의 국제개발 장려를 위해 외국시장에 대한 제반정보의 입수 및 전달하는 공기업으로 운영
• 프랑스 무기체계 수출 공사(SOFRESA) 　– 1971년 사우디와 최초로 정부 대 정부(G to G) 수출계약 체결로 사업추진 및 관리를 위해 1974년 신설 (DESO, FMS와 상응) 　– 현재는 카타르, 쿠웨이트, UAE, 베트남 관련 방산수출 전담
• 프랑스 방산물자 수출공사(SOFEMA) 　– 1977년 국가 대 국가 방산수출 계약을 위해 창설 　– 항공물자 수출공사(OFEMA)와 방산물자 수출공사(SOFMA)를 합병함. 　– 국제컨설팅, 투자지원, 수출시장 연구, 경영정보 제공, 법률자문, 외국 국가의 의사결정 체제 분석, 수출홍보/탐색/협상, 산업협력방안연구, 기획 완료된 프로젝트의 셋팅, 고객 후속지원 등
• 국방전문 국제컨설팅 그룹(DCI) 　– 프랑스가 제작한 무기를 구매한 국가를 위해 수출계약이 순조로이 이행될 수 있도록 지원하는 국제 컨설팅 업체 　– 예하계열사: NAVCO(해상사업), COFRAS(지상사업), AIRCO(항공사업) 　– 컨설팅 및 교육, 로지스틱 엔지니어링, 무기체계 성능 시험평가, 사업관리 등 　– 인적구성: 정부요청(49%) + SOFRESA와 SOFEMA의 인력(51%)
• 프랑스 방위산업진흥회: 3개 독립적이고 전문화된 방진회로 구성 　– 지상무기연합(GICAT), 항공우주무기연합(GIFAS), 해상무기연합(GICAN) 　– 3개의 방진회는 프랑스 방위산업 위원회(CIDEF) 구성

출처: 삐에르 뒤쏘즈·크리스토프 꼬르뉘, 김석순 역, 전게서, pp.122-124; 이윤철 외, 전게서, pp.57-58의 내용을 표로 재구성함.

Commerce Exterieur)와 중소기업지원제도[505]가 있다. 프랑스 정부는 수출이 원활히 이루어져야 군 자체 무기·장비의 획득비용을 절감하고 유사시 언제라도 동원할 수 있는 잠재력과 일정 수준의 방산물자 수출역량을 갖출 수 있음을 인식하고 있으며 방산업체나 구매국에게 다양한 형태로 수출지원을 하고 있다.

무기체계의 성능과 기술 그리고 정치적 고려사항과 더불어 방산수출의 성공요인

---

505 이윤철 외, 전게서, pp.64-66.

〈표 11-4〉 프랑스의 주요 수출금융제도

구분	내용
수출 금융 제도	• 중장기 수출지원 보증, 해외시장 탐색, 해외투자, 외환율보증 등 • 일반 보험회사가 관리할 수 없는 수출금융보험[*] • COFACE 임무 – 수출보험업무 중단기 신용위험은 자기계정으로 취급 – 자기계정업무 보험료 수입의 2%를 국고에 납부 – 자기계정업무 보험료 수입의 10% 초과 손실시 국고에서 보전, 동시에 10% 초과 이익분은 국고에 납부 – 단기수출보험과 중·장기수출보험[**], 환변동보험[***], 해외투자보험[****] 취급
담보 / 연불 금융 보장	• 수출 진흥책의 일환으로 2005년에 신설 • 수출업계에 금융을 제공한 은행이 안고 있는 위험부담을 보장 • 수출업체에 제공한 융자액을 근거로 계산된 보험료 COFACE에 지불 • 은행이 수출업체에 동의한 융자금의 미상환 위험률을 30%로 제한 (즉, 은행손해를 70%까지만 보상받음) • 은행은 금융을 제공받는 수출업체들의 파산위험에 대한 보증 확보

출처: 이윤철 외, 전게서, pp.64-66의 내용을 표로 재구성함.

* 수출보험이란 수출업자가 신용위험이나 수입국의 정치상황 등으로 인하여 수출대금을 회수하지 못함으로써 보상하는 신용보증으로 수출보험의 종류에는 ① 수출신용보험, ② 중장기수출보험, ③ 환변동보험, ④ 단기수출보험, ⑤ 수출보증보험, ⑥ 이자율변동보험, ⑦ 농수산물수출보험, ⑧ 해외공사보험, ⑨ 신뢰성보험, ⑩ 해외투자보험 등이 있다. 참고로 COFAE는 ②, ③, ④, ⑩에 한해서만 취급한다(http://100.naver.com/100.nhn?docid=97475, 검색일: 2007.7.25).

** 단기수출보험은 소비재 또는 준 자본재의 수출거래와 관련하여 제조기간 및 선적 후 일정기간 내에 발생하는 손실을 담보라는 것을 원칙으로 포괄보험의 형식을 취하는 반면 중장기수출보험은 개별보험의 형태를 취한다(이윤철 외, 전게서, p.65).

*** http://krdic.naver.com/detail.nhn?kind=korean&docid=43160800(검색일: 2008.7.25) 환변동보험은 환시세의 변동으로 인하여 입는 손해를 보상하는 보험이다.

**** 해외투자보험은 해외에 자본을 투자하였다가 잘못되어 입은 손해를 보상하는 수출 보험(http://krdic.naver.com/detail.nhn?docid=41926900(검색일: 2008.7.25)

중 하나가 무기체계의 가격경쟁력이다. 최근 들어 무기 구매국들이 재정적으로 어려운 상황에 놓이게 되면서 무기수출국 간에 치열한 가격경쟁이 더욱 가열되고 있기 때문이다. 무기계약 시 현금거래가 아닌 신용(외상)거래의 경우 대부분 당사국 간의 합의에 따라 별도 재정기구를 통하거나 프랑스 정부와의 직접 교섭에 의해 이루어진다. 무기 구매국이 대금을 지불하지 않거나 재정적인 어려움에 처하는 경우, 손해는

업체가 아니라 국가가 감수하게 되며 보험을 통해 보상받도록 하고 있다.[506]

프랑스는 〈표 11-4〉에서와 같이 방산물자 수출업체 지원을 위해 정부보증 수출금융제도를 도입하여 운용하고 있으며, 정부 소유 수출보험기관인 COFACE가 보증을 담당하고 있다는 사실이 이를 잘 입증해주고 있다.

프랑스는 방산업체가 자국의 선진화된 민간금융시장을 이용하여 장기 저리의 연불금융을 주선하고, 이 건에 대해 COFACE가 보증을 제공하는데 COFACE가 총 보증하는 액수의 1/5 정도가 방산수출 관련 보증이다.[507]

매년 말 프랑스 국방부가 작성하는 방산물자 수출에 대한 대 국회보고서(Report to the French Parliament regarding defense equipments exports)는 1998년부터 작성되어 왔으며, 통상적으로 그해 12월에 작성되며 그리고 한 해 동안의 총체적인 방산물자 수출에 관한 내용들을 망라하고 있다.[508]

이러한 대 국회보고서는 프랑스 방산물자 수출정책에 대한 기반, 수출방식과 절차, 세계 방위산업시장의 특성, 그리고 일 년 동안의 수출 관련 통계를 설명하는 목적으로 작성되어 있다.

라. 러시아

구소련은 냉전 시 세계 무기수출 2위를 유지해왔음에도 불구하고, 1991년 러시아 연방 출범 후 〈그림 11-4〉에서처럼 방산수출은 급격히 저하되었다. '강한 러시아'를 주장했던 푸틴 대통령(2000~2008년)의 정치적 안정도모와 경제난 해소를 위한 방산수출체제 정비, 방산수출 증대 노력, 그리고 주변 안보환경 변화 등에 따라 2000년 이후 대외 방산수출은 급속한 증가추세로 세계 2위로 복귀하였다.

러시아의 2007년 국방비는 510억 달러로 2006년 333억 달러 대비 35%가 증가하

---

506 삐에르 뒤쏘즈·꼬르뉘, 김석순 역, 전게서, pp.136-137.

507 Martin Broek, "Paper on Export Credit Agencies and Arms Trade", 2003, pp.6-7.

508 Ministry of defense, Press Kit: Report to the French parliament regarding defense equipments exports in 2006, (paris: defense Information and Communications Delegatiom, 2007), pp.2-13.

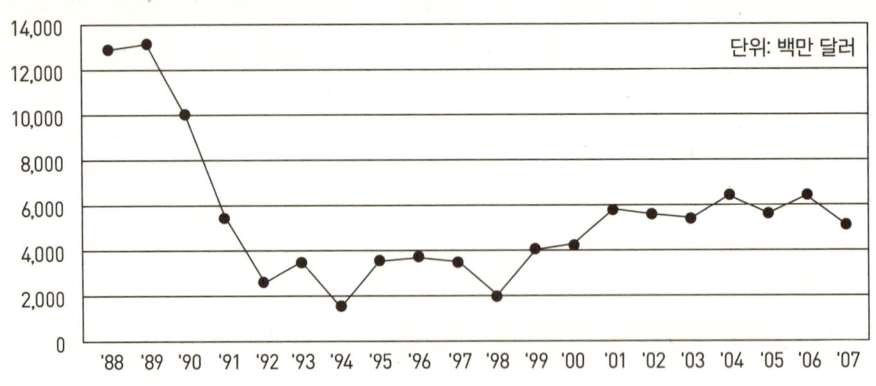

* 수출액의 백만 달러: US$ m. at constant(1990) prices.　　출처: armstrade.sipri.org/arms_trade/values.php에서 재구성.

였다. 국방비는 군사력 발전에 40%, 운영유지비에 60%가 각각 배분되었으며 군 현대화 및 복지 분야에 중점적으로 증액하였다.[509] 그리고 모스크바, 상트페테르부르크, 니쥐니노브고라드 및 예카테린부르크 등 4개 도시를 중심으로 약 1,700여 기업 및 기관에서 250만여 명이 방위산업에 종사하고 있다.[510]

러시아의 주요 무기수출시장은 중국(45%)과 인도(22%)가 많은 부분을 차지하였으며, 제3국으로는 베네수엘라(5%)와 알제리(4%) 등이 있다.[511] 방산업체는 Almaz-Antei(세계 31위) 등 총 9개 업체가 세계 100대 방산기업으로 포함되어 있다.[512]

최근 러시아의 주요 무기수출 품목은 〈표 11-5〉와 같다.

---

[509] 국방부 정보본부, 「러시아 개황」, 2007.

[510] "The defense Industry: A Fa; Yhe Background of Surcess", CDI(Center of Defense Information), Russian Weekly, 2003.7.

[511] Ibid.

[512] SIPRI yearbook 2007: Armament, Disarmament and International Security, Oxford University Press, pp.376–378.

<table>
<tr><td colspan="6" align="center">〈표 11-5〉 러시아 주요 무기수출 품목</td></tr>
<tr><th>구분</th><th>공군</th><th>해군</th><th>지상군</th><th>방공군</th><th>기타</th></tr>
<tr><td>비중</td><td>50%</td><td>27%</td><td>11%</td><td>9%</td><td>3%</td></tr>
<tr><td>주요
품목</td><td>SU-30,
MIG-29,
MI-17 등</td><td>소브레맨니급
구축함,
LILO급
잠수함 등</td><td>T-90
전차 등</td><td>TOR-M1
방공미사일 등</td><td>소총 등</td></tr>
</table>

출처: IISS, Military Balance 2008.

러시아 방산수출정책에 대해 살펴보면 러시아는 방산수출시장 다변화 및 협력 분야 확대를 통한 실익 확보에 주력하고 있다.[513] 그리고 외국과의 협력에 있어서 에너지와 함께 방산협력을 최우선 국가 과제로 선정하여 대외 방산협력을 위한 범정부적인 노력을 전개하고 있다.[514]

푸틴 대통령은 방산 기술의 수출 및 협력 기능을 대통령 직접 통제 하에 두었으며, 2004년 8월 16일 대외군사기술협력국(FSMTC: Federal Service for Military Technical Cooperation with Foreign States)을 설립한 후 대통령 주재 하에 대외 방산수출 관련 의결권을 행사하였다. 그리고 방산수출회의를 주관하면서 자국의 무기수출 확대를 독려하였으며 2006년 3월 푸틴 대통령의 알제리 방문 시 75억 달러의 무기수출 계약을 체결하는 등 고위급 인사의 교류를 방산수출에 적극 활용하였다.

그리고 무기체계의 해외수출 우선정책을 추진하면서 국내 미운용 중인 최신 전투기 SU-30 및 전차 T-50을 수출하는 등 첨단무기수출에 비교적 유연한 입장을 견지하고 있다. 잠재적 경쟁국가인 중국에 대해서는 첨단기술 이전을 차단하는 반면 잠재위협 요인이 적은 지역에는 첨단무기수출 및 합작생산을 추진하는 등 전략적인 판단에 의해 지역 간 차별화된 무기수출정책을 추진하고 있다. 러시아는 무기수출을

---

513 국방부 정보본부, 전게서, 2007.

514 푸틴 전 대통령은 2007년 3월 대외군사기술협력위원회 회의에서 "외국과의 군사기술협력은 체계적으로 모든 정보기관과의 협의, 법률 및 재정수단 등을 동원하여 추진할 것"을 지시하였다.

통하여 ①경제적 이익 확보와 ② 정치적 영향력 확대의 두 가지 목적을 동시에 달성하기 위해 노력하고 있다.[515] 그리고 러시아는 은행, 대기업 및 방산업체를 기업군으로 묶어 독립채산제[516]를 실시하여 수익성을 높이기 위한 노력을 하고 있다.

러시아는 방위산업에 대한 지속적인 구조조정을 통해 지속적인 성장이 가능하도록 강력한 수출 드라이브 정책을 추진하고 있다. 또한 수출을 매개로 삼아 방산업체의 생존을 도모함은 물론이거니와 이익금의 재투자를 통하여 새로운 기술이 적용된 장비를 개발할 수 있는 역량을 유지하기 위해 노력하고 있다. 한 가지 예로 러시아의 대표적 항공기 수출업체인 MIG는 러시아군으로부터의 수요가 미흡한 실정에서도 수출액의 10%가량을 지속적으로 연구개발 활동에 투입하고 있으며 12%까지 확대할 계획을 가지고 있는 등 수출이 기술경쟁력을 확보하는 유력한 수단으로 간주되고 있다.[517]

다음은 러시아의 방산수출 지원조직 부문이다. 러시아의 방산수출은 대외 군사기술협력국(FSMTC)[518]에서 모든 대 외국 방산협력 활동 및 방산수출 업체에 대한 통제권을 행사하고 있으며, 국영무기수출공사(Federal State Unitary Enterprise 'ROE: Rost Oboron Export') 주도로 대외 방산수출을 실시하고 있다.[519]

대외군사기술협력위원회[520]는 2004년 8월 16일 대통령령 1083호에 따라 국방성 산하 대외군사기술협력국으로 이관되어 개편되었다. 대외군사기술협력국은 러시아

---

515 합동참모본부 수시 정보 보고, "러시아 무기수출 동향 분석", 2008.6.11.

516 이 용어는 소련의 국영기업체에서 영리원칙을 도입하기 위해 채용되었던 호즈라스쵸트(Khozrachyot)의 번역으로 사용되었다. 소련의 국영기업체에서는 기업의 자율성을 확립하고 그 능률을 발휘하기 위해 기업장 단독책임제와 기업장 기금제의 형태로 독립채산제를 채택했지만 자본주의 사회에서는 주로 공기업의 능률성을 증대시키기 위해 사용되고 있다(브리태니커 백과사전).

517 박태진, "러시아의 방산협력정책과 기술협력 연구개발의 활성화 방안", 「한국방위산업학회지」 제11권 제2호 (2004), p.130.

518 러시아의 대외 무기수출을 통제 감독하는 기관으로 대통령이 자문위원회 위원장, 국방/외교장관 등이 위원임.

519 직접 수출권을 보유한 9개 업체 외 타 업체는 러 국영 무기수출회사인 ROE사를 반드시 경유해야 한다.

520 국영 무기수출공사 및 대외 협상권을 승인받은 방산업체를 통제하기 위해 국영무기수출공사 출범 직후인 2000년 12월에 설치되었다(박태진, 전게서, p.130).

의 이익과 대외 군사기술협력 관련 기본정책에 부합하는지의 관점에서 대외 군사기술협력 분야의 규정들을 입안하고 협력 주체들의 활동들을 관리 및 통제하며 또한 국제협약 조건들에 합당한 국제협력 활동이 시행되도록 책임지는 연방 집행기구의 성격을 가지고 있으며, 개편과정에서 과거 국영무기수출공사가 가지고 있었던 대외 홍보활동 및 지부 설립 등의 확대된 권한까지 가지게 되어 외국과의 군사기술협력을 실무 총괄하는 위치를 굳혔다.

국가 차원에서 방위산업 기술개발과 장비의 수출을 용이하게 통제하기 위해 2000년 11월 주요 무기수출 회사를 국영무기수출공사로 통합하여 해외 방위산업 협력, 수출 업무 통제 등 방산수출 업무를 총괄하도록 하였다. 국영수출공사에 방위산업 업무를 책임지도록 한 것은 구소련 이래 정부가 대외 방위산업 협력을 독점하였던 정책적 전통에 기인한 바가 크고, 특히 구소련 붕괴 직후의 혼란기에 방산업체 간의 과다경쟁에 따른 폐해를 겪으면서 국가적 차원에서 정리할 필요성을 느꼈기 때문이다.[521] 국영무기수출공사 외에 5개 방산업체에 러시아 해외수출 상담 및 계약권을 부여[522]하였는데 콘째른 안테이(ANtey), 툴라기계제작소(KBP Instruument Design Bureau), 미그사(MIG), 레우토프 과학생산협회(Science and Production Machine-building Association: NPO Mashinostroyenia), 콜룸나기계제작소(KBM Machine-building Design Bureau) 등 5개 업체가 이에 해당한다.[523]

마. 이스라엘

이스라엘은 한반도의 1/10에 불과한 영토를 가진 나라임에도 불구하고 최근 5년간(2004~2009년) 세계 10위의 방산물자 수출국으로 발전하였다. 최근 2008년 방산수출액은 60억 달러에 이른다. 방산업체는 IAI(Israel Aircraft Industries, 세계 34위) 등 총

---

521 박태진, 전게서. p.128.

522 수출절차 간소화 및 소비자 중심의 서비스를 위해 직접 수출권 보유업체를 5개 업체에서 9개 업체로 확대하였으며, 장비제작사에 직접 후속 군수지원 권한을 부여하였다.

523 외교통상부, 『러시아연방개황』, 2004, p.23.

〈표 11-6〉 이스라엘의 방산수출 전략

① 과감한 기술이전 및 가격인하 정책에 의한 방산시장 개척
② 구매국의 요구에 부합하는 체계결합 성능개량 사업 시장에 진출
③ 무기수출 시장의 다변화 추구: 중국, 대만, 동구, 스위스, 남미 등

출처: 김철환, 전게서, p.75.

4개 업체가 세계 100대 방산기업으로 포함되어 있다.[524] 이러한 결과들은 이스라엘이 후발 방위산업 건설국가 중에서 가장 국제경쟁력 있는 방위산업능력을 보유한 국가로 평가받고 있음을 증명해주고 있다.

이스라엘의 방산수출정책에 대해 살펴보면 이스라엘은 1967년 당시까지 무기를 공급해왔던 프랑스로부터 무기수출을 거부당한 이후 국가 생존전략의 일환으로 본격적으로 방위산업을 육성하는 전략을 추진하였다. 그리고 방산수출을 수출전략사업으로 인식하고 수출확대를 적극적으로 추진하고 있으며 이스라엘의 방산수출 전략은 〈표 11-6〉에서 제시되고 있는 바와 같다.

이스라엘은 수출이 전제되지 않는 무기는 국내에서 개발·생산하지 않는 전략을 수십 년간 지속해왔다. 자국의 경제규모를 감안하여 처음부터 신무기와 신기술을 개발하기보다는 6차례에 걸친 중동전쟁을 겪으면서 획득한 무기 플랫폼을 그대로 유지한 가운데 부품과 구성품의 성능개선을 중심으로 연구개발을 하고 수출을 시도하는 틈새전략을 추진해왔다.[525] 그리고 수출촉진을 위해 국제 에어쇼 및 주요 거래선 초청사업을 수행해왔으며, 국가원수의 방산 세일즈 외교를 중요시하는 게 특징이다.[526]

이스라엘이 국제 방산시장에서 경쟁력을 확보하는 데 기여한 주요 정책수단의 하

---

524 SIPRI yearbook 2007: Armament, Disarmament and International Security, Oxford University Press, pp.376-378.

525 정혁훈, "방산강국 이스라엘, 국방비 한국 절반", 매일경제, 2004.9.5.

526 이윤철 외, 전게서, p/ 75.

548

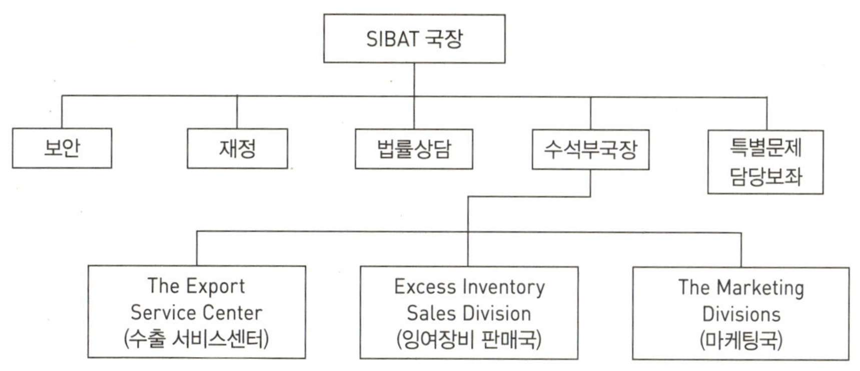

출처: 이윤철 외, 전게서, p.74의 내용을 재구성함.

나가 경쟁원칙이다. 이스라엘은 군 지휘관의 작전업무를 직접 지원하기 위하여 군 내부에서 확보하고 있는 핵심 방산기술(Core Capability) 이외의 모든 획득사업은 국방예산의 효율적 사용이라는 관점 하에서 업체 간의 경쟁을 통하여 조달하고 있다.[527] 예를 들어 국방연구개발, 체계 및 부체계의 성능개량, 고 단계 정비 등 모든 분야에서 경쟁조달원칙을 채택하고 있다. 특히 핵심 방산기술능력을 제외한 분야의 경우 국내업체와 외국 업체의 차별 없이 경쟁을 실시하고 있다.[528]

다음은 이스라엘의 방산수출 지원조직 부문이다. 이스라엘 군사지원/수출국(SIBAT: Foreign Defense Assistance & Defense Export)은 정부 차원에서 방산수출 지원을 위한 전담조직이다. 이 조직의 임무로는 방산수출 지원, 외국과의 방산협력협정 체결, 잉여분의 방산물자에 대한 마케팅 및 판매, 모든 방산수출에 관한 서비스 제공, 이스라엘 방산업체에 대한 방문협조 등이 있다.

---

[527] Imiri Tov, "Industrial Policies of the Israeli Defensr Establishment", 「이스라엘 생존전략과 방위산업」, 한국국방연구원 세미나 자료, 1996, p.60. 최정표·김성기·김윤두, 전게서, p.82에서 재인용하였다.

[528] 최정표·김성기·김윤두, 전게서, p.82.

방산수출조직은 〈그림 11-5〉와 같이 SIBAT 국장 예하에 수석부국장(the Principle Deputy Sales Division)을 두고 수석부국장 예하에 The Export Services Center, Excess Inventory Sales Division, 그리고 The Marketing Divisions를 두고 있다.[529]

SIBAT는 국방부 소속이지만 방산업체들의 해외 마케팅활동에 대한 자문 지원 및 훈련을 통하여 무기수출을 마치 민간기업의 해외수출조직처럼 융통성 있게 운영되고 있는 점이 특징이다.[530] 그리고 SIBAT는 법률, 정치, 안보, 기술, 마케팅 측면에서 모든 방산수출 활동에 대해 통제 및 감독을 실시하고 도태장비 및 미사용 장비 판매도 하고 있다.[531] SIBAT는 1971년도에 설립되었으며 약 120명의 인력을 보유하고 있고, 현재 세계 9개국에 20명의 방산수출 협력관을 파견하여 방산수출 지원활동을 하고 있다.

바. 일본

일본의 GDP는 2010년을 기준으로 42년 만에 세계 제2경제대국에서 미국, 중국에 이어 제3위로 내려앉았다.[532] 일본의 2011년 국방비 규모는 704억 달러로 세계 4위이며[533] 국방비를 고려할 때 일본은 이미 아시아 지역에서 군사대국이라 할 수 있다. 그리고 일본 재래식 무기체계의 90%를 생산하고 있는 방산업체들은 고도의 기술과 생산라인을 보유하고 있다.[534]

그러나 일본은 방산수출 액수만을 고려할 때 세계 100위권에도 못 미치고 있다. 이는 1967년 사토 에이사쿠 총리의 '무기수출 3원칙', 즉 ① 공산권 국가, ② UN 결의상 무기수출 금지 국가, ③ 국제분쟁 당사국 또는 그러한 우려가 있는 국가들에 대한

---

529 http://www.globalsecurity.org/military/world/israel/sibat.htm(검색일: 2008.7.29)

530 이윤철 외, 전게서, p.74.

531 구영환, 전게서, p.30.

532 중앙일보, 2011. 2. 14.

533 CIA World Fact book(2011): Wikipedia.

534 장문석, "일본의 방산능력과 무기수출 가능성", 「교수논총」 제23집, 서울: 국방대학교, 2001, p.68.

무기와 기술수출을 금지하는 정책과 1976년 미키 다케오 총리의 3원칙 대상국의 범위 확대와 더불어 3원칙의 추가조건인 무기수출뿐만 아니라 다른 나라와의 무기 공동개발 및 기술제공 금지, 무기제조 외국 회사에 대한 투자 금지 등의 이유에 기인된 결과이다.[535] 그리고 일본 헌법 제9조의 취지에 따라 전수방위전략의 범위를 넘어서는 공격용 무기를 보유하지 못하게 된 것도 이유라고 볼 수 있다.

이런 방산수출 환경의 불리함에도 불구하고 일본은 세계 22위의 미쓰비시중공업을 포함하여 세계 100대 방산업체 안에 6개의 업체를 보유하고 있으며,[536] 첨단과학기술과 고도정밀 분야의 산업기반에서 창출되는 군사기술이나 군수생산능력은 질적·양적인 면에서 세계적인 수준이다.[537] 일본의 방위산업능력은 풍부한 연구 인력과 연구개발비 규모 등을 고려한다면 미국에 이어 세계 2위의 잠재력을 보유하고 있는 국가라 할 수 있다. 일본의 방산수출정책에 대해 살펴보면 일본은 기본적으로 '무기수출 3원칙'에 의해서 적극적이고 능동적인 무기수출정책을 추진하기는 어려운 실정이었다. 그러나 2011년 12월 일본 정부에서는 무기수출을 원칙적으로 금지하고 있는 '무기수출 3원칙'을 대폭 완화한다고 발표했다. 일본 정부는 '무기수출 3원칙' 완화를 통해 최신 방산기술 획득으로 일본 방위산업의 생산 및 기술 기반을 유지하고 비용절감을 목적으로 하고 있다고 하였다.[538]

일본이 '무기수출 3원칙'을 해제하고 현재 보유하고 있는 기술 잠재력과 경제력을 연결하여 방산수출정책을 적극적으로 추진한다면 세계 방산시장에 대한 영향력은 크게 증대될 것으로 예상되며, 미·일 동맹관계에서의 일본 역할이 증대되면 될수록 일본의 세계 방산시장에의 개입은 가속화될 것으로 예상된다.[539]

---

535 박홍기, "日, '무기수출 3원칙' 깬다", 서울신문(www.seoul.co.kr), 2008.1.7.

536 SIPRI yearbook 2007: Armament, Disarmament and International Security, Oxford University Press, pp.376-378.

537 장문석, 전게서, p.43.

538 김현기, "일본, 무기수출 44년 빗장 푼다", 중앙일보, 2011.12.28.

539 장문석, 전게서, p.44.

일본은 아무리 기간이 오래 걸리고 비용이 많이 들어도 국산 무기를 자체 개발하고 있다. 왜냐하면 해외구매가 단기간 내에 전력을 증강할 수 있고 상대적으로 그 비용이 저렴하며 장비의 성능이 우수하다는 것을 알고 있지만, 자체 개발이 보다 더 바람직한 결과를 산출할 수 있다는 사실을 일본 정부와 국민들은 일찍이 인식을 같이하고 있는데, 이는 메이지유신 때부터 추구해온 기술우위의 패러다임이 축적되고 확산되어 독자개발만이 종국적으로 성공할 수 있다는 사실이 일본 정부와 국민들에게 각인되어 있기 때문이다.[540] 일본 무기가 미국이나 여타 다른 나라 무기보다 훨씬 비싼 것도 바로 이런 이유에서 비롯되고 있다. 예를 들면, 90년식 일본 전차는 미국 M1A1 전차의 3.5배, 89년식 일본 소총은 한국산 K1소총에 비해 무려 14배나 비싸다. 그렇다고 일본에서 무기구매가격 때문에 문제가 발생한 적은 없다. 결국 우리가 일본에서 얻을 수 있는 교훈은 무기 연구개발의 일관성이 있는 정책추진과 많은 예산이 소요되더라도 국산제품을 우선 조달한다는 정신으로서, 이는 그 나라 '기술주권'과 직결되어 있는 매우 중요한 정책방향이라는 사실에 주목하여야 할 것이다.[541]

다음은 일본의 무기체계 국산화 노력이다. 일본의 방위정책에 있어서 특징은 방위력정비계획이 행정부의 관련 부서장이 모두 참여하는 국방회의에서 결정되기 때문에 재정 관련 부서가 개입할 수 있는 폭이 극히 제한적이라는 사실이다. 즉 방위력정비계획이 국방회의를 거쳐 각의결정에 넘겨져 매년의 예산편성이 국방회의에 구속됨으로써 재정당국인 재무성이 방위예산에 대해서 필요 이상의 간섭을 할 수 없도록 되어 있다. 또한 기업은 이러한 장기계획을 고려하여 안정적인 수요를 예측할 수 있으며, 충분한 시간을 두고 방산물자 생산준비를 하게 된다는 이점이 있다. 그리고 수요자인 방위성과 공급자인 방산업체들과의 빈번한 의견 교환을 통하여 업계의 의견을 방위정책에 반영시키고 있다. 또한 그동안 일본의 방위산업은 미국 의존 일변도에서

---

540 Richard Samuels, Rich Nation, Strong Army: National Security and the Technolgical Transformation of Japan (Olthaca: Comell Univ, Press, 1994).

541 민성기, "한국 방위산업의 뉴패러다임", 「국제정치논총」 제36집 2호(1996), 서울: 한국국제정치학회, p.428

벗어나 점진적으로 국내조달 중심의 정책으로 전환하고 있으며, 대부분의 무기체계에 대한 국산화를 달성하고 있다. 즉 일본은 무기생산체제의 주요 부분을 미국산 기술에 의존해왔음에도 불구하고 방위력정비계획이 진전됨에 따라 국산화를 강화함으로써 가능한 한 직접적 구입을 피하고 라이선스를 통한 국내생산 또는 국내개발을 추진하고 있다는 특징을 지니고 있다.[542]

사. 주요 선진 방위산업국가 수출정책의 시사점

주요 선진 방위산업국가의 예에서 살펴본 바와 같이 미국을 비롯한 주요 선진 방위산업국가들은 자국의 방위산업 기반을 유지한 가운데 지속적으로 첨단무기를 개발·생산하기 위해 국방연구개발에 많은 재원을 투여함과 동시에 필요한 비용을 절감하기 위해서 방산수출에 정부의 적극적인 정책과 제도적 지원 노력 등 심혈을 기울임으로써 그들의 국가경제에 방위산업의 선순환적 구조를 이루고 있다.

주요 선진 방위산업국가의 수출정책은 우리에게 많은 시사점을 보여주고 있다. 이를 다시 요약하면 다음과 같다.

첫째, 방위산업에 대한 새로운 패러다임 설정과 국가 차원의 적극적인 방산수출 정책 및 전략을 추진하여야 한다. 주요 선진 방위산업국가의 예에서 본 것처럼 주요 선진 방위산업국가들은 방산물자의 수출에 큰 비중을 두고 정부 차원의 강력한 지원정책을 펼치고 있다. 방산수출이 성공하면 국방부문뿐만 아니라 구매국가를 포함한 지역에서 정치·외교적인 영향력을 제고시킬 수 있게 되므로 각 국가 정부가 심혈을 기울이는 것은 당연하다. 이와 더불어 방산분야의 국가경제에의 선순환적인 구조의 구현이다. 방위산업은 국가안보의 필수산업이므로 국가경제에 대한 긍정적인 파급효과의 극대화에 중심을 둔 정부정책 및 지도자의 강력한 의지와 추진력은 매우 중요한 의미를 지닌다. 즉 방위산업의 발전은 종국적으로 국가경제에의 기여도를 극대화시킴과 동시에 강력한 국방력의 확보를 통한 국가의 생존보전과 더불어 경제안

---

542 김진기, "한국 방위산업의 발전전략에 대한 연구", 「국가전략」 제14권 1호(2008), 서울: 세종연구소, p.117.

<table>
<tr><td colspan="5" align="center">〈표 11-7〉 주요국의 국방비 대비 국방연구개발비 비율현황(2007년 기준)</td></tr>
<tr><td>구분</td><td>한국</td><td>프랑스</td><td>영국</td><td>미국</td></tr>
<tr><td>국방비</td><td>24.5조 원</td><td>443억(유로)</td><td>503억(유로)</td><td>4,540억(유로)</td></tr>
<tr><td>국방연구개발비</td><td>1.26조 원</td><td>32억(유로)</td><td>40억(유로)</td><td>565억(유로)</td></tr>
<tr><td>국방비 중 연구개발비</td><td>5.1%</td><td>7.2%</td><td>7.9%</td><td>12.4%</td></tr>
<tr><td>국방연구개발비 규모</td><td>1</td><td>3.3배</td><td>4.1배</td><td>58.2배</td></tr>
</table>

출처: 국방부, 2010~2024 국방과학기술진흥정책서(수정본), 2009.12. p.20.
* EDA, European-US Defense Expenditure in 2007(주요국): 2007년도 연평균 환율 1,298.45원/유로 기준으로 비교

보를 유지할 수 있다는 점이다.

둘째, 수출 가능한 방산물자를 만들기 위해서는 국방연구개발을 활성화하여야 한다. 국방연구개발은 군사능력의 우위와 방위산업의 경쟁력 확보, 방산수출시장에서의 경쟁력 확보 등을 위한 필수요소이다. 이를 위해 미국의 DARPA, 프랑스의 DGA, 영국의 국방과학연구소(DSTL)와 키네티크(QinetiQ), 이스라엘의 라파엘(Rafael), 일본의 TRDI 등에서는 중·장기적이고 일관성 있는 국방연구개발 정책 및 계획을 수립하고 효율적인 연구개발을 위한 제도적 장치를 구비·보완해나가고 있다. 또한 선진 방위산업국가들은 정부 차원에서 첨단무기체계 개발에 대한 강력한 의지가 동반된 국방부문과 민간부문의 과학기술발전을 동시에 추구하고 있다는 사실이다.

국방연구개발에 대한 정부의 의지를 엿볼 수 있는 부분이 국방연구개발에 대한 충분한 투자이다. 〈표 11-7〉에서와 같이 미국, 영국, 프랑스 등 주요 방산 선진국에서는 국방연구개발에 국방비의 7% 이상을 투자하고 있다. 반면 한국은 5% 수준에 머물고 있는데 방산 육성과 수출경쟁력 확보를 위해서는 선진 방산국가 수준까지 점진적으로 향상시키는 것이 바람직하다고 하겠다.

셋째, 주요 선진 방위산업국가들은 방산물자의 개발부터 폐기에 이르기까지 전 수명주기에 걸쳐 수익을 극대화하는 전략을 추구하고 있다. 연구개발의 계획단계부터

		〈표 11-8〉 주요 국가 방산수출 지원기구			
국가	미국	영국	프랑스	러시아	이스라엘
기구	DSCA, SAO	DESO	DDI	FSMTC	SIBAT

잠재적인 해외구매소요를 파악하고 필요시 수출대상국의 수요에 맞게 자국의 무기체계를 변형하기도 한다. 또한 일부 수출용 장비를 자국이 구매하여 운용함으로써 방산제품의 경쟁력을 향상시키고 있다.

넷째, 일본의 무기체계에 대한 국산화 노력은 첨단 국방과학기술이 부재한 한국이 반드시 본받아야 할 부분이다. 해외 무기체계의 도입에 급급했던 한국과는 달리 일본은 생산하고 있는 무기체계 가격이 해외에서 도입하는 가격보다 엄청나게 비싸더라도 국산 무기체계 확보를 위한 노력에 힘입어 현재와 같은 방위산업 발전을 이루어낼 수 있었고, 방산제품 성능 면에서도 굳이 수입하지 않아도 될 만큼의 뛰어난 기술력을 보유할 수 있게 되었다. 따라서 조기전력화를 위해 부득이 해외에서 무기체계를 도입하더라도 일본처럼 장비의 계열화를 통한 기술도입생산이 바람직하다.

다섯째, 방산물자 수출을 위한 지원제도 및 기구 부문이다. 주요 선진국들은 정부 차원의 방산수출 전담 지원기구들과 금융지원제도를 구비하고 있다. 방산 선진국들은 〈표 11-8〉과 같이 미국을 제외하고 모든 정부 차원의 방산수출 전담지원 조직과 전문인력을 운영하고 있다. 미국의 경우 방산수출을 위한 지원기구는 없지만 DSCA, DTSA, SAO 등에서 FMS 수출 및 방산업체의 수출지원 요청에 대해 적극적으로 협조하고 있다. 이와 같은 선진 방위산업국가들의 방산수출 전담 지원기구들은 수백여 명의 대규모 조직으로 국제협력과 병행하여 각국의 방산수출 여건 및 기반 조성, 방산시장 정보제공 등으로 방산수출을 지원하고 있다. 이와 함께 방산수출에 연계된 전문인력들이 연관부서 및 기관에서의 적극적인 역할과 활동을 하고 있다. 이외에도 해외에 주재하는 정부의 잘 훈련된 외교조직과 전문 직업의식이 투철한 민간 기업들의 적극적인 활동도 방산수출에 크게 기여하고 있다. 따라서 정부 차원의 방산수출

〈표 11-9〉 방산수출 지원인력			
국가	영국 DESO	프랑스 DG	이스라엘 SIBAT
현황	방산수출 협력관 13개국 28명	군수무관 19개국 (DDI: 12, D4S: 7)	방산수출 협력관 9개국 20명

전담 지원기구와 전문인력을 위한 대책이 고려되어야 할 것이다.

여섯째, 방산수출 관련 금융지원제도이다. 선진 방위산업국가들은 자국 방산업체들의 방위산업 수출품에 대한 경쟁력을 향상시키기 위하여 적극적인 금융지원을 아끼지 않고 있다. 유·무상의 군사금융지원을 하거나 무기 구매국의 연불요구에 대한 지원이 가능하도록 수출신용 보증기관에 의한 연불수출금융을 제공하고 있다. 미국은 이러한 금융지원을 정부 차원에서 제공하고 있는데 FMFP, NRC, DELG, Eximbank Dual-Use Financing 등을 통해 방산수출 관련 금융지원을 실시하고 있으며 영국은 ECGD, 프랑스는 COFACE에서 수출금융을 지원해주고 있다.

일곱째, 방산수출 관련 조직과 지원인력의 확대가 필요하다. 영국의 DESO, 프랑스의 DGA, 이스라엘의 SIBAT와 같이 방산수출 대상국에 군수무관 또는 외교관 신분의 방산수출 협력관을 파견하여 수출활동을 지원하여야 한다.

〈표 11-9〉에서와 같이 영국, 프랑스, 이스라엘의 경우 방산수출 지원을 위한 전문인력을 20~30명 정도를 해외에 파견하고 있다. 이는 한국의 군수무관 및 방산협력관의 파견 실태와 비교해볼 때 방산수출에 관한 정보수집능력 및 해당 지역에서의 방산수출 지원능력에서 차이가 날 수밖에 없는 현실을 보여주고 있다.

마지막으로 정부의 역할 부문이다. 프랑스의 경우 매년 무기수출에 관한 대 국회 보고서를 작성하고 있다. 이는 한 해의 무기수출에 관한 정책 및 지원 사항, 무기수출의 성과 등을 제시해주고 있으며, 무기수출에 대한 투명성 제고로 대국민 홍보에 긍정적 영향을 미친다.

수출을 통한 자국의 무기체계와 장비의 획득에 있어서 비용을 절감할 수 있음은 물론 국가경제에 대한 기여도를 고려할 때 국가지도자를 비롯한 주요 정책결정권자

<表 11-10> 외국 사례 분석의 시사점

구분	합의사항
정책	• 방위산업에 대한 패러다임의 재설정에 따른 방위산업의 육성과 종합적 수출 정책 및 전략 수립 • 정부의 강력한 수출 드라이브 정책추진 • 적극적인 국방연구개발 활성화 • 핵심과학기술의 기반 확보
제도	• 전담기구 및 전문 인력 구비 • 지원 금융 및 재정지원 제도 구비 • 다수의 방산수출국에 전문요원 주재
정부 역할	• 총체적이고 적극적인 지원 노력 • 대통령의 강력한 의지와 국정철학

들의 해외 고위정책결정자들과의 공식·비공식적인 접촉이나 방문, 행사들을 통하여 자국의 방산수출품을 적극 홍보하는 노력은 매우 효과적이다. 우리나라의 경우에도 T-50수출을 위해 이명박 대통령이 UAE를 방문한 것처럼 해외 대형 프로젝트의 경우 최고지도자의 관심과 지원이 절실히 요망된다. 특히 가격경쟁력을 제고할 수 있도록 미국의 NRC처럼 정부가 투자한 국방연구개발비를 회수하지 않고 면제해주는 방안도 적극적으로 고려하여야 한다.

이상에서와 같이 외국의 사례 분석을 통한 한국 방산수출을 위한 시사점들을 분야별로 구분하여 요약해보면 <표 11-10>과 같다.

3. 우리나라 방산물자 및 국방과학기술 수출지원제도 현황

가. 우리나라 방산물자 및 국방과학기술 수출제도

(1) 수출예비승인과 국제입찰참가 승인

수출예비승인이란 주요 방산물자 및 국방과학기술의 수출허가를 받기 전에 구매국과의 수출 상담을 해도 좋다고 승인하는 절차를 말한다. 방산물자는 주요 방산물

1. 총포류 및 그 밖의 화력장비	2. 유도무기
3. 항공기	4. 함정
5. 탄약	6. 전차·장갑차 그 밖의 전투 기동장비
7. 레이더·피아식별기 그 밖의 통신·전자장비	8. 야간투시경 그 박의 광학·열상장비
9. 전투공병장비	10. 화생방장비
11. 지휘 및 통제장비	12. 그 밖의 방위사업청장이 군사전략 또는 전술 운용에서 중요하다고 인정하여 지정하는 물자

자와 일반 방산물자로 구분된다.[543] 주요 방산물자 종류는 〈표 11-11〉과 같다.

국방과학기술이란 군사적 목적으로 활용하기 위하여 군수품을 개발·제조·가동·개량·개조·시험·측정 등을 하는 데 필요한 과학기술(관련 소프트웨어를 포함한다. 이하 같다)로서 ① 정부가 연구개발비용을 지원한 국과연 주관 및 업체 주관 연구개발사업에 관련된 기술, ② 정부가 재실시권을 행사하는 데 제한이 없는 기술협력생산 또는 절충교역에 의하여 국외로부터 도입한 기술, ③ 정부가 외국 정부 및 외국 업체 등 외국 자본과의 국제공동 연구개발 또는 국내 업체와의 공동투자를 통해 확보된 기술, ④ 민간에서 투자하여 개발된 기술이나, 정부가 군수품 획득을 통하여 군사적 목적으로 사용되는 기술을 말한다.[544]

국제입찰참가승인이란 주요 방산물자 및 국방과학기술을 해외에 수출하고자 하는 경우 구매국의 국제입찰에 참가토록 승인하는 제도이다. 주요 방산물자 및 국방과학기술의 수출허가를 받기 전에 수출 상담을 하고자 하는 자는 수출예비승인과 국제입찰참가의 경우 방위사업청장의 승인을 얻어야 한다.[545]

---

543 방위사업법 시행령 제39조 제2항 및 동법 시행규칙 제29조.

544 방위사업관리규정 제645조.

545 방위사업법 제57조 제3항 및 방위사업법 시행규칙 제57조.

방위사업청장은 주요 방산물자의 수출예비승인 또는 국제입찰참가 승인을 함에 있어서 당해 주요 방산물자가 제3국으로의 유출에 따른 외교상 또는 안보상의 문제를 발생시킬 우려가 있는 때에는 미리 관계기관의 장과 협의하여 주요 방산물자 및 국방과학기술의 수출을 제한하거나 조정을 명할 수 있다.

방위사업청장은 수출예비승인 또는 국제입찰참가승인을 위하여 필요하다고 인정하는 경우에는 ① 수출예비승인 신청서 1부, ② 무역업신고필증사본 1부, ③ 구매국 정부 또는 그 대행기관이 발행한 구매요구서 1부, ④ 구매국의 관례상 ③의 서류 발행이 곤란한 경우에는 구매국 주재 공관장이나 무관 또는 신뢰할 수 있는 기관이 확인한 구매정보 및 이들 정보의 확보경위서 1부를 제출하도록 하고 있으며, 필요하다고 인정하는 경우에는 앞의 서류 외에 ④ 구매국 정부가 발행한 최종소비자증명서 또는 제3국 불판매보증서 1부, ⑤ 구매국 정부 또는 그 대행기관이 발행한 구매요구서 1부, ⑥ 구매국의 관례상 구매국 정부 또는 그 대행기관이 발행한 구매요구서의 서류발행이 곤란한 경우에는 구매국 주재 공관장이나 무관 또는 신뢰할 수 있는 기관이 확인한 구매정보 및 이들 정보의 확보경위서 1부, ⑦ 생산업체의 물품공급확약서 1부를 제출하게 할 수 있다.

수출예비승인 또는 국제입찰참가승인은 동일한 사항에 대하여 신청인이 2인 이상일 때에는 1인에게만 승인할 수 있다. 다만, 구매자가 구매품목의 정확한 규격을 결정하지 아니하여 2인 이상의 자가 각기 특성을 달리하는 국내생산 품목으로 신청할 때에는 2인 이상에게 승인할 수 있다.

수출예비승인의 유효기간은 승인한 날부터 1년으로 하되, 승인을 얻은 자의 상담활동 등을 평가하여 필요한 경우에는 1회에 한하여 1년의 범위 안에서 연장할 수 있다. 국제입찰참가승인의 유효기간은 당해국제입찰의 종료일까지로 한다. 다만, 당해국제입찰이 연기되는 경우 연장되는 유효기간은 1년을 초과할 수 없다.

(2) 수출허가

주요 방산물자 및 국방과학기술의 수출허가를 받으려는 자는 방위사업청장에게, 일반 방산물자의 수출허가를 받으려는 자는 지식경제부장관에게 각각 방산물자 및 국방과학기술의 수출허가신청서에 ① 수출신용장, 수출계약서, 주문서, 수출가계약서(의향서 및 이에 준하는 서류를 포함한다) 중 1부, ② 최종사용자증명서 1부, ③ 수출품목의 성능과 용도를 표시하는 설명자료 1부, ④ 대한민국 소유의 기술을 사용하는 물자의 수출이나 해당 기술을 직접 수출하는 경우에는 기술보유기관과 체결한 기술이전계약서 1부, ⑤ 수출하는 데 외국 정부의 동의나 허가가 필요한 경우에는 해당 국가로부터 받은 동의서 또는 허가서 1부, ⑥ 국방과학기술을 수출하는 경우에는 해당 기술의 수출에 따른 국내외의 파급효과 설명서 1부를 첨부하여 제출하여야 한다.[546]

구매국과 수출 상담을 위해 주요 방산물자의 견본이 필요한 경우에는 주요 방산물자의 견본을 수출하기 위하여 방위사업청장의 승인을 받아야한다.

지식경제부장관 또는 방위사업청장은 방산물자 및 국방과학기술을 수출하는 때에 구매국 정부로부터 계약이행 및 품질에 대한 보증요청이 있는 경우에는 이에 응할 수 있다.

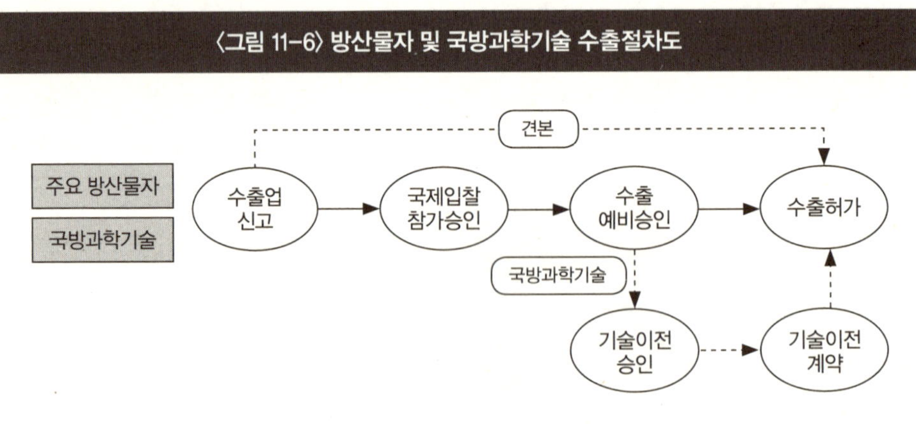

출처: 국방기술품질원, 「효율적인 방산수출 통제체계 구축방안 연구」, 서울: 경성문화사, 2010.11, p.82.

---

546 방위사업법 시행규칙 제56조.

방산물자 및 국방과학기술 수출절차는 〈그림 11-6〉과 같다.

방위사업청장은 ① 국제평화·안전유지 및 국가안보를 위하여 필요한 경우, ② 주요 방산물자 및 국방과학기술의 수출로 인하여 외교적 마찰이 예상되는 경우, ③ 외국과의 기술도입협정 또는 전략물자의 수출통제와 관련하여 정부 간에 체결된 협정을 준수하기 위하여 필요한 경우, ④ 주요 방산물자 및 국방과학기술을 수출하는 국내 업체 간의 과당경쟁으로 인하여 국익 손상이 우려되는 경우, ⑤ 품질보증을 받지 아니하였거나 불합격 품목을 수출하는 경우, ⑥ 방산물자의 수출에 따른 후속군수지원에 장애가 발생할 우려가 있는 경우에는 주요 방산물자 및 국방과학기술의 수출을 제한하거나 조정을 명할 수 있다.[547]

방위사업청장은 방산물자와 국방과학기술의 수출 진흥을 위해 ① 수출하는 방산물자 등에 대한 조세감면, ② 방산물자 등의 수출에 따라 구매국이 반대급부로 요구하는 대응구매 및 기술이전, ③ 해외진출 방산업체 및 방산물자 등의 생산업체의 애로사항 조사와 그 해결을 위한 지원, ④ 민간통상협력 및 산업협력, ⑤ 교육훈련 및 홍보지원 등의 조치를 취하거나 관계 행정기관의 장에게 필요한 조치를 하여 줄 것을 요청할 수 있으며,[548] 또한 방위사업청장은 ① 수출 진흥을 위한 국내외 전시회 또는 학술회의의 개최 및 참가 등에 따른 경비의 지원, ② 수출 전문인력 양성을 위한 교육비용의 지원, ③ 수출교섭을 위한 구매국 방문 및 구매국 주요 인사의 초청방문에 대한 지원 등의 사항에 대해 지원을 할 수 있다.

방산물자를 수출하려는 자가 후속군수지원 업무관리 조치를 받으려 할 경우에는 ① 수출의 개요 및 범위, ② 구매국 정부가 요청한 후속군수지원 범위, ③ 수출업체의 후속군수지원계획(부품 단종(斷種) 대비계획을 포함한다), ④ 정부나 관계기관에서 지원하여야 할 대상, 시기 및 지원에 소요되는 장비나 그 대가의 상환방법 등의 사항이 모두 기재된 수출 후속군수지원 종합관리계획서를 방위사업청장에게 제출하여야

---

547 방위사업법 제57조제4항.

548 방위사업법시행령 제58조.

한다.[549] 외국 정부나 방산수출업체가 수출용 방산물자 등의 개조·개발에 대한 기술지원을 요청할 때에는 기술보유기관은 기술이전과 함께 기술지원을 할·수 있다.

(3) 우리나라 방산물자 및 국방과학기술 수출현황

최근 10년간 방산물자 수출실적은 〈그림 11-7〉과 같다.

2003년 이전까지 2억 달러 내외를 유지하던 방산수출이 2004년 인도네시아에 대한 상륙정(1.5억 달러) 수출계약이 체결된 것에 힘입어 4.2억 달러로 대폭 증가하였다. 특히 방위사업청 개청 이후 2007년도는 터키에 기본훈련기(3.5억 달러), 파키스탄에 155mm 화포 탄약류(1억 달러) 등의 수출계약으로 2004년도 대비 2배인 8.4억 달러 수준에 이르고 있다. 2008년도에는 최초로 10억 달러를 돌파하였다. 특히 2008년 7월 28일에 3.3억 달러 규모의 '한·터키 전차개발기술협력' 수출계약을 체결한 것은 우리 방산분야의 첨단기술력을 세계시장에서 인정받는 계기가 되었다. 2009년도에는 약

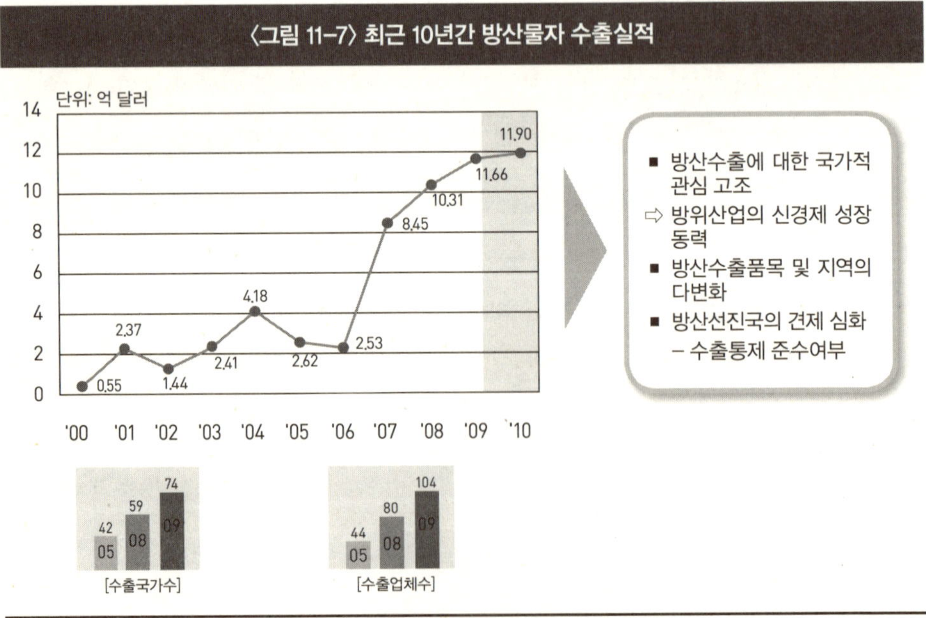

출처: 국방기술품질원, 전게서, p.1.

---

[549] 방위사업법 제44조 및 동법시행령 제58조, 동법시행규칙 제36조의 2.

11억 7,000만 달러, 2010년에는 방산수출 실적이 사상 최대치인 11억 9,000만 달러를 기록한 것으로 집계되었다.

방산수출업체도 2005년도에는 44개 업체, 2008년도에는 80개 업체, 2009년도에는 104개 업체로 증가하였으며, 방산수출 대상국가도 2005년도에는 42개 국가, 2008년도에는 59개 국가, 2009년도에는 74개 국가로 확대되었다.

앞으로도 T-50 고등훈련기, 잠수함 등 대형 사업들에 대한 수출 상담이 추진 중에 있어 2010년에 사상 최대의 수출액을 돌파한 것을 고려할 때 방산물자 및 국방과학기술에 대한 수출은 지속적으로 증대될 것으로 기대된다.

나. 방산물자 교역센터 설립 운영

국방부는 방산물자 수출을 통해 국내적으로는 방위산업 기반을 충실히 유지하면서 군이 조달하는 방산물자의 품질향상 및 구매단가 인하로 인한 국방예산 절감, 고용창출, 무기체계 국산화와 방위산업의 선순환적 구조형성 등 국가경제에 미치는 파급효과를 극대화하는 한편 대외적으로는 방산물자 수입국에 대한 영향력을 증대시킬 수 있도록 노력하고 있다.

2006년 1월 1일 방위사업청은 개청과 함께 주요 선진 방위산업국가의 방산물자 수출지원정책을 면밀히 검토하고, 그 검토결과를 방산물자 수출정책에 반영하여 추진하고 있다. 우리나라 방산물자 수출지원제도는 다음과 같다.

(1) 방산물자 수출지원체계

세계 방위산업시장에서 한국의 방산물자 수출활성화와 이를 통한 경제성장에 기여하기 위해 국방부, 방위사업청, 지식경제부 등 관련 부처와 무역보험공사, 수출입은행 등 금융기관, 그리고 글로벌 수출 네트워크를 보유하고 있는 KOTRA가 참여한 범정부 조직인 방산물자교역센터(KODITS)가 2009년 10월 15일 출범하였다.

설립배경으로는 2009년 2월 방산물자에 대한 한국의 협상력을 강화하고 수출촉진을 위해 방산물자 수출을 지원하는 상설조직의 필요성이 제기되었다. 그 이유는

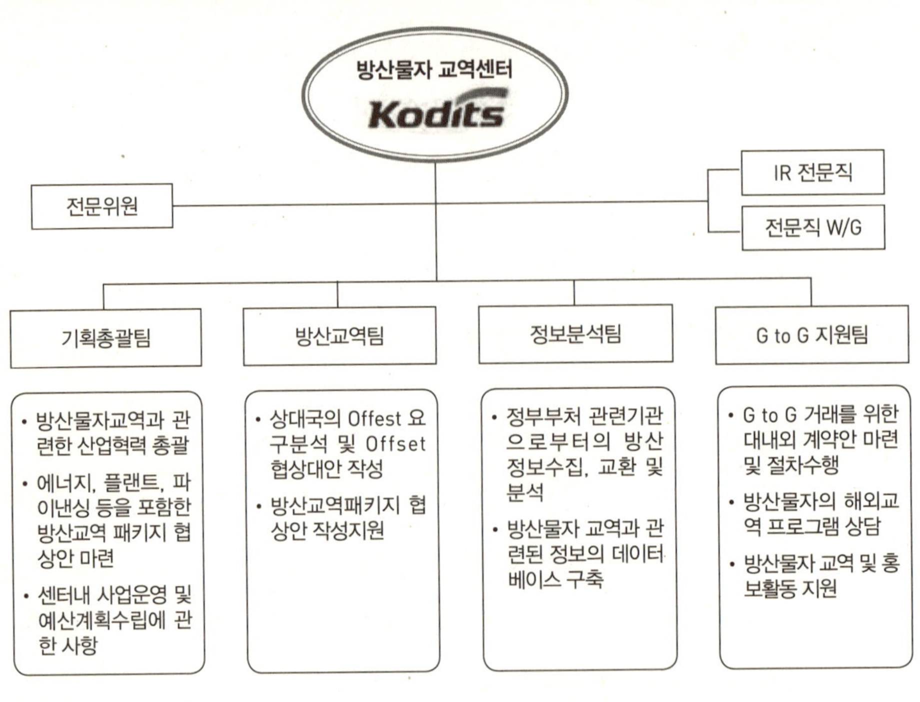

출처: http://www.Kodits.go.kr/org.do?act=page(검색일: 2011.10.29)

방산물자 수출상대국이 원전·플랜트 등과 연계한 패키지 딜(package deal),[550] 정부 간 거래(G2G),[551] 민수분야 절충교역(offset) 등을 요구하고 있어 정부와 민간분야 간 연계 없이는 방산물자 수출이 어렵다는 공감대가 형성되었기 때문이다. 또한 방위산업을 차세대 성장동력으로 육성하기 위해서는 방산물자의 해외수출 확대가 필수적이나, 기존 정부의 수출시스템으로서는 다변화된 방산시장 수요에 능동적·효과적으

---

[550] 패키지 딜(package deal): 방산물자를 플랜트·원전 등과 package하는 거래를 말하며, 일반적으로 자금사정이 어려운 국가가 방산물자 수입대금을 지원, 기반시설에 대한 운영권으로 대체하고자 하는 경우에 제한한다.

[551] G2G 거래: 정부 대 정부 간 거래를 말하며 방산물자 수입국이 대내외 신뢰성 확보를 위해 정부가 거래 당사자가 되거나 정부 차원의 보증을 요구할 때 KOTRA가 정부의 위탁을 받아 거래 당사자로 계약을 이행하게 된다.

로 대응하는 데 한계가 있었기 때문에 재정경제부의 제안으로 방위산업 수출업체를 종합 지원하는 인프라 구축에 인식을 같이하게 되었고, 대통령 훈령 제258호로 '방산물자 등의 교역지원에 관한 규정'이 제정·공포되었다.

방산물자 교역지원센터의 조직과 임무는 〈그림 11-8〉과 같다. 방산물자 교역센터(Kodits)는 '효율적인 방위산업 수출지원을 통한 방위산업의 신성장 동력화'를 미션으로 하고 T/TA-50, 전차, 함정 등 주요 방산물자 수출확대를 통해 2015년 까지 G8 방위산업 수출 선진국에 진입하며, 2020년에 방위산업 수출 50억 달러를 달성한다는 목표를 수립하였다. 이러한 목표 달성을 위한 추진방향으로, 첫째 수출유망 프로젝트별 지원대책을 수립하고, 둘째 다양한 구매국의 요구조건이나 거래방식에 부응하는 제도정비 및 협상안을 마련하며, 셋째 방산물자 해외마케팅 사업을 전개하고, 마지막으로 방산수출 관련 정보 수집·분석 및 제공을 하는 데 두었다. 방산물자 교역센터는 상시조직으로 센터장이 전문위원 및 4개 팀, 그리고 프로젝트별로 WG(work group)를 편성·운영하고 있다.

(2) 방산물자의 패키지 딜을 요구하는 경우 협상안 지원

패키지 딜은 다양한 제품 및 설비와 서비스를 결합한 거래를 말한다. 예를 들면 재정·운용이 곤란한 국가에 대해서 방산물자 수출대금을 구매국의 주요 광물자원·유전개발권 등으로 연계하여 회수하거나 사회 기반시설에 대한 장기 운영권 확보로 대체하는 거래이다.

주로 중동·남미·동유럽 등의 국가의 경우 방산물자 수입을 희망하고 있으나 자금능력 부족 등을 이유로 원전, 플랜트 등 에너지·자원협력 및 산업협력 기타 기술협력, 정부 간 계약(G to G)을 포괄한 패키지 딜을 희망하고 있다.

이를 위해 정부는 주요 프로젝트별 WG(working group)를 구성하고, 민간부문의 절충교역 분야를 포함하여 구매국 정부가 선호하는 일반 산업협력, 플랜트 건설, 파이낸싱 지원방안 등을 일괄 구조화한 협상안을 종합적으로 설계하여 지원하게 된다. 필요할 경우 군수물자에 대한 직접 절충교역 사업이 포함될 수 있다.

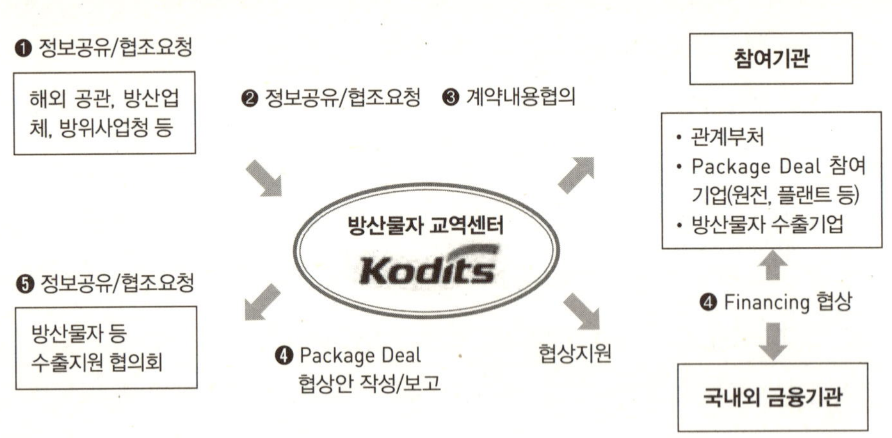

출처: 방산물자교역 지원센터 홈페이지(검색일:2011.10.29)

〈그림 11-9〉는 패키지 딜 추진절차를 나타낸 것이다.

(3) 방산물자 수출을 위한 절충교역 협상 지원

절충교역(Offset)은 방산물자를 수출·입하는 경우 계약자에게 기술이전이나 상대국의 무기장비 또는 부품 수입 등 급부를 제공할 것을 조건으로 하는 교역으로서 〈표 11-12〉와 같이 직접절충교역(Direct Offset)과 간접절충교역(Indirect Offset)으로 구분된다.

〈표 11-12〉 절충교역의 구분

Direct Offset	구매하는 당해 방산물자와 직접 관련 있는 조건부 교역으로 현지생산, 설계기술, 부품의 생산 및 정비관련 기술이전과 운용관련 장비도입 또는 구매국의 특정 방산제품 구매 및 공동 R&D 등 구매국 정부 요구분야
Indirect Offset	당해 방산물자와 직접 관련 없는 조건부 교역으로 민간분야 기술이전 등 산업협력, 일반상품 수출·입, 공기업 민영화 참여, 민간투자 등 구매국에서 전략적으로 요구하는 물자

출처: 방산물자 교역지원센터 홈페이지(검색일:2011.10.29)

　방산물자 교역지원센터는 방산물자 수출을 위하여 다음과 같은 절충교역 지원업무를 수행한다.

　먼저, 수출대상국가의 전력구조와 절충교역제도 분석을 통해 절충교역대상을 식별하고 협상(안) 작성을 지원한다.

　둘째, 개별 사업단위 절충교역 사업에 대한 추진전략을 수립하고 협상기간 중 지원업무를 담당한다.

　셋째, 절충교역 제안 요청서를 검토하고 절충교역 지원분야를 판단하며, 이에 대한 관계기관 협의를 실시한다.

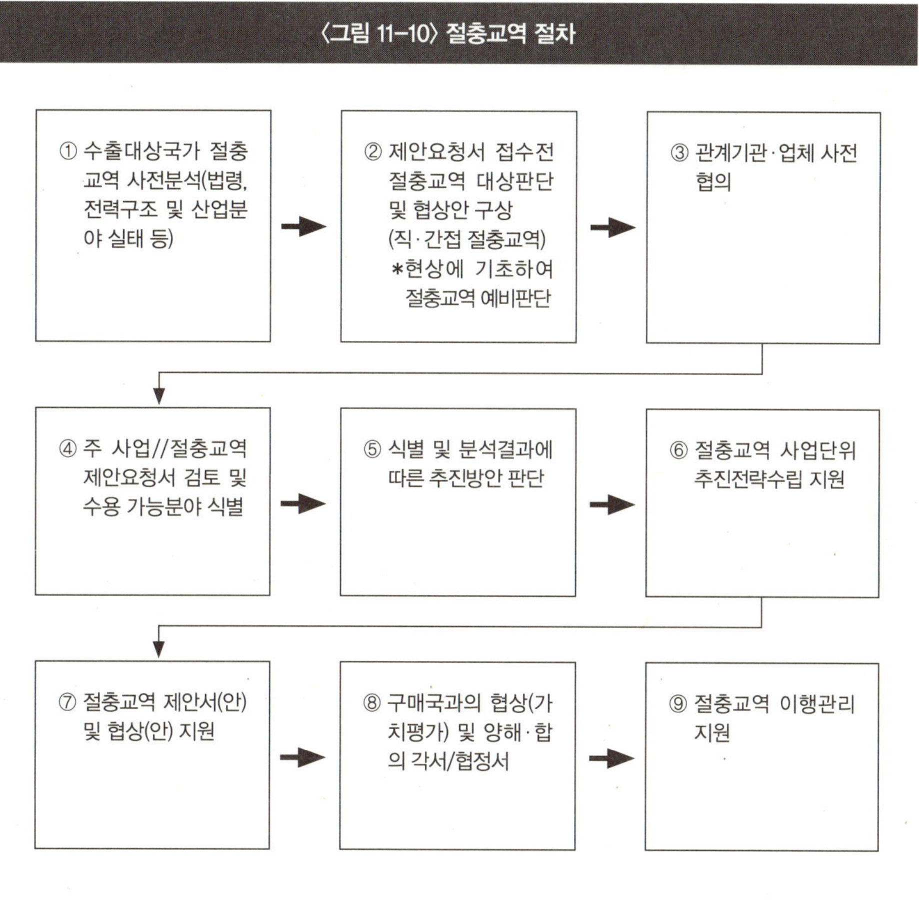

<그림 11-10> 절충교역 절차

출처: 방산물자교역지원센터 홈페이지(검색일:2011.10.29)

넷째, 관계기관과 협의를 통해 절충교역 요구내용의 수용가능성 여부를 분석하고 시행한다.

다섯째, 기타 정부 차원의 절충교역 관련 업무를 지원하며 협정을 체결하고 이행 관리를 간접 지원한다.

국가별 관심분야가 상이한 절충교역 요구에 대해서는 수출대상국별 경제성 등에 대한 분석을 강화하고 관련 동향 파악 등 면밀한 정보를 수집하여 정부 차원의 전략적 협상안을 마련하여 방산수출업체에 제시함으로써 효과적 수출추진을 도모한다.

절충교역을 위한 주요 절차는 〈그림 11-10〉과 같다.

(4) 방산물자 수출을 위한 정부 대 정부(G to G) 간 거래 계약 업무 수행

G to G 거래는 정부 또는 정부기관이 업체를 대신하여 계약당사자로 외국 정부와의 방산수출 거래를 대행하는 것을 말하며, KOTRA는 정부로부터 계약업무에 관한 권한을 위임받아 구매국 정부와 정부 대 정부 간 거래를 이행한다.

주요 절차는 〈그림 11-11〉과 같다.

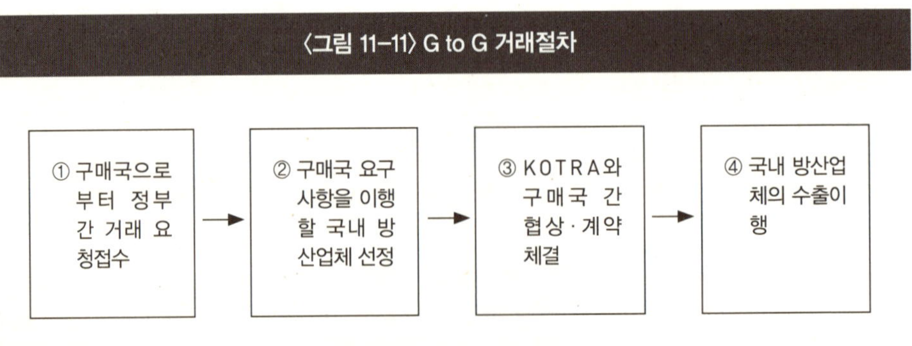

〈그림 11-11〉 G to G 거래절차

출처: 방산물자교역지원센터 홈페이지(검색일:2011. 10. 29)

(5) 방산수출 파이낸싱 지원방안 마련

방산물자 교역지원센터는 방산수출 촉진을 위해 다양한 파이낸싱 방안을 마련하여 자원활동을 하고 있다.

방산수입국은 통상 구매금액의 대부분을 방산수출국에 파이낸싱을 요청하므로 수출 프로젝트별 파이낸싱을 위해 맞춤형 금융지원 전략안을 마련하여 협상 카드로 활용한다.

특히 동남아나 남미 등의 경우 방산수입국이 보유하고 있는 자원을 활용하여 수출대금화하는 방안을 강구하는 등 방산 파이낸싱에 대한 금융기관의 리스크를 보전하는 방안을 개발하고 있다.

방산물자 수출을 위한 파이낸싱 지원절차는 〈그림 11-12〉와 같다.

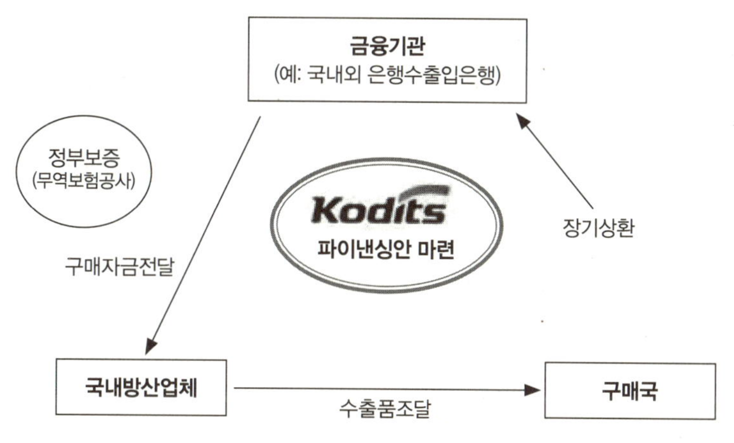

〈그림 11-12〉 방산물자 수출 파이낸싱 절차

출처: 방산물자교역지원센터 홈페이지(검색일:2011.10.29)

(6) 기타 방산수출 마케팅 등 지원활동 지원

방산물자 교역센터는 방산수출 촉진을 위한 마케팅 등 지원활동도 하고 있다.

방산물자 교역센터는 각국의 방산물자 획득인사 및 조달 에이전트에 대한 D/B (Datebase) 체계를 구축하고, 구매정보 등을 조사하여 방산 수출업계에 자료를 제공한다. 또한, 해외 주재기관(국방 군수무관, 방산협력관, KOTRA, 방산업체 등)으로부터 방산물자 교역 관련 정보를 수집하고, 방산수출 마케팅 사절단 파견 및 타깃 지역 주요 방산전시회와 연계한 제품 홍보설명회 및 수출상담회를 개최한다. 그리고 방산수출 유망국의 주요 인사(의사결정 참여자) 및 친한 인사의 방한을 유치하여 주요 기업 생산현장 견학 및 무기체계 시승기회를 제공하는 등 제품의 우수성을 생산현장에서 홍보한다.

다. 방산수출입지원 정보체계

방산수출입지원 정보체계란 방산수출 관련 최신 정보와 관련 민원업무를 온라인상으로 수출계획부터 사후관리까지 일괄처리(One-Stop)할 수 있도록 한 방산수출입관

〈그림 11-13〉 방산수출입지원체계 업무처리 절차

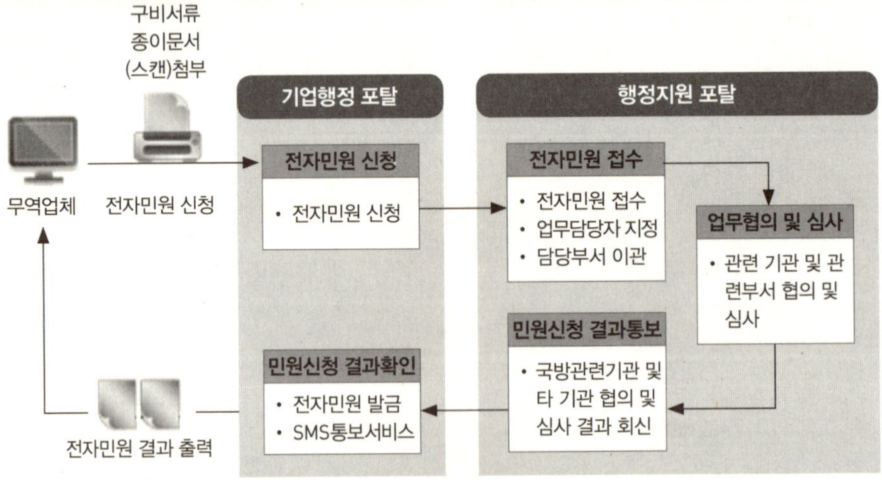

출처: 방위사업청, 『방위산업진출정책』, 서울: 대한기획인쇄, 2010.1, p.46.

련 민원행정서비스를 제공하는 체계(홈페이지 http://www.d4b.go.kr)를 말한다. 방산수출입지원 정보체계 1단계 구축사업 체계는 2009년 12월 31일 개발 완료하였고 체계운용 중에 있다. 방산수출입지원 정보체계의 주요 내용을 보면 방산물자 수출업 또는 중개업 신고, 국제입찰참가승인, 수출예비승인, 수출허가 등 수출통제 및 허가업무를 일괄처리하고 있으며 현재 구축되어 있는 관세청(UNI-PASS), 지식경제부(uTradeHub) 등 관련 기관의 시스템과 연계하여 통관, 선적현황 등에 맞는 정보를 제공하고 있다. 방산수출입지원 정보체계를 통한 업무처리절차는 〈그림 11-13〉과 같다.

방산수출입지원 정보체계는 방산 수출전략 수립 및 수출입 현황분석 등을 위한

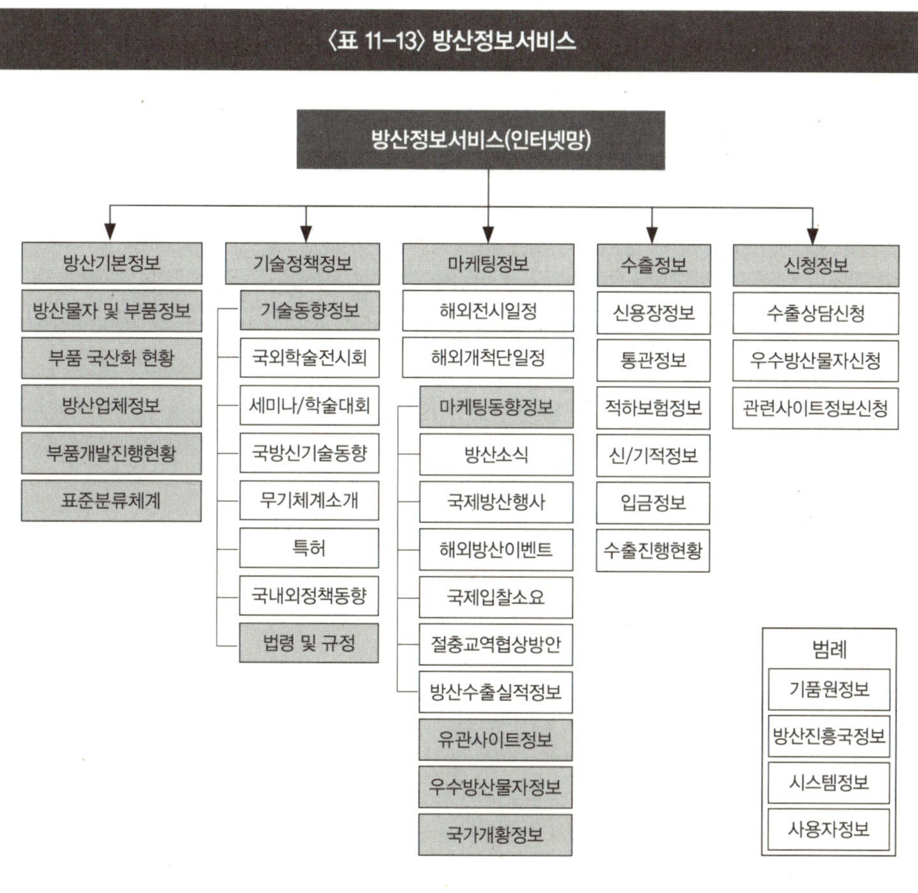

〈표 11-13〉 방산정보서비스

출처: 방위사업청, 전게서, p.47.

방산물자 수출입 통계자료를 제공하고 수출 무기체계 정보, 해외시장 동향, 해외입찰 정보 등 수출지원을 위한 각종 정보를 지원하며, 방산물자 수출입승인 처리절차, 전략물자 사전판정, 각종 법률 및 신청서류 양식 제공과 같은 방산 수출 정보서비스를 제공한다. 방산정보서비스는 〈표 11-13〉과 같은 정보를 제공하고 있다.

라. 정부 대 정부 간 판매제도

정부 대 정부 간 판매제도란 구매국들이 그동안 꾸준히 요청해오던 교역방식이다. 콜롬비아, 페루 등 일부 구매국은 방산물자의 안정적 구매를 위한 정부 간 계약체결을 요구해왔으나 우리 정부가 계약당사자로 되는 경우에는 업체 도산 및 채무 불이행 시 정부의 책임 문제 등 법률적·제도적인 문제점이 발생할 소지가 컸다. 이에 따라 방위사업청은 우리 실정에 맞고 실현 가능한 제도를 위해 법적·제도적 검토를 실시하고 대안을 마련했다. 이른바 G2G(government to government) 제도를 우리 실정에

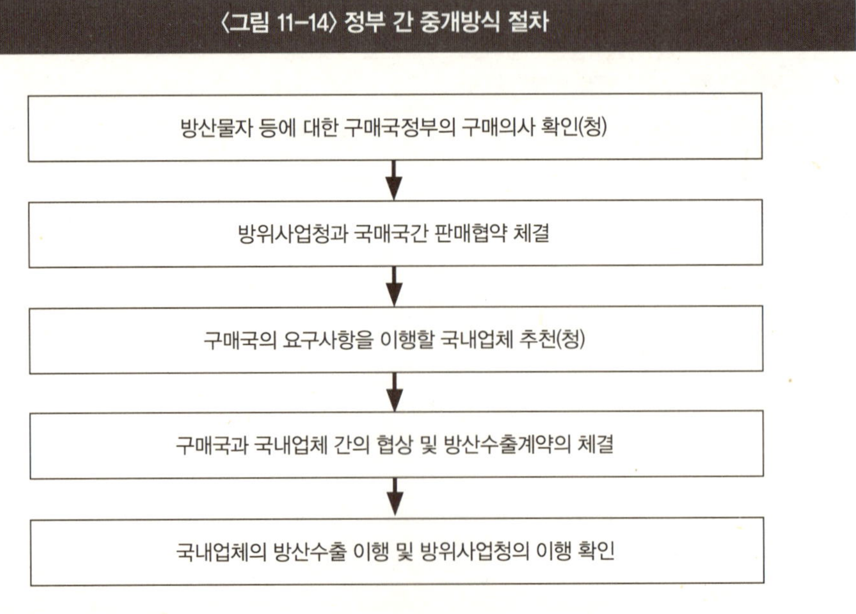

〈그림 11-14〉 정부 간 중개방식 절차

출처: 방산물자 등의 정부 간 판매에 관한 규정 제3조

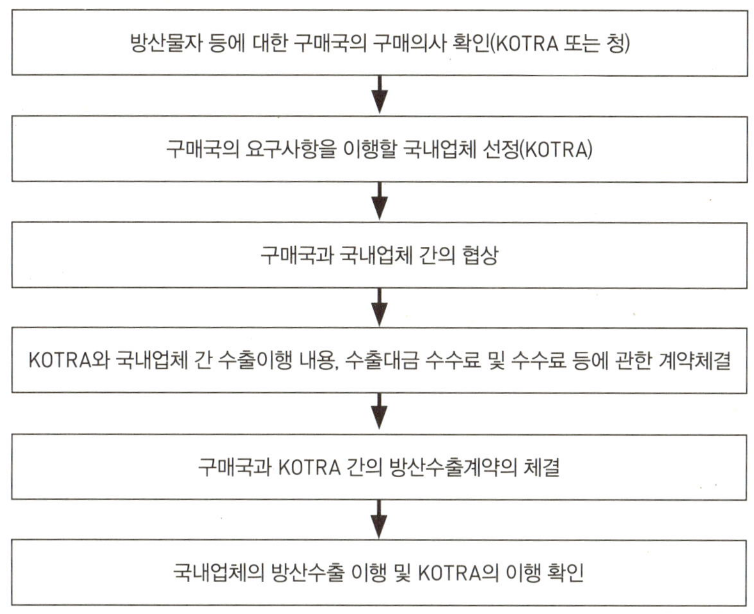

출처: 방산물자 등의 정부 간 판매에 관한 규정 제6조

맞도록 정비한 것이다. 정부 간 판매제도는 방위사업청 또는 대한무역투자진흥공사(KOTRA)가 구매국 정부를 상대로 국내업체의 방산수출을 중개하거나 대행하는 것을 말한다. 정부 간 판매제도는 '정부 간 중개방식'과 '정부 간 거래방식'의 두 가지 방식이 있다. 첫째 '정부 간 중개방식'은 방위사업청이 구매국의 요구사항을 이행할 업체를 추천하고 관리하는 방식을 말하며, 둘째 '정부 간 거래방식'은 KOTRA가 구매국 정부와 직접 계약을 체결하는 방식을 말한다.

그동안 방위사업청은 우리 실정에 맞는 G2G의 도입을 위해 연구용역, 관련 기관 의견수렴 및 협조체계 구축 등을 거쳐 '방산물자 등의 정부 간 판매에 관한 규정'(대통령 훈령)을 제정('09.11.10)하여 정부 간 판매에 관한 표준절차와 지원내용을 규정하였다. 또한 지식경제부와 협조하여 KOTRA 내에 방산물자 교역지원센터를 설치('09.10.15)하여 정부 간 판매를 실무적으로 지원하고 있다.

정부 간 판매절차를 그림으로 표시하면 정부 간 중개방식은 〈그림 11-14〉, 정부 간 거래방식은 〈그림 11-15〉와 같다.

이와 같이 구매국들의 요구사항을 충족시킬 수 있는 법적·제도적 근거가 마련됨에 따라 방산수출 활성화에 크게 이바지할 것으로 기대된다.

마. 중소기업 방산수출시장 개척지원

방위사업청은 중소기업체가 해외시장을 개척하여 방산물자 수출 활성화에 기여할 수 있도록 수출유망 중소기업 제품을 발굴하고 수출촉진을 위한 마케팅 활동을 지원하고 있다.

수출유망 중소기업 제품 발굴 및 홍보 지원이란 중소기업에서 생산한 제품 중 수출이 유망한 제품을 선정하여 정부가 해외 홍보를 지원하는 사업으로 자력 마케팅 능력이 부족한 초보기업이 조기에 수출기업으로 성장할 수 있도록 정부가 기업의 해외 마케팅 활동을 지원하는 것이다. 방위사업청은 수출유망 중소기업 제품을 선정하게 되는데 대상업체는 방산물자, 일반군수품을 생산(제조)하는 중소업체이며, 대상품목은 군용물자 물품, S/W 등이다.

수출유망 중소기업 제품 선정기준은 하나 이상에 해당하는 경우로 중소 군수업체 품목으로 해외 홍보 시 수출 경쟁력이 있는 품목, 국제적 관심사인 환경오염, 에너지 효율 등에서 유리한 품목, 해당 품목의 수출에 따른 파급효과(후속수출 등)가 기대되는 품목, 수출실적이 있는 품목으로 홍보 시 타 국가 수출이 용이한 품목 중 하나 이상에 해당될 경우이다.

수출유망 중소기업 제품 홍보를 위해 카탈로그나 CD 및 동영상을 매년 제작하여 국방/군수무관, 재외공관 관계관, KOTRA 해외지사에 발간물을 배포하고, 방위사업청 '방산수출입지원 정보체계'에 게시하면, 각종 전시회 및 청 해외출장 시 홍보자료로 활용하고 있다.

참고로 2009년도 품목 발굴 및 홍보실적은 〈표 11-14〉와 같다.

분야 합계	탄약	해군장비	무인감시	통신전자	광전자	화생방	기타
68	3	10	5	15	9	4	22

〈표 11-14〉 2009년도 수출유망 중소기업 발굴 및 홍보실적

출처: 방위사업청, 전게서, p.50.

바. 방산수출 후속군수지원제도

방산수출 후속군수지원이란 구매국 또는 수출업체의 요청에 따라 기업이 수출한 방산물자 등에 대한 운영유지를 위하여 정부 차원에서 구매국을 대상으로 군수물자(관련 지원장비, 수리부속 포함), 군수시설, 군수인력 등 군수지원요소를 지원하는 것을 말한다. 후속군수지원의 범위는 기본적으로 〈표 11-15〉 종합군수지원 11대 요소를 포함한다.

방위사업청은 방산수출업체가 수출한 방산물자에 대한 후속군수지원이 용이하도록 방위사업법령을 개정하였다. 즉 방산수출 후속군수지원 근거 마련을 위해 방위사업법 제44조(방산물자 등의 수출지원) 3항을 신설하여 방위사업청장은 외국 정부 및 수출업체의 요청에 따라 후속군수지원 업무관리를 조치 가능토록 하였고, 이를 위한 업무처리절차 마련을 위해 시행령 제58조(수출지원을 위한 조치 등) 3항, 4항 및 제68조(수출규제) 6항을 신설하여 방산수출 후속군수지원 요청에 따라 방위사업청장은 관계 행정기관과 협의·협조하여 필요한 조치를 시행할 수 있도록 하였고, 관계 행정기관은 요청사항을 검토하여 고유 업무 수행에 지장이 없는 한 지원토록 규정하였다. 또

〈표 11-15〉 종합군수지원요소

1. 연구 및 설계반영	2. 표준화 및 호환성	3. 정비계획(정비지원)
4. 지원장비	5. 보급지원(수리부속 등)	6. 군수인력운영
7. 군수지원교육	8. 기술교범	9. 포장, 취급, 저장 및 수송
10. 정비 및 보급시설	11. 기술자료 관리	

출처: 이윤철 외, 전게서, p.95.

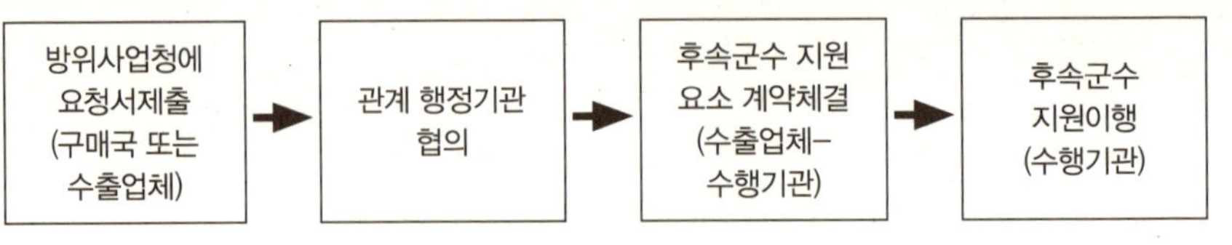

한 보다 체계적이고 효율적인 업무추진을 위해 '방산수출 후속군수지원에 관한 지침'을 제정하였다. '방산수출 후속군수지원에 관한 지침'의 주요 내용으로는 수출업체와 관계 행정기관은 현 지원능력 및 향후 획득계획을 고려하여 '방산수출 후속군수지원 종합관리계획서'에 의거 지원 범위, 시기 등을 결정하고, 후속군수지원 이행단계 시 정부에서 지원해야 할 후속군수지원요소별로 계약서(또는 협정서)를 체결하여 지원하며, 원활한 후속군수지원을 위해 방위사업청이 지원업무에 대한 협조 및 관리감독을 하도록 하였다.

방산수출 후속군수지원 절차는 〈그림 11-16〉과 같다.

방산수출업체는 방산수출 후속군수지원 요청서 제출 시 업체 자체 후속군수지원 계획 및 정부지원 요청사항을 포함하는 종합관리계획서를 마련하여 제출한다. 이와 같이 방산업체와 구매국 정부 간의 협력적 후속군수지원체계가 구축되면 지속적인 방산수출 후속군수지원 소요가 창출됨에 따라 수출경쟁력 제고뿐만 아니라 국내 방산업체의 경영기반을 건실하게 함으로써 방산수출시장 확대에 기여할 수 있을 것으로 기대된다.

사. 국제방산전시회 참가지원

국내 방산업체가 국제방산전시회에 참가할 경우 발생한 경비에 대해서는 원가로 인정(방산업체)하거나 경비의 일부를 국고보조금으로 지원(일반업체)한다.

국제방산전시회 참가지원사업의 대상이 되는 국제방산전시회는 방위사업청장이

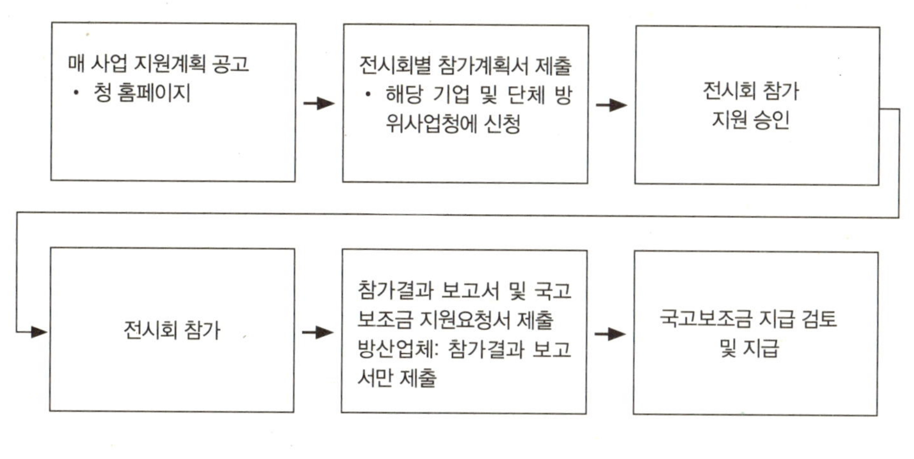

지원을 인정한 국제방산전시회로 방위사업청은 국제방산전시회 개최 전년도에 방산업체 및 일반업체를 대상으로 참가 소요조사를 실시하고, 소요조사를 기초로 수출성사 가능성, 신규시장 개척분야 및 예산 등을 고려 지원대상 전시회를 선정하고 국고보조금 지원방침을 작성하게 된다. 2009년을 기준으로 참가하는 전시회별 국고보조금 지원내용을 보면 직접경비는 임차료(60㎡)의 80%, 설치비(60㎡)의 80%, 운송비의 80%를 간접경비는 항공료의 80%, 숙박비의 80%를 지원한다. 지원내용 및 한도액은 매년도 예산 및 업체 참가규모에 따라 변동된다. 지원대상 선정기준은 전시회 참가 물품의 경우 지정방산물자, 국방과학기술 포함 물자, 군용전략 물자, 군수품(국내외 국방관서 및 군에서 구매/사용) 여부이다.

국제방산전시회 참가지원 요청절차는 〈그림 11-17〉과 같다.

4. 우리나라 방산수출 활성화 방향

최근 들어 우리나라의 방산물자 수출이 두드러진 성과를 보이고 있다. 2008년에 10억 달러를 달성한 이후 2009년도에는 11.7억 달러, 2010년에는 11.9억 달러로 매년 성장세를 보이고 있다. 2011년에는 인도네시아의 잠수함 사업에 대우조선해양이 우선협상 대상자로 선정되어 수출협상을 진행하고 있어 좋은 성과가 예상된다. 방산물자 수출은 구매국의 정치, 경제 및 예산에 좌우되는 경향이 심하여 수출이 성사되기까지는 많은 시간과 비용이 소요된다. 방위사업청은 2012년 1월 12일 보도를 통해 세계시장 규모, 국내 기술수준, 산업연관효과 등을 고려해 휴대용지대공 유도무기 신궁, T-50 고등훈련기, KT-1 기본훈련기, K-9 자주포, 군수지원함을 방산수출 5대 수출전략품목으로 선정하고 수출확대를 위해 역량을 집중하겠다고 밝혔다.[552]

전략품목으로 거론된 무기 중 4개 품목은 이미 수출실적이 있다. T-50 고등훈련기는 인도네시아, KT-1 기본훈련기는 인도네시아와 터키, K-9 자주포는 터키에 각각 수출한 사례가 있고 군수지원함도 이미 1990년대부터 여러 나라에 수출된 품목이다. 신궁은 명중률이 높고 외국의 유사 무기와 비교해 가격경쟁력이 높아 앞으로 수출 가능성이 크다는 것이 방사청의 평가다. 특히 유도무기 수출은 잠수함 수출만큼 상징성이 높아 앞으로 신궁 수출이 성사될 경우 한국의 방산기술을 과시할 수 있는 계기가 될 전망이다. 이 밖에 차기전차 XK-2, 함대함 유도무기 해성, 차기보병전투장갑차와 함정류 등이 앞으로 유망한 수출품목이다. 방산물자 수출은 방산물자 생산을 위해 획득한 국방과학기술도 함께 이전되므로 기술료 수입도 증대될 전망이다.

방산물자 수출은 국가적으로 중요한 의미를 지닌다. 방산수출은 국내적으로는 정부가 부담해야 할 방산기반의 유지비용과 조달비용을 절감하고 수백 개에 이르는 관련 업체의 매출증대와 직결된다. 또한 국제적으로는 방산수출이 국가의 영향력을 높이는 계기가 된다. 방산장비 수입국들은 수입 장비를 운용하는 동안에 수출국에 군사교리와 군수지원 등을 의존하게 됨으로써 수출국의 입지가 강화되기 때문이다.

스웨덴 국제평화연구소(SIPRI)의 조사에 따르면 한국의 세계방산시장 점유율은

---

552 양낙규, "방산수출 5대 품목 선정, 수출전략 새로 짠다", 아시아경제(www.asiae.co.kr, 검색일: 2012.12)

1.2% 수준으로 약 80%를 차지하고 있는 미국, 러시아, 독일, 프랑스, 영국 등 선진 방위산업국가에 비하면 아주 저조한 상태라 할 수 있다.[553] 우리나라가 세계 수출시장에서 11위 수출국임을 감안할 때, 이와 같은 방산물자 수출의 위상은 아직 미미한 수준이다.

우리나라 방산수출이 국가경제적 위상에 걸맞은 수준으로 도약하기 위해서는 방산물자 수출을 활성화하여야 하며, 이를 위한 발전방안을 다음과 같이 제시한다.[554]

첫째, 정부는 현재까지 구축된 우리의 방산기반과 군사력 건설소요를 고려하여 방산기반 발전을 위한 중·장기적 청사진을 만들고 방산분야별 수출전략을 수립하여야 한다. 방산물자 수출은 완성 장비수준에서 추진해야 할 분야와 구성품 또는 부품 수준에서 추진해야 할 분야를 구분하여 장비별 제품수명 주기별 수출전략을 수립하여야 할 것이다.

둘째, 국방연구개발의 기획단계부터 수출과 국제협력을 고려하여야 한다. 정부는 연구개발 기획단계에서 내수와 수출시장을 동시에 겨냥한 융통성 있는 성능 설정, 목표가격 등을 도출하고, 우방국과의 국제 공동개발의 파트너를 물색하여야 한다. 미국이 합동전투기(JSF) 개발기획 당시 다수의 우방국을 협력 파트너로 유치한 것은 그 좋은 예이다. 우리가 개발을 주도할 입장이 아니라면 JSF에 참여하는 국가들처럼 외국 주도 협력사업에 참여하는 것도 수출기회 확보의 방식이 될 수 있다. 또 방산업체는 단순한 방산장비의 수출보다는 기술개발 및 마케팅 협력, 부품조달 협력, 합작투자 등을 통한 장기적 관점에서의 국제협력을 적극적으로 추진하여야 한다.

셋째, 정부 차원의 방산수출 전담조직을 설치하여야 한다. 방산장비의 국외 수요자는 구매국 정부나 군이므로 방산업체가 이들과 접촉하면서 마케팅을 하는 데는 한계가 있다. 지금까지 국방부를 비롯한 방위사업청, 군, 국방과학연구소와 업체의 공동 노력에 힘입어 상당한 수출성과를 거두고 있는 것도 사실이나 보다 효율적인 방

---

553 SIPRI, Yearbook 2011, Armament, Disarmament and International Security, (Oxford University Press, 2011), pp.12-14.

554 한남성, "방산수출 잘하려면", 한국아이닷컴(검색일: 2011.12.26).

산수출 마케팅을 위해서는 영국이나 프랑스, 이스라엘 국방부처럼 다수의 전문 민간 인력과 군 인력으로 구성된 방산수출 전담조직을 설치하는 게 필요하다. 현재 KOTRA와 지식경제부 등과 함께 운영하고 있는 방산물자 교역센터도 보다 전문화시켜 효율적으로 운영할 필요가 있다.

넷째,[555] 방산업체의 자발적인 기술개발 및 품질개선이 가능한 여건을 조성해야 하며, 권역별로 세분화된 방산수출전략 등 '맞춤형 시장공략'을 위한 전략을 수립하는 한편 구조조정·M&A 등을 통한 대형화 및 외국 기업과의 협력을 강화하여야 한다. 또한 국방과학기술 보호를 위한 법적·제도적 장치를 마련하여야 하고, 방산수출지원을 위한 각종 금융제도도 지속적으로 보완하여야 하며, 무기체계 성능개선에 R&D 예산을 더 많이 투입하여 미래선도형 기술과 핵심부품 개발을 위한 기초기술이나 원천기술 확보에 노력하여야 할 것이다.

---

555 문희정·문휘창. "글로벌 경쟁력 확보를 위한 한국 방위산업 수출경쟁력에 관한 연구", 「한국방위산업학회」 제18권 제2호(2011.12). pp.219-222.

참고문헌

제1절

구본락, "천안함 피폭이후 한반도 안보전망", 세종연구소 제23차 세종 국가전략포럼「급변하는 동북
　　아 안보환경과 한국의 대응방향」, 2010.10.27, p.20.
국방부, 『국방백서』, 서울: 국방부, 2010, pp.8-29.
김준형, "중, 대만 무기판매 미국에 보복시사", 경향신문, 2011.9.22.
신보영, "한국, 냉전시대 비슷한 상황 처할 것", 문화일보, 2011.10.7.
엄상윤, "김정일의 사망과 6자회담의 향방", 「세종논평」 제237호(2011.12.30), p.1.
유현정, "김정일 위원장의 사망과 북중관계 전망", 「세종논평」 제236호(2011.11.20).
이주형, "美, 주한미군 전력 이상 없다", 국방일보, 2012.1.9, pp.1-2, p.9.
이홍섭, "러·중 군사협력의 동향과 미래", 제주평화연구원: JPI 정책포럼, 2011, p.1.
최익재, "푸틴·후진타오, 미국 견제 손 잡는다", 중앙일보, 2011.10.12.
http://kin.naver.com/qna/detail.nhn?d1id=6&dirId(검색일: 2001.9.29)
http://ko.wikipedia.org/wiki/(검색일: 2012.1.8)
http://realtime.wsj.com/korea/2011/09/15(검색일: 2011.9.15)
http://www.chosun.com/site/data/html_dir/2011/08/15(검색일: 2011.10.15)
http://www.hani.co.kr/arti/international/china/497323.html(검색일: 2011.9.29)
http://www.mk.co.kr/v3/view.php?sc=300000001&cm(검색일: 2011.11.19)
http://www.news.chosun.com/cito/data/html_dir(검색일: 2011.9.29)
http://www.segye.com/articles/components/func/print.asp?aid=20110805003631(검색일:
　　2011.10.11)

제2절

국방부, 『튼튼한 국방』, 국방부, 2011, p.5.
김현경, "북한 군사력 역대 '최강'", KBS뉴스(2012년 1월 4일자 보도내용).
양윤철, "김정일 사망 이후 북한경제 전망", 세종논평, 제238호(2011.12.21), p.1.
장석범, "치명적 사이버 위협에 민관군경 통합대응", 문화일보, 2012.1.4, 6면.
http://news.kukinews.com/article/view.asp?page(검색일: 2011.9.28)
http://www.kookbang.bemil.chosun.com/bbs/view.html?b_bbs_id=10002mum=344(검색일:
　　2011.11.19)
http://www.nocutnews.co.kr/show.asp?idx=1894116(검색일: 2011.9.29)

제3절

국방부, 『21세기를 지향하는 한국의 국방』, 서울: 고려서적, 1995, pp.57-59, pp.174-176.

국방부, 『국방기획관리기본규정』, 서울: 국방부, 2006, pp.4-5.

국방부, 『국방기획관리훈령 제1054호』(2009.5.8) 제6조, pp.7-32.

국방부, 『국방백서 2006』 p.147.

국방부, 『국방백서 2010』, 서울: 국방부, 2010, pp.160-185.

국방부, 국방전력발전업무훈령 제2조에 의한【별표 1】용어의 정의.

권용수, 『국방획득단계 분석평가방법 발전방안』, 서울: 21세기연구소, 2007, p.59.

김종하, "합리적 국방획득체계 구축을 위한 방안", 「한국국방경영분석학회지」, 제35권 제2호 (2009.8.31), p.16.

김종하, 『무기획득 의사결정』, 서울: 책이된나무, 2001, p.34.

김종하, 『미래전, 국방개혁 그리고 획득전략』, 서울: 북코리아, 2008, pp.14-27, pp.190-191.

김종하, 『획득전략이론과 실제』, 서울: 북코리아, 2006, p.17.

미국 국방부, 국방획득업무수행평가보고서(2006.1)

방위력개선사업관리규정(방위사업청훈령 제13호, 2007), 제55, 56조.

방위사업법 제3조.

방위사업청, 『방위 살림꾼이 꼭 알아야 할 기초지식 100가지』, 서울: 방위사업청, 2008, pp.54-71.

방위사업청, 『방위사업청 통계연보』, 서울: 대한기획인쇄, 2011, p.166.

방위사업청, 『방위산업개론』, 서울: 대한정보인쇄, 2008, pp.57-71, pp.97-99, pp.154-159.

이상엽, 『한국의 국방획득시스템 개선에 관한 연구』, 서울: 국방대학원, 2006, p.3

이필중, "방위산업의 활성화 방안연구(2)", 「국방과 기술」, 2008, p.41.

조남훈·송병규·류지운, "국방획득체계발전방향", 「국방정책연구」 통권 제58호(2002년 겨울), pp.65-83.

차영구·황병무, 『국방정책의 이론과 실제』, 서울: 도서출판 오름, 2004, p.40.

최경락·정준호·황병무, 『국가안전보장서론』, 서울: 법문사, 1989, pp.25-26.

최광묵·김대석, "과학적획득관리 선진화방안", 「국방과 기술」 제371호, 2001), pp.39-44.

한용섭, "한국 국방기획관리제도의 혁신방안", 국방대학교 안보문제연구소, 2002, p.59.

합동참모본부, 『합동기준교리 요약집』, 1999.

합동참모본부, 『합동참고교범 10-5』, 1999.

Grange, Daivid I., "Asymmetric Warefare: Old Method, New Concern", NSF Review(Winter 2000).

DoD, 'Joint Vision 2020'(Washington D.C: U.S Goverment Printing Office, 2000)

Fernandez, Jose J. *Comparison of the Defense Acquisition Systems of Canada the United States of America*. Master's Thesis. Naval Postgraduate School, 1999, pp.56-59.

Kausal, Tony, *A Comparison of the Defense Acquisition Systems of Australia, Hapan, South*

Korea, Singapore and the United States(Fort Belvoir: Defense Systems Management College Press, 2000), pp.5-41~5-43.

Kausal Tony, A Comparison of the Defense Acquisition Systems of France, Great Britain, Germany and the United States(Fort Belvoir: Defense Systems Management College Press, 1999), pp.1-20~1-22.

UK's Armed Forces, Ministry of Defence Smart Procurement Implementation Team, The Acquisition Handbook: An Introduction to a Better Way of Acquiring Equipment for the UK's Armed Forces, 1999, pp.12-28 ; Defence Acquisition, Ministry of Defence Policy Paper No.4, 2001, pp.7-20.

http://blog.naver.com/PostView.nhn?=blogid=nc341(검색일: 2011.11.10)

http://Kim.naver.com/Knowhow(검색일: 2011.10.8)

http://mybox.happycampus.com/anya99/48646341/(검색일: 2011.10.9)

제4절

국방대학교, 『안보관계용어집』, 서울: 국방대학교, 2004, p.279.

국방대학교, 『안보관계용어집』, 서울: 국방대학교, 2006, p.327.

국방부, 『방위산업육성보고서』, 서울: 동양문화인쇄 Co, 1970, p.5.

김철환, 『방위산업의 이론과 실제』, 서울: 국방대학교, 2003, p.7; 박만택, 『방위산업 육성 및 발전에 관한 연구』, 육군교육사령부, 2002, pp.2-1.

문화일보 18면(2011.9.27)

백광일·문정인·박경서·박병원·김의곤, "과학기술 민족주의와 새로운 국제정치경제 질서", 『국제정치논총』 제34집 1호(1994).

삐에르 뒤쏘로, 김석순 역, 『프랑스 방위산업』, 서울: 21세기군사연구소, 2000, p.35.

이진영, "한국방위산업의 변환과 국가의 역할", 연세대학교대학원 박사학위논문, 2009, pp.29-30, pp.122-123.

이호석·한남성·박준수·양영철·정성·유천수·남기헌, 『방위산업 선진화 전략』, 서울: 한국국방연구원, 2010, pp.141-146.

일본국서간행회 병학연구회 편, 『일본 국방용어사전』, 서울: 병학사, 2002, p.203.

Bitizinger, Richard A. and Mikyoung Kim, "Why do Small States Produce Arms? The Case of South Korea", Korean Journal of Defense Analysis, Fall 2005. p.16, pp.33-38, pp.185-186.

Defense News, February 19, 2001, p.1.

Defense News, May 21, 2001, p.1.

Defense News, May 7, 2001, p.1.

Green Michael J., *Arming Japan: Defense Production, Aliance Politics, and the Postwar Search for Autonomy* (New York: Columbia University Press, 1995), p.15.

Hartley, Keith, "The Arms Industry, Procurement and Industrial Policies", *Handbook of Defense Economics*, Vol.2. No1. Todd Sandler and Keith Hartley ed. (Amsterdam: North-Holland, 2007), pp.1161-1166.

Hugh, Mosley, *The Arms Race: Economic and Social Consequences* (Lexington: Lexington Books, 1985)

Katz, James Everett, *Arms Production in Developing Countries* (Lexington, MA: Lexington Books, 1984), p.9.

Kemp, Geoffrey, "Arms Transfers and the 'Back-End' Problems in Developing Countries" in Stephanie G. Neuman and Ribert E. Harkavy ed. *Arms Transfer in the Modern World* (New York: Praeger, 1979). p.303 ; Robert E. Loony, *Third World Military Expenditure and Arms Production* (New York: St. Martins Press, 1988). p.20.

Nilan Janne E., *Military Industry in Taiwan and South Korea* (New York: St. Martin's Press, 1986), pp.45-46.

Rosh, Robert M., "Third World Arms Production and Evolving Interstate System", *The Joural of Conflict Resolution*, Vol. 34, No. 1(Mar. 1990), p.58.

Ross, Andrew L., "Arms Acquisition and National Security: The Irony of Military Strength", Edward E. Azar and Chung-in Moon ed. *National Security in the Third World: The Management of Internal and External Threats* (Cambridge: Great Britain at the University Press, 1988) pp.153-166.

Sandler, Todd and Keith Hartley, *The economics of defense* (NY: Cambridge University Press, 1995), pp.182-183, pp.194-195.

SIPRI, "*SIPRI Yearbook 2009*, pp.268-275.

Steinberg, G, M, "Israel: Hightechnology Roulett", In Michael Brzoska and Thomas Ohlson, ed. *Arms Production in the Third World* (London: SIPRI, 1986), pp.163-165

U.S. Congress, Office of Technology Assessment, *Adjusting to a New Security Environment: The Defense Technology and industrial Base Challenger-Background Paper*. OTA-BP-ISC-79(Washington, DC: U.S. Government Printing Office, February 1991), p.2.

http://biz.chosun.com/site/data/html_dir/2011/10/30/2011103000810.html(검색일: 2011. 11.16)

제5절

구상회, 『한국의 방위산업: 전망과 대책』, 서울: 세종연구소, 1998, pp.46-54.

국가과학기술자문회의, 『국내외 과학기술 현안과제 도출에 관한 연구』, 서울: 한국과학기술기획평가원, 2007, pp.59-71.

국방군사연구소, 『1945~1994 국방정책변천사』, 서울: 국방부, 1996, p.196, p.245, pp.312-313.

국방기술품질원, "2010 국방과학기술조사서 발간", 「국방과 기술」 제371호(2010년 1월호), p.10.

국방기술품질원, 국방과학기술조사서(2011), pp.53-64(검색일: 2011.11.14)

국방부, 『2010~2024년 국방과학기술진흥정책서』, 2007, pp.14-15.

국방부, 『국방개혁 2020과 국방비』, 2006, p.34.

국방부, 『국방백서 2010』, pp.181-185.

국방부, 『국방백서』(1992~1993), pp.111-112.

국방부, 『국방백서』, 서울: 국방부, 1989, pp.20-21.

국방부, 『국방백서』, 서울: 국방부, 1999, p.108.

국방부, 『국방백서』, 서울: 국방부, 1999, p.155.

국방부, 『방위산업 육성보고서』, 서울: 동양문화인쇄 Co, 1970, p.10.

권태영, "국방연구개발과 방산산업 패러다임의 재정립", 『한국방위산업학회지』, 제11권 2호 (2004.12).

권태영, "국방연구개발체제 혁신", 국방연구개발 포럼, 2003, p.

김덕중 외, 『한미관계의 재조명』, 경남대학교 극동문제연구소, 1988, p.233.

김형균, 『군수산업의 사회학』, 서울: 세종출판사, 1997, p.190.

문종열, 전게서, p.23, p.83, p.31.

문종열, 전게서, p.93.

민·군겸용기술사업촉진법(제정 1998.4.10, 법률 제5535호), 민·군협력사업촉진법(법률 8852호, 2008.2.29)

박만택, 『방위산업 육성 및 발전에 관한 연구』, 대전: 육군교육사령부, 2002, pp.2-12

방위사업청, 『방위사업청 소식지』, 제22호(2008.7), p.7.

방위사업청, 『방위사업청 통계연보 2011』, 서울: 대한기획인쇄, 2011, p.115.

방위사업청, 『방위산업육성 기본계획(2008~2012)』, 서울: 방위사업청, 2008, pp.89-91.

방위사업청, 『제3회 신기술소개회』, 서울: 방위사업청, 2008, 소개회 자료.

신인호, 『무내미에는 기적이 없다: 국방과학연구소와 한국형 신무기 개발』, 서울: 책으로만나는세상, 2003, p.22.

오원철, 『한국형 경제건설: 엔지니어링 어프로치』제4권, 서울: 기아경제연구소, 1996, p.358.

오원철, 전게서, pp.362-363.

외교통상부, 『한국외교 50년: 1948~1998』, 서울: 외교통상부, 1999, p.139.

외교통상부, 전게서, pp.141-143.

유용원, "한국방위산업 이대론 망한다", http://blog.naver.com/posalsim(검색일: 10.30)

윤응렬, "자주국방의 개념과 한국적 적용 연구", 『국방연구』 제30호(1971), pp.8-11.

이은영, "ADD 무기개발 3총사의 핵미사일 개발 비화", 『신동아』 통권 제567호(2006년 12월호), pp.276-287.

이진영, "한국 방위산업의 변환과 국가의 역할: 김대중, 노무현 정부를 중심으로", 연세대학교 대학원 박사학위논문, 2009, pp.97-107.

인하대학교 국제관계연구소, 전게서, p.4.

임치규, 『방위산업육성정책이 방산업체의 경영성과에 미치는 영향에 관한 연구』, 경희대학교 대학원 박사학위논문, 2010, pp.81-86.

전범주, "대우조선 인니잠수정 우선 협상자유력", 매일경제, 2011.9.18, p.22.

정항석, "주한미군 감축배경과 의미", 「통일정책연구」 제13권 2호(2004), p.1.

조남훈 외 4인, 『방위산업기반 조사분석을 통한 방위산업 경쟁력 강화 전략 수립』, 서울: 국방연구원, 2006, pp.15-98.

진성훈, "방산수출 11억 7천만 달러 사상 최고", 한국일보, 2010.1.5.

청와대 보도자료, "전시작전통제권 환수 문제의 이해", 전시작전통제권 T/F대통령 보고문(2006.8.17), p.7.

청와대, "국방선진화를 위한 산업발전 전략과 일자리 창출"(청와대 보도자료, 2010.10.18), pp.1-3.

최성빈·고명섭·이호석, 한국방위산업의 40년 발전과정과 성과, 「국방정책연구」 제26권 제1호, 2010년 봄), pp.90-95.

한남성 외 3인, "방위산업의 당면 환경과 발전 전략", 「국방정책연구」, 제24권 4호(2008년 겨울), p.223.

한용섭 편, 『자주냐 동맹이냐: 21세기 한국 안보외교의 진로』, 서울: 오훙, 2004, p.97.

한용섭, "한미연합지휘체제의 평가 및 개선방향", 서울: 국방대학교, 2003, p.15.

현인택, 『한국의 방위비』, 서울: 도서출판 한울, 1991, p.94.

Baek, Kwang-Ⅱ and Chung-in Moon, "Technological Defense, Supplier Control and Strategies for Recipient Autonomy: The Case of South Korea", Pacific Focus, Vol. No. 1(Spring 1989), pp.107-137, pp.174-175; Kwang-Ⅱ Baek and, Romald De. McLaurin, "The Dilema of Third World Defense Industries"(Inchon: CIS-Inha University and Westview Press, 1989) p.172.

U.S. Department of Defense, *A Strategic Framework for the Asia-Pacific Rim: Looking Toward the 21st Centry* (Washington D.C.: Government Printing Office, April, 1990)

http://blog.daum.net/dapapr/(검색일: 2011.10.13)

http://blog.naver.com/ych9729(검색일: 2011.9.9)

http://mnm.seoul.co.kr(검색일: 2011.10.30)

http://www.dt.co.kr/contents.html(검색일: 2008.6.18)

제6절

국방부 훈령 제1185호 국방전력발전업무훈령.

국방전력발전업무훈령 제2조의 규정에 의한 【별표 1】 용어의 정의.

군사기밀보호법.

미국 상무부, "Offset in Defense Trade 8th Report to Congress", 2004.7.

박기순, "방산육성 및 방산물자 수출 활성화를 위한 절충교역제도 개선방안", 「방산정책연구」, 한국
　　방위산업진흥회, 2010, p.362.

방위사업관리규정(방위사업청 훈령 제158호, 2011.8.9. 개정) 제230조 제2항.

방위사업관리규정.

방위사업법 시행규칙.

방위사업법 제20조 및 동법시행령 제26조.

방위사업법 제3조(정의).

방위사업법.

방위사업법 시행령.

방위사업청 지침 제2008-13호 무기체계 양산단계의 부품 국산화 지침, 방위사업청 지침 제2008-
　　14호 구매조건부 신제품개발사업의 부품 국산화 지침

방위사업청, 「방위산업개론」, 서울: 대한정보인쇄, 2008, pp.344-346.

방위산업물자 및 방위산업체 지정규정(지식경제부 훈령 제28호, 방위사업청훈령 제89호, 2009.1.9)
　　제8조.

송창훈, "군사절충교역으로 방산경쟁력 강화", 국방일보, 2011.10.27.

이재석·정태윤, "한국형 절충교역 추진 모델 연구(구매자 측면)", 「기술경영경제학회」, 2009년도 동계
　　학술 발표회, 2009.2, p.372.

청와대 보도자료, "전시작전통제권 환수 문제의 이해", 전시작전통제권 T/F대통령 보고문
　　(2006.8.17), p.7.

http://mpdis.dtaq.re.kr

http://www.dapago.kr(검색일: 2011.12.2)

http://www.scribd.com/doc(검색일: 2011.11.30)

제7절

계약사무처리규칙.

국가계약법 제2조.

국가를 당사로 하는 계약에 관한 법률 시행령: 방위사업청, 방산원가/계약 및 이윤제도 개선내용
　　(2009.4), p.11.

김진선, 「방위산업육성을 위한 국방조달에 관한연구」, 서울: 국방대학교, 2002, pp.10-12.

김진선, 전게서, p.39.

김창현, 「방산물자 계약제도 및 원가계산제도 개선방안에 관한 연구」, 서울: 국방대학원, 1987, p.2.

김태홍·이승길·이미경, 「정부조달계약 인센티브제도의 도입 및 실효성확보에 관한 연구」, 서울: 한
　　국여성개발원, 영성부정책연구과제, 2003.10, p.77.

박정곤, "한국방위산업의 계약제도 개선방안연구", 동국대학교 행정대학원 석사학위논문, 2003.12.
　　pp.23-36.

방산원가규칙 제7조.

방위사업법.

방위사업에관한 계약사무처리규칙 제3조.

방위사업청, '국민신문고' 답변내용(2011.8.24).

방위사업청, 『국방획득 원가 및 계약실무』, 서울: 방위사업청, 2008, pp.444-449.

방위사업청, 『국방획득원가 및 계약실무』, (방위사업청, 2008.6.12판), pp.431-460.

방위사업청, 『방위사업개론』, 서울: 대한정보인쇄, 2008.4, pp.298-436.

방위사업청, 『방위사업청 통계연보 2011』, 서울: 대한기획인쇄, 2011.5, p.173.

방위사업청, 『방위산업개론』, 서울: 대한정보인쇄, 2008, pp.331-332.

방위사업청, 전게서, p.433.

방위사업청, 전게서, p.456-460.

방위사업청, 전게서, p.626-627.

방위사업청, 전게서, pp.440-443.

백항기, 『국방조달에 있어서 계약에 관한 연구』, 서울: 국방대학교, 1988, p.9.

안장근, 『한국의 국방조달 개선방안에 관한 연구』동국대학교 행정대학원 석사논문, 2002, pp.36-
    39.

안태석·진선근, "방위산업 원가보상제도의 분석", 서울대학교 경영론집 제35권 제1호(2001), p.2.

양미호, 『방위산업 활성화 방안에 대한 연구』, 서울: 국방대학교, 2002, p.5.

유창석, 『한국 방위산업의 발전 방안 연구』, 서울: 국방대학교, 2002, p.8.

육군본부, 『야교38-3, 조달관리』(1995), p.23.

이현국, 『국방조달계약 및 조달원확보에 관한 연구』, 서울: 국방대학교, 1996, p.2.

이호석, "방산물자 계약제도 개선연구", 『국방정책연구』(2005년 가을), pp.32-41.

이호석·한남성 외 4인, 『방위산업의 선진화 전략』, 서울: 한국국방연구원, 2010, p.107.

장대훈, "국방조달계약과 방산물자 원가관리제도에 관한연구(2)", 『국방과 기술』 제273호(2001),
    p.77.

최성빈 외 2인, 『방산물자 원가계산 및 계약제도 개선방안』, 서울: 한국국방연구원, 1995, p.38.

황동준 외, 『일본조달 실시본부위 조달지침』, 서울: 한국국방연구원, 1982, p.51.

제8절

PM BOOK 지침서 제3판 『2004 사업관리협회』

국방기술품질원, 『국방규격 체계정립 및 국제규격 수준화』, 서울: 국방기술품질원, 2006, p.7.

국방대학교 직무교육원, 『국방표준화 관리: 국방규격 및 형상관리 업무절차』, 서울: 국방대학교,
    2011, p.49.

국방대학교 직무교육원, 『국방표준화 관리: 국방표준화 개요 및 연구개발사업 표준화』, 서울: 국방대
    학교, 2011, p.57.

국방부 군수관리관실, "국방경영 효율화를 위한 총수명주기체계관리(TLCSM) 적용방안", 2010.5, pp.24-26

국방부, 「국방규격 작성 표준지침」, 2004, p.107.

국방부, 「국방군수 선진화의 현장 속으로」, 서울: 대한기획인쇄, 2008, p.30.

국방부, 「국방백서 2010」, pp.168-169.

국방부, 「국방전력발전업무훈령」

국방부, 「군수지원 성과관리 훈령」(국방부 훈령 제1300호, 2010.12.31 제1차 개정)

국방부, 「전투준비태세 업무규정」(국방부 훈령 제846호, 2007.12), p.13.

국방품질관리소, 「국방규격 통일화 사업 '국제규격 체계정립 및 국제규격 수준화'」, 서울: 국방품질관리소, 2005, pp.1-21.

군수사령부, "TLCSM에 대한 이해와 우리군의 적용방안", 「군수지」 제29호(2009년 12월), pp.20-21.

군수사령부, 장비가동률향상방안 보고서, 2009. 5.

군수품관리법(법률 제10822호, 2011.7.14 일부 개정)

김성호, "군수지원분석(LSA)에서의 야전운용경험제원필요성", 「국방품질」 제29호, 서울: 국방기술품질원, 2004, p.65.

미국 국방부, 「DSP Policies and Procedures(DoD 4120.24-M)」, 2000, p.63.

박진·이대용, "정보기반의 군수목록 발전방안", 「국방과 기술」 통권 제382호(2010.12), pp.59-67.

박진·이대용, 전게서, p.60.

박진·이대용, 전게서, pp.65-66.

박진·이대용, 전게서, pp.66-67.

방위사업관리규정(방위사업청훈령 제158호, 2011.8.9. 개정) 제587-592조

방위사업청, 「방위사업개론」, 서울: 대한정보인쇄(주), 2008, pp.207-266.

방위사업청, 「'09~13 부품 국산화 종합계획: 2010년 개정판」, 서울: 방위사업청, 2010, p.4.

방위사업청, 「방위사업개론」, 서울: 대한정보인쇄(주), 2008, p.261.

방위사업청, 「방위사업관리규정」

방위사업청, 「장비 제작업체를 위한 종합군수지원(ILS) 업무 안내서」, 서울: 방위사업청 사업관리본부, 2007, p.1.

백순흠·이윤수, "총수명주기관리체계 구축 및 발전방안(1)", 「국방과 기술」, 제382호(2010.12), p.94; 최석철, "총수명주기체계관리(TLCSM) 적용을 통한 국방경영개혁방향", 「국방과 기술」 제368호(2009.10), p.82.

승창균, "무기체계 부품 국산화 개발의 중요성과 나아갈 방향", 방위사업청 홈페이지 「방위사업소식」 (검색일: 2011.12.23).

육군본부, 육규411 '군수품 분류 및 관리책임 규정', 2006.

이용호, 「국방사업전문 획득군수과정」, 서울: 국방대학교 직무연수원, 2011, p.5.

이용호, 전게서, p.6.

장기덕·김준식·최수동·이성윤,『군수혁신: 선진화를 위한 도전과 과제』, 서울: 한국국방연구원, 2005, pp.18-134.

정진태, "시스템 다이내믹스를 이용한 군수지원 성과관리 모델개발에 관한 연구", 홍익대학교 대학원 박사학위논문, 2009, pp.1-36.

최석철, "총수명주기체계관리(TLCSM) 적용을 통한 국방경영개혁방향", 「국방과 기술」 제368호 (2009.10), pp.82-89.

최수동·우제웅·선미선,『사용자 중심의 군수지원 성과분석 및 평가』, 서울: 한국국방연구원, 2008, pp.61-67.

한국표준협회,「미래사회와 표준」, 2004, pp.2446.

DoD,「DSP Policies and Procedures(DoD 4120.24-M)」, 2000, p.64

DoD, Customer Wait Time Business Rules, 2000.12. p.8.

DoD, DoD Logistics Strategic Plan, 1999.

제9절

국방부, 국방전력발전업무훈령.

국방전력발전업무훈령 제333조.

국방전력발전업무훈령(제1306호, 2011.12.8 개정)【별표1】용어의 정의 85.

방위사업청,『국방획득 원가 및 계약실무』, 서울: 방위사업청, 2008, pp.448-449.

방위사업청,『방위사업청 통계연보』, 서울: 대한기획인쇄(주), 2011, pp.123-126.

방위사업청,『방위사업청 통계연보』, 서울: 대한기획인쇄(주), 2011, p.48.

어하준·신승기,"무기체계 획득사업 평가시 비용편익분석 적용 방안", 「국방정책연구」, 서울 : 한국국방연구원, 2005년 가을 특집논문, p.46-47.

제10절

강갑수, "방산수출 르네상스, 국산 고등훈련기 전차 세계 누빈다", 세계일보, 2008.1.31.

구영환, 전게서, p.29.

구영환, 전게서, p.29; 이윤철 외, 전게서, pp.95-97.

구영환, 전게서, p.30.

국방과학연구소,『국방연구개발 투자효과 분석: 용역최종보고서』(대전: 국방과학연구소, 2006.4)

국방부 정보본부,「러시아 개황」, 2007.

권안도, "한국방위산업과 방산수출 활성화를 위한 연구", 서울: 벤처정보대학원대학교 박사학위논문, 2009, pp.22-28.

권오성, "영국 '세계 무기수출 왕' 등극", 한겨레(www.hani.co.kr), 2008.6.18.

김광범, "한국 방위산업의 수출지원제도 개선 방안", 연세대학교 경제대학원 석사학위논문, 2004, p.60.

김동규·신용도,『국가경제와 방위산업』, 서울: 국방대학교, 2002, p.22.

김진기, "한국 방위산업의 발전전략에 대한 연구",『국가전략』제14권 1호, 서울: 세종연구소, 2008, p.117.

김철환, 전게서, p.205.

김현기, "일본, 무기수출 44년 빗장 푼다"(http://article.joinsmsn.com/news/article/, 검색일: 2012.1.8)

민성기, "한국 방위산업의 뉴패러다임(New Paradigm)",「국제정치논총」제36집 2호(1996), 서울: 한국국제정치학회, p.428.

민성기,『기술주권 회복의 주역 한국 방위산업』, 서울: 도서출판 문원, 1996, pp.118-172.

박태진, "러시아의 방산협력정책과 기술협력 연구개발의 활성화 방안",「한국방위산업학회지」제11권 제2호(2004), 서울: 한국방위산업진흥학회, p.130.

박태진, 전게서, p.128.

박태진, 전게서, p.130.

박홍기, "日, '무기수출 3원칙' 깬다", 서울신문(www.seoul.co.kr), 2008.1.7.

방위사업관리규정.

방위사업법 제44조 및 동법시행령 제58조, 동법시행규칙 제36조의 2.

삐에르 뒤쏘즈·꼬르뉘, 김석순 역, 전게서, pp.136-137.

삐에르 뒤쏘즈·크리스토프 꼬르뉘, 김석순 역,『프랑스 방위산업』, 서울: 21세기 군사연구소, 2000, pp.52-54.

외교통상부,『러시아연방개황』, 2004, p.23.

유병태, "방산물자 수출 촉진을 위한 전략방향",「'99방산정책 심포지엄: 21세기 방위산업 육성을 위한 정책과제」, 서울: 한국방위산업진흥회, 1999, p.11.

유병태, "방산물자 수출입 업무체계 개선연구", 서울: 한국방위산업진흥회, 1998, p.261.

이상목·이상진, "미국 방위산업 기반의 변환 로드맵",「군사논단」제44호, 서울: 한국군사학회, 2005, p.204.

이윤철 외, 전게서, p.74.

이윤철 외, 전게서, p.75.

이윤철 외, 전게서, pp.53-85.

이필중,『국방경제학』, 서울: 국방대학교, 2002, p.97.

장문석, "일본의 방산능력과 무기수출 가능성",「교수논총」제23집, 서울: 국방대학교, 2001, pp.43-68.

정혁훈, "방산강국 이스라엘, 국방비 한국 절반",「매일경제」, 2004.9.5.

중앙일보, 2011.2.14.

최성빈·한철희, "국방벤처 활성화 대책",「국방정책연구」제54호(2001), 서울: 한국국방연구원, pp.264-265.

최정표·김성기·김윤두,「이스라엘 생존전략과 방위산업」, 한국국방연구원 세미나 자료, 1996, pp.60-82.

최정표·김성가·김윤두, 전게서, pp.72-73.

최정표·김성기·김윤두, "방위산업 전문계열화제도의 개선방안에 관한 연구", 국회 국방위원회 정책 연구 용역과제 보고서, 2002. pp.71-72.

최정표·김성기·김윤두, 전게서, p.82.

합동참모본부 수시 정보 보고, "러시아 무기수출 동향 분석", 2008.6.11.

CIA World Factbook(2011): Wikipedia

Hartley, Keith "Handbook of Defense Economics 2, Defense in a globalized World" (Amsterdam: New York, 2007).

Imiri, Tov, "Industrial Policies of the Israeli Defensr Establishment", p.82.

Martin Broek, "Paper on Export Credit Agencies and Arms Trade", 2003, pp.6-7.

Ministry of defense, Press Kit: Report to the French parliament regarding defense equipments exports in 2006, (Paris: defense Information and Communications Delegatiom, 2007), pp.2-13.

Richard, Samuels, Rich Nation, Strong Army: National Security and the Technological Transformation of Japan (Ithaca: Comell Univ, Press, 1994).

SIPRI Yearbook 2007: Armament, Disarmament and International Security, Oxford University Press, pp.376-378.

SIPRI Yearbook 2007: Armament, Disarmament and International Security, Oxford University Press, pp.376-378.

SIPRI yearbook 2007: Armament, Disarmament and International Security, Oxford University Press, pp.376-378.

SIPRI Yearbook 2008, Summary, pp.12-14.

SIPRI Yearbook, 2007, Armament, Disarmament and International Security, Oxford University Press, pp.376-378.

SIPRI Yearbook, 2007, Armament, Disarmament and International Security, Oxford University Press, pp.376-378.

SIPRI Yearbook, Summary, p.14.

"The defense Industry: A Fa; Yhe Background of Surcess", CDI(Center of Defense Information)Russian Weekly, 2003.7.

http://100.naver.com/100.nhn?docid=97475(검색일: 2007.7.25)

http://blog.naver.com/PostView.nhn(검색일: 2011.10.27)

http://cafe.naver.com/lavidavonita.cafe?frame_urll ArticlcRead.nhn%3Farticleoid=1229&(검색일: 2011.10.18)

http://cafe.naver/lavidabonita.cafe?frame_url=/ArticleRead.nhn%3Farticleid=1229&(검색일: 2011.10.18)

http://dapa.korea.kr/dapa/jsp/dapa1_branch.jsp?_action(검색일: 2011.10.18)
http://krdic.naver.com/detail.nhn(검색일: 2008.7.25)
http://worldbank.org/indigator/NY.GDP.PCAP.CD/countiries(검색일: 2011.10.18)
http://www.defense.gouv.fr/dga(검색일: 2008.7.27)
http://www.globalsecurity.org/military/world/israel/sibat.htm(검색일: 2008.7.29)
http://www.sibat.mod.gov.il/NR/rdonlyres/74B9D77D-70GF-45AD-B24D-88
  3FA15E9BA9/0/Sibat.pdf(검색일: 2008.7.29)

제11절

국방과학연구원, "이스라엘 방위산업 동향분석", 「국방과 기술」 제294호(2003), p.55.
국방기술품질원, 「각국의 국방획득정책 및 연구개발현황 조사연구」, 서울: 국방기술품질원, 2005, p.84.
국방대학교 「유도무기체계 참고서적」, 2007.p271-273.
국방부, 「국방기획관리 기본규정」, 국방부 훈령 제830호, 국방부, 2007, p.87.
국방부, 「국방전력발전업무규정」,국방부 훈령 제875호, 국방부, 2008, p.8.
김장수, 「2010~2024, 국방과학기술진흥정책서(안)」(국회 국가과학기술위원회 의안번호 제4호, 2007.8.27), pp.6-30.
김정홍, 「기술혁신의 경제학」, 서울: 시스마프레스, 2003, pp.9-10.
김철환, 「방위산업의 이론과 실제」, 서울: 국방대학교, 2002, pp.202-218.
노대래, '13-'27 국가과학기술진흥 실행계획(안)(국가기술위원회 운영위원회 의안번호 제1호, 2011.9.6), pp.32-13 32-37.
박태정, 「국방연구개발 활성화 방안에 관한 연구」, 국방대학교 석사학위논문, 2002, pp.30-31.
방위사업청, 「'09년 성과관리 및 시행계획」, 2008, p.91, pp.96-98.
방위사업청, 「2009년도 주요업무 추진계획」, 2008, p.222.
방위사업청, 「방위사업개론」, 서울: 방위사업청, 2008, pp.145-172.
방위사업청, 「방위사업개론」, 서울: 방위사업청, 2008, pp.40-41.
방위사업청, 「방위사업관리규정」, (방위사업청 훈령 제65호, 2007), pp.165-326.
산업기술정책연구소, 「미국의 국방과학기술개발사업」, 서울: 과학기술처, 1997, p.33.
신광식, 「한국의 국방연구개발체제 개선방안에 관한 연구」, 한남대학교 석사학위논문, 2009, pp.21-31.
이민우, "2005년 이후의 일본 방위 정책", 세종연구소, 2005.
이재영, 「세계안보정세종합분석」, 서울: 국방대학교 안보문제연구소, 2008, p.76.
이호석 외, 「업체자체 연구개발 실태분석 및 발전방안」, 서울: 한국국방연구원, 2007, pp.26-29.
이홍섭, "주변4강 군사전략 비교", 2008.10, pp.202-204.
일본방위청, 「2005년 이후에 관한 방위계획 대강」, 제11권 1호, 방위청, 2004, p.86.
최석철, 「2008~2009, 세계안보정세 종합분석」, 서울: 정성문화사, 2009.12, pp.75-118.

최성규, "미래 안보환경에 부합된 국방연구개발 발전방안", 국방대학교, 2007, p.21.

황동준 외, "방위산업 발전을 위한 국방연구개발 활성화 방안, 『한국방위산업학회』, (국가과학기술자문회의, 2001), pp.38-82.

Kennedy, C. and A. P. Thirwall, "Surveys in Applied Economics: Technical Progress", *Economic Joural*, Vol. 82(March 1972), p.44.

Smaldone, Joseph P. and Ronald D. McLaurin, "Supplier Control in U.S. Arms Transfer Policy", Kwang Ⅱ Baek, Ronald D. McLaurin, and Chung In Moon ed., *The Dilemma of Third World Defense Industries* (Inchun: CIS-Inha University and Westview Press, 1989), pp.110-111.

http://211.62.87.100/science(검색일: 2011.11.29)

http://blog.naver.com/dan11(검색일: 2011.10.17)

KI신서 3833

방위사업학개론

1판 1쇄 인쇄 2012년 2월 20일
1판 1쇄 발행 2012년 2월 27일

지은이 정진태
펴낸이 김영곤 **펴낸곳** (주)북이십일 21세기북스
부사장 임병주 **출판개발실장** 박정혜
편집1팀장 정지은 **책임편집** 윤홍 **디자인 표지** 송경진 정란 **본문** 네오북
MC기획1실장 김성수 **BC기획팀** 심지혜 양으녕 홍지은 **해외기획팀** 김준수 조민정
마케팅영업본부장 최창규 **마케팅** 김현섭 김현유 강서영 **영업** 이경희 정병철
출판등록 2000년 5월 6일 제10-1965호
주소 (우413-756) 경기도 파주시 문발동 파주출판문화정보산업단지 518-3
대표전화 031-955-2100 **팩스** 031-955-2151 **이메일** book21@book21.co.kr
홈페이지 www.book21.com **트위터** @21cbook **블로그** b.book21.com

ISBN 978-89-509-3589-4 93390
책값은 뒤표지에 있습니다.